普通高等教育“十二五”规划教材（高职高专教育）

第 二 届 山 东 省 高 等 学 校 优 秀 教 材

（第三版）

建筑力学与结构

主　编　张友全　吕丛军
副主编　周学军　程立安
编　写　吴金满　步砚忠　韩启峰
卢兰华　马　巍　乔淑玲
主　审　赵玉星　傅日荣

中国电力出版社
CHINA ELECTRIC POWER PRESS

内 容 提 要

本书为普通高等教育"十二五"规划教材（高职高专教育），根据2010年版《混凝土结构设计规范》、《建筑抗震设计规范》、《高层建筑混凝土结构技术规程》和2011年版《砌体结构设计规范》等新规范修订而成。全书共分两篇二十二章，内容体现高职高专培养应用型人才的特点，精选理论力学、材料力学、结构力学、混凝土理论、砌体结构、钢结构、高层建筑结构、单层工业厂房、抗震知识、地基与基础等有关内容，内容精练，重点突出，适用性强。本书最大的特点在于将建筑力学与建筑结构等知识结合在一起进行介绍，缩减了学时，特别适合作为专业基础课程改革的教材使用。

本书可作为高职高专院校土建类工程造价、工程管理、工程监理、建筑工程技术、建筑设计、城市规划、房地产、建筑装饰工程技术、建筑企业经济管理等专业的教材，也可供相关工作人员参考。

图书在版编目(CIP)数据

建筑力学与结构/张友全，吕丛军主编. —3版. —北京：中国电力出版社，2012.8（2016.1重印）

普通高等教育"十二五"规划教材. 高职高专教育

ISBN 978-7-5123-3205-8

Ⅰ.①建… Ⅱ.①张… ②吕… Ⅲ.①建筑科学-力学-高等职业教育-教材②建筑结构-高等职业教育-教材 Ⅳ.①TU3

中国版本图书馆CIP数据核字(2012)第134831号

中国电力出版社出版、发行

（北京市东城区北京站西街19号 100005 http://www.cepp.sgcc.com.cn）

北京丰源印刷厂印刷

各地新华书店经售

*

2004年9月第一版

2012年8月第三版 2016年1月北京第十三次印刷

787毫米×1092毫米 16开本 25.25印张 613千字

定价**44.00**元

敬 告 读 者

本书封底贴有防伪标签，刮开涂层可查询真伪

本书如有印装质量问题，我社发行部负责退换

版 权 专 有 翻 印 必 究

前　言

为贯彻落实教育部《关于进一步加强高等学校本科教学工作的若干意见》和《教育部关于以就业为导向深化高等职业教育改革的若干意见》的精神，加强教材建设，确保教材质量，中国电力教育协会组织制订了普通高等教育“十二五”教材规划。该规划强调适应不同层次、不同类型院校，满足学科发展和人才培养的需求，坚持专业基础课教材与教学急需的专业教材并重、新编与修订相结合。本书为修订教材。

建筑力学与结构是土建类工程造价、工程管理、工程监理、房地产、建筑学、城市规划、装饰装潢、建筑企业经济管理等专业的重要基础课。

全书主要内容为：静力平衡，重心和截面的几何性质，轴向拉伸与压缩，扭转，静定结构构件的内力，梁的应力和变形，压杆稳定，静定结构位移计算，超静定结构的内力计算，钢筋与混凝土材料的力学性能，建筑结构设计基本原理，板，梁与柱，楼（屋）盖及井字梁，楼梯，砌体结构，高层建筑结构简介，钢结构，预应力混凝土结构简介，钢筋混凝土单层工业厂房，抗震设计基本知识，地基与基础。本书自成体系，内容精练，重点突出，适用性强。重在基础理论的内容讲解、分析与计算。

本书是在原第二版的基础上，依据国家现行的规范、标准修订而成。参加修订工作的人员有：山东建筑大学的张友全、吕丛军、周学军、步砚忠、韩启峰、程立安、吴金满，安徽建筑工业学院的马巍，中建安装一公司的卢兰华。张友全、吕丛军任主编，程立安、吴金满任副主编。山东建筑大学赵玉星教授、傅日荣教授主审。在此对前二版的作者表示感谢。

限于编者水平，文中不足之处敬请指正。

编　者

2012 年 3 月

第二版前言

为贯彻落实教育部《关于进一步加强高等学校本科教学工作的若干意见》和《教育部关于以就业为导向深化高等职业教育改革的若干意见》的精神，加强教材建设，确保教材质量，中国电力教育协会组织制订了普通高等教育“十一五”教材规划。该规划强调适应不同层次、不同类型院校，满足学科发展和人才培养的需求，坚持专业基础课教材与教学急需的专业教材并重、新编与修订相结合。本书为修订教材。

建筑力学与结构是土建类工程造价、工程管理、房地产、建筑学、城市规划、装饰装潢、建筑企业经济管理等专业的重要基础课。

全书主要内容为：静力平衡，重心和截面的几何性质，轴向拉伸与压缩，扭转，静定结构构件的内力，梁的应力和变形，压杆稳定，静定结构位移计算，超静定结构的内力计算，钢筋与混凝土材料的力学性能，建筑结构设计基本原理，板，梁与柱，楼（屋）盖及井字梁，楼梯，砌体结构，高层建筑结构简介，钢结构，预应力混凝土结构简介，钢筋混凝土单层工业厂房，抗震设计基本知识，地基与基础。本书自成体系，内容精练，重点突出，适用性强。重在基础理论的内容讲解、分析与计算。

参加本书编写的人员有：山东建筑大学的张友全、吕丛军、周学军、步砚忠、韩启峰、薛柏青，山东省建筑设计研究院的张怀金，山西建筑职业技术学院的乔淑玲，安徽建筑工业学院的马巍，中建八局安装一公司的卢兰华。薛柏青、乔淑玲编写第一、三、四、八章，张友全编写绪论、第二、五、六、七、十五、十七、十九、二十、二十一章，韩启峰编写第九章，步砚忠编写第十、十一章，吕丛军、卢兰华编写第十二、十三、十四、二十二章，张怀金、马巍编写第十六章，周学军编写第十八章。

全书由张友全主编统稿，步砚忠、薛柏青任副主编。山东建筑大学赵玉星教授、傅日荣教授主审。他们均提出了宝贵的建设性意见，主编在统稿时均予采纳。另外本书在编写中参考、吸收了许多师尊、同行专家的最新研究成果，谨在此致以衷心的感谢！

限于编者水平，文中不足之处敬请指正。

编　者

2008年3月

第一版前言

建筑力学与结构是土建类工程造价、房地产、工程管理、建筑学、城市规划、装饰装潢、建筑企业经济管理等专业的重要基础课。

全书主要内容为：静力平衡，重心、截面的几何性质，轴向拉伸与压缩，扭转，静定结构构件的内力，梁的应力与变形，压杆稳定，静定结构位移计算，超静定结构的内力计算，钢筋和混凝土材料的力学性能，建筑结构设计原理，板，梁与柱，楼屋盖与井字梁，楼梯，砌体结构，高层建筑简介，钢结构，预应力混凝土结构简介，钢筋混凝土单层工业厂房，抗震知识，地基与基础。本书自成体系，内容精练，重点突出，适用性强。重在基础理论的内容讲解、分析与计算。

参加本书编写的人员有：山东建筑工程学院的张友全、吕丛军、韩启峰、步砚忠、周学军，山东省建筑设计研究院的张怀金，山西建筑职业技术学院的乔淑玲，山东方略工程造价事务所有限公司的杜清明，安徽建筑工业学院的马巍，中建八局安装一公司的卢兰华。其中第一、三、四、八章由乔淑玲编写，第二、七章由杜清明编写，绪论、第五、六、十五、十七、十九、二十章由张友全编写，第九章由韩启峰编写，第十、十一、二十一章由步砚忠编写，第十二、十三、十四章由吕丛军编写，第十六章由张怀金、马巍编写，第十八章由周学军编写，第二十二章由卢兰华编写。全书由张友全主编统稿，吕丛军、张怀金、乔淑玲任副主编。山东建筑工程学院赵玉星教授审阅了绪论及前十一章，傅日荣教授审阅了第十二、十三、十四章，孔军教授审阅了第二十二章，他们均提出了许多宝贵的修改意见。限于编者水平，文中不足之处敬请指正。

编　者

2004 年元月

目　录

第二篇　建　筑　结　构

绪　论

第一节　建筑力学的任务和内容

建筑力学是一门技术基础课程。它主要分析材料的力学性能和变形特点以及建筑结构或构件的受力情况，包括结构或构件的强度、刚度和稳定性，为建筑结构设计及解决施工中的受力问题提供基本的力学知识和计算方法。掌握建筑力学的基础理论和计算方法，是进一步学习相关专业课程的必要基础。

一、建筑力学的研究对象

建筑物是由基本构件组成的，常见的构件有梁、楼板、墙柱、基础、屋架等。其中许多构件的用途是构成建筑物中的骨架，并承受和传递各种荷载作用。建筑物中承受和传递荷载起骨架作用，由基本构件组成的体系称为建筑结构。

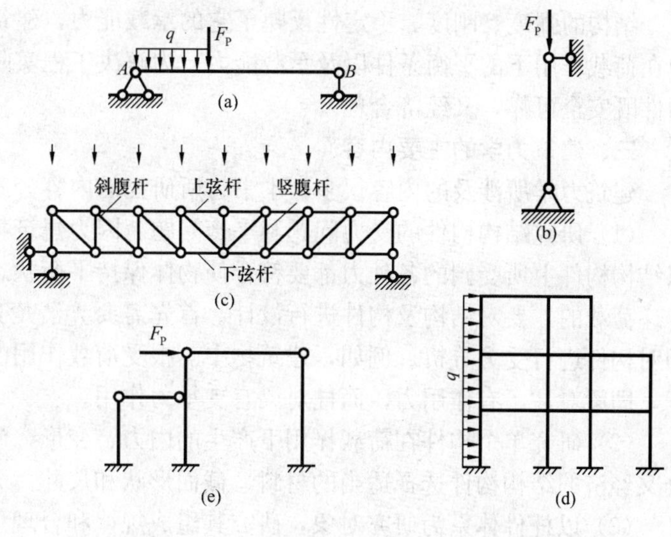

图 0-1
(a) 梁；(b) 柱；(c) 桁架结构；(d) 刚架；(e) 排架结构

组成建筑结构的构件是不一样的，长度比其他两向尺寸大得多（5 倍以上）的构件称为杆件，如建筑物中的梁、柱等。由杆件组成的结构称为杆系结构，例如桁架、刚架等。建筑力学的研究对象主要是杆系结构，如图 0-1 所示。其他类型的结构，例如薄壁结构（即一向尺寸远小于其他两向尺寸的结构，如薄壳、薄板等）、实体结构（即三向尺寸相仿的结构，如挡土墙、基础）等，如图 0-2 所示，是弹性力学等课程研究的内容。

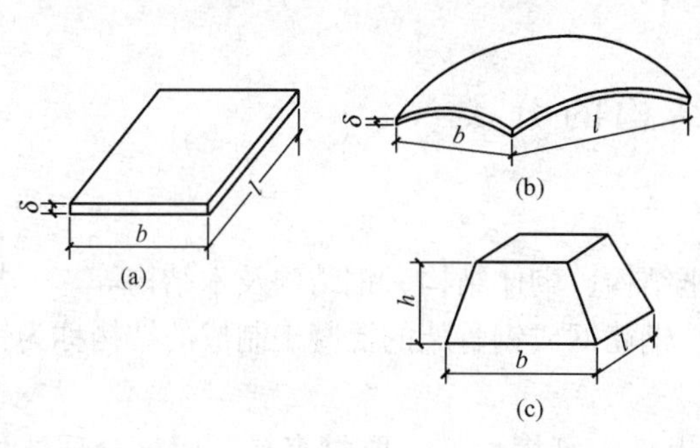

图 0-2
(a) 薄板；(b) 薄壳；(c) 实体构件

二、建筑力学的任务

在施工和使用过程中，建筑结构构件要承受及传递各种荷载作用，构件本身会因荷载作用而产生变形，存在损坏、失稳的可能。在正常使用极限状态和承载能力极限状态下，构件本身应具有一定抵抗破坏、抵抗变形和保持原有平衡状态的能力，即具有足够的强度、刚度和稳定性，并且做到经济合理。

（1）强度。构件本身具有一定的承载能力，在荷载的作用下，其抵抗破坏或不产生塑性变形的能力通常称为强度。构件在过大的荷载作用下可能破坏。例如，当吊车起重量超过一定限度时，吊杆可能断裂。

（2）刚度。在荷载作用下，构件不产生超过工程允许的弹性变形的能力称为刚度。在正常情况下，构件会发生变形，但变形不能超出一定的限值，否则，将会影响正常使用。例如，如果吊车梁的变形过大，吊车就不能正常行驶。因此，设计时必须保证构件有足够刚度使变形不超过规范允许的范围。

（3）稳定性。在荷载作用下，构件保持其原有平衡状态的能力称为稳定性。结构中受压的细长杆件，如桁架中的压杆，在压力较小时能保持直线平衡状态，当压力超过某一临界值时，就可能变为非直线平衡并造成破坏，称为失稳破坏。工程结构中的失稳破坏往往比强度破坏损失更惨重，因为这种破坏具有突然性，没有先兆。

结构的强度、刚度、稳定性反映了它的承载能力，建筑力学的任务是研究杆件或杆系结构在荷载作用下的平衡条件以及承载能力，为解决工程实际问题提供理论基础，使所设计的构件既安全可靠，又经济合理。

三、建筑力学的主要内容

建筑力学所涉及的内容很多，本书将所研究的内容分三个部分。

（1）研究结构构件的受力问题和平衡问题。因为建筑物相对地球处于静止平衡状态，所以结构构件上所受到的各种力都要符合使物体保持平衡状态的条件。由于结构构件是承受和传递荷载的，要对结构及构件进行设计，首先需要弄清楚其承受的荷载及荷载的传递路线，即对构件进行受力分析。例如，建筑物中一根受荷载作用的梁搁在柱子上，梁将荷载传给柱子，即梁对柱子有作用力，而柱对梁有支承力作用。

（2）研究单个构件在荷载作用下产生的内力、变形，研究构件的承载能力。为设计既安全又经济的结构构件选择适当的材料、截面形状和尺寸。

（3）以杆件体系为研究对象，研究其组成规律和合理形式以及结构在外因作用下内力和变形的计算，为结构设计提供必要的理论基础和计算方法。

值得提出的是，在结构设计中，想完全严格地按照结构的实际情况进行力学分析是很难做到的，也是不必要的。因此，对实际结构进行力学分析时必须做一些必要的简化，略去一些次要因素，抓住其主要特点，即采用一个图形来表示简化了的实际结构，这种图形叫做结构的计算简图。确定结构的计算简图，是对实际结构进行力学分析的重要步骤。这个问题将在以后有关章节中通过实例来具体阐述。

第二节 建筑结构的分类

一、按所用材料分类

建筑结构按所用材料不同可分为钢筋混凝土结构、砌体结构、钢结构及木结构等。

（1）钢筋混凝土结构。由配置了普通钢筋、钢筋网或钢骨架的混凝土制成的结构称为钢筋混凝土结构。

钢筋混凝土结构具有耐久性、整体性、耐火性、可模性好，取材容易，用材合理的优点，所以其发展速度很快，应用也最广泛。它不仅广泛用于混合结构房屋的楼盖、屋盖等各种构件，还大量用于建造多层与高层建筑、大跨度的建筑（如礼堂、剧院、展览馆等）。在工业建筑中，可用来建造单层与多层厂房以及烟囱、水塔、水池等。缺点是自重较大，抗裂性较差等。

(2) 砌体结构。由各种块体（例如砖、石、砌块等）和砂浆砌筑而成的墙、柱作为建筑物主要受力构件的结构称为砌体结构。

砌体结构所用材料是地方材料，易于就地取材，并可以利用工业废料；采用砌体结构可以节省钢材、水泥、木材等；砌体材料耐火性能好，并具有一定的隔热隔音性能；砌体结构施工技术易于普及，砌筑时不需要特殊的施工设备。砌体结构多用于6层以下的一般工业与民用建筑，无起重设备或起重设备较小的中小型工业厂房，以及烟囱、水塔、小型水池等特种结构，也可用于砌筑重力挡土墙等。缺点是材料强度较低、结构自重大、施工砌筑速度慢、现场作业量大等。

(3) 钢结构。建筑物的主要承重构件全部由钢板或型钢制成的结构称为钢结构。

由于钢结构具有承载能力高、重量较轻、钢材材质均匀、塑性和韧性好、制造与施工方便、工业化程度高、拆迁方便的优点，所以它的应用范围相当广泛。目前，钢结构多用于工业与民用建筑中的大跨度结构、高层和超高层建筑、重工业厂房、受动力荷载作用的厂房、高耸结构以及一些构筑物等。近年来，轻钢结构已广泛应用于各种轻型厂房、办公用房、住宅、仓库等。缺点是钢材易锈蚀、耐火性较差，价格较贵。

(4) 木结构。木结构是指全部或大部分用木材制成的结构。

木结构具有就地取材、制作简单、便于施工等优点。近年来由于木材资源匮乏，除林区和农村房屋外，很少采用，只是用木材做木梁、木屋架、木屋面板等。缺点是木材易燃、易腐、易受虫蛀。

二、按结构体系分类

建筑结构按组成房屋主体结构的型式和受力系统，即结构体系分为：墙体结构、框架结构、筒体结构、错列桁架结构、拱结构、空间薄壳结构、空间折板结构、网架结构、钢索结构等。

(1) 墙体结构（在高层建筑中称剪力墙结构）。墙体结构是利用房屋的墙体作为竖向承重和抵抗水平荷载（如风荷载和水平地震作用）的结构，墙体同时也作为围护及房间分隔构件，见图0-3 (a)。

(2) 框架结构。采用梁、柱组成的框架作为房屋的竖向承重结构，并同时承受水平荷载。其中如梁和柱整体连接，其间不能自由转动、可以承受弯矩的称刚接框架结构；如梁和柱非整体连接，其间可以自由转动、不能承受弯矩的称铰接框架结构，见图0-3 (b)。

(3) 筒体结构。筒体结构是利用房间四周墙体形成的封闭筒体（也可利用房屋外围由间距很密的柱与截面很高的梁，组成一个形式上像框架，实质上是一个有许多窗洞的筒体）作为主要抵抗水平荷载的结构。也可以利用框架和筒体组合成框架-筒体结构，见图0-3 (d)。

(4) 错列桁架结构。利用整层高的桁架横向跨越房屋两外柱之间的空间，并利用桁架交替在各楼层平面上错列的方法增加整个房屋的刚度，也使居住单元的布置更加灵活，这种结构体系称错列桁架结构，见图0-3 (c)。

(5) 拱结构。以在一个平面内受力的，由曲线（或折线）形构件组成的拱所形成的结构，来承受整个房屋的竖向荷载和水平荷载，见图0-3 (e)。

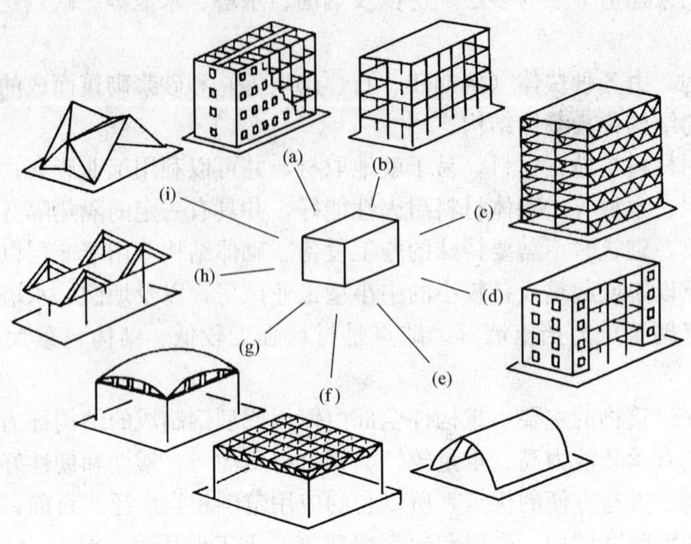

图 0-3 房屋主体结构的各种型式

(a) 墙体结构；(b) 框架结构；(c) 错列桁架结构；(d) 筒体结构（也是框架-筒体结构）；(e) 拱结构；(f) 网架结构；(g) 空间薄壳结构；(h) 钢索结构；(i) 空间折板结构

(6) 空间薄壳结构。空间薄壳结构是由曲面形板与边缘构件（梁、拱或桁架）组成的空间结构，它能以较薄的板面形成承载能力高、刚度大的承重结构，能覆盖大跨度的空间而无需中间支柱，见图 0-3（g）。

(7) 空间折板结构。空间折板结构是由多块平板组合而成的空间结构，是一种既能承重又可围护，用料较省，刚度较大的薄壁结构，见图 0-3（i）。

(8) 网架结构。网架结构是由多根杆件按照一定的网格形式，通过节点连接而成的空间结构，具有空间受力、重量轻、刚度大、跨度较大、抗震性能好等优点，见图 0-3（f）。

(9) 钢索结构。钢索结构是指楼面荷载通过吊索或吊杆传递到支承柱上去，再由柱传递到基础的结构，见图 0-3（h）。

第三节 荷 载 与 作 用

一、荷载

建筑结构最重要的一项功能是承受其使用过程中可能出现的各种作用。如房屋结构要承受自重、人群和家具重量以及风和地震作用等。将由各种环境因素产生的直接作用在结构上的各种力称为荷载。例如，由地球引力产生的力称为重力（任何结构都将受到重力的作用）；由土、水、风等产生的作用在结构上的压力分别称为土压力、水压力、风压力（习惯称风荷载或风载）；由爆炸、运动物体的冲击、制动或离心作用等产生的作用在结构上的力也均称为荷载。

荷载分为集中荷载和分布荷载。凡荷载作用的范围相对较小，可以忽略不计时，作用在这个范围上的荷载，可以简化为集中荷载。凡荷载作用的范围较大，不能忽略时，称为分布荷载。当荷载分布于某一体积上时，称为体荷载（如物体的重力）；当荷载分布于物体的某一面积上时，称为面荷载（如风、雪、水等对物体的压力）；而当荷载分布于长条形状的体积或面积上时，则可简化为沿其长度方向中心线分布的线荷载。

物体上每单位体积、单位面积、单位长度上所承受的荷载分别称为体荷载集度、面荷载集度、线荷载集度，它们各表示对应的分布荷载密集的程度。荷载集度要乘以相应的体积、面积或长度后才是荷载（力）。均匀分布的荷载称为均布荷载；否则，即为非均布荷载。线荷载集度的单位是 N/m，而面荷载集度、体荷载集度的单位分别是 N/m^2、N/m^3。

二、作用及其分类

（一）作用

使结构产生效应（结构或构件的内力、应力、位移、应变、裂缝等）的各种因素称为作用，分为直接作用和间接作用。可归结为作用在结构上的力的因素称为直接作用，荷载是直接作用；不是作用力但同样引起结构效应的因素称为间接作用，如混凝土的收缩、地震、温度变化、基础不均匀沉降等。间接作用不仅与外界因素有关，还与结构本身的特性有关。例如，地震对结构物的作用，不仅与地震加速度有关，还与结构自身的动力特性有关，不要把地震作用称为“地震荷载”。

进行结构设计，就是要确保结构的承载能力足以抵抗内力，将变形控制在结构能正常使用的范围内。在结构设计时，不仅要考虑直接作用在结构上的各种荷载作用，还应考虑引起结构内力、变形等效应的间接作用。

（二）作用的分类

1. 按随时间的变异分类

（1）永久作用。在结构设计基准期内其值不随时间变化，或其变化与平均值相比可以忽略不计，或其变化是单调的并能趋于限值的荷载。例如，结构自重、土压力、水压力、预加应力、基础沉降等。

（2）可变作用。在结构设计基准期内其值随时间变化，且其变化与平均值相比不可忽略。例如，楼面活荷载、吊车荷载、风荷载、雪荷载、温度变化等。

（3）偶然作用。在结构设计基准期内不一定出现，一旦出现则其量值很大且持续时间较短。例如，地震、爆炸力、撞击力等。

由于可变作用的变异性比永久作用的变异性大，可变作用的相对取值（与其平均值之比）应比永久作用的相对取值大。另外，由于偶然作用的出现概率较小，结构抵抗偶然作用的可靠度可比抵抗永久作用和可变作用的可靠度低。

2. 按随空间位置的变异分类

（1）固定作用。在结构空间位置上具有固定的分布。例如，结构自重、结构上的固定设备荷载等。

（2）可动作用。在结构空间位置上的一定范围内可以任意分布。例如，房屋中的人员、家具荷载、吊车荷载等。

由于可动作用可以任意分布，结构设计时应考虑它在结构上引起最不利效应的分布情况。

3. 按结构的反应分类

(1) 静态作用。对结构或结构构件不产生加速度或其加速度可以忽略不计。例如，结构自重、土压力、温度变化等。

(2) 动态作用。对结构或结构构件产生不可忽略的加速度。例如，地震、风、冲击和爆炸等。

对于动态作用，必须考虑结构的动力效应，按动力学方法进行结构分析，或将动态作用转换成等效静态作用，再按静力学方法进行结构分析。

第一篇　建　筑　力　学

第一章　静　力　平　衡

静力平衡是研究物体在力系作用下处于平衡状态的规律的。本章主要研究两个问题：一是力系的简化与合成。力系的简化与合成就是用一个简单力系代替复杂力系的过程，对力系进行简化有利于揭示力系对刚体的作用效应，同时有利于导出力系的平衡条件。二是力系的平衡条件及应用。研究并应用力系的平衡条件可以解决工程上的技术问题。

第一节　静力学基本概念

一、力

1. 力的概念

力是人们在生活和生产实践中逐渐形成的抽象概念。力是物体之间相互的机械作用，这种作用会使物体的机械运动状态发生改变（外效应），也会使物体发生变形（内效应）。

物体相互间的机械作用形式多种多样，可以归纳为两类。一类是两物体相互接触时，它们之间相互产生的拉力或压力；另一类是地球与物体之间相互产生的吸引力，对物体来说，这吸引力就是重力。

力不能脱离物体而单独存在，有力必定存在两个物体——施力体和受力体。

2. 力的三要素

力对物体的作用效应取决于三个要素：力的大小、方向、作用点。

力的大小反映物体相互间机械作用的强弱程度，它可以通过力的外效应和内效应的大小来量度。在国际单位制中，度量力的大小是以牛顿（N）或千牛顿（kN）为单位。

力的方向表示物体间的相互机械作用具有方向性，它包括力所顺沿的直线（称为力的作用线）在空间的方位和力沿其作用线的指向。例如重力的方向是“铅垂向下”，“铅垂”是力的方位，“向下”是力的指向。

力的作用点表示物体间相互机械作用位置的抽象化。实际上物体相互作用的位置并不是一个点，而是物体的一部分面积或体积。如果这个面积或体积相对于物体很小或由于其他原因使力的作用面积或体积可以不计，则可将它抽象为一个点，此点称为力的作用点。

力的三要素中的任何一个如有改变，则力对物体的作用效应也将改变。

3. 力的表示

力的三要素表明力是矢量，其计算符合矢量代数运算法则。

力通常用一条沿力的作用线的有向线段来表示。有向线段的起点或终点表示力的作用点；线段的长度按一定的比例表示力的大小；线段与某定直线的夹角表示力的方位；箭头表示力的指向，故力是定位矢量。

如图 1-1 所示，表示出了物体在 A 点受到力 $\boldsymbol{F}$ 的作用。本书中用加黑的字母表示力矢量，如 $\boldsymbol{F}$，而用普通字母表示力矢量的大小，如 F。

二、力矩

在日常生活和生产实践中，人们发现力对物体的作用，除能使物体产生移动外，还可以使物体产生转动。例如用手开门、关门，用扳手拧螺帽等，如图 1-2 所示。实践证明，力使物体转动的效应由两个因素来决定：

（1）力的大小和力臂的乘积 Fd；

（2）力使物体绕某点 O 转动的转向。

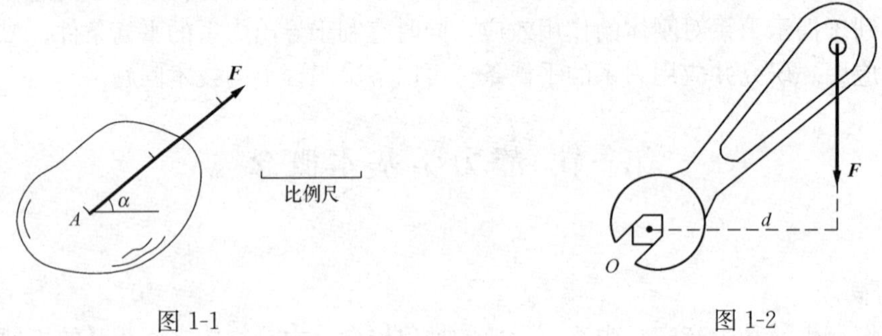

图 1-1　　图 1-2

力臂 d 是指力 $\boldsymbol{F}$ 作用线到转动中心 O 的垂直距离，转动中心 O 称为矩心。将力 $\boldsymbol{F}$ 的大小与力臂 d 的乘积加上表示转向的正负号后，称为力 $\boldsymbol{F}$ 对 O 点的矩。力矩是衡量力使物体转动效应的物理量。力矩通常用 M_O（$\boldsymbol{F}$）表示。所以

$$M_O(\boldsymbol{F}) = \pm F \cdot d \tag{1-1}$$

力矩正负号的规定：力使物体绕矩心逆时针方向转动时，力矩取正号；反之，力使物体绕矩心顺时针方向转动时，力矩取负号。

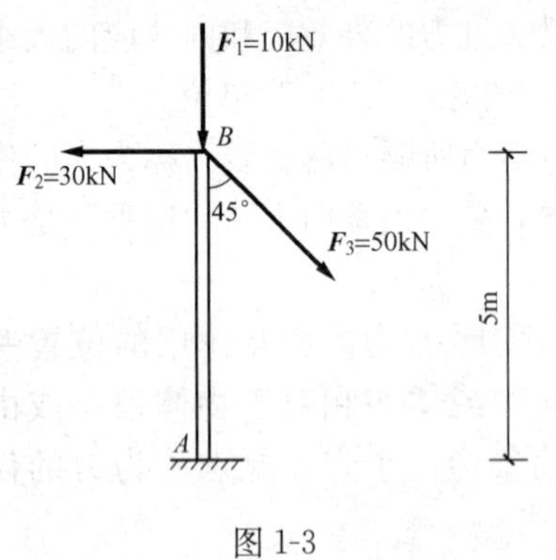

图 1-3

力矩的单位取决于力和力臂的单位。在国际单位制中，常用力矩的单位是牛顿·米（N·m）或千牛顿·米（kN·m）。

【例 1-1】 如图 1-3 所示，试求柱 B 处各力 $\boldsymbol{F}_1$、$\boldsymbol{F}_2$、$\boldsymbol{F}_3$ 对柱脚 A 的力矩。

解　根据力矩定义可得

$M_A(\boldsymbol{F}_1) = 10\times 0 = 0$

$M_A(\boldsymbol{F}_2) = 30\times 5 = 150\text{kN}\cdot\text{m}$

$M_A(\boldsymbol{F}_3) = -50\times 5\sin 45° = -176.78\text{kN}\cdot\text{m}$

三、力偶与力偶矩

在日常生活和生产实践中，经常会碰到大小相等、方向相反而不共线的两个平行力所组成的力系。这种力系只能使物体产生转动。例如，用两个手指开瓶盖，见图 1-4（a），用两只手转动汽车方向盘，见图 1-4（b），钳工用丝锥攻螺纹，见图 1-4（c）等。

在力学中，把这种大小相等、方向相反、作用线互相平行但不共线的二力组成的力系称为力偶，记作（$\boldsymbol{F}$、$\boldsymbol{F}'$）。力偶中两个力之间的垂直距离 d 称为力偶臂。力偶所在的平面称

为力偶的作用面。

通过以上的例子可知力偶使物体转动的效应由两个因素来决定：

（1）力偶和力偶臂的乘积 $F \cdot d$；

（2）力偶在作用面内的转向。

力偶中一个力的大小和力偶臂的乘积 $F \cdot d$，加上表示转向的正负号称为力偶矩，通常用 M（$\boldsymbol{F}$、$\boldsymbol{F}'$）表示。简写为 M。

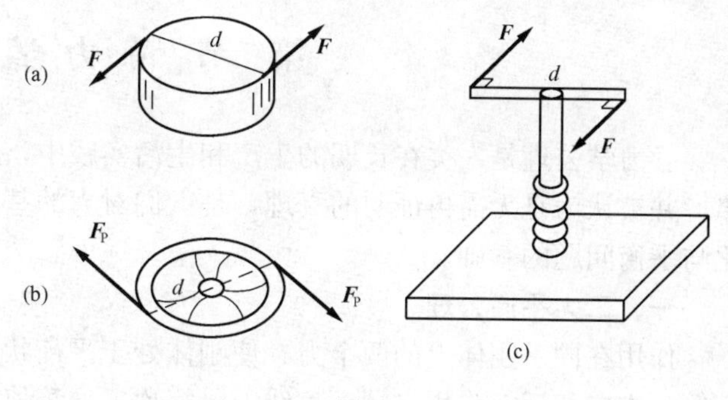

图 1-4

$$M=\pm F \cdot d \tag{1-2}$$

力偶矩的正负号规定：力偶使物体逆时针转动时，力偶矩取正号；反之，力偶使物体顺时针转动时，力偶矩取负号。

力偶矩的单位和力矩的单位相同，是牛顿·米（N·m）或千牛顿·米（kN·m）。

作用在某平面的力偶使物体转动的效应是由力偶矩来衡量的。

四、力系与平衡

1. 力系

一般情况下，一个物体总是同时受到若干个力的作用。我们把同时作用于一个物体上的一群力称为力系。

2. 平衡

平衡是指物体相对于地球保持静止或匀速直线运动的状态。例如，房屋、水坝、桥梁相对于地球保持静止；沿直线匀速起吊的构件相对于地球是做匀速直线运动等。它们的共同特点就是运动状态没有发生变化。建筑力学研究的平衡主要是物体处于静止状态。

3. 平衡力系

使物体处于平衡状态的力系称为平衡力系。物体在力系作用下处于平衡时，力系所应该满足的条件，称为力系的平衡条件。

4. 力系的简化与合成

在不改变物体作用效应的前提下，用一个简单力系代替一个复杂力系的过程，称为力系的简化或力系的合成。

对物体作用效应相同的力系，称为等效力系。

如果一个力与一个力系等效，则该力称为此力系的合力，而力系中的各个力则称为这个合力的分力。

五、刚体

在任何外力作用下，大小和形状均保持不变的物体，称为刚体。本章（静力平衡）中所研究的物体都是刚体。

刚体只是人们将实物理想化的一个力学模型。事实上，自然界中任何物体受到外力作用都会发生不同程度的变形，只是有时变形很小，对所研究的问题影响甚微，可忽略不计。例如，建筑中最常见的梁，我们在研究它的平衡问题时，可认为它是刚体。在研究它的强度、刚度时，又必须把它看作是变形体。所以，刚体是相对的。

第二节 静力学公理

静力学公理是人类在长期的生产和生活实践中，经过反复观察和实验总结出来的普遍规律，并被认为是无需再证明的真理，是人们对力的基本性质的概括和总结，是研究力系的简化与平衡问题的基础。

一、二力平衡公理

作用在同一刚体上的两个力，使刚体处于平衡状态的必要和充分条件是：这两个力大小相等、方向相反、作用在同一直线上（简称二力等值、反向、共线）。如图 1-5 所示。

二力平衡公理揭示了刚体在两个力作用下处于平衡状态所必须满足的条件，故称为二力平衡条件。

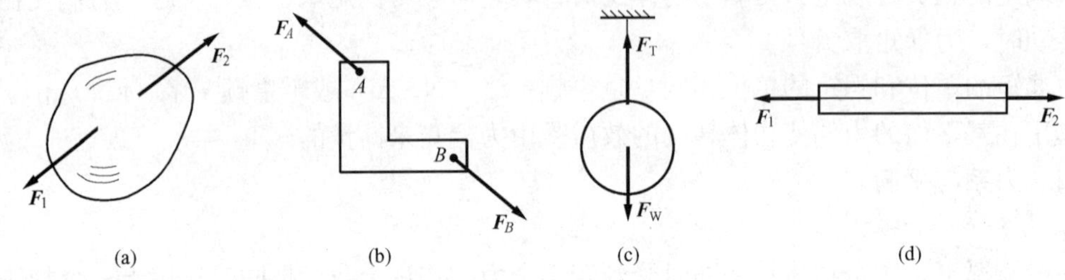

图 1-5

构件是一种物体，在只有两个力作用下处于平衡的构件称为二力构件，见图 1-5（a）、（b）、（c），作用在二力构件上的两个力（使构件处于平衡状态）必定等值、反向、共线；若此构件为直杆，通常称为二力杆，见图 1-5（d）。

应该指出，二力平衡公理只适用于刚体，对于变形体，它只是必要条件，并不是充分条件。例如，一根绳索受两个等值、反向、共线的拉力作用可以平衡，但受到两个等值、反向、共线的压力作用就不能平衡。

二、作用和反作用公理

两个物体间的作用力和反作用力，总是同时存在，同时消失，并大小相等，方向相反，作用线相同，且分别作用在两个物体上。

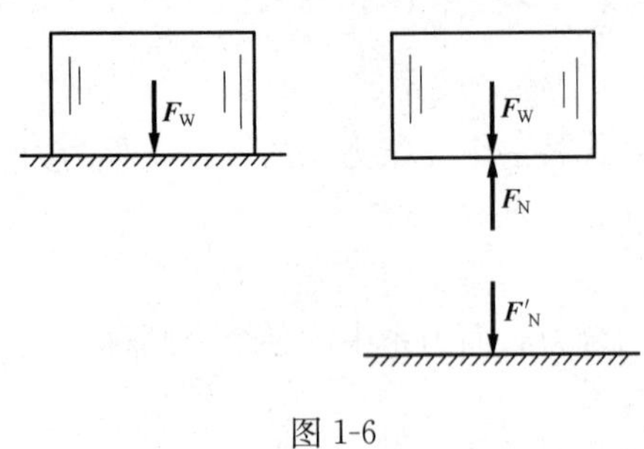

图 1-6

如图 1-6 所示，置于桌面上的物体对桌面施加一个向下的作用力 F'_N，桌面同时也对物体施加一反方向的作用力 F_N，且这两个力大小相等、方向相反、沿同一直线分别作用在桌面和物体上。

必须注意，不能把二力平衡问题和作用力与反作用力关系混淆起来。二力平衡公理中的两个力是作用在同一物体上，而且是使物体平衡的。作用与反作用公理中的两个力是分别作用在不同的两个物体上，是说明一种相互作用关系的，虽然都是大小相等、方向相反、作用在一条直线上，但不能说是平衡。

三、加减平衡力系公理

在作用于刚体的任意力系中，加上或去掉任意一个平衡力系，并不改变原力系对刚体的作用效应。

平衡力系对刚体的运动效应为零，不会改变刚体的运动状态，所以加上或减去一个平衡力系，均不会改变刚体原有的运动状态。

推论：力的可传性原理

作用在刚体上的力，可沿其作用线移动到刚体内任意一点，而不改变原力对刚体的作用效应。

如图 1-7 所示，小车 A 点上作用一力 $\boldsymbol{F}$，在其作用线上任取一点 B，在 B 点沿力 $\boldsymbol{F}$ 的作用线加一对平衡力，使 $\boldsymbol{F}=\boldsymbol{F}_1=-\boldsymbol{F}_2$，据加减平衡力系公理，力系 $\boldsymbol{F}_1$、$\boldsymbol{F}_2$、$\boldsymbol{F}$ 对小车的作用效应不变。将 $\boldsymbol{F}$ 和 $\boldsymbol{F}_2$ 组成的平衡力系去掉，只剩下力 $\boldsymbol{F}_1$，与原力等效，由于 $\boldsymbol{F}=\boldsymbol{F}_1$，这就相当于将力 $\boldsymbol{F}$ 沿其作用线从 A 点移到 B 点而效应不变。

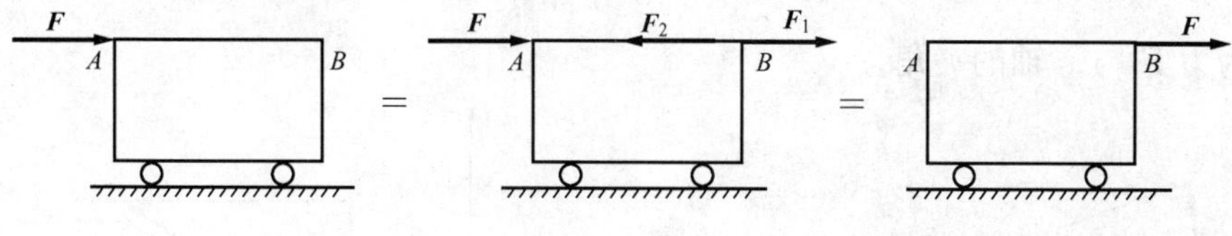

图 1-7

由此可见，对于刚体来说，力的作用点已不是决定力的作用效应的要素，它已被作用线所代替。因此，作用于刚体上力的三要素是：力的大小、方向和作用线。

应当指出，加减平衡力系公理和力的可传性原理都只适用于研究物体的运动效应，而不适用于研究物体的变形效应。例如直杆 AB 的两端受到等值、反向、共线的两个力 $\boldsymbol{F}_1$、$\boldsymbol{F}_2$ 作用而处于平衡状态，如图 1-8（a）所示；如果将二力各沿作用线移到杆的另一端见图 1-8（b），显然 AB 杆仍然处于平衡状态；但直杆的变形不同了。图 1-8（a）的直杆伸长了，而图 1-8（b）的直杆缩短了。

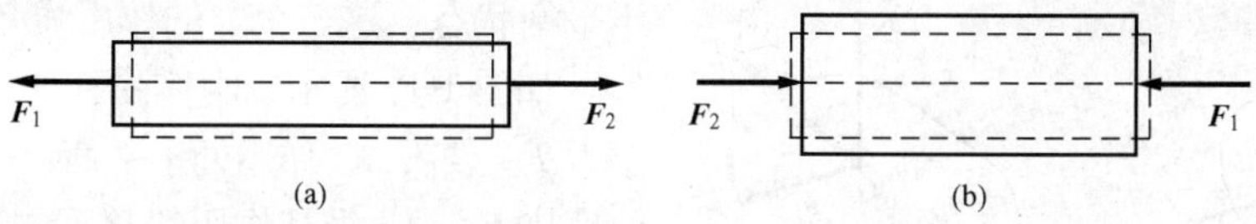

图 1-8

四、力的平行四边形公理

作用于物体上同一点的两个力，可以合成为一个合力，合力仍作用于该点，合力的大小和方向由以这两个力为邻边所构成的平行四边形的对角线来表示。

如图 1-9（a）所示，$\boldsymbol{F}_1$ 和 $\boldsymbol{F}_2$ 为作用于刚体上 A 点的两个力，以这两个力为邻边作出平行四边形 $ABCD$，图中 $\boldsymbol{F}_R$ 即为 $\boldsymbol{F}_1$、$\boldsymbol{F}_2$ 的合力。

这个公理说明力的合成遵循矢量加法，其矢量表达式为

$$\boldsymbol{F}_R=\boldsymbol{F}_1+\boldsymbol{F}_2 \tag{1-3}$$

即合力 $\boldsymbol{F}_R$ 等于两个分力 $\boldsymbol{F}_1$、$\boldsymbol{F}_2$ 的矢量和。为了简便，在利用作图法求两个共点力的合力时，只需画出平行四边形的

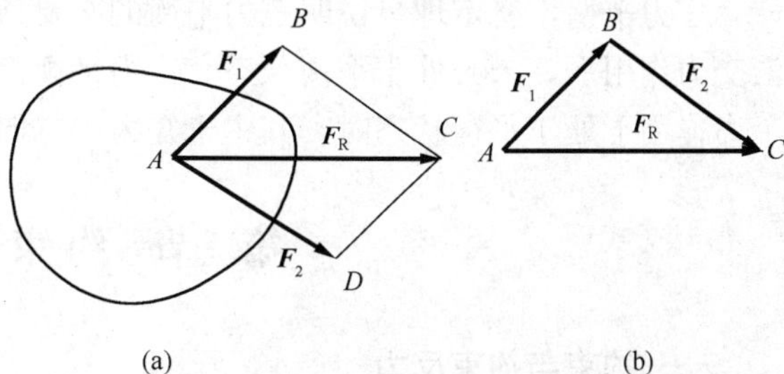

图 1-9

一半即可。其方法是：先从两个分力的共同作用点画出某一分力，再自此分力的终点画出另一分力，最后由第一个分力的起点至第二个分力的终点作一矢量，即为合力，作出的三角形，称为力三角形，这种求合力的方法称为力的三角形法则，如图 1-9（b）所示。

两个共点力可以合成为一个力，反之，一个已知力也可以分解为两个分力。但是，将一个已知力分解为两个分力可得无数的解答。因为以一个力的矢量为对角线的平行四边形，可作无数个。如图 1-10 所示，力 $\boldsymbol{F}$ 既可以分解为力 $\boldsymbol{F}_1$ 和 $\boldsymbol{F}_2$，也可以分解为 $\boldsymbol{F}_3$ 和 $\boldsymbol{F}_4$，等等。要得出唯一的解答，必须给出限制条件。在工程中，常把一个力 $\boldsymbol{F}$ 沿直角坐标轴方向进行分解，可得出两个互相垂直的分力 $\boldsymbol{F}_x$ 和 $\boldsymbol{F}_y$，如图 1-11 所示（注意：合力、分力都是矢量），$\boldsymbol{F}_x$ 和 $\boldsymbol{F}_y$ 的大小可由三角函数公式求得

$$\begin{cases} F_x = F\cos\alpha \\ F_y = F\sin\alpha \end{cases} \tag{1-4}$$

式中：α 为力 $\boldsymbol{F}$ 与 x 轴的夹角。

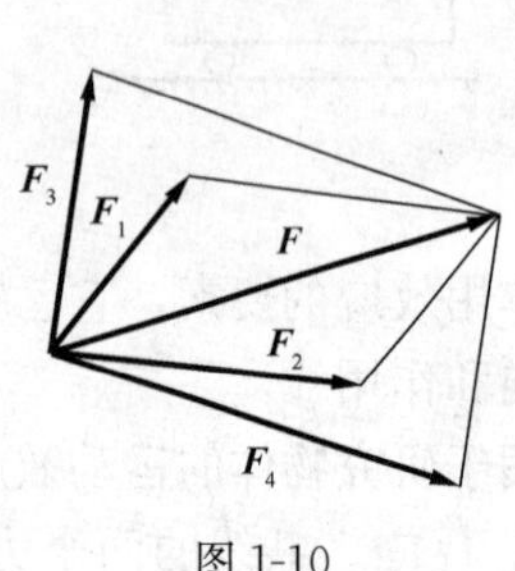

图 1-10

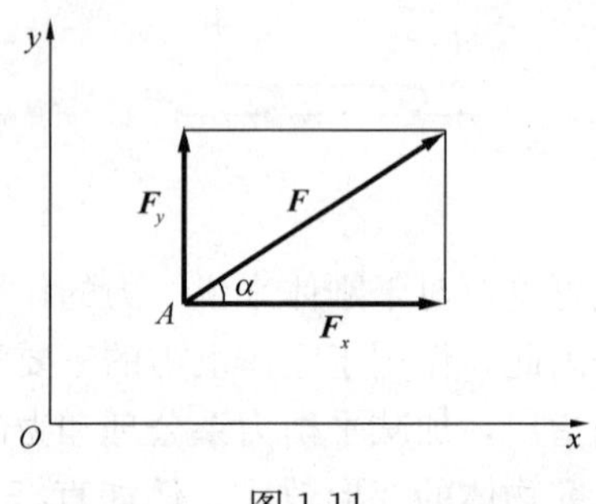

图 1-11

力的平行四边形法则是力系简化的基础，同时，它也是力分解时所应遵循的法则。

推论：三力平衡汇交定理

一个刚体在共面而不平行的三个力作用下处于平衡状态，这三个力的作用线必汇交于一点。

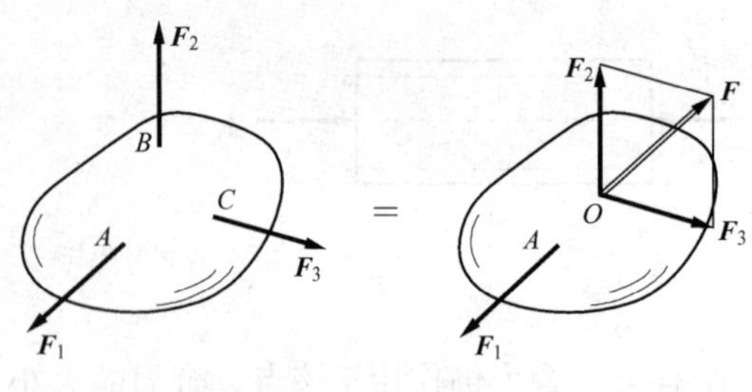

图 1-12

如图 1-12 所示，刚体受到共面而不平行的三个力 $\boldsymbol{F}_1$、$\boldsymbol{F}_2$、$\boldsymbol{F}_3$ 作用处于平衡，根据力的可传性原理将 $\boldsymbol{F}_2$、$\boldsymbol{F}_3$ 沿其作用线移到二者的交点 O 处，再根据力的平行四边形公理将 $\boldsymbol{F}_2$、$\boldsymbol{F}_3$ 合成合力 $\boldsymbol{F}$，于是刚体上只受到两个力 $\boldsymbol{F}_1$ 和 $\boldsymbol{F}$ 作用处于平衡状态，根据二力平衡公理可知，$\boldsymbol{F}_1$、$\boldsymbol{F}$ 必在同一直线上。即 $\boldsymbol{F}_1$ 必过 $\boldsymbol{F}_2$、$\boldsymbol{F}_3$ 的交点 O。因此，三个力 $\boldsymbol{F}_1$、$\boldsymbol{F}_2$、$\boldsymbol{F}_3$ 的作用线必交于一点。

三力平衡汇交定理只说明三力平衡的必要条件，而不是充分条件，即刚体在共面的三个汇交力作用下，未必处于平衡状态。三力平衡汇交定理常用来确定物体在共面而不平行的三个力作用下处于平衡状态时，其中未知力的方向。

第三节 约束和受力图

一、约束与约束反力

力学中通常把物体分为两类，即自由体和非自由体。

运动不受任何限制的物体称为自由体。例如，断了线的风筝、失控的飞机等。运动受到某些条件的限制，不能自由运动的物体称为非自由体。例如，建筑工程中的楼板、梁、柱、基础等。

限制物体运动的周围物体称为约束体，简称为约束。例如，梁是板的约束体，墙是梁的约束体，基础是墙的约束体等。

约束体在限制其他物体运动时，所施加的力称为约束反力。约束反力总是与它所限制的物体的运动或运动趋势的方向相反。例如，墙阻碍梁向下落时，就必须对梁施加向上的反作用力等。约束反力的作用点就是约束与被约束物体的接触点，而约束反力的大小是未知的，静力分析的任务之一就是确定未知的约束反力。

与约束反力相对应，凡能主动引起物体运动或使物体有运动趋势的力，称为主动力。例如，物体的重力、水压力、土压力等。主动力在工程上称为荷载。

通常主动力是已知的，约束反力是未知的，约束反力由主动力引起，而且随主动力的改变而改变。同时，约束的类型不同，约束反力的作用方式也不同。工程中约束的构成方式多种多样，为了确定约束反力的作用方式，必须对约束的构造特点及性质有充分的认识，正确地分析，并结合具体工程，进行抽象简化，得到合理、准确的约束模型。

下面介绍工程中常见的几种约束及约束反力：

1. 柔体约束

由拉紧的绳索、链条或皮带等柔性物体构成的约束叫柔体约束。由于柔体只能承受拉力，限制物体在柔体受拉方向上的运动，所以柔体约束的反力通过接触点，方向沿着柔体的中心线而背离物体。柔体约束的反力是拉力，通常用 $\boldsymbol{F}_{\mathrm{T}}$ 表示，如图 1-13 所示。

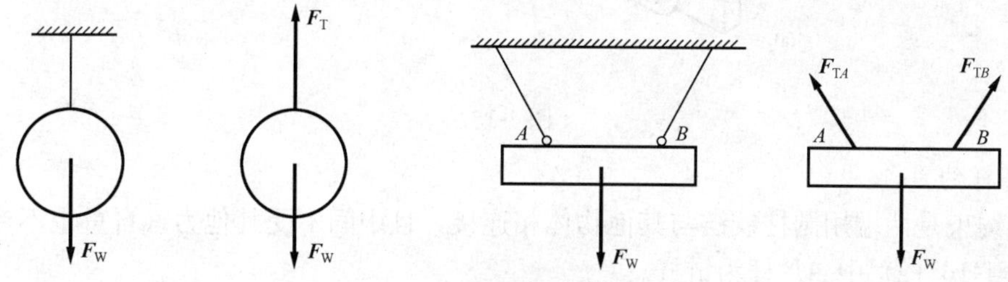

图 1-13

2. 光滑接触面约束

两物体直接接触，当接触面光滑，摩擦力很小可以忽略不计时，形成的约束就是光滑接触面约束。这种约束只能限制物体沿着接触面的公法线指向接触面的运动或运动趋势，而不能阻碍物体沿着接触面切线方向的运动或运动趋势。所以，光滑接触面对物体的约束反力通过接触点，沿接触面的公法线，指向被约束的物体。光滑接触面的约束反力是压力，通常用 $\boldsymbol{F}_{\mathrm{N}}$ 表示，如图 1-14 所示。

注意，当两个物体的接触面光滑，但沿着接触面的公法线没有指向接触面的运动趋势时，没有约束反力。

3. 圆柱铰链约束

门、窗用的合页就是圆柱铰链。理想的圆柱铰链是由一个圆柱形销钉插入两个物体的圆孔中构成的，且认为销钉和圆孔的表面都是完全光滑的，如图 1-15（a）所示。

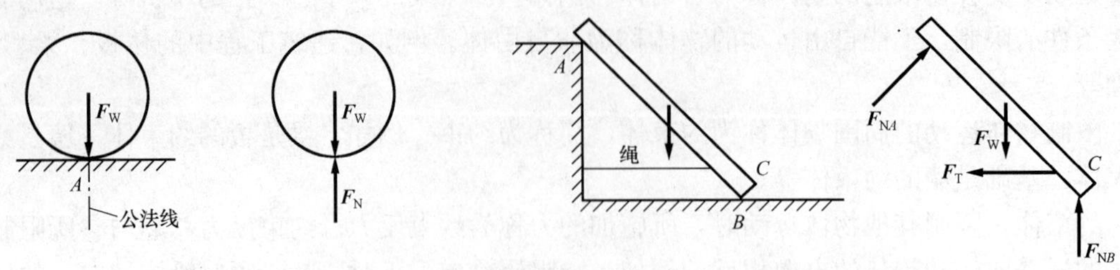

图 1-14

圆柱铰链不能限制两物体的相对转动，只能限制物体在垂直于销钉轴线的平面内沿任意方向的相对移动。当一物体对另一物体有相对运动趋势时，销钉与孔壁在某处接触，并通过接触点对有运动趋势的物体施加反方向的作用，限制其运动。由于物体的运动趋势是可变的，所以销钉和孔壁的接触点也是可变的，约束反力的方向是未知的。因此，圆柱铰链的约束反力在垂直于销钉轴线的平面内，作用线通过销钉中心，方向待定。

圆柱铰链的简图见图 1-15（b），反力可用一个力表示，也可用两个相互垂直的分力来表示（图中的指向是假定的），见图 1-15（c）。

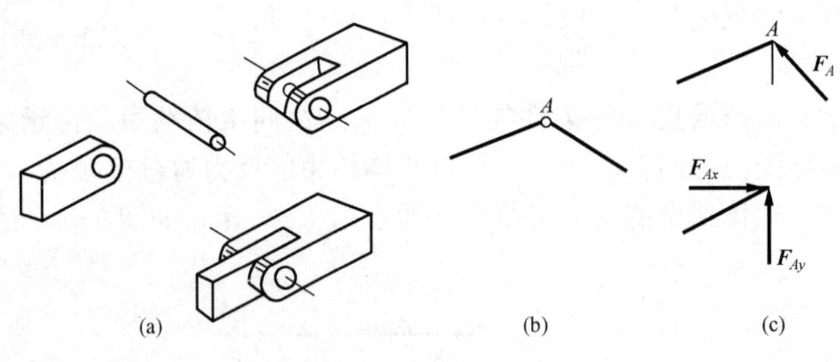

图 1-15

4. 链杆约束

链杆约束是两端用圆柱铰链与其他物体相连接，且中间不受其他力（自重也不计）的直杆。如图 1-16（a）中 AB 杆为链杆。

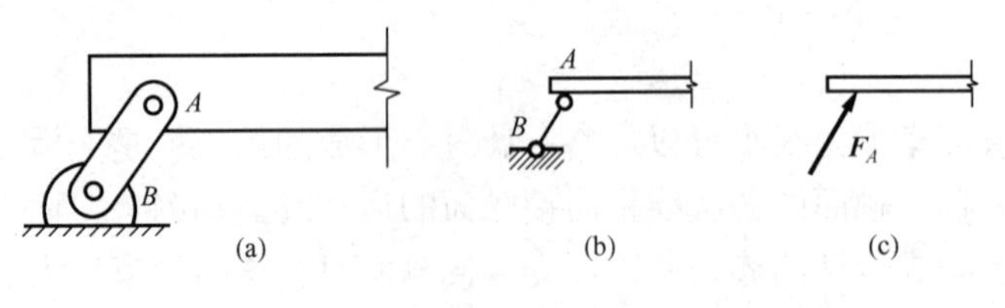

图 1-16

链杆只能限制物体沿链杆轴线方向的运动。所以，链杆约束反力是沿着链杆中心线，指向待定。链杆约束的简图见图 1-16（b），反力的表示见图 1-16（c）（指向假设）。

由于链杆在两端各受到一圆柱铰链的约束反力，中间不受任何力的作用，即在两个力的作用下处于平衡，所以链杆为二力杆。

5. 铰链支座约束

在工程中，将一个构件支承（或连接）在基础或另一个静止的构件上构成的装置称为支座。采用铰链连接的支座就是铰链支座。

铰链支座包括固定铰支座和可动铰支座两种。

(1) 固定铰支座。

圆柱形铰链所连接的两个构件中，如果有一个被固定在基础上，便构成了固定铰支座，如图 1-17（a）所示。这种支座不能限制构件绕销钉轴线的转动，只能限制构件在垂直于销钉轴线的平面内向任意方向的移动。可见固定铰支座的约束性能与圆柱铰链相同。所以，固定铰支座的支座反力在垂直于销钉轴线的平面内，通过铰心，且方向未定。

固定铰支座的简图见图 1-17（b），反力的表示见图 1-17（c）（指向假设）。

(2) 可动铰支座（又叫滚轴支座）。

在固定铰支座下面加几个滚轴支承于平面上，但支座的连接使它不能离开支承面，就构成了可动铰支座，如图 1-18（a）所示。这种支座只能限制构件在垂直于支承面方向上的移动，而不能限制构件绕销钉轴线的转动和沿支承面方向上的水平移动。所以，可动铰支座的支座反力是通过销钉中心，并垂直于支承面，但指向未定。可动铰支座的简图见图 1-18（b），反力的表示见图 1-18（c）（指向假设）。

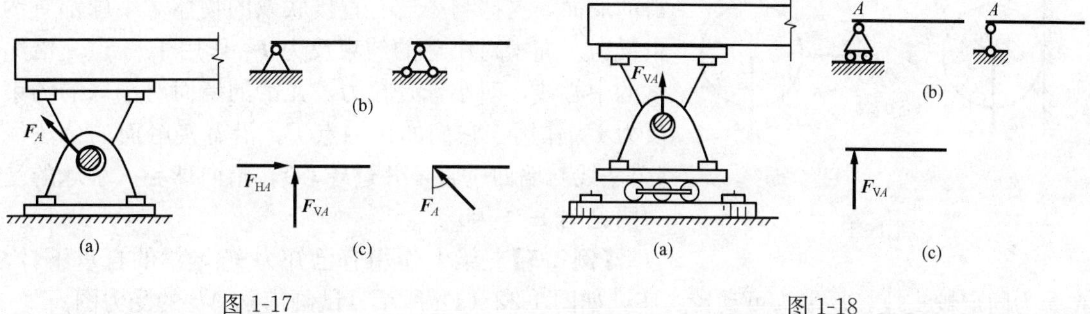

图 1-17　　图 1-18

由于可动铰支座允许被约束体在一个方向发生移动，因此桥梁、屋架等工程结构一端用固定铰支座，另一端用可动铰支座，以适应温度变化引起的伸缩变形。

6. 固定端支座

工程中将构件牢固地嵌在墙或基础内，使构件既不能向任意方向移动，也不能转动，这种约束称为固定端支座，如图 1-19（a）所示。固定端支座可限制物体的移动和转动，所以其支座反力有限制构件移动的力和限制转动的反力偶。其简图见图 1-19（b），约束反力的表示见图 1-19（c）（指向和转向假设）。

例如房屋建筑中的挑梁，钢筋混凝土柱插入基础部分四周用混凝土与基础浇筑在一起，因此柱的下部被嵌固得很牢，不能移动和转动，可视为固定端支座，如图 1-20 所示。

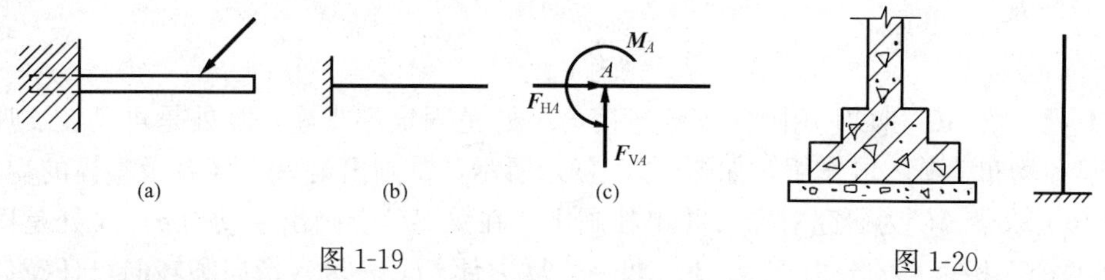

图 1-19　　图 1-20

二、物体的受力分析和受力图

在研究力系的简化和物体平衡的过程中，必须首先分析所研究的物体受到了哪些力的作用，哪些是已知的，哪些是未知的，这个分析过程称为对物体的受力分析。

在工程实际中，所遇到的通常是几个物体或几个构件相互联系，构成一个系统的情况。例如，楼板放在梁上，梁支承在墙上，墙又支承在基础上。因此，对物体进行受力分析时，首先要明确对哪一部分物体进行受力分析，即明确研究对象。为了分析研究对象的受力情况，往往需要把研究对象从与它有联系的周围物体中脱离出来。脱离出来的研究对象称为脱离体（隔离体）。

确定脱离体后，再分析脱离体的受力情况，经分析后在脱离体上画出它所受的全部主动力和约束反力，这样的图形称为受力图。正确地画出受力图是解决力学问题的关键，必须认真对待，熟练掌握。

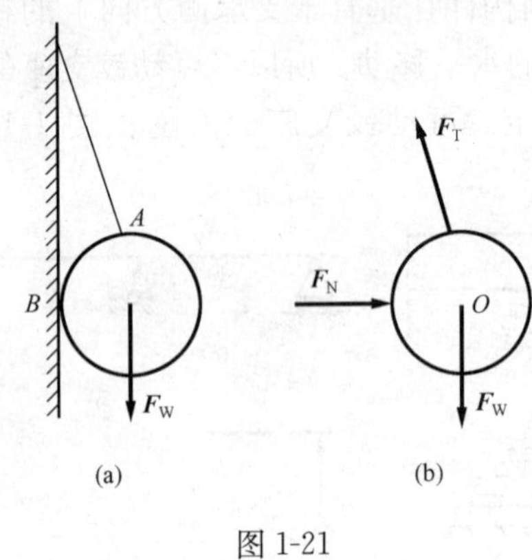

图 1-21

【例 1-2】 重量为 W 的小球用绳索系于光滑的墙面上，如图 1-21（a）所示，试画出小球的受力图。

解 取小球为研究对象，单独画出小球。小球受到重力 $\boldsymbol{F}_{\mathrm{W}}$ 的作用。与小球有直接联系的物体有绳索和光滑的墙面，这些与小球有直接联系的物体对小球都有约束反力。绳索对小球的约束反力 $\boldsymbol{F}_{\mathrm{T}}$ 作用于 A 点，沿绳索的中心线，对小球是拉力。光滑的墙面对小球的约束反力 $\boldsymbol{F}_{\mathrm{N}}$ 作用于它们的接触点 B，沿着接触面的公法线（公法线与墙面垂直，并过球心），指向球心。小球的受力图见图 1-21（b）。

【例 1-3】 梁上作用有已知力 $\boldsymbol{F}_{\mathrm{P}}$，梁的自重不计，$A$ 端为固定铰支座，B 端为可动铰支座，如图 1-22（a）所示，试画出梁 AB 的受力图。

解 梁 AB 处于平衡状态，取梁 AB 为研究对象，并画梁的脱离体。在脱离体上画主动力 $\boldsymbol{F}_{\mathrm{P}}$，$A$ 处是固定铰支座，可用一个大小和方向都未知的反力 $\boldsymbol{F}_{\mathrm{A}}$ 表示，其作用线的方位和指向可利用三力平衡汇交定理确定，见图 1-22（c）。也可用两个互相垂直的分力 $\boldsymbol{F}_{\mathrm{HA}}$、$\boldsymbol{F}_{\mathrm{VA}}$ 来表示，B 处是可动铰支座，支反力 $\boldsymbol{F}_{\mathrm{VB}}$与支承面垂直，指向假设，受力图见图 1-22（b）。

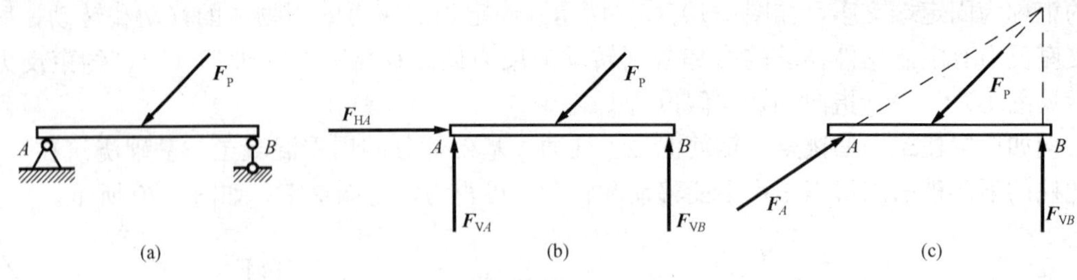

图 1-22

【例 1-4】 梁 AC 和 CB 用圆柱铰链连接，A 处是固定端支座，B 处是可动铰支座，受已知力 $\boldsymbol{F}_{\mathrm{P}}$ 和均布荷载 q 的作用，如图 1-23（a）所示，试画出梁 AC、CB 及整体的受力图。

解 （1）取梁 AC 为研究对象，并单独画出。在梁 AC 上画出主动力 q，A 处是固定端支座，用两个互相垂直的分力 $\boldsymbol{F}_{\mathrm{HA}}$、$\boldsymbol{F}_{\mathrm{VA}}$和一个反力偶 M_{A} 表示（指向和转向可任意假设），C 处是圆柱铰链，用互相垂直的分力 $\boldsymbol{F}_{Cx}$、$\boldsymbol{F}_{Cy}$ 表示（方向任意假设）。AC 的受力图见图1-23（b）。

（2）取 CB 为研究对象，并单独画出。在梁 CB 上画出主动力 $\boldsymbol{F}_{\mathrm{P}}$，$B$ 处是可动铰支座，

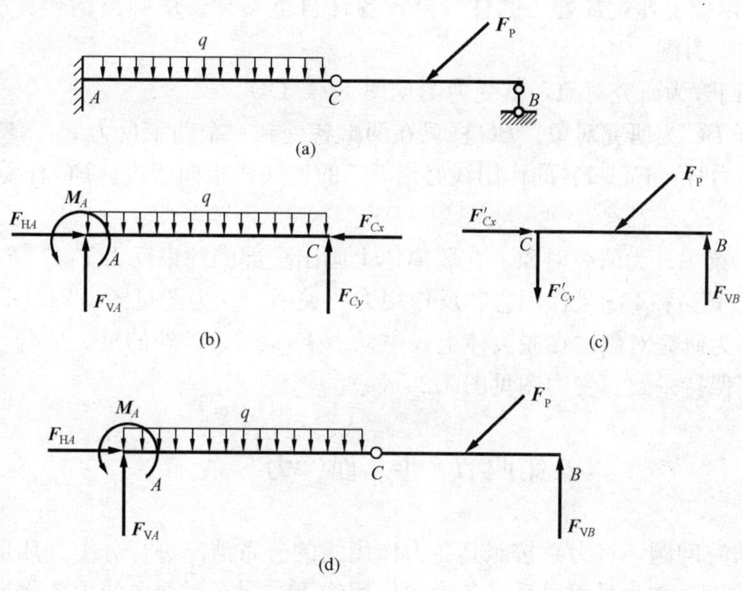

图 1-23

支反力 $\boldsymbol{F}_{VB}$与支承面垂直，指向可假设向上或向下。C 处是圆柱铰链用两个互相垂直的分力 $\boldsymbol{F}'_{Cx}$、$\boldsymbol{F}'_{Cy}$表示（注意 $\boldsymbol{F}'_{Cx}$、$\boldsymbol{F}'_{Cy}$与梁 AC 上的约束反力 $\boldsymbol{F}_{Cx}$、$\boldsymbol{F}_{Cy}$分别是作用力和反作用力的关系）。受力图见图 1-23（c）。

（3）取整体为研究对象，并画出其脱离体。在脱离体上画出全部的主动力 $\boldsymbol{F}_P$ 和 q。A 处的反力 $\boldsymbol{F}_{HA}$、$\boldsymbol{F}_{VA}$，M_A 和 B 处的反力 $\boldsymbol{F}_{VB}$要与 AC、CB 梁的受力图保持一致（注意：C 处的约束没解除，约束反力不要画出）。受力图见图 1-23（d）。

【例 1-5】 一管道支架 ABC 如图 1-24（a）所示。在 AB 杆上安置一重为 W 的管道。

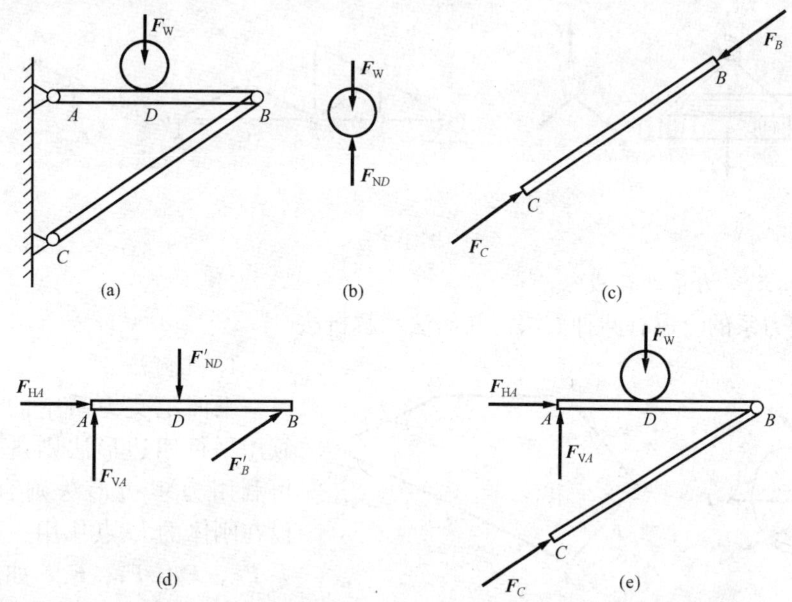

图 1-24

A、C 处均为固定铰支座，B 处为圆柱铰链，各杆自重不计。试画出钢管、水平梁 AB、斜杆 CB 及整体的受力图。

解 (1) 取钢管为研究对象，其受力图见图 1-24 (b)。

(2) 取斜杆 BC 为研究对象。BC 杆只在两端各受到一个约束反力 $\boldsymbol{F}_B$、$\boldsymbol{F}_C$ 作用而平衡，所以 BC 杆是二力杆，$\boldsymbol{F}_B$、$\boldsymbol{F}_C$ 的作用线必沿 BC 的连线，指向假设。BC 杆受力图见图 1-24 (c)。

(3) 取水平梁 AB 为研究对象。在脱离体上画出全部的约束反力 $\boldsymbol{F}_{HA}$、$\boldsymbol{F}_{VA}$、$\boldsymbol{F}'_B$、$\boldsymbol{F}'_{ND}$。注意 $\boldsymbol{F}'_B$ 和 $\boldsymbol{F}_B$，$\boldsymbol{F}'_{ND}$和 $\boldsymbol{F}_{ND}$是作用力和反作用力的关系。受力图见图 1-24 (d)。

(4) 取整体为研究对象。在脱离体上画主动力 $\boldsymbol{F}_W$，A、C 处的反力应与水平梁 AB、斜杆 BC 的受力图保持一致。受力图见图 1-24 (e)。

第四节 平 面 力 系

为了便于研究问题，将力系按照其各力作用线的分布情况进行分类。凡是各力的作用线在同一平面内的力系称为平面力系；各力的作用线不在同一平面内的力系称为空间力系。在平面力系中，各力作用线交于同一点的力系称为平面汇交力系；各力的作用线互相平行的力系称为平面平行力系；在平面力系中既不是平面汇交力系，也不是平面平行力系的力系称为平面任意力系。

一、平面汇交力系

平面汇交力系是最简单的力系，在建筑工程中经常遇到。例如，起重机起吊重物时，作用于吊钩 C 的三根绳索的拉力 $\boldsymbol{F}_{T1}$、$\boldsymbol{F}_{T2}$、$\boldsymbol{F}_{T3}$都在同一平面内，且汇交于一点，组成了平面汇交力系如图 1-25 (a) 所示。又如常见的屋架，其每个结点所受的力系都是平面汇交力系，见图 1-25 (b)。

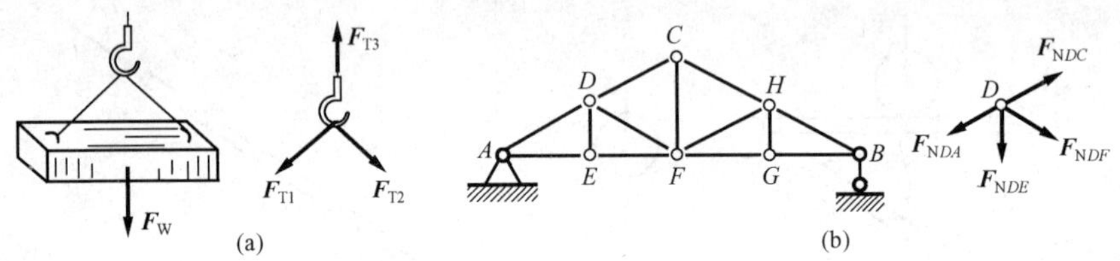

图 1-25

(一) 平面汇交力系的合成

平面汇交力系的合成有两种方法：几何法和解析法。

1. 几何法

平面汇交力系中的各力，可连续用平行四边形法则进行合成，也可利用力多边形法则合成。例如，设在刚体的 O 点作用一平面汇交力系 $\boldsymbol{F}_1$、$\boldsymbol{F}_2$、$\boldsymbol{F}_3$、$\boldsymbol{F}_4$，如图 1-26 (a) 所示，现求其合力。

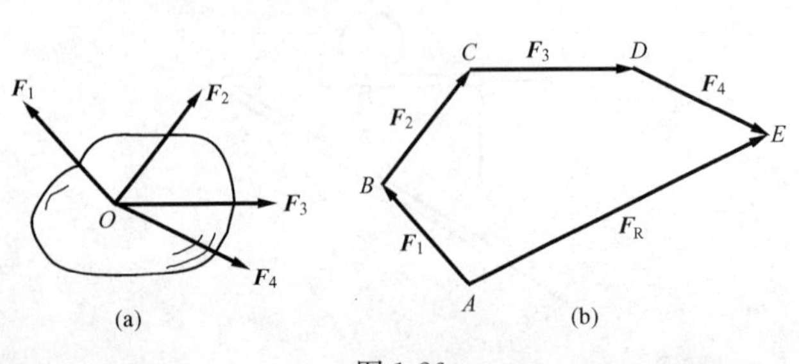

图 1-26

取一点 A 作为第一个力 $\boldsymbol{F}_1$ 的始点画出 $\boldsymbol{F}_1$，再以 $\boldsymbol{F}_1$ 的终点 B 作为第二个力 $\boldsymbol{F}_2$ 的始点画出 $\boldsymbol{F}_2$，以 $\boldsymbol{F}_2$ 的终点 C 作为第三个力 $\boldsymbol{F}_3$ 的始点画出 $\boldsymbol{F}_3$，以 $\boldsymbol{F}_3$ 的终点 D 作为 $\boldsymbol{F}_4$ 的始点画出 $\boldsymbol{F}_4$，见图 1-26（b），最后从第一个力 $\boldsymbol{F}_1$ 的始点 A 到最后一个力 $\boldsymbol{F}_4$ 的终点 E，即为平面汇交力系的合力 $\boldsymbol{F}_R$。合力的大小根据力的比例量定，合力的方向从第一个力的始点 A 指向最后一个力的终点 E，合力的作用线通过原力系的汇交点。

多边形 $ABCDE$ 称为力多边形，以上求合力的作图法称为力多边形法则。值得注意的是：作力多边形时，力的顺序可任意选择，力的顺序选择的不同，作出的力多边形的形状不同，但合力 $\boldsymbol{F}_R$ 的大小和方向不变。

【例 1-6】 在拉环上套有在同一平面上的三根绳索，各绳的拉力分别为 $\boldsymbol{F}_{T1}=100\text{N}$、$\boldsymbol{F}_{T2}=150\text{N}$、$\boldsymbol{F}_{T3}=75\text{N}$，各力的方向如图 1-27（a）所示，试用几何法求三个力的合力。

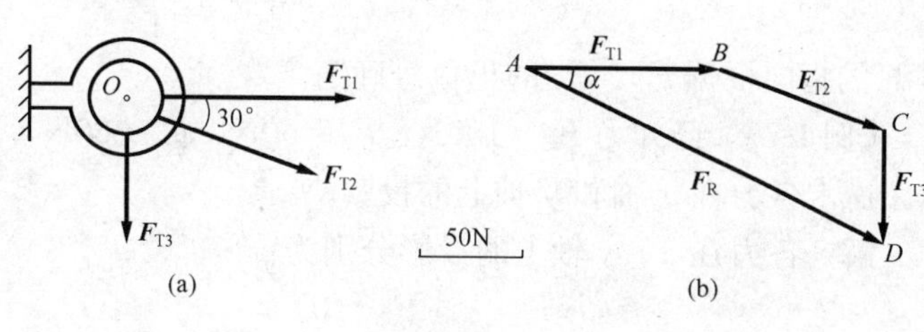

图 1-27

解　拉力 $\boldsymbol{F}_{T1}$、$\boldsymbol{F}_{T2}$、$\boldsymbol{F}_{T3}$的作用力汇交于 O 点，构成了平面汇交力系。选定比例，按力多边形法则依次作出 $\boldsymbol{F}_{T1}$、$\boldsymbol{F}_{T2}$、$\boldsymbol{F}_{T3}$，见图 1-27（b），连接 AD，则矢量$\overline{AD}$代表合力 $\boldsymbol{F}_R$，依比例尺和量角器分别量得

$$F_R=267\text{ N}$$

$$\alpha=34^\circ$$

2. 解析法

用解析法合成平面汇交力系时，需要用力在坐标轴上的投影知识。

（1）力在坐标轴上的投影。

设力 $\boldsymbol{F}$ 作用于物体的某点 A，直角坐标系 xoy 与 $\boldsymbol{F}$ 在同一平面内，从力 $\boldsymbol{F}$ 的始点 A 及终点 B 分别向 x 轴作垂线，得垂足 a 和 b，并在 x 轴上得线段 ab。线段 ab 加上正号或负号称为力 $\boldsymbol{F}$ 在 x 轴上的投影，用 F_x 表示。用同样的方法可得线段 a_1b_1，加上正号或负号得力 $\boldsymbol{F}$ 在 y 轴上的投影 F_y，如图 1-28 所示。即

$$\begin{cases}F_x=\pm ab\\F_y=\pm a_1b_1\end{cases}$$

投影的正负号规定：从力的始点的投影到终点的投影的趋向与坐标轴的正向一致时，取正号；反之，取负号（注意：力在坐标轴上的投影，是一个标量，而力的分力仍然是矢量，请注意区分）。

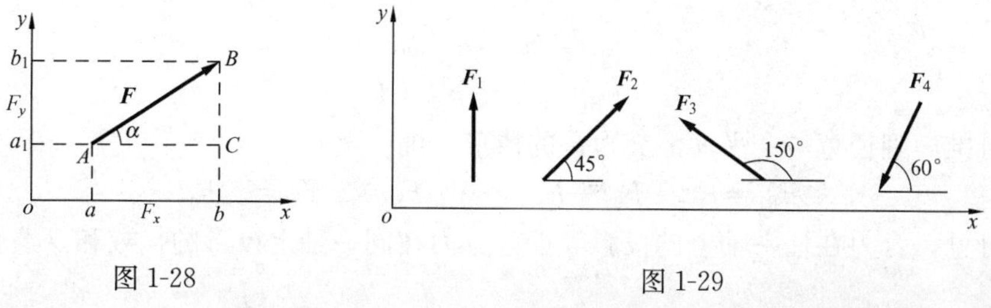

图 1-28　　　图 1-29

投影的计算见图 1-28，设 $\boldsymbol{F}$ 与 x 轴所夹的锐角为 α，则

$$\left.\begin{aligned}F_x&=\pm F\cos\alpha\\F_y&=\pm F\sin\alpha\end{aligned}\right\}\tag{1-5}$$

投影的正负号根据规定直观判断得出。

如果已知力 $\boldsymbol{F}$ 在两个坐标轴上的投影 F_x、F_y，则力 $\boldsymbol{F}$ 的大小和它与 x 轴夹的锐角 α 可由下式求得：

$$F=\sqrt{F_x^2+F_y^2}$$

$$\tan\alpha=\left|\frac{F_y}{F_x}\right|$$

力 $\boldsymbol{F}$ 的指向根据 F_x、F_y 的正负号确定。

【例 1-7】 已知力 $F_1=100\text{N}$，$F_2=50\text{N}$，$F_3=80\text{N}$，$F_4=60\text{N}$，各力的方向如图 1-29 所示，试求各力在 x 轴和 y 轴上的投影。

解　各力在 x、y 轴上的投影分别为：

$$F_{1x}=0$$
$$F_{1y}=100\text{N}$$
$$F_{2x}=50\cos45^\circ=35.36\text{N}$$
$$F_{2y}=50\sin45^\circ=35.36\text{N}$$
$$F_{3x}=-80\cos30^\circ=-69.28\text{N}$$
$$F_{3y}=80\sin30^\circ=40\text{N}$$
$$F_{4x}=-60\cos60^\circ=-30\text{N}$$
$$F_{4y}=-60\sin60^\circ=-51.96\text{N}$$

(2) 合力投影定理。

设有一平面汇交力系 $\boldsymbol{F}_1$、$\boldsymbol{F}_2$、$\boldsymbol{F}_3$ 作用于物体的 O 点，如图 1-30 所示。利用力多边形法则求其合力 $\boldsymbol{F}_{\text{R}}$，则得力多边形 $ABCD$，在其平面内任取一坐标轴 x，求各分力及合力在 x 轴上的投影 F_{1x}、F_{2x}、F_{3x}、$F_{\text{R}x}$。

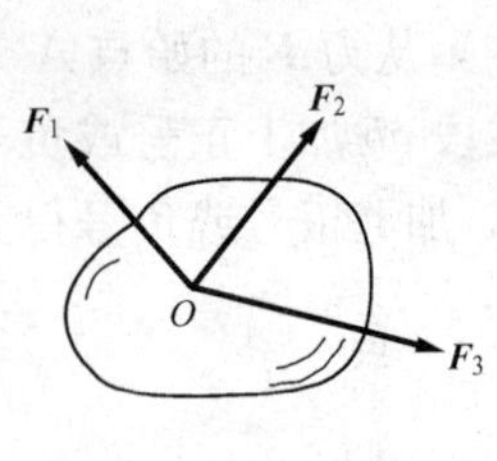

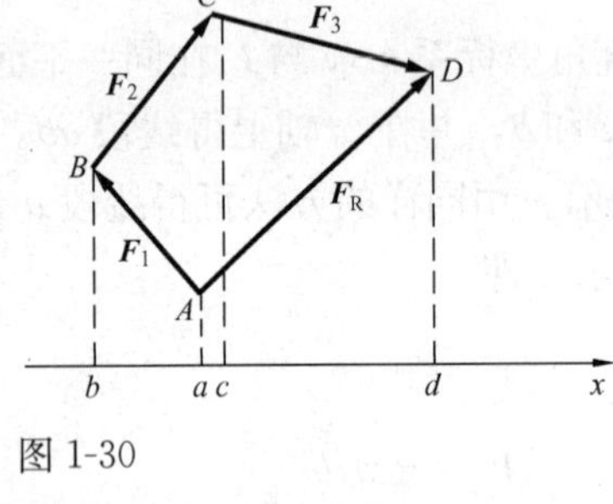

图 1-30

可见

$$F_{1x}=-ba$$
$$F_{2x}=bc$$
$$F_{3x}=cd$$
$$F_{\text{Rx}}=ad$$

而　$$ad=bc+cd-ba$$

所以　$$F_{\text{R}x}=F_{1x}+F_{2x}+F_{3x}$$

这个关系可推广到任意一个平面汇交力系的情形，即

$$F_{\text{R}x}=F_{1x}+F_{2x}+F_{3x}+\cdots+F_{nx}=\Sigma F_{ix}=\Sigma F_x\tag{1-6}$$

由此可见，合力在任一轴上的投影等于各分力在同一轴上投影的代数和。这就是合力投影定理。

(3) 解析法求平面汇交力系的合力。

当平面汇交力系为已知时，可选定直角坐标系求得力系中各力在 x、y 轴上的投影，再根据合力投影定理求得合力 $\boldsymbol{F}_R$ 在 x、y 轴上的投影 F_{Rx}、F_{Ry}（注意：力的投影是标量）。则合力的大小及方向（与 x 轴所夹的锐角 α）由下式确定

$$\left.\begin{aligned} F_R &= \sqrt{F_{Rx}^2+F_{Ry}^2}=\sqrt{(\Sigma F_{ix})^2+(\Sigma F_{iy})^2}=\sqrt{(\Sigma F_x)^2+(\Sigma F_y)^2} \\ \tan\alpha &= \left|\frac{F_{Ry}}{F_{Rx}}\right| = \left|\frac{\Sigma F_{iy}}{\Sigma F_{ix}}\right| = \left|\frac{\Sigma F_y}{\Sigma F_x}\right| \end{aligned}\right\} \tag{1-7}$$

合力 $\boldsymbol{F}_R$ 的指向由 F_{Rx}、F_{Ry}的正负号确定。合力的作用线通过原力系的汇交点。

【例 1-8】 用解析法求例 1-6 中的平面汇交力系的合力（见图 1-31）。

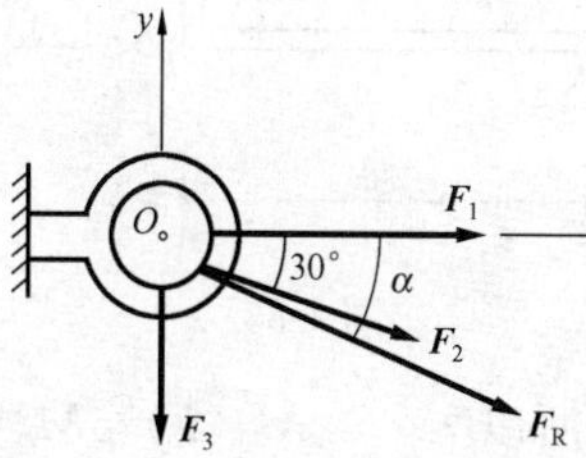

图 1-31

解 各力在 x、y 轴上的投影：

$F_{1x}=100\text{N}$

$F_{1y}=0$

$F_{2x}=150\cos30°=129.90\text{N}$

$F_{2y}=-150\sin30°=-75\text{N}$

$F_{3x}=0$

$F_{3y}=-75\text{N}$

$F_{Rx}=100+129.9=229.9\text{N}$

$F_{Ry}=-150\text{N}$

合力的大小为 $F_R=\sqrt{229.9^2+(-150)^2}=274.51\text{N}$

方向为 $\tan\alpha=\left|\dfrac{-150}{229.9}\right|=0.652$ 所以 $\alpha=33.1°$

（二）合力矩定理

由前面的内容可知，平面汇交力系的作用效应可以用它的合力来代替。作用效应包括移动效应和转动效应，而力使物体绕某点的转动效应由力对点的矩来度量，由此可得，平面汇交力系的合力对平面内任一点的矩等于各分力对该点的矩的代数和，这就是平面汇交力系的合力矩定理。

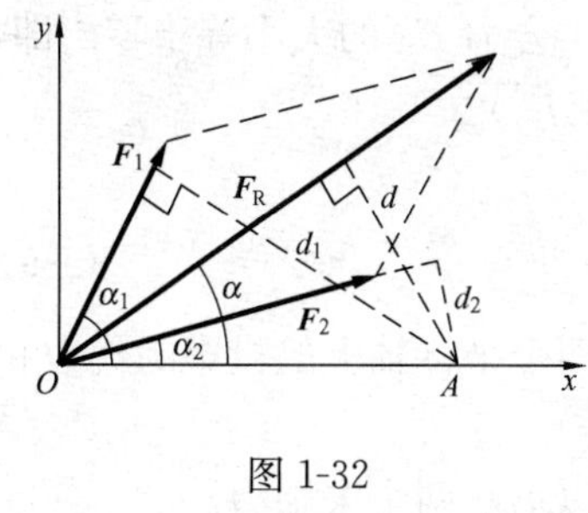

图 1-32

证明：设物体 O 点作用有平面汇交力系 $\boldsymbol{F}_1$、$\boldsymbol{F}_2$，其合力为 $\boldsymbol{F}_R$。在力系的作用面内任取一点 A，点 A 到 $\boldsymbol{F}_1$、$\boldsymbol{F}_2$、合力 $\boldsymbol{F}_R$ 三力作用线的垂直距离分别为 d_1、d_2 和 d，以 OA 为 x 轴，建立直角坐标系，如图 1-32 所示，$\boldsymbol{F}_1$、$\boldsymbol{F}_2$、合力 $\boldsymbol{F}_R$ 与 x 轴的夹角分别为 α_1、α_2、α，则

$$M_A(F_R)=-F_R\,d=-F_R\cdot OA\sin\alpha$$

$$M_A(F_1)=-F_1\,d_1=-F_1\cdot OA\sin\alpha_1$$

$$M_A(F_2)=-F_2\,d_2=-F_2\cdot OA\sin\alpha_2$$

因 $$F_{Ry}=F_{1y}+F_{2y}$$

即 $$F_R\sin\alpha=F_1\sin\alpha_1+F_2\sin\alpha_2$$

等式两边同时乘以长度 OA 得

$$F_R\cdot OA\sin\alpha=F_1\cdot OA\sin\alpha_1+F_2\cdot OA\sin\alpha_2$$

所以有 $$M_A(F_R)=M_A(F_1)+M_A(F_2)$$

上式表明：汇交于某点的两个分力对 A 点的力矩的代数和等于其合力对 A 点的力矩。

上述证明可推广到 n 个力组成的平面汇交力系，即

$$M_A(F_R)=M_A(F_1)+M_A(F_2)+\cdots+M_A(F_n)=\sum M_A(F_i) \tag{1-8}$$

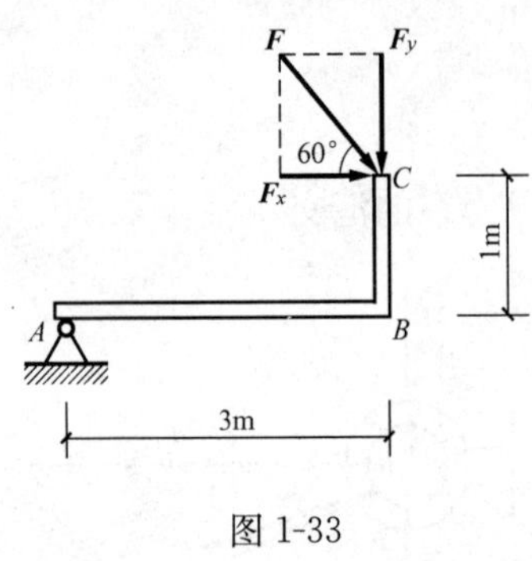

图 1-33

这就是平面汇交力系的合力矩定理的表达式。利用合力矩定理可以简化力矩的计算。

【例 1-9】 如图 1-33 所示，构件 ABC 的 C 处作用一力 $F=30\text{N}$，求力 $\boldsymbol{F}$ 对铰支座 A 的矩。

解 显然利用定义计算力 $\boldsymbol{F}$ 对 A 点的矩，力臂不易确定。所以，可利用合力矩定理将 $\boldsymbol{F}$ 分解为两个分力 $\boldsymbol{F}_x$ 和 $\boldsymbol{F}_y$（分解出的分力，其到 A 点的力臂要容易确定）。则

$$M_A(F_x)=-F\cos60°\times1=-30\cos60°\times1=-15\text{N}\cdot\text{m}$$

$$M_A(F_y)=-F\sin60°\times3=-30\sin60°\times3=-77.94\text{N}\cdot\text{m}$$

所以 $$M_A(F)=M_A(F_x)+M_A(F_y)=-15-77.94=-92.94\text{N}\cdot\text{m}$$

（三）平面汇交力系的平衡

1. 平面汇交力系平衡的几何条件

用力多边形法则求平面汇交力系的合力时，力多边形的封闭边代表合力的大小和方向。当各个力矢量组成的力多边形自行封闭时，其合力为零，此时平面汇交力系平衡。反之，如果平面汇交力系平衡，其合力必为零，力多边形一定自行封闭。因此，平面汇交力系平衡的几何条件是力多边形自行封闭。

利用平面汇交力系平衡的几何条件，可以解决两类问题：

（1）检验刚体在平面汇交力系作用下是否平衡；

（2）当刚体处于平衡状态时，利用平衡条件，通过作用于物体上的已知力，求解未知力（未知力的个数不能超过两个）。

2. 平面汇交力系平衡的解析条件

几何法求解平面汇交力系的合力具有直观、明了、简捷的优点，但其精确度较差，在力学计算时多用解析法。

物体在平面汇交力系作用下处于平衡的必要和充分条件是：合力 $\boldsymbol{F}_R$ 的大小等于零。即

$$F_R=\sqrt{(\sum F_{ix})^2+(\sum F_{iy})^2}=\sqrt{(\sum F_x)^2+(\sum F_y)^2}=0$$

要使上式成立则

$$\left.\begin{aligned}F_{Rx}=\sum F_{ix}=\sum F_x=0\\F_{Ry}=\sum F_{iy}=\sum F_y=0\end{aligned}\right\} \tag{1-9}$$

上式表明平面汇交力系平衡的解析条件是：力系中各力在两个坐标轴上的投影的代数和均等于零。式（1-9）称为平面汇交力系的平衡方程。

平面汇交力系有两个独立的平衡方程，应用这两个方程可以求解两个未知力。

【例 1-10】 简易起重机如图 1-34（a）所示，被匀速吊起的重物重 $W=20\text{kN}$，杆件自重、摩擦力、滑轮大小均不计。试求 AB、BC 杆所受的力。

解 (1)选择研究对象，画其受力图。AB 杆和 BC 杆是二力杆，不妨假设二杆均受拉力，绳索的拉力和重物的重力 F_W 相等，所以选择既与已知力有关、又与未知力有关的滑轮 B 为

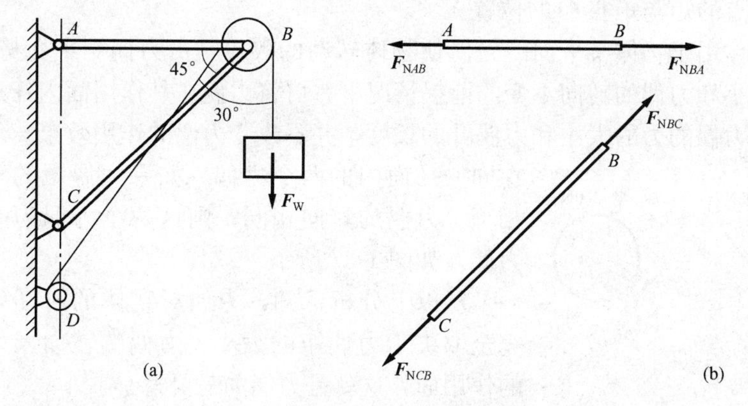

图 1-34

研究对象，其受力图见图1-34（b）。

（2）建立直角坐标系，列平衡方程

$$\Sigma F_x=0: \quad -F'_{NBA}-F'_{NBC}\cos45°-F_{TBD}\sin30°=0$$

$$\Sigma F_y=0: \quad -F_{TBD}\cos30°-F'_{NBC}\sin45°-F_W=0$$

代数解之：

$$F'_{NBC}=-52.78\text{kN（压）}$$

$$F'_{NBA}=27.32\text{kN（拉）}$$

负号表示受力图中 F'_{NBC} 的方向与实际相反，在斜杆中实为压力。

二、平面力偶系

1. 力偶的性质

第一节讲了力偶和力偶矩的概念，下面介绍力偶的性质。

（1）力偶无合力，力偶不能与一个力等效，也不能用一个力来代替。因为力既可以使物体移动，又可以使物体绕某点转动。而力偶只能使物体转动。力偶和力是力系中两种不同的基本元素。

（2）力偶在其作用面内任意轴上的投影都等于零。在力偶（$\boldsymbol{F}$、$\boldsymbol{F}'$）的作用面内，取一坐标轴 x，如图 1-35 所示。由图可知，力偶中的两个力 $\boldsymbol{F}$、$\boldsymbol{F}'$在 x 轴上的投影分别为：

$$F_x=F\cdot\cos\alpha$$

$$F'_x=-F'\cdot\cos\alpha$$

因为 $F=F'$，所以$\Sigma F_x=F_x+F'_x=F\cdot\cos\alpha-F'\cdot\cos\alpha=0$

所以力偶（$\boldsymbol{F}$、$\boldsymbol{F}'$）在任意轴上的投影等于零。

（3）力偶对其作用面内任意点的矩恒等于力偶矩。如图 1-36 所示，一力偶（$\boldsymbol{F}$、$\boldsymbol{F}'$）作用于某物体上，其力偶臂为 d，在力偶的作用面内取任一点 O 为矩心，用 d_1 表示 O 点到 $\boldsymbol{F}'$ 的垂直距离，力偶（$\boldsymbol{F}$、$\boldsymbol{F}'$）对 O 点的力矩为：

$$M_O(F、F')=M_O(F)+M_O(F')=F\cdot(d+d_1)-F'\cdot d_1=F\cdot d=M$$

图 1-35　　图 1-36

可见力偶对作用面内任一点的矩与矩心 O 的位置无关。

（4）力偶的等效性。作用于物体某平面的力偶使物体转动的效应是由力偶矩来衡量的。所以，在保持力偶矩的大小和力偶的转向不变的前提情况下，可将力偶在其作用面内任意移动、转动，也可改变组成力偶的力的大小和力偶臂的长度，并不改变力偶的作用效果。作用在同一平面内的两个力偶，如果力偶矩的大小相等，力偶的转向相同，则这两个力偶为等效力偶。如图 1-37 所示。

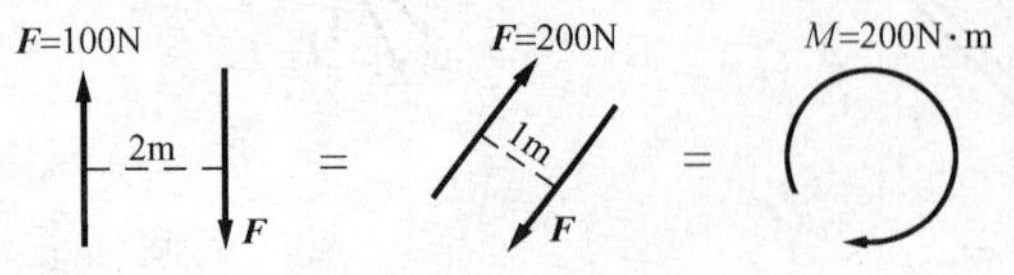

图 1-37

从以上分析可知，力偶对物体的转动效应完全取决于力偶矩的大小、力偶的转向及力偶的作用面，这就是力偶的三要素。

2. 平面力偶系的合成

作用在物体上同一平面内的两个或两个以上的力偶，称为平面力偶系。

设有两个力偶作用在物体的同一平面内，其力偶矩分别为 M_1、M_2，如图 1-38 所示。根据力偶的等效性，将两个力偶等效变换，使它们成为具有相同力偶臂 d 的两个力偶（$\boldsymbol{F}_1$，$\boldsymbol{F}'_1$）、（$\boldsymbol{F}_2$，$\boldsymbol{F}'_2$），则 $M_1=F_1d$、$M_2=-F_2d$，将变换后的各力偶在作用面内移动和转动，使它们的力偶臂都与 AB 重合。设 $\boldsymbol{F}_1>\boldsymbol{F}_2$，则 $\boldsymbol{F}$ 和 $\boldsymbol{F}'$ 的大小为：

$$F=F'=F_1-F_2$$

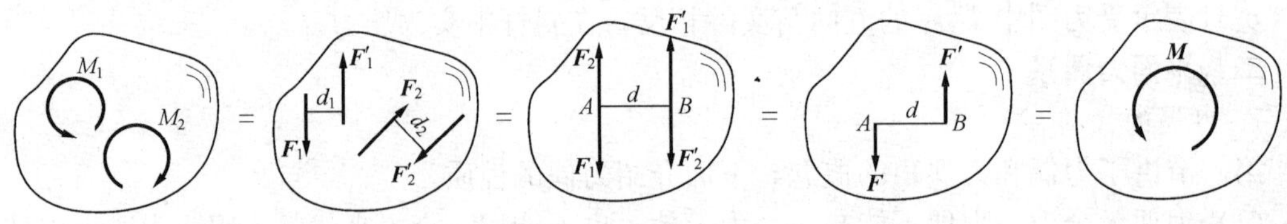

图 1-38

$\boldsymbol{F}$ 和 $\boldsymbol{F}'$ 组成一个合力偶（$\boldsymbol{F}$，$\boldsymbol{F}'$），这个力偶与原来的两个力偶等效，称为原平面力偶系的合力偶，其力偶矩为：

$$M=F\cdot d=(F_1-F_2)\times d=F_1\cdot d-F_2\cdot d=M_1+M_2$$

上述结论可以推广到任意多个力偶合成的情形，即平面力偶系可以合成为一个合力偶，其力偶矩等于各分力偶矩的代数和。可写为

$$M=\sum M_i \tag{1-10}$$

3. 平面力偶系的平衡条件

平面力偶系可合成为一个合力偶，当合力偶矩等于零时，则力偶系中各力偶对物体的转动效应互相抵消，物体处于平衡状态；反之，若物体在平面力偶系的作用下处于平衡状态，则原平面力偶系的合力偶矩必为零。所以，平面力偶系平衡的必要和充分条件是：力偶系中各力偶矩的代数和为零。即

$$M=\sum M_i=0 \tag{1-11}$$

上式为平面力偶系的平衡方程。

【例 1-11】 简支梁 AB 上作用一力偶，如图 1-39（a）所示，试求梁的支座反力。

解　以 AB 梁为研究对象，因为力偶只能与力偶平衡，所以 A 铰和 B 铰处的反力 $\boldsymbol{F}_{VA}$、$\boldsymbol{F}_{VB}$必组成一个力偶，其受力图见图 1-39（b）。由平面力偶系的平衡条件得

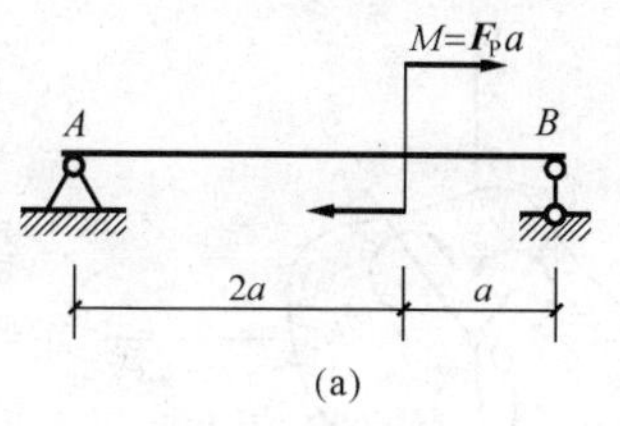

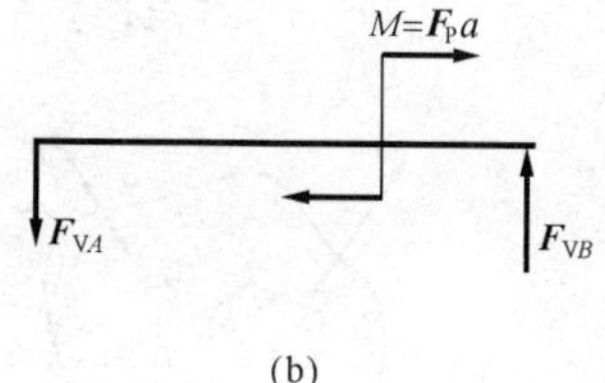

图 1-39

$\sum M_i=0 \qquad F_{VA}\times 3a-F_{P}a=0$

解之

$$F_{VA}=\frac{1}{3}F_{P}\ (\downarrow)$$

$$F_{VB}=\frac{1}{3}F_{P}\ (\uparrow)$$

计算结果为正，说明受力图中支座反力的假设方向与实际方向相同。

三、平面一般力系

平面一般力系是工程实际中最常见的一种力系，平面汇交力系、平面力偶系、平面平行力系都是平面一般力系的特殊情况。工程中很多问题都可以简化为平面一般力系的问题来处理，因此对平面一般力系的研究具有特别重要的意义。

（一）力的平移定理

设在刚体的 A 点作用一力 $\boldsymbol{F}$，如图 1-40 所示，在力 $\boldsymbol{F}$ 的作用面内任意取一点 B，并在 B 处加一对平衡力 $\boldsymbol{F}_1$ 和 $\boldsymbol{F}'_1$，使其作用线与力 $\boldsymbol{F}$ 平行，大小与 $\boldsymbol{F}$ 相等。由加减平衡力系公理可知，这与原力系的作用效果相同。显然 $\boldsymbol{F}$ 和 $\boldsymbol{F}'_1$ 组成一力偶，其力偶矩 M 等于 $\boldsymbol{F}$ 对 B 点的矩，即 $M=F\cdot d$。于是，原作用于 A 点的力 $\boldsymbol{F}$ 就与 B 点的力 $\boldsymbol{F}_1$ 和力偶（$\boldsymbol{F}$，$\boldsymbol{F}'_1$）等效。

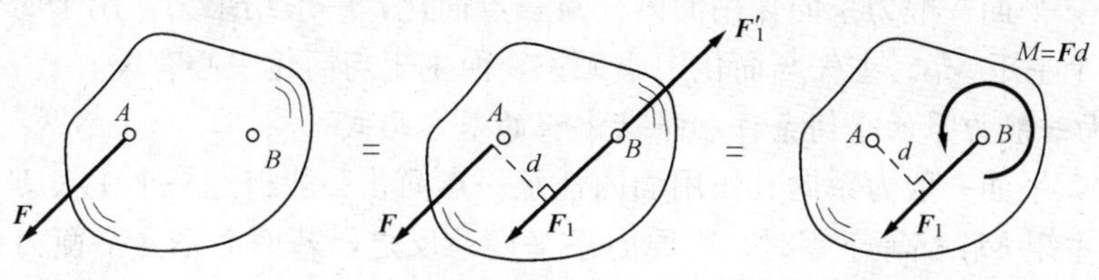

图 1-40

由此可见，作用于刚体上某点的力可以在其作用面内平移到刚体上任意一点，但必须同时附加一力偶才能保持与原作用力等效，其附加力偶矩等于原作用力对新作用点的矩。这就是力的平移定理。

（二）平面一般力系向作用面内任一点简化

设刚体上作用有平面一般力系 $\boldsymbol{F}_1$、$\boldsymbol{F}_2$、…、$\boldsymbol{F}_n$，各力的作用点分别为 A_1、A_2、…、A_n，如图1-41 所示。在力系的作用面内任选一点 O，称为简化中心，根据力的平移定理，将各力平移到 O 点，其结果得到一个作用于 O 点的平面汇交力系 $\boldsymbol{F}'_1$、$\boldsymbol{F}'_2$、…、$\boldsymbol{F}'_n$ 和一个附加的平面力偶系，其力偶矩分别为 M_1、M_2、…、M_n。

平面汇交力系 $\boldsymbol{F}'_1$、$\boldsymbol{F}'_2$、…、$\boldsymbol{F}'_n$ 可以合成为作用于 O 点的一个力，这个力的矢量 $\boldsymbol{F}'_R$ 称为原力系的主矢。显然

$$\overline{F'_R}=\overline{F'_1}+\overline{F'_2}+\cdots+\overline{F'_n}=\sum\overline{F'_i}=\sum\overline{F_i} \tag{1-12}$$

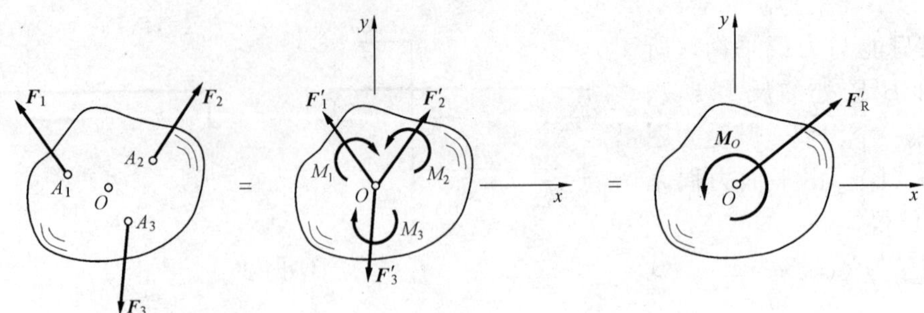

图 1-41

在计算主矢量 $\boldsymbol{F}'_{\mathrm{R}}$时，引进参考直角坐标系 xOy，据合力投影定理：

$$\begin{cases} F'_{\mathrm{R}x} = \sum F'_{ix} = \sum F_{ix} = \sum F_x \\ F'_{\mathrm{R}y} = \sum F'_{iy} = \sum F_{iy} = \sum F_y \end{cases}$$

主矢的大小：

$$F'_{\mathrm{R}} = \sqrt{(F'_{\mathrm{R}x})^2 + (F'_{\mathrm{R}y})^2} = \sqrt{(\sum F_x)^2 + (\sum F_y)^2}$$

主矢与 x 轴所夹的锐角：

$$\tan\alpha = \left|\frac{F'_{\mathrm{R}y}}{F'_{\mathrm{R}x}}\right| = \left|\frac{\sum F_y}{\sum F_x}\right| \tag{1-13}$$

指向由 $F'_{\mathrm{R}x}$、$F'_{\mathrm{R}y}$的正负号判断。

附加的平面力偶系可以合成一合力偶，其力偶矩 M_O 称为原力系向 O 点简化的主矩。显然

$$M_O = \sum M_i = \sum M_o(\boldsymbol{F}_i) \tag{1-14}$$

由此可得：平面一般力系向作用面内任意一点简化，一般结果为作用于简化中心的一个主矢 $\boldsymbol{F}'_{\mathrm{R}}$和一个主矩 M_O。主矢与简化中心无关，而主矩与简化中心有关。

（三）平面一般力系的平衡条件和平衡方程的基本形式

由前可知，平面一般力系向其作用面内任意一点简化一般得到一个主矢 $\boldsymbol{F}'_{\mathrm{R}}$和主矩 M_O，当主矢 $\boldsymbol{F}'_{\mathrm{R}}$和主矩 M_O 都等于零时，则原力系平衡；反之，若原力系是平衡力系，则力系向作用面内任一点简化得到的主矢和主矩必都等于零。由此得

$$F'_{\mathrm{R}} = \sqrt{(\sum F_x)^2 + (\sum F_y)^2} = 0$$

$$M_O = \sum M_o(F_i) = 0$$

从而有

$$\left.\begin{aligned} \sum F_x &= 0 \\ \sum F_y &= 0 \\ \sum M_o(F_i) &= 0 \end{aligned}\right\} \tag{1-15}$$

上式表明，平面一般力系处于平衡的必要和充分条件是：力系中所有各力在 x 坐标轴上的投影的代数和等于零；力系中所有各力在 y 轴上的投影的代数和为零；力系中各力对作用面内任一点的力矩的代数和等于零。

式（1-15）称为平面一般力系的平衡方程的基本形式。其中前两式称为投影方程，后一式称为力矩方程。平面一般力系有三个独立的平衡方程，可以求解三个未知量。

【例 1-12】 试计算图 1-42（a）所示简支梁的支座反力。

解 （1）选取梁 AB 为研究对象，画其受力图，见图 1-42（b），梁 AB 在平面一般力系

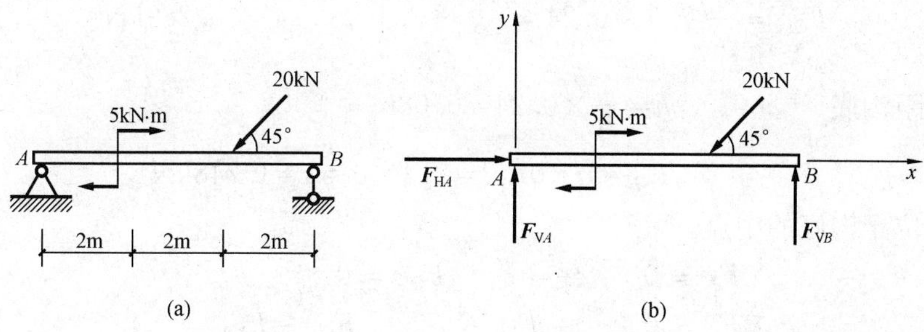

图 1-42

作用下处于平衡状态。

(2) 建立直角坐标系，列平衡方程。在建立直角坐标系时，根据未知力的分布情况，尽量使未知力与某一坐标轴垂直；列力矩方程时，选择未知力的交点为矩心，这样可以使方程中含有的未知量数目减少，使计算简化。

$$\Sigma F_x = 0 \quad F_{HA} - 20\cos 45^\circ = 0$$
$$\Sigma F_y = 0 \quad F_{VA} - 20\sin 45^\circ + F_{VB} = 0$$
$$\Sigma M_A(F_i) = 0 - 5 - 20\sin 45^\circ \times 4 + 6F_{VB} = 0$$

解得

$$F_{HA} = 14.14\text{kN} \quad (\rightarrow)$$
$$F_{VA} = 3.88\text{kN} \quad (\uparrow)$$
$$F_{VB} = 10.26\text{kN} \quad (\uparrow)$$

计算结果都为正值，说明受力图中各力的方向与实际方向相同。

(3) 校核。力系既然平衡，则力系中各力在任一轴上的投影代数和必等于零，力系中各力对于作用面内任一点的力矩的代数和为零，因此我们可再列出其他的平衡方程，用以校核计算有无错误。

$$\Sigma M_B(F_i) = -6F_{VA} - 5 + 20\sin 45^\circ \times 2 = -6 \times 3.88 - 5 + 20\sin 45^\circ \times 2 = 0$$

可见计算结果无误。

【例 1-13】 图 1-43 (a) 为天沟檐板示意图。已知天沟混凝土自重为 25kN/m^3，水的容重为 10kN/m^3。假设天沟积满水，试计算此时端部 A 处的反力（以1m长为计算单位）。

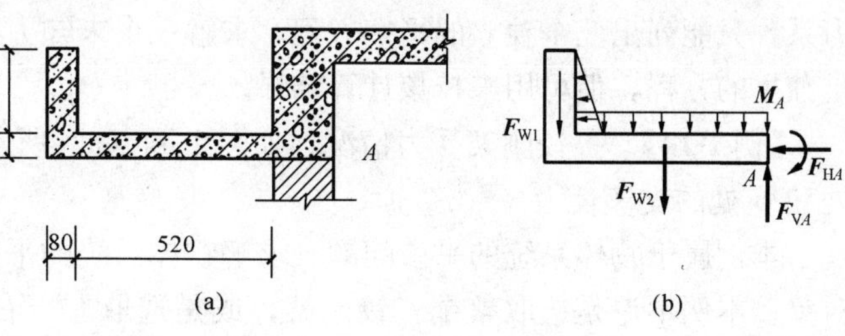

图 1-43

解 (1) 取 1m 长天沟板为研究对象，画其受力图，如图 1-43 (b)所示，其中

$$F_{W1} = 0.24 \times 0.08 \times 1 \times 25 = 0.48\text{kN}$$
$$F_{W2} = (0.08 + 0.52) \times 0.08 \times 1 \times 25 = 1.2\text{kN}$$
$$q = 10 \times 0.24 \times 1 = 2.4\text{kN/m}$$

(2) 建立直角坐标系，列平衡方程。

首先将分布荷载简化为集中力，再列平衡方程进行计算。其中

$$F_{Q1}=\frac{1}{2}\times q\times 0.24=\frac{1}{2}\times 2.4\times 0.24=0.289\text{kN}$$

$\boldsymbol{F}_{Q1}$的作用点距沟底 $h=\frac{1}{3}\times 0.24=0.08\text{m}$

$$F_{Q2}=q\times 0.52=2.4\times 0.52=1.248\text{kN}$$

$\boldsymbol{F}_{Q2}$的作用点位于沟底的中点。

$$\Sigma F_x=0 \qquad -F_{HA}-F_{Q1}=0$$
$$\Sigma F_y=0 \qquad -F_{W1}-F_{W2}-F_{Q2}+F_{VA}=0$$
$$\Sigma M_A(F_i)=0$$

$$F_{W1}\times(0.04+0.52)+F_{W2}\times\left(\frac{0.08+0.52}{2}\right)+F_{Q1}\times\left(\frac{1}{3}\times 0.24+0.04\right)+F_{Q2}\times\frac{0.52}{2}-M_A=0$$

解得 $F_{HA}=-0.288\text{kN}\ (\rightarrow)$

$F_{VA}=2.93\text{kN}\ (\uparrow)$

$M_A=0.988\text{kN}\cdot\text{m}(\downarrow)$

计算结果中，负号表示该力的实际方向与受力图中的假设方向相反。

（四）平衡方程的其他形式

二力矩式的平衡方程
$$\left.\begin{array}{l}\Sigma F_x=0\\ \Sigma M_A(F_i)=0\\ \Sigma M_B(F_i)=0\end{array}\right\} \qquad (1\text{-}16)$$

式中：注意A、B两点的连线不能与x轴垂直。

三力矩式的平衡方程
$$\left.\begin{array}{l}\Sigma M_A(F_i)=0\\ \Sigma M_B(F_i)=0\\ \Sigma M_C(F_i)=0\end{array}\right\} \qquad (1\text{-}17)$$

式中：A、B、C三点不能共线。

三种形式的平衡方程均可用来解决平面一般力系的平衡问题。解题时采用哪一种形式的平衡方程，主要决定于计算是否简便。但不管用哪一种形式的平衡方程解题，对于平面一般力系，只能列出三个独立的平衡方程，求解三个未知力。任何另外列出的平衡方程，都不再是独立的方程，但可用来校核计算结果。

【例 1-14】 三铰刚架受力情况，如图 1-44（a）所示，$q=8\text{kN/m}$，$\boldsymbol{F}_P=12\text{kN}$，试求$A$处和$B$处的支座反力。

本例属于物体系统的平衡问题。求解物体系统的平衡问题时，关键在于恰当地选取研究对象。本例不论是选取整个三铰刚架，或是选取左、右半刚架为研究对象都各有四个未知力，见图 1-44（b）、（c）、（d），但总的未知数为六个。可以选取整个三铰刚架为研究对象，也可以选取两个半刚架为研究对象，列出六个平衡方程，联立求解六个未知力，但计算过程将非常麻烦。我们注意到整个三铰刚架虽然有四个未知力，但若分别以A和B为矩心，列出力矩方程，可以求出F_{VB}和F_{VA}。然后，再考虑左或右半刚架的平衡，这时，每个半刚架都只剩下三个未知力，问题就迎刃而解了。

经过以上分析，计算如下。

解 （1）取整体为研究对象，其受力图如图 1-44（b）所示。

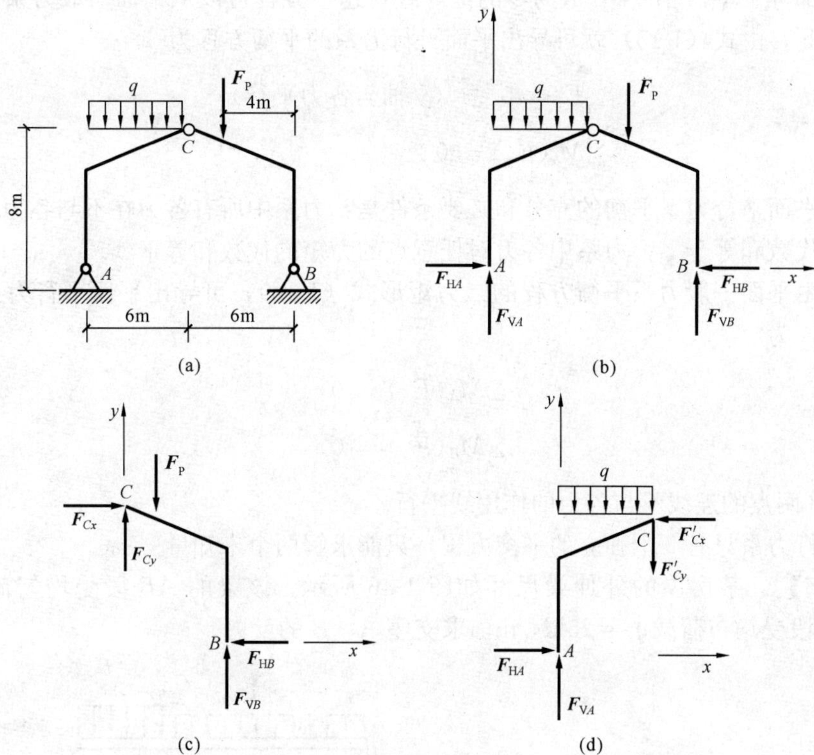

图 1-44

$$\sum F_x = 0 \qquad F_{HA} - F_{HB} = 0$$

$$\sum M_A(F_i) = 0 \qquad 12F_{VB} - F_P \times 8 - q \times 6 \times 3 = 0$$

$$\sum M_B(F_i) = 0 \qquad -12F_{VA} + q \times 6 \times 9 + F_P \times 4 = 0$$

解得

$$F_{HA} = F_{HB} \tag{a}$$

$$F_{VA} = 40\text{kN} \quad (\uparrow)$$

$$F_{VB} = 20\text{kN} \quad (\uparrow)$$

（2）取 BC 为研究对象，其受力图如图 1-44（c）所示。则

$$\sum M_C(F_i) = 0 \quad F_{VB} \times 6 - F_{HB} \times 8 - F_P \times 2 = 0$$

得

$$F_{HB} = 12\text{kN} \quad (\leftarrow)$$

将 $F_{HB}=12\text{kN}$ 代入式（a），可得

$$F_{HA} = 12\text{kN} \quad (\rightarrow)$$

四、平面平行力系

平面平行力系是平面一般力系的特殊情况，其平衡方程可由平面一般力系的平衡方程推出。

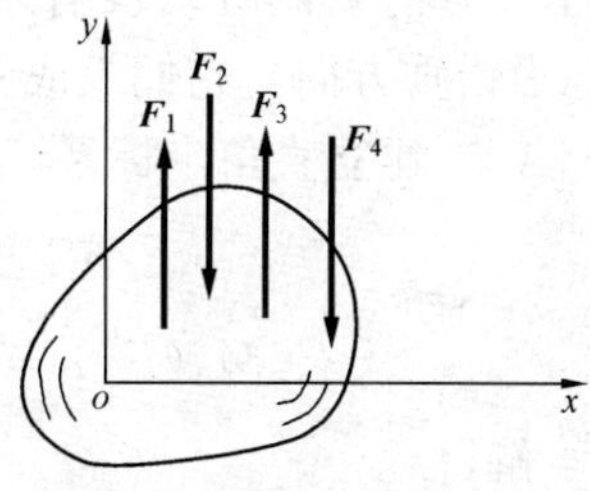

图 1-45

设有作用在物体上的一平面平行力系如图 1-45 所示，取 x 轴垂直于力系中各力的作用线，y 轴与各力平行，则各力在 x

轴上的投影都等于零，$\sum F_x=0$ 成为零的恒等式，这一方程可以从平面一般力系的平衡方程中除去。因此，由式（1-15）就可导出平面平行力系的平衡方程为

$$\left.\begin{aligned}&\sum F_y = 0 \quad (y\text{ 轴与各力平行})\\&\sum M_o(F_i) = 0\end{aligned}\right\} \tag{1-18}$$

这样，平面平行力系平衡的充分和必要条件是：力系中所有各力在不与各力垂直的任一轴上投影的代数和等于零；力系中各力对任意点的力矩的代数和等于零。

同理，由平面一般力系平衡方程的二力矩形式（1-16），可导出平面平行力系平衡方程的另一种形式为

$$\left.\begin{aligned}&\sum M_A(F_i) = 0\\&\sum M_B(F_i) = 0\end{aligned}\right\} \tag{1-19}$$

式中：A、B 两点的连线不与各力的作用线平行。

平面平行力系只有 2 个独立的平衡方程，只能求解两个未知量。

【例 1-15】 某房屋的外伸梁尺寸如图 1-46 所示。该梁的 AB 段受均匀荷载 $q_1=20$ kN/m，BC 段受均布荷载 $q_2=25$kN/m，求支座 A、B 的反力。

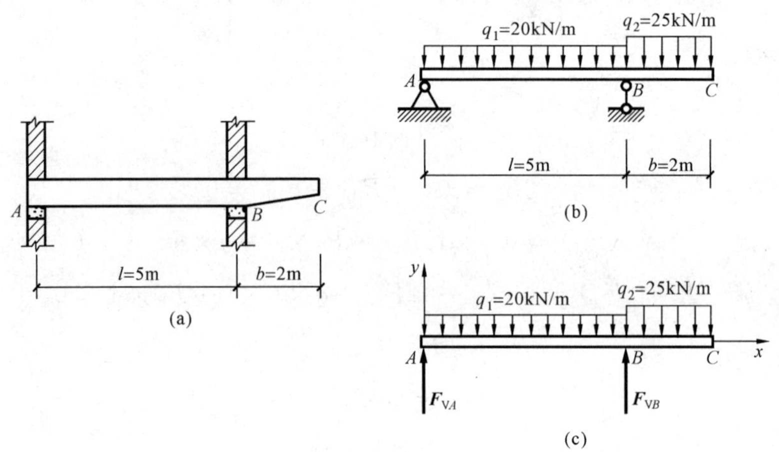

图 1-46

解 （1）选取 AC 梁为研究对象，画其受力图。

外伸梁 AC 在 A、B 处的约束一般可以简化为固定铰支座和可动铰支座，由于在水平方向上没有荷载，所以没有水平方向的反力。在竖向荷载 q_1 和 q_2 作用下，支座反力 F_{VA}、F_{VB}沿铅垂方向，它们组成平面平行力系。

（2）建立直角坐标系，列平衡方程。

$$\sum F_y = 0 \qquad F_{VA} + F_{VB} - q_1 \times 5 - q_2 \times 2 = 0$$

$$\sum M_A(F_i) = 0 \qquad -q_1 \times 5 \times 2.5 - q_2 \times 2 \times 6 + 5 \times F_{VB} = 0$$

解得

$$F_{VA} = 40\text{kN} \quad (\uparrow)$$

$$F_{VB} = 110\text{kN} \quad (\uparrow)$$

(3) 校核。

利用不独立方程 $\Sigma M_B(\boldsymbol{F}_i) = -40\times5+20\times5\times2.5-25\times2\times1=0$

所以，计算结果无误。

第五节　空　间　力　系

作用在物体上的某个力系，如果力系中各力的作用线不在同一平面之内，称为空间力系。空间力系是力系的最一般形式，前面所讨论的平面力系是空间力系的特殊情况。本节讨论空间力系的合成和平衡问题时所涉及的基本原理和方法实际上是平面力系的推广，学习时可将两类力系对照、比较。

一、空间汇交力系

各力的作用线汇交于一点的空间力系称为空间汇交力系。现用解析法求解空间汇交力系的合成和平衡问题。

(一) 力在空间直角坐标轴上的投影

求力在空间直角坐标轴上的投影有两种方法：一次投影法和二次投影法。

1. 一次投影法

设有一力 $\boldsymbol{F}$，与直角坐标轴 x、y、z 的正向之间的夹角分别为 α、β、γ，过力 $\boldsymbol{F}$ 的末端 A 分别作三个垂直于各坐标轴的平面，这三个平面在三个轴上所截取的线段并加上正号或负号，就是力 $\boldsymbol{F}$ 在三个坐标轴的投影 F_x、F_y、F_z，如图 1-47 所示。于是力 $\boldsymbol{F}$ 在三个坐标轴上的投影为

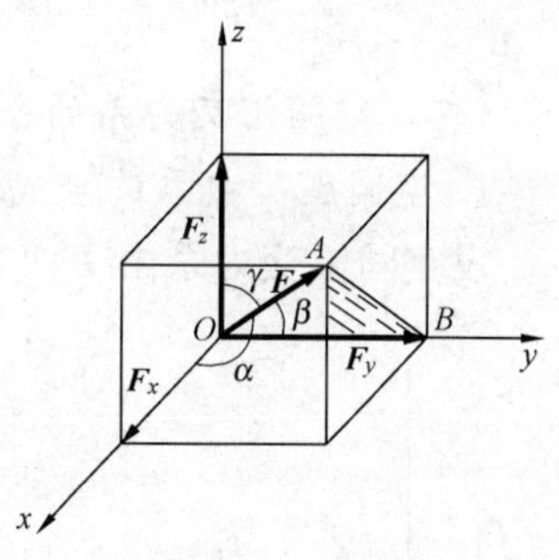

图 1-47

$$\left.\begin{aligned} F_x &= \pm F\cos\alpha \\ F_y &= \pm F\cos\beta \\ F_z &= \pm F\cos\gamma \end{aligned}\right\} \qquad (1\text{-}20)$$

投影正负号的决定与第一章第四节中投影的正负号规定相同。在计算过程中可由观察直接确定。

力在任意两个同向平行轴上的投影相等；大小相等、方向相同的两个力在同一轴上的投影也相等。因此，当投影轴不通过力矢的始端时，由于同一个力在所有互相平行且正向相同的轴上的投影相等，故可以通过该力矢始端作出与该投影轴平行且正向相同的轴，按上述方法计算该力的投影。

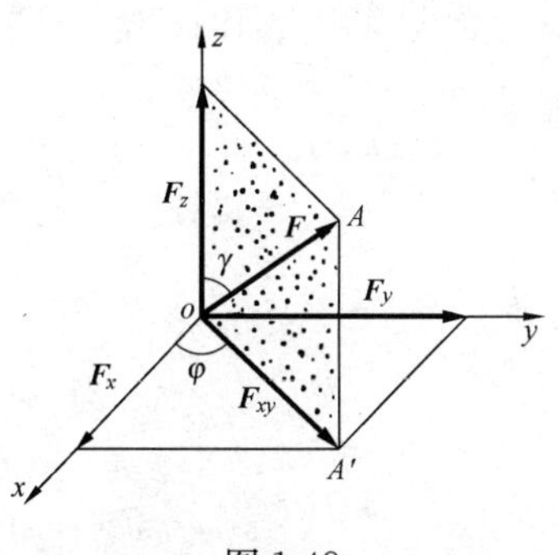

图 1-48

2. 二次投影法

当力与每个坐标轴的夹角不易全部求得时，可利用二次投影法求该力在坐标轴上的投影。

如图 1-48 所示，如果力 $\boldsymbol{F}$ 与坐标轴 z 的夹角 γ 已知，则可将该力先投影到 z 轴与坐标面 xoy 上，在 xoy 面上的

投影为标量 F_{xy}，其大小为

$$F_{xy} = F\sin\gamma$$

然后再将标量 F_{xy} 投影到 x、y 轴上。若 F_{xy} 与 x 轴的夹角为 φ，则力 $\boldsymbol{F}$ 在三个坐标轴上的投影为

$$\left.\begin{aligned} F_x &= \pm F\sin\gamma\cos\varphi \\ F_y &= \pm F\sin\gamma\sin\varphi \\ F_z &= \pm F\cos\gamma \end{aligned}\right\} \tag{1-21}$$

反过来，如果已知一个力 $\boldsymbol{F}$ 在三个坐标上的投影 F_x、F_y、F_z，则由图 1-47 可求得该力的大小和方向余弦为

$$\left.\begin{aligned} F &= \sqrt{F_x^2 + F_y^2 + F_z^2} \\ \cos\alpha &= \frac{F_x}{F} \\ \cos\beta &= \frac{F_y}{F} \\ \cos\gamma &= \frac{F_z}{F} \end{aligned}\right\} \tag{1-22}$$

（二）空间汇交力系的合成和平衡

1. 空间汇交力系的合成

设空间汇交力系由 $\boldsymbol{F}_1$、$\boldsymbol{F}_2$、…、$\boldsymbol{F}_n$ 组成，现求其合力 $\boldsymbol{F}_{\mathrm{R}}$。

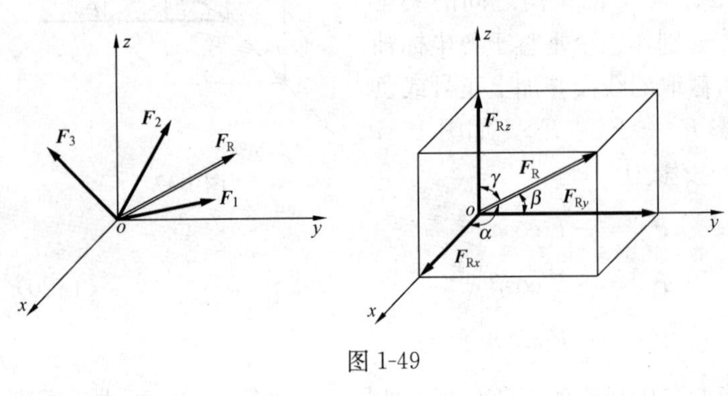

图 1-49

用解析法求空间汇交力系的合力，也是以合力投影定理为依据。本章第四节介绍的合力投影定理可以推广到空间汇交力系，即：合力在任意轴上的投影，等于力系中所有各力在同一轴上的投影的代数和。取空间直角坐标系，如图 1-49 所示。据合力投影定理有

$$\left.\begin{aligned} F_{\mathrm{R}x} &= \Sigma F_x \\ F_{\mathrm{R}y} &= \Sigma F_y \\ F_{\mathrm{R}z} &= \Sigma F_z \end{aligned}\right\}$$

式中：ΣF_x、ΣF_y、ΣF_z 分别为力系中各力在坐标轴 x、y、z 上的投影代数和；$F_{\mathrm{R}x}$、$F_{\mathrm{R}y}$、$F_{\mathrm{R}z}$ 为合力在相应坐标轴上的投影。

合力的大小 $F_{\mathrm{R}} = \sqrt{F_{\mathrm{R}x}^2 + F_{\mathrm{R}y}^2 + F_{\mathrm{R}z}^2} = \sqrt{(\Sigma F_x)^2 + (\Sigma F_y)^2 + (\Sigma F_z)^2}$

合力的方向余弦

$$\left.\begin{aligned} \cos\alpha &= \frac{F_x}{F_{\mathrm{R}}} = \frac{\Sigma F_x}{F_{\mathrm{R}}} \\ \cos\beta &= \frac{F_y}{F_{\mathrm{R}}} = \frac{\Sigma F_y}{F_{\mathrm{R}}} \\ \cos\gamma &= \frac{F_z}{F_{\mathrm{R}}} = \frac{\Sigma F_z}{F_{\mathrm{R}}} \end{aligned}\right\} \tag{1-23}$$

合力的作用线通过原汇交力系的汇交点 O。式中 α、β、γ 分别为合力矢量与 x、y、z 轴之间的夹角。

2. 空间汇交力系的平衡

若空间汇交力系为平衡力系，则其合力大小必为零；反之，若空间汇交力系的合力大小等于零，则该力系必为平衡力系。因此，空间汇交力系平衡的必要和充分条件是：合力 F_R 的大小等于零。即

$$F_R=\sqrt{(\Sigma F_x)^2+(\Sigma F_y)^2+(\Sigma F_z)^2}=0$$

要使上式成立，必须同时满足

$$\left.\begin{aligned}\Sigma F_x=0\\ \Sigma F_y=0\\ \Sigma F_z=0\end{aligned}\right\}\qquad(1\text{-}24)$$

所以，空间汇交力系平衡的解析条件是：力系中各分力在三个坐标轴上的投影的代数和都等于零。上式为空间汇交力系的平衡方程。利用三个独立的平衡方程，可以求解三个未知力。

二、空间一般力系

1. 力对轴的矩

在日常生活和生产实践中，经常见到物体绕固定轴转动的情况。力使物体绕某定轴转动的效应，由力对轴的矩来度量，现以开门、关门为例说明这个问题。如图 1-50 所示为一扇可绕 z 轴转动的门。如果在门上 A 点作用一个与 z 轴平行的力 $\boldsymbol{F}_1$，见图 1-50（a），或与 z 轴相交的力 $\boldsymbol{F}_2$，见图 1-50（b）。从经验可知，这些力都不能使门绕 z 轴转动。由此可知，当所加的力与转动轴 z 平行或相交时，即力与 z 轴共面时，这个力对 z 轴的矩等于零，不能使门绕 z 轴转动。

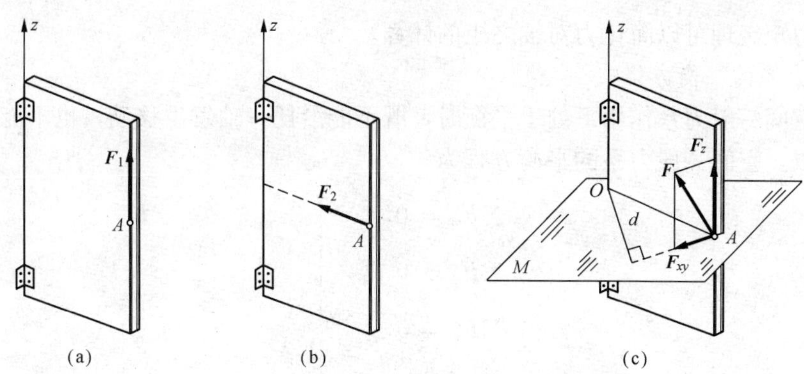

图 1-50

如果在 A 点作用一个任意方向的力 $\boldsymbol{F}$，见图 1-50（c），为了确定力使门绕 z 轴转动的效应，可将力 $\boldsymbol{F}$ 分解为两个分力 $\boldsymbol{F}_z$ 和 $\boldsymbol{F}_{xy}$，其中 $\boldsymbol{F}_z$ 与 z 轴平行，$\boldsymbol{F}_{xy}$ 在与 z 轴垂直的 M 平面内。分力 $\boldsymbol{F}_z$ 不能使门绕 z 轴转动，分力 $\boldsymbol{F}_{xy}$ 使门绕 z 轴转动，其转动效应取决于 $\boldsymbol{F}_{xy}$ 的大小和 O 点到 $\boldsymbol{F}_{xy}$ 的垂直距离 d 的乘积。即力 $\boldsymbol{F}_{xy}$ 对 O 点的矩。

经分析可知：力对某轴的矩等于该力在垂直于该轴的平面上的投影对该轴与此平面交点

的矩，再加上表示转向的正负号，通常用$M_z(\boldsymbol{F})$表示。

$$M_z(F)=\pm F\cdot d \tag{1-25}$$

力对轴的矩的正负号规定：一般用右手螺旋法则确定，即以右手四指表示物体绕 z 轴转动的方向，若大拇指与 z 轴正向相同，则取正号，如图 1-51（a）；反之取负号，见图1-51（b）。

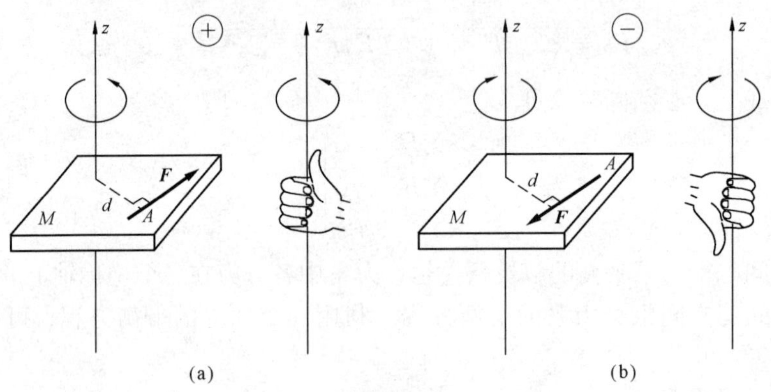

图 1-51

力对轴之矩的单位与力对点之矩的单位相同，常用牛·米（N·m）或千牛·米(kN·m)。

2. 力对轴的矩的合力矩定理

与平面力系的合力矩定理相似，空间力系的合力矩定理是：空间力系的合力对某轴的矩等于各分力对该轴矩的代数和。其表达式为

$$M_z(F_R)=\sum M_z(F_i) \tag{1-26}$$

利用合力矩定理可以简化力对轴之矩的计算。

3. 空间力系的平衡方程

物体在空间一般力系作用下处于平衡时，既不能沿任一轴发生移动，也不能绕任一轴产生转动，所以，空间一般力系的平衡方程为

$$\left.\begin{aligned}\sum F_x&=0\\\sum F_y&=0\\\sum F_z&=0\\\sum M_x(F_i)&=0\\\sum M_y(F_i)&=0\\\sum M_z(F_i)&=0\end{aligned}\right\} \tag{1-27}$$

就是说，空间一般力系平衡的必要和充分条件是：力系中所有各力在三个坐标轴中每一轴上的投影的代数和为零，以及各力对每一个坐标轴之矩的代数和均等于零。

应用六个平衡方程求解空间一般力系的平衡问题时，可以解出六个未知量。

4. 空间平行力系的平衡问题

空间平行力系是空间一般力系的特殊情况，其平衡方程可以由空间一般力系的平衡方程式（1-27）导出。

如图 1-52 所示，一物体受空间平行力系作用，取 z 轴与各力平行，则无论力系是否平衡总有 $\Sigma F_x \equiv 0$、$\Sigma F_y \equiv 0$、$\Sigma M_z(\boldsymbol{F}_i) \equiv 0$。因此，空间平行力系的平衡方程为

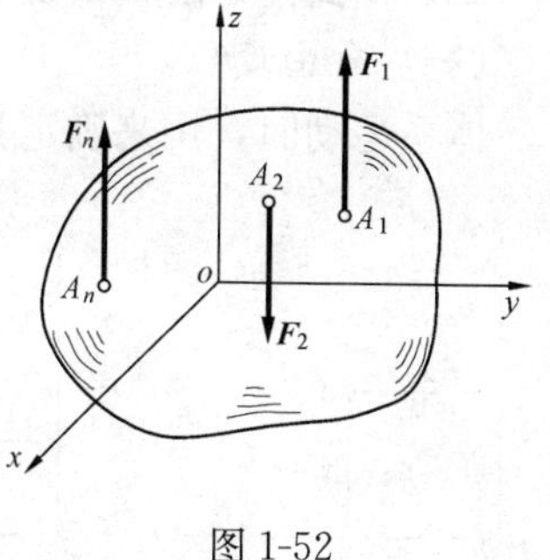

图 1-52

$$\left.\begin{aligned} \Sigma F_z &= 0 \\ \Sigma M_x(F_i) &= 0 \\ \Sigma M_y(F_i) &= 0 \end{aligned}\right\} \quad (1\text{-}28)$$

即空间平行力系平衡的必要和充分条件是：力系中所有各力在与各力作用线平行的坐标轴上的投影的代数和等于零，以及这些力对两个与各力作用线垂直的轴之矩的代数和等于零。空间平行力系有三个独立的平衡方程，可以求解三个未知量。

第六节 杆件结构体系的几何组成分析

一、几何不变体系和几何可变体系

杆件结构是由若干杆件按照一定的组成方式互相连结而构成的一种体系。体系受荷载作用时，材料会产生应变，因而体系就会产生变形。在几何组成分析中，这种变形是很小的，我们不考虑这种由于材料的应变所产生的变形，这样，杆件体系可分为两类：

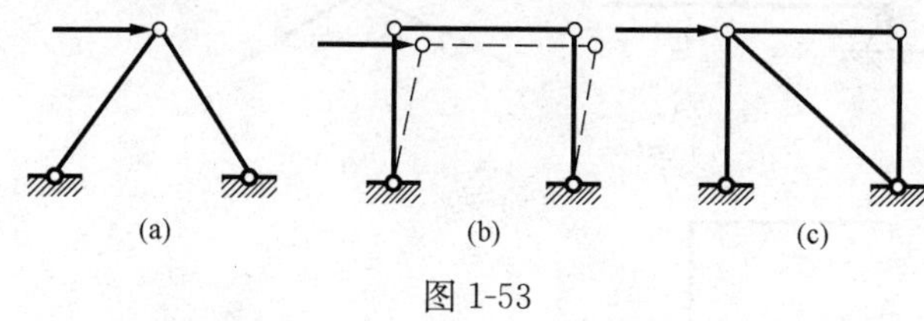

图 1-53

（1）几何不变体系：在不考虑材料变形的条件下，受到荷载作用后，位置和几何形状保持不变的体系。如图 1-53（a）所示，一个由两根链杆与基础构成的铰接三角形，受到荷载作用后，其几何形状和位置不发生任何改变，为几何不变体系。铰接三角形是最基本的几何不变体系。

（2）几何可变体系：在不考虑材料变形的条件下，受到荷载作用后，位置和几何形状可以改变的体系。图 1-53（b）是一个铰接四边形，受荷载作用后可发生倾斜，如图中虚线所示，所以是几何可变体系。如果在铰接四边形中加一根斜杆，见图 1-53（c），就构成了几何不变体系。

工程中用的杆件结构都必须是几何不变体系，而不能采用几何可变体系。

二、几何组成分析的目的

（1）判别体系是否几何不变，从而决定是否可以作为工程结构使用。

（2）研究几何不变体系的组成规律，以便设计各种形式的合理结构。

（3）根据体系的几何组成确定结构是静定的，还是超静定的，以便选择合适的计算方法。

在进行几何组成分析时，由于不考虑材料的变形，因而组成结构的各杆件或已经判明是几何不变的部分，均可视为刚体。平面刚体可视为刚片。

三、平面体系的自由度及其约束

（一）自由度

体系运动时，用来确定其位置所需要的独立的坐标数目称为自由度。如图 1-54（a）所示为平面内一点 A 的位置要由两个坐标 x 和 y 来确定，所以一个点在平面内有两个自由度。图 1-54（b）所示为一刚片，其位置要由它上面任一点 A 的坐标 x、y 和通过 A 点的任一直线 AB 的倾角 α 来确定。因此，一个刚片在平面内有三个自由度。

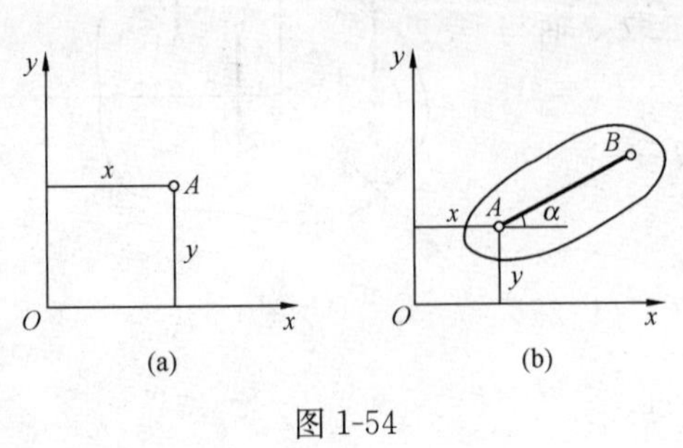

图 1-54

一般来说，如果一个体系有 n 个独立的运动方式，就说这个体系有 n 个自由度。一般工程上用的结构都是几何不变体系，其自由度为零。凡是自由度大于零的体系都是几何可变体系。

（二）约束

能使体系减少自由度的装置称为约束。减少一个自由度的装置称为一个约束，减少若干个自由度的装置就相当于若干个约束。工程中常见的约束有以下几种：

1. 链杆

图 1-55（a）中，杆件 AB 上增加一根链杆 AC 后，杆件只能绕铰 A 和随铰 A 绕铰 C 转动。原来杆件有三个自由度，而现在只有两个自由度。就是说链杆 AC 使杆件 AB 减少了一个自由度，所以一根链杆相当于一个约束。

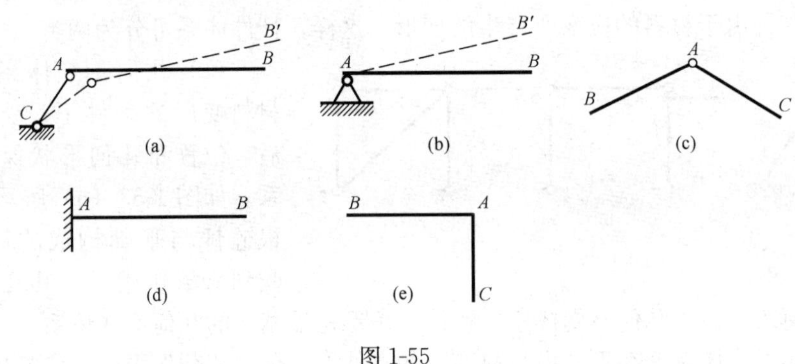

图 1-55

2. 固定铰支座

图 1-55（b）所示固定铰支座 A 加在 AB 杆上后，杆件只能绕铰 A 转动。原来杆件有三个自由度，而现在只有一个，固定铰支座使杆件减少了两个自由度，所以相当于两个约束。一个固定铰支座，相当于两根链杆。

3. 单铰

图 1-55（c）所示杆件 AB、AC 通过单铰 A 相连后，如果 AB 在平面内有三个自由度，AC 只能绕 AB 转动，共四个自由度。而两根杆件在没有被连接前有六个自由度，单铰使体系减少了两个自由度，所以相当于两个约束。一个单铰相当于两根链杆。

4. 固定端支座

图 1-55（d）所示，AB 杆件原来有三个自由度，而现在无自由度。固定端支座使杆件

减少了三个自由度，相当于三个约束。

5. 刚结点

图 1-55（e）所示，两根杆件 AB、AC 通过刚结点相连。在没有连接前两者共有六个自由度，用刚结点连接后，只有三个自由度。一个刚结点使体系减少了三个自由度，相当于三个约束。

在一个体系中增加一个约束而没有减少体系的自由度，此约束称为多余约束。

四、几何不变体系的简单组成规则

规则一：二元体规则

二元体规则是分析一个点与一个刚片之间应当怎样连接才能组成无多余约束的几何不变体系。铰接三角形是最基本的几何不变体系。如图 1-56（a）所示，在铰接三角形中，将 BC 看作刚片Ⅰ，AB、AC 看做是连接 A 点和刚片Ⅰ的两根链杆，体系仍然是几何不变体系。由此得规律：

一个点和一个刚片用两根不共线的链杆相连，组成几何不变体系，且无多余约束。

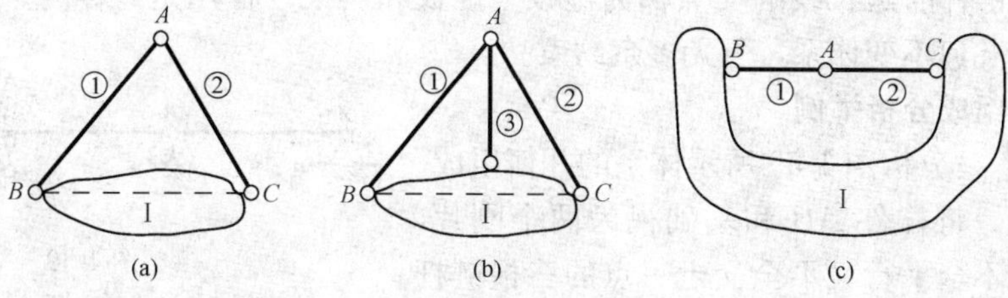

图 1-56

为了叙述方便，将刚片Ⅰ上的 AB、AC 链杆组成的结点 A 叫二元体，用 B-A-C 表示。在原体系上增加或减少若干个二元体不改变原体系的几何组成性质。

图 1-56（b）中，A 点通过两根不共线的链杆与刚片Ⅰ相连，组成几何不变体系，其中的第三根链杆是多余约束。图 1-56（c）中①、②两根链杆共线，体系为瞬变体系，它是可变体系中的一种特殊情况。

规则二：两刚片规则

两刚片规则是分析两个刚片如何连接才能组成几何不变体系，且没有多余约束。此规则也可由铰接三角形推得。如图 1-57（a）所示，将 AB、BC 分别看作刚片Ⅰ、Ⅱ，将 AC 看作链杆①，体系仍然为几何不变体系。

可见，两刚片用一个铰和一根链杆相连，且链杆与此铰不共线，组成几何不变体系，且无多余约束。

一个单铰相当于两根链杆约束，所以两根链杆可以代替一个铰。因此又得到图 1-57

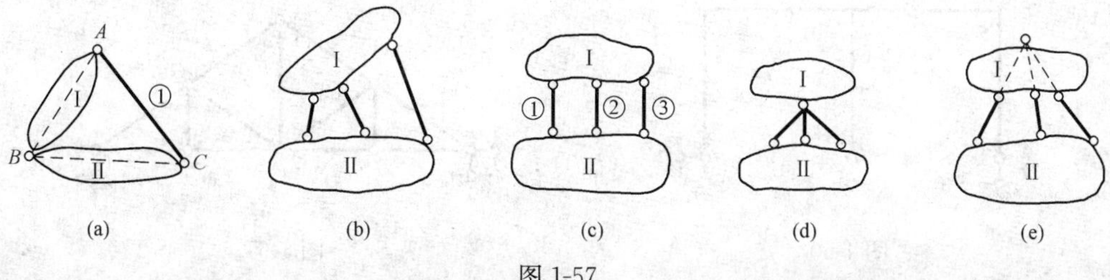

图 1-57

(b) 所示的图形是几何不变的，分析此图又得出两刚片规则的第二个规则：

两刚片用三根既不全平行又不全交于一点的链杆相连，组成几何不变体系，且无多余约束。

图 1-57 (c) 中，链杆①、②、③平行，体系为几何可变体系。图 1-57 (d)、(e) 中，连接两刚片的三根链杆相交于一点，也是几何可变体系。

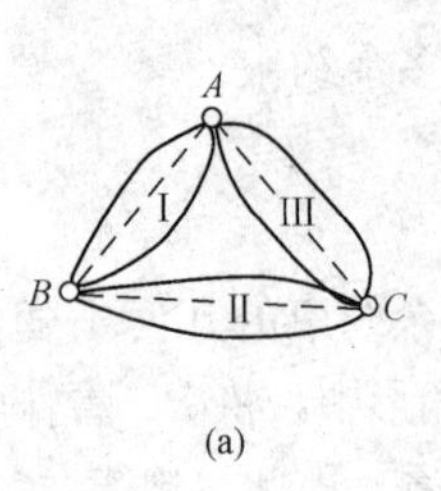

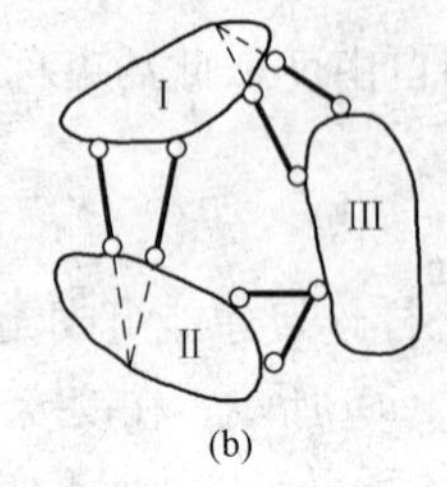

图 1-58

规则三：三刚片规则

三刚片规则是分析三个刚片的连接方式。图 1-58 (a) 中，将铰接三角形中的 AB、BC、AC 分别看作刚片Ⅰ、Ⅱ、Ⅲ，由此得三刚片规则：

三个刚片用三个不在同一直线上的铰两两相连，则组成的体系为几何不变体系，且无多余约束。

图 1-58 (b) 的体系中，两根链杆中的交点称为实铰，两链杆的延长线的交点称为虚铰。虚铰和实铰的作用是一样的。因此，图 1-58 (b) 中体系是几何不变体系，且无多余约束。

五、几何组成分析举例

【例 1-16】 分析图 1-59 所示体系的几何组成。

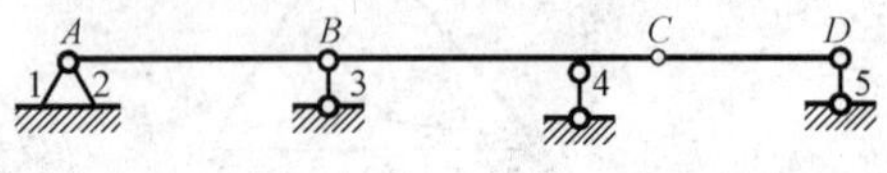

图 1-59

解 首先，将杆件 AB 和基础视为两个刚片，此两刚片由既不全平行又不全交于一点的三根链杆 1、2、3 相连组成几何不变体系，且无多余约束。

其次，把 AB 和基础组成的几何不变体系看作扩大的刚片，刚片 BC 由不共线的铰 B 和链杆 4 与扩大的刚片相连，组成几何不变体系，且无多余约束。

用同样方法分析 CD 杆，最后得知整个体系为几何不变体系，且无多余约束。

【例 1-17】 分析图 1-60 所示体系的几何组成。

解 将折杆 AC 和 BD 分别用虚线表示的链杆 2、3 来替换。CDE 和基础看作两刚片，两刚片用三根链杆 1、2、3 相连，此三根链杆汇交于同一点，所以体系为几何可变体系。

【例 1-18】 分析图 1-61 所示的屋架的几何组成。

解 先分析体系本身的几何组成。在图 1-61 所示体系中 AEF 为铰接三角形，可看作刚片，在刚片上依次增加二元体 $E\text{-}D\text{-}F$，$E\text{-}C\text{-}D$，$C\text{-}G\text{-}D$，$G\text{-}H\text{-}D$，$G\text{-}B\text{-}H$，根据二元体规则，体系本身仍为几何不变体系。

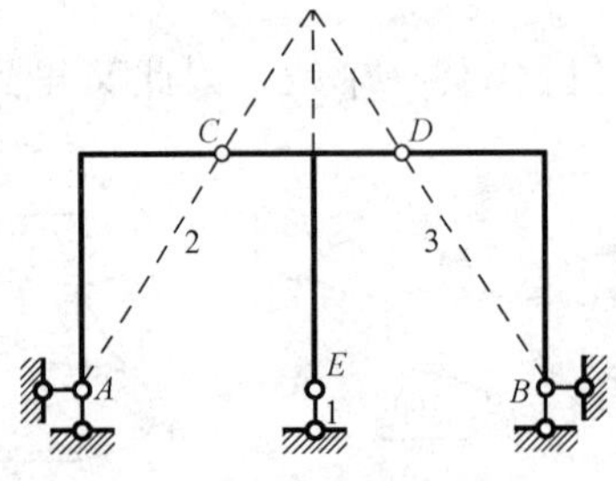

图 1-60

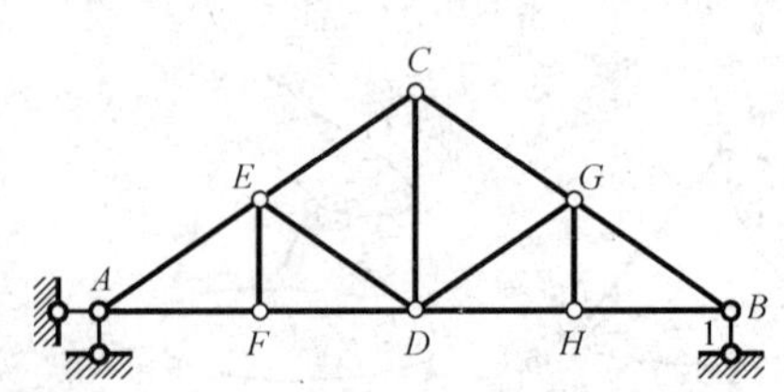

图 1-61

再分析体系与基础的连接。体系与基础由不共线的铰 A 和链杆 1 相连。所以此屋架为几何不变体系，且无多余约束。

从上面几例可知，分析一个体系的几何组成，关键是：

①把体系中哪些杆件看作刚片，哪些看作链杆，运用哪一个规则进行分析。

②注意约束的等效代替。

③把已分析出的几何不变部分可看作刚片进行分析。

六、静定结构与超静定结构

1. 静定结构与超静定结构

凡只需利用静力平衡条件就能计算出结构的全部支座反力和杆件内力的结构称为静定结构。若结构的支座反力和杆件内力不能只由静力平衡条件全部确定出来，这样的结构称为超静定结构。

2. 几何组成与静定性的关系

图 1-62（a）所示的简支梁是无多余约束的几何不变体系，其支座反力和杆件内力可由平衡方程全部求解出来，因此简支梁是静定的。

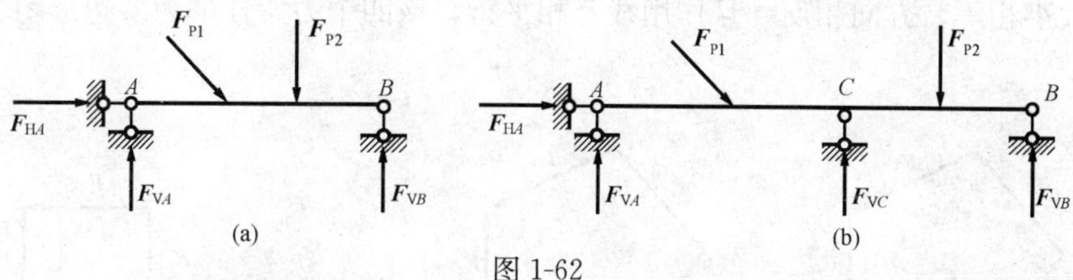

图 1-62

图 1-62（b）所示的连续梁是有一个多余约束的几何不变体系，其四个支座反力不能利用三个独立的平衡方程全部求解出来，更无法计算全部内力，所以是超静定结构。

静定结构的几何构造特征：无多余约束的几何不变体系。

超静定结构的几何构造特征：有多余约束的几何不变体系。

思　考　题

1-1　两个力的等效条件是什么？两个力偶的等效条件是什么？

1-2　二力平衡公理和作用与反作用公理有何不同？试分析图中 A、B 物体各受到哪些力的作用？这些力的反作用力各是什么？它们各作用在哪个物体上？

1-3　图示刚架，不计自重，如果根据力的可传性原理将力 $\boldsymbol{F}$ 沿其作用线从 C 点移到 D 点，试问对 A、B 两支座的反力是否有影响？为什么？

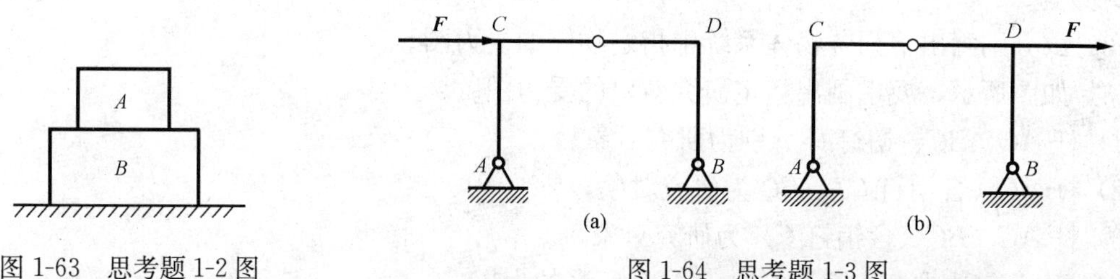

图 1-63　思考题 1-2 图

图 1-64　思考题 1-3 图

1-4 将梁上 A 点处的作用力 $\boldsymbol{F}$ 平移到另一点 C 处，是否会改变力的作用效果？

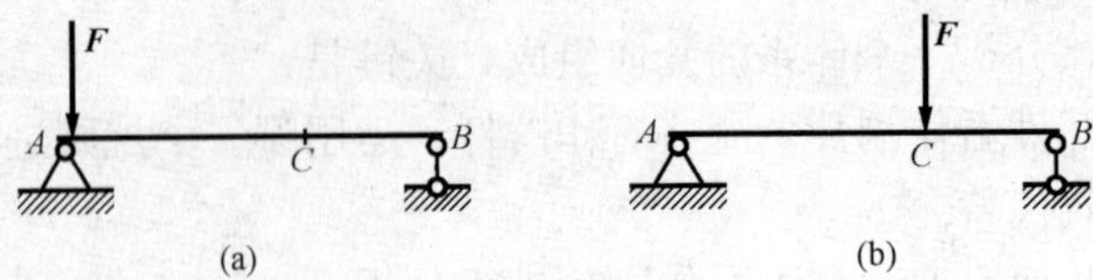

图 1-65 思考题 1-4 图

1-5 下列各图是为平面汇交力系所作的力多边形，试分析哪个力系是平衡力系？若不是平衡力系，其中哪个是合力？哪些是分力？

1-6 同一个力在两个互相平行的轴上的投影有什么关系？如果两个力在同一轴上的投影相等，问这两个力的大小是否一定相等？

1-7 试比较力和力偶、力矩和力偶矩的异同点。

1-8 如图所示，四个力分别作用在同一物体的 A、B、C、D 四个点上，设 $\boldsymbol{F}_{P1}$ 和 $\boldsymbol{F}_{P2}$、$\boldsymbol{F}_{P3}$ 和 $\boldsymbol{F}_{P4}$ 大小相等，方向相反，且作用线互相平行，该四个力所作的力多边形闭合。问物体是否平衡？

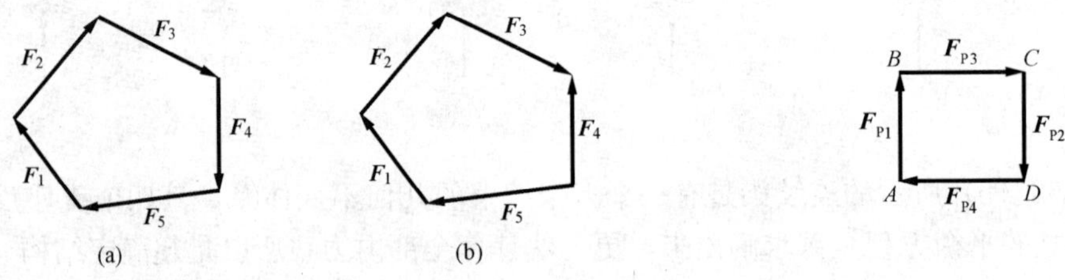

图 1-66 思考题 1-5 图

图 1-67 思考题 1-8 图

1-9 三个共点力平衡时，是否一定在同一平面内？为什么？

1-10 何谓几何不变体系和几何可变体系？哪种体系可以用在工程上？

1-11 何谓静定结构和超静定结构？其几何特征有何区别？

习 题

1-1 试分别画出下列各物体的受力图（未指明自重的物体，其自重不计；接触处均不考虑摩擦）。

1-2 试分别画出下列各物体系统中指定物体的受力图。

1-3 如图所示，要求画出指定研究对象的受力图。

（1）杆 AC、BC、销钉 C 分别为研究对象。

（2）杆 AC（含销钉 C）、BC 为研究对象。

（3）杆 AC、BC（含销钉 C）为研究对象。

1-4 用几何法求解支架中杆 AC、BC 所受的力。

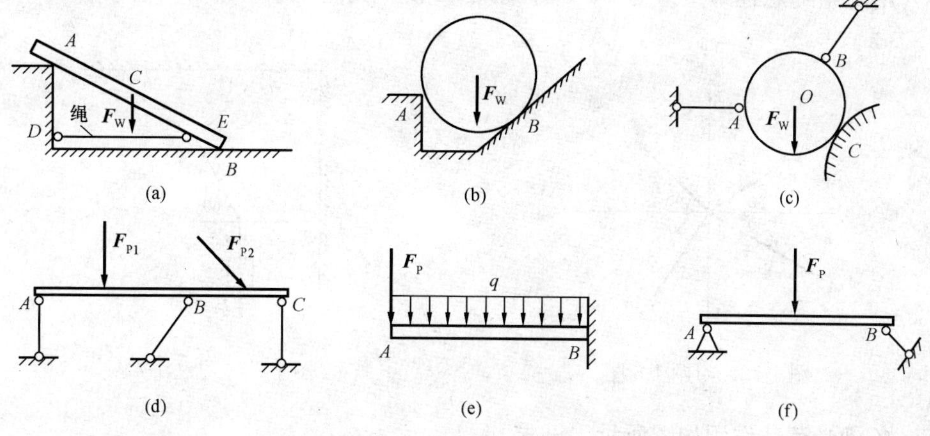

图 1-68　习题 1-1 图

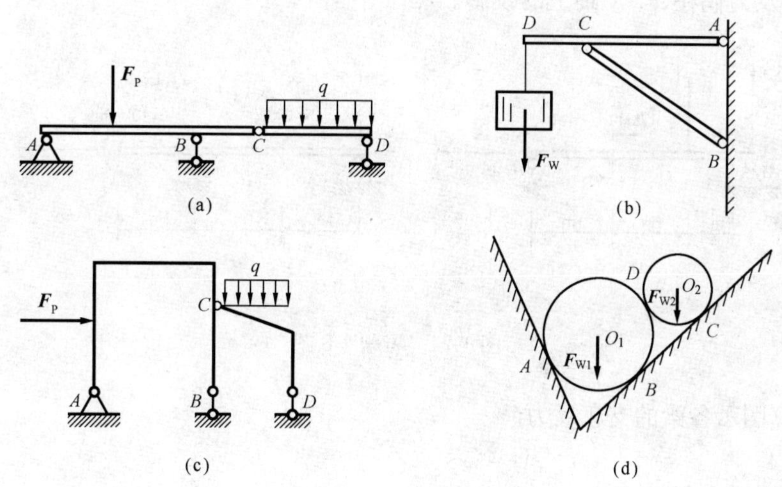

图 1-69　习题 1-2 图

(a) AC、CD 及整体；(b) AD、BC 杆；(c) AB、CD 及整体；(d) 球 1 和球 2 及整体

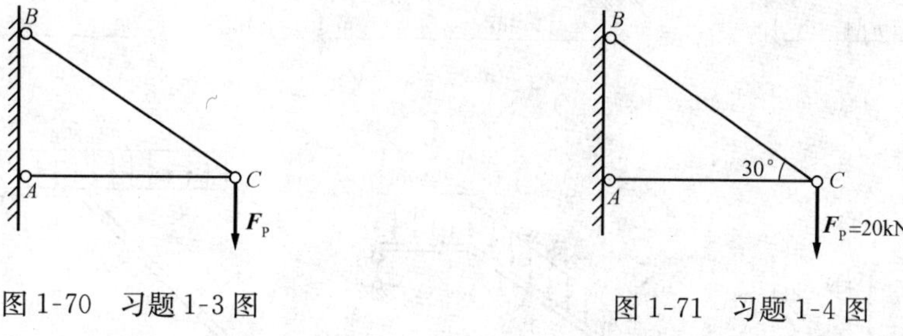

图 1-70　习题 1-3 图　　　图 1-71　习题 1-4 图

1-5　用解析法计算题 1-4 中 AC、BC 所受的力。

1-6　已知 $F_1=80$kN、$F_2=200$kN、$F_3=150$kN、$F_4=75$kN，各力的方向如图所示。

(1) 计算各力在 x、y 轴上的投影。

(2) 计算该力系的合力。

1-7　用一组绳悬挂某重量为 $F_W=500\text{N}$ 的重物，如图所示。用解析法求各段绳的拉力。

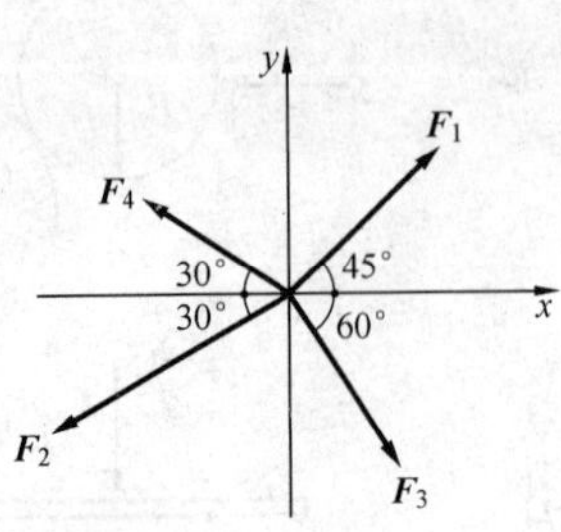

图 1-72　习题 1-6 图

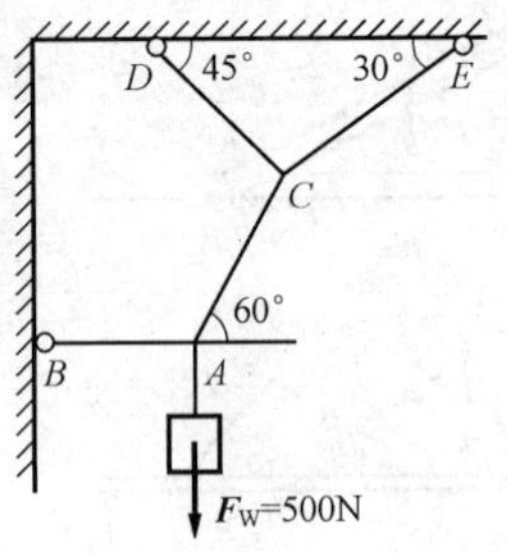

图 1-73　习题 1-7 图

1-8　各梁受荷载作用如图所示，试求：

(1) 各力及力偶分别对 A、B 点的矩。

(2) 各力及力偶在 x、y 轴上的投影。

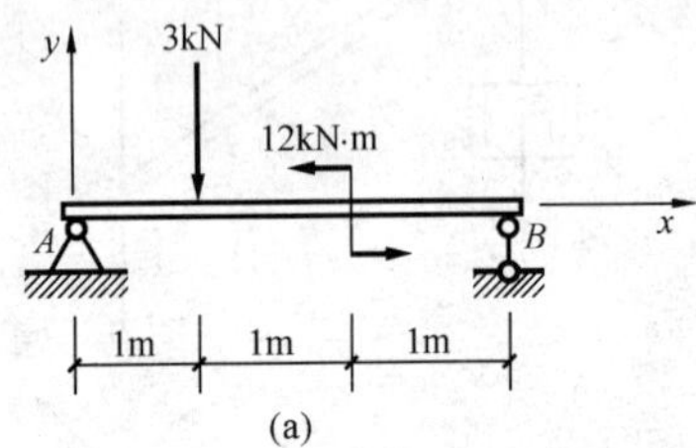

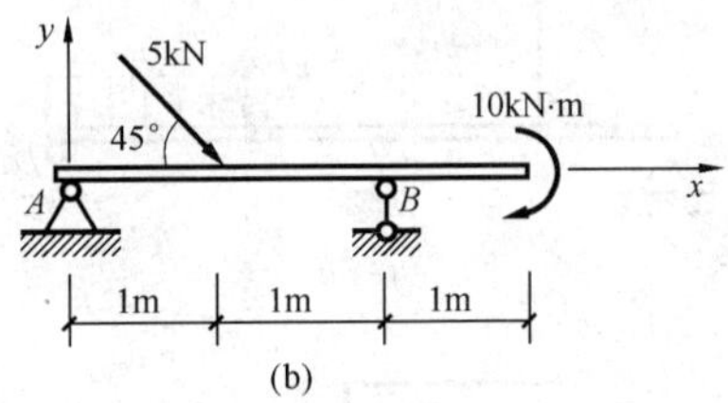

图 1-74　习题 1-8 图

1-9　计算图示各梁的支座反力。

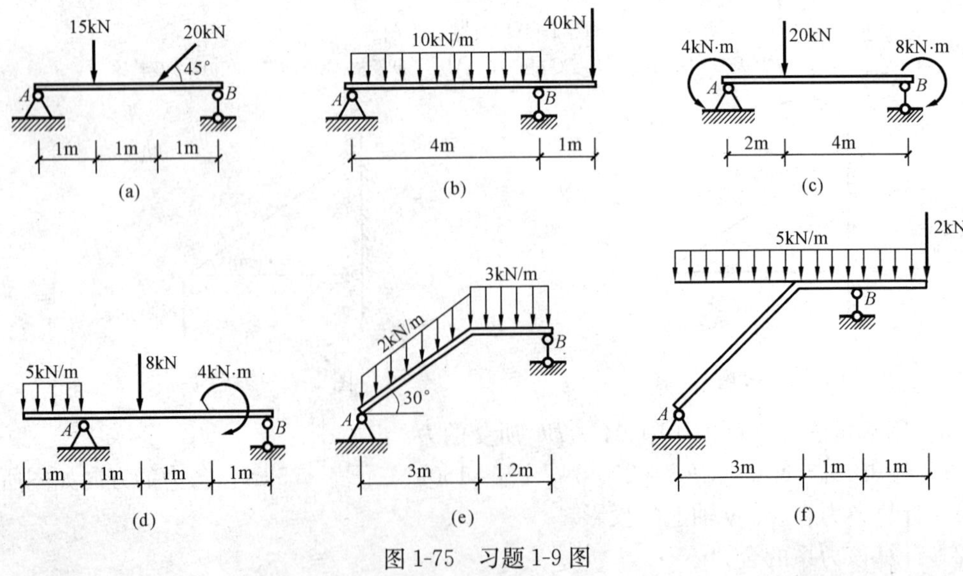

图 1-75　习题 1-9 图

1-10　计算图示多跨梁及刚架的支座反力。

1-11　图示为一个三角形支架的受力情况，已知 $\boldsymbol{F}_{\mathrm{P}}=8\mathrm{kN}$，$q=2\mathrm{kN/m}$，求铰链 A、B 处的约束反力。

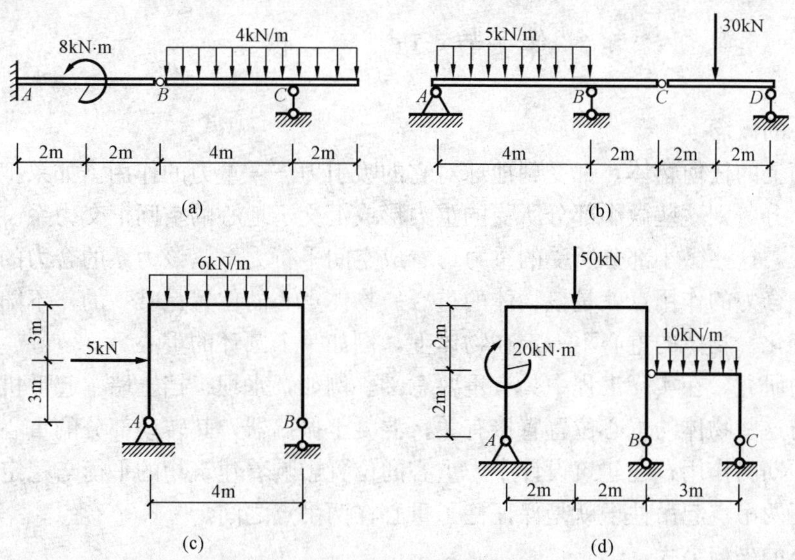

图 1-76　习题 1-10 图

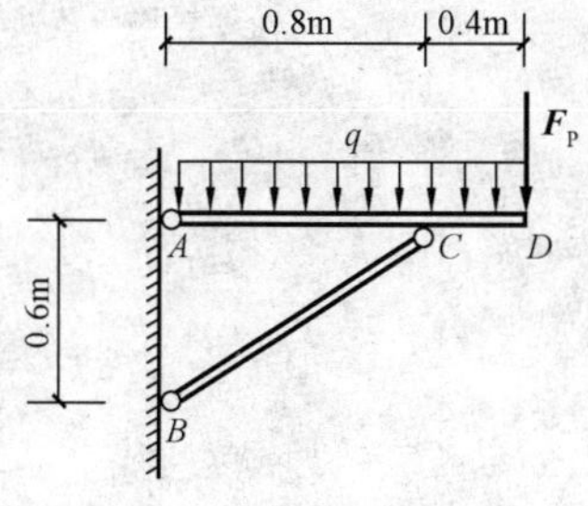

图 1-77　习题 1-11 图

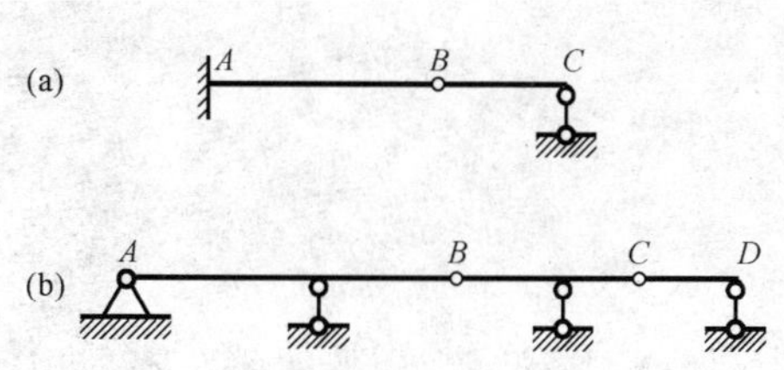

图 1-78　习题 1-12 图

1-12　试对平面图形进行几何组成分析。

1-13　试对图示平面体系进行几何组成分析。

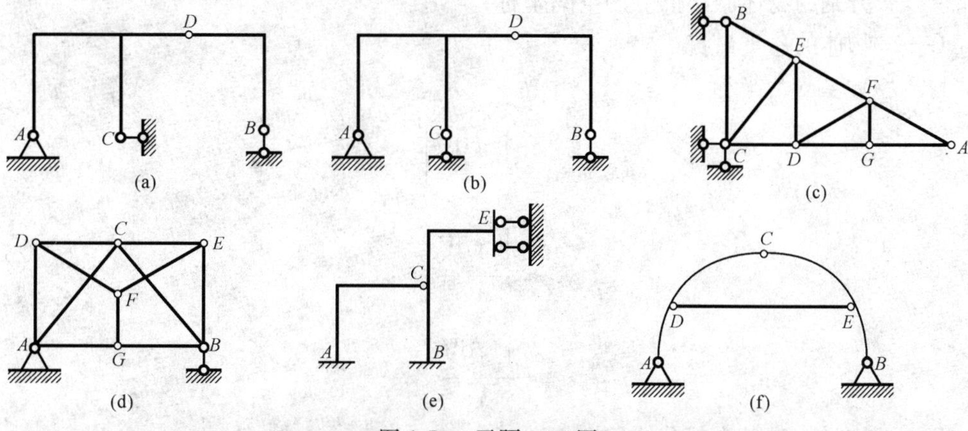

图 1-79　习题 1-13 图

第二章　重心和截面的几何性质

第一节　重　　心

一、重心的概念

地球表面上的任何物体，都受到地球对它的吸引力——重力的作用。如果把一个物体分成许多微小部分，则这些微小部分所受的重力形成汇交于地心的空间汇交力系。但是，由于地球半径很大，这些微小部分所受的重力可看成空间平行力系，该力系的合力的大小就是该物体的重量，合力的作用点就是该物体的重心。物体重心的位置是唯一的，不随物体空间方位的改变而变化。物体的重心不一定在物体上，例如一个圆环的重心。

对重心的研究，在实际工程中具有重要意义。例如，水坝、挡土墙、起重机等的倾覆稳定性问题就与这些物体的重心位置直接有关；混凝土振捣器，其转动部分的重心必须偏离转轴才能发挥预期的作用；在建筑设计中，重心的位置影响着建筑物的平衡与稳定；在建筑施工过程中采用两吊点起吊柱子就是保证柱子重心在两吊点之间。

二、重心的坐标公式

根据静力学力矩理论，可以得到重心的坐标公式。

1. 一般物体重心的坐标

$$\left.\begin{aligned} x_c &= \frac{\int_G x\,\mathrm{d}G}{G} \\ y_c &= \frac{\int_G y\,\mathrm{d}G}{G} \\ z_c &= \frac{\int_G z\,\mathrm{d}G}{G} \end{aligned}\right\} \tag{2-1}$$

式中　$\mathrm{d}G$——物体微小部分的重量（或所受的重力）；

x、y、z——分别为物体微小部分的空间坐标；

G——物体的总重量。

2. 均质物体重心的坐标

$$\left.\begin{aligned} x_c &= \frac{\int_V x\,\mathrm{d}V}{V} \\ y_c &= \frac{\int_V y\,\mathrm{d}V}{V} \\ z_c &= \frac{\int_V z\,\mathrm{d}V}{V} \end{aligned}\right\} \tag{2-2}$$

式中　$\mathrm{d}V$——均质物体微小部分体积；

x、y、z——分别为物体微小部分的空间坐标；

V——均质物体的总体积。

第二节　截面的几何性质

在研究构件的强度、刚度和稳定性时，往往要涉及一些与截面形状和尺寸有关的几何量，如形心、静矩、惯性矩、惯性半径等，统称为截面的几何性质。

一、形心

如图 2-1 所示，平面图形形心的坐标为

$$\left.\begin{aligned} z_c &= \frac{\int_A z\mathrm{d}A}{A} \\ y_c &= \frac{\int_A y\mathrm{d}A}{A} \end{aligned}\right\} \tag{2-3}$$

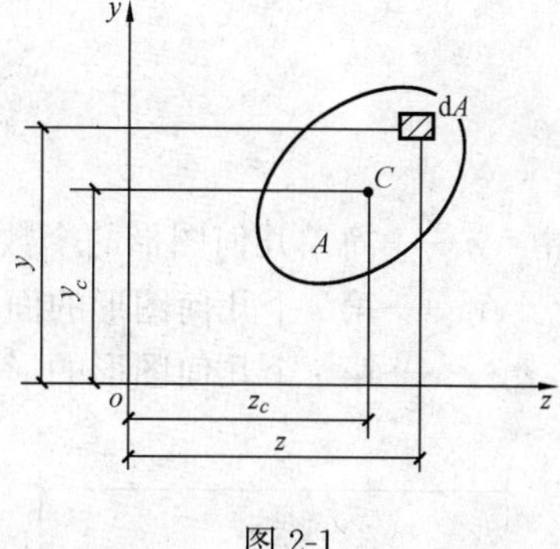

图 2-1

式中　$\mathrm{d}A$——平面图形微小部分的面积；

y、z——分别为图形微小部分在平面坐标系 yoz 中的坐标；

A——平面图形的总面积。

二、静矩的定义

图 2-1 所示任意形状的截面，在图形平面内选取正交坐标系 yoz，在任意一点处取微面积 $\mathrm{d}A$，该点的坐标为 y 和 z，则定义：

微面积 $\mathrm{d}A$ 对 z 轴的静矩为 $y\mathrm{d}A$

微面积 $\mathrm{d}A$ 对 y 轴的静矩为 $z\mathrm{d}A$

而整个图形的面积 A 对 z 轴和 y 轴的静矩分别定义为

$$\left.\begin{aligned} s_z &= \int_A y\mathrm{d}A \\ s_y &= \int_A z\mathrm{d}A \end{aligned}\right\} \tag{2-4}$$

上式也称作平面图形对 z 轴和 y 轴的一次矩，或面积矩。

从式（2-4）可知，平面图形的静矩是对某一轴而言的，同一平面图形对不同的坐标轴，其静矩不相同。静矩的值可能为正，可能为负，也可能等于零。静矩的量纲是长度的三次方。

三、形心与静矩的关系

平面图形的形心与静矩的关系式为

$$\left.\begin{aligned} y_c &= \frac{S_z}{A} \\ z_c &= \frac{S_y}{A} \end{aligned}\right\} \tag{2-5}$$

上式也可写成

$$\left.\begin{aligned}S_z &= Ay_c\\ S_y &= Az_c\end{aligned}\right\}\tag{2-6}$$

上式表明，平面图形对 z 轴（或 y 轴）的静矩，等于图形的面积 A 乘以形心的坐标 y_c（或 z_c）。若静矩 $S_z=0$，则 $y_c=0$；$S_y=0$，则 $z_c=0$。所以，若图形对某一轴的静矩等于零，则该轴必然通过图形的形心；反之，若某一轴通过图形的形心，则图形对该轴的静矩必等于零。

工程实际中，有些杆件的截面是由矩形、圆形、三角形等简单几何图形组合而成的，称为组合截面。组合截面对某轴的静矩等于各简单几何图形对该轴静矩的代数和，即

$$\left.\begin{aligned}S_z &= \sum_{i=1}^{n}A_i y_{ci}\\ S_y &= \sum_{i=1}^{n}A_i z_{ci}\end{aligned}\right\}\tag{2-7}$$

式中 n——简单几何图形的个数；

A_i——第 i 个几何图形的面积；

y_{ci}、z_{ci}——第 i 个几何图形的形心坐标。

同样，组合截面形心坐标的计算公式为

$$\left.\begin{aligned}y_c &= \frac{\sum_{i=1}^{n}A_i y_{ci}}{A}\\ z_c &= \frac{\sum_{i=1}^{n}A_i z_{ci}}{A}\end{aligned}\right\}\tag{2-8}$$

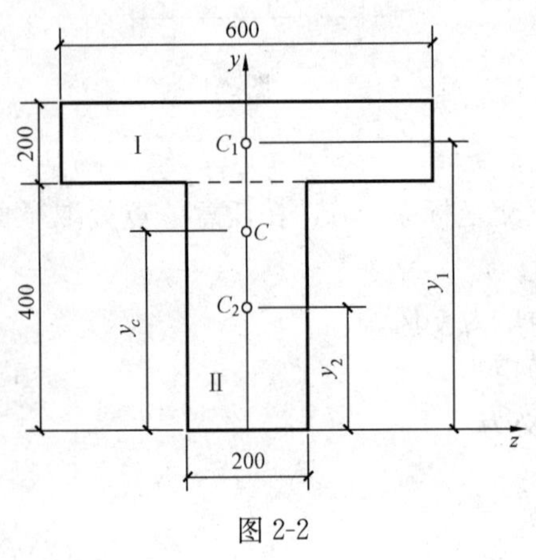

图 2-2

【例 2-1】 试确定图 2-2 所示平面图形中形心的位置。

解 取坐标系 yoz 如图 2-2 所示，由于 y 为对称轴，所以形心在 y 轴上，即 $z_c=0$，故只需确定 y_c。

该截面可视为由矩形 1 和矩形 2 组合而成，则

$$y_c = \frac{\sum_{i=1}^{n}A_i y_{ci}}{A} = \frac{A_1 y_{c1} + A_2 y_{c2}}{A_1 + A_2}$$

$$= \frac{(600\times200)\times(100+400)+(200\times400)\times200}{600\times200+200\times400} = 380(\text{mm})$$

四、惯性矩和极惯性矩

图 2-1 中，微面积 dA 对 z 轴或 y 轴的二次矩为 $y^2\mathrm{d}A$ 及 $z^2\mathrm{d}A$，分别定义为微面积 dA 对 z 轴和 y 轴的惯性矩，而整个平面图形对 z 轴和 y 轴的惯性矩定义为

$$\left.\begin{aligned}I_z &= \int_A y^2\mathrm{d}A\\ I_y &= \int_A z^2\mathrm{d}A\end{aligned}\right\}\tag{2-9}$$

式中，I_z 是平面图形对 z 轴的惯性矩，I_y 是平面图形对 y 轴的惯性矩，惯性矩又简称惯矩，惯矩是对某一轴而言，故又称轴惯矩。

同样，微面积 $\mathrm{d}A$ 对极点 O（坐标原点）的二次矩为 $\rho^2\mathrm{d}A$，如图 2-3 所示，整个平面图形对 O 点的二次矩为

$$I_\rho = \int_A \rho^2 \mathrm{d}A \tag{2-10}$$

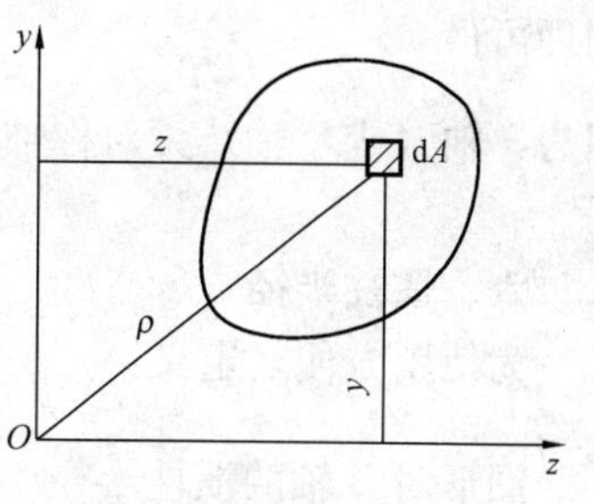

图 2-3

式中，I_ρ 称为平面图形对极点 O 的极惯性矩，ρ 是 $\mathrm{d}A$ 到 O 点的距离。因为 $\rho^2=y^2+z^2$，所以

$$I_\rho = I_z + I_y \tag{2-11}$$

上式表明，平面图形的极惯性矩等于对同一对坐标轴的（轴）惯性矩之和。

五、惯性积

我们把 $yz\mathrm{d}A$ 定义为微面积 $\mathrm{d}A$ 对 y 和 z 两坐标轴的惯性积，而整个平面图形对 y 和 z 轴的惯性积为

$$I_{yz} = \int_A yz\mathrm{d}A \tag{2-12}$$

从惯性矩和惯性积的定义知，I_z、I_y 和 I_ρ 都为正值，而 I_{yz} 可能为正，可能为负，也可能为零。它们的量纲均为长度的四次方。

特殊地，当图形有一根对称轴，则图形对包含此轴的一对正交坐标轴的惯性积为零。如图 2-4 所示，y 为对称轴，在 y 轴左右两侧总可以找到位置对称的微面积 $\mathrm{d}A$，它们对 y、z 两轴的惯性积大小相等，符号相反，其和为零。所以，整个平面图形对 y 和 z 轴的惯性积为零。

【例 2-2】　求图 2-5 中矩形对通过其形心且与两边平行的 z 轴和 y 轴的惯性矩 I_z 和 I_y，及惯性积 I_{yz}。

解　取微面积 $\mathrm{d}A=b\mathrm{d}y$ 如图 2-5 所示，则

$$I_z = \int_A y^2 \mathrm{d}A = \int_{-\frac{h}{2}}^{\frac{h}{2}} y^2 b\mathrm{d}y = \frac{bh^3}{12}$$

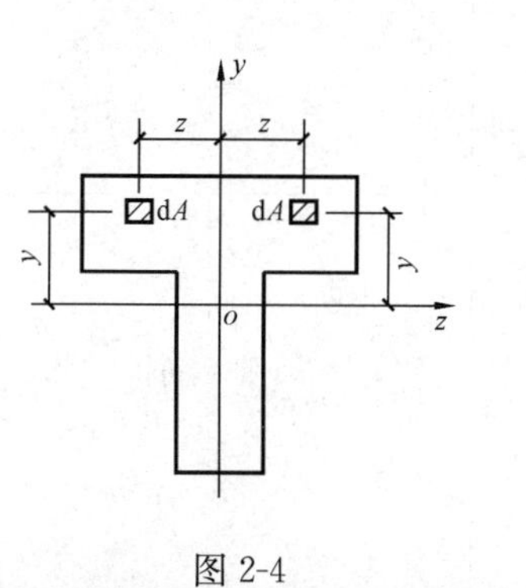

图 2-4

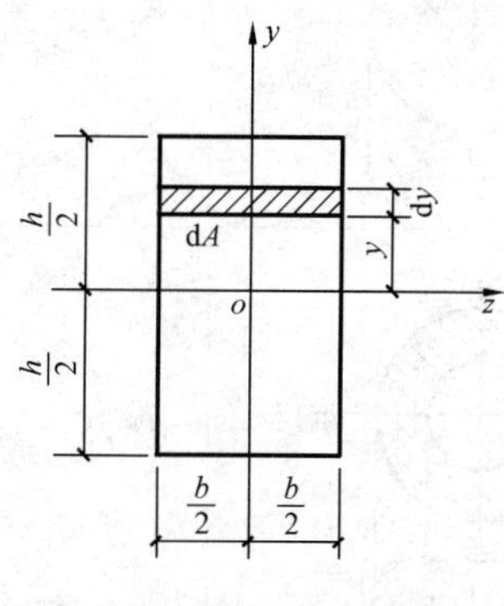

图 2-5

同理可得
$$I_y = \frac{hb^3}{12}$$

因为 z 轴（或 y 轴）为对称轴，所以惯性积

$$I_{yz} = 0$$

六、惯性半径

为使用方便，定义：

图形对 y 轴的惯性半径 $$i_y = \sqrt{\frac{I_y}{A}}$$

图形对 z 轴的惯性半径 $$i_z = \sqrt{\frac{I_z}{A}} \tag{2-13}$$

其中 A 为图形的面积。

构件截面是几何图形，表 2-1 列出了常用简单图形的几何性质。

表 2-1 **简单截面的几何性质**

编号	截面形状和形心轴位置	面积	惯性矩		惯性半径	
		A	I_y	I_z	i_y	i_z
(1)	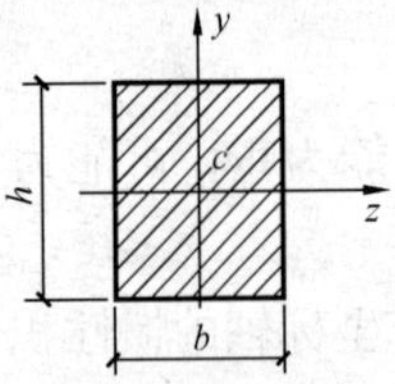	bh	$\frac{hb^3}{12}$	$\frac{bh^3}{12}$	$\frac{b}{2\sqrt{3}}$	$\frac{h}{2\sqrt{3}}$
(2)	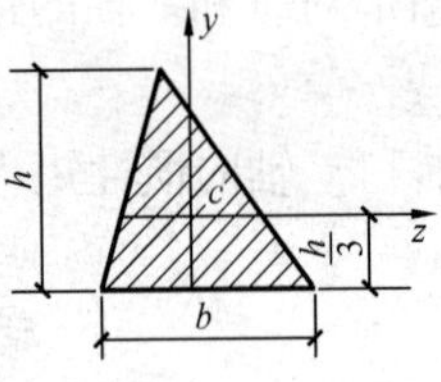	$\frac{bh}{2}$		$\frac{bh^3}{36}$		$\frac{h}{3\sqrt{2}}$
(3)	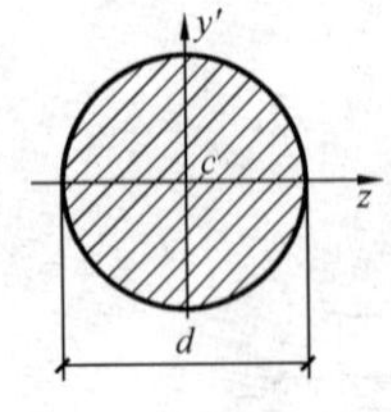	$\frac{\pi d^2}{4}$	$\frac{\pi d^4}{64}$	$\frac{\pi d^4}{64}$	$\frac{d}{4}$	$\frac{d}{4}$
(4)	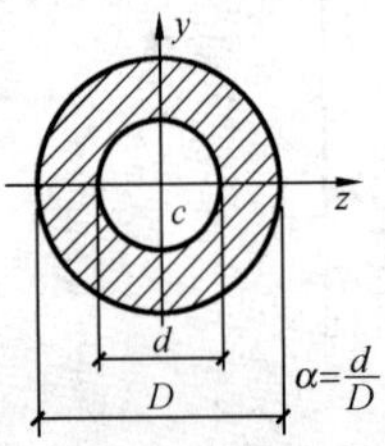 $\alpha=\frac{d}{D}$	$\frac{\pi D^2}{4}(1-\alpha^2)$	$\frac{\pi D^4}{64}(1-\alpha^4)$	$\frac{\pi D^4}{64}(1-\alpha^4)$	$\frac{D}{4}\sqrt{1+\alpha^2}$	$\frac{D}{4}\sqrt{1+\alpha^2}$

续表

编号	截面形状和形心轴位置	面积 A	惯性矩		惯性半径	
			I_y	I_z	i_y	i_z
(5)		$\frac{\pi r^2}{2}$		$\left(\frac{1}{8}-\frac{8}{9\pi^2}\right)\times \pi r^4 \approx 0.11r^4$		$0.264r$

第三节　惯性矩和惯性积的平行移轴公式

根据定义，同一平面图形对不同坐标轴的惯性矩和惯性积是不同的。本节讨论当坐标轴平移时，平面图形对互相平行的坐标轴惯性矩、惯性积之间的关系。应用这种关系可以很方便地计算组合图形的惯性矩和惯性积。

如图 2-6 所示任意截面，z 和 y 为形心轴，z_1 和 y_1 分别与 z、y 平行。其间距如图中所示。已知截面对于 z、y 轴的惯性矩和惯性积 I_z、I_y 和 I_{yz}，则可由已知条件推出截面对于 z_1、y_1 轴的惯性矩和惯性积如下：

由定义

$$I_{z_1}=\int_A y_1^2 \mathrm{d}A$$

$$I_{y_1}=\int_A z_1^2 \mathrm{d}A$$

$$I_{y_1z_1}=\int_A y_1 z_1 \mathrm{d}A$$

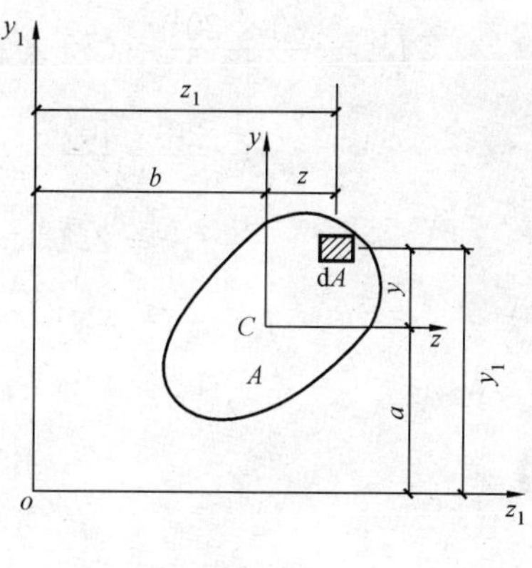

图 2-6

将 $y_1=y+a, z_1=z+b$ 代入上述表达式，得

$$\begin{aligned} I_{z_1} &=\int_A (y+a)^2 \mathrm{d}A \\ &=\int_A y^2 \mathrm{d}A+2a\int_A y\mathrm{d}A+a^2\int_A \mathrm{d}A \\ &=I_z+2aS_z+a^2A \end{aligned}$$

因为 z 为形心轴，故 $S_z=0$，则

$$I_{z_1}=I_z+a^2A$$

同理

$$I_{y_1}=I_y+b^2A$$

$$\begin{aligned} I_{y_1z_1} &=\int_A (y+a)(z+b)\mathrm{d}A \\ &=\int_A yz\mathrm{d}A+b\int_A y\mathrm{d}A+a\int_A z\mathrm{d}A+ab\int_A \mathrm{d}A \\ &=I_{yz}+bS_z+aS_y+abA \end{aligned}$$

因为 y、z 均为形心轴，故 $S_z=S_y=0$，得

$$I_{y_1z_1}=I_{yz}+abA$$

故惯性矩和惯性积的平行移轴公式为

$$\left.\begin{aligned}I_{z_1}&=I_z+a^2A\\I_{y_1}&=I_y+b^2A\\I_{y_1z_1}&=I_{yz}+abA\end{aligned}\right\}\tag{2-14}$$

由上式可知，$I_{z_1}>I_z, I_{y_1}>I_y$，即截面对于其形心轴的惯性矩 I_y、I_z 是截面对于所有平行轴惯性矩中最小者。

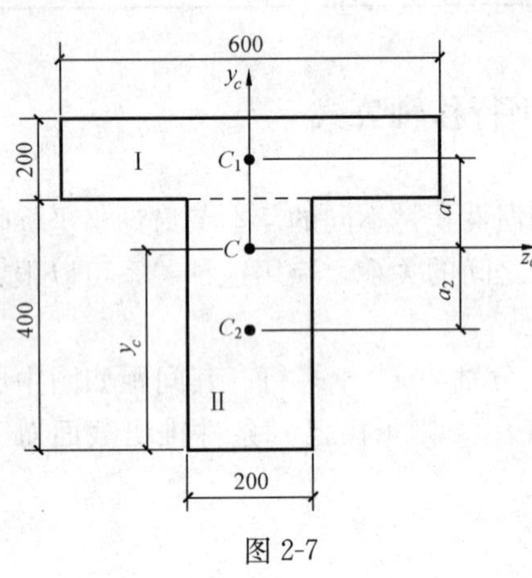

图 2-7

【例 2-3】 求图 2-7 中 T 形截面对于形心轴 y_c、z_c 的惯性矩。

解 在例 2-1 中，已经确定了形心 c 的位置，图 2-2 中 $y_c=380\text{mm}$，$z_c=0$。形心轴 y_c、z_c 如图 2-7 所示。将该截面视为矩形 I 和矩形 II 的组合截面，则惯性矩由两部分截面惯性矩叠加而成，即

$$I_{z_c}=I_{z_c}^{\text{I}}+I_{z_c}^{\text{II}}$$

其中

$$I_{z_c}^{\text{I}}=\frac{60\times20^3}{12}+(60\times20)\times\left[(40-38)+\frac{1}{2}\times20\right]^2=2.13\times10^5(\text{cm}^4)$$

$$I_{z_c}^{\text{II}}=\frac{20\times40^3}{12}+(20\times40)\times(38-20)^2=3.66\times10^5(\text{cm}^4)$$

则

$$I_{z_c}=2.13\times10^5+3.66\times10^5=5.79\times10^5(\text{cm}^4)$$

$$I_{y_c}=I_{y_c}^{\text{I}}+I_{y_c}^{\text{II}}=\frac{20\times60^3}{12}+\frac{40\times20^3}{12}=3.87\times10^5(\text{cm}^4)$$

思 考 题

2-1 什么是物体的重心？什么是截面的形心？重心和形心有什么区别？

2-2 试分别确定表 2-1 中简单几何图形的面积、形心位置、惯性矩、惯性半径。

2-3 组合截面的形心怎样确定？

习 题

2-1 确定下列组合图形的形心坐标。

2-2 求下列图形中 z 轴上方截面面积对 z 轴的静矩 S_z。

2-3 已知三角形对底边轴 z_1 的惯性矩 $I_{z_1}=\dfrac{bh^3}{12}$，试用平行移轴公式求对形心轴 z_c 的惯性矩 I_{z_c}，和求通过顶点 A 的 z_2 轴的惯性矩。

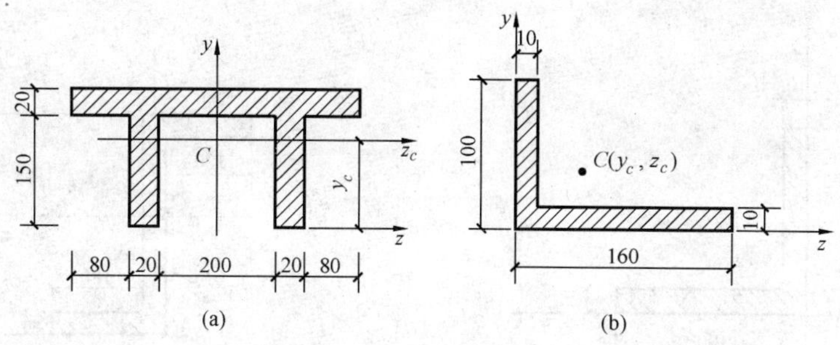

图 2-8　习题 2-1 图

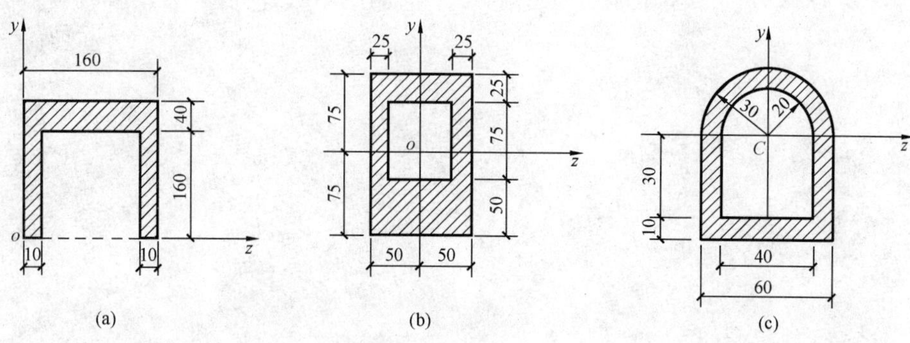

图 2-9　习题 2-2 图

2-4　求组合图形对其形心轴 z_c 的惯性矩 I_{z_c}。

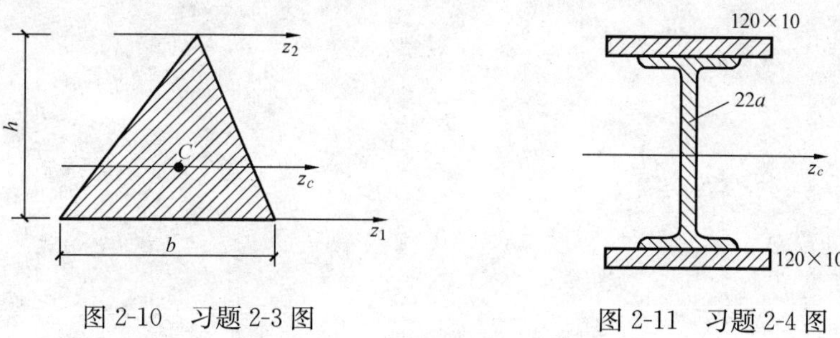

图 2-10　习题 2-3 图　　图 2-11　习题 2-4 图

2-5　求下列图形的形心主惯性矩 I_{z_c}。

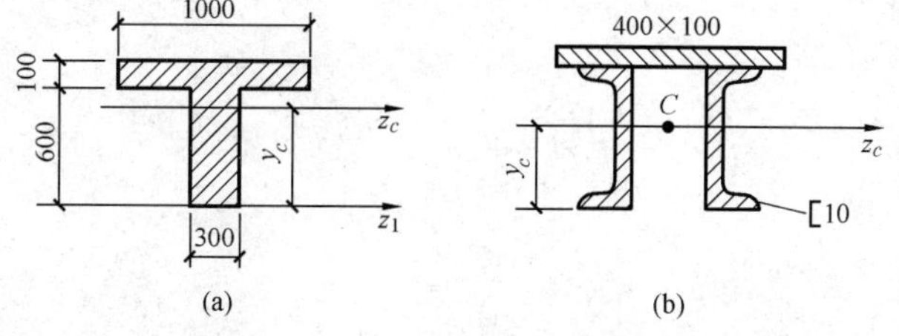

图 2-12　习题 2-5 图

2-6　求图示截面对 z，y 轴的惯性积 I_{yz}。

2-7　求图示截面图形的形心主惯性矩 I_{z_c} 和 I_{y_c}。

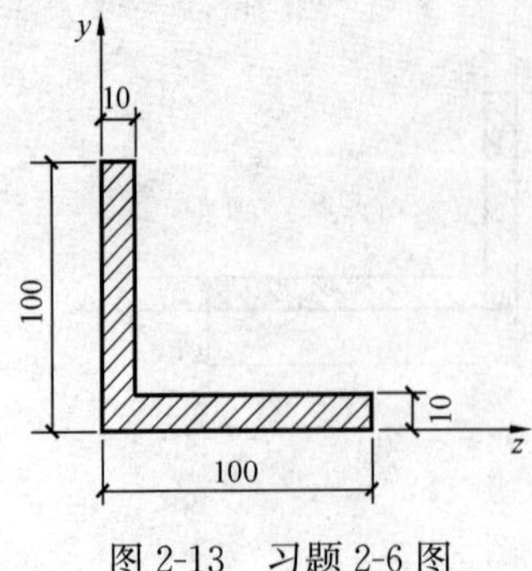

图 2-13 习题 2-6 图

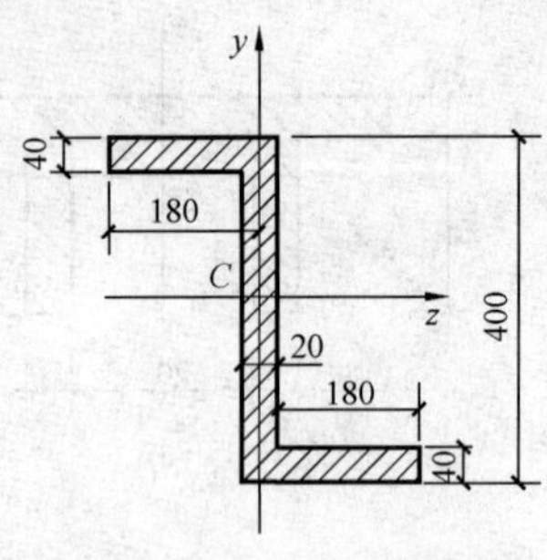

图 2-14 习题 2-7 图

第三章 轴向拉伸与压缩

在第一章中研究了物体在各种力系❶作用下的平衡条件，忽略物体的变形，将物体看做是刚体。从本章开始，将研究结构或组成结构的各种构件在荷载作用下的变形和破坏规律，变形成为主要的研究内容。因此，不能再把物体视为刚体，而是将其视为变形体。

物体在外力作用下产生变形，若将外力去掉，物体又完全恢复原来的形状，物体的这种变形称为完全弹性变形。例如我们拉一根弹簧，弹簧伸长，若用力不大把手松开后，弹簧恢复原状。这时的弹簧为完全弹性体。如果用力过大，松开手后，弹簧不完全恢复为原状，恢复原状的部分变形为弹性变形，而没有恢复原状的部分变形为塑性变形。在后面的章节中，将研究构件在弹性范围内的小变形问题。

在工程结构中，构件在各种形式的外力作用下会产生多种多样的变形，但这些变形总不外乎以下四种基本变形之一，或是几种基本变形的组合。

（1）轴向拉伸或压缩变形。

（2）剪切变形。

（3）扭转变形。

（4）弯曲变形。

第一节 轴向拉伸和压缩时的内力

一、轴向拉伸与压缩的概念

轴向拉伸与压缩是杆件受力的一种最简单、最基本的变形形式。在工程结构中，承受轴向拉伸或压缩的杆件很多。例如图 3-1（a）所示的桁架中，除图示两根零杆外，其余杆件均为拉（压）杆。如图 3-1（b）所示的支架中，AB 杆为拉杆，BC 杆为压杆。

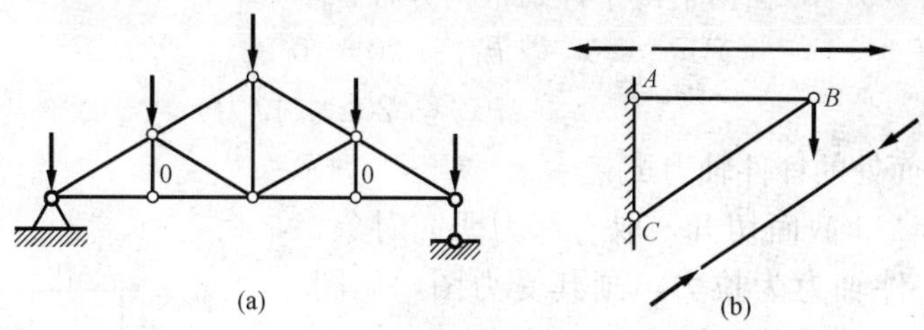

图 3-1

轴向拉（压）杆的受力特点：作用于杆件上的外力，其作用线与杆件轴线重合，都是轴向外力。

变形特点：杆件沿轴向伸长或缩短。

❶ 自本章后，矢量不再特别标注（粗体或加横线）。

二、轴向拉（压）杆的内力及内力图

（一）内力的概念

物体在外力作用下，内部质点与质点之间的相互作用力叫内力。内力是由外力引起的，并随着外力的增大而增大。但对构件来说，内力的增大是有限度的，当内力超过限度时，构件就会发生破坏。所以研究构件的承载能力必须先分析其内力。

分析内力最基本的方法是截面法。截面法计算内力的步骤：① 将构件沿需要求内力的位置用假设截面截开，把构件分为两部分，取其中一部分为研究对象；② 画研究对象的受力图时，另一部分对研究对象的作用力用内力来代替；③ 根据研究对象的平衡条件列平衡方程求解内力。下面用此方法分析轴向拉（压）杆横截面上的内力。

（二）轴向拉（压）杆横截面上的内力及内力图

1. 轴力

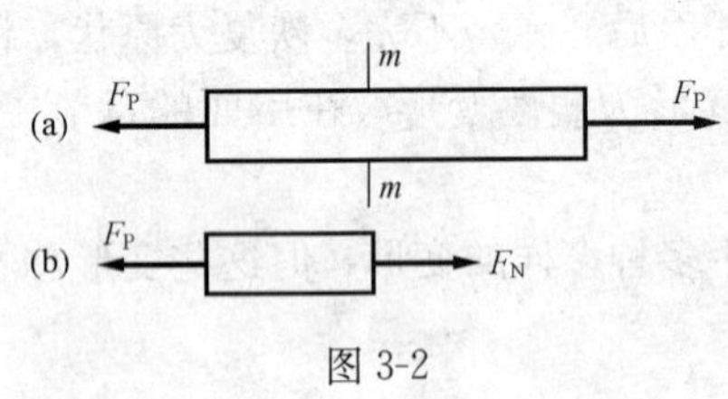

图 3-2

如图 3-2（a）所示为一等截面直杆受轴向外力的作用，产生拉伸变形。现分析其任一截面 $m-m$ 上的内力。用假设的截面在 $m-m$ 截面处将直杆切成左、右两部分，取其中的一部分为研究对象（如取左部分），根据左部分处于平衡状态的条件，判断右部分对左部分的作用力，其受力图见图 3-2（b）。根据平衡条件列平衡方程：

$$\Sigma F_x = 0 \qquad F_N - F_P = 0$$

$$F_N = F_P$$

内力的作用线与杆轴线重合，称为轴向内力，简称轴力。通常用 F_N 表示。

轴力的正负号规定：拉力为正，压力为负。

在国际单位制中，轴力的单位是牛顿（N）或千牛顿（kN）。

【例 3-1】 如图 3-3（a）所示，直杆在各力作用下处于平衡状态。求指定截面 1-1、2-2 处杆件的内力。

解 （1）求 1-1 截面处的杆件轴力 F_{N1}。

用假设截面沿 1-1 截面截开，取左部分为研究对象，设 1-1 截面处的杆件轴力为拉力，画出受力图，见图 3-3（b）。据平衡条件列平衡方程：

$$\Sigma F_x = 0 \qquad F_{N1} - 20 = 0$$

$$F_{N1} = 20\text{kN}(\text{拉力})$$

（2）求 2-2 截面处的杆件轴力 F_{N2}。

用假设截面沿 2-2 截面切开，取右部为研究对象，设 2-2 截面处的杆件轴力为拉力，画其受力图，见图 3-3（c）。据平衡条件列平衡方程：

$$\Sigma F_x = 0 \qquad 17 - F_{N2} = 0$$

$$F_{N2} = 17\text{kN}(\text{拉力})$$

计算结果为正值，说明假设方向与实际方向相同。

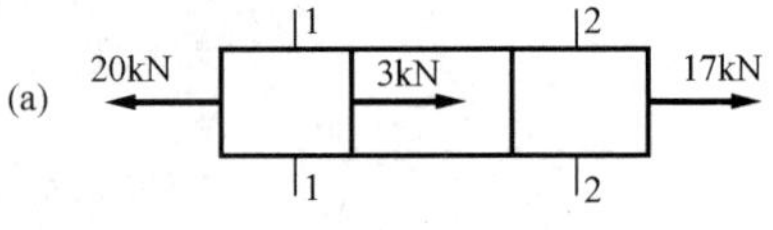

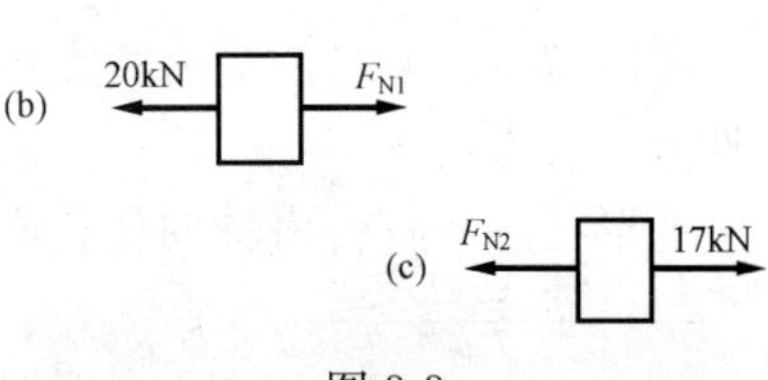

图 3-3

2. 轴力图

描述沿杆长各横截面轴力变化规律的图形称为轴力图。以平行于杆轴线的坐标 x 表示杆件各横截面的位置，以垂直于杆轴线的坐标 F_N 表示各横截面上轴力的大小，将各截面的轴力按一定比例在坐标系中找出并连线，就得到轴力图。轴力图可以形象地表示轴力沿杆长的变化情况，明显地找到最大轴力所在的位置和数值。

【例 3-2】　杆件受力如图 3-4（a）所示。已知 $F_{P1}=15kN$，$F_{P2}=20kN$，忽略杆的自重，试画出杆的轴力图。

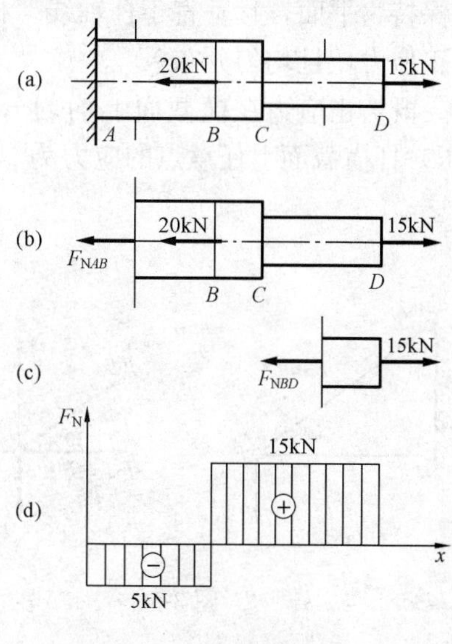

图 3-4

解　（1）分段计算轴力。

按照外力的作用点将阶梯杆分为 AB 段和 BD 段。在 AB 段或 BD 段内，因无外荷载作用，所以轴力无变化，各截面轴力相等，求其中一个截面的轴力即可。

AB 段：$\sum F_x=0$　$15-20-F_{NAB}=0$　$F_{NAB}=-5kN$（压力）

BD 段：$\sum F_x=0$　$15-F_{NBD}=0$　$F_{NBD}=15kN$（拉力）

（2）画轴力图。

建立坐标系，将各截面的轴力按一定比例在坐标系中标出并连线得轴力图，见图 3-4（d）。

画轴力图时的注意点：

1）轴力图要与计算简图对齐；

2）图中的竖标表示相应位置截面轴力的大小，一定要与表示轴力的坐标轴平行，或与表示横截面位置的坐标轴垂直；

3）标明正负号和数值。在画轴力图时，也可用一条基线表示横截面位置。将正的轴力画在基线一面，负的轴力画在基线的另一面。

第二节　轴向拉（压）杆横截面上的应力

一、应力的概念

在工程设计中，知道了杆件的内力，还不能解决杆件的强度问题。例如两根材料相同而粗细不同的杆件，承受着相同的轴向拉力，随着拉力的增加，细杆将首先被拉断，因为内力在小截面上分布的密集程度大。由此可见，判断杆件的承载能力还需要进一步研究内力在截面上分布的密集程度。

单位面积上的分布内力称为应力，它反映了内力在横截面上的分布集度。与截面垂直的应力称为正应力，用 σ 表示。与截面相切的应力称为剪应力，用 τ 表示。

应力的单位是：帕（Pa）、千帕（kPa）、兆帕（MPa）、吉帕（GPa）。

$$1Pa=1N/m^2$$

$$1kPa=10^3Pa$$

$$1MPa=1N/mm^2=10^6Pa$$

$$1GPa=10^9Pa$$

二、轴向拉（压）杆横截面上的应力

为了确定轴向拉（压）杆横截面上的应力，可模拟一试验。取一等直杆，在其表面画许

多纵、横线，再在两端施加拉力使其产生拉伸变形，可观察到两个现象：①所有纵向线都伸长了，且伸长量相等；② 所有横向线变形后仍然是平行的直线，且与杆轴线垂直，只是相邻两横向线间的距离加大了。根据这些现象，可以作出平面假设：变形前的横截面，变形后仍保持为平面，且垂直于杆轴线。根据这一假设可以得出结论：轴向拉（压）杆横截面上只有正应力，且均匀分布。

既然正应力在横截面上均匀分布，设杆横截面面积为 A，横截面上轴力为 F_N，则拉（压）杆横截面上任意点的应力为

$$\sigma=\frac{F_N}{A} \tag{3-1}$$

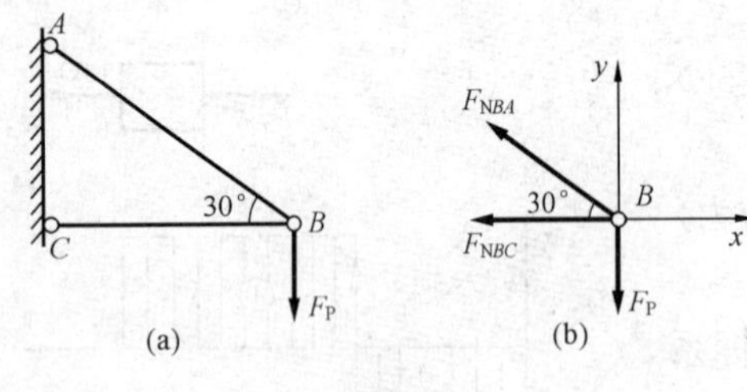

图 3-5

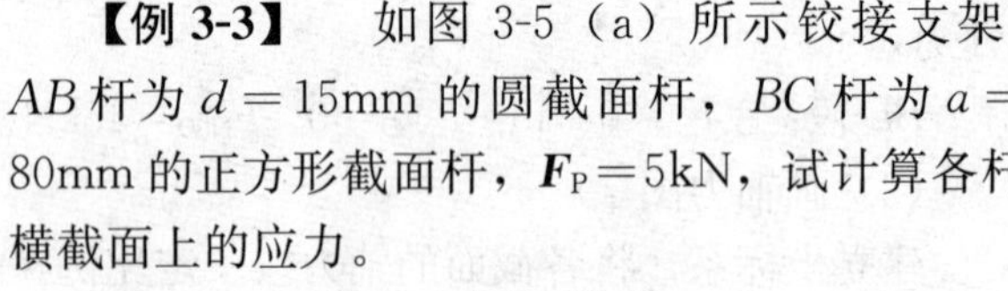

正应力 σ 的正负号与轴力 F_N 的正负号相同。拉伸时正应力取正值，压缩时正应力取负值。

【例 3-3】 如图 3-5（a）所示铰接支架，AB 杆为 $d=15$mm 的圆截面杆，BC 杆为 $a=80$mm 的正方形截面杆，$\boldsymbol{F}_P=5$kN，试计算各杆横截面上的应力。

解 （1）计算各杆的轴力。

取节点 B 为研究对象，画其受力图见图 3-5（b）。由静力平衡条件得

$$\Sigma F_x=0 \quad -F_{NBA}\cos 30^\circ-F_{NBC}=0$$
$$\Sigma F_y=0 \quad F_{NBA}\sin 30^\circ-F_P=0$$

所以 $F_{NBA}=10\text{kN}$（拉力）

$F_{NBC}=-8.66\text{kN}$（压力）

（2）计算各杆应力。

$$\sigma_{BA}=\frac{F_{NBA}}{A_{BA}}=\frac{10\times 10^3}{\frac{1}{4}\pi\times 15^2}=56.62\text{MPa}(\text{拉})$$

$$\sigma_{BC}=\frac{F_{NBC}}{A_{BC}}=\frac{8.66\times 10^3}{80\times 80}=-1.35\text{MPa}(\text{压})$$

【例 3-4】 圆截面轴向拉（压）杆的直径及荷载如图 3-6（a）所示，试求杆横截面上最大工作应力。

解 （1）画轴力图，见图 3-6（b）。

（2）计算最大工作应力。

BC 段和 CD 段轴力相等，但 CD 段的截面小，相应的应力就大，所以只需计算 CD 段和 AB 段的应力

$$\sigma_{CD}=\frac{-100\times 10^3}{\frac{1}{4}\pi\times 25^2}=-203.8\text{MPa}(\text{压})$$

$$\sigma_{AB}=\frac{150\times 10^3}{\frac{1}{4}\pi\times 40^2}=119.4\text{MPa}(\text{拉})$$

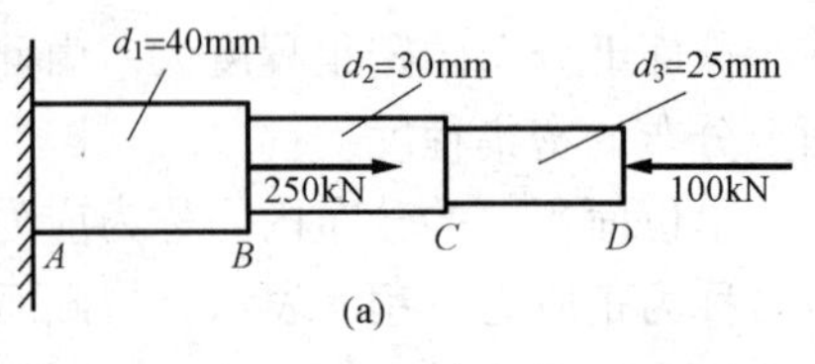

(a)

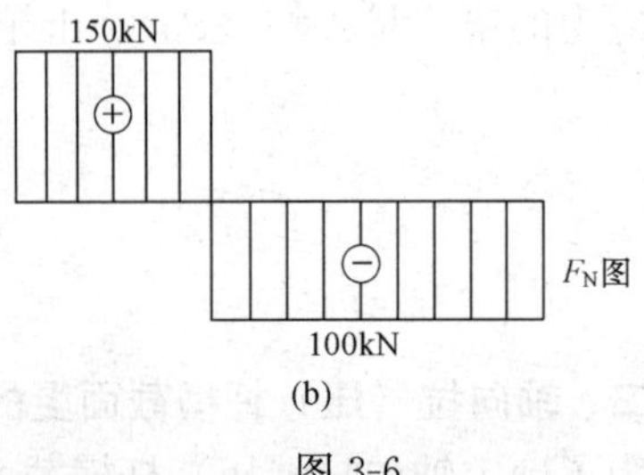

(b)

图 3-6

所以　$\sigma_{max} = |\sigma_{CD}| = 203.8\text{MPa}$

第三节　轴向拉（压）杆的变形、虎克定律

杆件在轴向拉伸或压缩时，产生的主要变形是沿轴线方向上的伸长或缩短，同时杆的横向尺寸也有缩小或增大。下面讨论拉（压）杆的变形计算。

一、纵向变形

杆件在轴向拉（压）变形时长度的改变量称为纵向变形，用 Δl 表示。若杆件原来长度为 l，变形后长度为 l_1，则纵向变形为

$$\Delta l = l_1 - l$$

拉伸时纵向变形 Δl 为正值；压缩时纵向变形 Δl 为负值。纵向变形单位是米（m）或毫米（mm）。纵向变形只反映杆件的总变形量，它并不能确切表明杆件的局部变形程度，下面用单位长度内的纵向变形来反映杆件各处的变形程度，称为纵向线应变或线应变，用 ε 表示。即

$$\varepsilon = \frac{\Delta l}{l} \tag{3-2}$$

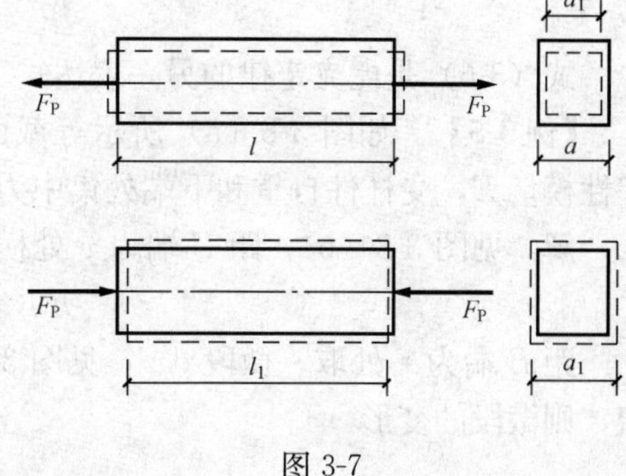

图 3-7

纵向线应变的正负号与 Δl 相同。拉伸时为正值，压缩时为负值。纵向线应变是无量纲的量。

二、横向变形

杆件在轴向拉（压）变形时，横向尺寸的改变量称为横向变形。若杆件原横向尺寸为 a，变形后的横向尺寸为 a_1，则

$$\Delta a = a_1 - a$$

横向线应变

$$\varepsilon' = \frac{\Delta a}{a} \tag{3-3}$$

横向变形、横向线应变的正负号与纵向变形、纵向线应变的正负号相反，拉伸时为负值，压缩时为正值。

三、泊松比

实验表明，当杆件的变形在弹性范围内时，材料的横向线应变 ε′ 和纵向线应变 ε 的比值的绝对值是一个常数，称为材料的横向变形系数或泊松比，用 μ 表示，即

$$\mu = \left|\frac{\varepsilon'}{\varepsilon}\right| \text{或} \quad \varepsilon' = -\mu\varepsilon \tag{3-4}$$

四、拉压虎克定律

实验表明，在弹性限度内，杆的纵向变形 Δl 与杆的轴力 F_N，杆的原长 l 成正比，而与杆的横截面面积 A 成反比，即

$$\Delta l \propto \frac{F_N l}{A}$$

引进比例系数 E，则有

$$\Delta l = \frac{F_N l}{EA} \tag{3-5}$$

式中 E——材料的拉（压）弹性模量。它反映材料抵抗拉压变形的能力，其单位与应力的单位相同；

EA——杆件的抗拉压刚度。它反映了杆件抵抗拉压变形的能力。

式（3-5）就是虎克定律的表达式。

将式（3-5）变换后得

$$\sigma = E\varepsilon \tag{3-6}$$

式（3-6）是虎克定律的另一表达式。它表明：在弹性范围内，正应力与线应变成正比。

【例 3-5】 如图 3-8（a）所示等截面直杆，已知其原长 l，横截面 A，材料的容重 γ，弹性模量 E，受杆件自重和下端处集中力 F_P 作用，求该杆下端面的竖向位移。

解 见图 3-8（b），距 B 端为 x 处横截面上的轴力为

$$F_N(x) = F_P + A\gamma x$$

距 B 端为 x 处取一微段 dx，见图 3-8（c）。由于是微段，可略去两端面内力的微小差值，则微段的变形

$$d\Delta l = \frac{F_{N(x)} dx}{EA}$$

积分得全杆的变形即为 B 端的竖向位移。

$$\Delta l = \int_0^l d\Delta l = \int_0^l \frac{F_{N(x)}}{EA} dx = \int_0^l \frac{F_P + A\gamma x}{EA} dx = \frac{F_P l}{EA} + \frac{\gamma l^2}{2E} (\downarrow)$$

【例 3-6】 由两种材料组成的变截面杆如图 3-9（a）所示，AD 段横截面积 $A_{AD} = 20\text{cm}^2$，DE 段横截面 $A_{DE} = 10\text{cm}^2$，铜的弹性模量 $E_1 = 100\text{GPa}$，钢的弹性模量 $E_2 = 200\text{GPa}$，试求：

（1）杆内最大工作应力；

（2）杆长度的改变量 Δl。

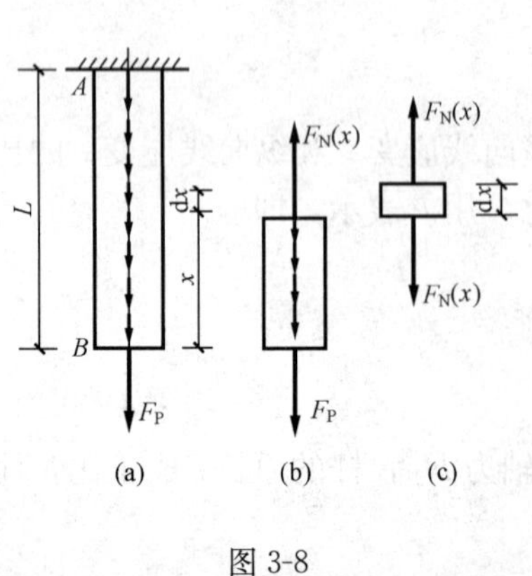

图 3-8

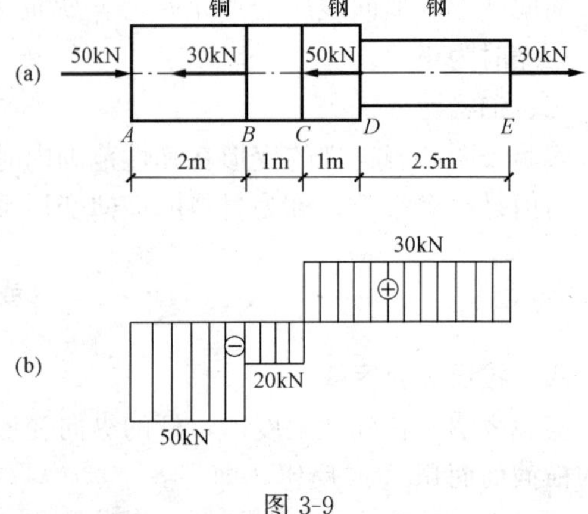

图 3-9

解 （1）画轴力图见图 3-9（b）。

(2) 计算杆内最大工作应力。

应力与外力、杆件横截面积有关，经分析需对 AB 段、DE 段进行计算，并做比较。

$$\sigma_{AB}=\frac{F_{NAB}}{A_{AD}}=\frac{-50\times10^3}{20\times10^2}=-25\text{MPa}(\text{压})$$

$$\sigma_{DE}=\frac{30\times10^3}{10\times10^2}=30\text{MPa}(\text{拉})$$

所以 $\sigma_{max}=30$MPa 发生在 DE 段。

(3) 计算杆长度的改变量 Δl。

由于杆内轴力、材料、面积有变化，所以用公式 $\Delta l=\dfrac{F_N l}{EA}$ 计算杆长度的改变量时，应按 F_N、E、A 的变化情况分段分别计算每段长度的改变量，最后求代数和，即得全杆长度的改变量。

$$\begin{aligned}\Delta l&=\Delta l_{AB}+\Delta l_{BC}+\Delta l_{CD}+\Delta l_{DE}\\&=\frac{F_{NAB}l_{AB}}{E_{AB}A_{AB}}+\frac{F_{NBC}l_{BC}}{E_{BC}A_{BC}}+\frac{F_{NCD}l_{CD}}{E_{CD}A_{CD}}+\frac{F_{NDE}l_{DE}}{E_{DE}A_{DE}}\\&=-\frac{50\times10^3\times2\times10^3}{10^5\times20\times10^2}-\frac{20\times10^3\times1\times10^3}{10^5\times20\times10^2}\\&\quad+\frac{30\times10^3\times1\times10^3}{200\times10^3\times20\times10^2}+\frac{30\times10^3\times2.5\times10^3}{200\times10^3\times10\times10^2}=-0.15\text{mm}\end{aligned}$$

负号表示整个杆件缩短了 0.15mm。

第四节　材料在拉伸和压缩时的力学性能

材料受外力后所表现出来的强度和变形方面的性质称为材料的力学性质。例如前面所涉及的弹性模量、泊松比等。材料的力学性质是根据材料的拉伸、压缩试验来测定的。工程中使用的材料种类很多，习惯上根据试件在拉伸时塑性变形的大小区分为塑性材料和脆性材料两类。如低碳钢、低合金钢、铜等为塑性材料；如砖、混凝土、铸铁等是脆性材料。这两类材料的力学性能有明显的差别。

由于低碳钢在塑性材料中具有代表性，而铸铁在脆性材料中具有代表性，下面将主要介绍这两种材料的拉、压试验。

一、低碳钢拉伸时的力学性质

低碳钢拉伸试验是在常温（即室温）、静载的条件下进行的。试验时采用国家规定的标准试件，如图 3-10 所示。试件的工作段长度（称为标距）l 与截面直径 d 的比例规定为：$l=5d$ 或 $l=10d$；如截面为矩形，截面面积为 A，则 $l=11.3\sqrt{A}$ 或 $l=5.65\sqrt{A}$。

1. 应力—应变图

将低碳钢的标准试件夹在拉力试验机上，开动试验机后，试件受到由零缓慢增加的拉力 F_P，并同时发生变形。在试验机上可以读出试件所受拉力 F_P 的大小，以及相应的纵向伸长 Δl，并间隔性地记录下 F_P 和 Δl 值，直至试件拉断为止。以拉力 F_P 为纵坐标，Δl 为横坐标，将 F_P 和 Δl 的关系按一定比例绘制成的曲线，称为拉伸图，如图 3-11 所示 。

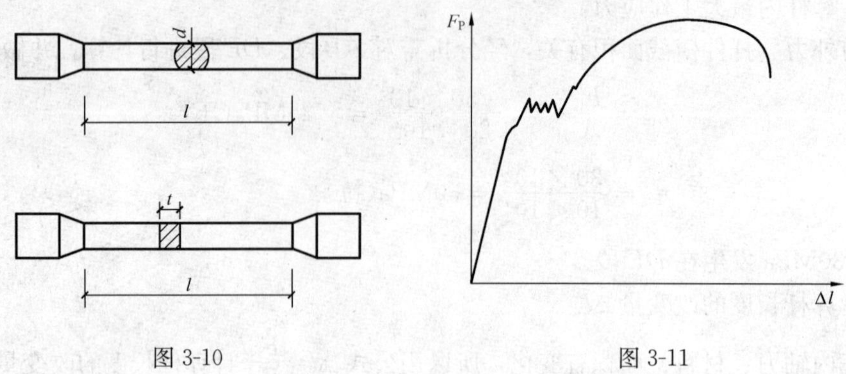

图 3-10 图 3-11

由于荷载 F_P 与 Δl 的对应关系与试件尺寸有关，为了消除这一影响，反映材料本身的力学性质，将纵坐标 F_P 改为正应力 $\sigma=\dfrac{F_N}{A}$，横坐标 Δl 改为线应变 $\varepsilon=\dfrac{\Delta l}{l}$。于是，拉伸图就变成如图 3-12 所示的应力—应变图。

2. 拉伸过程的四个阶段

低碳钢的拉伸过程可分为四个阶段，现根据应力—应变图来说明各阶段中出现的力学性能。

(1) 弹性阶段（图 3-12 中 ob 段）。在此阶段内如果把荷载逐渐卸除至零，则试件的变形完全消失，可见这一阶段，变形是完全弹性的，因此称为弹性阶段。这一阶段的最高点 b 对应的应力称为弹性极限，用 σ_e 表示。

图中的 oa 为直线，表明 σ 和 ε 成正比，a 点对应的应力值称为比例极限，用 σ_P 表示。常用的 Q235 钢，其比例极限 $\sigma_P=200\text{MPa}$。

当应力不超过比例极限 σ_P 时，σ 和 ε 成正比，直线 oa 的斜率即为材料的弹性模量 E。即

$$\tan\alpha=\frac{\sigma}{\varepsilon}=E$$

图中可看出 ab 段微弯，不再是直线，说明 ab 段内，σ 和 ε 不再成正比，但变形仍然是完全弹性的。由于 a、b 两点非常接近，在实际应用中对 σ_P 和 σ_e 未加严格区别，认为在弹性内应力与应变成正比。

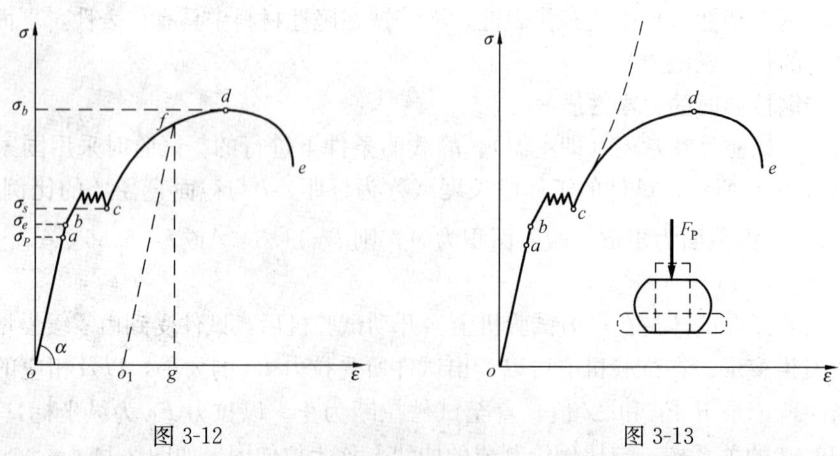

图 3-12 图 3-13

(2) 屈服阶段（图 3-12 中 bc 段）。当应力超过 b 点对应值以后，应变迅速增加，而应力在很小的范围内波动，其图形上出现了接近水平的锯齿形阶段 bc，这一阶段称为屈服阶段。屈服阶段的最低点 c 所对应的应力称为屈服极限，用 σ_s 表示。在此阶段材料失去了抵抗变形的能力，产生显著的塑性变形。应力和应变不再呈线性关系，虎克定律不再适用。如果试件表面光滑，这时，可看到试件表面出现与试件轴线大约呈 45°的斜线，称为滑移线，见图 3-14。这是由于在 45°斜面上存在最大剪应力，造成材料内部晶粒之间相互滑移所致。

(3) 强化阶段（图 3-12 中 cd 段）。经过屈服阶段后，材料又恢复了抵抗变形的能力，此时，增加荷载才会继续变形，这个阶段称为强化阶段。强化阶段最高点 d 对应的应力称为强度极限，用 σ_b 表示。它是材料所能承受的最大应力。

(4) 颈缩阶段（图 3-12 中 de 段）。当应力达到强度极限后，试件在某一薄弱处横截面尺寸急剧减小，出现“颈缩”现象，见图 3-15。此时，试件继续变形所需的拉力相应减少，达到 e 点，试件被拉断。

图 3-14　　　　图 3-15

3. 强度指标

(1) 当材料的应力达到屈服极限 σ_s 时，杆件虽未断裂，但产生了显著的变形，影响到构件的正常使用，所以屈服极限 σ_s 是衡量材料强度的一个重要指标。

(2) 材料的应力达到强度指标 σ_b 时，出现“颈缩”现象并很快断裂，所以，强度极限 σ_b 也是衡量材料强度的一个重要指标。

4. 塑性指标

试件拉断后，弹性变形消失，残留下塑性变形。试件标距由 l 变为 l_1，断口处的横截面积由原来的 A 变为 A_1，则工程中反映材料塑性的两个塑性指标分别为

延伸率
$$\delta = \frac{l_1 - l}{l} \times 100\% \tag{3-7}$$

截面收缩率
$$\psi = \frac{A - A_1}{A} \times 100\% \tag{3-8}$$

工程中常把 $\delta > 5\%$的材料称为塑性材料；把 $\delta < 5\%$的材料称为脆性材料。

5. 冷作硬化

在拉伸试验中，当应力达到强化阶段任一点 f 时，逐渐卸载至零，则可以看到，应力和应变仍保持直线关系，且卸载直线 fo_1 基本上与弹性阶段的 oa 平行，见图 3-12，f 点对应的总应变为 og，回到 o_1 点后，弹性应变 o_1g 消失，余留部分 oo_1 为塑性应变。

如果卸载后重新加载，则应力与应变曲线将大致沿着卸载时的同一直线 o_1f 上升到 f 点，f 点以后的曲线与原来的 σ—ε 曲线相同。由此可见卸载后再加载，材料的比例极限与屈服极限都得到了提高，而塑性降低，这种现象称为冷作硬化。工程中常利用冷作硬化来提高钢筋的强度，达到节约钢材的目的。

二、低碳钢压缩时的力学性能

低碳钢压缩试件一般采用圆柱体，高为直径的 1.5～3 倍。低碳钢压缩时的应力—应变

图如图 3-13 中的虚线，实线为拉伸实验的应力—应变图。比较两者，可以看出，在屈服阶段以前，低碳钢拉伸与压缩的应力—应变曲线基本重合，两者的比例极限、屈服极限、弹性模量均相同。过了屈服极限后，试件出现了显著的塑性变形，越压越扁，由于上下压板与试件之间的摩擦力约束了试件两端的横向变形，试件被压成了鼓形，见图 3-13。随着压力增加，其受压面积也增加，试件只压扁而不破坏，因此，不能测出强度极限。

三、铸铁的拉伸和压缩试验

1. 铸铁的拉伸试验

将铸铁的标准拉伸试件按低碳钢拉伸试验同样的方法进行测验，得到铸铁拉伸的应力—应变图，如图 3-16 所示。图中没有明显的直线部分，没有屈服阶段和“颈缩”现象。拉断时应变很小，约为 0.4%～0.5%，断裂时的应力就是强度极限，是脆性材料衡量强度的唯一指标。在工程计算中通常以产生 0.1%的总应变所对应的曲线的割线斜率来表示材料的弹性模量，即 $E=\tan\alpha$。

2. 铸铁的压缩试验

图 3-17 所示是铸铁压缩时的应力—应变曲线。整个曲线与拉伸时相似，没有明显的屈服阶段。但压缩时塑性变形比较明显。铸铁压缩时的强度极限为拉伸时的 4～5 倍。破坏时不同于拉伸时沿横截面，而是沿与轴线大致成 45°～55°的斜截面破坏，见图 3-17。这说明铸铁的压缩破坏是由于抗剪强度低而造成的。由于脆性材料的抗压能力比抗拉能力强，通常用作受压构件，例如基础、墩台、柱、墙体等。

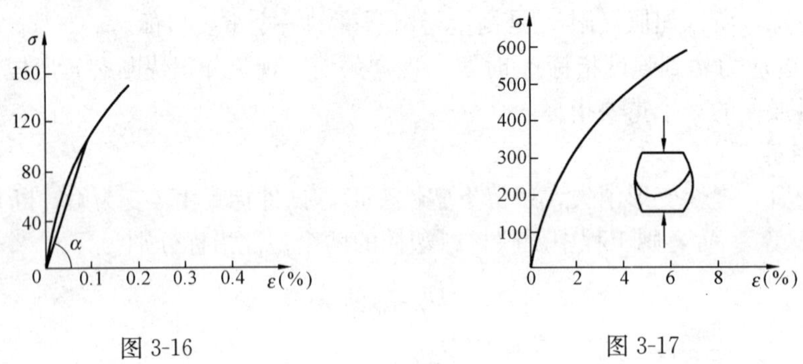

图 3-16　　图 3-17

第五节　拉（压）杆的强度条件及应用

一、许用应力与安全系数

构件受到荷载作用后，截面上所产生的应力称为工作应力。工作应力随外力的增加而增加。对于某种材料制成的构件而言，工作应力的增加是有限度的，当工作应力超过一定的限度时，构件就会破坏。引起构件破坏时的应力称为极限应力，用 σ^0 表示。

为了确保构件能安全正常地使用，不致发生破坏，必须给构件以必要的安全储备，因此，规定将极限应力 σ^0 缩小 K 倍作为衡量材料承载能力的依据，称为许用应力，用 $[\sigma]$ 表示。即

$$[\sigma]=\frac{\sigma^0}{K} \tag{3-9}$$

式中：K 为大于 1 的系数，称为强度安全系数，其数值由各设计规范规定。

二、轴向拉、压杆的强度条件

为了保证构件安全可靠，杆内最大工作应力不得超过材料的许用应力，即

$$\sigma_{max} = \frac{F_N}{A} \leqslant [\sigma] \tag{3-10}$$

式（3-10）为拉、压杆的强度条件。

根据强度条件，可以解决工程实际中有关强度的三类问题：

（1）校核强度。已知荷载、构件的横截面尺寸及材料的许用应力，则可直接按式(3-10)对构件作强度校核；

（2）设计截面尺寸。已知荷载、材料的许用应力，据式（3-10）确定构件的截面面积，进而确定截面尺寸；

（3）计算许可载荷。已知横截面尺寸、材料的许用应力，可由强度条件计算出构件所能承受的最大轴力，进而确定许可荷载。

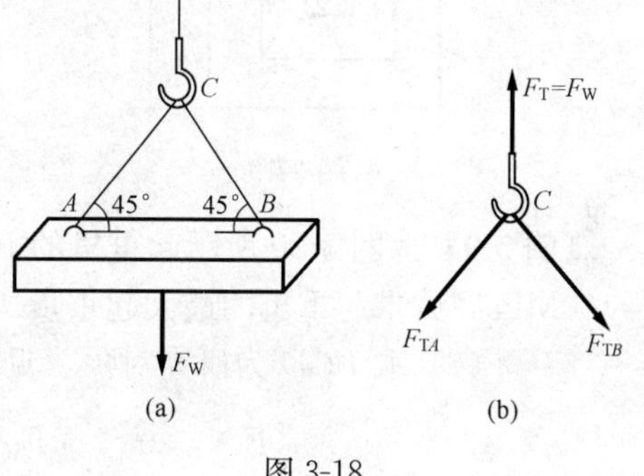

图 3-18

【例 3-7】 用绳索起吊钢筋混凝土预制板，如图 3-18（a）所示。板重 $W=10\text{kN}$，绳索的直径 $d=40\text{mm}$，许用应力 $[\sigma]=10\text{MPa}$，试校核绳索的强度。

解　（1）取吊钩为研究对象，受力图如图 3-18（b）所示，则

$$\Sigma F_x = 0 \quad F_{TB}\cos45^\circ - F_{TA}\cos45^\circ = 0$$

$$\Sigma F_y = 0 \quad F_T - F_{TA}\sin45^\circ - F_{TB}\sin45^\circ = 0$$

$$F_T = F_W = 10\text{kN}$$

所以绳索的拉力　$F_{TA}=F_{TB}=7.07\text{kN}$

（2）校核强度。

绳索内最大工作应力为

$$\sigma = \frac{F_{TA}}{A} = \frac{7.07\times10^3}{\frac{1}{4}\pi\times40^2} = 5.63\text{MPa} < [\sigma]$$

所以，绳索满足强度条件。

【例 3-8】 图 3-19 所示为一轴心受压柱的基础。已知轴心压力 $F_P=500\text{kN}$，基础埋深 $H=1.8\text{m}$，基础和土的平均容重 $\gamma=19.6\text{kN/m}^3$，地基土的许用应力 $[\sigma]=0.2\text{MPa}$，试计算基础所需底面积。

解　基础底面积所承受的压力为柱子传来的压力 F_P 和基础的自重 $F_W=\gamma HA$。根据强度条件

$$\sigma = \frac{F_P + F_W}{A} = \frac{F_P + \gamma HA}{A} \leqslant [\sigma]$$

$$\frac{F_P}{a^2} + \gamma H \leqslant [\sigma]$$

$$a \geqslant \sqrt{\frac{F_P}{[\sigma]-\gamma H}} = \sqrt{\frac{500 \times 10^3}{0.2 - 19.6 \times 1.8 \times 10^{-3}}} = 1742.25\text{mm}$$

取 $a=1750\text{mm}$，$A=a^2=1750^2=3062500\text{mm}^2=3.0625\text{m}^2$。

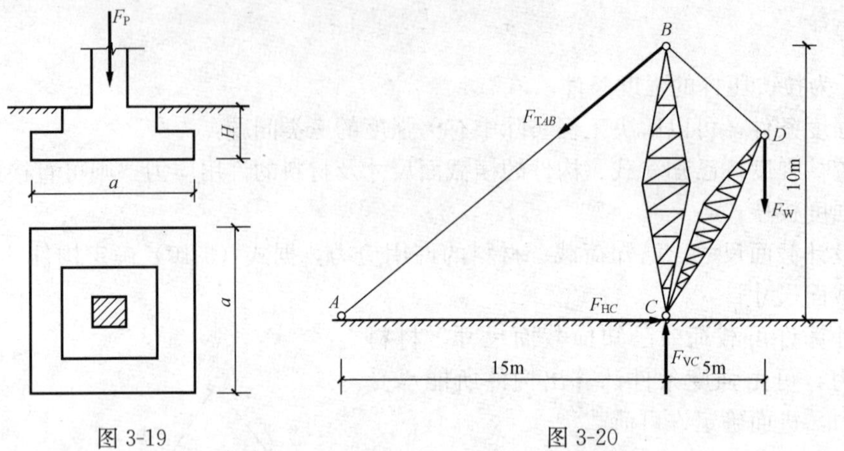

图 3-19　　图 3-20

【例 3-9】 图 3-20 所示起重机的 BC 杆由钢丝绳 AB 拉住，钢丝绳直径 $d=25\text{mm}$，$[\sigma]=160\text{MPa}$，试求起重机的最大起重量。

解 (1) 取 BCD 为研究对象，见图 3-20，由

$$\sum M_c(F_i)=0 \quad -F_W \times 5 + T_{TAB} \times \frac{15}{\sqrt{15^2+10^2}} \times 10 = 0$$

$$F_{TAB} = 0.6F_W$$

(2) 根据强度条件。

$$\sigma = \frac{F_{TAB}}{\frac{1}{4}\pi d^2} \leqslant [\sigma]$$

$$\frac{0.6F_W}{\frac{1}{4}\pi d^2} \leqslant [\sigma]$$

$$F_W \leqslant \frac{\pi d^2[\sigma]}{4 \times 0.6} = \frac{\pi \times 25^2 \times 160}{4 \times 0.6} = 130.83 \times 10^3\text{N} = 130.83\text{kN}$$

所以，起重机的最大起重量为 130.83kN。

第六节 拉（压）杆连接部分的强度计算

拉（压）杆相互连接时，必定有起连接作用的部件，称为连接件。例如螺栓、铆钉、销、榫头等，如图 3-21～图 3-23 所示。下面分析连接件的破坏规律及强度计算。

一、剪切及剪切实用计算

如图 3-21 (a) 所示，当两块钢板受拉时，螺栓受到钢板传来的两组横向力，每组力的合力等于 F_P。螺栓在这样大小相等、方向相反、作用线平行又很接近的两组力作用下，将会沿 $m-m$ 截面发生剪切变形。$m-m$ 截面称为剪切面。现用截面法分析剪切面上的内力。沿 $m-m$ 截面将螺栓切成两半部，取其中的一半部为研究对象，画受力图，见图 3-21 (c)。

由平衡条件可知，剪切面上存有与外力大小相等，方向相反，且平行于截面的内力，称为剪力，用 F_Q 表示。由

$$\sum F_x = 0 \quad -F_Q + F_P = 0$$

得

$$F_Q = F_P$$

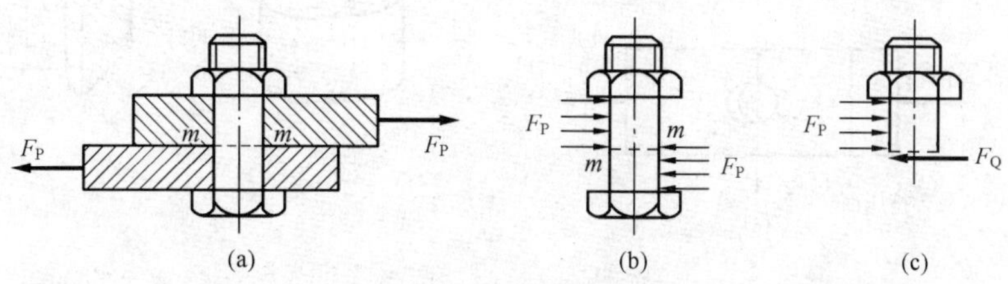

图 3-21　螺栓连接

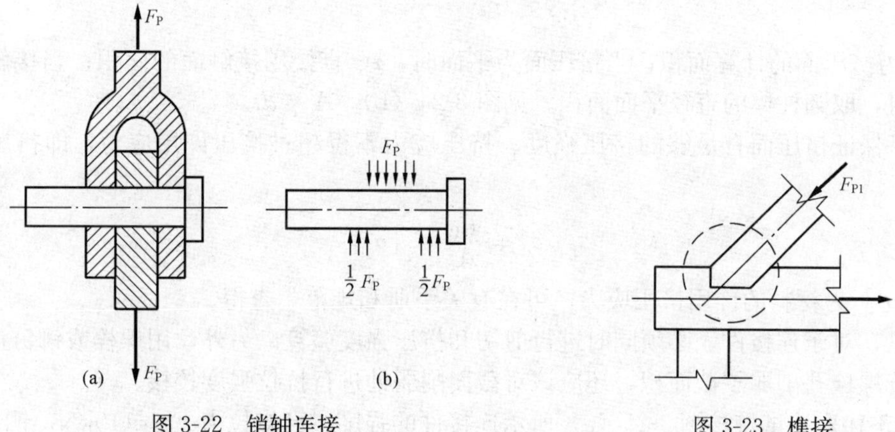

图 3-22　销轴连接　　图 3-23　榫接

剪力 F_Q 在剪切面上的分布集度称为剪应力，用 τ 表示。剪应力在剪切面上的分布较复杂，在实用计算中假定剪应力在剪切面上均匀分布，则

$$\tau = \frac{F_Q}{A} \tag{3-11}$$

为了保证受剪构件安全正常地工作，剪切面上的剪应力不得超过剪切许用应力，即得剪切强度条件为

$$\tau = \frac{F_Q}{A} \leqslant [\tau] \tag{3-12}$$

式中：A 为剪切面积，$[\tau]$ 为材料的许用剪切应力，$[\tau]$ 可从有关手册或规范中查得。

与轴向拉、压强度条件一样，根据剪切强度条件也可以解决三类问题：剪切强度校核、剪切面尺寸的选择、确定连接件的许可荷载。

二、挤压及挤压实用计算

连接件除了有剪切破坏外，还伴随有挤压现象。例如图 3-24（a）所示的螺栓连接中，钢板的圆孔可能被挤压成椭圆形，或螺栓的侧表面被压溃。这种在接触面上传递压力而产生局部变形的现象叫挤压。接触面的面积称为挤压面，见图 3-24（b），作用于挤压面上的压力称为挤压力，用 F_{Pc} 表示。挤压力在接触面上的分布集度称为挤压应力，用 σ_c 表示。

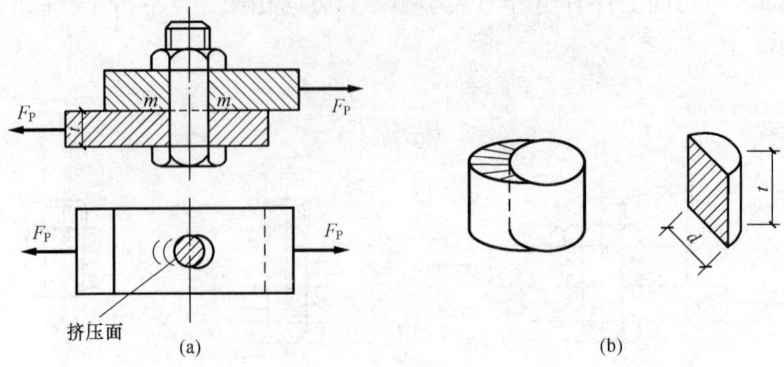

图 3-24

挤压应力在挤压面上的分布较复杂，实用计算中假定挤压应力在挤压面上均匀分布，则

$$\sigma_c = \frac{F_{Pc}}{A_c} \tag{3-13}$$

A_c 为挤压面的计算面积，当挤压面为平面时，A_c 直接用接触面的面积；当接触面为半圆柱面时，取圆柱体的直径平面面积。见图 3-24（b），$A_c = dt$。

为了保证挤压面有足够的挤压强度。挤压应力不得超过挤压许用应力，即挤压强度条件为

$$\sigma_c = \frac{F_{Pc}}{A_c} \leqslant [\sigma_c] \tag{3-14}$$

式中：$[\sigma_c]$ 为材料的许用挤压应力，可在有关手册和规范中查得。

可见，对于连接件，必须同时进行剪切和挤压强度验算。另外，用螺栓或铆钉连接的杆件，由于螺栓孔削弱了截面积，还应该对截面削弱处进行抗拉强度校核。

【例 3-10】 试校核图 3-25（a）所示连接件的强度。已知拉力 $F_P = 110\text{kN}$，铆钉直径 $d = 16\text{mm}$，钢板厚度 $t = 10\text{mm}$，钢板宽度 $b = 86\text{mm}$，钢板和铆钉的材料相同，其许用剪切应

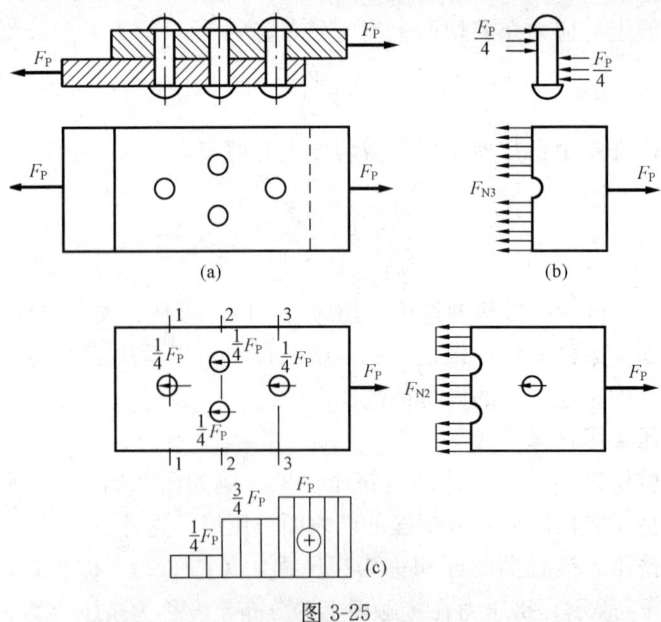

图 3-25

力 $[\tau]=140\text{MPa}$，许用挤压应力 $[\sigma_c]=320\text{MPa}$，许用拉应力 $[\sigma]=180\text{MPa}$。

解 （1）铆钉的剪切强度校核。

取一个铆钉为研究对象，其受力图见图 3-25（b）。假设每个铆钉的剪切变形相同，则每个铆钉所受的剪力为

$$F_Q=\frac{F_P}{4}=\frac{110}{4}=27.5\text{kN}$$

每个铆钉受剪面积为

$$A=\frac{1}{4}\pi d^2=\frac{1}{4}\pi\times16^2=201\text{mm}^2$$

$$\tau=\frac{F_Q}{A}=\frac{27.5\times10^3}{201}=136.8\text{MPa}<[\tau]$$

所以铆钉的剪切强度满足。

（2）铆钉的挤压强度校核。

每个铆钉与钢板接触处的挤压力为

$$F_{Pc}=\frac{F_P}{4}=27.5\text{kN}$$

挤压面的计算面积为

$$A_c=dt=16\times10=160\text{mm}^2$$

根据挤压强度条件

$$\sigma_c=\frac{F_{Pc}}{A_c}=\frac{27.5\times10^3}{160}=171.9\text{MPa}<[\sigma_c]$$

可见挤压强度满足。

（3）校核钢板的抗拉强度。

两块钢板受力和开孔情况相同，分析一块钢板即可。取上面一块钢板为研究对象，画其受力图见图 3-25（c）所示。1-1 截面和 3-3 截面都只有一个孔，受拉面积相同，但 3-3 截面轴力大，所以 1-1 截面不必进行强度计算。2-2 截面有两个孔，面积和轴力都与 3-3 截面不相同，也需对此受拉面进行强度计算。

截面 3-3 $F_{N3}=F_P$

$$\sigma_{3-3}=\frac{F_P}{(b-d)t}=\frac{110\times10^3}{(86-16)\times10}=157.1\text{MPa}<[\sigma]$$

截面 2-2

$$F_{N2}=F_P-\frac{1}{4}F_P=\frac{3}{4}F_P$$

$$\sigma_2=\frac{\frac{3}{4}F_P}{(b-2d)t}=\frac{\frac{3}{4}\times110\times10^3}{(86-2\times16)\times10}=152.8\text{MPa}<[\sigma]$$

所以，钢板满足抗拉强度。

经过校核，整个连接件满足强度要求。

三、剪应力互等定理、剪切虎克定律

1. 剪应力互等定理

图 3-26（a）所示为从构件中某点处取出的微小正六面体，其边长为 $\mathrm{d}x$、$\mathrm{d}y$、$\mathrm{d}z$，称为单元体。由于单元体非常小，可认为单元体各面上的应力均布，平行面上应力相同。设以 x

轴线为法线的面上有剪应力τ_x，则相应的剪力为$\tau_x\mathrm{d}z\mathrm{d}y$，该剪力对$z$轴的矩等于$\tau_x\mathrm{d}z\mathrm{d}y\mathrm{d}x$。同时，在以$y$轴为法线的面上必有剪应力$\tau_y$，相应的剪力为$\tau_y\mathrm{d}x\mathrm{d}z$，剪力对$z$轴的矩为$\tau_y\mathrm{d}x\mathrm{d}z\mathrm{d}y$。由平衡条件$\sum M_z=0$得

$$\tau_x\mathrm{d}z\mathrm{d}y\mathrm{d}x = \tau_y\mathrm{d}x\mathrm{d}z\mathrm{d}y$$

$$\tau_x = \tau_y \tag{3-15}$$

上式为剪应力互等定理的表达式。它表明：在互相垂直的面上同时存在剪应力，且数值相等，方向同时指向或背离两个面的交线。

2. 剪切虎克定律

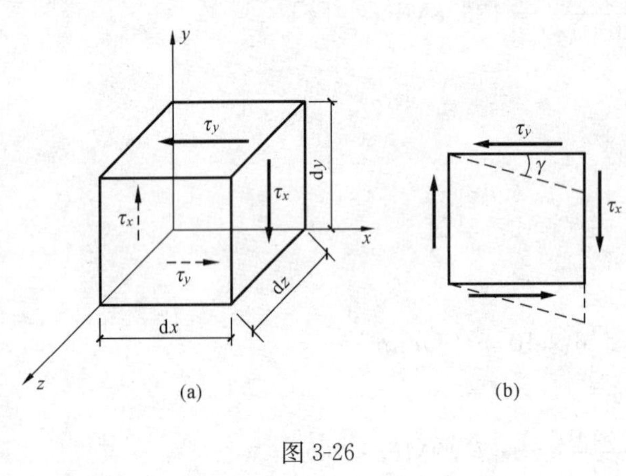

图 3-26

图 3-26（a）也可画为平面图形见图 3-26（b），假想把单元体的一个面固定，则单元体在τ_x、τ_y作用下产生剪切角γ（也称剪应变）。从试验得知，在剪应力不超过剪切比例极限时，剪应力τ与剪应变γ成正比，即

$$\tau = G\gamma \tag{3-16}$$

式（3-16）是材料的剪切虎克定律的表达式。G为材料的剪切弹性模量，反映材料抵抗剪切变形的能力，其单位与应力的单位相同。

思　考　题

3-1　什么是内力、应力？内力和应力有何区别？

3-2　试述轴向拉、压杆的受力特点和变形特点。

3-3　两杆截面相同、材料不同，受相同的外力作用，它们的内力、应力、变形是否相同？

3-4　什么是杆件的工作应力？什么是材料的极限应力和许用应力？

3-5　拉、压虎克定律是怎样建立的？其应用条件是什么？

3-6　低碳钢在拉伸过程中，有哪几个变形阶段？各阶段有什么特征？

3-7　材料的强度、刚度、塑性是依据什么来衡量的？

3-8　什么是剪切和挤压？连接件可能发生哪几种破坏？

习　　题

3-1　计算图中各杆 1-1、2-2、3-3 截面的轴力。

3-2　画出图中各杆的轴力图。

3-3　计算图示杆件各段横截面上的正应力及杆的纵向变形Δl（材料的弹性模量为E）。

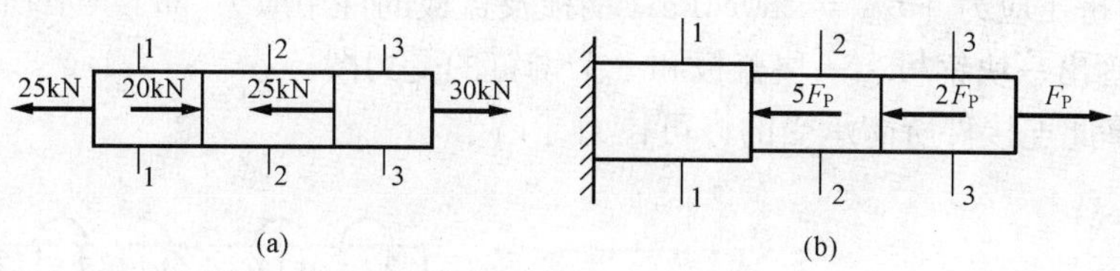

图 3-27 习题 3-1 图

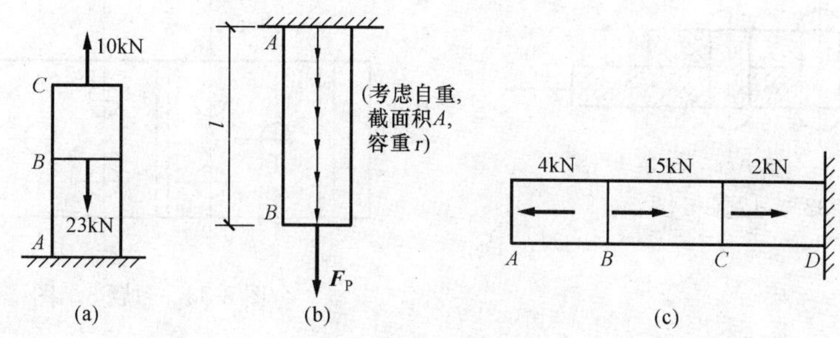

图 3-28 习题 3-2 图

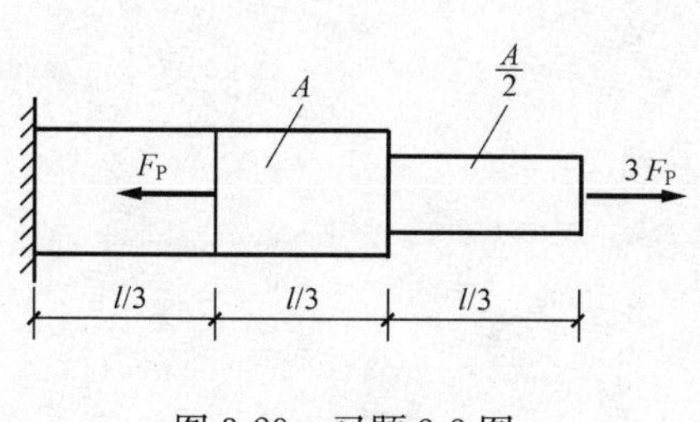

图 3-29 习题 3-3 图

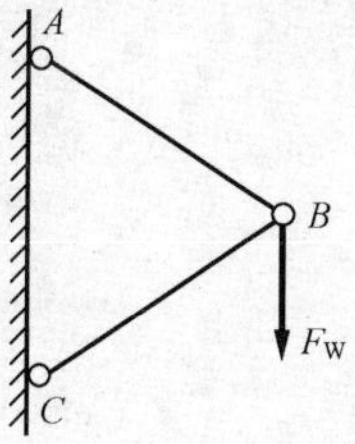

图 3-30 习题 3-4 图

3-4 正三角架受荷载 $F_W=80$kN 作用，AB 杆为钢杆，许用应力［σ］$=170$MPa；BC 杆为木杆，许用应力［σ］$=10$MPa。试设计两杆截面积。

3-5 圆截面轴向拉（压）杆的直径及荷载如图所示。材料的许用拉应力［$\sigma_{拉}$］$=30$MPa，许用压应力［$\sigma_{压}$］$=150$MPa，试校核该杆的强度。

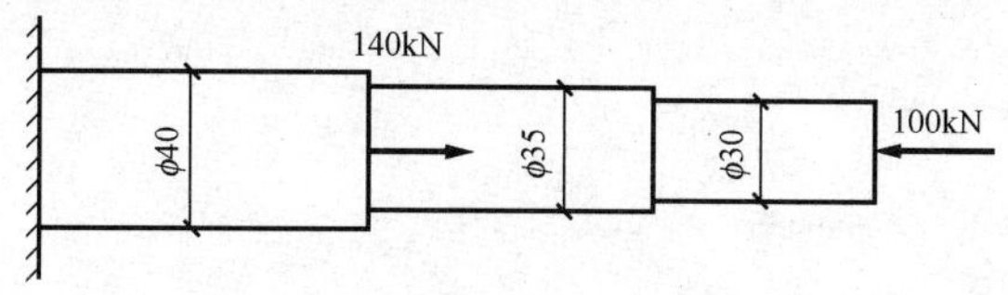

图 3-31 习题 3-5 图

3-6 图示为两块钢板用两个铆钉连接，承受拉力 $F_P=20$kN，铆钉直径 $d=12$mm；钢板厚 $t=20$mm；铆钉的许用剪应力［τ］$=80$MPa，许用挤压应力［σ_c］$=200$MPa。试校核铆钉的强度。

3-7 厚度 $t_2=20$mm 的钢板，上下有两块厚度均为 $t_1=10$mm 的盖板，用直径 $d=26$mm 的铆钉连接，每边的铆钉数为 $n=3$，如图所示。若铆钉的许用剪应力［τ］$=$

100MPa；许用挤压应力［σ_c］=280MPa；钢板及盖板的许用应力［σ］=160MPa。

（1）分别画出一块钢板、一块盖板和一个铆钉的受力图。

（2）试计算此连接件所能承受的许可拉力［F_P］。

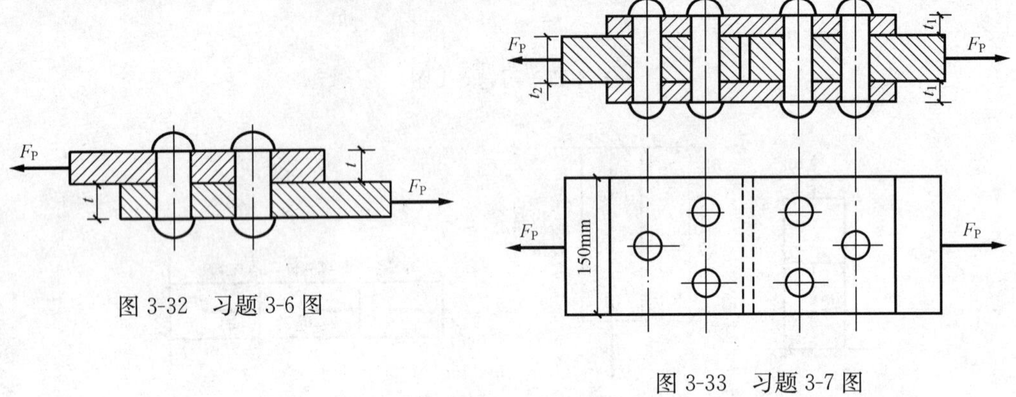

图 3-32 习题 3-6 图

图 3-33 习题 3-7 图

第四章　扭　　转

第一节　概　　述

在日常生活和工程实际中，经常会遇到以扭转为主要变形的物体。例如汽车的转向轴如图4-1所示，驾驶员转动方向盘时，相当于在转向轴的A端施加一作用面与转向轴垂直的力偶，与此同时，转向轴的B端受到来自转向器的阻抗力偶的作用，在这两个力偶作用下，位于两个力偶间的转向轴产生了扭转变形。又如房屋的雨篷梁（如图4-2所示）、用螺丝刀拧紧螺丝时的螺丝刀杆、用钥匙开锁时的钥匙等，这些物体都以扭转为主要变形，其他变形为次要变形。工程中常把以扭转变形为主要变形的圆形杆件称为轴。

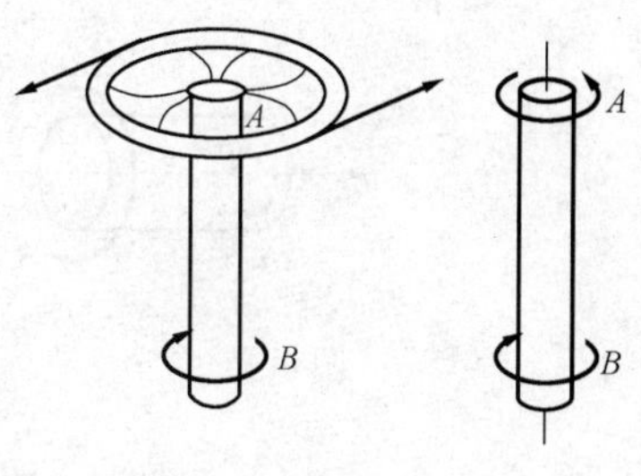

图 4-1

综合上述实例可知，扭转的受力特点是：作用于杆上的一组平衡力偶，其作用面与杆件轴线相垂直。其变形特点是：杆件内位于力偶间的各横截面都绕杆轴线做相对转动。各横截面绕轴线转过的相对转角称为扭转角。如图 4-3 中的ϕ_{AB}表示杆件受扭后，B截面相对A截面的扭转角。纵向线ab倾斜的角度γ称为剪切角（或剪应变）。

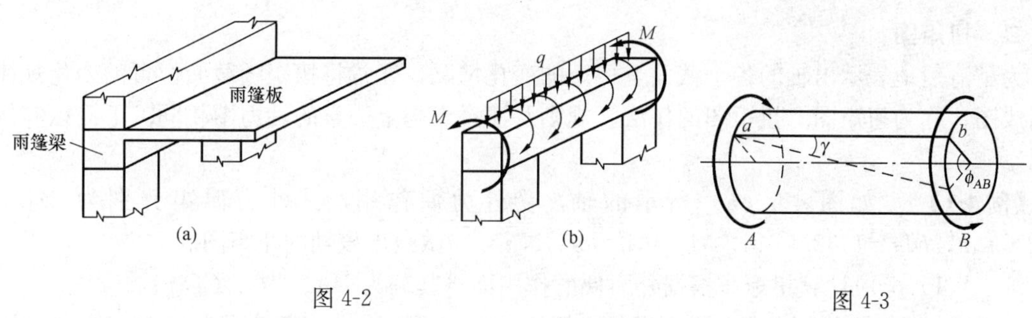

图 4-2　　图 4-3

第二节　圆轴扭转时横截面上的内力

一、圆轴扭转时横截面上的内力——扭矩

设有一圆轴如图 4-4（a）所示，在外力偶作用下处于平衡状态，仍用截面法求任意C截面上的内力。

（1）将轴在C处截开，取其中一半部，例如取左半部为研究对象，见图 4-4（b）。

（2）根据平衡条件可知，C截面上必存在一个内力偶矩M_T，与外力偶矩M使左半部保持平衡。此内力偶矩称为扭矩，用M_T表示。

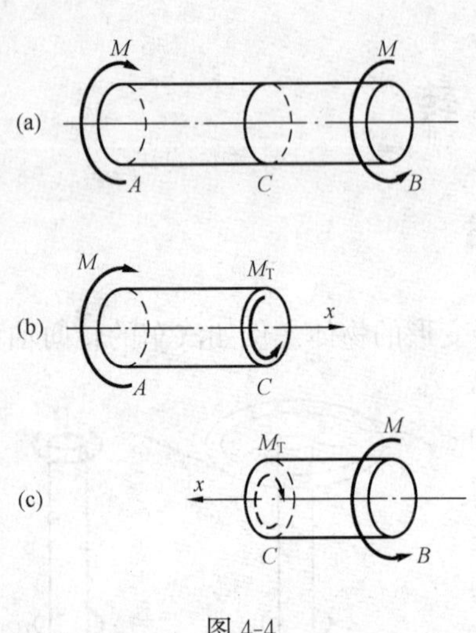

图 4-4

(3) 由空间力系对 x 轴的力矩平衡方程得

$$\sum M_x = 0, M_T - M = 0$$

求得 $M_T = M$。

取右半部为研究对象，也可得相同的结果，见图 4-4（c）。但扭矩的转向相反，这是因为作用与反作用的关系。为使取左、右两半部求出同一截面上的内力符号相同，对扭矩 M_T 的正负号作如下规定：采用右手螺旋法则，使右手四指的握向与扭矩的转向相同，若拇指的指向离开截面，则该扭矩为正；反之，若拇指指向截面，则该扭矩为负，如图 4-5 所示。

扭矩的单位为 N·m 或 kN·m。

与计算轴力的方法类似，用截面法计算扭矩时，通常假定扭矩为正。

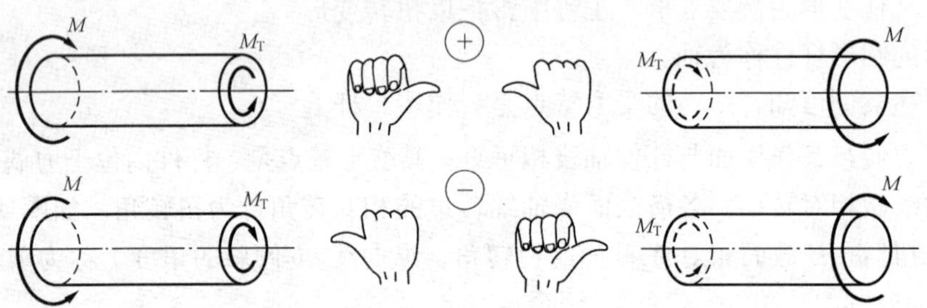

图 4-5

二、扭矩图

为了清楚地表示出轴的各个截面上扭矩的变化情况，通常将扭矩随截面位置的变化规律绘制成图，称为扭矩图。扭矩图的作法、规则及注意点与上一章的轴力图相同。下面以实例说明。

【例 4-1】 如图 4-6（a）所示的轴，受外力偶作用，其外力偶矩分别为 M_A = 3342N·m，M_B=1432N·m，M_C=M_D=955N·m。试绘出该轴的扭矩图。

解 (1) 分段计算扭矩。根据外力偶的作用面将其分为 BA、AC、CD 段。

BA 段：用假想截面在 BA 段内沿任意截面 1-1 切开，取左半部为研究对象，画其受力图，见图 4-6（b），由平衡方程 $\sum M_x = 0$ 得

$$M_{TAB} + M_B = 0$$

$$M_{TAB} = -M_B = -1432\text{N} \cdot \text{m}$$

AC 段：用同样的方法沿 2-2 切开，取左半部为研究对象，画其受力图，见图 4-6（c），由平衡方程：$M_{TAC} - M_A + M_B = 0$ 得

$$M_{TAC} = M_A - M_B = 3342 - 1432 = 1910\text{N} \cdot \text{m}$$

CD 段：同样在 CD 段内沿某一截面 3-3 切开后取右半部为研究对象，画其受力图，见图 4-6（d），由平衡方程 $M_{TCD} - M_D = 0$ 得

$$M_{TCD} = M_D = 955\text{N} \cdot \text{m}$$

（2）画扭矩图。将轴各段的扭矩按一定的比例，正扭矩画在基线上方，负扭矩画在基线下方，见图4-6（e）。

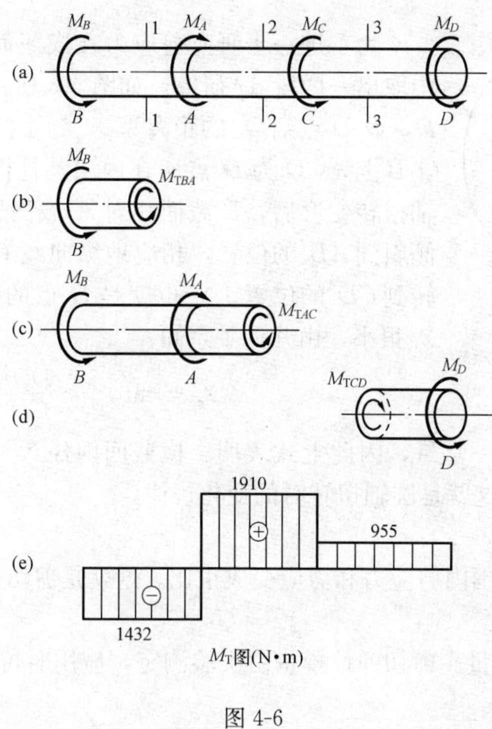

图 4-6

第三节　圆轴扭转时横截面上的剪应力和强度条件

一、圆轴扭转时横截面上的剪应力

为解决圆轴扭转的强度问题，在求得横截面上的扭矩之后，还要进一步研究横截面上的应力。为此，需从几何变形、物理关系和静力平衡关系等三个方面综合研究，以便建立横截面上的应力计算公式。

1. 几何变形方面

如图 4-7 所示的圆轴，在其表面画两条与轴线平行的纵向线和两条圆周线，然后在两端施加外力偶 M，使圆轴产生扭转变形，在变形微小的情况下，可观察到如下现象：

（1）两条纵向线倾斜了相同的角度。

（2）两圆周线的大小、形状、间距保持不变，只是绕轴线转过不同的角度，原来轴表面上的小矩形变成了平行四边形。

根据观察的现象，对圆轴内部的变形情况推断，作如下假设：圆轴在扭转变形前的横截面，变形后仍为平面，且大小、形状、间距无变化，只是绕轴线转过了一个角度。这是扭转变形的平面假设。

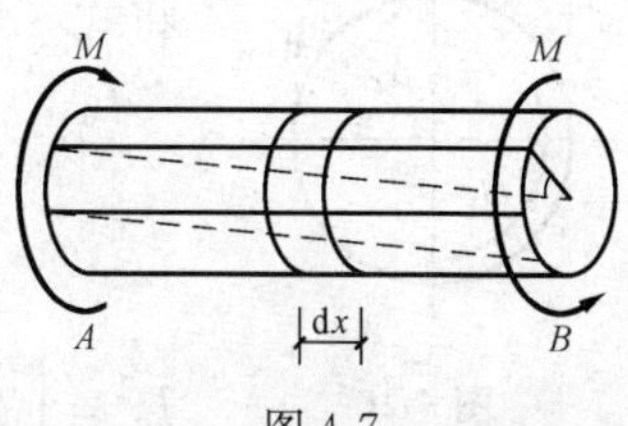

图 4-7

根据平面假设，可得两点结论：① 由于相邻截面间的距离无变化，所以横截面上无正应力。② 由于各截面绕轴线转过不同的角度，即横截面间发生了旋转式的相对错动，出现了剪切变形，横截面上必有与扭矩相应的剪应力存在。又因横截面大小、形状无变化，即半径长度无变化，所以剪应力必与半径垂直。

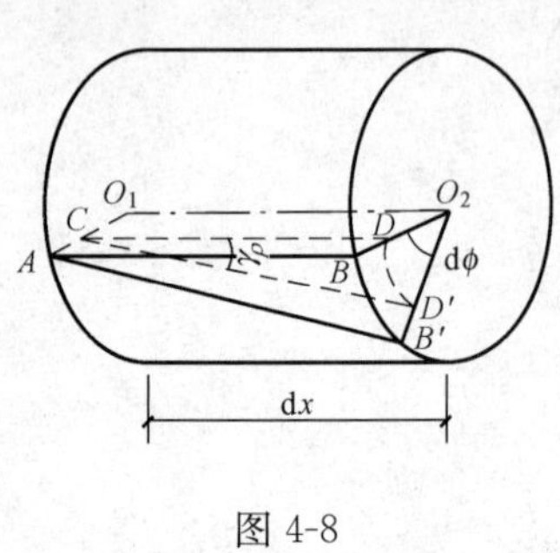

图 4-8

为了进一步研究剪应力在横截面上的分布规律，从圆轴中取出一微段 $\mathrm{d}x$ 研究，如图 4-8 所示。在横截面上任取一点 D，设 D 点到 O_2 的距离为 ρ，为了便于分析，将 D 取在半径 O_2B 上，CD 为 D 点所在内层圆柱面上的一条纵向线，当圆轴扭转变形后，B 截面相对 A 截面转动了一个角度 $\mathrm{d}\phi$，AB 倾斜到 AB' 的位置，相应地纵向线 CD 倾斜了一微小角度 γ_ρ 转到 CD' 的位置，γ_ρ 也就是 D 点的剪应变。在弹性范围内，γ_ρ 很小，由几何关系知：

$$\gamma_\rho = \tan\gamma_\rho = \frac{DD'}{CD} = \frac{\rho\mathrm{d}\phi}{\mathrm{d}x} \tag{4-1}$$

在同一横截面内 $\mathrm{d}\phi/\mathrm{d}x$ 是一常量，因此上式表明：横截面内任意一点的剪应变 γ_ρ，与该点到圆心的距离 ρ 成正比。这就是圆轴扭转时的变化规律。

2. 物理关系

试验证明：在弹性范围内剪应力和剪应变成正比。这就是剪切虎克定律，其表达式为

$$\tau_\rho = G\gamma \tag{4-2}$$

式中 G 为剪切弹性模量。剪切弹性模量由实验测定，应用时可从有关设计手册中查得。其单位和应力相同。

将式（4-1）代入式（4-2），得

$$\tau_\rho = G\frac{\mathrm{d}\phi}{\mathrm{d}x}\rho \tag{4-3}$$

上式表明：在横截面上任一点处的剪应力的大小，与该点到圆心的距离成正比。在圆心处剪应力为零，距圆心越远剪应力越大，距圆心等距离的圆周上各点的剪应力相等，在周边上各点的剪应力最大。剪应力沿直径线的变化规律如图 4-9 所示。

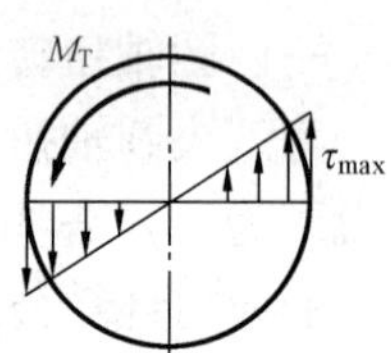

图 4-9

3. 静力平衡关系

式（4-3）中的 $\mathrm{d}\phi/\mathrm{d}x$ 是未知的，所以必须利用静力平衡条件确定 $\mathrm{d}\phi/\mathrm{d}x$，以建立剪应力的计算公式。如图 4-10 所示，在横截面上距圆心为 ρ 处，取一微面积 $\mathrm{d}A$，微面上的微内力系的合力为 $\tau_\rho \mathrm{d}A$，其对圆心的力矩等于 $\tau_\rho\rho\,\mathrm{d}A$，横截面上所有这些微力矩总和就等于横截面的扭矩 M_T，即

$$M_\mathrm{T} = \int_A \rho \cdot \tau_\rho \mathrm{d}A$$

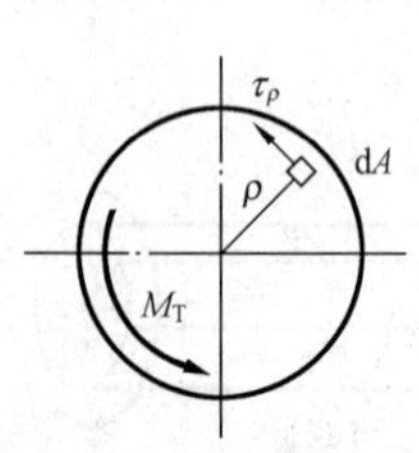

图 4-10

将式（4-3）代入上式，得

$$M_\mathrm{T} = \int_A G\frac{\mathrm{d}\phi}{\mathrm{d}x}\rho^2\mathrm{d}A = G\frac{\mathrm{d}\phi}{\mathrm{d}x}\int_A \rho^2\mathrm{d}A$$

$$\frac{\mathrm{d}\phi}{\mathrm{d}x} = \frac{M_\mathrm{T}}{GI_\rho} \tag{4-4}$$

$I_\rho = \int_A \rho^2\mathrm{d}A$ 是横截面对圆心的极惯性矩，式（4-4）代入式（4-3），得

$$\tau_\rho = \frac{M_T}{I_\rho}\rho \tag{4-5}$$

式（4-5）即为圆轴扭转时横截面上距圆心为 ρ 处的剪应力的计算式。当 $\rho=0$ 时，圆心处剪应力为零；当 $\rho=D/2$ 时，圆周各点有最大剪应力，即

$$\tau_{max} = \frac{M_T}{I_\rho} \cdot \frac{D}{2} \tag{4-6}$$

若令 $W_n=\frac{I_\rho}{D/2}$代入上式，则有

$$\tau_{max} = \frac{M_T}{W_n} \tag{4-7}$$

式中：W_n 称抗扭截面系数，其单位为 mm^3 或 m^3。

式（4-5）～式（4-7）的适用条件：① 实验证明，前述平面假设只对圆截面直杆是正确的，所以上述公式只适用于等直圆杆。② 在推导公式时，应用了剪切虎克定律，所以只有在 τ_{max}不超过材料的剪切比例极限时，上述公式才适用。空心圆轴截面在任一点的剪应力计算及分布规律与实心圆轴相同，其剪应力分布规律如图 4-11 所示。

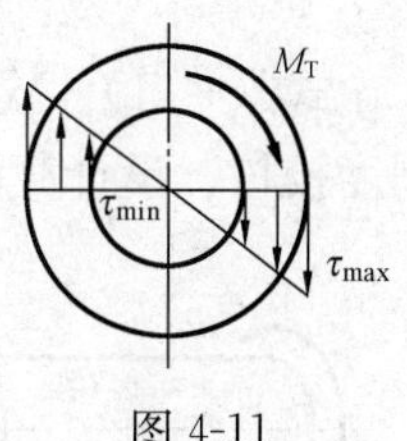

图 4-11

二、圆轴扭转时的强度条件

要保证圆轴扭转变形时不发生破坏，就应使其横截面上的最大剪应力 τ_{max}不能超过材料的许用剪应力［τ］，即

$$\tau_{max} = \frac{M_T}{W_n} \leqslant [\tau] \tag{4-8}$$

式（4-8）称为圆轴扭转时的强度条件。材料的许可剪应力［τ］可从有关的手册中查出。

利用圆轴的强度条件可解决三类问题：校核强度、设计截面尺寸、计算许可使用传递的功率或外力偶矩。

第四节　圆轴扭转的变形和刚度条件

一、圆轴扭转时的变形

圆轴扭转变形通常是用两横截面的相对扭转角 ϕ 来度量。据公式（4-4）得

$$d\phi = \frac{M_T}{GI_\rho}dx$$

于是相距为 l 的两截面间的相对扭转角为

$$\phi = \int_l d\phi = \int_0^l \frac{M_T}{GI_\rho}dx$$

当轴在 l 范围内，M_T、G 和 I_ρ 均为常数时，两端面间的相对扭转角为

$$\phi = \frac{M_T}{GI_\rho}\int_0^l dx = \frac{M_T l}{GI_\rho} \tag{4-9}$$

式中：ϕ 的单位是 rad；GI_ρ 为圆轴的抗扭刚度，反映圆轴抵抗扭转变形的程度。

当轴在 l 范围内，M_T、G 和 I_ρ 有变化，则应根据变化情况分段，分别计算每段两端面间的相对扭转角，最后代数和，即得全轴两端面间的相对扭转角，即

$$\phi = \sum \frac{M_{Ti} l_i}{G_i I_{\rho i}} \tag{4-10}$$

使用此式时注意扭矩的正负号。

二、刚度条件

圆轴扭转时除要满足强度条件外，其变形也要限制在规定范围内，即满足刚度条件。通常规定其单位长度扭转角的最大值不得超过单位长度的许可扭转角 $[\theta]$，即

$$\theta_{max} = \frac{\phi}{l} = \frac{M_{Tmax}}{GI_\rho} \leqslant [\theta] \tag{4-11}$$

上式中 θ 的单位是 rad/m，有时需化为 1°/m，则上式应写为

$$\theta_{max} = \frac{\phi}{l} = \frac{M_{Tmax}}{GI_\rho} \times \frac{180}{\pi} \leqslant [\theta] \tag{4-12}$$

式（4-11）、式（4-12）即为圆轴扭转时的刚度条件。利用刚度条件可解决三类问题：刚度校核、设计截面尺寸、计算许可外力偶矩。

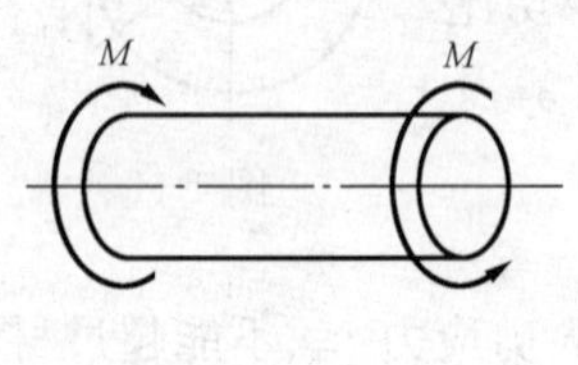

图 4-12

【例 4-2】　圆轴两端受 $M=1000\text{N}\cdot\text{m}$ 的外力偶作用，产生扭转变形，圆轴材料的剪切弹性模量 $G=8\times10^4\text{MPa}$，$[\tau]=50\text{MPa}$，$[\theta]=1°/\text{m}$，试按强度和刚度确定轴的直径。

解　（1）计算扭矩

$$M_T = M = 1000\text{N}\cdot\text{m}$$

（2）按强度条件确定直径 D

由

$$\tau_{max} = \frac{M_T}{W_n} = \frac{16\times10^6}{\pi D^3} \leqslant 50$$

得

$$D \geqslant \sqrt[3]{\frac{16\times10^6}{\pi\times50}} = 46.71\text{mm}$$

（3）按刚度条件确定 D

$$\theta = \frac{M_T}{GI_\rho} = \frac{32\times10^6}{\pi D^4\times8\times10^4} \times \frac{180}{\pi} \leqslant 1$$

$$D \geqslant \sqrt[4]{\frac{32\times180\times10^3}{\pi^2\times8\times10^{10}}} = 51.98\text{mm}$$

要使轴同时满足强度和刚度条件，需取轴的直径 $D=52\text{mm}$。

第五节　矩形截面杆的扭转变形

非圆截面的杆件扭转时，横截面会发生翘曲，保持为平面的假设不再成立，如图4-13，可以看到矩形截面扭转变形时，各横截面上的四个角点及形心处没有发生变形，而长边的中点变形最大。这里直接给出矩形截面扭转轴的弹性力学解释的结论：

（1）矩形截面扭转轴的横截面上仍然只有剪应力，虽有正应力，但只要 h/b 的值不太大，正应力的数值很小，可忽略不计。

（2）剪应力的分布规律如图 4-14 所示：剪应力的方向与扭矩的转向一致；最大剪应力 τ_{max} 发生在长边中点处；短边中点也有较大的剪应力 τ_1；形心及角点处剪应力为零；周边处各点的剪应力与周边平行。

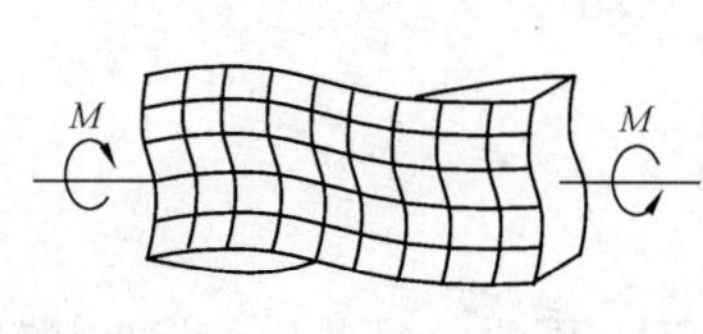

图 4-13

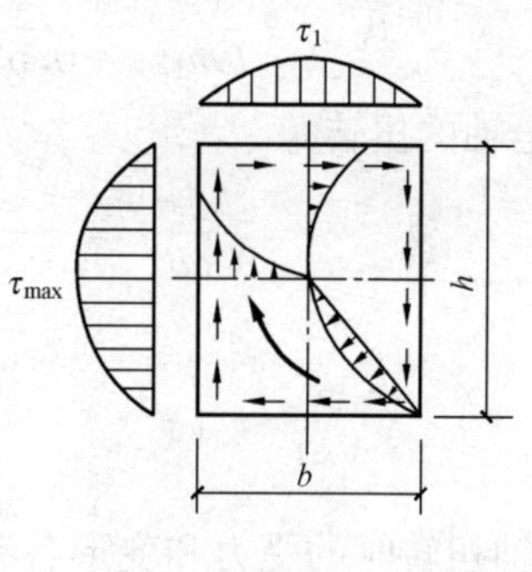

图 4-14

（3）剪应力及变形的计算公式。

长边中点的最大剪应力　$$\tau_{max}=\frac{M_T}{\beta b^3} \tag{4-13}$$

短边中点的剪应力　$$\tau_1=\gamma\tau_{max} \tag{4-14}$$

扭转角　$$\phi=\frac{M_T l}{G\alpha b^4} \tag{4-15}$$

单位长度扭转角　$$\theta=\frac{M_T}{G\alpha b^4} \tag{4-16}$$

式中：α、β、γ 为与截面高宽比 h/b 有关的系数，查看表 4-1。

表 4-1　　α、β、γ 系数

h/b	1.0	1.5	2.0	2.5	3.0	4.0	6.0	8.0	10.0
α	0.140	0.249	0.457	0.622	0.790	1.123	1.789	2.456	3.123
β	0.208	0.346	0.493	0.645	0.801	1.115	1.789	2.456	3.123
γ	1.000	0.858	0.796	0.766	0.753	0.745	0.743	0.743	0.743

【例 4-3】　矩形截面杆的尺寸及荷载如图 4-15 所示，材料的剪切弹性模量 $G=0.55\times10^3$ MPa，求：（1）最大工作应力；（2）最大单位长度扭转角；（3）全轴的扭转角。

解　（1）轴内各横截面的扭矩相等 $M_T=100\text{N}\cdot\text{m}$。

由 $\frac{h}{b}=\frac{110}{80}=1.375$，查表 4-1（插值法）得到

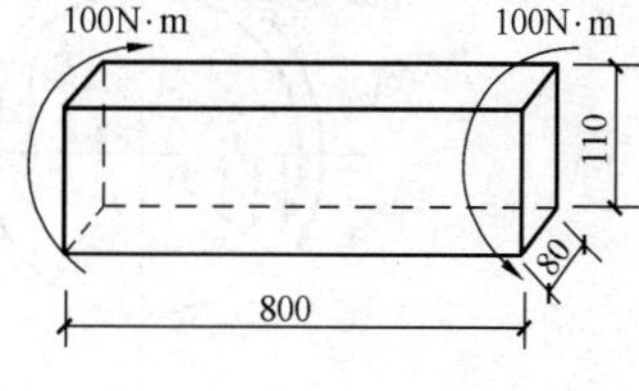

图 4-15

$$\alpha=0.294-(0.294-0.140)\frac{1.5-1.375}{1.5-1.0}=0.2455$$

$$\beta=0.346-(0.346-0.208)\frac{1.5-1.375}{1.5-1.0}=0.208$$

$$\gamma=1.000-(1.000-0.858)\frac{1.5-1.375}{1.5-1.0}=0.9645$$

（2）各横截面的剪应力分布相同，最大剪应力发生在长边中点。

$$\tau_{max}=\frac{M_T}{\beta b^3}=\frac{100\times10^3}{0.208\times80^3}=0.94\text{MPa}$$

（3）最大单位长度扭转角。

$$\theta_{\max}=\frac{M_{\mathrm{T}}}{G\alpha b^{4}}=\frac{100\times10^{3}}{0.55\times10^{3}\times0.2455\times80^{4}}=0.018\mathrm{rad/m}$$

（4）全轴的扭转角。

$$\phi=\frac{M_{\mathrm{T}}l}{G\alpha b^{4}}=\frac{100\times10^{3}\times800}{0.55\times10^{3}\times0.2455\times80^{4}}=0.014\mathrm{rad}$$

思　考　题

4-1　轴扭转时的受力和变形各有什么特点？指出下列图中，哪些杆件发生扭转变形？

4-2　什么是扭矩？扭矩的正负号是如何规定的？试举例说明。

4-3　什么是剪切虎克定律？其表达式是什么？

4-4　圆轴扭转时横截面上的剪应力是如何分布的？下列所画图中剪应力的分布是否正确？有错请改正。M_{T} 为截面上的扭矩。

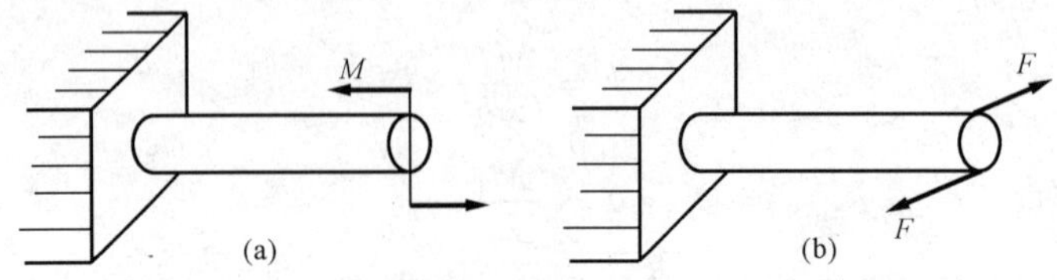

图 4-16　思考题 4-1 图

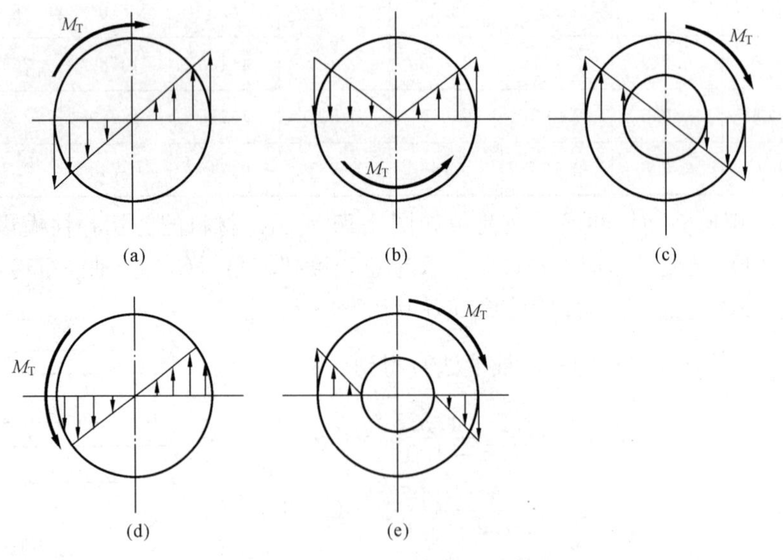

图 4-17　思考题 4-4 图

4-5　圆轴扭转时，剪应力计算公式的适用条件是什么？

4-6　直径和长度相同，材料不同的两根圆轴，在相同的扭矩作用下，其最大剪应力、扭转角、极惯性矩是否相同？

习 题

4-1 求图示各轴中指定截面上的扭矩，并画出扭矩图。

4-2 图示圆轴上布置有四个轮子，主动轮 $M_A=7\text{kN}\cdot\text{m}$，从动轮 $M_B=3\text{kN}\cdot\text{m}$、$M_C=M_D=2\text{kN}\cdot\text{m}$。

（1）作扭矩图。

（2）将主动轮 A 和从动轮 B 的位置互换后，作扭矩图。

（3）比较以上两个扭矩图，从强度观点看，四个轮子哪种布置比较合理？

4-3 空心圆轴的直径 $D=100\text{mm}$，受两个外偶矩 $M=8\text{kN}\cdot\text{m}$ 作用，C 截面上 a 点距圆心的距离 $\rho=40\text{mm}$，b 点在圆周上。试求 a、b、o 三点处的切应力数值，并在图中标出各点切应力的方向。

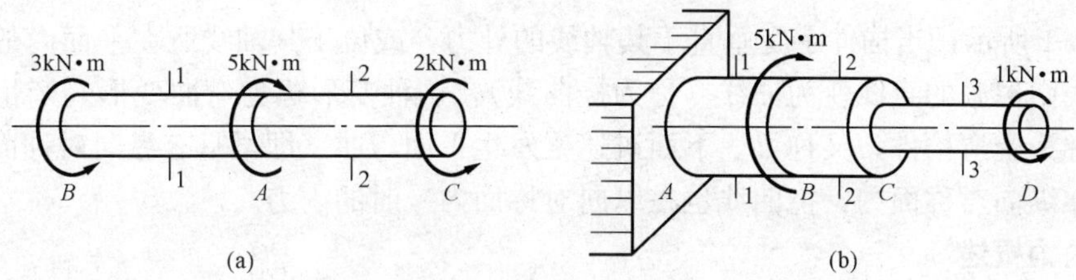

图 4-18 习题 4-1 图

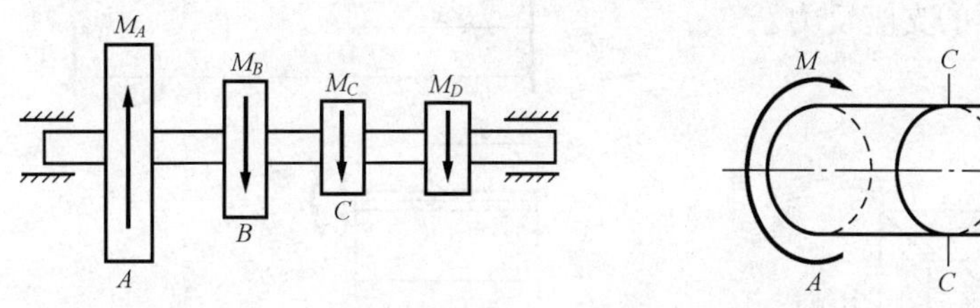

图 4-19 习题 4-2 图

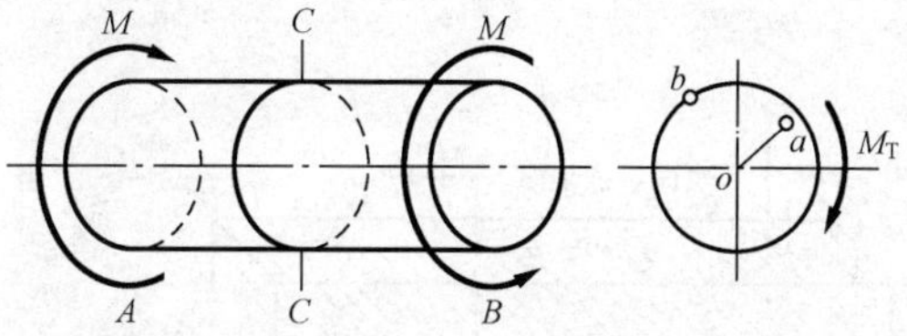

图 4-20 习题 4-3 图

4-4 一矩形截面的等截面钢杆，其横截面的尺寸为 $h=100\text{mm}$，$b=50\text{mm}$，长度 $l=2\text{m}$，在杆的两端作用一对外力偶，其力偶矩 $M=4000\text{N}\cdot\text{m}$，钢的许用剪应力 $[\tau]=100\text{MPa}$，剪切弹性模量 $G=8\times10^4\text{MPa}$，许可单位长度扭转角 $[\theta]=1°/\text{m}$。试校核此杆的强度和刚度。

第五章　静定结构构件的内力

要解决构件的强度和刚度问题，必须了解构件各横截面上的内力。求解构件内力最基本的方法是截面法。构件在外力作用下，整体处于平衡，则任一局部处于平衡，因此，可用一假想的平面截取一隔离体，用平衡条件求解。静定结构，是几何不变无多余约束的结构体系，可用静力平衡条件求得全部支座反力和内力。静定结构内力的计算是求解超静定结构内力的基础。

第一节　梁的弯曲内力

如图 5-1 所示，当构件承受垂直于其轴线的外力，或位于其轴线所在平面内的力偶作用时，其轴线由原来的直线变为曲线（称为挠曲线），这种变形称为弯曲变形。产生弯曲变形的构件，称为受弯构件，又称梁。下面讲述梁发生平面弯曲（即梁具有纵向对称面，所有外力均作用在纵向对称面内，挠曲线也在纵向对称面内）时的内力。

一、内力概述

梁在外力作用下，发生平面弯曲时的内力有剪力和弯矩。

如图 5-2 所示，一简支梁在外力作用下处于平衡。利用平衡条件可求得梁的支座反力。

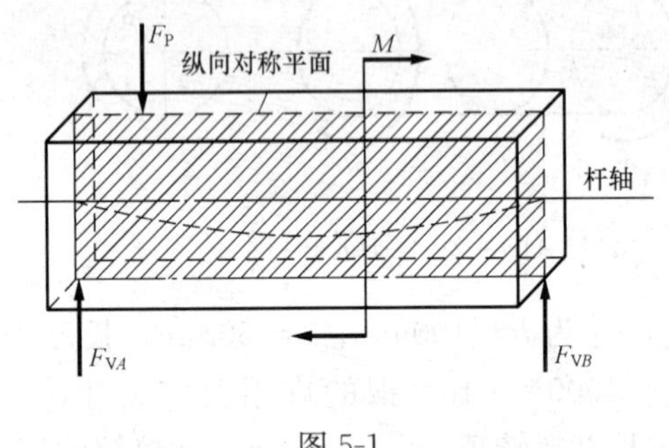

图 5-1

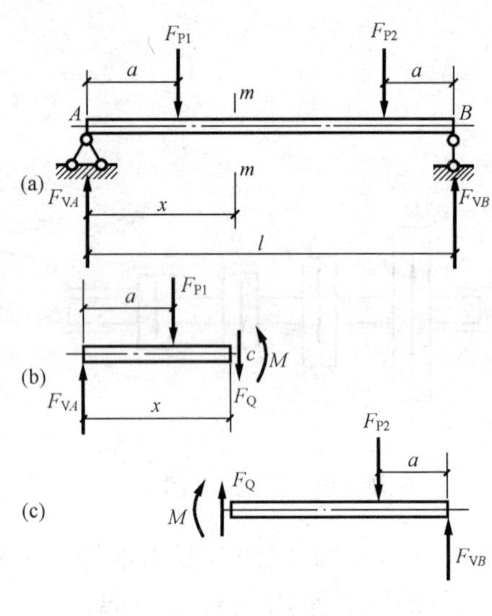

图 5-2

然后用截面法：任取截面 $m—m$ 假想将梁切成左右两段。如取左段为研究对象（称为隔离体或叫做脱离体），为了维持其平衡，横截面 $m—m$ 上必然同时存在两个内力分量：平行于横截面的竖向内力 F_Q 和位于荷载作用平面内的内力偶 M。此处 F_Q 称为剪力，它使梁发生相对错动，产生剪切的效果；M 称为弯矩，它使梁发生弯曲变形。

由左段的平衡条件

$$\Sigma F_y = 0 \qquad F_{VA} - F_{P1} - F_Q = 0$$

得

$$F_Q = F_{VA} - F_{P1}$$

$$\sum M_C = 0 \qquad M + F_{P1}(x-a) - F_{VA}x = 0（C\ 为截面形心）$$

得

$$M = F_{VA}x - F_{P1}(x-a)$$

如取右段梁为隔离体，所得 F_Q、M 与取左段梁所得 F_Q、M 的数值相同，而方向（或转向）相反。因为，它们是作用力与反作用力的关系。

二、F_Q 与 M 的正负号规定

对剪力和弯矩的正负号规定如下：

（1）剪力符号：当截面上的剪力使脱离体有顺时针方向转动趋势时为正，反之为负，如图 5-3 所示。

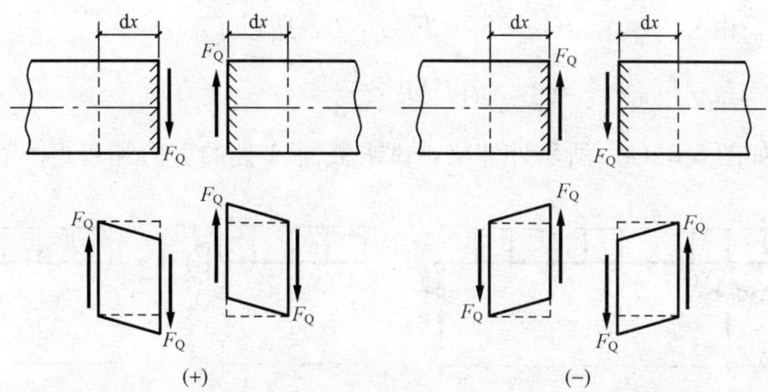

图 5-3

（2）弯矩符号：当截面上的弯矩使脱离体凹面向上（使梁下部纤维受拉）时为正，反之为负，如图 5-4 所示。

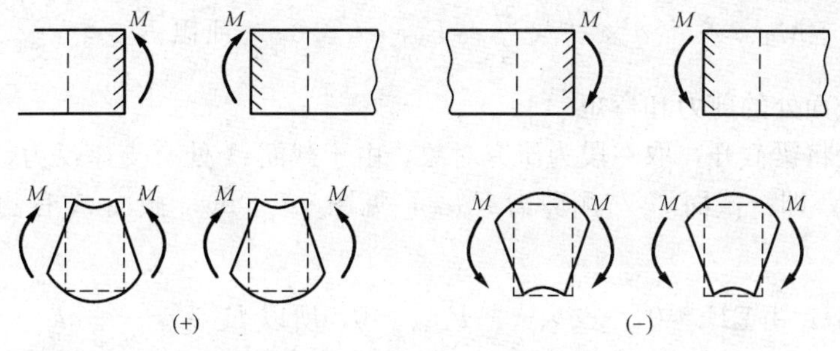

图 5-4

三、求指定截面的 F_Q 与 M

【例 5-1】 如图 5-5（a）所示简支梁，试求截面 B 处的剪力和弯矩。

解 （1）求梁的支座反力

由对称性可知：$F_{VA} = F_{VD} = F_P$

（2）求 B 截面上的剪力和弯矩

在截面 B 处将梁截开，取左段为研究对象，由于截面 B 处有集中力 F_P，故截面 B 处的剪力有两种情况，即：截面 B 左侧剪力 $F_{QB左}$，见图 5-5（b）；截面 B 右侧剪力 $F_{QB右}$，见图5-5（c）。

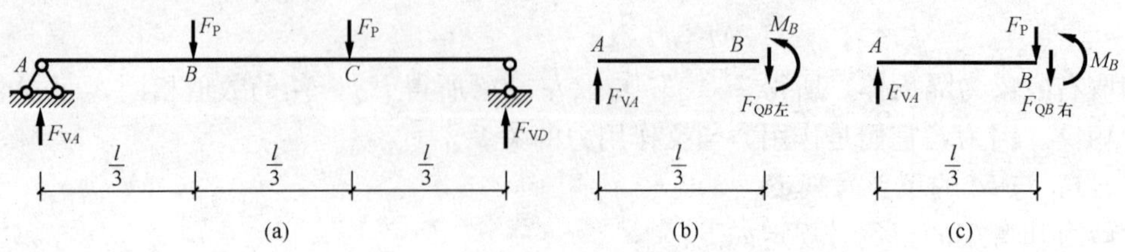

图 5-5

见图 5-5 (b)，由$\Sigma F_y=0$，$F_{VA}-F_{QB左}=0$，所以 $F_{QB左}=F_{VA}=F_P$

见图 5-5 (c)，由$\Sigma F_y=0$，$F_{VA}-F_P-F_{QB右}=0$，所以 $F_{QB右}=0$

由$\Sigma M_B=0$，$M_B-F_{VA}\cdot\frac{l}{3}=0$，所以 $M_B=\frac{F_Pl}{3}$

【例 5-2】　如图 5-6（a）所示外伸梁，试求截面 A 处的剪力和弯矩。

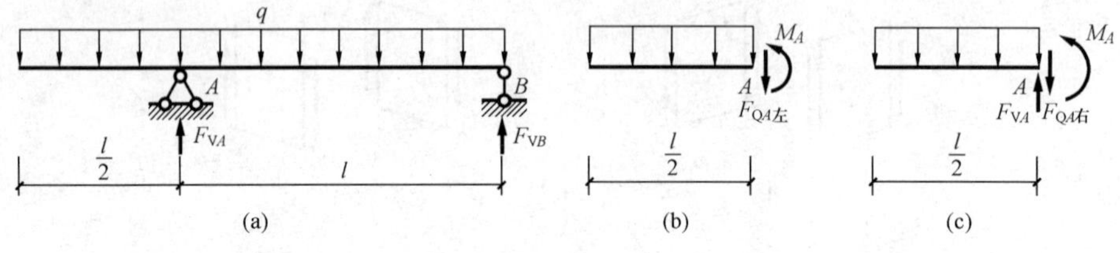

图 5-6

解　(1) 求梁的支座反力

由整体平衡条件，得

$$\Sigma M_B=0,\quad q\times\frac{3l}{2}\times\frac{3l}{4}-F_{VA}\cdot l=0,\quad 所以\ F_{VA}=\frac{9ql}{8}$$

(2) 求 A 截面处的剪力和弯矩

在截面 A 处将梁截开，取左段为研究对象，由于截面 A 处有支座反力，故截面 A 上的剪力有两种情况，即：截面 A 左侧剪力 $F_{QA左}$，见图 5-6（b）；截面 A 右侧剪力 $F_{QA右}$，见图5-6（c）。

见图 5-6（b），由$\Sigma F_y=0$，$-q\times\frac{l}{2}-F_{QA左}=0$，所以 $F_{QA左}=-\frac{1}{2}ql$

见图 5-6（c），由$\Sigma F_y=0$，$-q\times\frac{l}{2}-F_{QA右}+F_{VA}=0$

得 $F_{QA右}=F_{VA}-q\times\frac{l}{2}=\frac{9ql}{8}-\frac{1}{2}ql=\frac{5}{8}ql$

由$\Sigma M_A=0$，$q\times\frac{l}{2}\times\frac{l}{4}+M_A=0$，得 $M_A=-\frac{1}{8}ql^2$

注意：在用截面法求截面内力时，不能先将梁上的荷载用等效力系代替。

通过例题，总结梁上横截面的内力有以下规律：

(1) 横截面上的剪力在数值上等于该截面左侧（或右侧）梁上外力在垂直于杆轴方向上投影的代数和。

(2) 横截面上的弯矩在数值上等于该截面左侧（或右侧）梁上外力对该截面形心的力矩

代数和。

利用上述规律，可直接写出任意截面上内力的数值大小，然后判断正负号：求剪力时，左上右下取正，反之取负；求弯矩时，左顺右逆取正，反之取负。

第二节　列方程作梁的内力图

一般情况下，梁各个截面上的剪力和弯矩是不同的，它们随截面位置不同而变化。我们把 $F_Q=F_Q(x)$ 和 $M=M(x)$ 分别称为梁的剪力方程和弯矩方程。为了形象地表示内力变化规律，通常把剪力和弯矩沿梁轴的变化规律用图形来表示，如以 x 为横坐标轴，以 F_Q 或 M 为纵坐标轴，可分别绘制 $F_Q=F_Q(x)$ 和 $M=M(x)$ 的图形。这种图形分别称为梁的剪力图和弯矩图。

下面举例说明列剪力方程、弯矩方程以及绘制剪力图、弯矩图的方法。

【例 5-3】　如图 5-7（a）所示简支梁，试作梁的剪力图和弯矩图。

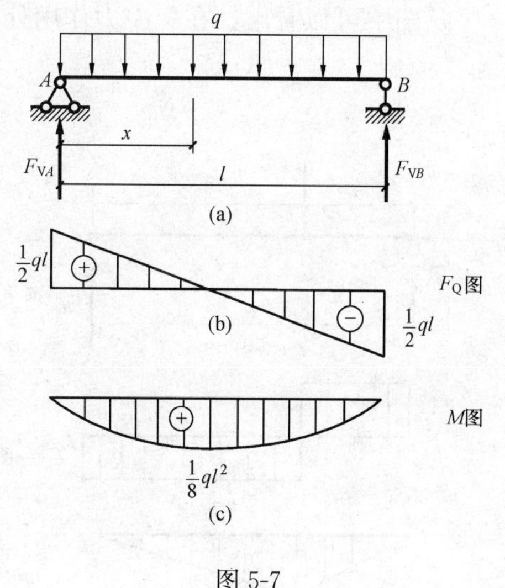

图 5-7

解　（1）求支座反力。

由对称性可知：$F_{VA}=F_{VB}=\frac{1}{2}ql(\uparrow)$

（2）列剪力方程和弯矩方程。

取梁的左端为坐标原点，则

$$F_Q(x)=\frac{1}{2}ql-qx \qquad (0\leqslant x\leqslant l)$$

$$M(x)=\frac{1}{2}qlx-\frac{1}{2}qx^2 \qquad (0\leqslant x\leqslant l)$$

（3）画剪力图和弯矩图。

由剪力方程可知，剪力图为一斜直线，此直线可通过两点画出：

当 $x=0$，$F_Q=\frac{1}{2}ql$；当 $x=l$，$F_Q=-\frac{1}{2}ql$

作剪力图如图 5-7（b）所示。

由弯矩方程可知，弯矩图为一抛物线，此抛物线至少需要知道三点的值才能确定。

当 $x=0$，$M(x)=0$；当 $x=l$，$M(x)=0$

当 $x=l/2, M(x)=\frac{1}{2}ql\cdot\left(\frac{l}{2}\right)-\frac{1}{2}q\left(\frac{l}{2}\right)^2=\frac{1}{8}ql^2$

所作弯矩图见图 5-7（c）。

【例 5-4】　如图 5-8（a）所示简支梁，在 C 处受集中力 F_P 作用，试绘制梁的剪力图和弯矩图。

解　（1）求支座反力。

由 $\Sigma M_A=0$ 和 $\Sigma M_B=0$ 分别求得

$$F_{VB}=\frac{F_Pa}{l}(\uparrow) \qquad F_{VA}=\frac{F_Pb}{l}(\uparrow)$$

（2）列剪力方程和弯矩方程。

由于在截面 C 处作用有集中力 F_P，故将梁分成 AC 和 BC 两段，则

AC 段：
$$F_Q(x)=F_{VA}=\frac{F_Pb}{l}\quad(0\leqslant x\leqslant a)$$
$$M(x)=F_{VA}x=\frac{F_Pb}{l}x\quad(0\leqslant x\leqslant a)$$

CB 段：
$$F_Q(x)=F_{VA}-F_P=-\frac{F_Pa}{l}\quad(a\leqslant x\leqslant l)$$
$$M(x)=F_{VA}x-F_P(x-a)=\frac{F_Pa}{l}(l-x)\quad(a\leqslant x\leqslant l)$$

（3）画剪力图和弯矩图。

由剪力方程和弯矩方程作梁的剪力图和弯矩图，分别见图 5-8（b）、（c）。

从图中可以看出：在集中力作用处，剪力图发生突变，突变量等于该集中力的大小。

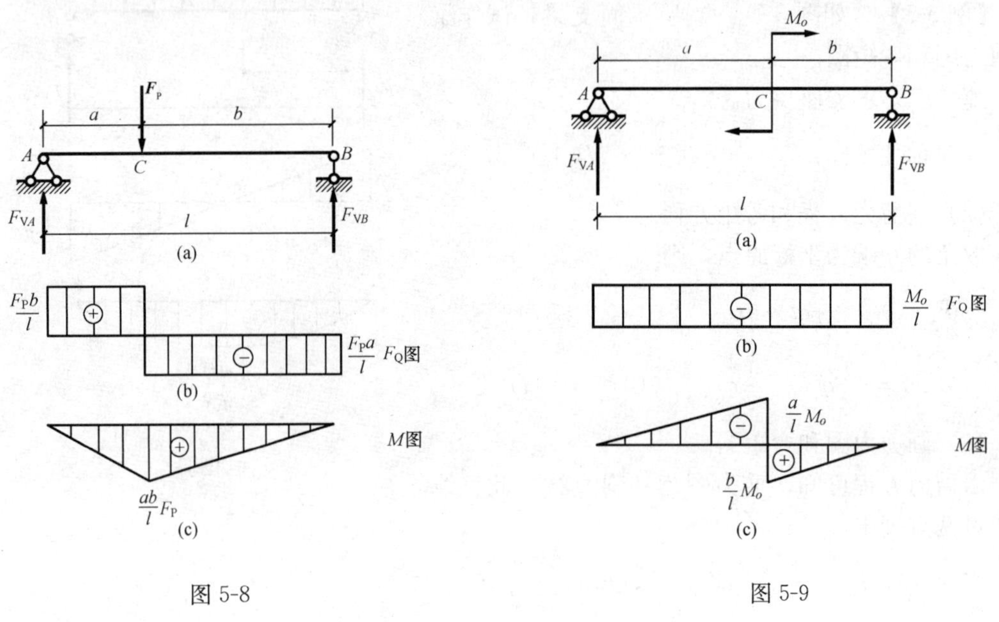

图 5-8　　　　图 5-9

【例 5-5】　如图 5-9（a）所示简支梁，在截面 C 处受集中力偶作用，试作梁的剪力图和弯矩图。

解　（1）求支座反力。

由 $\Sigma M_A=0$ 和 $\Sigma M_B=0$ 分别求得

$$F_{VB}=\frac{M_o}{l}(\uparrow)\qquad F_{VA}=\frac{-M_o}{l}(\downarrow)$$

（2）分段列剪力方程和弯矩方程。

AC 段：
$$F_Q(x)=F_{VA}=-\frac{M_o}{l}\quad(0\leqslant x\leqslant a)$$
$$M(x)=F_{VA}x=-\frac{M_o}{l}x\quad(0\leqslant x\leqslant a)$$

CB 段：
$$F_Q(x)=F_{VA}=-\frac{M_o}{l}\quad(a\leqslant x\leqslant l)$$
$$M(x)=F_{VA}x+M_o=M_o-\frac{M_o}{l}x\quad(a\leqslant x\leqslant l)$$

(3) 画剪力图和弯矩图。

由剪力方程和弯矩方程作梁的剪力图和弯矩图，分别见图 5-9 (b)、(c)。

从图中可以看出：在集中力偶作用处，弯矩图发生突变，突变量等于该力偶的力偶矩。

第三节　简易法作梁的内力图

一、F_Q、M 与 q 之间的微分关系

如图 5-10(a)所示，梁受分布荷载 $q=q(x)$ 作用，在此规定荷载向上为正，反之为负。取梁的左端为坐标原点，任意截取长度为 dx 的微段来分析，见图 5-10(b)。设左侧截面的剪力、弯矩分别为 $F_Q(x)$、$M(x)$，则右侧截面的剪力、弯矩分别为 $F_Q(x)+dF_Q(x)$、$M(x)+dM(x)$。由于 dx 很小，微段上作用的分布荷载可看成是均布的。

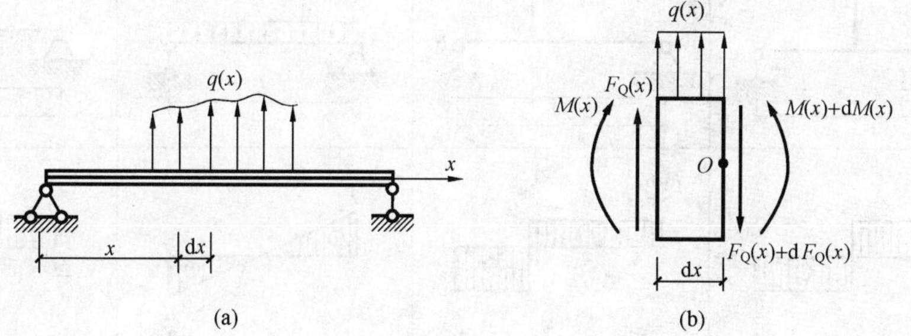

图 5-10

由微段梁的平衡条件

$$\Sigma F_y=0\qquad F_Q(x)+q(x)dx-[F_Q(x)+dF_Q(x)]=0$$
$$\frac{dF_Q(x)}{dx}=q(x)\tag{5-1}$$
$$\Sigma M_O=0\qquad -M(x)-F_Q(x)dx-q(x)dx\cdot\frac{1}{2}dx+[M(x)+dM(x)]=0$$

略去二阶微量 $q(x)\cdot\frac{1}{2}(dx^2)$ 后得

$$\frac{dM(x)}{dx}=F_Q(x)\tag{5-2}$$

由上述两式还可得到

$$\frac{d^2M(x)}{dx^2}=q(x)\tag{5-3}$$

上述三式即是剪力、弯矩和分布荷载集度之间的微分关系。其几何意义是：剪力图上某点处的切线斜率等于该点处分布荷载的集度；弯矩图上某点处的切线斜率等于该点处剪力的大小。此外，当 $F_Q(x)=0$ 时，弯矩图上有极值点。

二、梁内力图的规律

通过对剪力图、弯矩图的进一步研究，得出绘制内力图的规律。

(1) 梁上无分布荷载，即 $q(x)=0$ 的情况：剪力图为一平直线，弯矩图为一斜直线。

(2) 梁上有均布荷载，即 $q(x)=q_0$（常数）的情况：剪力图为一斜直线，弯矩图为二次抛物线。当均布荷载向下时，弯矩图为向下凸的曲线，当均布荷载向上时，弯矩图为向上凸的曲线。

(3) 在梁的某段上，若剪力为正值，弯矩曲线下降，若剪力为负值，弯矩曲线上升；若剪力图下降，弯矩图向下凸，若剪力图上升，弯矩图向上凸。

(4) 在弯矩图上对应于截面剪力为零的点，存在弯矩极值。

(5) 在集中力作用处，剪力图发生突变，突变量等于集中力的大小；弯矩图发生转折，并出现尖角。在集中力偶作用处，剪力图无变化；弯矩图有突变，其突变值等于该集中力偶的大小。

(6) 最大弯矩的绝对值，可能在 $F_Q(x)=0$ 的截面上，也可能在集中力或集中力偶作用处。

表 5-1、表 5-2 分别为简支梁、悬臂梁在简单荷载作用下的内力图规律表。

表 5-1　　简单荷载作用下的简支梁内力图规律表

	跨中集中荷载	集中荷载	均布荷载	集中力偶
计算简图	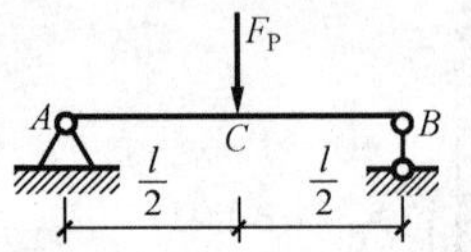 F_P; A; C; B; $\frac{l}{2}$; $\frac{l}{2}$	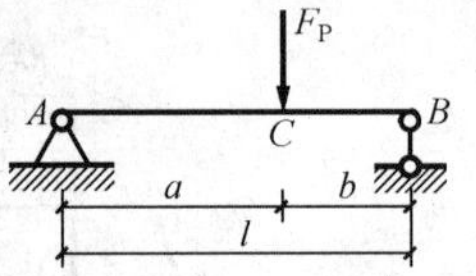 F_P; A; C; B; a; b; l	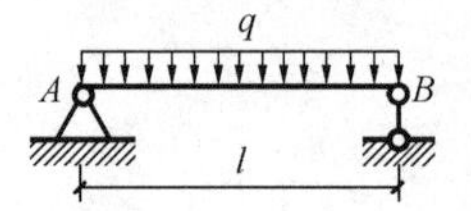 q; A; B; l	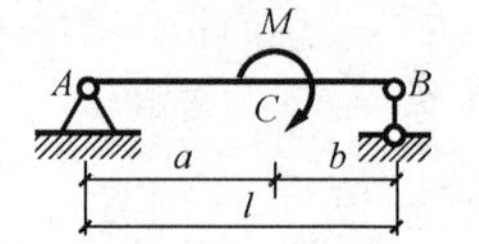 M; A; C; B; a; b; l
剪力图	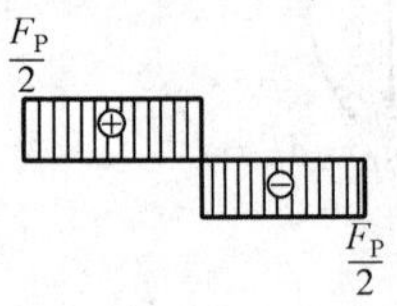 $\frac{F_P}{2}$ ⊕; ⊖ $\frac{F_P}{2}$	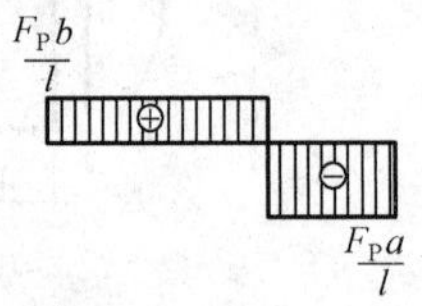 $\frac{F_Pb}{l}$ ⊕; ⊖ $\frac{F_Pa}{l}$	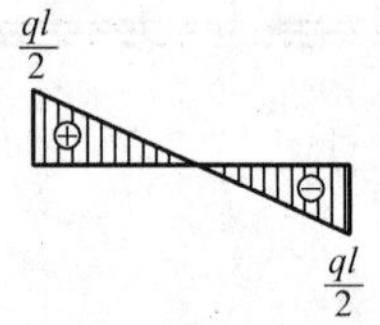 $\frac{ql}{2}$ ⊕; ⊖ $\frac{ql}{2}$	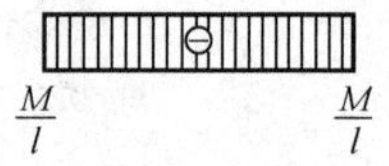 ⊖; $\frac{M}{l}$; $\frac{M}{l}$
弯矩图	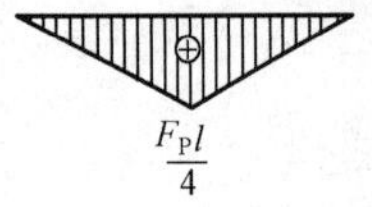 ⊕; $\frac{F_Pl}{4}$	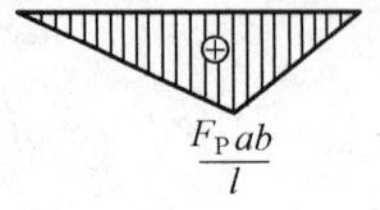 ⊕; $\frac{F_Pab}{l}$	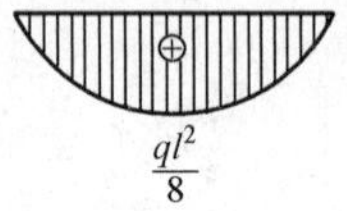 ⊕; $\frac{ql^2}{8}$	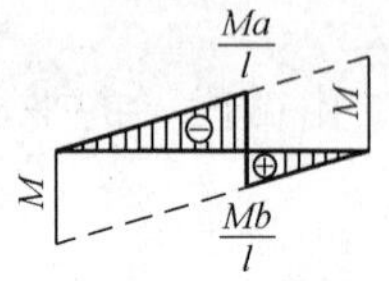 $\frac{Ma}{l}$; ⊖; ⊕; M; M; $\frac{Mb}{l}$
口　诀	1. 集中荷载间，剪力水平线，弯矩斜直线。 2. 集中荷载点，剪力台阶变，弯矩折成尖		均布荷载线，剪力斜直线，弯矩抛物线	1. 集中力偶线，剪力水平线，弯矩斜直线。 2. 集中力偶点，剪力不改变，弯矩有突变

表 5-2　　简单荷载作用下的悬臂梁内力图规律表

	集　中　荷　载	均　布　荷　载	集　中　力　偶
计算简图	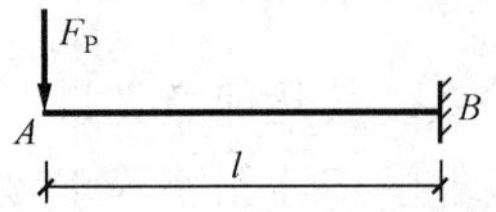 F_P; A; B; l	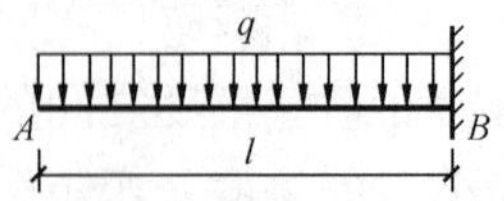 q; A; B; l	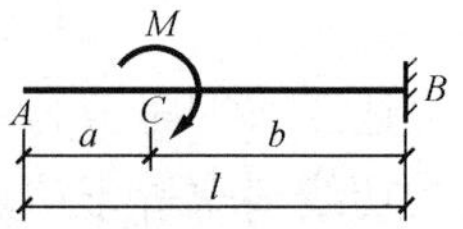 M; A; C; B; a; b; l
剪力图	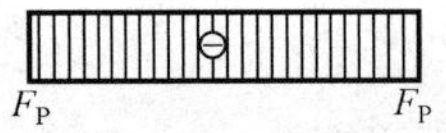 ⊖; F_P; F_P	 ⊖; ql	

续表

	集 中 荷 载	均 布 荷 载	集 中 力 偶
弯矩图	$F_P l$ ⊖	$\frac{ql^2}{2}$ ⊖	⊕ M M
口　诀	集中荷载间，剪力水平线，弯矩斜直线	均布荷载线，剪力斜直线，弯矩抛物线	集中力偶线，剪力等于零，弯矩水平线

根据以上规律，如果已知梁上的外力情况，就可知道内力图的形状，并可用控制截面把梁分成几段，只要计算出各控制截面的剪力和弯矩值，就可以画出梁的内力图，而不必列出内力方程。这种方法一般称为控制截面法，或称简易法。

用简易法绘制梁内力图的步骤如下：

（1）利用静力平衡条件求解支座反力。

（2）在梁上集中荷载和集中力偶的作用点、均布荷载的起止点、梁的支承点以及其他特征点处用截面将梁分成几段，每一段的分界点作为绘制内力图的控制点。

（3）分别求出各控制点处截面的剪力、弯矩值，应用内力图的规律绘制梁的内力图。

【例 5-6】　如图 5-11（a）所示一外伸梁。已知 $l=4\text{m}$，试绘制梁的剪力图和弯矩图。

解　由梁的平衡条件，求得支座反力为

$$F_{VB}=20\text{kN},\quad F_{VD}=8\text{kN}$$

根据梁上的荷载情况，将梁分为 AB、BC、CD 三段。

（1）绘制剪力图。

利用横截面上内力的规律求得

A 点　$F_{QA}=0$

B 点　$F_{QB左}=-q\cdot\frac{l}{2}=-8\text{kN}$，$F_{QB右}=-q\cdot\frac{l}{2}+F_{VB}=12\text{kN}$

D 点　$F_{QD}=-F_{VD}=-8\text{kN}$

根据内力图的规律分别绘制剪力图，见图5-11（b）。

AB 段：为均布荷载段，剪力图为斜直线，通过 F_{QA}、$F_{QB左}$ 画出此直线；

BC 段：无外力段，剪力图为水平线，通过 $F_{QB右}$ 画出此直线（B 处发生突变）；

CD 段：无外力段，剪力图为水平线，通过 F_{QD} 画出此直线（C 处发生突变）。

（2）绘制弯矩图。

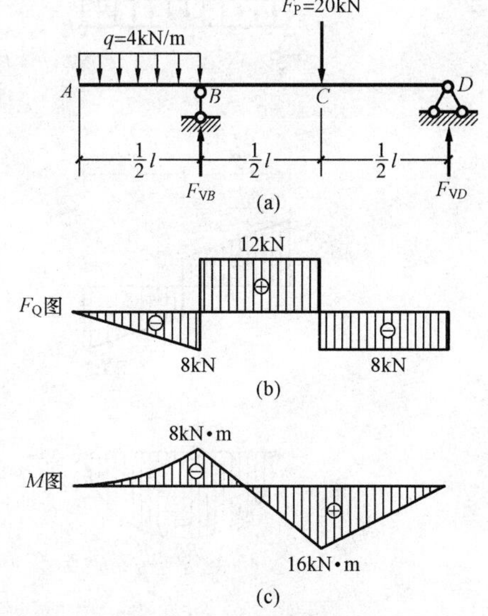

图 5-11

同理，利用横截面上内力的规律求得

A 点　$M_A=0$

B 点　$M_B=-\frac{ql}{2}\cdot\frac{l}{4}=-8\text{kN}\cdot\text{m}$

C 点　$M_C=F_{VD}\cdot\frac{l}{2}=16\text{kN}\cdot\text{m}$

D 点　$M_D=0$

根据内力图的规律分别绘制弯矩图，见图5-11（c）。

AB 段：为均布荷载段，弯矩图为下凸的抛物线，通过 M_A、M_B 画出此曲线的大致图形；

BC 段：无外力段，弯矩图为斜直线，通过 M_B、M_C 画出此直线；

CD 段：无外力段，弯矩图为斜直线，通过 M_C、M_D 画出此直线。

第四节　叠加法作梁的内力图

一、简支梁内力图的叠加

当梁在荷载作用下变形微小时，其跨长的改变可忽略不计，此时可用叠加原理，即由几个外力所引起的某一效应（支座反力、内力、应力、变形），等于每个外力单独作用所引起的该效应的代数和。

应当注意：内力的叠加，是指内力纵坐标的叠加，而不是图形的简单拼合。

【例 5-7】　试用叠加法绘制简支梁的剪力图和弯矩图。

解　如图 5-12（a）所示，简支梁 AB 上的荷载是由均布荷载 q 和跨中的集中荷载 F_P 组合而成，根据表 5-1 所示简支梁在均布荷载 q 和跨中的集中荷载 F_P 单独作用下的剪力图和弯矩图，将对应图形叠加便可得到简支梁的内力图，见图 5-12（b）、（c）。

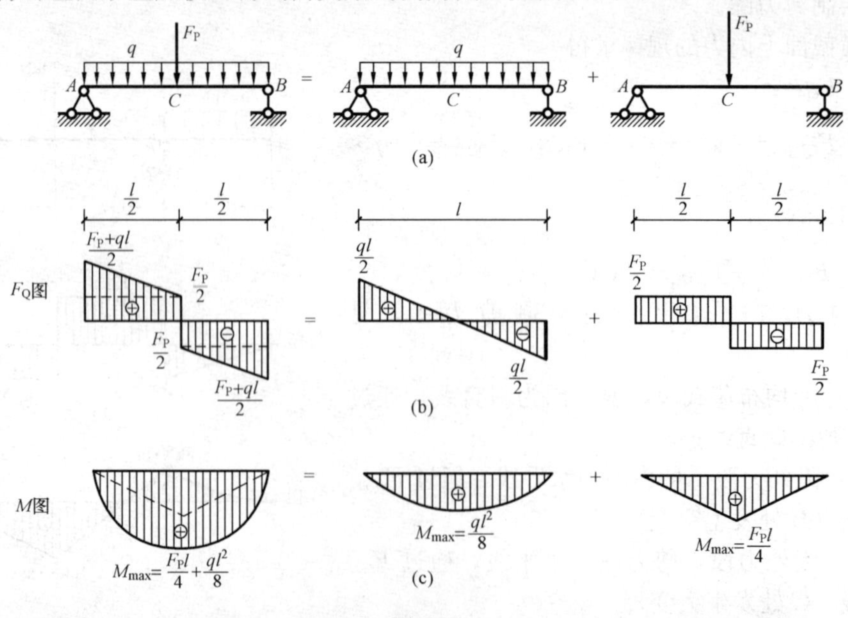

图 5-12

注意，当遇到叠加两个异号图形时，可在基线的同一侧相加，这样可使图形重叠部分互相抵消，而剩下的便是所求得的图形，如图 5-13 所示。

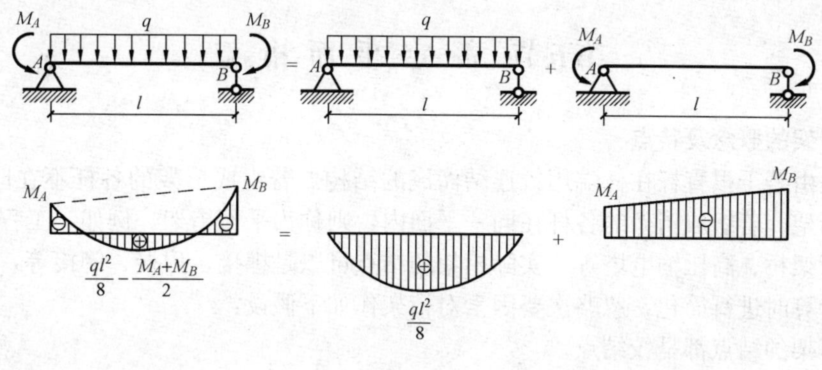

图 5-13

二、分段叠加法求梁段的弯矩图

当梁上的荷载布置比较复杂时，可以采用分段叠加法求梁的弯矩图，方法是：用控制截面把梁分成几段，先求得各控制截面的弯矩值，在弯矩图上将各控制截面弯矩值以虚直线相连；然后以虚直线为基线，叠加以对应长度为跨度的相应简支梁在跨间荷载作用下的弯矩图。

【例 5-8】 试用分段叠加法求作图 5-14（a）所示梁的弯矩图。

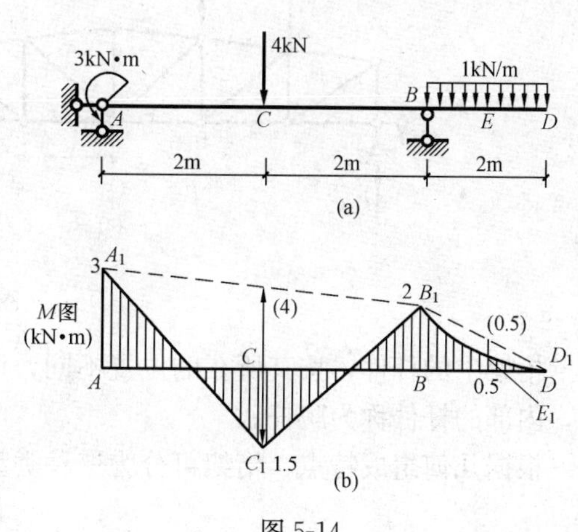

图 5-14

解 选取控制截面 A、B、D 将梁分成 AB、BD 两段

（1）计算控制截面的弯矩。

$$M_A=-3\text{kN}\cdot\text{m},\quad M_D=0,$$

$$M_B=-\frac{1}{2}\times 1\times 2^2=-2\text{kN}\cdot\text{m}$$

（2）用分段叠加法作梁的弯矩图，见图 5-14（b）。

AB 段：将 A、B 两处的弯矩值以虚直线相连，然后以虚直线为基线，叠加以 AB 长度为跨度的简支梁在跨中集中力作用下的弯矩图，即 M 图。M 图在跨中的弯矩值为 $\frac{1}{4}\times 4\times 4=4\text{kN}\cdot\text{m}$，因此 AB 中点 C 的弯矩值为

$$M_C=-\frac{3+2}{2}+4=1.5\text{kN}\cdot\text{m}$$

BD 段：先将 B、D 两处的弯矩值以虚直线相连，以虚直线为基线，叠加以 BD 长度为跨度的简支梁在均布荷载作用下的弯矩图，即 M 图。M 图在 BD 中点的弯矩值为 $\frac{1}{8}\times 1\times 2^2=0.5\text{kN}\cdot\text{m}$，因此 BD 中点 E 的弯矩值为

$$M_E=-\frac{2+0}{2}+0.5=-0.5\text{kN}\cdot\text{m}$$

第五节 静定平面桁架

一、桁架的概念及特点

桁架是由若干根直杆在杆端用铰连结而成的结构。若组成桁架的各杆不在同一平面内，称为空间桁架；若组成桁架的各杆在同一平面内，则称为平面桁架。例如，工程中广泛采用的屋架、桁架桥、高压输电塔等。实际桁架的结点可以是榫接、焊接、铆接等，受力情况比较复杂，计算时进行简化，忽略次要因素对桁架作如下假设：

（1）桁架的结点都是铰结点。

（2）各杆的轴线都是直线并通过铰的中心。

（3）荷载和反力都作用在结点上。

符合上述假设的桁架称为理想桁架。如图 5-15 所示为一钢筋混凝土屋架的计算简图，各杆件用轴线表示，铰结点用小圆圈表示。桁架中每一杆件都是二力杆（即杆件内力只有轴力）或零杆。在计算时，规定杆件轴力受拉为正，受压为负。

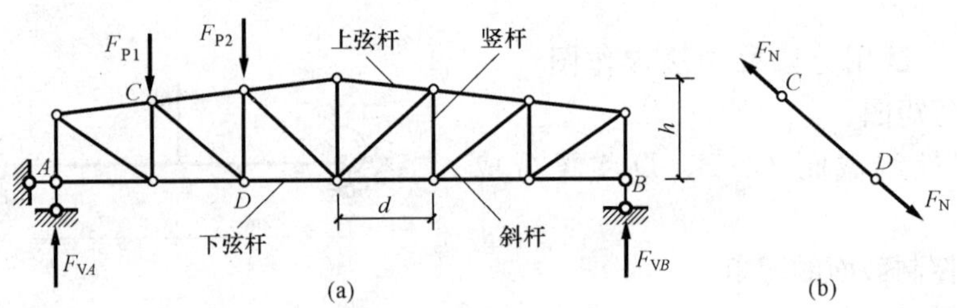

图 5-15

桁架中的杆件，按其所在的位置不同，可分为弦杆和腹杆。桁架上下周围的杆件称为弦杆，内部的杆件称为腹杆。

根据几何组成特点，桁架可分为三种类型：

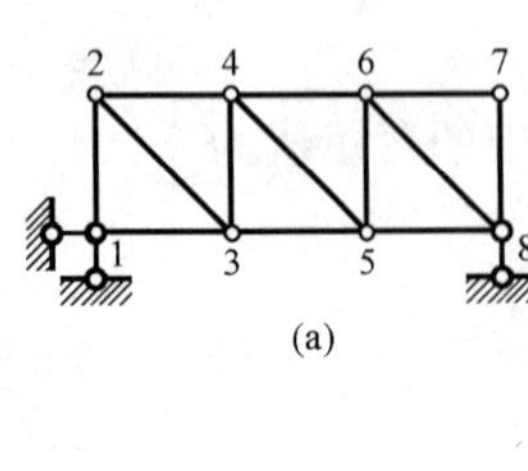

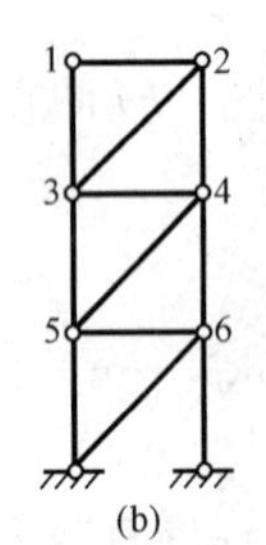

图 5-16

1. 简单桁架

如图 5-16 所示，从一个基本铰接三角形开始，逐次增加二元体，最后用三杆与基础相联而成或从基础开始逐次增加二元体而形成的桁架，称为简单桁架。

2. 联合桁架

如图 5-17 所示，几个简单桁架按照两刚片规则或三刚片规则组成的桁架，称为联合桁架。

3. 复杂桁架

如图 5-18 所示，不属于简单桁架及联合桁架的，称为复杂桁架。

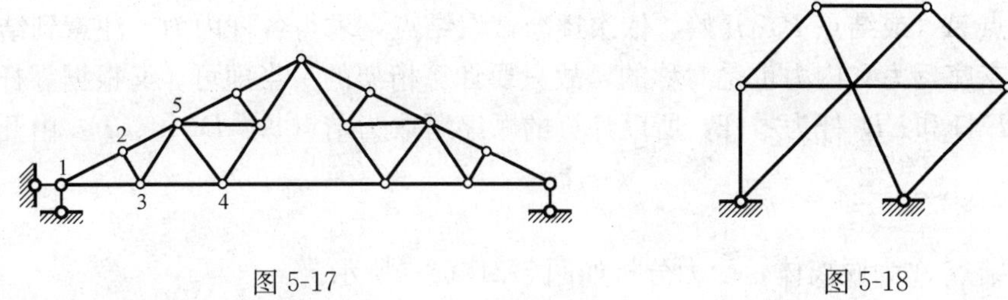

图 5-17　　图 5-18

下面我们研究平面桁架的内力。

二、结点法计算桁架杆件内力

桁架在结点荷载和支座反力的作用下，处于平衡，则桁架的每一个结点、杆件、局部隔离体都处于平衡。

结点法是以桁架结点为研究对象（也称隔离体），由结点平衡条件求杆件内力的方法。每一个平面桁架的结点受平面汇交力系的作用，可以并且只能列两个独立的平衡方程。因此，在所取结点上，未知内力的个数不能超过两个。在求解时，应先截取只有两个未知力的结点，依次逐点计算，即可求得所有杆件的内力。计算时通常先假设未知杆件内力为拉力(拉力的指向是离开结点)，若计算结果为正即为拉力，反之，表示轴力为压力。

桁架中某杆的轴力为零时，此杆称为零杆。在计算时，宜先判断出零杆，使计算得以简化。常见的零杆有以下几种情况：

（1）不共线的两杆结点，若无外力作用，则此两杆轴力必为零，如图 5-19（a）所示。

（2）不共线的两杆结点，若外力与其中一杆共线，则另一杆轴力必为零，见图 5-19（b）。

（3）三杆结点，无外力作用，若其中两杆共线，则另一杆轴力必为零，见图 5-19（c）。

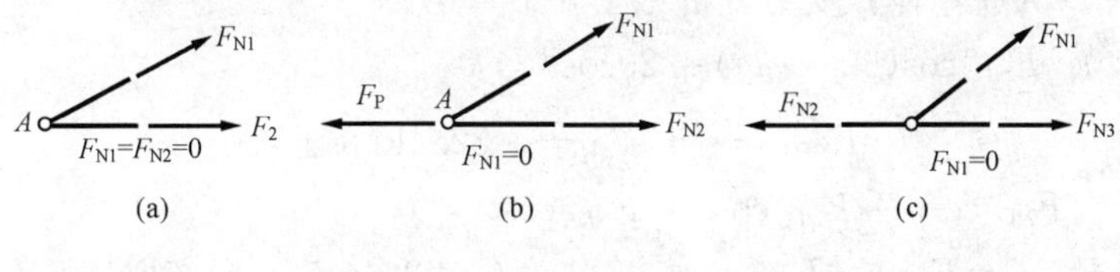

图 5-19

【例 5-9】　屋架的尺寸及所受荷载如图 5-20（a）所示，试用结点法求所有杆件的内力。

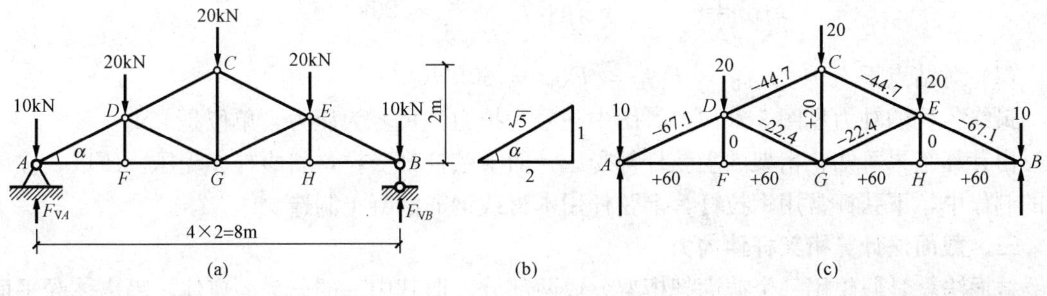

图 5-20

解 首先求支座反力 F_{VA}、F_{VB}，利用整体平衡条件或利用对称性得 $F_{VA}=F_{VB}=40\text{kN}$。然后，从结点 A（或结点 B）开始，依次逐个截取结点，求得各杆内力。注意到结构和荷载的对称性，支座反力和内力也是对称的，故只要计算桁架的一半即可。又根据零杆的判断方法，可知 DF 杆和 EH 杆为零杆，所以计算的顺序可取为结点 A、D、C、F。由几何关系得知 $\sin\alpha=\dfrac{1}{\sqrt{5}}$，$\cos\alpha=\dfrac{2}{\sqrt{5}}$。

（1）取结点 A 为脱离体，受力分析如图 5-21（a）所示。

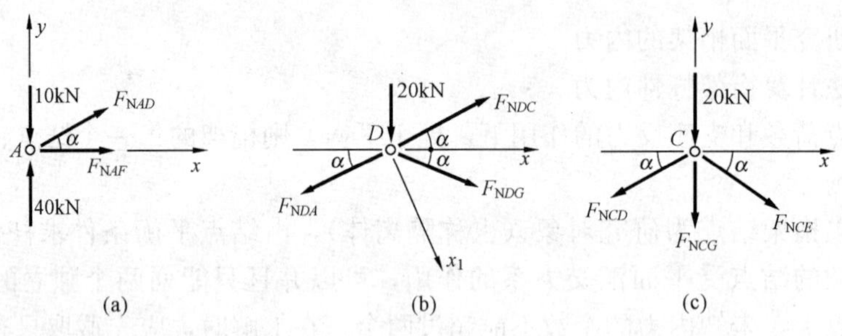

图 5-21

由 $\Sigma F_y=0 \quad F_{NAD}\sin\alpha+40-10=0$

得
$$F_{NAD}=\frac{-30}{\sin\alpha}=-67.1\text{kN(压)}$$

由 $\Sigma F_x=0 \quad F_{NAF}+F_{NAD}\cos\alpha=0$

得
$$F_{NAF}=-(-67.1)\times\frac{2}{\sqrt{5}}=60\text{kN(拉)}$$

（2）取结点 D 为脱离体，受力分析见图 5-21（b）。

由 $\Sigma F_{x1}=0 \quad F_{NDG}\cos(90^\circ-2\alpha)+20\cos\alpha=0$

得
$$F_{NDG}=-10\sqrt{5}=-22.4\text{kN(压)}$$

$\Sigma F_x=0 \qquad F_{NDC}\cos\alpha+F_{NDG}\cos\alpha-F_{NDA}\cos\alpha=0$

得
$$F_{NDC}=F_{NDA}-F_{NDG}=-67.1-(-22.4)=-44.7\text{kN(压)}$$

（3）取结点 C 为脱离体，受力分析见图 5-21（c）。

由对称性可知 $\qquad F_{NCE}=F_{NCD}=F_{NDC}=-44.7\text{kN(压)}$

由 $\Sigma Y_y=0 \qquad F_{NCE}\sin\alpha+F_{NCD}\sin\alpha+F_{NCG}+20=0$

得
$$F_{NCG}=-20-(-44.7)\times\frac{2}{\sqrt{5}}=20\text{kN(拉)}$$

（4）对结点 $F \qquad F_{NFG}=F_{NFA}=F_{NAF}=60\text{kN(拉)}$

最终各杆的轴力见图 5-20（c）。图中正号为拉力，负号为压力，单位是 kN。

由计算结果可知，桁架的上弦杆都受压，而下弦杆都受拉，斜腹杆亦受压。所以，在屋架的制作中，下弦杆常用钢拉杆，上弦杆用木材或钢筋混凝土制造。

三、截面法计算桁架杆件内力

截面法就是假想用一个截面把桁架分成两部分，取其中一部分为隔离体。隔离体受平面一般力系的作用，由 3 个独立的平衡方程可求得所切各杆的未知轴力。通常，截面所切断的杆件个数不应超过三个。有时被截杆件虽然超过三个，但某些杆件的轴力仍能由此隔离体求出。如图 5-22 所示的截面，虽然截了四根杆，但除了第一根杆外，均交于点 B，由 $\Sigma M_B=0$ 可求出 F_{N1}。图 5-23 所示的截面中，被截杆件有四个，但除一杆外均平行，这时 F_{N4} 仍可由投影方程（垂直于 F_{N1}、F_{N2}、F_{N3} 方向）算出。

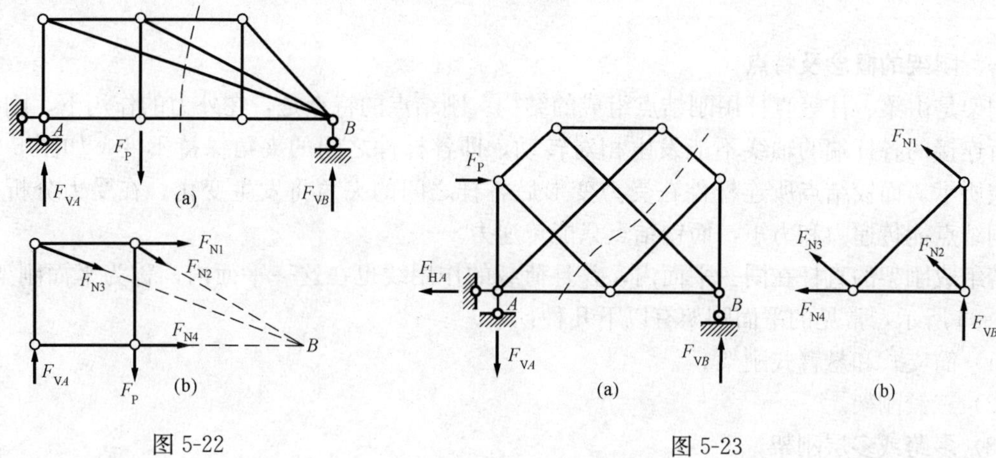

图 5-22　　图 5-23

【例 5-10】　桁架的尺寸及受力如图 5-24（a）所示。试求其中 1、2、3 杆的轴力。

解　由图中几何关系得　　$\sin\alpha=\cos\alpha=\dfrac{\sqrt{2}}{2}$

取Ⅰ-Ⅰ截面右边为隔离体，受力分析见图 5-24（b）。

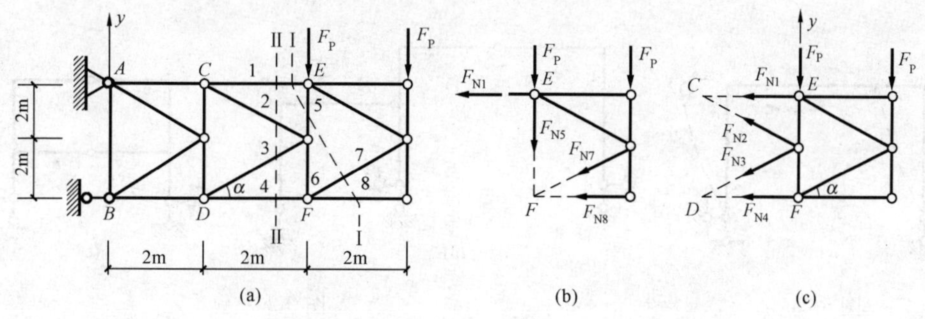

图 5-24

由 $\Sigma M_F=0$　　$-F_P\times2+F_{N1}\times4=0$

$$F_{N1}=F_P/2(\text{拉})$$

取Ⅱ-Ⅱ截面右边为隔离体，受力分析见图 5-24（c）。

由 $\Sigma M_D=0$　　$-F_P\times4-F_P\times2+F_{N1}\times4+F_{N2}\times2\sqrt{2}=0$

$$F_{N2}=\frac{4F_P}{2\sqrt{2}}=\sqrt{2}F_P(\text{拉})$$

由 $\Sigma F_y=0$　　$F_{N2}\sin\alpha-2F_P-F_{N3}\sin\alpha=0$

$$F_{N3}=\frac{\sqrt{2}F_P\dfrac{\sqrt{2}}{2}-2F_P}{\dfrac{\sqrt{2}}{2}}=-\sqrt{2}F_P(\text{压})$$

结点法和截面法是计算桁架内力的两种常用方法。通常在计算桁架全部杆件内力时，宜采用结点法，截面法适用于求某些指定杆件的内力以及联合桁架连接杆的内力。

第六节　静定平面刚架

一、刚架的概念及特点

刚架是由梁、柱等直杆用刚结点组成的结构。刚结点的特点是，在外力的作用下，刚结点处所连接的各杆端的轴线不能发生相对转动，即各杆件之间的夹角保持不变，如图 5-25 中虚线所示。而铰结点所连杆件在受力变形后各杆之间的夹角将发生变化。在受力分析方面，刚结点能传递力和力矩，而铰结点只能传递力。

若组成刚架的直杆在同一平面内，并且荷载的作用线也在这一平面内，称为平面刚架。如图 5-26 所示，常见的平面刚架有以下几种：

（1）简支式和悬臂式刚架。

（2）三铰刚架。

（3）多跨或多层刚架。

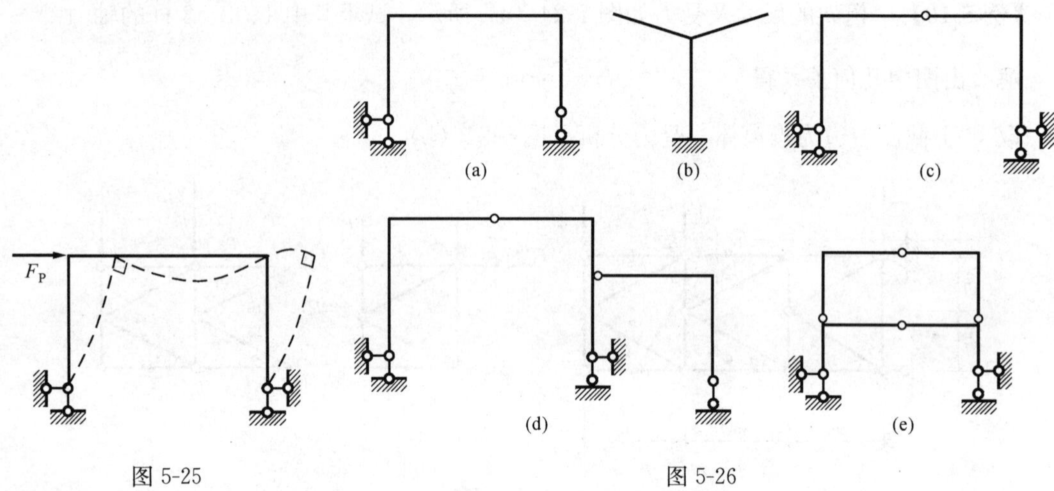

图 5-25　　图 5-26

凡几何不变无多余约束体系规则的刚架，称为静定刚架，如图 5-26 所示。在工程中，静定刚架应用不多，大多数为超静定刚架，如房屋建筑结构中的多层多跨刚架（习惯上称为框架结构）。但静定刚架的内力计算是计算超静定刚架内力的基础，所以必须熟练掌握。下面介绍静定平面刚架支座反力和内力的计算。

二、支座反力的计算

【例 5-11】　试计算图 5-27（a）所示三铰刚架的支座反力。

解　取整体为隔离体，受力分析见图 5-27（b）。共有四个支座反力：F_{HA}、F_{VA}、F_{HB}、F_{VB}。

（1）利用两个整体平衡方程求 F_{VA} 和 F_{VB}。

$$\Sigma M_A = 0 \quad -ql \times \frac{l}{2} + F_{VB} \cdot l = 0 \quad F_{VB} = \frac{ql}{2}（\uparrow）$$

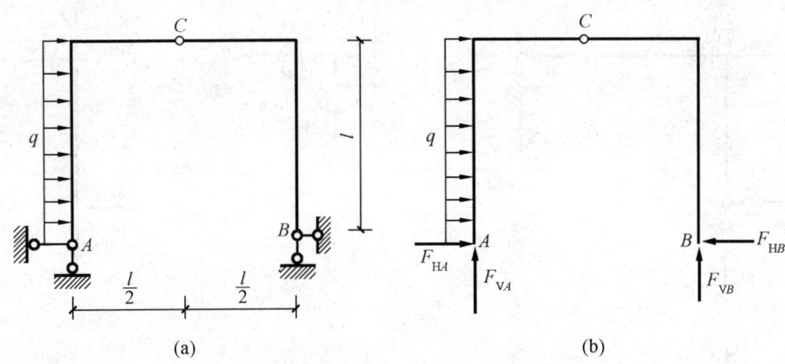

图 5-27

$$\Sigma M_B = 0 \quad -ql \times \frac{l}{2} - F_{VA} \cdot l = 0 \quad F_{VA} = -\frac{ql}{2}(\downarrow)$$

校核：$\Sigma F_y = 0 \qquad \frac{ql}{2} - \frac{ql}{2} = 0$

（2）按照例题 1-14 的方法，求出一个水平反力 F_{HA} 或 F_{HB}。取铰 C 右半部分为隔离体。

$$\Sigma M_C = 0 \quad -F_{HB}l + F_{VB} \cdot \frac{l}{2} = 0 \quad F_{HB} = \frac{F_{VB}}{2} = \frac{ql}{4}(\leftarrow)$$

（3）利用第三个整体平衡方程求最后一个水平支座反力。

$$\Sigma F_x = 0 \quad ql + F_{HA} - F_{HB} = 0 \quad F_{HA} = -\frac{3ql}{4}(\leftarrow)$$

三、求刚架杆截面内力

1. 刚架内力正负号规定

刚架的内力有弯矩、剪力和轴力。弯矩一般不作正负号规定，但弯矩图要画在杆件受拉纤维的一侧。剪力与轴力的正负号规定与前相同，即剪力绕截面顺时针旋转为正，轴力以拉力为正。

2. 刚结点处的杆端截面及杆端截面内力的表示

由于刚架在刚结点处有不同方向的杆端截面，如图 5-28 所示，结点 C 有 C_1 和 C_2 两个杆端截面。杆端截面的内力用两个下标表示：第一个下标为截面所在端的标号，第二个下标为杆远端的标号。如杆端截面 C_1、C_2 的弯矩分别用 M_{CA}、M_{CB} 表示，剪力和轴力分别用 F_{QCA}、F_{QCB} 和 F_{NCA}、F_{NCB} 表示。

3. 杆端内力的计算

求刚架杆截面内力的方法与求梁内力的方法一样，用截面法。

【例 5-12】　试计算图 5-28（a）所示的刚架结点 C 处各杆端截面的内力。

解　（1）利用整体平衡的三个平衡方程求出支座反力，见图 5-28（a）。

（2）计算刚结点 C 处杆端截面内力。

截开 C_1 截面，取 CA 为隔离体，见图 5-28（c）。

$$\Sigma F_x = 0, F_{QCA} - 4 = 0, F_{QCA} = 4\text{kN}$$
$$\Sigma F_y = 0, F_{NCA} - 3 = 0, F_{NCA} = 3\text{kN(拉)}$$

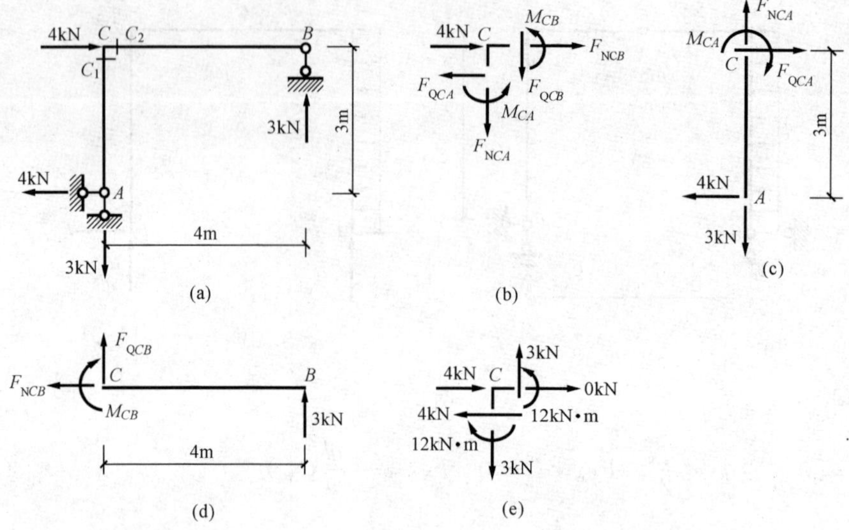

图 5-28

$$\Sigma M_C = 0, 4 \times 3 + M_{CA} = 0, M_{CA} = -12\text{kN} \cdot \text{m}$$

M_{CA}为负，说明M_{CA}的方向与假设相反，使杆件右侧受拉。

截开C_2截面，取CB杆为隔离体，见图 5-28（d）。

$$\Sigma F_x = 0, F_{NCB} = 0$$

$$\Sigma F_y = 0, F_{QCB} + 3 = 0, F_{QCB} = -3\text{kN}$$

$$\Sigma M_C = 0, 4 \times 3 - M_{CB} = 0, M_{CB} = 12\text{kN} \cdot \text{m}$$

M_{CB}为正，说明M_{CB}的方向与假设相同，使杆件下边受拉。

（3）校核，取结点C为隔离体，见图 5-28（e）。

$$\Sigma F_x = 0, 4 - 4 = 0$$

$$\Sigma F_y = 0, 3 - 3 = 0$$

$$\Sigma M_C = 0, 12 - 12 = 0$$

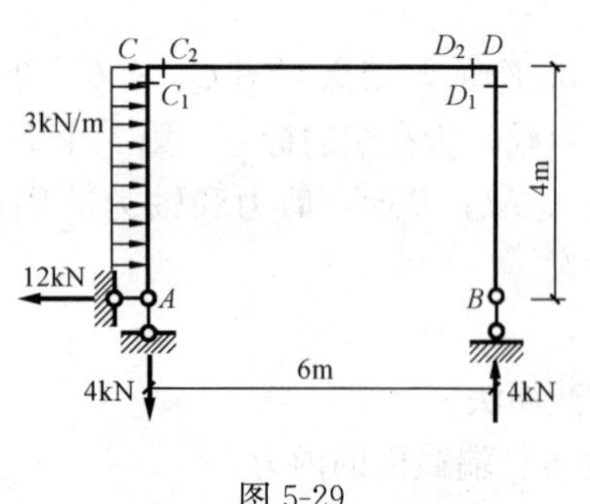

图 5-29

【例 5-13】 试计算图 5-29 所示刚架结点C、D处杆端截面的内力。

解 （1）利用整体平衡，求出支座反力，见图 5-29。

（2）计算刚结点C处的杆端内力。

沿C_1作截面，用AC_1杆上作用的外力，自A向C_1求得

$F_{QCA} = 12 - 4 \times 3 = 0$

$F_{NCA} = 4\text{kN}$（拉）

$M_{CA} = 12 \times 4 - 3 \times 4 \times 2 = 24\text{kN} \cdot \text{m}$（右侧受拉）

注意：这里列M_{CA}算式时，是以右边受拉为正列出的，结果为正，故右边受拉。

沿C_2作截面，用AC_2杆上作用的外力，自A向C_2求得

$F_{NCD} = 12 - 3 \times 4 = 0$

$F_{QCD} = -4\text{kN}$

$$M_{CD}=12\times4-3\times4\times2=24\text{kN}\cdot\text{m}\text{（下边受拉）}$$

（3）计算刚结点 D 处的杆端内力。

沿 D_1 作截面，用 BD_1 杆上作用的外力，自 B 向 D_1 求得

$$F_{QDB}=0$$

$$F_{NDB}=-4\text{kN}\text{（压）}$$

$$M_{DB}=0$$

沿 D_2 作截面，用 BD_2 杆上作用的外力，自 B 向 D_2 求得

$$F_{QDC}=-4\text{kN}$$

$$F_{NDC}=0$$

$$M_{DC}=0$$

静定刚架的内力计算同梁的一样，用截面法截取隔离体，然后由平衡条件求解。通常是先由整体或某些部分的平衡条件，求得各支座反力和各铰接处的约束力，然后逐杆求出其杆端内力（或分段求其内力），最后绘制内力图。

四、静定刚架内力图的绘制

静定刚架内力图包括弯矩图、剪力图和轴力图。刚架的内力图是由各杆的内力图组合而成的，而各杆的内力图，需先求出杆端截面的内力值，然后按照绘制梁内力图的方法绘制。

【例 5-14】　试绘制例题 5-13 所示刚架的内力图。

解　（1）作刚架的内力图，如图 5-30 所示。

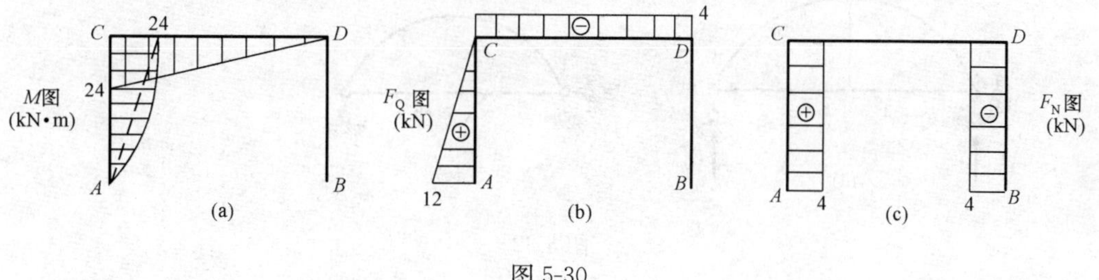

图 5-30

（2）微分关系校核。

AC 杆上有均布荷载，M 图为抛物线，凸向与荷载指向相同，F_Q 图为斜直线；CD 杆上无荷载，M 图为斜直线，F_Q 图为平行于杆轴的平行线；BD 杆上只有轴力。

【例 5-15】　试绘制［例 5-12］所示刚架的内力图。

解　（1）作刚架的内力图，如图 5-31 所示。

（2）微分关系校核。

AC 杆和 CB 杆上无荷载，M 图为斜直线，F_Q 图为平行于杆轴的平行线。

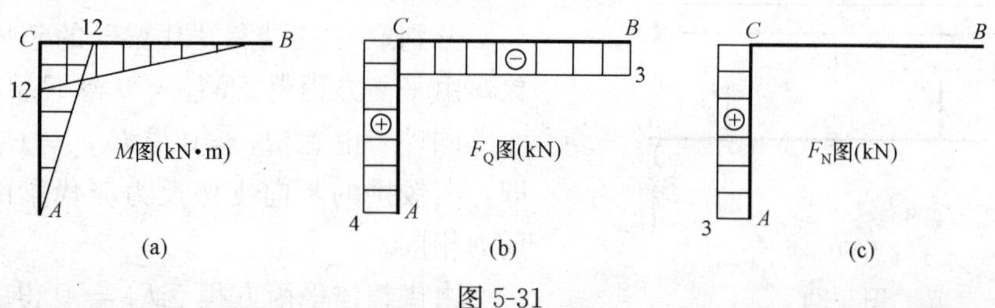

图 5-31

第七节 三 铰 拱

一、拱的概念及特点

拱是以承受轴压力为主的结构，在我国建设工程中的应用有着悠久的历史，例如，河北赵县的安济桥。目前，拱在桥梁和房屋建筑工程中的应用也很普遍，适用于宽敞的大厅，如礼堂、展览馆、体育馆和商场等。

拱的形式有三铰拱、两铰拱和无铰拱，如图 5-32 所示。拱的特点是在竖向荷载作用下，不仅产生竖向支座反力，而且产生水平支座反力（又称为水平推力）。若在两铰拱或三铰拱的两支座之间设水平拉杆，则拉杆内的拉力代替了支座水平推力的作用，这样在竖向荷载作用下，支座只产生竖向反力，这种拱称为拉杆拱。

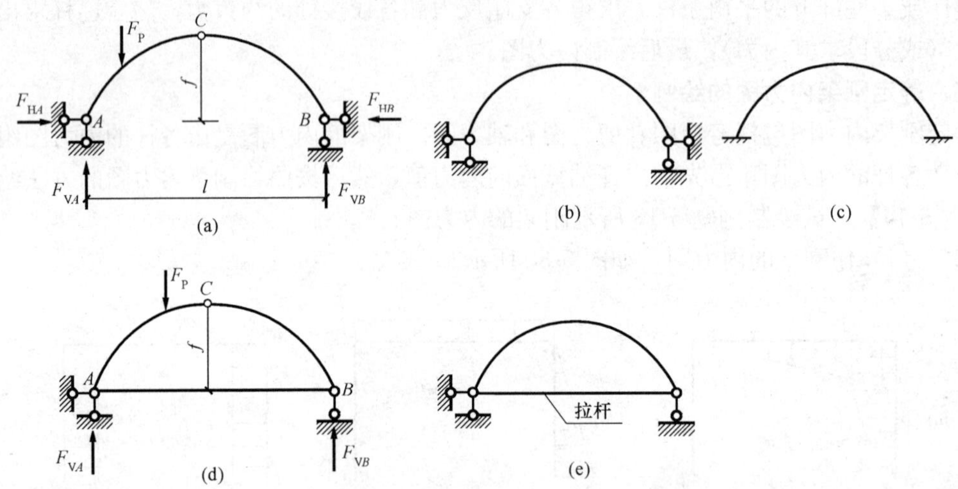

图 5-32

三铰拱是静定的拱式结构。由于三铰拱中的弯矩很小，主要是承受轴力，所以适合于砖石砌体（耐压不耐拉）。下面介绍三铰拱的支座反力和内力的计算。

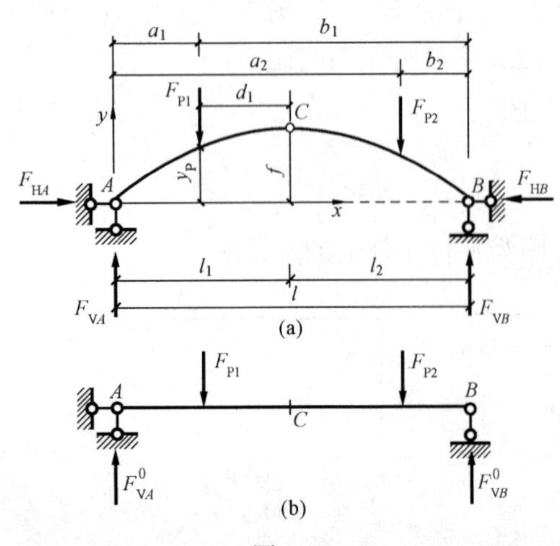

图 5-33

二、三铰拱支座反力的计算

如图 5-33（a）所示，三铰拱有四个支座反力 F_{HA}、F_{VA}、F_{HB}、F_{VB}，同时有四个平衡方程：三个整体平衡方程和半个拱（AC 或 CB）的一个平衡方程。图 5-33（b）为跨度和荷载与三铰拱相同的简支梁，称为三铰拱的“代梁”。

分别取三铰拱和“代梁”的整体为研究对象，由平衡方程得 $\Sigma M_A = 0$ 得 $F_{VB} = F_{VB}^0$

同理，由 $\Sigma M_B = 0$ 得 $F_{VA} = F_{VA}^0$

即：三铰拱的竖向支座反力与代梁的竖向支座反力相同。

由拱整体平衡方程 $\Sigma F_x = 0$ 得 $F_{HA} = F_{HB}$

$= H$（H 为水平推力）。

由 AC 曲杆的平衡方程：$M_C = 0$。考虑铰 C 左边所有外力对 C 点力矩的代数和为零，即

$$\Sigma M_C = 0, (F_{VA}l_1 - F_{P1}d_1) - Hf = 0$$

由于代梁相应截面的弯矩为 $M_C^0 = F_{VA}^0 l_1 - F_{P1}d_1 = F_{VA}l_1 - F_{P1}d_1$

所以
$$M_C^0 - Hf = 0$$

$$H = \frac{M_C^0}{f} \tag{5-4}$$

在竖向荷载作用下，梁中弯矩 M_C^0 总是正的（下边受拉），所以 H 总是正的，即三铰拱的水平推力永远指向内（受拉）。上式表明，拱愈扁平（f 愈小），水平推力愈大。如果 $f \to 0$，则推力趋于无穷大，这时，A、B、C 三个铰在一条直线上，结构成为瞬变体系。

三、三铰拱的内力计算

三铰拱截面的内力有弯矩、剪力和轴力。

内力正负号规定如下：弯矩以使拱曲杆内边受拉为正，剪力以使拱小段顺时针方向转动为正，轴力以拉力为正。

为了方便表达，采用 xy 坐标系。在图 5-33（a）中任取一截面 D，其坐标为（x_D，y_D），拱轴在此处的切线与水平线的倾角为 φ_D。取 D 左边部分为隔离体，其受力分析如图 5-34（a)所示。图 5-34（b）为相应的代梁的受力图。

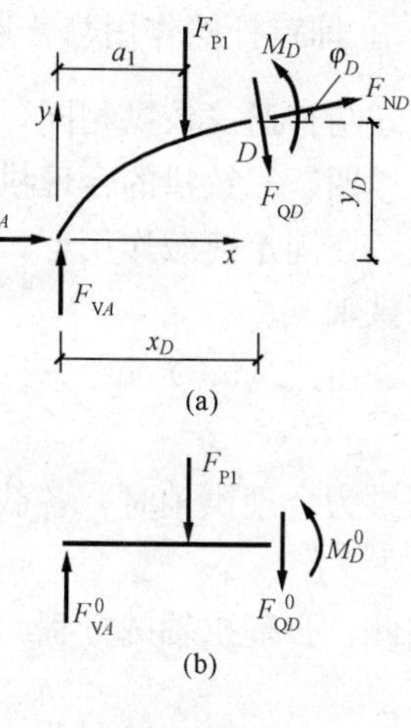

图 5-34

1. 弯矩 M_D 的计算

对 D 截面形心列力矩方程

由 $\Sigma M_D = 0 \quad M_D = [F_{VA}x_D - F_{P1}(x_D - a_1)] - Hy_D$

因为 $F_{VA} = F_{VA}^0, M_D^0 = F_{VA}x_D - F_{P1}(x_D - a_1)$

所以 $M_D = M_D^0 - H \cdot y_D$ (5-5)

上式表明，三铰拱的弯矩小于代梁的弯矩。

2. 剪力 F_{QD} 和轴力 F_{ND} 的计算

分别列 t 方向（F_{QD} 方向）和 n 方向（D 截面法线方向）的投影方程。

$$\Sigma F_t = 0 \quad -F_{HA} \cdot \sin\varphi_D - F_{P1}\cos\varphi_D + F_{VA} \cdot \cos\varphi_D - F_{QD} = 0$$

$$\Sigma F_n = 0 \quad F_{HA} \cdot \cos\varphi_D + F_{VA} \cdot \sin\varphi_D - F_{P1}\sin\varphi_D + F_{ND} = 0$$

注意到　$F_{VA} = F_{VA}^0$，$F_{VA}^0 - F_{P1} = F_{QD}^0$

得

$$F_{QD} = F_{QD}^0\cos\varphi_D - H\sin\varphi_D \tag{5-6}$$

$$F_{ND} = -(F_{QD}^0\sin\varphi_D + H\cos\varphi_D) \tag{5-7}$$

注意：M_D、F_{QD} 和 F_{ND} 的表达式是由拱的左边部分任一截面导出的，它们也适用于右部截面，只是左侧 φ_D 取正号，右侧 φ_D 取负号。

由于拱轴坐标 y 及 $\sin\varphi$、$\cos\varphi$ 都是 x 的非线性函数，所以三铰拱的弯矩图、剪力图、轴力图都是曲线图形。计算时，通常将拱沿跨度分为若干等份，求出各分点处截面的内力值，然后连一曲线得到内力图。

对于图 5-35 所示带拉杆的拱，其支座反力与代梁的支座反力相同，水平拉力 $F_{NAB} =$

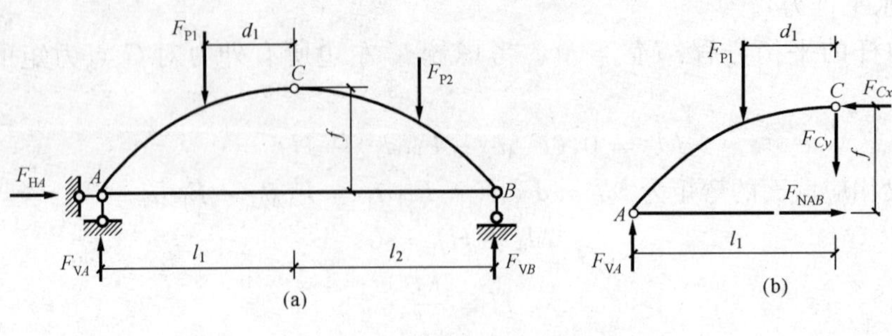

图 5-35

$\frac{M_C^0}{f}$。即拉杆的作用与普通三铰拱支座的水平推力作用相同。因此，带拉杆的三铰拱的内力算式与普通三铰拱相同，只是以拉力 F_{NAB} 代替水平推力 H 即可。

四、三铰拱的合理拱轴

在固定荷载作用下，使拱各截面的弯矩等于零（即拱处于无弯矩状态）的拱轴线称为合理拱轴。

由式（5-5）知：三铰拱任一截面的弯矩为

$$M(x)=M^0(x)-Hy(x)$$

当拱为合理拱轴时，各截面的弯矩应为零，即

$$M(x)\equiv 0 \quad M^0(x)-Hy(x)=0$$

因此，合理拱轴的方程为

$$y(x)=\frac{M^0(x)}{H}$$

上式 M^0（x）为代梁的弯矩方程，如用图形表示，即为代梁的弯矩图。因此，在竖向荷载作用下，三铰拱合理拱轴的纵坐标与代梁的弯矩图的纵坐标成正比例关系。

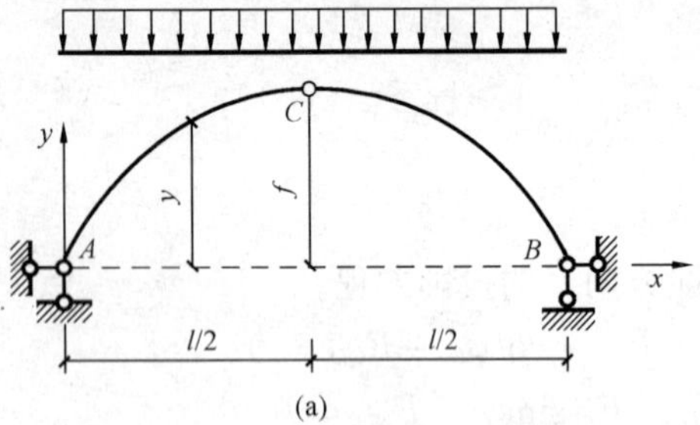

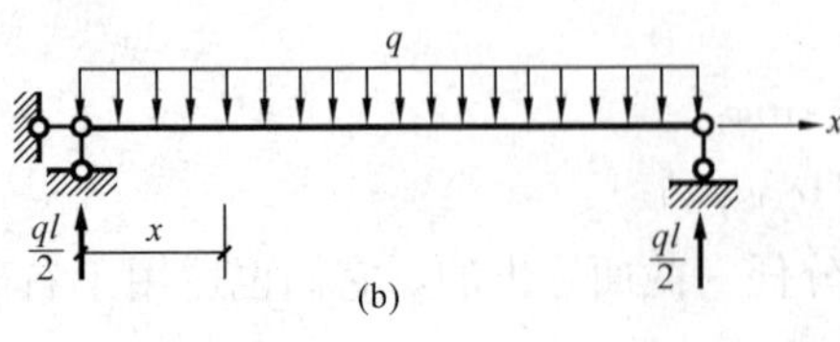

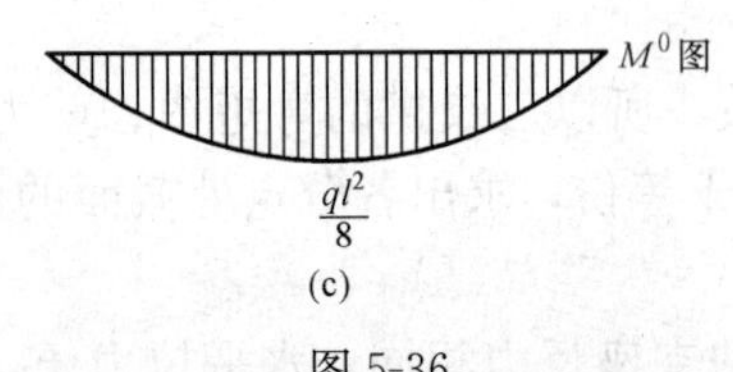

图 5-36

【例 5-16】 试求如图 5-36 所示三铰拱在均布荷载作用下的合理拱轴。

解 因为 $y(x)=\frac{M^0(x)}{H}$

代梁的弯矩方程为

$$M^0(x)=\frac{1}{2}qlx-\frac{1}{2}qx^2=\frac{1}{2}qx(l-x)$$

又由于 $H=\frac{M_C^0}{f}=\frac{ql^2}{8f}$

所以，合理拱轴的方程为

$$y=\frac{M^0(x)}{H}=\frac{8f}{ql^2}\left(\frac{1}{2}qlx-\frac{1}{2}qx^2\right)=\frac{4f}{l^2}x(l-x)$$

上式表明，在均布荷载作用下，三铰拱的合理拱轴是一抛物线。

思　考　题

5-1　求解构件内力最基本的方法是什么？

5-2　简述梁内力的正负号规定。

5-3　简述梁内力图的规律。

5-4　什么是桁架？桁架的类型有哪些？

5-5　简述结点法、截面法计算桁架结构内力的步骤。

5-6　什么是刚架？刚架的类型有哪些？

5-7　刚架内力正负号有哪些规定？

5-8　什么是拱？拱有哪些类型？

5-9　三铰拱的内力正负号有哪些规定？

5-10　什么是拱的合理拱轴？

习　题

5-1　求图示各梁的1-1和2-2截面的内力，这些截面无限接近于截面C或D。

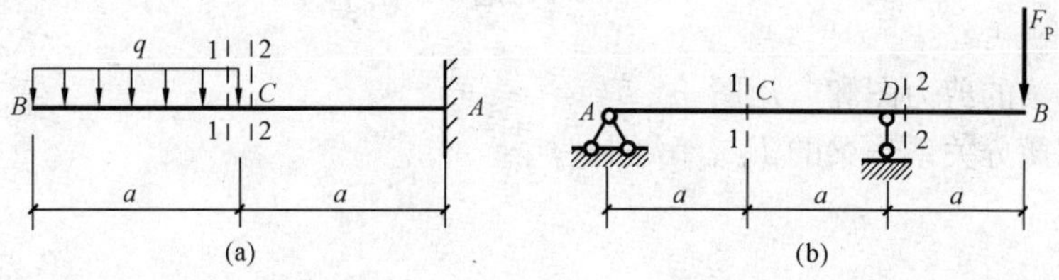

图5-37　习题5-1图

5-2　试列剪力方程和弯矩方程，作图示各梁的剪力图和弯矩图，并求M_{max}和F_{Qmax}。

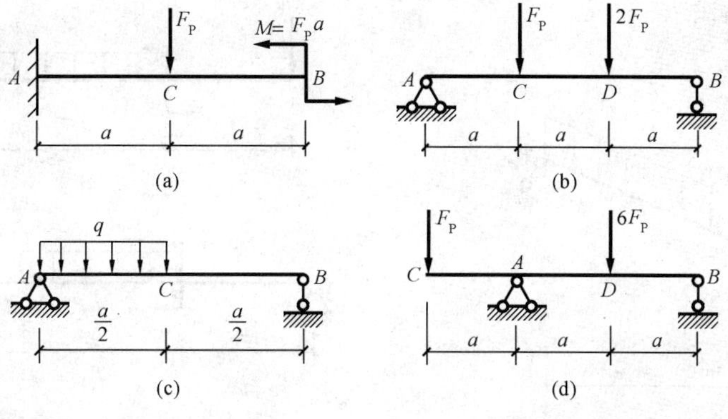

图5-38　习题5-2图

5-3　画下列各梁的剪力图和弯矩图。

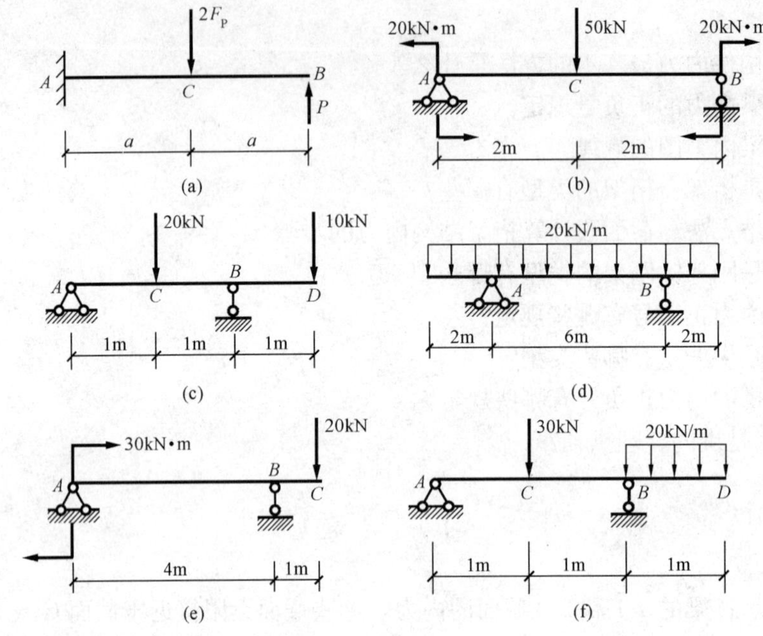

图 5-39　习题 5-3 图

5-4　作斜梁的剪力图和弯矩图。

5-5　利用微分关系作梁的 F_Q、M 图。

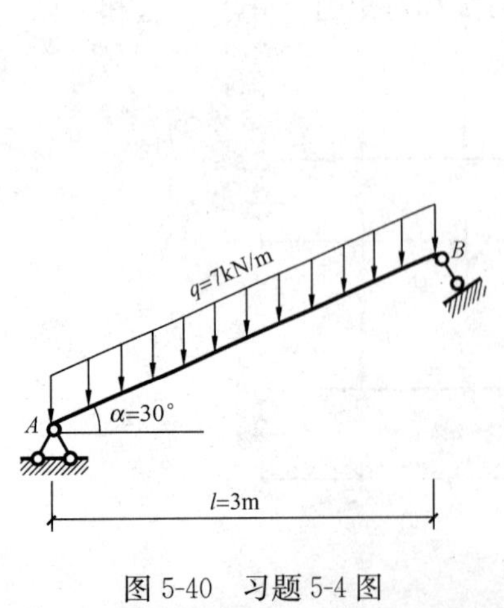

图 5-40　习题 5-4 图

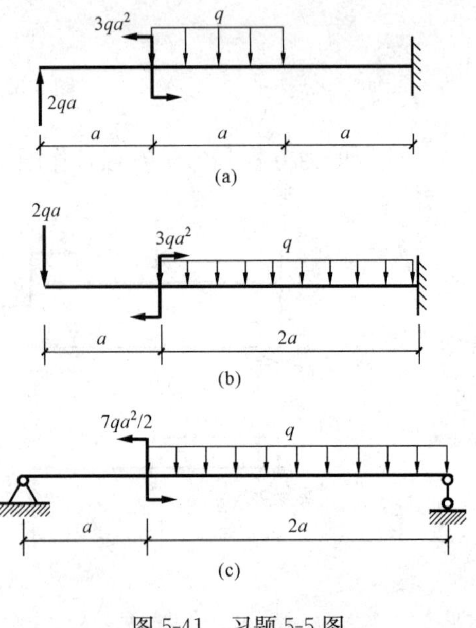

图 5-41　习题 5-5 图

5-6　作梁的内力图。

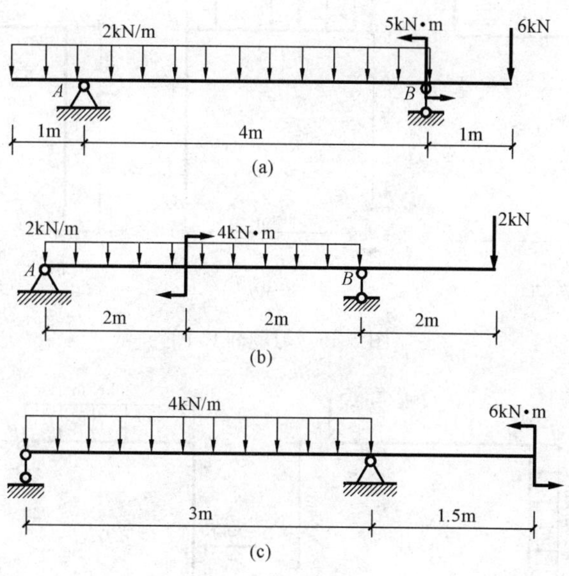

图 5-42　习题 5-6 图

5-7　作图示梁的内力图。

5-8　作图示梁的弯矩图。

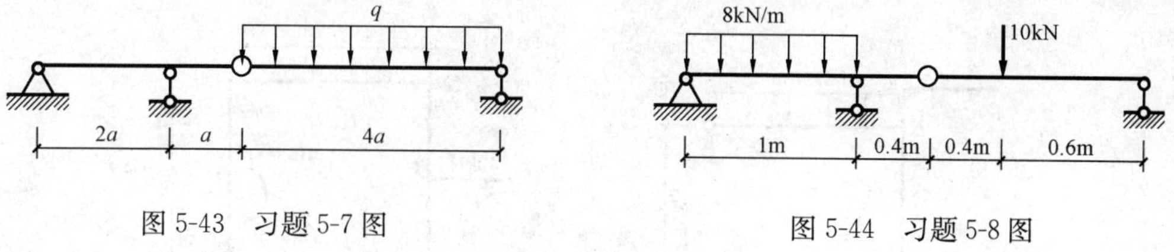

图 5-43　习题 5-7 图　　图 5-44　习题 5-8 图

5-9　求图示各刚架的支座反力。

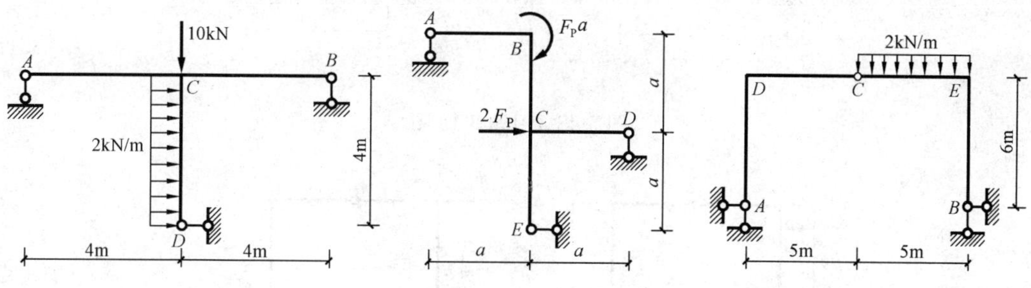

图 5-45　习题 5-9 图

5-10～5-11　试作下列刚架的内力图（M，F_Q，F_N）。

5-12　试作下列刚架的 M 图。

5～13～5-14　作下列结构的内力图（M，F_Q，F_N）。

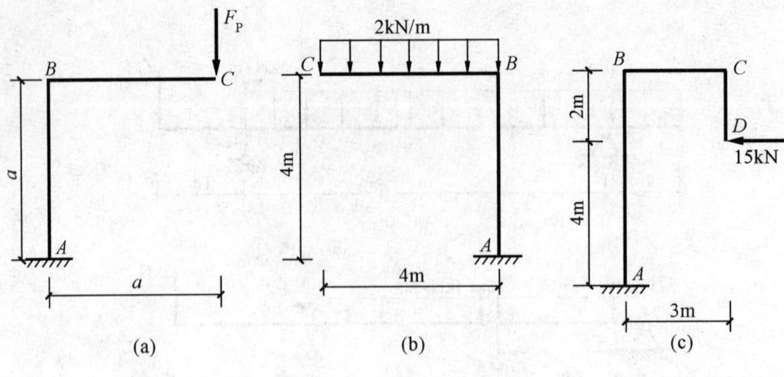

图 5-46 习题 5-10 图

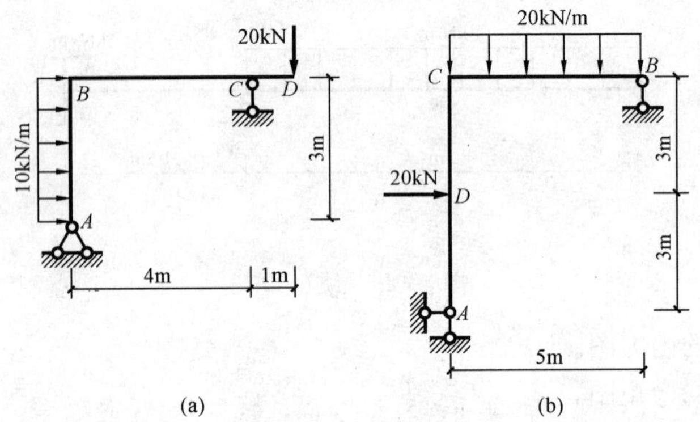

图 5-47 习题 5-11 图

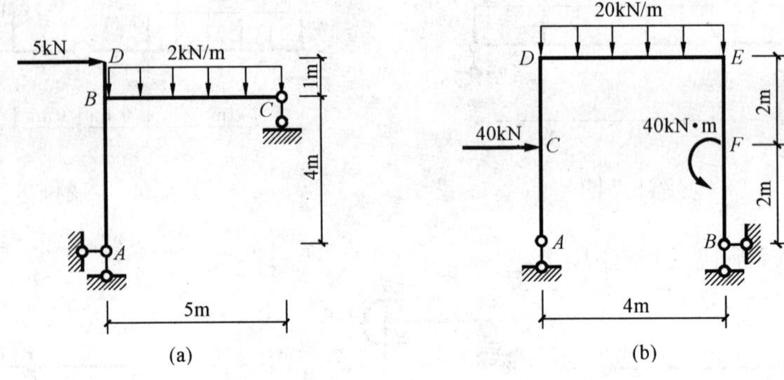

图 5-48 习题 5-12 图

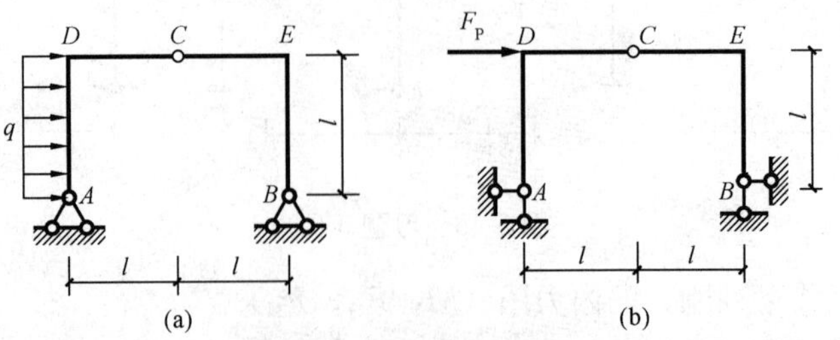

图 5-49 习题 5-13 图

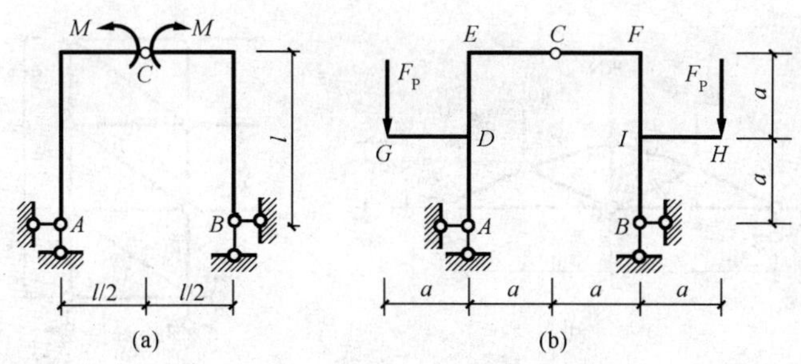

图 5-50　习题 5-14 图

5-15　试指出下列桁架中内力为零的杆件。

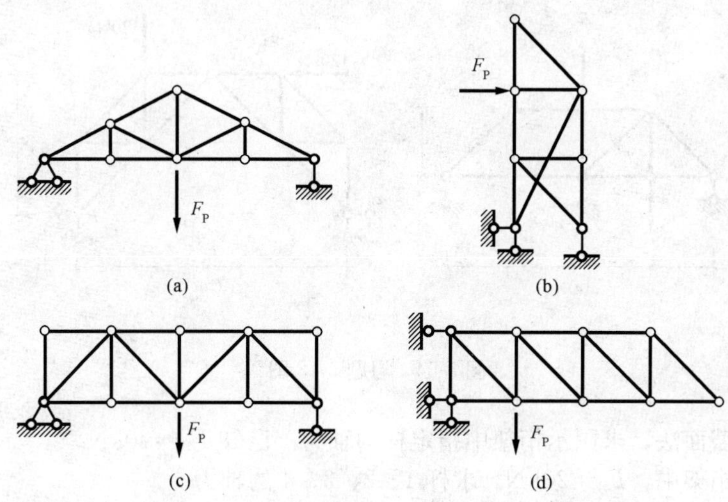

图 5-51　习题 5-15 图

5-16　用结点法求桁架各杆内力。

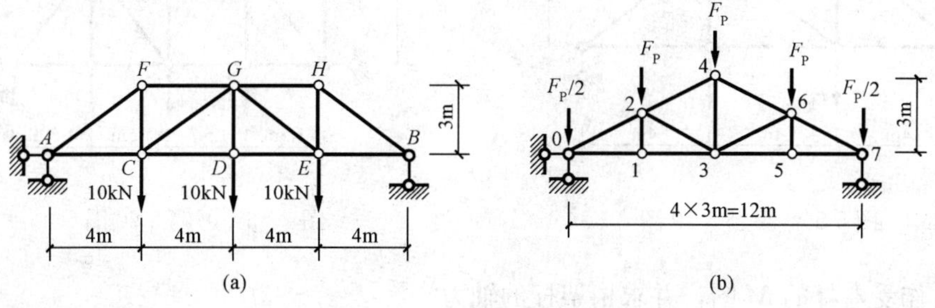

图 5-52　习题 5-16 图

5-17～5-18　用截面法求指定杆的内力。

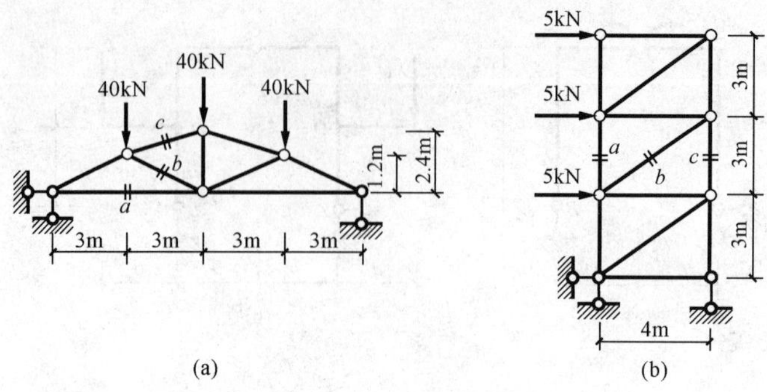

图 5-53 习题 5-17 图

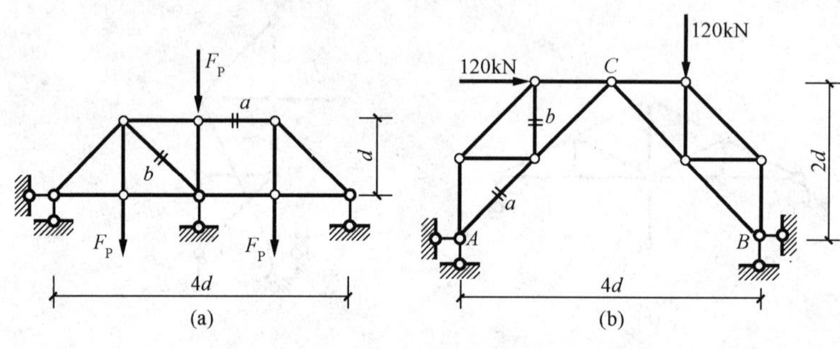

图 5-54 习题 5-18 图

5-19 试用截面法，求图示桁架中指定杆的轴力。已知 $F_P=20kN$。

5-20 图示桁架中，$F_P=20kN$。求杆 1、2、3、4 的轴力。

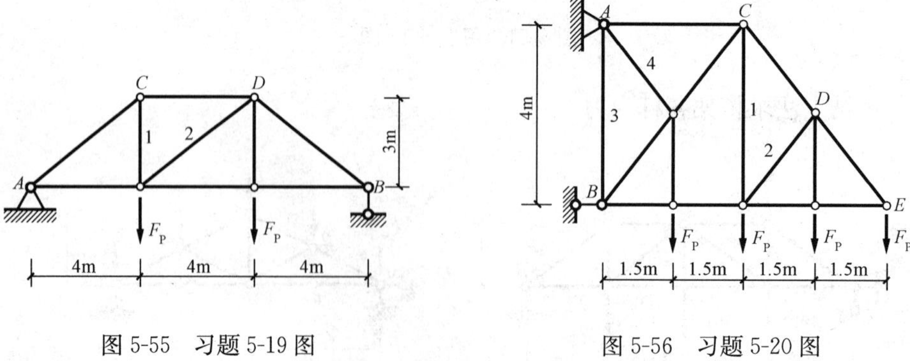

图 5-55 习题 5-19 图　　图 5-56 习题 5-20 图

5-21 作受弯杆的 M 图，并求桁架杆的轴力。

5-22 三铰拱的轴线方程为 $y=\dfrac{4f}{l^2}x(l-x)$，求：图中 K 截面的内力 M_K，F_{QK}，F_{NK}。

5-23 试求圆弧三铰拱的支座反力，并求截面 K 的内力。

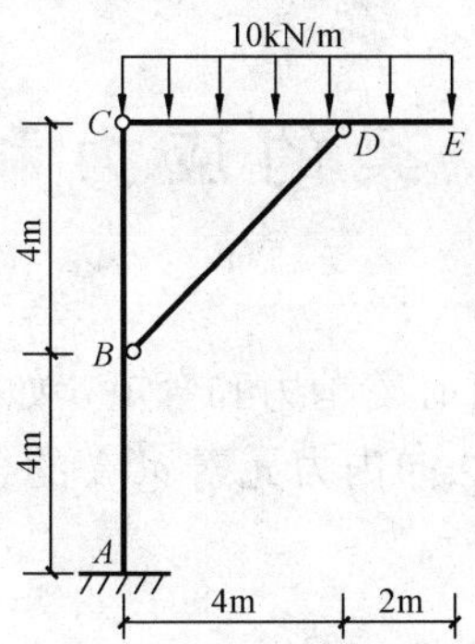

图 5-57　习题 5-21 图

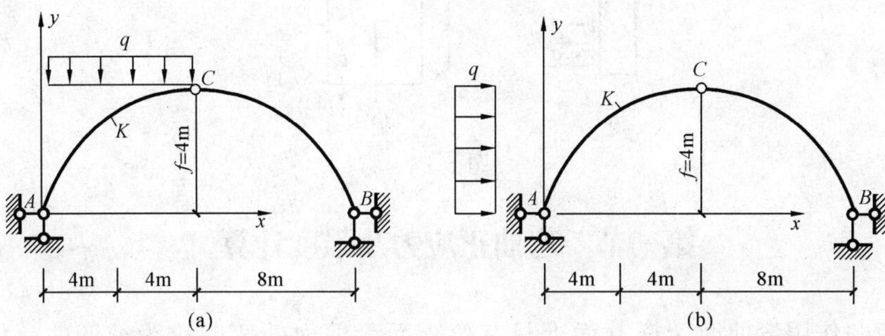

图 5-58　习题 5-22 图

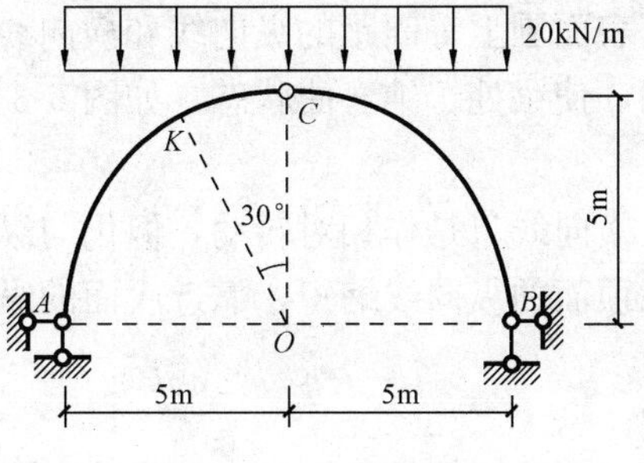

图 5-59　习题 5-23 图

第六章　梁的应力和变形

当梁弯曲时，其横截面上同时存在着剪力和弯矩，如图 6-1 所示。剪力是横截面切向内力元素 $\tau\mathrm{d}A$ 的合力，弯矩是横截面法向内力元素 $\sigma\mathrm{d}A$ 的合力偶矩，所以，梁横截面上同时存在着正应力 σ 和剪应力（切应力）τ。

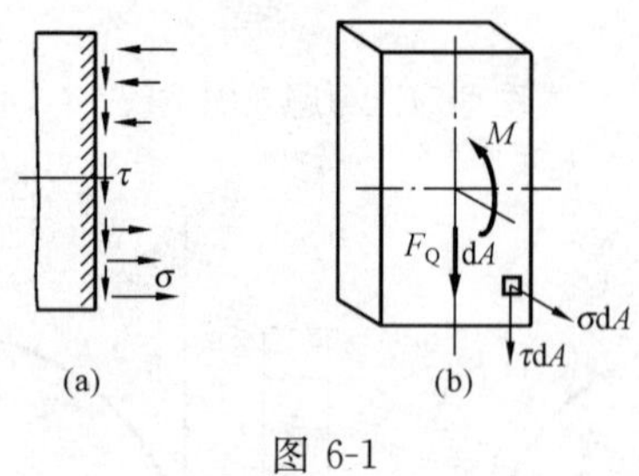

图 6-1

第一节　弯曲正应力及强度计算

当梁受荷载作用弯曲时，横截面上只有弯矩而无剪力的弯曲称为纯弯曲。如图 6-2 所示，梁的 CD 段就是属于纯弯曲的情况。下面研究纯弯曲时，梁横截面上的正应力。

一、弯曲实验和假设

取一根矩形截面梁，在其表面画上等间距的纵向线和横向线。然后，在梁的两端施加一对大小相等、方向相反的力偶，使梁处于纯弯曲状态，如图 6-3 所示。梁变形后，可以看到以下现象：

（1）横向线仍为直线，各横向线只是作相对转动，但仍与纵向线正交。

（2）纵向线变为曲线，靠顶面的纵向线缩短，靠近底面的纵向线伸长。

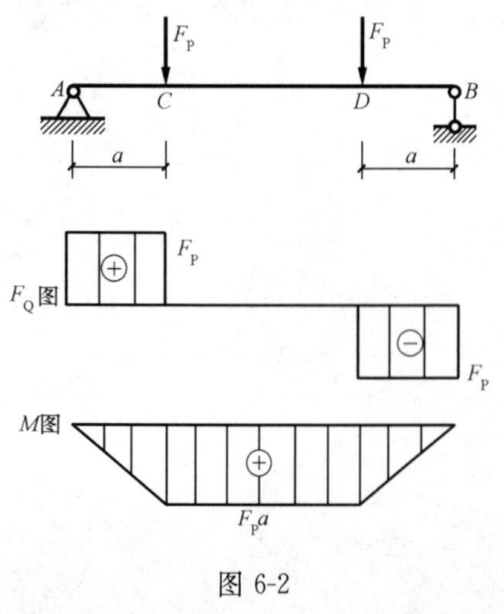

图 6-2

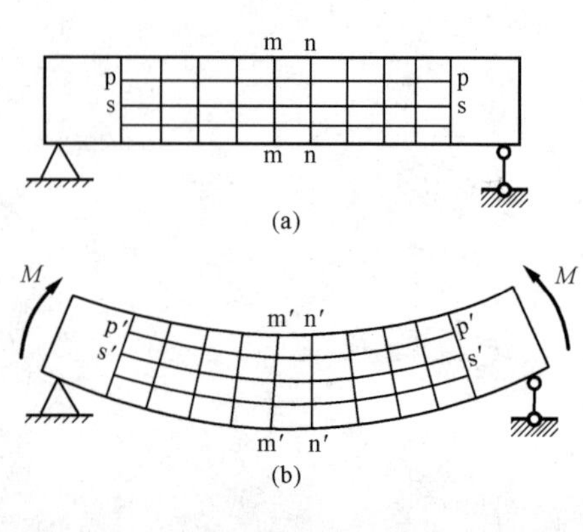

图 6-3

(3) 在纵向线伸长区，梁的宽度减小，在纵向线缩短区，梁的宽度增大。

根据以上变形现象，可对梁的变形和受力作如下分析和假设：

(1) 平面假设：梁的横截面在变形后，仍保持为平面，且仍与梁的轴线正交，只是转了一个角度。横截面上各点均无剪应变，故纯弯曲时，横截面上无剪应力。

(2) 单向受力假设：各纵向“纤维”之间无积压或拉伸作用。上部各层纵向纤维缩短，下部各层纵向纤维伸长。由于变形的连续性，中间必有一层既不缩短也不伸长，这一过渡层称为中性层。中性层与横截面的交线称为中性轴。梁弯曲时横截面就是绕中性轴转动的。

二、正应力公式

根据以上假设，下面综合几何、物理和静力学三方面的分析，导出弯曲正应力的公式。

1. 几何方面

首先研究横截面上线应变 ε 的变化规律。为此，从梁中截取 dx 的微段，在横截面上建立坐标系 oyz，如图 6-4 (a) 所示。图中，y 轴沿截面对称轴，z 轴沿中性轴。此微段梁变形后的情况见图 6-4 (b)、(c)。

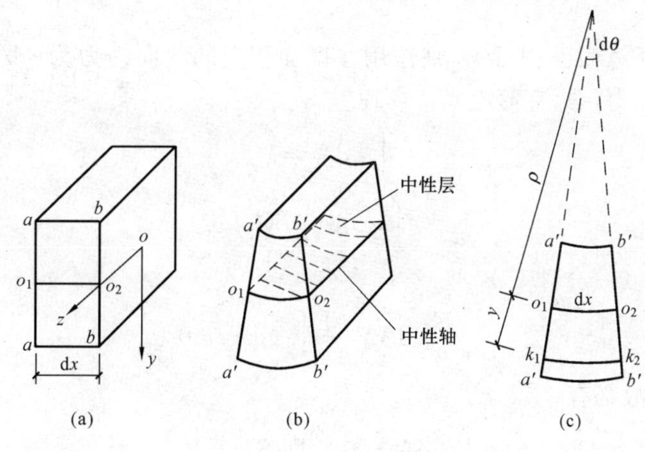

图 6-4

梁弯曲后，距中性层 y 处的任一纵线 $\overline{k_1k_2}$ 变为弧线 $\widehat{k_1k_2}$。设微段梁左、右两截面的相对转角为 $d\theta$，中性层 $\widehat{o_1o_2}$ 的曲率半径为 ρ，则

$$\overline{k_1k_2} = dx = \widehat{o_1o_2} = \rho d\theta$$

$$\widehat{k_1k_2} = (\rho + y)d\theta$$

故，纵线 $\overline{k_1k_2}$ 的正应变为

$$\varepsilon = \frac{\widehat{k_1k_2} - \overline{k_1k_2}}{\overline{k_1k_2}} = \frac{(\rho + y)d\theta - \rho d\theta}{\rho d\theta} = \frac{y}{\rho} \quad \text{(a)}$$

上式表达了横截面上任一点处正应变的规律，由于对同一截面，ρ 为常数，故横截面上某点处的正应变与该点到中性轴的距离成正比。

2. 物理方面

由单向受力假设，当正应力不超过材料的比例极限时，即可应用虎克定律，于是，

得

$$\sigma = E\varepsilon = \frac{Ey}{\rho} \quad \text{(b)}$$

上式表明，横截面上任一点的正应力 σ 与该点到中性轴的距离成正比，即正应力 σ 沿高度呈线性分布，中性轴上各点的正应力为零，如图 6-5 所示。

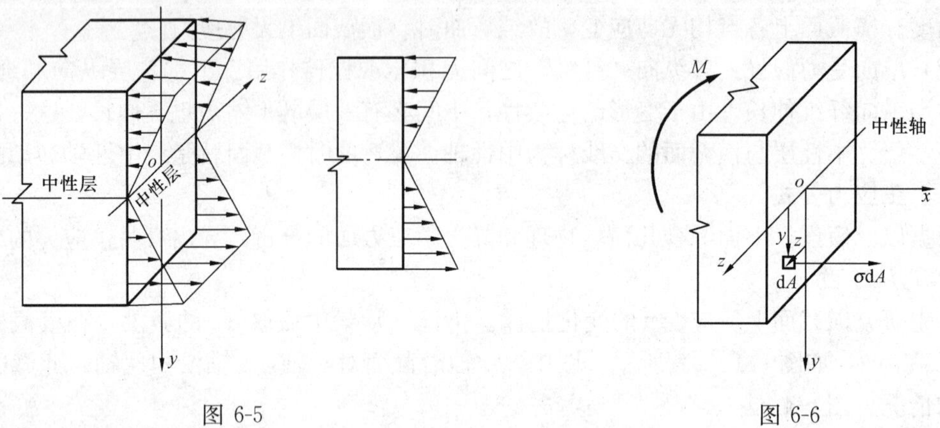

图 6-5　　图 6-6

3. 静力学方面

在横截面上取任意微面积 dA，则作用在微面积上的法向内力为 σdA，如图 6-6 所示。由于横截面上没有轴力，只有弯矩 M，所以

$$\int_A \sigma \mathrm{d}A = 0 \tag{c}$$

$$\int_A y\sigma \mathrm{d}A = M \tag{d}$$

将式（b）代入式（c）得

$$\int_A \frac{E}{\rho} y \mathrm{d}A = \frac{E}{\rho}\int_A y \mathrm{d}A = 0$$

由于 $E/\rho \neq 0$，故必有

$$\int_A y \mathrm{d}A = 0 \quad 即\ S_z = 0$$

横截面对中性轴的静矩为零，表明中性轴通过截面形心。

将式（b）代入式（d），得

$$\frac{E}{\rho}\int_A y^2 \mathrm{d}A = M$$

式中：$\int_A y^2 \mathrm{d}A$ 为横截面对中性轴的惯性矩，即 $I_z = \int_A y^2 \mathrm{d}A$。代入上式，得

$$\frac{1}{\rho} = \frac{M}{EI_z} \tag{6-1}$$

上式就是纯弯曲时用曲率表示的弯曲变形公式。式中 EI_z 称为梁的抗弯刚度，它反映了梁抵抗弯曲变形的能力。

将式（6-1）代入式（b），得

$$\sigma = \frac{My}{I_z} \tag{6-2}$$

上式即为纯弯曲时，横截面上任一点的正应力计算公式。此式表明：横截面上任一点的正应力 σ 与该截面上的弯矩成正比，与截面惯性矩 I_z 成反比，与该点到中性轴的距离 y 成

正比。

在利用式（6-2）计算正应力时，也可不考虑 M 和 y 的正负号，而直接判断正应力的符号，即以中性轴为界，靠近凸边为拉应力，靠近凹边为压应力。

以上讨论的是梁纯弯曲时的情况。但实际工程中的梁，其横截面上往往同时存在着弯矩和剪力，这种弯曲称为横力弯曲。根据实验和进一步的理论研究可知，对于跨长 l 与横截面高度之比 $\frac{l}{h}>5$ 时的横力弯曲梁，剪力的存在对正应力分布规律的影响很小。故式（6-2）仍可适用。

此外，式（6-2）虽然是从矩形截面梁导出的，但对横截面为对称形状的梁（如工字形、T 字形、圆形等）都适用。最后，需要指出的是，在式（6-2）的推导过程中应用了虎克定律，因此，该式只适用于应力在比例极限内的情况。

三、弯曲正应力强度条件

通过以上分析，梁的最大弯曲正应力发生在横截面上离中性轴最远的各点处，而该处的剪应力或为零，或很小，因而可看作是处于单向应力状态，所以，梁的弯曲正应力强度条件为

$$\sigma_{max}\leqslant[\sigma] \tag{6-3}$$

式中，$[\sigma]$ 为单向受力时的许用应力。

对于等截面直梁，则 $\sigma_{max}=\dfrac{M_{max}\cdot y_{max}}{I_z}$

如令 $W_z=\dfrac{I_z}{y_{max}}$，称 W_z 为抗弯截面模量，则等直截面梁的弯曲正应力强度条件为

$$\sigma_{max}=\frac{M_{max}}{W_z}\leqslant[\sigma] \tag{6-4}$$

下面给出几种常用截面的抗弯截面模量。

矩形截面 $W_z=\dfrac{I_z}{y_{max}}=\dfrac{bh^2}{6}$

圆形截面 $W_z=\dfrac{I_z}{y_{max}}=\dfrac{\pi d^3}{32}$

空心圆截面 $W_z=\dfrac{\pi D^3}{32}(1-\alpha^4)$

应当指出，强度条件式（6-3）和式（6-4）只适用于许用拉应力和许用压应力相同的材料。当许用拉应力 $[\sigma^+]$ 和许用压应力 $[\sigma^-]$ 不等的材料（如铸铁），则应分别按拉伸和压缩进行强度计算。

在对梁进行正应力强度计算时，应先画出梁的弯矩图，找出最大弯矩 $|M_{max}|$（可先不考虑正负号）及其所在的截面，该截面称为危险截面。在危险截面上，截面外边缘处各点的正应力为全梁最大的正应力值，破坏往往从这些点开始，所以这些点又被称为危险点。

利用强度条件，可以进行以下三个方面的计算：

（1）强度校核 $\dfrac{M_{max}}{W_z}\leqslant[\sigma]$

（2）选择截面尺寸 $W_z\geqslant\dfrac{M_{max}}{[\sigma]}$

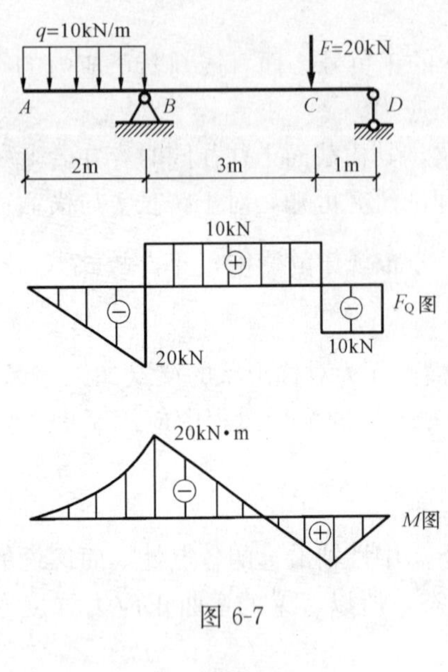

图 6-7

(3) 计算许用荷载 $M_{max} \leqslant W_z[\sigma]$

【例 6-1】 矩形截面外伸梁，如图 6-7 所示。已知：$h/b=3:2$，$[\sigma]=10\text{MPa}$。试选择截面尺寸。

解 (1) 作梁的弯矩图。由弯矩图知 $|M|_{max}=20\text{kN}\cdot\text{m}$，$B$ 为危险截面。

(2) 弯曲正应力强度条件。

$$\sigma_{max}=\frac{M_{max}}{W_z}\leqslant[\sigma]$$

所以 $W_z \geqslant \dfrac{M_{max}}{[\sigma]}=\dfrac{20\times10^3}{10\times10^6}=2000\times10^{-6}\text{m}^3$

又 $W_z=\dfrac{bh^2}{6}=\dfrac{b\times(3/2\times b)^2}{6}=\dfrac{3}{8}b^3$

即 $\dfrac{3}{8}b^3\geqslant 2000$

$$b\geqslant\sqrt[3]{\frac{8\times2000}{3}}=17.47(\text{cm})=174.7(\text{mm})$$

取 $b=180\text{mm}$，$h=300\text{mm}$。

【例 6-2】 矩形截面外伸梁，尺寸及荷载同上例。已知：$b=150\text{mm}$，$h=300\text{mm}$，$[\sigma]=10\text{MPa}$。试按正应力强度条件校核梁的强度。

解 (1) 同上例作梁的弯矩图。B 为危险截面，$M_{max}=20\text{kN}\cdot\text{m}$。

(2) 计算抗弯截面模量。

$$W_z=\frac{bh^2}{6}=\frac{150\times300^2}{6}=2.25\times10^6(\text{mm}^3)=2.25\times10^{-3}(\text{m}^3)$$

(3) 校核强度。

$$\sigma_{max}=\frac{M_{max}}{W_z}=\frac{20\times10^3}{2.25\times10^{-3}}=8.89\text{MPa}<[\sigma]=10\text{MPa}$$

故梁的强度是安全的。

四、梁截面的合理形状

由梁的正应力分布可知，当梁受弯时，横截面边缘处正应力最大，中性层处为零。为了充分发挥材料的力学性能，在可能的条件下，应尽量减少中性层附近用料，增加边缘处用料。例如，土建工程中采用的空心板和薄腹梁。

根据式 (6-4) 可知，要提高梁的抗弯能力，应增大截面惯性矩 I_z 或抗弯截面模量 W_z，在同样横截面积的情况下，采用矩形截面比正方形截面好，更比圆形截面好。工字形截面是理想的形状，翼缘用来抗弯，腹板用来抗剪。从提高强度和抗弯能力来说，增加截面高度比增加截面宽度更好，因为惯性矩 I_z 和抗弯截面模量 W_z 是截面高度的三次幂或二次幂，都只是截面宽度的一次幂。但截面宽度也不能过薄，否则容易侧向失稳或不满足抗剪要求。

工程中为提高梁的抗弯能力，减轻自重，节省材料，还采用沿跨度方向取截面高度变化的变截面梁。如图 6-8 所示，简支的工字形组合钢梁（向跨中逐渐增加翼缘板）、鱼腹式吊车梁和变截面悬臂梁等。它们的特点是：截面高度变化同梁的弯矩图形状大体相当，弯矩大的地方截面大。

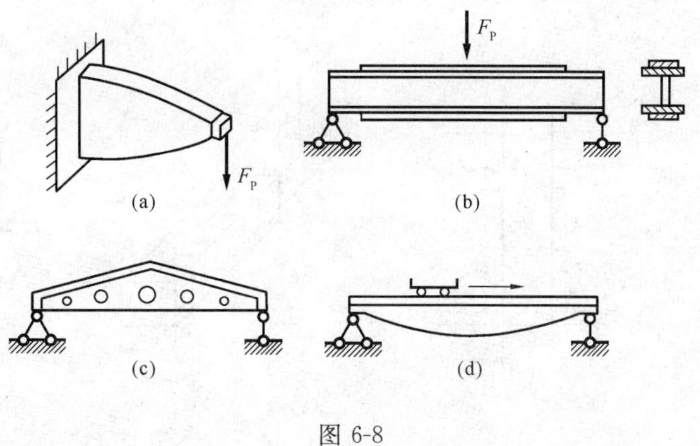

图 6-8

第二节 弯曲剪应力及强度计算

当梁处于横力弯曲时，梁的横截面上不仅有弯矩，还有剪力，而剪力由剪应力组成。一般情况下，梁的弯曲正应力是梁强度计算的主要依据，但在某些特殊情况下，如梁的跨度较小（短粗梁）或截面高而窄（薄壁梁），弯矩较小而剪力较大的梁，其剪应力可能达到相当大的数值，就要求进行剪应力的强度计算。下面研究等直截面梁上的剪应力。

一、矩形截面梁的剪应力

在分析矩形截面梁的剪应力时，我们对横截面上的剪应力分布作如下假设：

（1）在横截面上距中性轴等远的各点处剪应力相等。

（2）各点处的剪应力方向均与截面侧边平行。

进一步的研究表明，当横截面的高度在远大于其宽度 b 时，由上述假设所建立的剪应力公式是足够准确的。

如图 6-9 所示，在矩形截面梁上任取一横截面 a-a，现研究截面上距中性轴为 y 的水平线 c-c 的剪应力。由前述假设，c-c 上各点的剪应力大小相等，方向都平行于 y 轴。

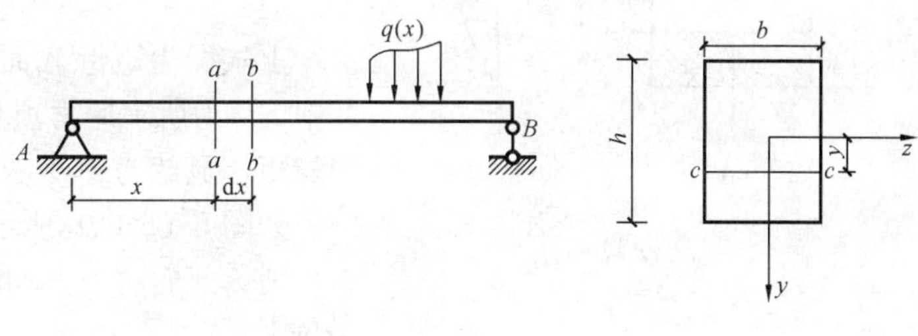

图 6-9

用相距 $\mathrm{d}x$ 的横截面从梁中截取一微段。设该微段上无横向外力（$q=0$），则微段两侧面的剪力相等，弯矩不等，如图 6-10（a）所示，这样，在同一坐标 y 处，两侧面上的正应力将不相同，见图 6-10（b）。

为了计算截面上 c-c'水平线上各点的剪应力，用过 c-c'的纵截面把微段梁截开，并取下部为研究对象，见图 6-10（c）。由剪应力互等定理，在下部的顶面上一定存在剪应力 τ'，且 $\tau'=\tau$。

作用在该微块上的水平方向的力，见图 6-10（d）。F_{N1} 和 F_{N2} 分别代表左、右侧面上法向内力的总和，$\mathrm{d}F_T$ 代表顶面上水平剪力的总和。由平衡条件 $\sum F_x=0$ 得

$$F_{N2} - F_{N1} - \mathrm{d}F_T = 0$$

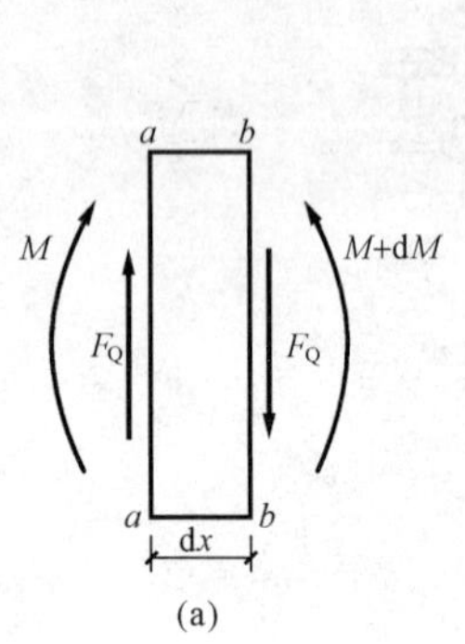

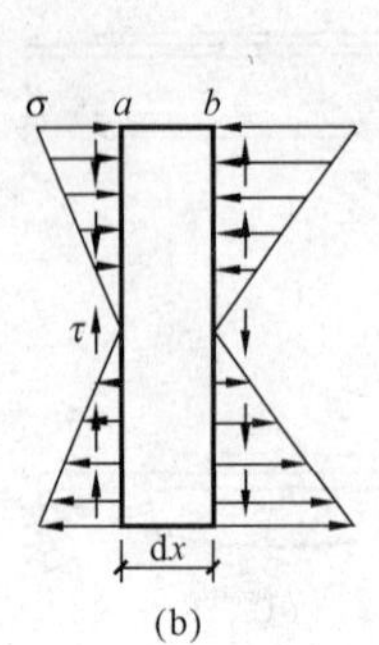

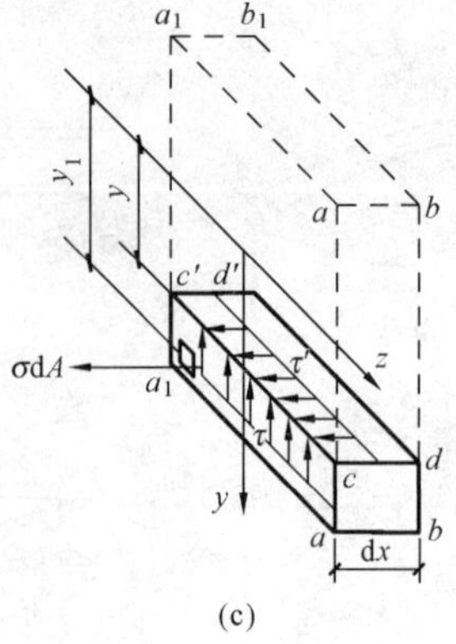

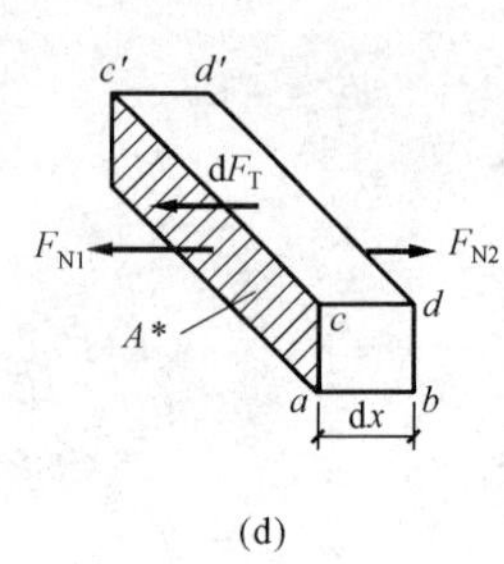

图 6-10

其中　$F_{N1}=\int_A\sigma_1\mathrm{d}A=\int_A\frac{My_1}{I_z}\mathrm{d}A=\frac{M}{I_z}\int_A y_1\mathrm{d}A=\frac{M}{I_z}\cdot S_z^*$

式中：S_z^* 为面积 A^* 对中性轴的静矩。

同理　$F_{N2}=\frac{M+\mathrm{d}M}{I_z}\cdot S_z^*$

由于 $\mathrm{d}x$ 很小，顶面上的剪应力可认为是均匀分布的。所以

$$\mathrm{d}F_T=\tau' b\mathrm{d}x$$

将 F_{N1}、F_{N2} 和 $\mathrm{d}F_T$ 代入式 $F_{N2}-F_{N1}-\mathrm{d}F_T=0$ 中，得

$$\frac{M+\mathrm{d}M}{I_z}\cdot S_z^*-\frac{M}{I_z}\cdot S_z^*-\tau' b\mathrm{d}x=0$$

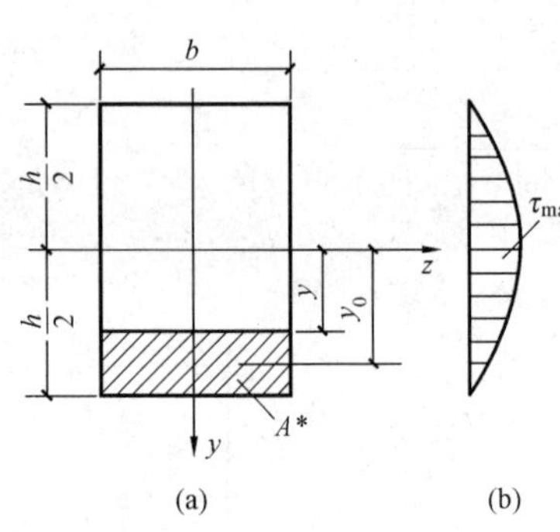

图 6-11

经整理得　$\tau'=\frac{\mathrm{d}M}{\mathrm{d}x}\cdot\frac{S_z^*}{I_z\cdot b}=\frac{F_Q\cdot S_z^*}{I_z b}$

由于 $\tau'=\tau$，故　$\tau=\frac{F_Q\cdot S_z^*}{I_z b}$

上式即为矩形截面梁任一点处剪应力的计算公式。其中 S_z^* 为所求应力点处水平线一侧部分截面对中性轴的静矩，显然为一变量。

如图 6-11（a）所示，设截面 A^* 的形心的纵坐标为 y_0，则该截面对中性轴的静矩为

$$S_z^*=\int_{A^*}y_1\mathrm{d}A=A^*y_0=b\left(\frac{h}{2}-y\right)\left[y+\frac{1}{2}\times\left(\frac{h}{2}-y\right)\right]=\frac{b}{2}\left(\frac{h^2}{4}-y^2\right)$$

将该式及 $I_z=\frac{bh^3}{12}$ 代入式 $\tau=\frac{F_Q\cdot S_z^*}{I_z b}$ 得　$\tau=\frac{6F_Q}{bh^3}\left(\frac{h^2}{4}-y^2\right)$

由此可见，矩形截面梁的弯曲剪应力沿截面高度为二次抛物线变化，见图 6-11（b）。

当 $y=\pm\frac{h}{2}$ 时　$\tau=0$

当 $y=0$ 时　$\tau_{max}=\frac{3F_Q}{2bh}=\frac{3}{2}\frac{F_Q}{A}$

即最大剪应力为平均剪应力的 1.5 倍。

二、工字形截面梁的剪应力

工字形截面梁由上、下翼缘和腹板所组成，如图 6-12（a）所示。由于腹板为狭长矩形，仍可采用与矩形截面梁相同的假设。经过与矩形截面梁类似的推导，可得腹板上距中性轴 y 处点的剪应力为

$$\tau=\frac{F_{Q}S_{z}^{*}}{I_{z}\cdot d} \tag{6-5}$$

式中：I_z 为整个工字形截面对中性轴的惯性矩，S_z^* 为 y 处横线一侧的部分截面对中性轴的静矩，d 为腹板的厚度。

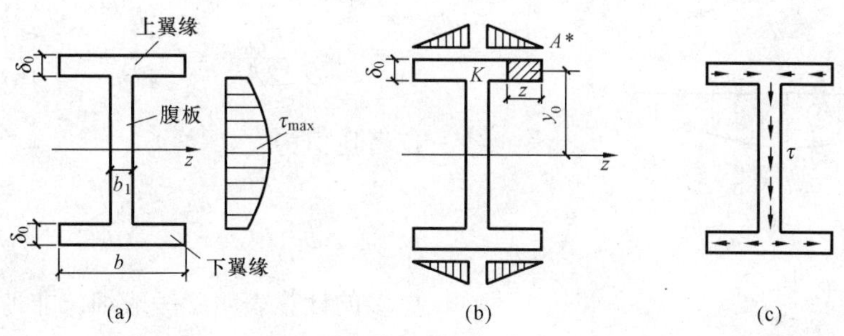

图 6-12

剪应力沿腹板高度的分布规律，见图 6-12（a），仍按抛物线分布，最大剪应力 τ_{max} 仍在截面的中性轴上。至于翼缘上的剪应力，其值则远小于腹板上的剪应力，在计算时可以不考虑，见图 6-12（b）、（c）。

三、圆形和圆环形截面梁的剪应力

圆形和圆环形截面的最大剪应力均发生在中性轴上，并沿中性轴均匀分布，如图 6-13 所示。其值分别为

圆形截面 $$\tau_{max}=\frac{4}{3}\frac{F_{Q}}{A}$$

薄壁圆环形截面 $$\tau_{max}=\frac{2F_{Q}}{A}$$

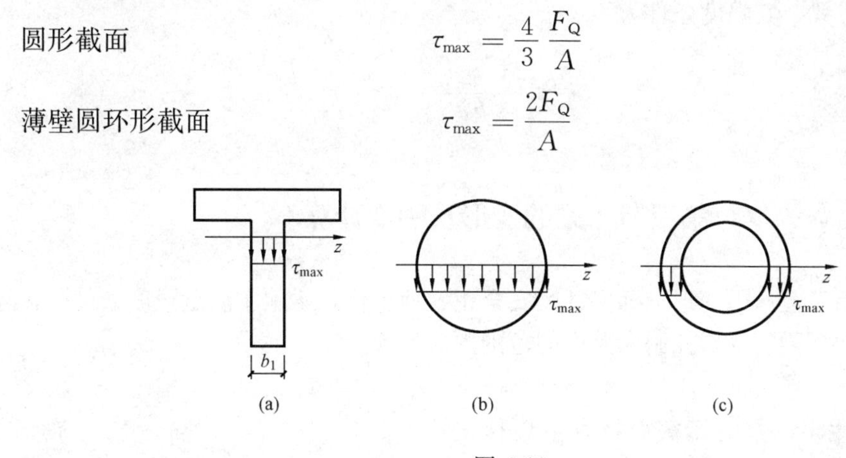

图 6-13

此外，对箱形截面梁和 T 形截面梁都可采用式（6-5）计算其腹板上的剪应力，最大剪应力仍发生在截面的中性轴上。

【例 6-3】 矩形截面梁（$b\times h$）受均布荷载 q 作用，如图 6-14 所示，试求 σ_{max} 和 τ_{max}，并比较。

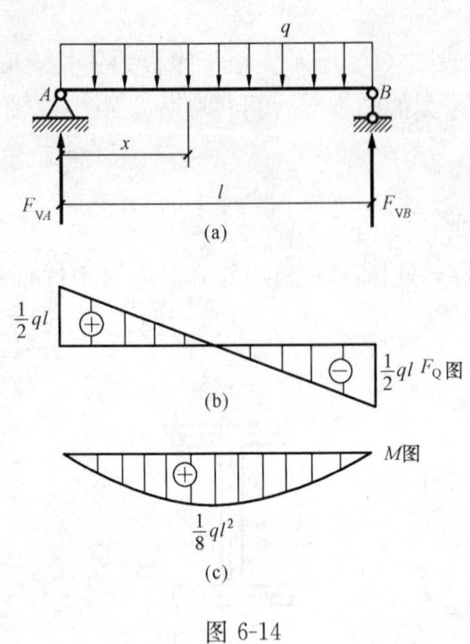

图 6-14

解 作剪力图和弯矩图，见图 6-14（b）、（c）。

$$F_{Q\max}=\frac{1}{2}ql \qquad M_{\max}=\frac{1}{8}ql^2$$

则梁的最大正应力和最大剪应力分别为

$$\sigma_{\max}=\frac{M_{\max}\cdot y_{\max}}{I_z}=\frac{\dfrac{ql^2}{8}\cdot\dfrac{h}{2}}{\dfrac{bh^3}{12}}=\frac{3ql^2}{4bh^2}$$

$$\tau_{\max}=\frac{3F_{Q\max}}{2A}=\frac{3\cdot\dfrac{ql}{2}}{2bh}=\frac{3ql}{4bh}$$

二者比值为

$$\frac{\sigma_{\max}}{\tau_{\max}}=\frac{l}{h}$$

更多的计算表明：一般细长非薄壁截面梁，最大正应力与最大剪应力的数量级约等于梁的跨高比。故一般细长梁的主要应力是弯曲正应力。

四、弯曲剪应力强度条件

梁的最大弯曲剪应力通常发生在中性轴处，而该处的正应力为零，因此，该处处于纯剪应力状态。故梁的弯曲剪应力强度条件为

$$\tau_{\max}\leqslant[\tau] \tag{6-6}$$

式中：$[\tau]$ 为纯剪切时材料的许用剪应力。

对于等截面直梁，其强度条件为

$$\tau_{\max}=\frac{F_{Q\max}\cdot S_{z\max}^{*}}{I_z\cdot b}\leqslant[\tau] \tag{6-7}$$

第三节 梁的变形及刚度计算

梁在荷载作用下会产生变形。要保证梁安全正常地工作，梁除了满足强度条件外，还要满足刚度条件，即把梁的变形控制在允许的范围内。

一、梁的变形

在外荷载作用下，梁的横截面将发生位移，轴线由直线变为曲线，这就是弯曲变形。如图 6-15 所示，设梁在外力作用下发生平面弯曲。在小变形条件下，其上任意横截面将发生两种位移：一是截面形心 C 沿垂直于轴线方向的竖向位移，称为挠度，用 y 表示；二是截面相对于变形前的位置所转过的

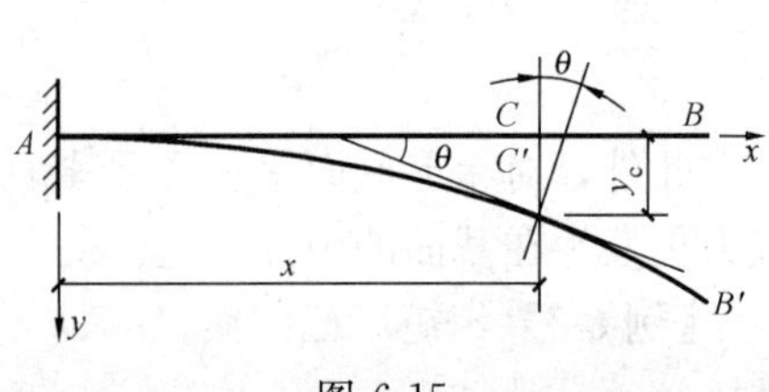

图 6-15

角度，称为转角（又称角位移），用 θ 表示，并规定顺时针为正。

在弹性范围内，梁的轴线在变形后将弯曲成一条位于荷载所在平面内的光滑、连续的平面曲线，称为梁的挠曲线。

在计算梁的变形时，可以用积分法来求梁的转角方程和挠度方程。但是计算比较繁琐，为了便于应用，下面给出各种常用梁的转角和挠度的有关计算公式，见表 6-1。

表 6-1　简单荷载作用下梁的转角和挠度

支承和荷载情况	梁端转角	最大挠度	挠曲线方程式
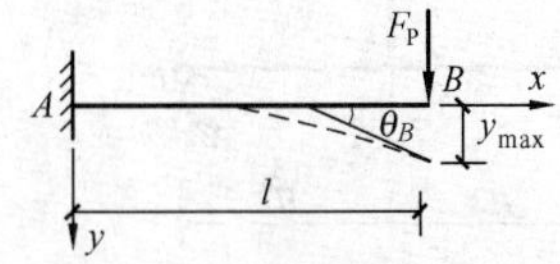	$\theta_B=\dfrac{F_Pl^2}{2EI_z}$	$y_{max}=\dfrac{F_Pl^3}{3EI_z}$	$y=\dfrac{F_Px^2}{6EI_z}(3l-x)$
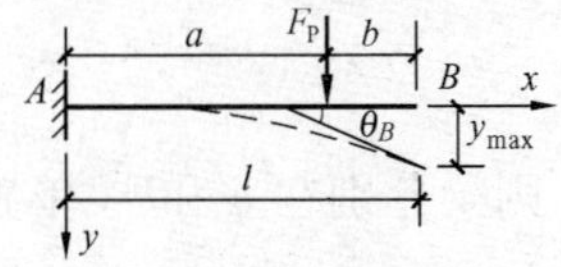	$\theta_B=\dfrac{F_Pa^2}{2EI_z}$	$y_{max}=\dfrac{F_Pa^3}{6EI_z}(3l-a)$	$y=\dfrac{F_Px^2}{6EI_z}(3a-x),0\leqslant x\leqslant a$ $y=\dfrac{F_Pa^2}{6EI_z}(3x-a),a\leqslant x\leqslant l$
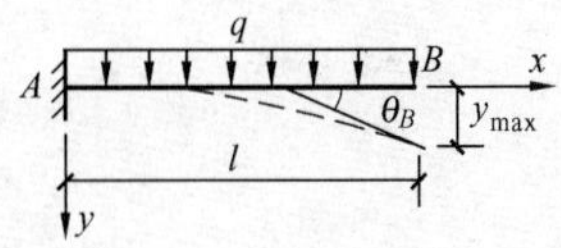	$\theta_B=\dfrac{ql^3}{6EI_z}$	$y_{max}=\dfrac{ql^4}{8EI_z}$	$y=\dfrac{qx^2}{24EI_z}(x^2+6l^2-4lx)$
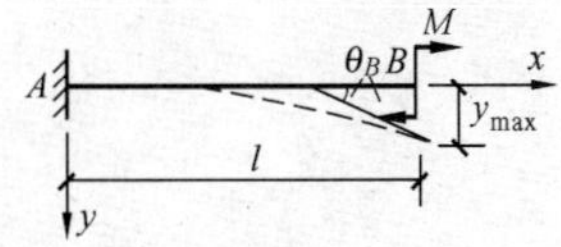	$\theta_B=\dfrac{Ml}{EI_z}$	$y_{max}=\dfrac{Ml^2}{2EI_z}$	$y=\dfrac{Mx^2}{2EI_z}$
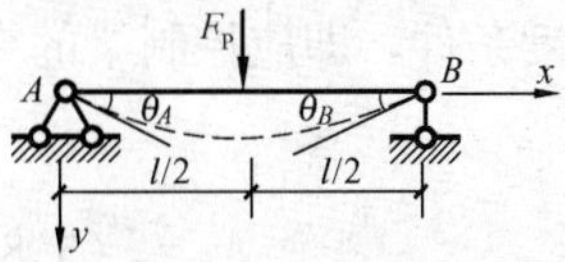	$\theta_A=-\theta_B=\dfrac{F_Pl^2}{16EI_z}$	$y_{max}=\dfrac{F_Pl^3}{48EI_z}$	$y=\dfrac{F_Px}{48EI_z}(3l^3-4x^2)$ $0\leqslant x\leqslant\dfrac{l}{2}$
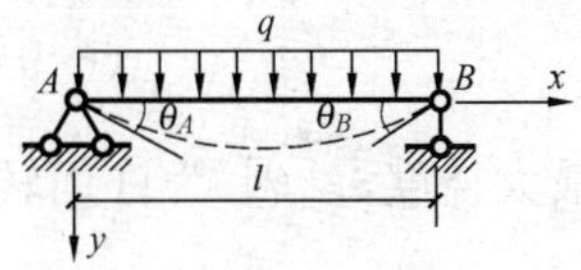	$\theta_A=-\theta_B=\dfrac{ql^3}{24EI_z}$	$y_{max}=\dfrac{5ql^4}{384EI_z}$	$y=\dfrac{qx}{24EI_z}(l^3-2lx^2+x^3)$
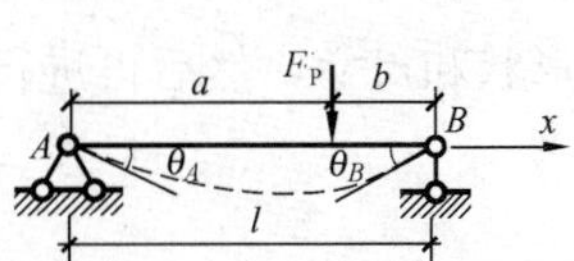	$\theta_A=\dfrac{F_Pab(l+b)}{6lEI_z}$ $\theta_B=\dfrac{-F_Pab(l+a)}{6lEI_z}$	$y_{max}=\dfrac{F_Pb}{9\sqrt{3}lEI_z}(l^2-b^2)^{3/2}$ 在 $x=\dfrac{\sqrt{l^2-b^2}}{\sqrt{3}}$ 处	$y=\dfrac{F_Pbx}{6lEI_z}(l^2-b^2-x^2)x,0\leqslant x\leqslant a$ $y=\dfrac{F_P}{EI_z}\left[\dfrac{6}{6l}(l^2-b^2-x^2)x+\dfrac{1}{6}(x-a)^3\right],$ $a\leqslant x\leqslant l$
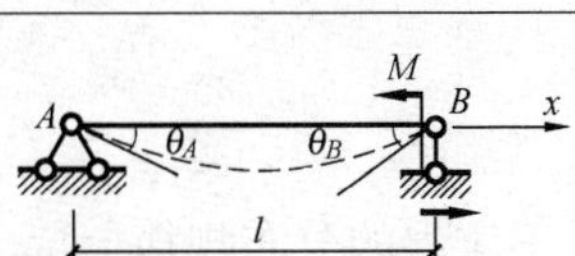	$\theta_A=\dfrac{Ml}{6EI_z}$ $\theta_B=\dfrac{-Ml}{3EI_z}$	$y_{max}=\dfrac{Ml^2}{9\sqrt{3}EI_z}$ 在 $x=\dfrac{l}{\sqrt{3}}$ 处	$y=\dfrac{Mx}{6lEI_z}(l^2-x^2)$

二、叠加法求梁的挠度和转角

在小变形条件下，当梁内的应力不超过材料的比例极限时，梁的挠曲线近似微分方程是一个线性微分方程，因此可用叠加法求梁的变形，即梁在几个简单荷载共同作用下某截面的挠度和转角等于各个简单荷载单独作用时该截面挠度或转角的代数和。

【例 6-4】 如图 6-16（a）所示简支梁，已知梁的抗弯刚度为 EI，求跨中 C 截面的挠度。

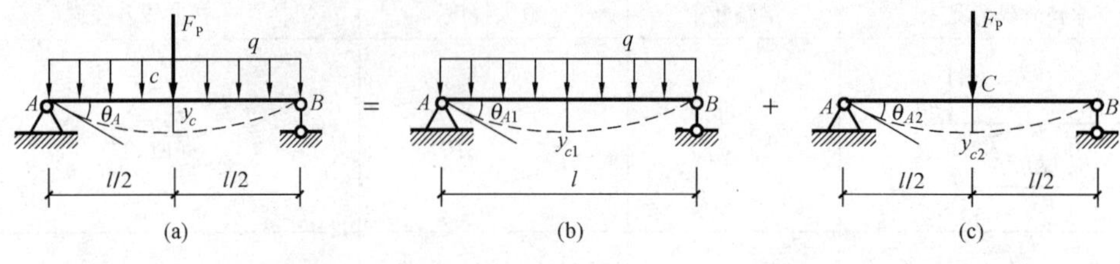

图 6-16

解 将梁上荷载分为图 6-16（b)、（c）所示的两种简单荷载，则梁分别在 q 和F_P 单独作用下 C 截面的挠度，可查表 6-1 得

$$y_{c1}=\frac{5ql^4}{384EI}$$

$$y_{c2}=\frac{Pl^3}{48EI}$$

则 q 和F_P 共同作用下 C 截面的挠度为

$$y_c=y_{c1}+y_{c2}=\frac{5ql^4}{384EI}+\frac{F_P l^3}{48EI}$$

三、梁的刚度条件

为了保证梁能正常工作，梁除了满足强度条件外，还应满足刚度条件，即应控制梁的变形，使梁的挠度和转角不超过许用值。即满足

$$\frac{y_{\max}}{l}\leqslant\left[\frac{f}{l}\right] \tag{6-8}$$

$$\theta_{\max}\leqslant[\theta] \tag{6-9}$$

上述二式称为梁的刚度条件，其中 $\left[\frac{f}{l}\right]$ 为梁单位长度允许的最大挠度，$[\theta]$ 为许用转角，它们的值是根据实际工作要求规定的。

大多数构件的设计过程，一般都是先进行强度计算，确定截面形状和尺寸，然后再进行刚度校核。

思 考 题

6-1 什么是纯弯曲、横力弯曲？

6-2 梁的弯曲正应力公式的适用条件是什么？简述梁横截面上正应力的分布规律。

6-3 试写出矩形截面、圆形截面、空心圆截面的抗弯截面模量公式。

6-4 利用梁的弯曲正应力强度条件可以解决哪些问题？

6-5 简述矩形、工字形、圆形截面梁弯曲剪应力的分布规律。

6-6 叠加法适用的条件是什么？

习 题

6-1 矩形截面外形伸梁受载如图，求 σ_{max}的大小。

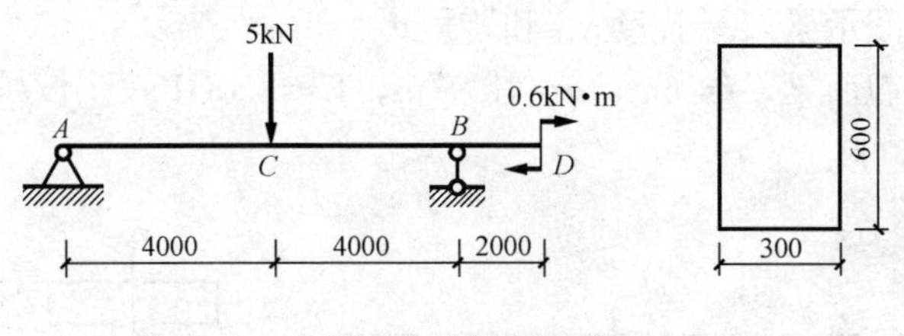

图 6-17 习题 6-1 图

6-2 指出图示 T 形截面梁内最大拉应力所在截面及其位置，并计算最大拉应力 σ_{max}的值。

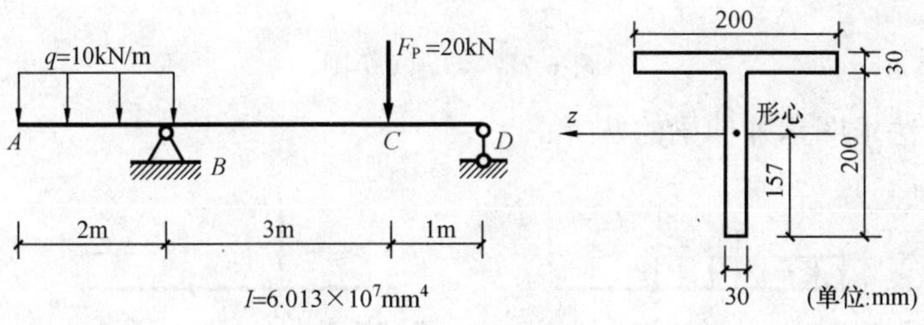

图 6-18 习题 6-2 图

6-3 图示梁 [σ] =160MPa，求：(1) 按正应力强度条件选择圆形和矩形两种截面尺寸；(2) 比较两种截面的 W_z/A，并说明哪种截面好。

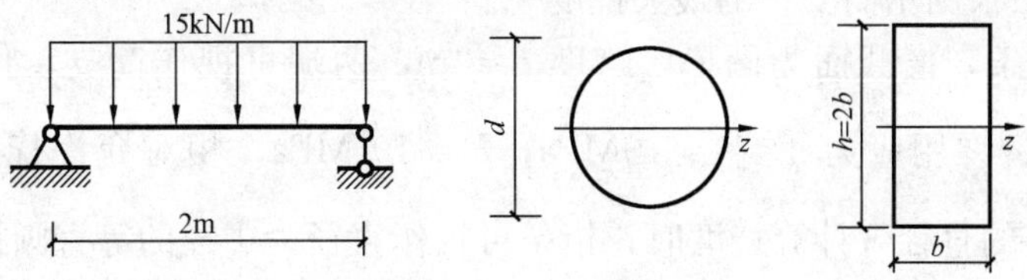

图 6-19 习题 6-3 图

6-4 矩形截面外伸梁由圆木制成，已知F_P=5kN，[σ] =10MPa，a=1m，确定所需木料的最小直径 d。

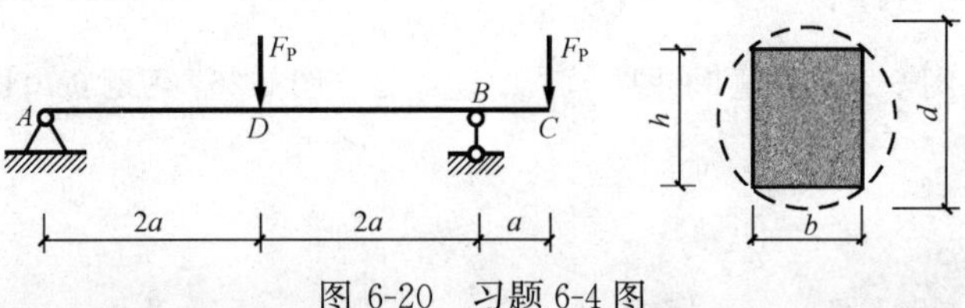

图 6-20 习题 6-4 图

6-5 用叠加法求图示外伸梁 A 端转角 θ_A 和 C 端挠度 y_C。

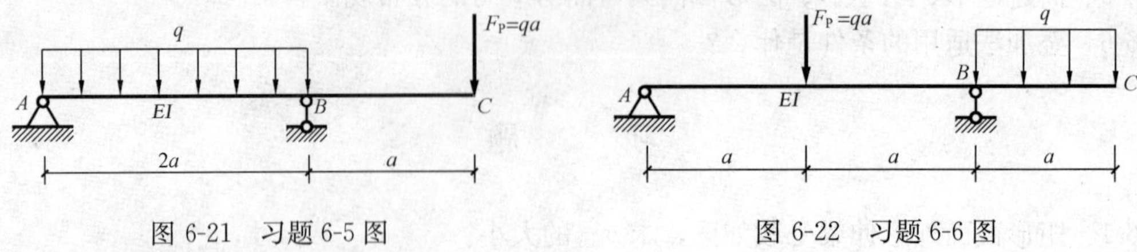

图 6-21 习题 6-5 图　　图 6-22 习题 6-6 图

6-6 用叠加法求图示梁 C 端挠度 y_C 和转角 θ_C。

6-7 图示工字形截面梁，$l=6\text{m}$，$q=4\text{kN/m}$，$E=200\text{GPa}$，$[f/l]=1/400$，$I_z=0.34\times10^{-4}\text{m}^4$。校核梁的刚度。

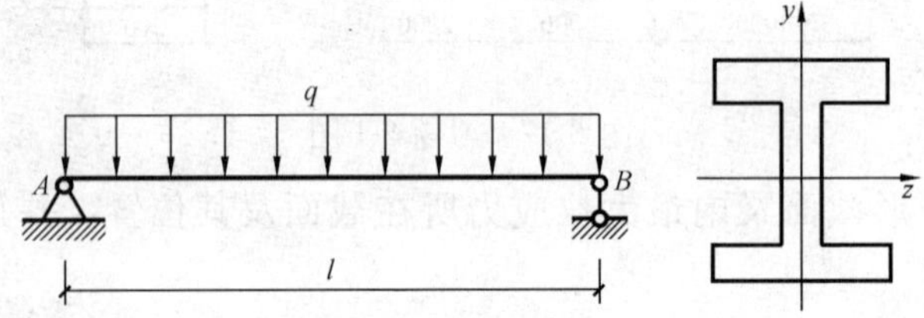

图 6-23 习题 6-7 图

6-8 用叠加法求图示外伸梁的 θ_C 和 y_C。

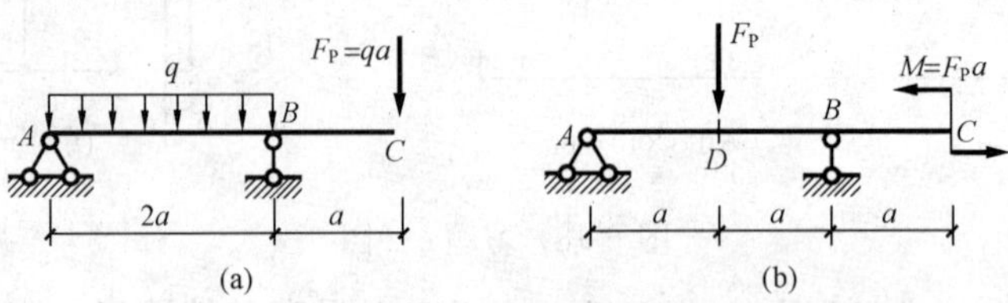

图 6-24 习题 6-8 图

6-9 用叠加法求图示简支梁的最大挠度 f_c。

6-10 松木桁条，横截面为圆形，跨度 $l=4\text{m}$，两端可视作简支，作用均布荷载 $q=1.82\text{kN/m}$，松木的许用应力 $[\sigma]=10\text{MPa}$，$E=10^4\text{MPa}$，相对允许挠度 $[f/l]=\dfrac{1}{200}$。试求梁横截面所需的直径（计算挠度时，桁条可视作直径为中径的等直圆杆）。

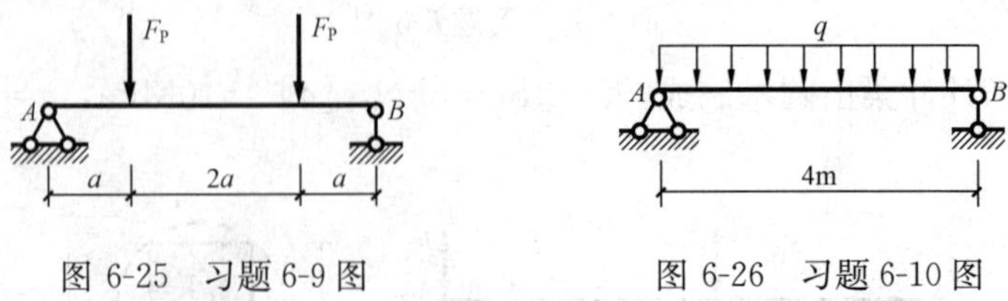

图 6-25 习题 6-9 图　　图 6-26 习题 6-10 图

第七章 压杆稳定

第一节 压杆稳定的概念

一、工程中的稳定问题

我们常把承受轴向压力的直杆称为压杆。工程中，细长压杆不仅要满足强度条件的要求，而且要满足稳定性要求，否则可能因为失稳而破坏。例如，1907年北美的魁北克圣劳伦斯河上一座长548m的钢桥，在施工中突然倒塌，就是由于桁架中的压杆失稳造成的。近年来，随着高强材料的普遍应用，杆件的截面面积越来越小，稳定性问题越发显得重要了。压杆的稳定研究已成为工程中日益受到重视的课题，稳定条件与强度条件、刚度条件一样已成为结构设计与检验的必要条件。

所谓失稳就是本来呈直线状态的压杆，当其所受的轴向压力超过某一临界数值后，突然弯曲，退出工作的现象。此时杆件的压缩变形转化为压弯变形，所能承受的轴向压力远小于按抗压强度所确定的数值。我们把细长压杆所发生的这种情形称为“丧失稳定”，简称“失稳”，把这一类性质的问题称为“稳定问题”。

除压杆会出现稳定问题外，其他一些构件也会出现类似的稳定问题。例如，狭长矩形截面梁的侧向整体失稳，薄板、薄壁圆柱筒壳的失稳，拱的失稳等。

二、压杆的稳定平衡与不稳定平衡

如图7-1所示，小球在A、B、C三个位置虽然都可以保持平衡，但这些平衡状态是不同的。见图7-1(a)，小球在A点处于平衡，施加干扰力使小球离开A点，当干扰力一旦消失，小球能够回到原来的位置，这样的平衡称为稳定平衡。见图7-1(b)，小球处于平衡，小球在受到干扰后从C处移到C_1处，干扰消失后，小球既不会回到原处，也不会继续滚动，而是在新的位置达到平衡，这样的平衡叫随遇平衡。见图7-1(c)，小球在B点处于平衡，若有干扰力一旦使小球离开平衡位置后，即使撤消干扰力，小球也不会再回到原来的平衡位置，而是继续往下滚，这样的平衡是不稳定平衡。

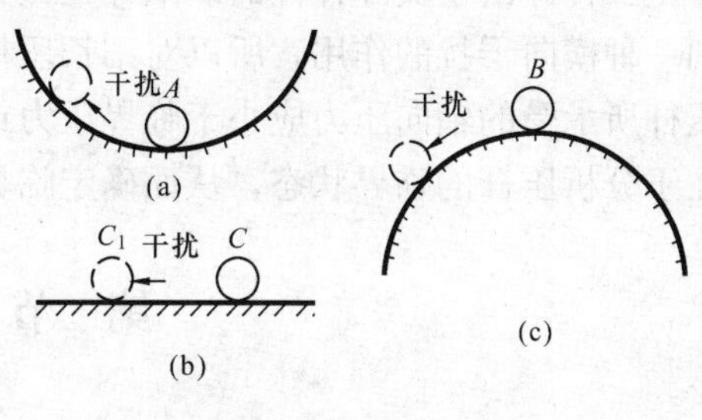

图7-1

同样，对压杆也有稳定平衡和不稳定平衡的问题。如图7-2所示，一根两端铰支均质且为完全弹性的细长直杆，其轴向压力F的作用线与压杆轴线重合，压杆在直线状态下保持平衡。当给一微小的横向干扰力，使压杆偏离直线位置而发生弯曲，如图中点划线所示。然后去掉干扰，看其能否恢复到原来的直线位置，其结果将随轴向压力的不同而有三种情况，图中实线表示杆件最终的平衡位置。

当压力F小于某一特定值F_{cr}时，去掉干扰，压杆能自动恢复到原来的直线平衡位置，见图7-2(b)，此时压杆处于稳定平衡状态。当压力F等于F_{cr}时，去掉干扰，压杆在微弯状态下保持平衡，不再恢复到原来的直线平衡位置，见图7-2(c)，此时压杆处于随遇平衡状

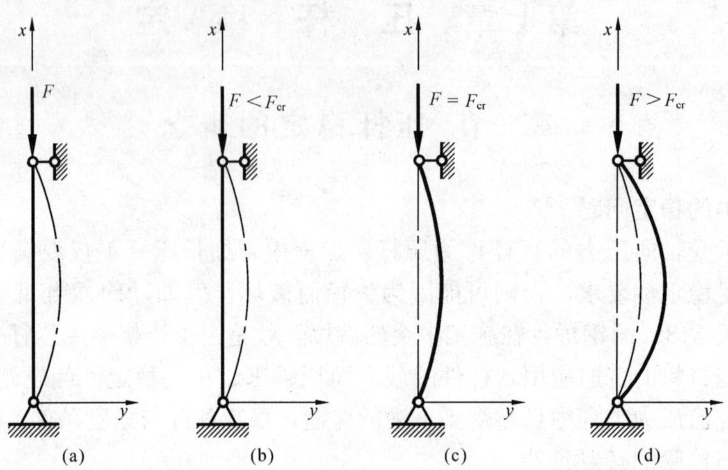

图 7-2

态，又称为临界平衡状态。此时的轴向压力 F_{cr} 称为临界力。当压力F大于 F_{cr}时，压杆处于不稳定平衡状态，见图 7-2（d），原处于直线平衡状态的压杆，在受到轻微的横向干扰后，就发生显著的弯曲变形而失稳。

综上所述，细长压杆的直线平衡状态，可以根据其轴向压力的大小分为稳定、临界与不稳定三种。由于实际杆件的缺陷存在（如初始曲率、材料的不均匀、荷载偏心等因素），起到一种横向干扰的作用，所以对细长压杆而言，不稳定平衡状态是危险的。也就是说，细长压杆所承受的轴向压力应小于临界压力或称临界力 F_{cr}。因此，研究压杆的稳定问题，关键在于分析压杆的临界状态，从而确定临界力。

第二节 欧 拉 公 式

一、细长压杆的临界力与临界应力

对于细长压杆，可采用欧拉公式来计算临界力和临界应力。

1. 细长压杆的临界力公式

$$F_{cr} = \frac{\pi^2 EI}{(\mu l)^2} \tag{7-1}$$

式中 E——材料的弹性模量；

I——压杆横截面对形心轴的与 μ 对应的最小惯性矩；

μ——长度系数，它反映了不同杆端约束对临界力的影响。其值可按表 7-1 确定；

l——压杆长度；

μl——压杆计算长度。

表 7-1　各种支承约束条件下等截面压杆临界力的欧拉公式

杆端情况	两端铰支	一端固定 另端铰支	下端固定 上端竖向滑动	一端固定 另端自由	下端固定 上端水平滑动	两端弹簧支座
失稳时挠曲线形状	F_{cr}, B, A, l	F_{cr}, B, C, A, l, $0.7l$ C—挠曲线拐点	F_{cr}, B, D, C, A, l, $0.5l$ C、D—挠曲线拐点	F_{cr}, l, $2l$	F_{cr}, B, C, A, l, $0.5l$ C—挠曲线拐点	F_{cr}, B, D, C, A, l, μl C、D—挠曲线拐点
临界压力 F_{cr}	$\frac{\pi^2 EI}{l^2}$	$\frac{\pi^2 EI}{(0.7l)^2}$	$\frac{\pi^2 EI}{(0.5l)^2}$	$\frac{\pi^2 EI}{(2l)^2}$	$\frac{\pi^2 EI}{l^2}$	$\frac{\pi^2 EI}{(\mu_1 l)^2}$
长度系数 μ	$\mu=1$	$\mu=0.7$	$\mu=0.5$	$\mu=2$	$\mu=1$	$\mu=\mu_1$ $0.5<\mu_1<1.0$

欧拉公式可以通过建立临界平衡状态时压杆在微弯状态下的挠曲线微分方程，从理论上推导出来。推导过程可参阅有关书籍，本书从略。

2. 细长压杆的临界应力公式

细长压杆处于临界状态时，在临界力作用下，横截面上的平均压应力（即正应力）称为临界应力。

即

$$\sigma_{cr}=\frac{F_{cr}}{A}=\frac{\pi^2 EI}{(\mu l)^2 A} \tag{7-2}$$

引入截面的惯性半径

$$i=\sqrt{\frac{I}{A}} \tag{7-3}$$

得到欧拉公式的另一种表达形式

$$\sigma_{cr}=\frac{\pi^2 E}{\lambda^2} \tag{7-4}$$

$$\lambda=\frac{\mu l}{i} \tag{7-5}$$

式中：λ 称为压杆的长细比，或称为柔度。它综合反映了压杆的长度，杆端支承情况，截面形状、大小等因素对临界应力的影响。杆细而长，则柔度大，临界应力小，表明稳定性差；杆短而粗，则柔度小，临界应力较大，表明稳定性好。由此可见，柔度 λ 是压杆稳定计算中一个重要的几何参数。

由式（7-4）可以看出，临界应力 σ_{cr} 随 λ 的增大而减小。当压杆沿 y、z 两个形心主惯性轴方向的约束条件不同时，压杆只可能在两个形心主惯性平面的某一平面内失稳，即在柔度 λ 较大的平面内失稳。这时应分别计算相应的 λ_y 和 λ_z，并按其较大者来计算压杆的临界应力 σ_{cr}。

二、欧拉公式的适用范围

由于欧拉临界力公式是假设材料在线弹性范围内的条件下导出的，所以，当压杆的临界应力超过材料的比例极限时，虎克定律不再适用，欧拉公式也就不适用了。故欧拉公式的适用范围是：临界应力不超过材料的比例极限。即

$$\sigma_{cr} \leqslant \sigma_P$$

当材料的比例极限已知时，由于

$$\sigma_{cr} = \frac{\pi^2 E}{\lambda^2} \leqslant \sigma_P$$

故
$$\lambda \geqslant \sqrt{\frac{\pi^2 E}{\sigma_P}} \tag{7-6}$$

上式是用压杆的长细比（柔度）表示的欧拉公式的适用范围。

令
$$\lambda_P = \sqrt{\frac{\pi^2 E}{\sigma_P}} \tag{7-7}$$

则称 $\lambda \geqslant \lambda_P$ 的压杆为大柔度杆，或称为细长压杆。

从上式可以看出，不同材料的 λ_P 值不同，欧拉公式的适用范围也不同。如 A_3 钢，取 $E=2.06\times10^5$ MPa，$\sigma_P=200$MPa，则

$$\lambda_P = \sqrt{\frac{\pi^2 \times 2.06 \times 10^5}{200}} \approx 101$$

所以对 A_3 钢制成的轴心受压杆，当 $\lambda \geqslant 101$ 时，才能用欧拉公式计算临界力。同样可以求得：铝合金材料的 $\lambda_P=63$，铸铁的 $\lambda_P=80$，松木的 $\lambda_P=110$ 等。

三、超过比例极限时压杆的临界应力

当杆件的长细比小于 λ_P，即应力超过材料的比例极限 σ_P 时，对于临界应力的计算，目前世界各国大都采用以试验数据为依据的经验公式。我们把 $\lambda < \lambda_P$ 的杆件称为中小柔度压杆，该杆在工程中大量采用。我国一般采用抛物线形经验公式

$$\sigma_{cr} = \sigma_s \left[1 - \alpha\left(\frac{\lambda}{\lambda_c}\right)^2\right] \quad (0 \leqslant \lambda \leqslant \lambda_c) \tag{7-8}$$

式中 σ_s——材料的屈服极限；
α——无量纲系数；
λ_c——非理想压杆的柔度分界值。

对于 A_3 钢和 16Mn 钢，规定 $\alpha=0.43$，$\lambda_c=\pi\sqrt{\dfrac{E}{0.57\sigma_s}}$，且 A_3 钢 $E=210$GPa，$\sigma_s=240$MPa，16Mn 钢 $E=210$GPa，$\sigma_s=350$MPa。可以求得

A_3 钢 $\lambda_c=123$

$\sigma_{cr}=240-0.00682\lambda^2$

16Mn 钢 $\lambda_c=102$

$\sigma_{cr}=350-0.01447\lambda^2$

更详细的分析可查阅钢结构设计规范。

四、临界应力总图

把临界应力 σ_{cr} 与柔度 λ 的函数关系用曲线表示出来，即为临界应力总图。鉴于大柔度杆与中小柔度杆临界应力的两种不同计算公式，临界应力总图由两段曲线共同组成。如图

7-3 所示，A_3 钢的临界应力总图中 ACB 段是以欧拉公式绘出的双曲线，DC 段则是以经验公式绘出的抛物线，两段曲线交于 C 点，C 点的横坐标 $\lambda_c=123$，相应的临界应力 $\sigma_c=134\text{MPa}$。临界应力总图中，当 $\lambda \leqslant \lambda_c$ 时采用抛物线公式曲线，当 $\lambda > \lambda_c$ 时采用欧拉公式曲线，即图中 DC 与 CB 两段曲线。$\lambda_c=123$ 系由 $\lambda_c=\pi\sqrt{\dfrac{E}{0.57\sigma_s}}$ 求得，与 $\lambda_P=\sqrt{\dfrac{\pi^2 E}{\sigma_P}}=101$ 不同。这是因为实际压杆不可能处于理想状态，而经验公式则是根据实际压杆得出的结果。所以在实际计算中，以 $\lambda_c=123$ 作为分界点，当 $\lambda \leqslant \lambda_c$ 时用抛物线公式，当 $\lambda > \lambda_c$ 时用欧拉公式。对于 16Mn 钢，$\lambda_c=102$，$\sigma_c=195\text{MPa}$。

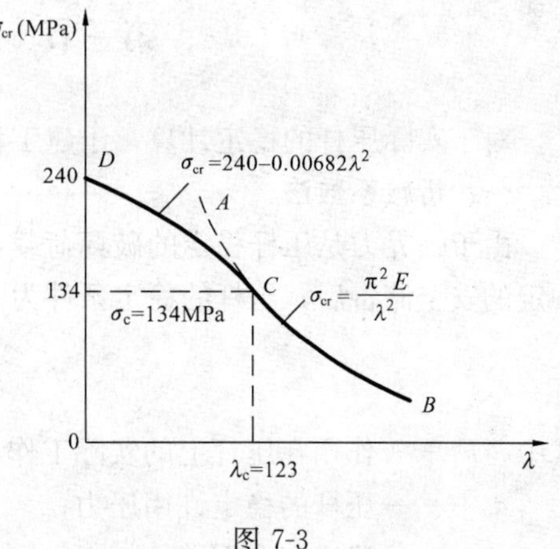

图 7-3

【例 7-1】 两根圆截面 A_3 钢压杆，其截面直径均为 $d=25\text{cm}$，两端均为铰支，$l_1=5\text{m}$，$l_2=10\text{m}$。试求各压杆的临界压力。

解 由已知条件求得

$$A=\frac{\pi d^2}{4}=\frac{\pi}{4}\times 0.25^2=0.049(\text{m}^2)$$

$$I=\frac{\pi d^4}{64}=\frac{\pi}{64}\times 0.25^4=1.92\times 10^{-4}(\text{m}^4)$$

$$i=\sqrt{\frac{I}{A}}=\frac{d}{4}=\frac{0.25}{4}=0.0625(\text{m})$$

因为两端铰支 $\mu=1$

对于压杆 $l_1=5\text{m}$：

$$\lambda_1=\frac{\mu l_1}{i}=\frac{1\times 5}{0.0625}=80<\lambda_c=123\text{，故为中小柔度杆}$$

由经验公式：

$$\sigma_{cr}=240-0.00682\lambda^2=240-0.00682\times 80^2=196.35(\text{MPa})$$

$$P_{cr}=\sigma_{cr}A=196.35\times 10^6\times 0.049=9.62\times 10^3(\text{kN})$$

对于压杆 $l_2=10\text{m}$：

$$\lambda_2=\frac{\mu l_2}{i}=\frac{1\times 10}{0.0625}=160>\lambda_c=123\text{，故为大柔度杆}$$

由欧拉公式：

$$P_{cr}=\frac{\pi^2 EI}{(\mu l_2)^2}=\frac{\pi^2\times 210\times 10^9\times 1.92\times 10^4}{(1\times 10)^2}=3.98\times 10^3(\text{kN})$$

第三节 压杆稳定的实用计算

对于实际压杆的稳定计算，土建工程中主要采用折减系数法。

一、折减系数法

由于临界力是压杆稳定的破坏荷载，所以把临界应力作为压杆稳定的极限应力。在考虑一定的安全储备后，压杆的稳定条件为

$$\sigma=\frac{F_{\mathrm{P}}}{A}\leqslant[\sigma_w]=\frac{\sigma_{\mathrm{cr}}}{k_w}$$

式中 F_{P}——作用在压杆上的实际工作压力；

$[\sigma_w]$——压杆的稳定许用压力；

k_w——稳定安全系数。

通常稳定安全系数大于强度计算时的安全系数，稳定许用应力 $[\sigma_w]$ 小于强度计算的许用应力 $[\sigma]$。

令

$$\varphi=\frac{[\sigma_w]}{[\sigma]}=\frac{\sigma_{\mathrm{cr}}}{k_w[\sigma]}$$

则

$$[\sigma_w]=\frac{\sigma_{\mathrm{cr}}}{k_w[\sigma]}\cdot[\sigma]=\varphi[\sigma]$$

可以看出 $0<\varphi<1$，φ 称为折减系数。

当材料一定时，$[\sigma]$ 确定，φ 由 $[\sigma_w]$ 决定；而 $[\sigma_w]$ 又由临界应力 σ_{cr} 和稳定安全系数 k_w 决定；σ_{cr} 和 k_w 则随压杆长细比 λ 而变化。因此，折减系数 φ 是由 λ 确定的数值。表 7-2 中列出了几种常用材料压杆的折减系数。我国钢结构设计规范中对于各种材料 φ 值都有具体规定以供查阅。

表 7-2 压杆的折减系数 φ

λ	φ 值					实心砖砌体 φ 值	
	A_2、A_3 钢	16 锰钢	铸铁	木材	混凝土	M5～M10 砂浆	M2.5 砂浆
0	1.000	1.000	1.00	1.000	1.00	—	—
20	0.981	0.973	0.91	0.932	0.96	0.96	0.96
40	0.927	0.895	0.69	0.822	0.83	0.85	0.83
60	0.842	0.776	0.44	0.658	0.70	0.73	0.71
70	0.789	0.705	0.34	0.575	0.63	0.65	0.62
80	0.731	0.627	0.26	0.460	0.57	0.58	0.55
90	0.669	0.546	0.20	0.371	0.51	0.52	0.49
100	0.604	0.462	0.16	0.300	0.46	0.47	0.45
110	0.536	0.384		0.248		0.42	0.40
120	0.466	0.325		0.209		0.37	0.35
130	0.401	0.279		0.178		0.32	0.29
140	0.349	0.242		0.153		0.28	0.26
150	0.306	0.213		0.134		0.24	0.22
160	0.272	0.188		0.117		0.18	0.17
170	0.243	0.168		0.102		0.16	0.15
180	0.218	0.151		0.093		0.13	0.12
190	0.197	0.136		0.083		0.11	0.10
200	0.180	0.124		0.075		0.09	0.08

这样，压杆的稳定条件可表达为

$$\sigma = \frac{F_P}{A} \leqslant \varphi \cdot [\sigma] \tag{7-9}$$

与强度、刚度问题相类似，应用稳定条件可以解决压杆稳定方面的三类基本问题：校核稳定性、设计截面、设计许用荷载。

【例 7-2】 一圆木柱高 $l=6\text{m}$，直径 $d=20\text{cm}$，两端铰支，承受轴向荷载 $F_P=50\text{kN}$，试校核其稳定性，已知木材的许用应力 $[\sigma]=10\text{MPa}$。

解 求圆截面的惯性半径和长细比

$$i = \frac{d}{4} = \frac{20}{4} = 5\text{cm}$$

$$\lambda = \frac{\mu l}{i} = \frac{1 \times 6}{5 \times 10^{-2}} = 120$$

查表 7-2 得，折减系数 $\varphi=0.209$

稳定校核

$$\frac{F_P}{\varphi A} = \frac{50 \times 10^3}{0.209 \times \frac{\pi}{4}(20 \times 10^{-2})^2} = 7.62\text{MPa} < [\sigma]$$

所以，柱满足稳定性要求。

【例 7-3】 截面为 I_{40a} 的压杆，材料为 16Mn 钢，许用应力 $[\sigma]=230\text{MPa}$，杆长 $l=5.6\text{m}$，在 xz 平面内失稳时杆端约束情况接近于两端固定，故长度系数可取为 $\mu_y=0.65$；在 xy 平面内失稳时杆端约束为两端铰支，$\mu_z=1.0$，截面形状如图 7-4 所示。试计算压杆所允许承受的轴向压力 $[F_P]$。

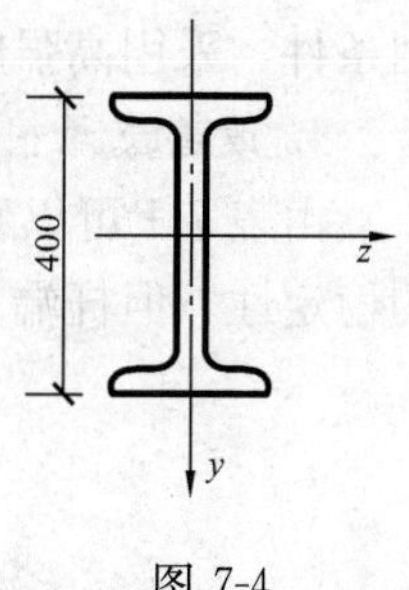

图 7-4

解 查型钢表 I_{40a} 得

$$A = 86.1\text{cm}^2$$

$$i_y = 2.77\text{cm},\ i_x = 15.9\text{cm}$$

计算长细比

$$\lambda_y = \frac{\mu_y l}{i_y} = \frac{0.65 \times 5.6}{2.77 \times 10^{-2}} = 131.4$$

$$\lambda_z = \frac{\mu_z l}{i_z} = \frac{1 \times 5.6}{15.9 \times 10^{-2}} = 35.2$$

在 λ_y 与 λ_z 中应取大的长细比 $\lambda_y=131.4$ 来确定折减系数 φ，由表 7-2，并用直线插入法求得

$$\varphi = 0.279 + \frac{1.4}{10} \times (0.242 - 0.279) = 0.274$$

压杆允许承受的轴向压力为

$$[F_P] = A\varphi[\sigma] = 86.1 \times 10^{-2} \times 0.274 \times 230 \times 10^6 = 543\text{kN}$$

二、提高压杆稳定性的措施

提高压杆稳定性的关键在于提高压杆的临界力或临界应力。因此，可以从以下几个方面考虑。

1. 尽量减少压杆的长度

由临界应力的欧拉公式和抛物线经验公式可以看出，减少杆长，可以减小柔度，提高压杆的临界应力，从而提高压杆的稳定性。如图 7-5 所示，两端铰支压杆，若在中点增加一个横向支撑，则计算长度减为原来的一半，加支撑后压杆的临界应力是原来的 4 倍。

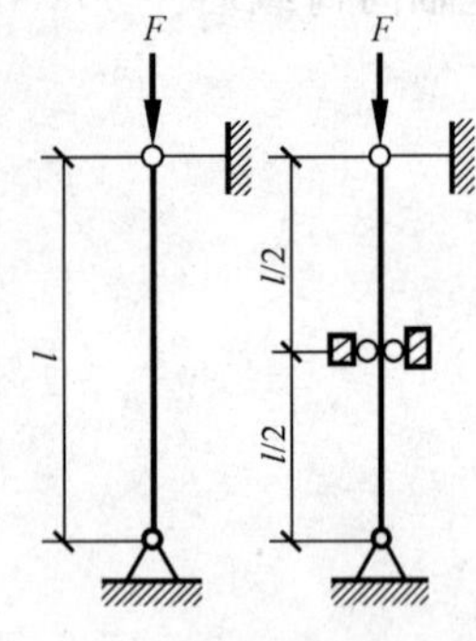

图 7-5

2. 选择合理的截面形状，增大截面的惯性半径

$i=\sqrt{\dfrac{I}{A}}$ 越大，则 $\lambda=\dfrac{\mu l}{i}$ 越小，压杆的稳定性越好。因此，当截面面积一定时，应尽可能使材料分布得远离中性轴，以增大截面的惯性矩。一般情况下，应使截面对任一形心轴的惯性矩相等为好，但当压杆在两个弯曲平面的支撑情况不同时，则宜采用两个方向惯性矩不同的截面。总之，尽量使压杆在两个主轴方向上的柔度相同或相近，即令 $\lambda_y=\lambda_z$。

3. 合理选择材料

欧拉公式和经验公式都与压杆的材料有关。对于大柔度压杆，由于各种材料的 E 值差别不大，通常采用低碳钢较为合适；对于小柔度杆，杆件本身就是以强度而不是稳定作为控制条件，采用高强度钢则可以大大提高其许用应力。

4. 改善支承情况，降低长度系数

由表 7-1 可以看出，加强杆端约束，降低长度系数 μ，可以减小柔度 λ，从而增加压杆的稳定性。但杆端支承形式，还需根据使用要求来确定。

思考题

7-1 什么是失稳？列举几个实际生活中失稳的例子。

7-2 什么是临界平衡状态？什么是临界压力？

7-3 写出细长压杆的临界压力公式、临界应力公式。

7-4 简述欧拉公式的适用范围。

7-5 简述应用稳定条件可以解决压杆稳定方面的哪些基本问题。

7-6 简述提高压杆稳定性的措施有哪些。

习题

7-1 两根细长压杆 1、2，其长度、截面面积、材料和约束均相同，其中 1 杆截面为圆形，2 杆为正方形，求二杆临界力的比值。

7-2 截面为圆形、直径为 d 的两端固定的压杆和截面为正方形的边长为 d 的两端铰支的压杆，若两杆都是细长杆且材料及柔度均相同，求两压杆的长度之比以及临界力之比。

7-3 两端铰支的压杆，截面为 I_{22a}，长 $l=5\text{m}$，钢的弹性模量 $E=2.0\times10^5\text{MPa}$，试用欧拉公式求压杆的临界力 F_{cr}。

7-4 图示各杆材料和截面均相同，问哪一根压杆能承受的压力最大，哪一根最小。

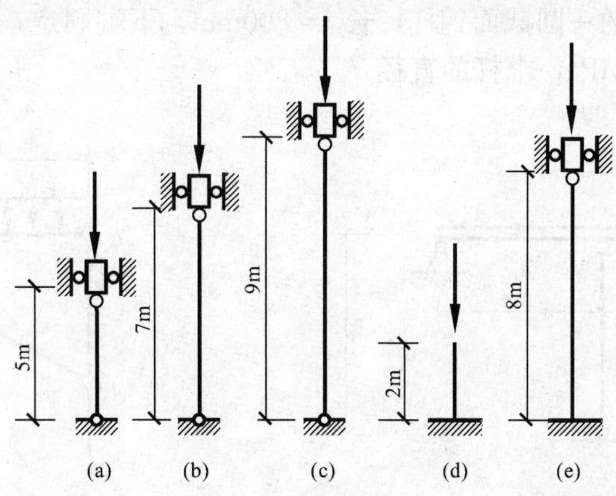

图 7-6 习题 7-4 图

7-5 截面为矩形 $b\times h$ 的压杆两端用柱形铰连接（在 xy 平面内弯曲时，可视为两端铰支；在 xz 平面内弯曲时，可视为两端固定）。$E=200\text{GPa}$，$\sigma_P=200\text{MPa}$，求：

（1）当 $b=30\text{mm}$，$h=50\text{mm}$ 时，压杆的临界载荷；

（2）若使压杆在两个平面（xy 和 xz 平面）内失稳的可能性相同时，b 和 h 的比值。

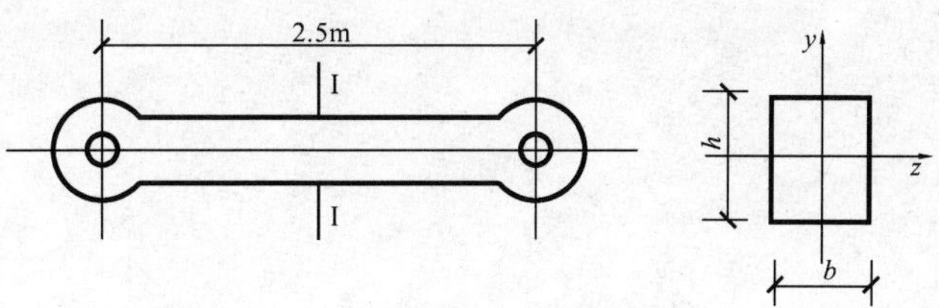

图 7-7 习题 7-5 图

7-6 图示压杆横截面为矩形，$h=80\text{mm}$，$b=40\text{mm}$，杆长 $l=2\text{m}$，材料为 A_3 钢，$E=2.1\times10^5\text{MPa}$，支端约束如图所示。在正视图（a）的平面内为两端铰支；在俯视图（b）的平面内为两端弹性固定，采用 $\mu=0.8$，试求此杆的临界力。

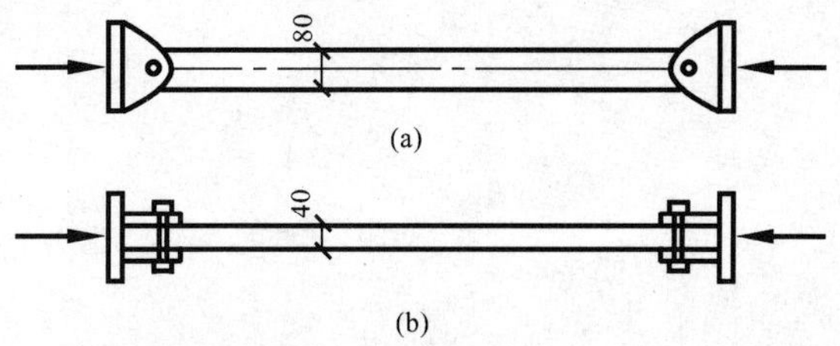

图 7-8 习题 7-6 图

7-7 图示结构，AB 为刚性梁。圆杆 CD 的 $d=60\text{mm}$，$E=2\times10^5\text{MPa}$，$\lambda_P=100$，试

求结构的临界载荷 F_{cr}。

7-8 图示托架，其撑杆 AB 为圆木杆，$q=50\text{kN/m}$，AB 杆两端为柱形铰，$[\sigma]=11\text{MPa}$。试求 AB 杆的直径 d。

7-9 由 A_3 钢制成的一圆截面钢杆，长 $l=800\text{mm}$，下端固定，上端自由，承受轴压力 $P=100\text{kN}$，$[\sigma]=170\text{MPa}$，求杆的直径 d。

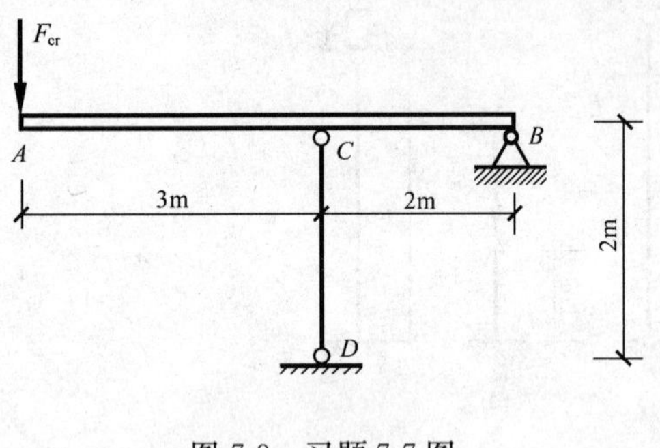

图 7-9 习题 7-7 图

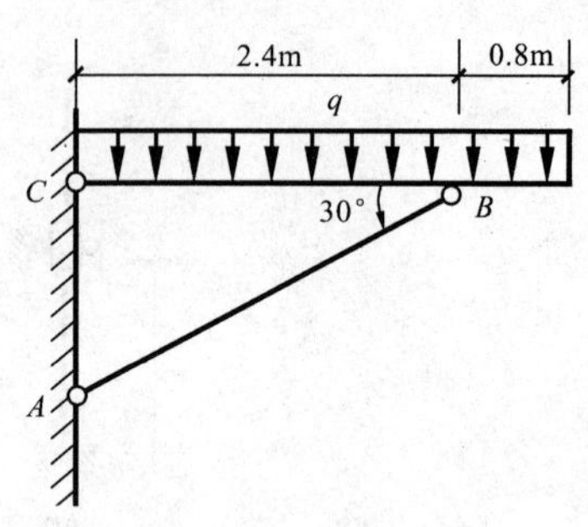

图 7-10 习题 7-8 图

第八章　静定结构位移计算

结构由于外界因素的影响产生变形，在变形过程中，其上各点的位置也将随之改变，这种位置的改变称为位移。

产生位移的原因主要有三种：①荷载作用；②温度变化和材料的胀缩；③支座沉降和制造误差等。

计算结构位移的目的：①验算结构的刚度，即验算结构位移是否超过允许的位移限值，控制结构不致产生过大的变形，以保证结构能正常使用；②为超静定结构的内力分析打下基础。因为在超静定结构的内力分析中，不仅要考虑静力平衡条件，而且还必须考虑变形方面的条件。

第一节　变形体的虚功原理

一、实功和虚功的概念

由物理学知，功与力和位移两个因素有关，功的大小等于力和位移的乘积，即

$$W = F_P \cdot \Delta \tag{8-1}$$

式中：F_P 代表力或力偶，称为广义力；Δ 代表与广义力相应的线位移或角位移，称为广义位移。

力在做功时，位移是由做功的力本身引起的，此功称为实功。而力在其他因素引起的位移上所做的功称为虚功。

二、变形体的虚功原理

如图 8-1（a）所示简支梁受F_P作用，待其达到实曲线所示的弹性平衡位置后，由于其他外界因素使梁继续发生微小变形而达到虚曲线所示位置。这时外力F_P随变形从C'点移动到C''位置，此时外力F_P所做的功称为外力虚功。由于位移Δ与力F_P彼此独立无关，因此可将两者看成是分别属于同一体系的两种彼此无关的状态。其中力系所属状态称为力状态，见图 8-1（b），位移所属状态称为位移状态，见图 8-1（c）。相应的，力状态下的内力沿位移状态下的变形所做的功称为内力虚功。

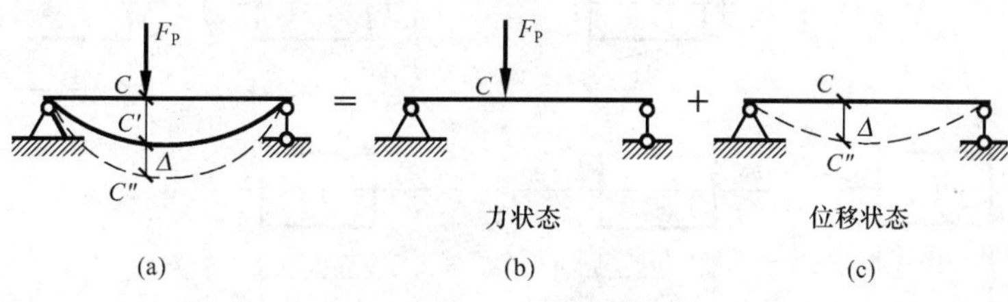

图 8-1

变形体的虚功原理表明：力状态下的外力在位移状态下相应的位移上所做的外力虚功

$W_{外}$ 等于力状态下的内力在位移状态下相应的变形上所做的内力虚功 $W_{内}$。即

$$W_{外} = W_{内} \tag{8-2}$$

必须指出，力状态和位移状态是同一体系的两种彼此无关的状态，因此，不仅可以把位移状态看做是虚设的，也可以把力状态看做是虚设的，它们各有不同的应用。

第二节 单位荷载法计算静定结构的位移

一、荷载作用下位移计算的一般公式

利用虚功原理推导结构在荷载作用下位移计算的一般公式，首先要确定力状态和位移状态。

如图 8-2（a）所示，结构在F_P 作用下发生了如图中虚线所示的变形。现求结构上任一截面沿任一指定方向上的广义位移，如 K 截面的竖向位移 Δ_K。

图 8-2（a）是位移状态，也是实际状态。现需建立力状态，由于力状态和位移状态除了结构形式、支座情况需相同外，其他方面两者完全无关。因而力状态完全可以根据计算的需要假设。为了使力状态中的外力能够在实际状态中所求位移 Δ_K 上做虚功，就需在 K 点沿所求位移方向加一单位集中力$F_{PK}=1$，见图 8-2（b）。因为力状态是虚设的，所以又称为虚设状态。

由图可知，外力虚功 $W_{外}=F_{PK}\cdot\Delta_K$。现分析内力虚功。

为了分析实际状态下的变形，在图 8-2（a）中取微段 $\mathrm{d}x$，则微段上由于实际荷载作用所产生的内力 M_P、F_{QP}、N_{NP} 所引起的相应变形 $\mathrm{d}\theta$、$\mathrm{d}\eta$、$\mathrm{d}\lambda$ 分别为

相对转角：
$$\mathrm{d}\theta = \frac{1}{\rho}\cdot \mathrm{d}x = \frac{M_P}{EI}\mathrm{d}x$$

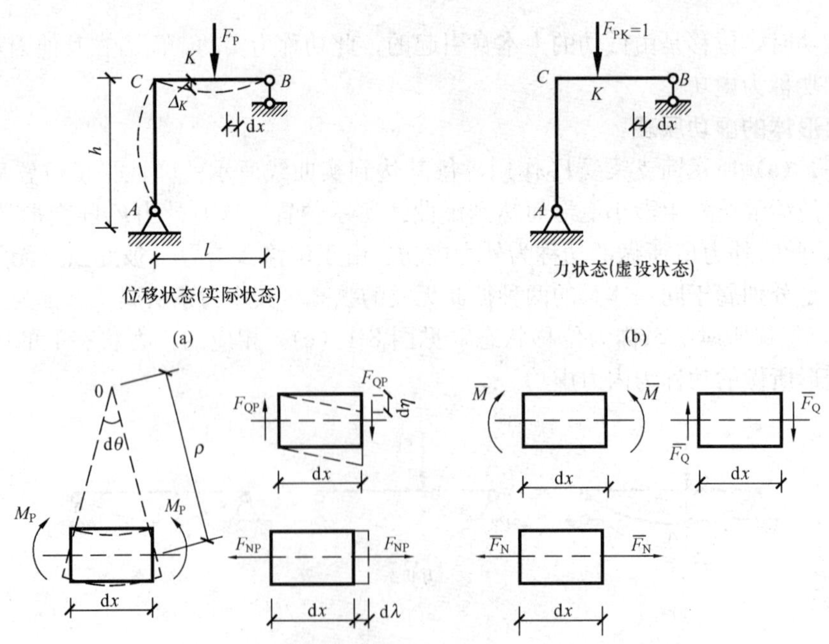

图 8-2

相对剪切位移：
$$d\eta = \gamma \cdot dx = K\frac{F_{QP}}{GA}dx$$

相对轴向位移：
$$d\lambda = \frac{F_{NP}}{EA}dx$$

式中：K 是与杆横截面形状有关的系数。对于矩形截面 $K=\frac{6}{5}$，圆形截面 $K=\frac{32}{27}$。

同样在虚拟状态中取相应的微段 dx，则微段上由于单位力 F_{PK} 作用所产生的内力分别为 $\overline{M}$、$\overline{F}_Q$、$\overline{F}_N$，则微段的内力虚功 $dW_{内}$ 为

$$dW_{内} = \overline{M}d\theta + \overline{F}_Q d\eta + \overline{F}_N d\lambda$$

整个 BC 杆件的内力虚功可由积分求得

$$W_{内} = \int_0^l \overline{M}d\theta + \int_0^l \overline{F}_Q d\eta + \int_0^l \overline{F}_N d\lambda$$

当结构由多根杆件组成时，可分别求得各杆段的虚功，再求总和就是结构内力虚功，即

$$\begin{aligned}W_{内} &= \Sigma\int \overline{M}d\theta + \Sigma\int \overline{F}_Q d\eta + \Sigma\int \overline{F}_N d\lambda \\ &= \Sigma\int \frac{M_P\overline{M}}{EI}dx + \Sigma\int \frac{KF_{QP}\overline{F}_Q}{GA}dx + \Sigma\int \frac{F_{NP}\overline{F}_N}{EA}dx\end{aligned}$$

由虚功原理得

$$\Delta_K = \Sigma\int \frac{M_P\overline{M}}{EI}dx + \Sigma\int \frac{KF_{QP}\overline{F}_Q}{GA}dx + \Sigma\int \frac{F_{NP}\overline{F}_N}{EA}dx \tag{8-3}$$

式（8-3）即为结构单位在荷载作用下的位移计算公式。式中第一项是弯矩所引起的位移；第二项为剪力所引起的位移；第三项为轴力所引起的位移。利用此式计算结构位移时，应根据结构的具体情况，只考虑其中一项或两项。例如对于梁、刚架应取第一项，对于桁架应取第三项。

这种用虚设单位荷载计算结构位移的方法，称为单位荷载法。单位荷载法计算位移公式适用于弹性材料和非弹性材料，可以用于计算静定结构位移，也可用于计算超静定结构的位移。

利用单位荷载法计算结构的位移时，应根据所求位移假设单位荷载：

（1）求结构某截面的线位移，就在该截面处沿位移方向虚设一单位集中力，如图 8-3（a）所示。

（2）求结构某截面的转角，就在该截面处加一单位力偶，见图 8-3（b）。

（3）求结构某两点间的相对线位移，应在该两点处沿连线方向虚设一对方向相反的单位力，见图 8-3（c）。

（4）求结构两截面的相对转角，应在两截面处加一对转向相反的单位力偶，见图8-3（d）。

二、单位荷载法计算结构位移应用举例

【例 8-1】　悬臂梁 AB 作用均布荷载 q，如图 8-4（a）所示，EI 为常数，求 B 端的竖

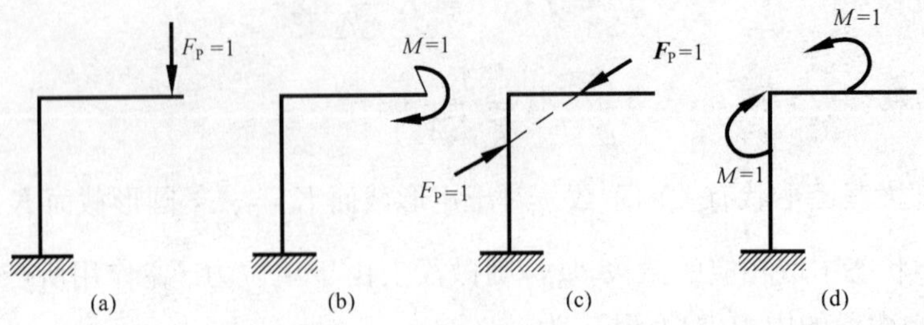

图 8-3

向位移 Δ_{By}。

解 （1）确定虚设状态。

在 B 端沿竖向位移虚设一单位集中力 $F_P=1$，见图 8-4（b）。

（2）列实际状态和虚设状态下的弯矩方程。

取 B 点为原点，在 AB 段内任取一截面，设该截面到原点 B 距离为 x，则

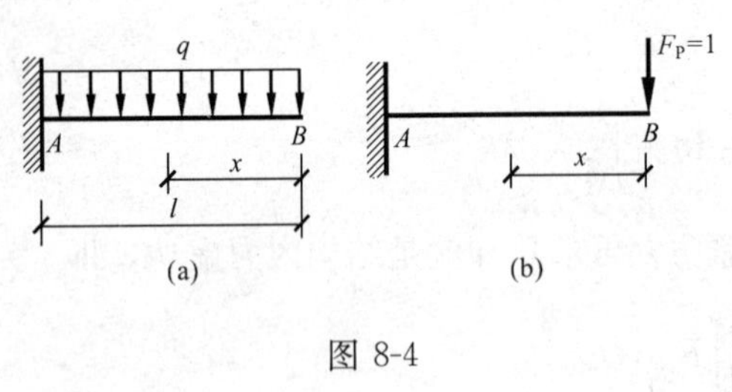

图 8-4

实际状态下： $M_P(x)=-\frac{1}{2}qx^2 \quad 0\leqslant x<l$

虚设状态下： $\overline{M}(x)=-x \quad 0\leqslant x<l$

（3）计算 Δ_{By}。

将弯矩方程代入位移计算公式得

$$\Delta_{By}=\Sigma\int_0^l \frac{M_P(x)\times\overline{M}(x)}{EI}\mathrm{d}x=\Sigma\int_0^l \frac{\frac{1}{2}qx^3}{EI}\mathrm{d}x=\frac{1}{EI}\left[\frac{1}{8}qx^4\right]_0^l=\frac{ql^4}{8EI}(\downarrow)$$

计算结果为正值，说明 Δ_{By} 的方向与虚设单位力的方向一致。

【例 8-2】 求图 8-5（a）所示刚架 A 点的转角 θ_A 及 B 点的水平位移 Δ_{BH}。

解 （1）计算 A 点的转角 θ_A。

在 A 点虚设一单位力偶 $M=1$，以此确定虚设状态，见图 8-5（b）。

列实际状态和虚设状态下的弯矩方程

实际状态下：

AB 段 $M_P(x_1)=-\frac{1}{2}qx_1^2 \quad 0\leqslant x_1<3$

BC 段 $M_P(x_2)=-4.5q \quad 0\leqslant x_2<4$

虚设状态下：

AB 段 $\overline{M}(x_1)=1 \quad 0\leqslant x_1<3$

BC 段 $\overline{M}(x_2)=1 \quad 0\leqslant x_2<4$

将弯矩方程代入位移计算公式得

$$\theta_A=\int_0^l \frac{M_P(x_1)\times\overline{M}(x_1)}{2EI}\mathrm{d}x_1+\int_0^l \frac{M_P(x_2)\times\overline{M}(x_2)}{EI}\mathrm{d}x_2$$

$$=\int_0^3 \frac{-\frac{1}{2}qx_1^2}{2EI}dx_1+\int_0^4 \frac{-4.5q}{EI}dx_2$$

$$=-\frac{1}{2EI}\left[\frac{1}{6}qx_1^3\right]_0^3-\frac{4.5q}{EI}[x_2]_0^4$$

$$=-\frac{81q}{4EI}(\curvearrowleft)$$

计算结果为负值，说明 A 截面转向与虚设单位力偶转向相反。

(2) 计算 B 点的水平位移 Δ_{BH}。

在 B 点处沿位移方向虚设一单位集中力 $F_P=1$，见图 8-5 (c)。

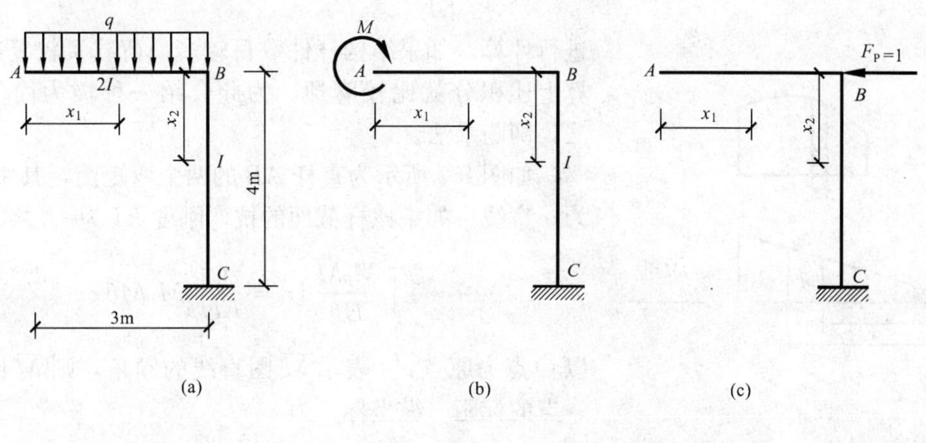

图 8-5

列虚设下的弯矩方程：

AB 段　　$\overline{M}(x_1)=0$　　$0\leqslant x_1<3$

BC 段　　$\overline{M}(x_2)=-x_2$　　$0\leqslant x_2<4$

将两种状态下的弯矩方程代入位移计算公式得

$$\Delta_{BH}=\int_0^4 \frac{(-4.5q)\times(-x_2)}{EI}dx_2=\frac{4.5q}{EI}\left[\frac{1}{2}x_2^2\right]_0^4=\frac{36q}{EI}(\leftarrow)$$

计算结果为正，表明结点 B 的水平位移与虚设单位集中力的方向相同。

【例 8-3】　试计算图 8-6 (a) 所示桁架结点 C 的竖向位移 Δ_{Cy}，设各杆的 EA 都相同。

解　(1) 确定虚设状态。

见图 8-6 (b)，在 C 点处沿所求位移方向虚设一单位集中力 $F_P=1$。

(2) 计算两种状态下各杆的内力。

由于桁架及荷载对称，故只需计算一半桁架的内力。计算结果见图 8-6 (a)、(b)。

(3) 计算 Δ_{Cy}。

将各杆的内力代入位移计算公式得

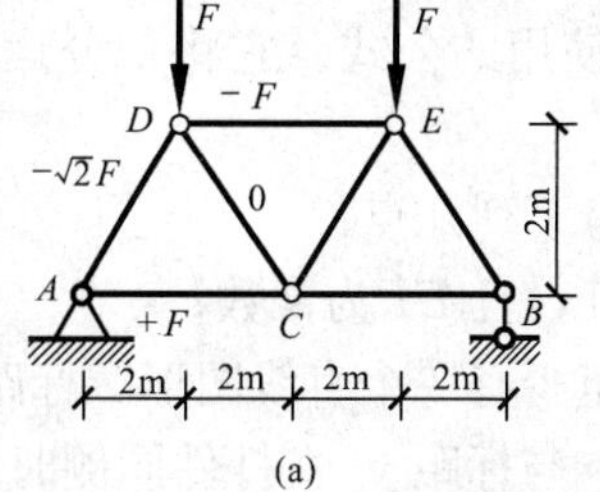

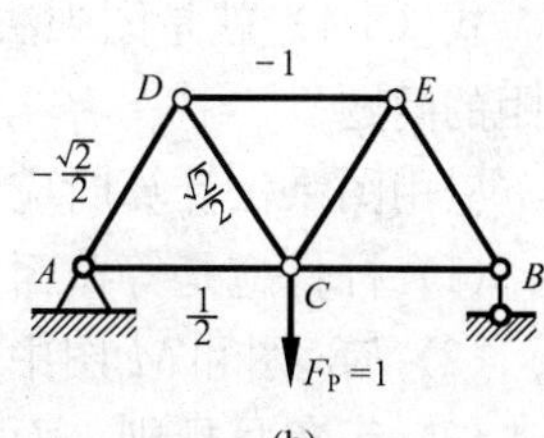

图 8-6

$$\Delta_{Cy}=\Sigma\frac{F_{NP}\overline{F}_N L}{EA}=\frac{1}{EA}\left[(-\sqrt{2}F)\left(-\frac{\sqrt{2}}{2}\right)\times2\sqrt{2}\times2+F\times\frac{1}{2}\times4\times2+(-F)(-1)\times4\right]$$
$$=\frac{13.66F}{EA}(\downarrow)$$

计算结果为正值，表明 C 点的位移方向与虚设单位力 F_P 的方向相同。

第三节　图乘法计算静定结构的位移

由前一节已经知道，计算弯曲变形引起的位移时，需要利用公式

$$\Delta=\Sigma\int\frac{M_P\overline{M}}{EI}\mathrm{d}x$$

进行计算。如果结构杆件数目较多，荷载又较复杂，计算上述积分就比较麻烦。为此介绍一种极为简便的方法，即图乘法。

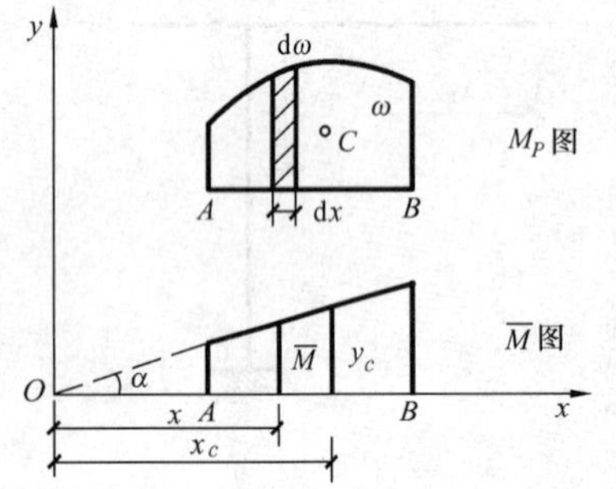

图 8-7

如图 8-7 所示为直杆 AB 的两个弯矩图，其中 $\overline{M}$ 图为一直线。如果该杆截面的抗弯刚度 EI 为一常数，则

$$\Sigma\int\frac{M_P\overline{M}}{EI}\mathrm{d}x=\frac{1}{EI}\int_A^B M_P\overline{M}\mathrm{d}x \tag{a}$$

以 O 点为原点，α 表示 $\overline{M}$ 图直线的倾角，则 $\overline{M}$ 图中任一点的标距（纵坐标）为

$$\overline{M}=x\cdot\tan\alpha$$

因此，

$$\int_A^B M_P\overline{M}\mathrm{d}x=\int_A^B x\cdot\tan\alpha\cdot M_P\mathrm{d}x=\tan\alpha\int_A^B M_P x\cdot\mathrm{d}x \tag{b}$$

式（b）中，$M_P\mathrm{d}x$ 是 M_P 图中有阴影线的微面积，$xM_P\mathrm{d}x$ 是微面积对 y 轴的面积矩。而 $\int_A^B xM_P\mathrm{d}x$ 是整个 M_P 图形的面积对 y 轴的面积矩，设 M_P 图形的形心为 C，面积为 ω，形心 C 到 y 轴的距离为 x_c，根据形心与面积矩的关系，式（b）可写为

$$\int_A^B M_P\cdot\overline{M}\mathrm{d}x=\tan\alpha\cdot\omega\cdot x_c=\omega\cdot y_c \tag{c}$$

式中：y_c 表示 M_P 图的形心 C 对应的 $\overline{M}$ 图的标距。将式（c）代入式（a）得

$$\int\frac{M_P\overline{M}}{EI}\mathrm{d}x=\frac{1}{EI}\cdot\omega\cdot y_c \tag{8-4}$$

式（8-4）就是图乘法所使用的公式。它将积分运算问题简化为求图形的面积、形心和标距的问题。

应用图乘法计算时应注意下列几点：

（1）杆件应是等截面直杆，且 EI 为常数；

（2）M_P 图和 $\overline{M}$ 图中，至少有一个直线图形。标距 y_c 应取自直线图中；

（3）正负号规则：面积 ω 与标距 y_c 在杆件同侧时取正号，异侧时取负号。

在图乘法中经常遇到求面积和形心位置问题，为方便计算，现将位移计算中，几种常见

图形的面积和形心位置列在图 8-8 中。一定要注意抛物线的顶点处的切线与基线平行时，此抛物线才是标准抛物线，才能应用图 8-8 中的公式计算，否则不能应用。

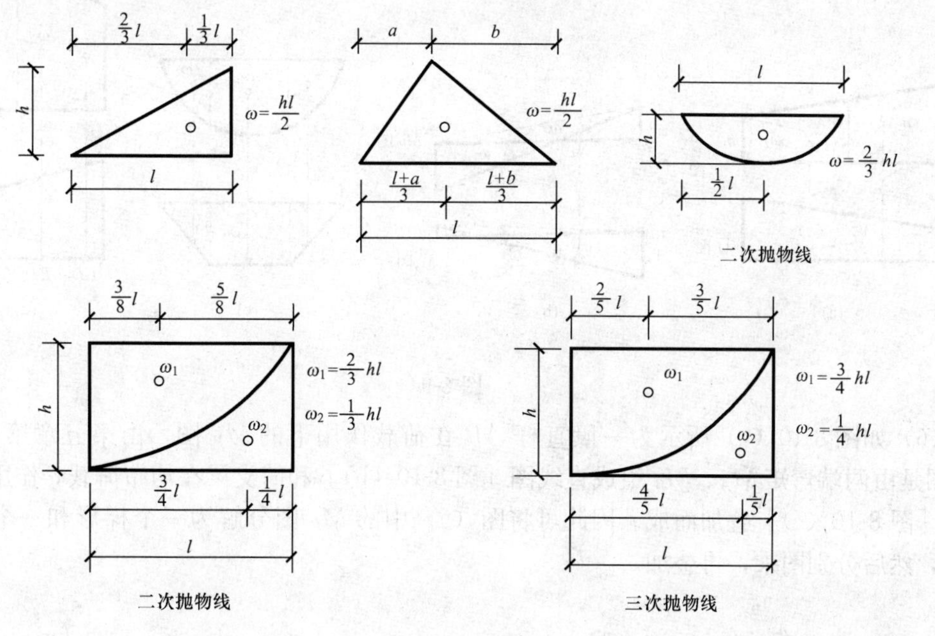

图 8-8

应用图乘法时，如遇到弯矩图的面积和形心位置不易确定时，可将图形分解为几个易于确定形心位置和面积的部分，将其分别图乘，再叠加。下面指出几个具体问题：

(1) 如果两个图形都是直线，则标距 y_c 可取自其中任一图形。

(2) 如果两个图形中，一个是曲线，一个是直线，曲线图形只能取面积，直线图形取 y_c。

(3) 如果两个图形都是梯形，如图 8-9 (a)，可以不求梯形面积的形心，而把两个梯形分成两个三角形（也可分为一个矩形及一个三角形），分别图乘后再叠加。即

$$\int M_P \cdot \overline{M} \mathrm{d}x = \omega_1 y_1 + \omega_2 y_2$$

其中：

$$y_1 = \frac{2}{3}c + \frac{1}{3}d \qquad y_2 = \frac{1}{3}c + \frac{2}{3}d$$

(4) 图 8-9 (b) 所示的直线图中有正号和负号部分。M_P 图可看作两个三角形：一个三角形 ABD 在基线下面，高为 b；一个三角形 ACB 在基线的上边，高为 a。将两个三角形面积分别乘以 $\overline{M}$ 图中相应的标距 y_1、y_2 后，再叠加（注意正负号）。即

$$\int M_P \cdot \overline{M} \mathrm{d}x = \omega_1 y_1 + \omega_2 y_2$$

其中：

$$y_1 = \frac{2}{3}c - \frac{1}{3}d \qquad y_2 = \frac{1}{3}c - \frac{2}{3}d$$

(5) 如果一个图形是曲线，另一个图形是由几段直线组成的折线，见图 8-9 (c)，或者各杆段的 E、I 不相等时，则应分段考虑，见图 8-9 (d)。

$$\int M_P \cdot \overline{M} \mathrm{d}x = \omega_1 y_1 + \omega_2 y_2 + \omega_3 y_3$$

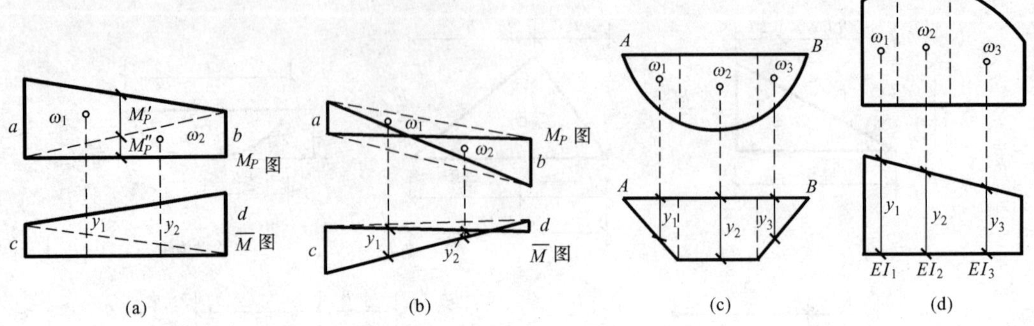

图 8-9

(6) 如图 8-10 (a) 所示为一段直杆 AB 在荷载作用下的 M_P 图，由第五章第四节知，M_P 图是由两端弯矩 M_A、M_B 组成直线图［图 8-10 (b)］和简支梁在均布荷载 q 作用下的弯矩图［图 8-10 (c)］叠加而成。因此可将图 (a) 中的 M_P 图分解为一个梯形和一个标准抛物线，然后分别图乘，再叠加。

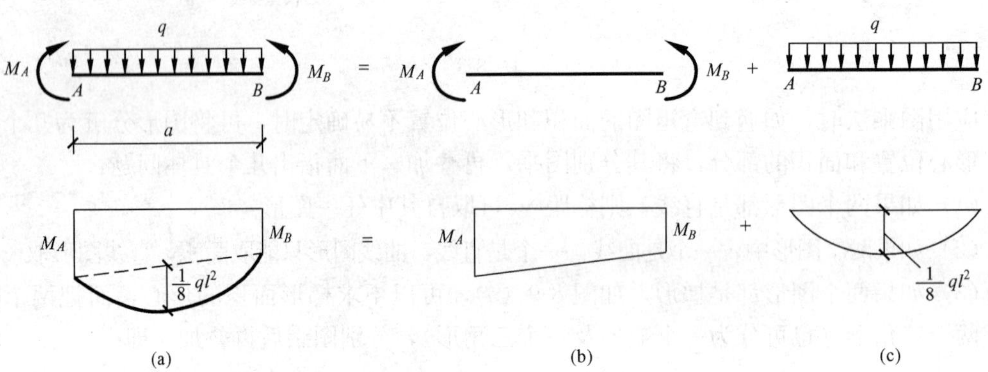

图 8-10

【例 8-4】 用图乘法计算［例 8-2］所示刚架 A 点的转角 θ_A。

解 (1) 画实际状态和虚设状态下的弯矩图 M_P 和 $\overline{M}$，如图 8-11 (a)、(b) 所示。

(2) 确定 ω、y_c。

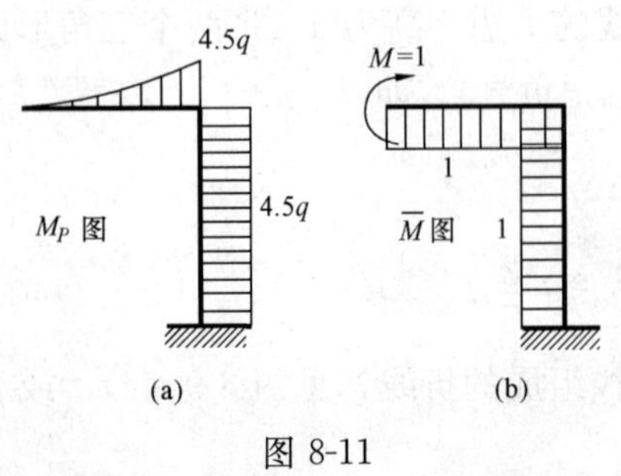

图 8-11

AB 段：$\omega_1 = \frac{1}{3} \times 4.5q \times 3 = 4.5q$ $y_1 = 1$ 异侧

BC 段：$\omega_2 = 4.5q \times 4 = 18q$ $y_2 = 1$ 异侧

(3) 计算 θ_A。

$$\theta_A = \frac{\omega_1 y_1}{2EI} + \frac{\omega_2 y_2}{EI} = -\frac{4.5q \times 1}{2EI} - \frac{18q \times 1}{EI}$$

$$= -\frac{20.25q}{EI} (\curvearrowleft)$$

计算结果与［例 8-2］相同。

【例 8-5】 求图 8-12（a）所示外伸梁 C 点的竖向位移，已知 $q=3\text{kN/m}$，$EI=2\times 10^4\text{kN}\cdot\text{m}^2$。

解 （1）画实际状态和虚设状态下的 M_P 图和 $\overline{M}$ 图，如图 8-12（c）、（d）所示。

（2）确定 ω、y_c。

M_P 图中，BC 段为标准二次抛物线，而 AB 不是标准抛物线，为此，将其分解为一个三角形和一个顶点在跨中的标准抛物线，见图 8-12（e），则

$$\omega_1=\frac{2}{3}\times 6\times 4=16 \qquad y_1=1 \quad （异侧）$$

$$\omega_2=\frac{1}{2}\times 6\times 4=12 \qquad y_2=\frac{2}{3}\times 2=1.33 \quad （同侧）$$

$$\omega_3=\frac{1}{3}\times 6\times 2=4 \qquad y_3=\frac{3}{4}\times 2=1.5 \quad （同侧）$$

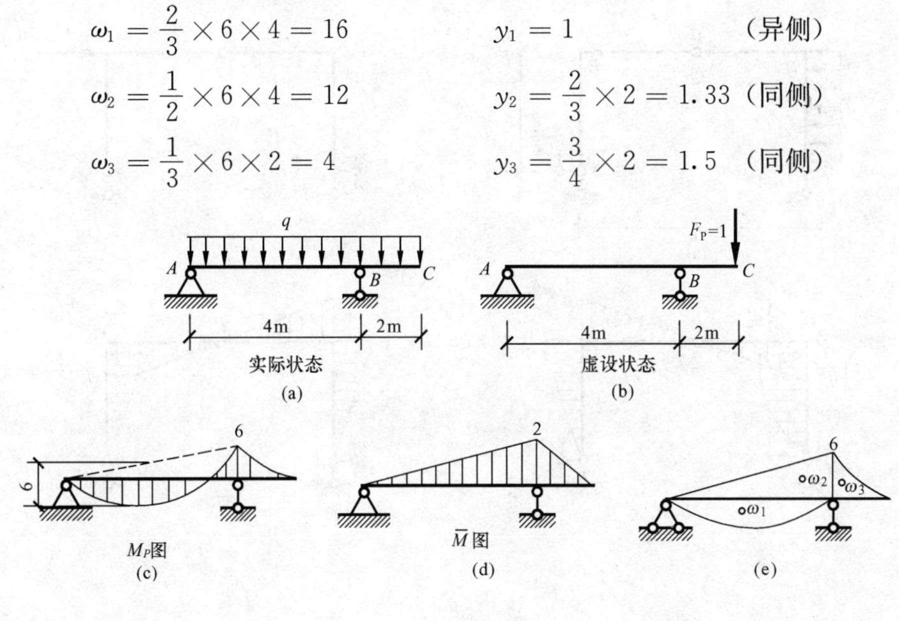

图 8-12

（3）计算 Δ_{Cy}。

$$\Delta_{Cy}=\frac{1}{EI}(\omega_1 y_1+\omega_2 y_2+\omega_3 y_3)=\frac{1}{2\times 10^4}(-16\times 1+12\times 1.33+4\times 1.5)$$

$$=2.98\times 10^4\text{m}=0.298\text{mm}(\downarrow)$$

计算结果为正值，可见 C 点的竖向位移与虚设单位力方向相同。

【例 8-6】 求图 8-13（a）所示三铰刚架 E 点的水平位移 Δ_{EH}，各杆 EI 等于常数。

解 （1）确定虚设状态，见图 8-13（b）。

（2）画实际状态和虚设状态下的弯矩图 M_P 和 $\overline{M}$，见图 8-13（c）、（d）。

（3）计算 ω、y_c。

$$\omega_1=\omega_2=\omega_3=\omega_4=\frac{1}{2}\times\frac{1}{4}ql^2\times l=\frac{1}{8}ql^3（异侧）$$

$$y_1=y_2=y_3=y_4=\frac{2}{3}\times\frac{1}{2}l=\frac{1}{3}l$$

$$\omega_5=\frac{2}{3}\times\frac{1}{8}ql^2\times l=\frac{1}{12}ql^3$$

$$y_5=\frac{1}{4}l（异侧）$$

（4）计算 Δ_{EH}。

$$\Delta_{EH}=\frac{1}{EI}(\omega_1 y_1+\omega_2 y_2+\omega_3 y_3+\omega_4 y_4+\omega_5 y_5)$$

$$=\frac{1}{EI}\left(-\frac{1}{8}ql^3\times\frac{1}{3}l\times 4-\frac{1}{12}ql^3\times\frac{1}{4}l\right)=-\frac{3ql^4}{16EI}(\rightarrow)$$

负值表示位移方向与虚设单位力的方向相反。

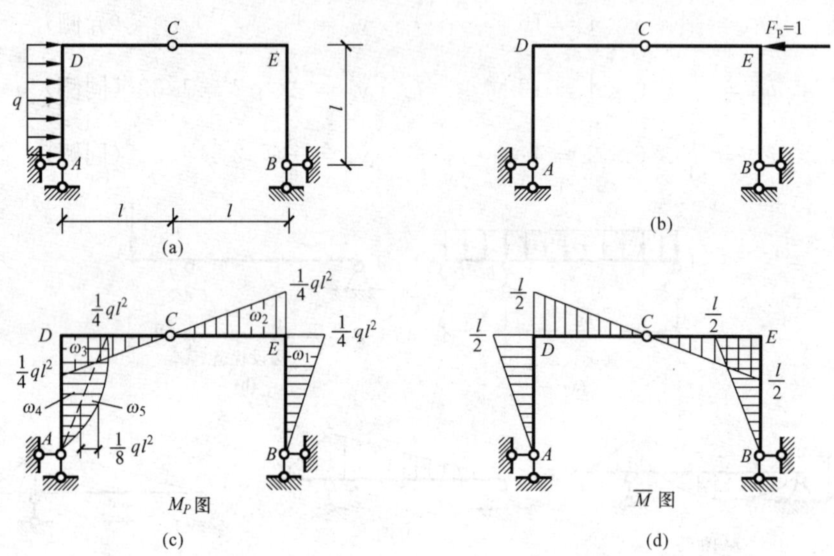

图 8-13

第四节 支座移动和温度改变时静定结构的位移

一、支座移动时静定结构的位移计算

用虚功原理讨论支座移动时静定结构的位移计算。如图 8-14（a）所示静定刚架，设支座 A 处有水平位移 C_1，竖向位移 C_2，转角 C_3，致使刚架由实线位置移到虚线位置，现求刚架内任一点 K 的位移 Δ_K。

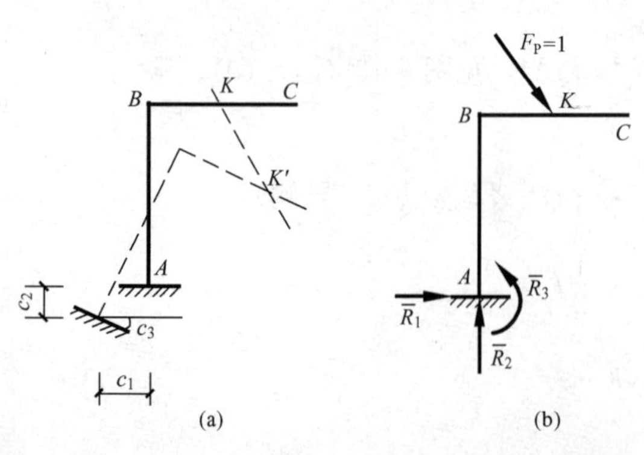

图 8-14

根据虚功原理计算位移，首先要确定位移状态和力状态，图 8-14（a）为位移状态（也是实际状态）。在 K 点处沿所求位移方向虚设一单位力$F_P=1$，得力状态（也是虚设状态）。

由于静定结构在支座移动时，不产生任何内力和变形，所以内力虚功 $W_{内}=0$。

现求外力虚功，图 8-14（b）中，由于 $F_P=1$ 的作用使支座 A 处有与实际位移 C_1、C_2、C_3 相应的水平反力$\overline{R_1}$，竖向反力$\overline{R_2}$和

反力偶$\overline{R_3}$，则外力虚功一般地可写为

$$W_{外} = F_P \cdot \Delta_K + \overline{R_1} \cdot C_1 + \overline{R_2} \cdot C_2 + \overline{R_3} \cdot C_3 = \Delta_K + \sum \overline{R} \cdot C$$

根据虚功原理：$W_{外} = W_{内}$

所以

$$\Delta_K + \sum \overline{R} \cdot c = 0$$

$$\Delta_K = -\sum \overline{R} \cdot c \tag{8-5}$$

式中 $\overline{R}$——虚设单位力所产生的支座反力；

c——支座处的实际位移。

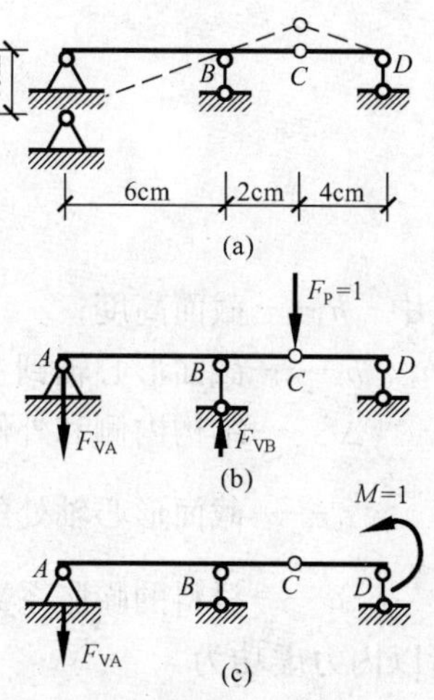

图 8-15

【例 8-7】 如图 8-15（a）为一静定多跨梁，支座 A 竖向沉陷 4cm。求：(1) C 点的竖向位移 Δ_C；(2) 杆 CD 的转角 β。

解 (1) 在 C 处沿竖向虚设一单位力 $F_P=1$，见图 8-15（b）所示。由于支座 B 无位移，只需计算 A 处的支反力，$F_{VA}=\frac{1}{3}(\downarrow)$。

所以

$$\Delta_C = -\frac{1}{3} \times 4 = -1.33\text{cm}(\uparrow)$$

负号表示 C 处的位移方向与虚设单位力的方向相反。

(2) 在 D 点处加一单位力偶 $M=1$，见图 8-15（c）。

$$F_{VA} = \frac{1}{12}(\downarrow)$$

所以

$$\beta = -\frac{1}{12} \times 4 = -0.33\text{rad}(\curvearrowleft)$$

负号表示 CD 的转向与虚设单位力偶的转向相反。

二、温度改变时静定结构的位移计算

对于静定结构，温度改变时并不引起内力，但由于材料发生热胀冷缩，会使结构产生变形和位移。

同样利用虚功原理分析温度改变时静定结构的位移计算公式。

如图 8-16（a）所示的结构，设杆件外缘温度升高 t_1℃，内缘温度升高 t_2℃，且温度沿杆的截面高度 h 按直线规律变化，见图 8-16（b），杆件在温度变化后的变形见图 8-16（a）中虚线所示，求刚架中任一点 K 的位移 Δ_K。

图 8-16（a）为位移状态（也是实际状态），在 K 点处沿所求位移方向虚设一单位集中

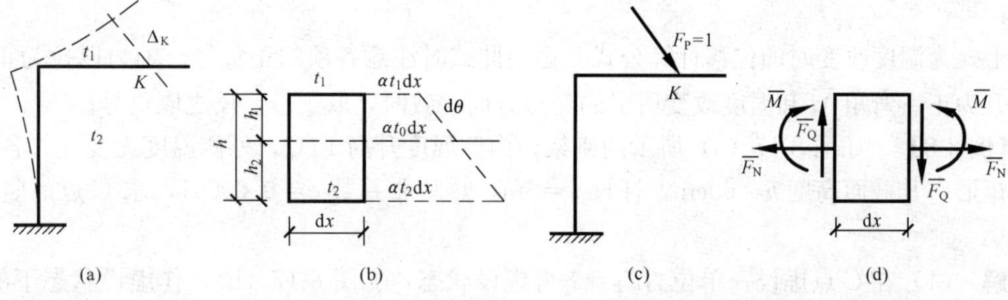

图 8-16

力$F_P=1$得力状态（即虚设状态），见图 8-16（c）所示，则外力虚功为

$$W_{外}=F_P\cdot\Delta_K=\Delta_K$$

现分析内力虚功。在力状态中任一微段 dx 的内力见图 8-16（d），在位移状态中同一微段 dx 的变形见图 8-16（b）。在温度变化时，杆件不引起剪应变，引起的轴向变形 $d\lambda$ 和左右两截面的相对转角 $d\theta$ 分别为

$$d\lambda=\alpha t_1 dx+(\alpha t_2 dx-\alpha t_1 dx)\frac{h_1}{h}$$

$$=\alpha\frac{t_1h_2+t_2h_1}{h}dx=\alpha t_0 dx$$

$$d\theta=\frac{\alpha(t_2-t_1)}{h}dx=\frac{\alpha\Delta t}{h}dx$$

式中　h——截面高度；

h_1、h_2——截面形心轴到上、下边缘的距离；

Δt——结构内侧和外侧的温度差，$\Delta t=t_2-t_1$；

t_0——截面形心轴处的温度，$t_0=\frac{t_1h_2+t_2h_1}{h}$；

α——材料的膨胀系数。

所以内力虚功为

$$W_{内}=\Sigma\int\overline{M}d\theta+\Sigma\int\overline{F}_N d\lambda=\Sigma\int\overline{M}\frac{\alpha\Delta t}{h}dx+\Sigma\int\overline{F}_N\alpha t_0 dx$$

如果各杆沿全长的温度变化相同，且截面高度不变，则有

$$W_{内}=\Sigma\frac{\alpha\Delta t}{h}\int\overline{M}dx+\Sigma\alpha t_0\int\overline{F}_N dx$$

$$=\Sigma\frac{\alpha\Delta t}{h}\omega_{\overline{M}}+\Sigma\alpha t_0\omega_{\overline{N}}$$

式中　$\omega_{\overline{M}}=\int\overline{M}dx$ 为 $\overline{M}$ 图的面积；

$\omega_{\overline{N}}=\int\overline{F}_N dx$ 为 $\overline{F}_N$ 图的面积。

根据虚功原理 $W_{外}=W_{内}$，则有

$$\Delta_K=\Sigma\frac{\alpha\Delta t}{h}\omega_{\overline{M}}+\Sigma\alpha t_0\omega_{\overline{N}}\tag{8-6}$$

上式为温度改变时的位移计算公式。运用此式时注意各项的正负号。轴力以拉为正，t_0 以上升为正。弯矩 $\overline{M}$ 和温度改变所引的变形方向一致时，取正号，反之取负号。

【例 8-8】　如图 8-17（a）所示的刚架，内侧温度升高 10℃，外侧温度无变化。各杆截面为矩形，其截面高度 $h=60$cm，杆长 $l=6$m，热膨胀系数 $\alpha=0.00001$，求 C 点的竖向位移Δ_{Cy}。

解　（1）在 C 点虚设一单位力$F_P=1$得虚设状态，见图 8-17（b），作虚设状态下的 $\overline{F}_N$ 图和 $\overline{M}$ 图，见图 8-17（c）、（d）。

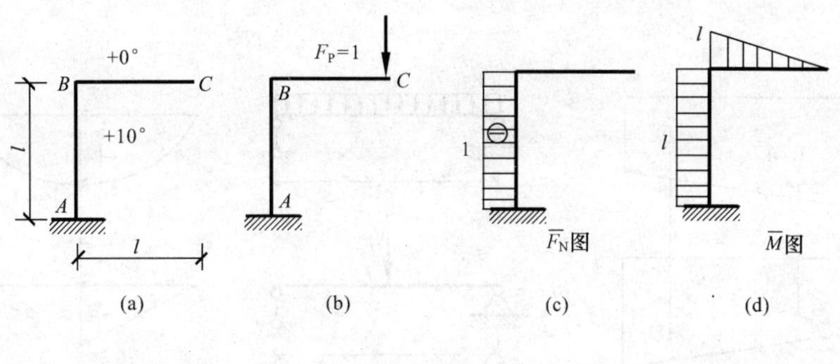

图 8-17

(2) 计算 Δ_{Cy}。

$$\Delta t = 10 - 0 = 10℃$$

$$t_0 = \frac{10+0}{2} = 5℃$$

则
$$\Delta_{Cy} = -\frac{\alpha\Delta t}{h}\left(l^2 + \frac{1}{2}l^2\right) + \alpha t_0 l = -\frac{3\alpha\Delta t l^2}{2h} + \alpha t_0 l$$

代入已知数据得

$$\Delta_{Cy} = -0.93\text{cm}(\uparrow)$$

思 考 题

8-1 什么是实功、虚功？变形体的虚功原理是怎样叙述的？

8-2 如何利用变形体的虚功原理推导结构的位移计算公式？

8-3 试述单位荷载法计算位移的思路。

8-4 应用单位荷载法计算位移时，如何虚设单位荷载？如何确定所求位移的实际方向？

8-5 图乘法的应用条件是什么？怎样确定图乘结果的正负号？

8-6 叙述图乘法计算位移的思路。

8-7 下列图乘是否正确？如不正确将如何改正？

(1) $\int \frac{M_P\overline{M}}{EI}\mathrm{d}x = \frac{1}{EI}(\omega_1 y_1 + \omega_2 y_2)$

(2) $\int \frac{M_P\overline{M}}{EI}\mathrm{d}x = \frac{1}{EI}\left(\frac{2}{3} \times \frac{ql^2}{8} \times l\right) \times \frac{l}{4}$

(3) $\int \frac{M_P\overline{M}}{EI}\mathrm{d}x = \frac{1}{EI}\omega y$

(4) $\int \frac{M_P\overline{M}}{EI}\mathrm{d}x = \frac{1}{EI}\left(\frac{1}{3} \times ql^2 \times l\right) \times \frac{3}{4}l$

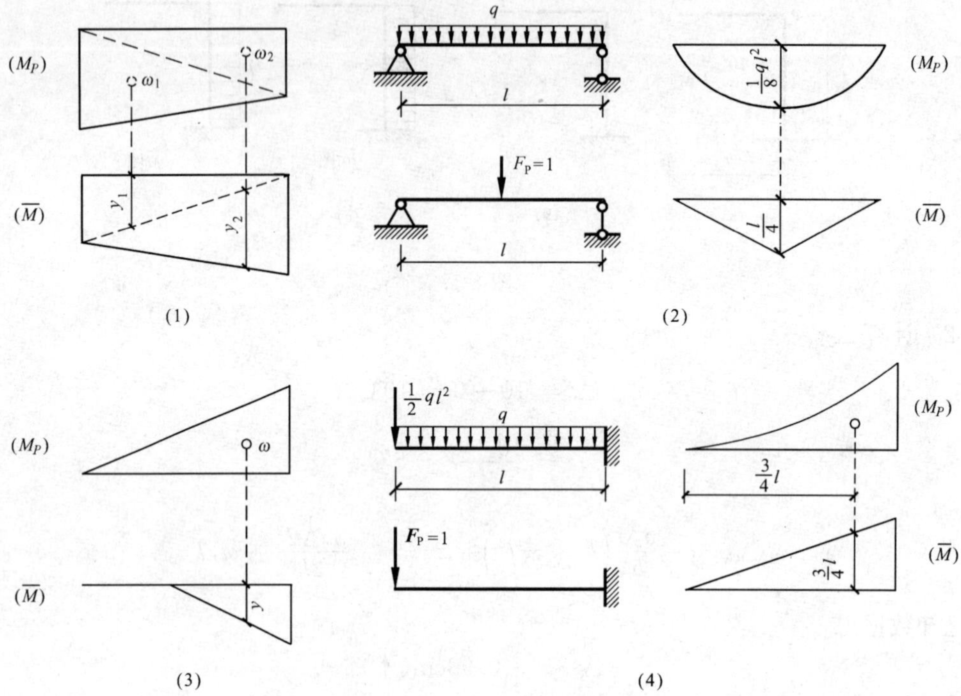

图 8-18 思考题 8-7 图

习 题

8-1 用单位荷载法计算图中 A 截面的竖向位移和 C 截面的转角。

8-2 用单位荷载法计算悬臂刚架 C 端的水平位移（刚架各杆 EI 为常数）。

8-3 求结点 C 的水平位移，设各杆的 EA 相等。

8-4 试用图乘法计算题 8-1、题 8-2。

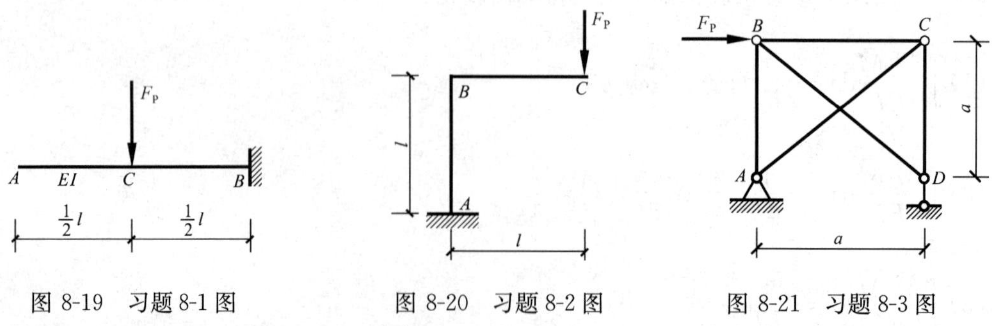

图 8-19 习题 8-1 图　图 8-20 习题 8-2 图　图 8-21 习题 8-3 图

8-5 用图乘法计算图示刚架 B 点的水平位移。

8-6 用图乘法计算梁 C 点的竖向位移。

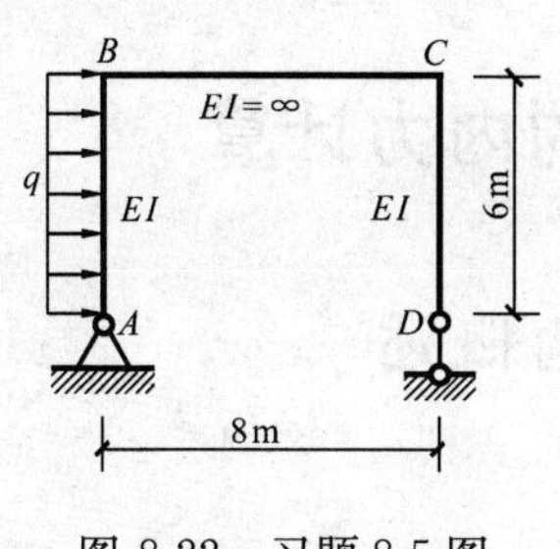

图 8-22　习题 8-5 图

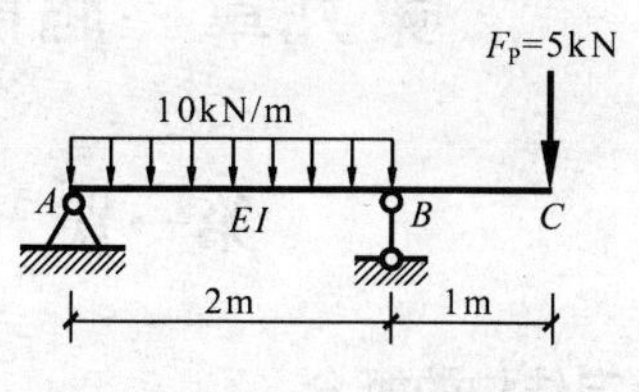

图 8-23　习题 8-6 图

8-7　图示梁支座 B 下沉 $\Delta=0.2$cm，求 E 截面的竖向位移。

8-8　图示刚架，内部温度升高 15℃，外部温度升高 5℃。各杆截面相同，高为 h，并对称于形心轴，材料的膨胀系数为 α，求 B 点的水平位移。

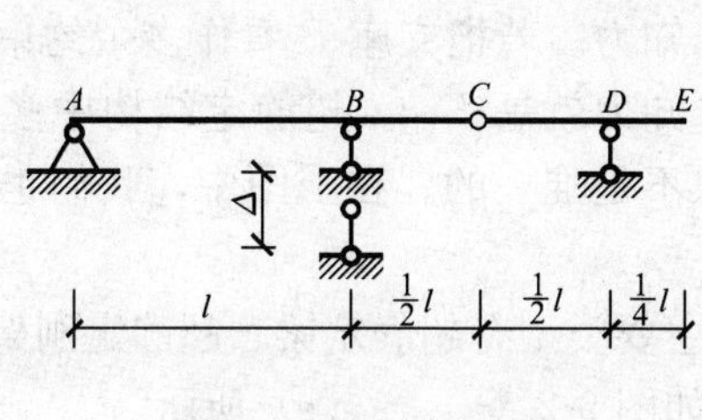

图 8-24　习题 8-7 图

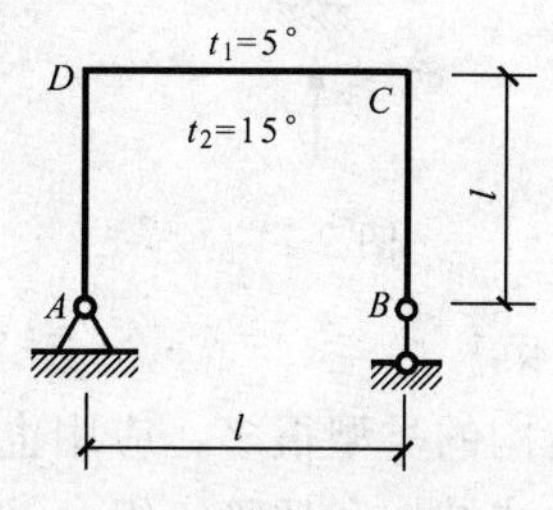

图 8-25　习题 8-8 图

第九章　超静定结构的内力计算

第一节　超静定结构概述

一、超静定结构的概念

超静定结构，是具有多余约束的几何不变体系，其支座反力和内力仅利用静力平衡条件不能全部求出，必须考虑结构的位移条件。如图 9-1 所示连续梁，从几何组成上看，它是几何不变的，且有多余约束（多余约束是相对于静定结构而言的），多余约束产生的力称为多余未知力。若把支座 B 看作多余约束，则其多余未知力就是 F_{VB}。超静定结构中多余约束的选取不是唯一的。在上图中，我们也可以把支座 C 看作多余约束。

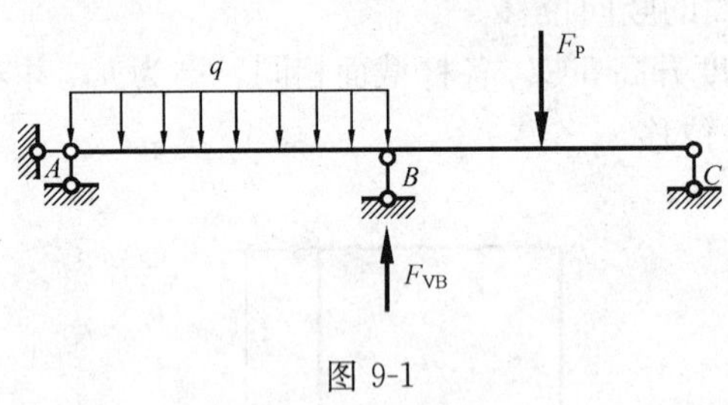

图 9-1

超静定结构的类型很多，应用也很广泛。主要类型有超静定梁、超静定刚架、超静定桁架、超静定拱式结构和超静定组合结构。分别如图 9-2（a）～（e）所示。

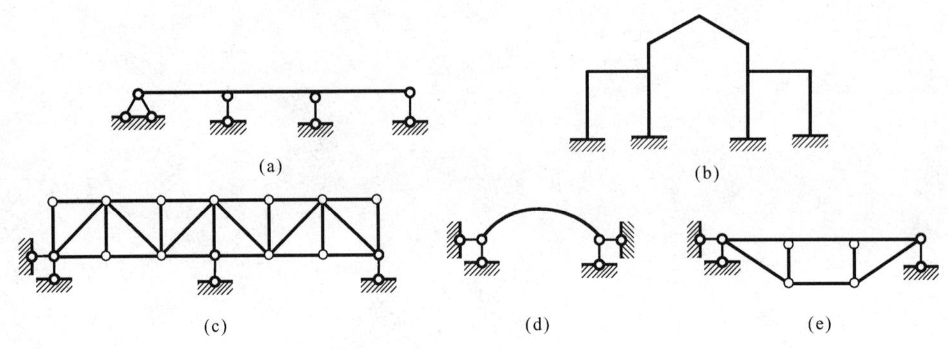

图 9-2

与静定结构相比，超静定结构强度要高些，刚度要大些。但是，在非荷载因素，如支座沉陷、温度变化、尺寸误差影响下，会使结构产生内力。

二、超静定次数的确定

超静定结构中多余约束或多余未知力的数目称为超静定次数。确定任何结构的超静定次数，一般采用去掉多余约束的方法，将超静定结构变为静定结构。而切断或去掉约束的方式，一般有以下几种：

（1）切断一根链杆，等于去掉一个约束，见图 9-3（a）。

（2）切断一个单铰，等于去掉两个约束，见图 9-3（b）。

（3）切断受弯杆件后加入一个铰，或将固定支座改为铰支座，等于去掉一个约束，见图 9-3(c)。

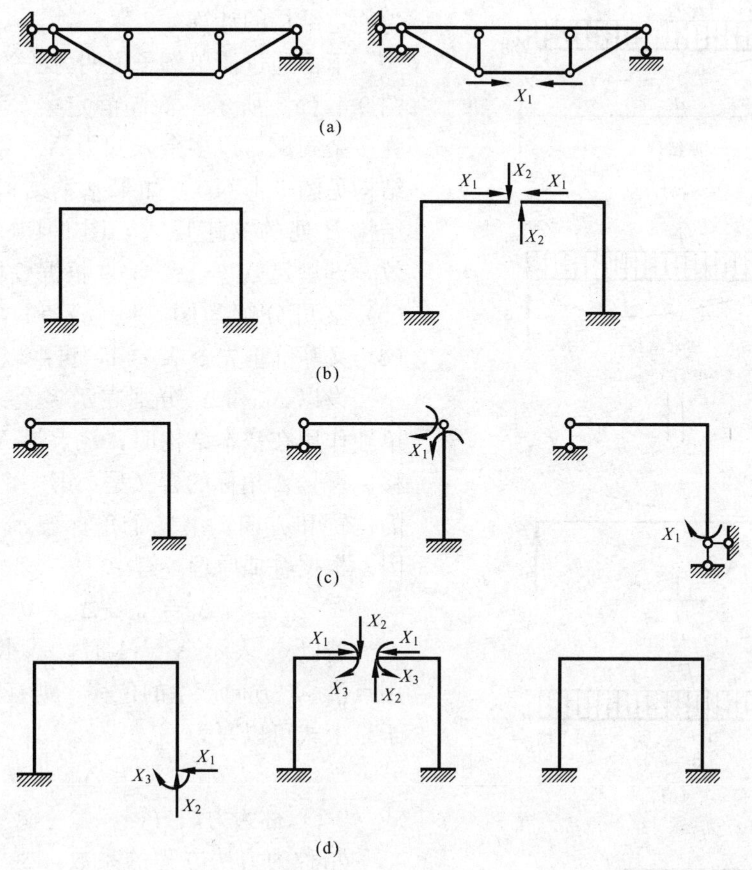

图 9-3

(4) 去掉一个固定支座或切断一根受弯杆件，等于去掉三个约束，见图 9-3 (d)。

应用上述方式，可以确定结构的超静定次数。如从原结构中去掉 n 个约束，结构就变成静定结构，则原结构称为 n 次超静定结构。去掉多余约束后得到的静定结构，称为原结构的基本结构。

对于一个超静定结构，可以采取多种方式去掉多余约束，从而得到不同的基本结构。但是，所去掉多余约束的数目是完全相同的。

超静定结构的计算方法较多，基本方法有力法和位移法，对连续梁和无侧移刚架，用力矩分配法比较简单。

第二节　力　　法

一、力法基本原理

力法是计算超静定结构最基本的方法。它的基本思路是：首先解除结构的多余约束，用多余未知力代替，然后根据解除多余约束处的位移条件，建立力法典型方程，力法方程数与多余未知力数对应相等。力法方程中的系数可以用单位荷载法求得，将系数代入方程即可求

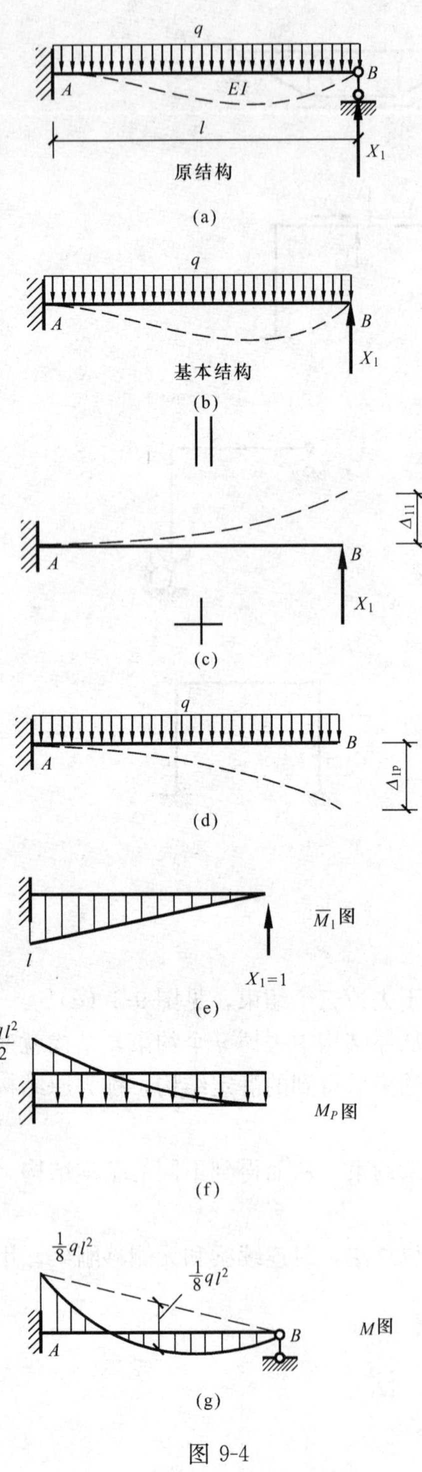

图 9-4

出多余未知力。于是，超静定结构的计算便转化为静定结构的计算。

下面通过简单例子说明力法的基本原理。如图 9-4（a）所示一次超静定梁，可将支座 B 视为多余约束，以多余未知力 X_1 代替，得到基本结构见图 9-4（b）。如果基本结构的 X_1 等于原结构 B 处的支座反力，图 9-4（a）和（b）等效，即满足 $\Delta_1=\Delta_B=0$。根据叠加原理，图 9-4（b）又可分解为图 9-4（c）和（d），而图 9-4（c）又等价于先令 $X_1=1$，再乘以 X_1 倍的情形。

设以 Δ_{11} 和 $\Delta_{1\mathrm{p}}$ 分别表示多余力 X_1 和荷载 q 单独作用在基本结构时，B 点沿 X_1 方向上的位移。符号 Δ 角标的含义是：第一个角标表示位移的位置和方向；第二个角标表示位移产生的原因。根据叠加原理，有

$$\Delta_1=\Delta_{11}+\Delta_{1\mathrm{p}}=0$$

若以 δ_{11} 表示 $X_1=1$ 时，基本结构在 X_1 作用点沿 X_1 方向产生的位移，则有 $\Delta_{11}=\delta_{11}\cdot X_1$，于是上式可以写为

$$\delta_{11}\cdot X_1+\Delta_{1\mathrm{p}}=0 \tag{9-1}$$

式（9-1）称为力法方程。

δ_{11} 称为力法方程的系数，$\Delta_{1\mathrm{p}}$ 称为力法方程的自由项。可先绘制基本结构的单位弯矩图 $\overline{M_1}$（由单位力 $X_1=1$ 产生）和荷载弯矩图 M_P（由荷载 q 产生），分别见图 9-4（e）、（f），然后两者均利用图乘法求得

$$\delta_{11}=\int\frac{\overline{M_1^2}}{EI}\mathrm{d}x=\frac{l^3}{3EI}$$

$$\Delta_{1\mathrm{p}}=\int\frac{M_P\,\overline{M_1}}{EI}\mathrm{d}x=-\frac{ql^4}{8EI}$$

进而求得 $X_1=\dfrac{3ql}{8}(\uparrow)$，所得结果为正值，表示 X_1 的实际方向与基本结构中的假设方向一致。

多余未知力 X_1 求出后，其余所有反力和内力都可用静力平衡条件确定。超静定结构的 M 图可按照叠加原理绘出，即

$$M=\overline{M_1}\cdot X_1+M_P$$

超静定结构的 M 图见图 9-4（g）。

二、力法典型方程

由力法基本原理可知，用力法计算超静定结构的关键在于根据位移条件建立力法的基本方程，求解多余力。对于多次超静定结构，其计算原理与一次超静定结构完全相同。下面通过举例说明多次超静定结构力法方程的形式和建立方法。

如图 9-5（a）所示三次超静定结构，用力法求解时，去掉固定支座，并以相应的多余未知力 X_1、X_2 和 X_3 代替，得到基本结构，见图 9-5（b）。假设基本结构在荷载和多余未知力 X_1、X_2 和 X_3 共同作用下，B 处沿 X_1、X_2 和 X_3 方向的位移分别为 Δ_1、Δ_2 和 Δ_3。要基本结构与原结构相等，必须满足位移条件：

$$\begin{cases}\Delta_1 = 0 \\ \Delta_2 = 0 \\ \Delta_3 = 0\end{cases}$$

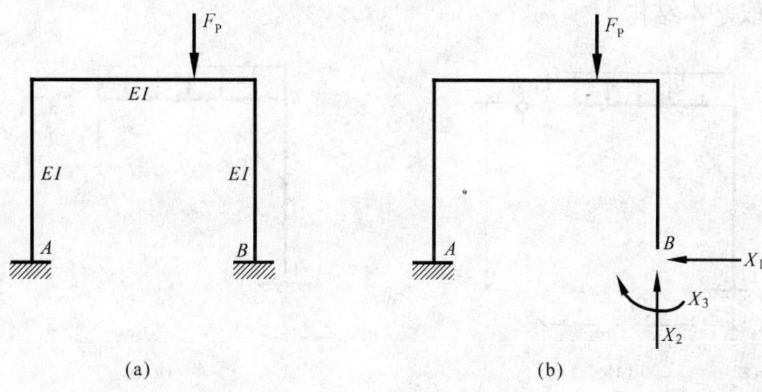

图 9-5

设多余未知力 $X_1=1, X_2=1, X_3=1$ 和荷载 F_P 分别单独作用在基本结构上，所引起 B 点沿 X_1 方向的位移分别是 δ_{11}、δ_{12}、δ_{13} 和 Δ_{1p}，沿 X_2 方向的位移分别是 δ_{21}、δ_{22}、δ_{23} 和 Δ_{2p}，沿 X_3 方向的位移分别是 δ_{31}、δ_{32}、δ_{33} 和 Δ_{3p}。根据叠加原理，可将位移条件表示为

$$\left.\begin{aligned}\Delta_1 &= \Delta_{11} + \Delta_{12} + \Delta_{13} + \Delta_{1p} \\ &= \delta_{11}X_1 + \delta_{12}X_2 + \delta_{13}X_3 + \Delta_{1p} = 0 \\ \Delta_2 &= \Delta_{21} + \Delta_{22} + \Delta_{23} + \Delta_{2p} \\ &= \delta_{21}X_1 + \delta_{22}X_2 + \delta_{23}X_3 + \Delta_{2p} = 0 \\ \Delta_3 &= \Delta_{31} + \Delta_{32} + \Delta_{33} + \Delta_{3p} \\ &= \delta_{31}X_1 + \delta_{32}X_2 + \delta_{33}X_3 + \Delta_{3p} = 0\end{aligned}\right\} \tag{9-2}$$

式（9-2）称为三次超静定结构在荷载作用下的力法典型方程。

根据同样的方法，我们可以建立 n 次超静定结构的力法典型方程：

$$\left.\begin{aligned}\Delta_1 &= \delta_{11}X_1 + \delta_{12}X_2 + \delta_{13}X_3 + \cdots + \delta_{1n}X_n + \Delta_{1p} = 0 \\ \Delta_2 &= \delta_{21}X_1 + \delta_{22}X_2 + \delta_{23}X_3 + \cdots + \delta_{2n}X_n + \Delta_{2p} = 0 \\ &\vdots \\ \Delta_n &= \delta_{n1}X_1 + \delta_{n2}X_2 + \delta_{n3}X_3 + \cdots + \delta_{nn}X_n + \Delta_{np} = 0\end{aligned}\right\} \tag{9-3}$$

在上列方程中，有 n^2 个系数，有 n 个自由项。系数 δ_{11}、δ_{22}、δ_{33}、…、δ_{nn} 称为主系数；其

余的系数称为副系数。系数 δ_{ij} 表示基本结构在 $X_j=1$ 单独作用时，沿未知力 X_i 方向上所产生的位移。对于梁和刚架而言

$$\delta_{ij}=\delta_{ji}=\Sigma\int\frac{\overline{M_i}(x)\,\overline{M_j}(x)}{EI}\mathrm{d}x=\Sigma\int\frac{\overline{M_j}(x)\,\overline{M_i}(x)}{EI}\mathrm{d}x$$

$$\Delta_{\mathrm{ip}}=\Sigma\frac{M_P\,\overline{M_i}}{EI}\mathrm{d}x \tag{9-4}$$

力法方程中，总有 $\delta_{ij}=\delta_{ji}$。求得系数和自由项后，即可解得各个多余未知力。按照叠加原理，有

$$M=X_1\cdot\overline{M_1}+X_2\cdot\overline{M_2}+\cdots+X_n\cdot\overline{M_n}+M_P$$

再根据平衡条件求得剪力和轴力。

三、力法应用举例

【例 9-1】 试用力法计算如图 9-6（a）所示刚架，并绘制内力图。已知各杆的 EI 为常数。

解 （1）选取基本结构。

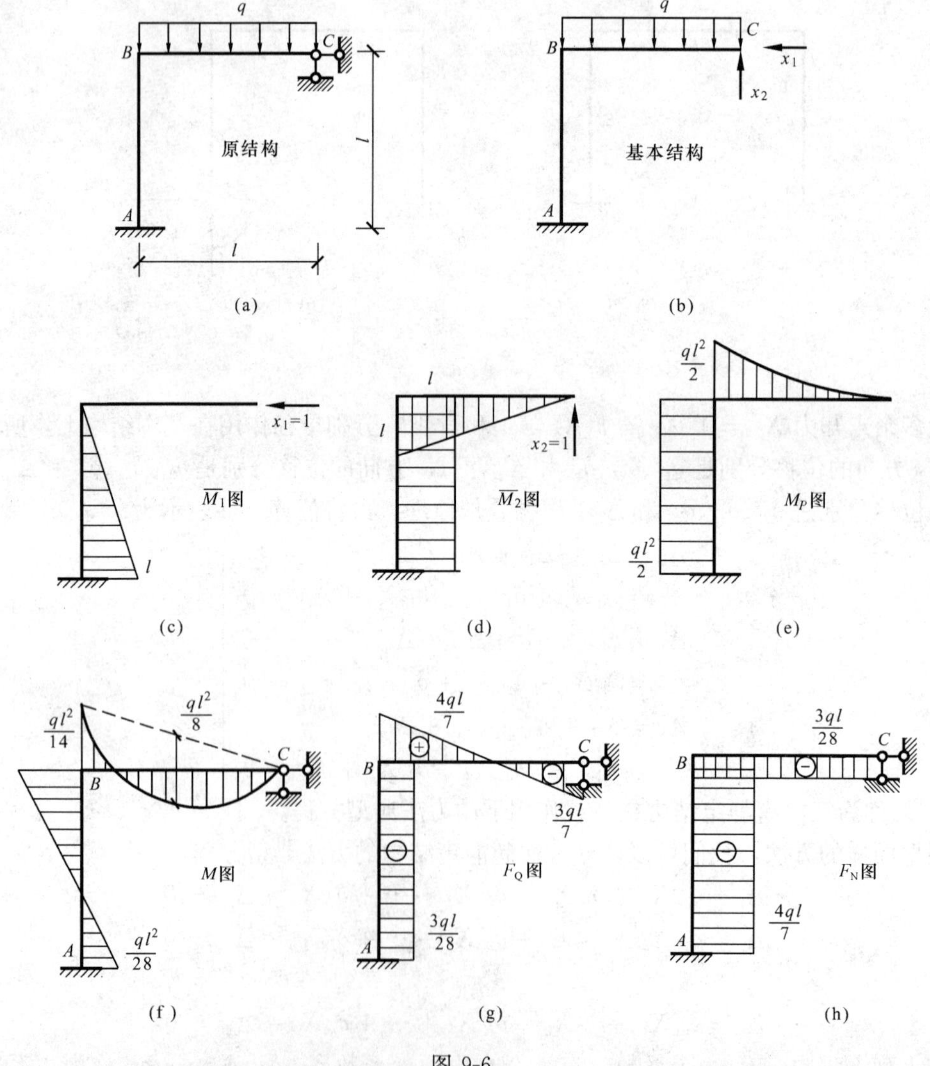

图 9-6

本题为二次超静定结构，去掉 C 处的两个多余约束，得基本结构，见图 9-6（b）。

（2）建立力法典型方程。

$$\begin{cases}\delta_{11}X_1+\delta_{12}X_2+\Delta_{1p}=0\\ \delta_{21}X_1+\delta_{22}X_2+\Delta_{2p}=0\end{cases}$$

（3）绘制 $\overline{M_i}$ 和 M_P 图，计算系数和自由项。

$$\delta_{11}=\frac{1}{EI}\left(\frac{1}{2}\times l\times l\times\frac{2}{3}l\right)=\frac{l^3}{3EI}$$

$$\delta_{22}=\frac{1}{EI}\left(\frac{1}{2}\times l\times l\times\frac{2}{3}l+l^3\right)=\frac{4l^3}{3EI}$$

$$\Delta_{1p}=-\frac{1}{EI}\left(\frac{1}{2}\times l\times l\times\frac{ql^2}{2}\right)=-\frac{ql^4}{4EI}$$

$$\Delta_{2p}=-\frac{1}{EI}\left(\frac{l}{3}\times\frac{ql^2}{2}\times\frac{3l}{4}+\frac{ql^2}{2}\times l^2\right)=\frac{-5ql^4}{8EI}$$

（4）求解多余未知力。

$$X_1=\frac{3}{28}ql,\quad X_2=\frac{3}{7}ql$$

（5）根据叠加原理绘制 M 图，见图 9-6（f）。

（6）根据静力平衡条件绘制 F_Q 图和 F_N 图，分别见图 9-6（g）、（h）。

【例 9-2】 试用力法计算如图 9-7（a）所示桁架各杆的轴力，已知各杆的 EA 为常数且相等。

解　（1）选取基本结构。本题为一次超静定结构，截断杆 BD，得基本结构见图 9-7(b)。

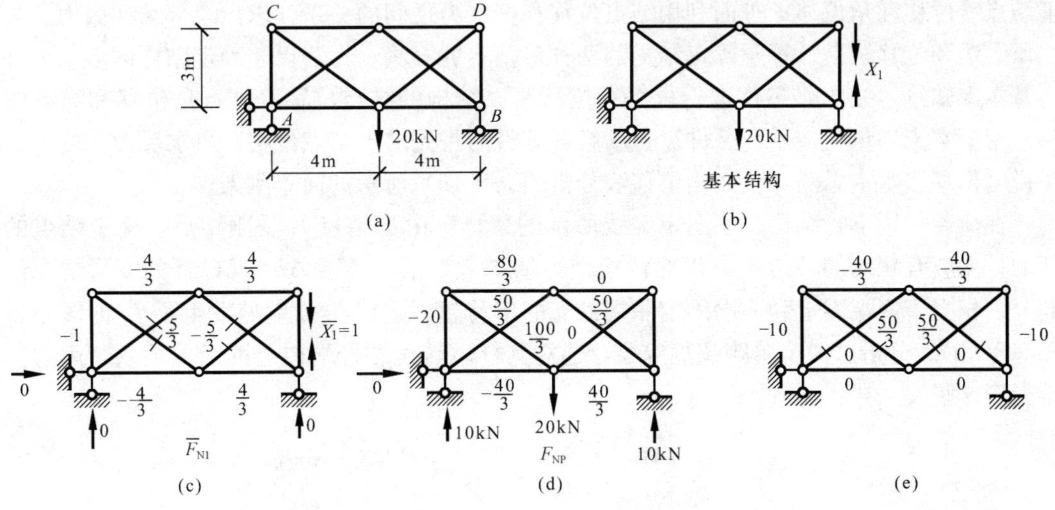

图 9-7

（2）建立力法典型方程。

$$\delta_{11}X_1+\Delta_{1p}=0$$

（3）绘制 $\overline{F}_{N1}$ 图和 F_{NP} 图，分别见图 9-7（c）、（d）；计算系数和自由项。

$$\delta_{11}=\sum\frac{\overline{F_{N1}^{2}}}{EA}l=\frac{90}{EA}\quad(\mathrm{m})$$

$$\delta_{1p}=\sum\frac{\overline{F}_{N1}F_{NP}}{EA}l=\frac{900}{EA}\quad(\mathrm{kN\cdot m})$$

（4）求解多余未知力。

$$X_1=-10\mathrm{kN}(\text{压})$$

（5）作轴力图。

利用公式 $F_N=\overline{F}_{N1}X_1+F_{NP}$绘制轴力图，见图 9-7（e）。

综上所述，用力法计算超静定结构的步骤可归纳如下：

（1）确定超静定次数，选取基本结构。

（2）建立力法典型方程。

（3）绘制 $\overline{M_i}$ 和 M_P 图，计算系数和自由项。

（4）求解多余未知力。

（5）根据叠加原理绘制 M 图。

（6）根据静力平衡条件绘制 F_N 图和 F_Q 图。

第三节 位 移 法

一、位移法基本原理

位移法也是计算超静定结构的一种历史悠久的方法。它的基本思路是：以结构的独立结点角位移和结点线位移作为基本未知量，以原结构结点的静力平衡条件建立位移法方程，求解结点线位移和角位移；进而利用结点位移和杆端力之间的关系，求出全部结构内力。

力法和位移法是计算超静定结构的两种最基本的方法。力法以超静定结构的多余未知力为基本未知量，按位移条件进行求解；位移法以结构的结点位移（结点角位移和结点线位移）为基本未知量，按平衡条件进行求解，其目的是先求出结点位移，再求反力和内力。为了说明位移法基本思路，下面用位移法分析图 9-8（a）所示的简单刚架。

在荷载作用下，结构产生图中虚线所示的变形。由于结点 B 是刚结点，交于结点的两杆的杆端应有相同的转角 θ_B，以此转角作为基本未知量。考察 AB、BC 杆的变形情况，它们分别相当于两端固定和一端固定一端铰支的单跨超静定梁在 B 端处发生了 θ_B 的转角，见图 9-8（b）。分析这两个单跨超静定梁，建立其杆端转角和杆端内力的函数关系。用力法不难得到这些关系式：

$$M_{BA}=4i\theta_B-\frac{F_Pl}{8},\quad M_{AB}=2i\theta_B+\frac{F_Pl}{8},\quad M_{BC}=3i\theta_B,\quad M_{CB}=0$$

式中：$i=\dfrac{EI}{l}$，称为杆件的线刚度；符号 M_{BA} 表示杆端弯矩，其第一个下标表示此杆端弯矩所在的杆端，第二个下标表示此杆的远端。利用结构结点 B 的力矩平衡条件，见图 9-8（c），建立位移法方程：

$$M_{BA}+M_{BC}=0,\text{即 }4i\theta_B-\frac{F_Pl}{8}+3i\theta_B=0\tag{9-5}$$

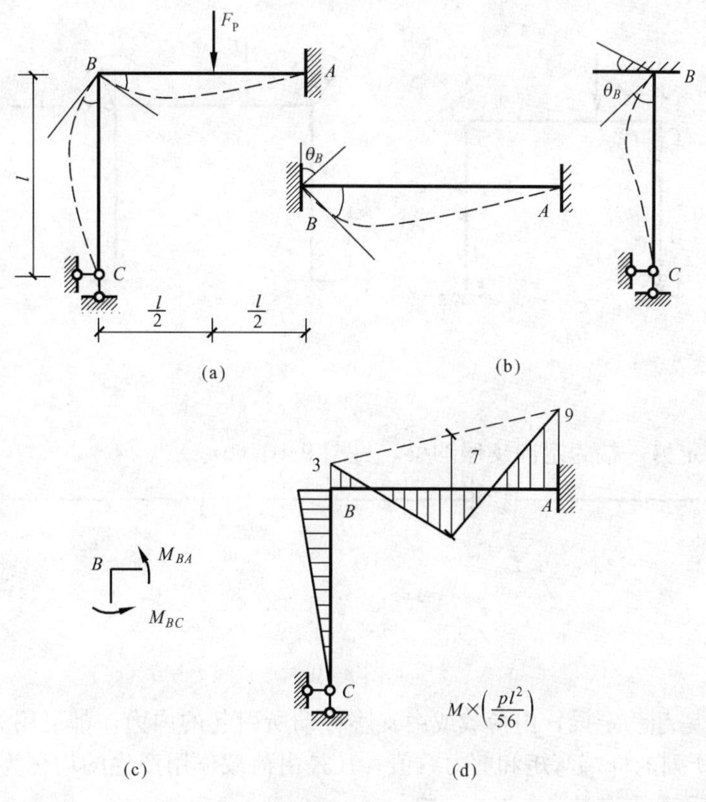

图 9-8

由此解得 $\theta_B=\dfrac{F_P l^2}{56EI}$，代入上面的式子，求出各杆杆端弯矩，作弯矩图，见图 9-8（d）。

由位移法的解题思路可见，位移法分析要解决以下几个问题：

（1）确定结构的独立结点位移，即位移法的基本未知量。

（2）确定杆件的杆端力和杆端位移间的函数关系。

（3）根据平衡条件建立求解基本未知量的方程式。

二、位移法的基本未知量和基本结构

位移法以结构的刚结点的角位移和独立的结点线位移作为基本未知量。角位移数量等于刚结点数目。确定刚架独立的结点线位移时，常用铰化结点法，即把刚架的所有刚结点变为铰结点，把固定支座改为铰支座，分析该铰结体系的可变性，加入某些链杆使其成为没有多余约束的几何不变体系，加入链杆的数目，就是独立的结点线位移数量。

在结构的结点角位移和独立的结点线位移处增设附加刚臂和链杆，使结构的各杆成为互不相关的单杆体系，这个单杆体系就称为原结构的位移法基本结构。如图 9-9（a）所示刚架，它的基本结构见图 9-9（b）。

三、单跨超静定梁的形常数和载常数

位移法的基本结构是由一系列单跨超静定梁组成。常用的单跨超静定梁的类型有：

（1）两端固定的梁，见图 9-10（a）。

（2）一端固定另一端为铰支的梁，见图 9-10（b）。

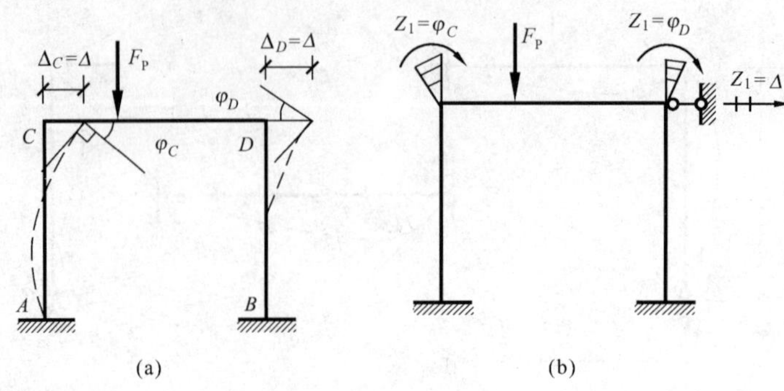

图 9-9

(3) 一端固定另一端为定向支座的梁，见图 9-10 (c)。

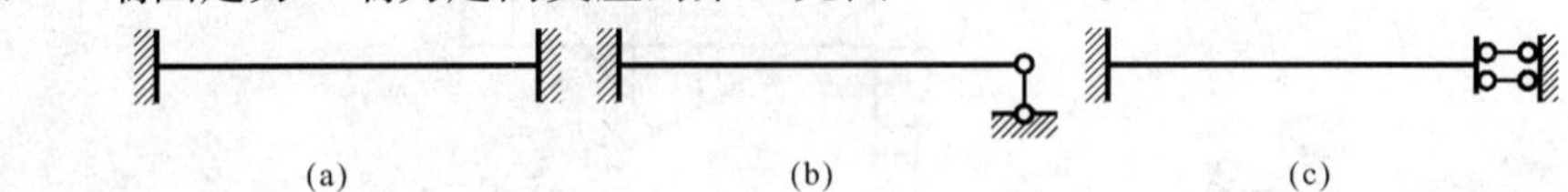

图 9-10

以上三种单跨超静定梁，由荷载或由支座移动所引起的内力，都可用力法求得其结果。见表 9-1，表中所列的杆端弯矩和剪力数值，凡是由荷载作用产生的均称为载常数；凡由单位位移产生的均称为形常数。

表 9-1　　等截面直杆杆端弯矩和剪力

序号	梁的简图	杆端弯矩		杆端剪力	
		M_{AB}	M_{BA}	F_{QAB}	F_{QBA}
1	A, B, $\theta=1$, l	$4i$ $i=\frac{EI}{l}$(下同)	$2i$	$-\frac{6i}{l}$	$-\frac{6i}{l}$
2	A, B, $\Delta=1$, l	$-\frac{6i}{l}$	$-\frac{6i}{l}$	$\frac{12i}{l^2}$	$\frac{12i}{l^2}$
3	A, B, $\theta=1$, l	$3i$	0	$-\frac{3i}{l}$	$-\frac{3i}{l}$
4	A, B, $\Delta=1$, l	$-\frac{3i}{l}$	0	$\frac{3i}{l^2}$	$\frac{3i}{l^2}$

续表

序号	梁的简图	杆端弯矩		杆端剪力	
		M_{AB}	M_{BA}	F_{QAB}	F_{QBA}
5	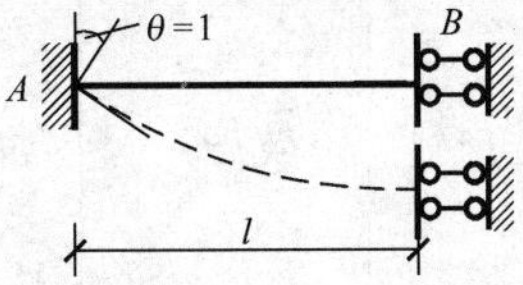 A 端固定，转角 $\theta=1$；B 端滑动支座；跨长 l	i	$-i$	0	0
6	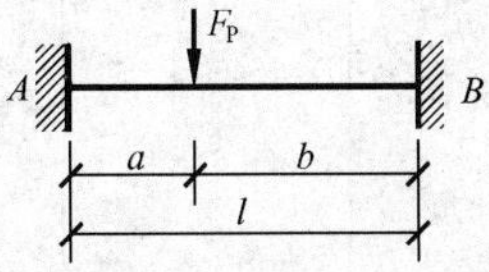 A、B 两端固定；F_P 作用于距 A 端 a、距 B 端 b 处；跨长 l	$-\frac{F_P ab^2}{l^2}$	$\frac{F_P a^2 b}{l^2}$	$\frac{F_P b^2}{l^2}\left(1+\frac{2a}{l}\right)$	$-\frac{F_P a^2}{l^2}\left(1+\frac{2b}{l}\right)$
7	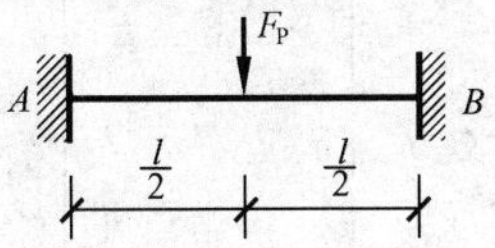 A、B 两端固定；F_P 作用于跨中，$\frac{l}{2}$、$\frac{l}{2}$	$-\frac{1}{8}F_P l$	$\frac{1}{8}F_P l$	$\frac{F_P}{2}$	$-\frac{F_P}{2}$
8	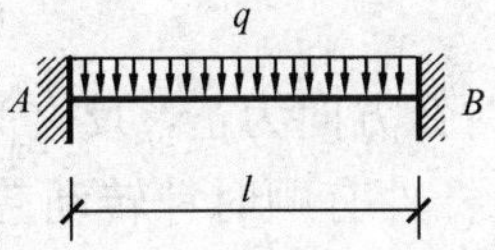 A、B 两端固定；满跨均布荷载 q；跨长 l	$-\frac{1}{12}ql^2$	$\frac{1}{12}ql^2$	$\frac{ql}{2}$	$-\frac{ql}{2}$
9	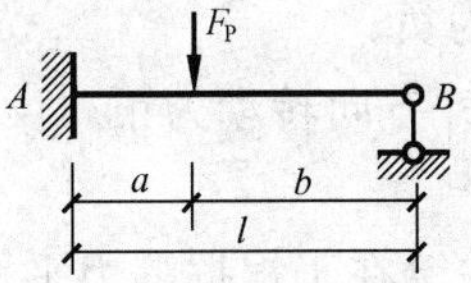 A 端固定，B 端铰支；F_P 作用于距 A 端 a、距 B 端 b 处；跨长 l	$-\frac{F_P ab(l+b)}{2l^2}$	0	$\frac{F_P b(3l^2-b^2)}{2l^3}$	$-\frac{F_P a^2(2l+b)}{2l^3}$
10	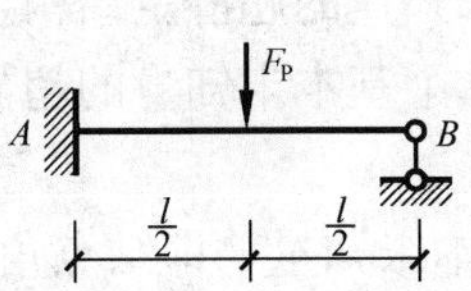 A 端固定，B 端铰支；F_P 作用于跨中，$\frac{l}{2}$、$\frac{l}{2}$	$-\frac{3F_P l}{16}$	0	$\frac{11}{16}F_P$	$-\frac{5}{16}F_P$
11	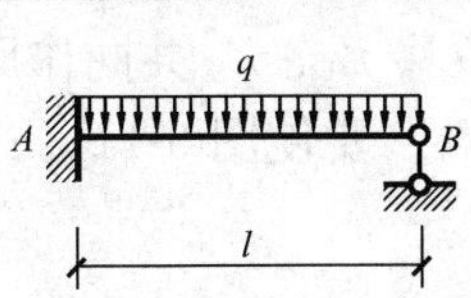 A 端固定，B 端铰支；满跨均布荷载 q；跨长 l	$-\frac{ql^2}{8}$	0	$\frac{5}{8}ql$	$-\frac{3}{8}ql$
12	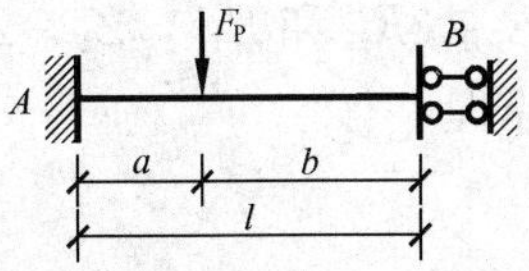 A 端固定，B 端滑动支座；F_P 作用于距 A 端 a、距 B 端 b 处；跨长 l	$-\frac{F_P a(l+b)}{2l}$	$-\frac{F_P a^2}{2l}$	F_P	0

续表

序号	梁的简图	杆端弯矩		杆端剪力	
		M_{AB}	M_{BA}	F_{QAB}	F_{QBA}
13	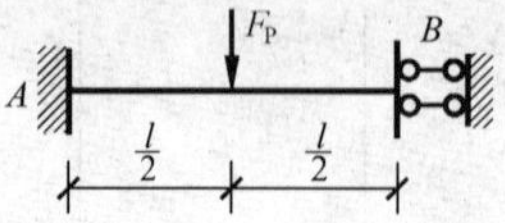	$-\frac{3}{8}F_{P}l$	$-\frac{1}{8}F_{P}l$	F_{P}	0
14	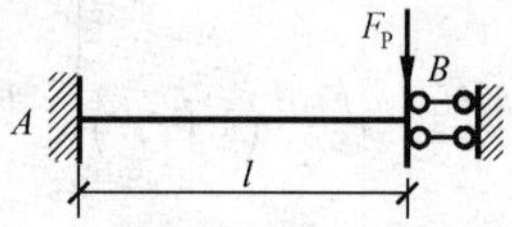	$-\frac{F_{P}l}{2}$	$-\frac{F_{P}l}{2}$	F_{P}	0
15	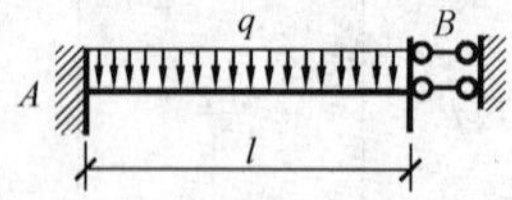	$-\frac{ql^2}{3}$	$-\frac{1}{6}ql^2$	ql	0

杆端弯矩、杆端剪力和杆端位移的正负号规定如下：

M_{AB}和M_{BA}分别表示AB杆A端和B端的弯矩，以顺时针方向为正，反之为负；

F_{QAB}和F_{QBA}分别表示AB杆A端和B端的剪力，以使杆件有顺时针转动趋势为正，反之为负；

θ_A表示固定端A的角位移，以顺时针方向为正，反之为负；

Δ_A表示固定端或铰支座的线位移，以杆的旋转角顺时针方向转动为正，反之为负。

四、位移法典型方程

由位移法基本原理可知，用位移法计算超静定结构的关键在于根据静力平衡条件建立位移法方程，以求解结点线位移和角位移。对于有n个基本未知量的超静定结构，其计算原理与只有1个基本未知量时完全相同。下面通过举例说明有n个基本未知量的超静定结构位移法方程的形式和建立方法。

如图9-11（a）所示超静定刚架结构，此刚架有2个基本未知量，即结点角位移Z_1和结点线位移Z_2。用位移法求解时，在刚结点B处加附加刚臂，在刚结点C处加附加链杆，得到基本结构，见图9-11（b）。假设基本结构在荷载和结点位移Z_1、Z_2共同作用下，在附加刚臂上产生的反力矩为R_1，在附加链杆上产生的反力为R_2。要使图9-11（a）与（b）等效，必须满足静力平衡条件：

$$\begin{cases} R_1=0 \\ R_2=0 \end{cases}$$

设Z_1、Z_2和荷载在附加刚臂上产生的反力矩分别为R_{11}、R_{12}和R_{1P}，Z_1、Z_2和荷载在附加链杆上产生的反力分别为R_{21}、R_{22}和R_{2P}。根据叠加原理，有

$$\left.\begin{aligned} R_1=R_{11}+R_{12}+R_{1P}=0 \\ R_2=R_{21}+R_{22}+R_{23}=0 \end{aligned}\right\} \tag{9-6}$$

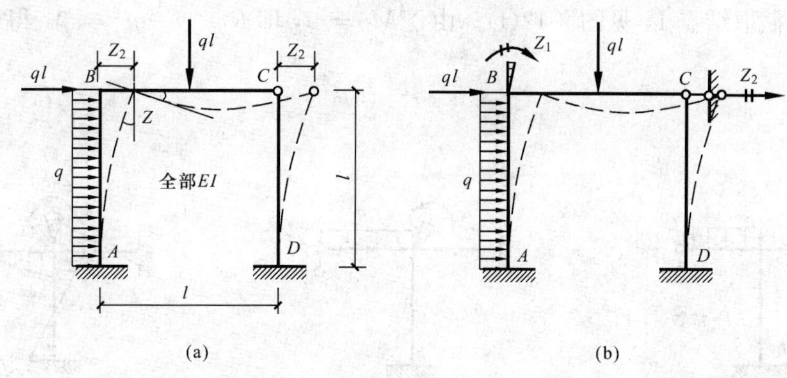

图 9-11

设 $Z_1=1$、$Z_2=1$ 分别单独作用在基本结构上，在附加刚臂上产生的反力矩分别为 r_{11}、r_{12}，在附加链杆上产生的反力分别为 r_{21}、r_{22}。则式（9-6）又可以写为

$$\left.\begin{aligned} r_{11}Z_1+r_{12}Z_2+R_{1P}=0 \\ r_{21}Z_1+r_{22}Z_2+R_{2P}=0 \end{aligned}\right\} \tag{9-7}$$

式（9-7）称为求解结点位移 Z_1、Z_2 的位移法典型方程。

根据同样的方法，我们可以建立 n 个基本未知量的位移法典型方程：

$$\left.\begin{aligned} R_1 &= r_{11}Z_1+r_{12}Z_2+r_{13}Z_3+\cdots+r_{1n}Z_n+R_{1P}=0 \\ R_2 &= r_{21}Z_1+r_{22}Z_2+r_{23}Z_3+\cdots+r_{2n}Z_n+R_{2P}=0 \\ &\vdots \\ R_n &= r_{n1}Z_1+r_{n2}Z_2+r_{n3}Z_3+\cdots+r_{3n}Z_n+R_{nP}=0 \end{aligned}\right\} \tag{9-8}$$

在上列方程中，有 n^2 个系数，有 n 个自由项。系数 r_{11}、r_{22}、r_{33}、…、r_{nn} 称为主系数；其他的系数称为副系数。系数 r_{ij} 表示基本结构在 $Z_j=1$ 单独作用时，在附加刚臂上产生的反力矩或在附加链杆上产生的反力。像力法方程中 $\delta_{ij}=\delta_{ji}$ 一样，总有 $r_{ij}=r_{ji}$。

求得系数和自由项后，即可解得 Z_1 和 Z_2。按照叠加原理，有

$$M=Z_1\cdot\overline{M}_1+Z_2\cdot\overline{M}_2+\cdots+Z_n\cdot\overline{M}_n+M_P$$

再根据平衡条件求得剪力和轴力。

五、位移法应用举例

【例 9-3】　用位移法计算如图 9-12（a）所示刚架，并绘制 M、F_N、F_Q 图。

解　为便于计算，将各杆刚度简化为线刚度，$i_{1A}=i_{1B}=i_{1C}=i=\dfrac{EI}{l}$。

（1）确定基本未知量数目，加入附加刚臂，得到基本结构，见图 9-12（b）。

（2）建立位移法典型方程：

$$r_{11}Z_1+R_{1P}=0$$

（3）绘制 $\overline{M_i}$ 和 M_P 图，分别见图 9-12（c）、（d）。计算系数和自由项。

从 $\overline{M_1}$ 图截取结点 1，见图 9-12(e)。由 $\sum M_1=0$，即 $r_{11}-4i-4i-3i=0$，得

$$r_{11}=11i$$

从 M_P 图截取结点 1，见图 9-12(f)。由 $\sum M_1=0$，即 $R_{1P}+\frac{1}{8}ql^2=0$，得

$$R_{1P}=-\frac{1}{8}ql^2$$

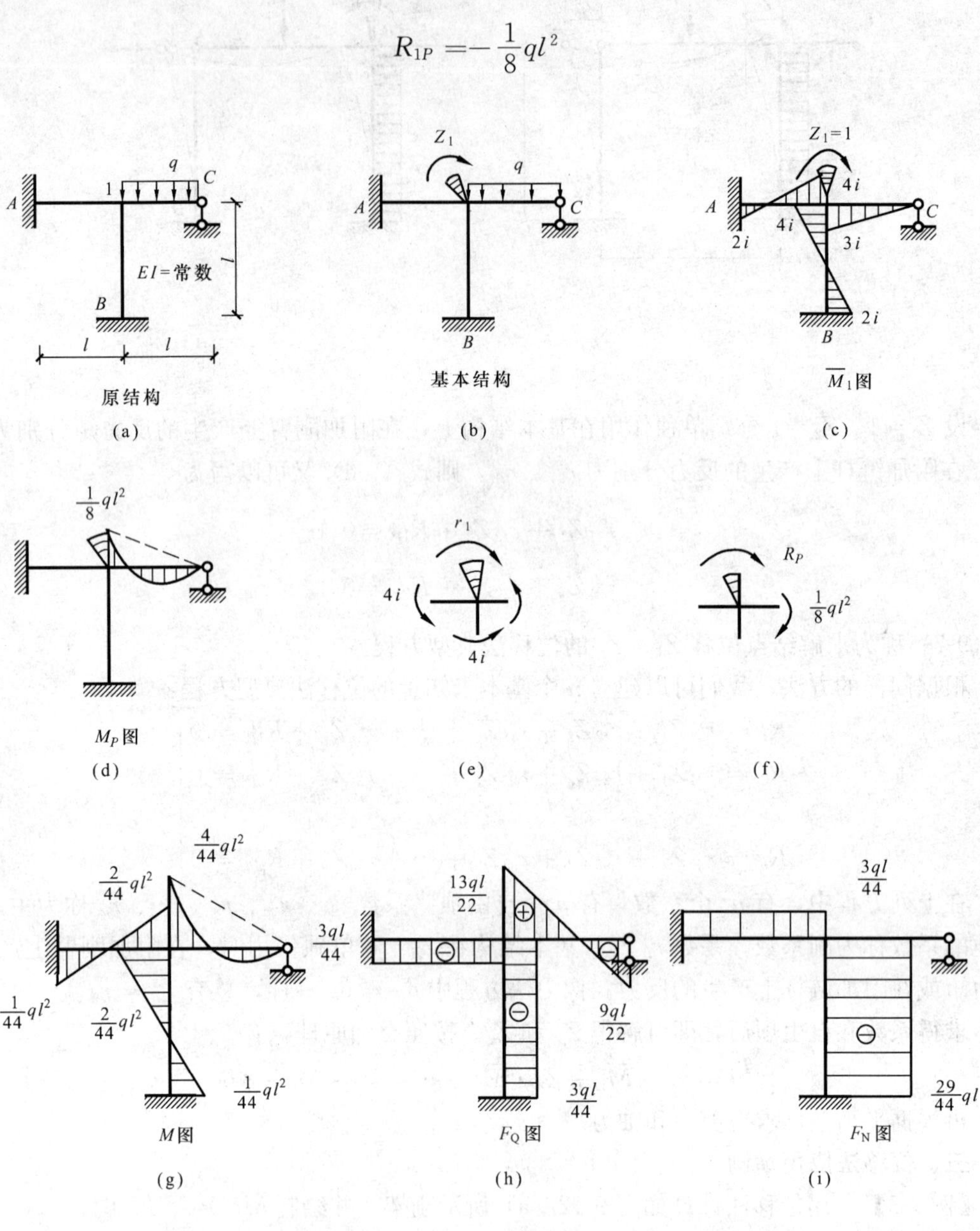

图 9-12

(4) 求解基本未知量。将 r_{11} 和 R_{1P} 代入典型方程得 $11i\cdot Z_1-\frac{1}{8}ql^2=0$，解得

$$Z_1=\frac{ql^2}{88i}$$

(5) 根据叠加原理 $M=\overline{M}_1Z_1+M_P$ 绘制 M 图，见图 9-12 (g)。

(6) 根据静力平衡条件绘制 F_Q 图和 F_N 图，分别见图 9-12 (h)、(i)。

综上所述，用位移法计算超静定结构的步骤可归纳如下：

（1）确定基本未知量数目，加入附加刚臂和链杆，得到基本结构。

（2）建立位移法典型方程。

（3）绘制 $\overline{M}_i$ 图和 M_P 图，计算系数和自由项。

（4）求解基本未知量。

（5）根据叠加原理绘制 M 图。

（6）根据静力平衡条件绘制 F_N 图和 F_Q 图。

第四节　力矩分配法

一、概述

力矩分配法是基于位移法思想的一种渐进法，在计算中采用逐步修正的步骤，其计算结果的精度随着计算轮次的增加而提高。采用力矩分配法，可避免解联立方程，步骤简单，格式统一，在工程中广泛应用。本法适用于只有结点角位移的连续梁和无侧移刚架。

二、基本原理

下面，通过如图 9-13（a）所示刚架，说明力矩分配法的基本原理。在刚架中，杆件 $A1$、$A2$、$A3$、$A4$ 的线刚度分别是 i_1、i_2、i_3、i_4，刚架在结点外力偶荷载 M 作用下，与刚

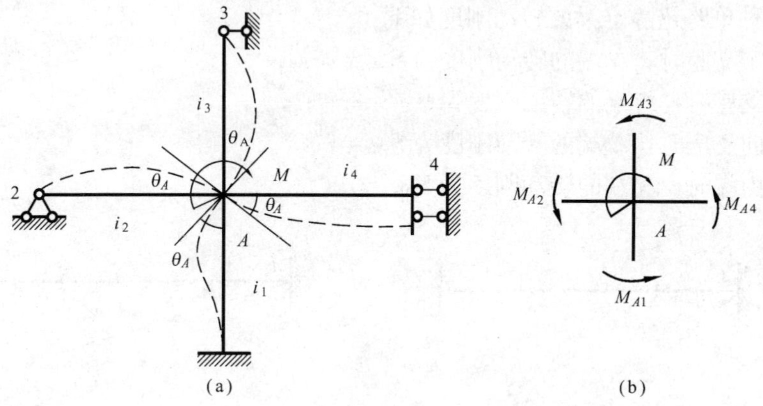

图 9-13

结点相连的各杆端均产生相同的转角 θ_A，变形如图虚线所示。根据等截面直杆转角位移方程，与 A 点相连的各杆 A 端杆端弯矩为

$$\left.\begin{aligned} M_{A1} &= 4i_1\theta_A \\ M_{A2} &= 3i_2\theta_A \\ M_{A3} &= 3i_3\theta_A \\ M_{A4} &= i_4\theta_A \end{aligned}\right\} \tag{9-9}$$

远离结点 A 的各杆杆端弯矩为

$$\left.\begin{aligned} M_{1A} &= 2i_1\theta_A \\ M_{2A} &= 0 \\ M_{3A} &= 0 \\ M_{4A} &= -i_4\theta_A \end{aligned}\right\} \tag{9-10}$$

取结点 A 为隔离体，见图 9-13（b），由 $\sum M_A=0$，得

$$M_{A1}+M_{A2}+M_{A3}+M_{A4}=M \tag{9-11}$$

M 代表附加刚臂上的反力矩。它等于汇交于 A 点的各杆的固端弯矩的代数和，用 M^g 表示。由于它代表了各固端弯矩所不能平衡的差额，故称为结点不平衡力矩。

将式（9-9）代入式（9-11），得

$$\theta_A=\frac{M}{4i_1+3i_2+3i_3+i_4} \tag{9-12}$$

将式（9-12）代入式（9-9），得

$$\left.\begin{aligned}M_{A1}&=\frac{4i_1}{4i_1+3i_2+3i_3+i_4}M\\M_{A2}&=\frac{3i_2}{4i_1+3i_2+3i_3+i_4}M\\M_{A3}&=\frac{3i_3}{4i_1+3i_2+3i_3+i_4}M\\M_{A4}&=\frac{i_4}{4i_1+3i_2+3i_3+i_4}M\end{aligned}\right\} \tag{9-13}$$

（1）转动刚度。见图 9-14，转动刚度 S_{AB} 表示在 AB 杆的 A 端顺时针方向产生一单位转角时，在该端所需要作用的弯矩。它的大小不仅与杆件的线刚度有关，还与杆件的远端支承情况有关。各种单跨超静定梁的转动刚度如下：

B 端为固定支座时，A 端的转动刚度为 $S_{AB}=4i_{AB}$；

B 端为铰支座时，A 端的转动刚度为 $S_{AB}=3i_{AB}$；

B 端为定向支座时，A 端的转动刚度为 $S_{AB}=i_{AB}$；

B 端为自由端时，A 端的转动刚度为 $S_{AB}=0$。

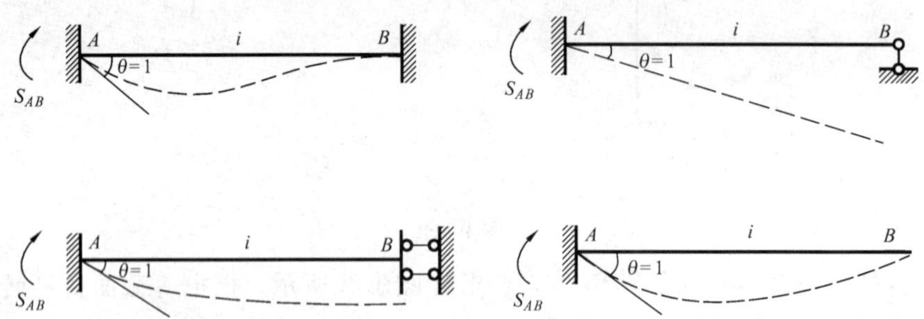

图 9-14

（2）分配系数 μ。分配系数取决于转动刚度。其表达式为：

$$\mu_{AK}=\frac{S_{AK}}{\sum S_{AK}},\quad 且\sum\mu_{AK}=1$$

其中 $\sum S_{AK}$ 表示汇交于结点 A 的所有杆件在 A 端的转动刚度之和。S_{AK} 表示杆件 AK 在 A 端的转动刚度。

（3）传递系数 C。传递系数表示近端发生转角时，杆件的远端弯矩与近端弯矩的比值。

它的值取决于远端的支承情况。常见杆件的传递系数有以下几种形式：

B 端为固定支座时，$C_{AB}=0.5$；

B 端为铰支座时，$C_{AB}=0$；

B 端为定向支座时，$C_{AB}=-1$。

根据传递系数的定义可知：远端弯矩等于近端弯矩乘以传递系数。故将远端弯矩称为传递弯矩。

三、力矩分配法应用举例

综合上述，力矩分配法计算步骤归纳如下：

(1) 计算各杆分配系数和传递系数。

(2) 计算各杆杆端的固端弯矩和不平衡力矩。

(3) 计算分配弯矩和传递弯矩。将附加刚臂上的不平衡力矩反号乘上各杆的分配系数即得相应的分配弯矩，再将分配弯矩乘上传递系数即得相应的传递弯矩。

(4) 计算最终杆端弯矩。将各杆的固端弯矩和分配弯矩以及传递弯矩相加，即得各杆端的最后弯矩。

(5) 绘制内力图。

对于单转动结点的连续梁和无侧移刚架，只要将结点固定、放松各一次，就可以得到最终杆端弯矩。对于多转动结点的连续梁和无侧移刚架，需将各转动结点交替进行固定、放松，并从不平衡力矩较大的结点开始，直到传递弯矩数值较小时停止。一般情况下，将各转动结点进行固定、放松各三次，即可达到较大的精确度。为了便于计算和检查，一般采用列表计算。

【例 9-4】　试用力矩分配法作如图 9-15 所示连续梁的弯矩图。

解　(1) 计算分配系数。分别计算相交于结点 B 和结点 C 的各杆杆端的分配系数。由表 9-1 得

$$\mu_{BA}=\frac{S_{BA}}{S_{BA}+S_{BC}}=\frac{6EI}{6EI+12EI}=\frac{1}{3}$$

$$\mu_{BC}=\frac{S_{BC}}{S_{BA}+S_{BC}}=\frac{12EI}{12EI+6EI}=\frac{2}{3}$$

$$\mu_{CB}=\frac{S_{CB}}{S_{CS}+S_{CD}}=\frac{12EI}{12EI+8EI}=\frac{3}{5}$$

$$\mu_{CD}=\frac{S_{CD}}{S_{CB}+S_{CD}}=\frac{8EI}{12EI+8EI}=\frac{2}{5}$$

(2) 计算传递系数。各杆的传递系数为

$$C_{BA}=0$$

$$C_{BC}=C_{CB}=C_{CD}=\frac{1}{2}$$

(3) 计算固端弯矩。由表 9-1 查得各杆的固端弯矩

$$M_{BA}^{g}=\frac{3\boldsymbol{F}_{\mathrm{P}}l}{16}=\frac{3}{16}\times 50\times 2=18.75\mathrm{kN\cdot m}$$

$$M_{BC}^{g}=-\frac{1}{12}ql^{2}=-\frac{1}{12}\times 20\times 3^{2}=-15\mathrm{kN\cdot m}$$

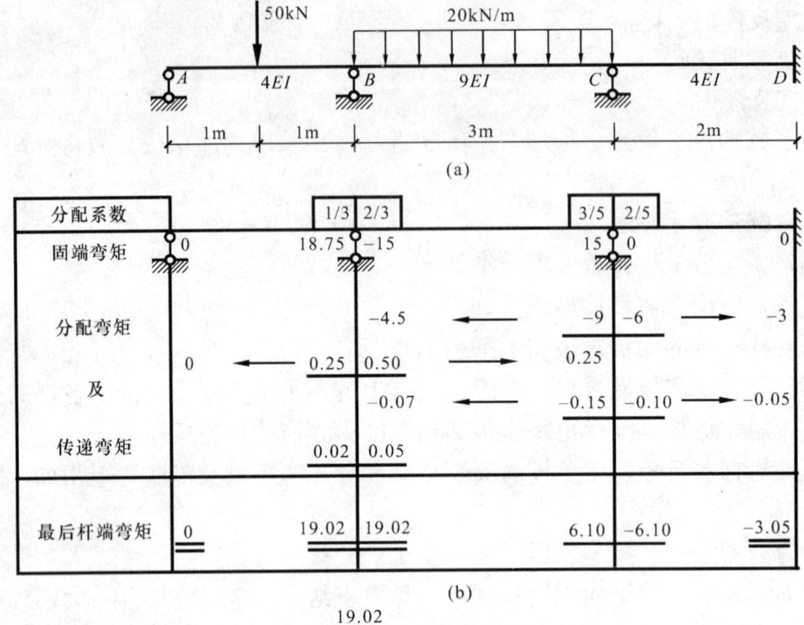

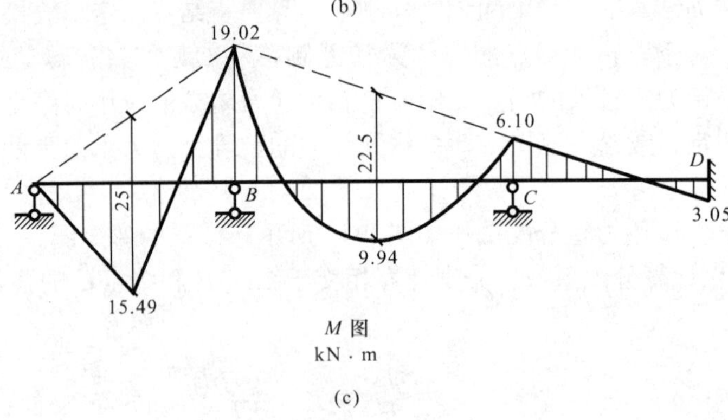

图 9-15

$$M_{CB}^{g}=\frac{1}{12}ql^{2}=\frac{1}{12}\times 20\times 3^{2}=15\text{kN}\cdot\text{m}$$

其余各杆固端弯矩均为零。

(4) 计算分配弯矩和传递弯矩，见图 9-15 (b)。

(5) 计算最终杆端弯矩并绘制弯矩图，见图 9-15 (c)。

思 考 题

9-1 静定结构与超静定结构的区别是什么?

9-2 用力法解超静定结构的思路是什么? 什么是力法的基本结构?

9-3 如何确定超静定结构的超静定次数?

9-4 试述力法求解超静定结构的步骤。

9-5 位移法的基本思路是什么?

9-6 如何确定位移法的基本未知量和基本结构?

9-7　试述位移法求解超静定结构的步骤。

9-8　什么是转动刚度？分配系数与转动刚度有何关系？

9-9　什么是传递力矩？传递系数如何确定？

9-10　简述力矩分配法的计算步骤。

习　　题

9-1　试用力法计算下列超静定结构，作出内力图（EI 为常数）。

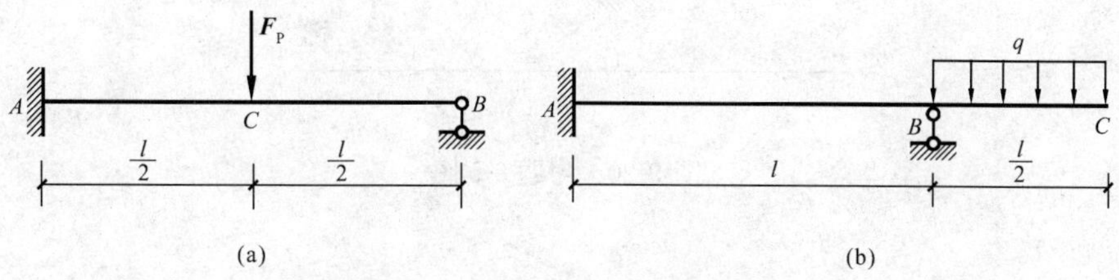

图 9-16　习题 9-1 图

9-2　试用位移法计算图示连续梁，并绘制其弯矩图（EI 为常数）。

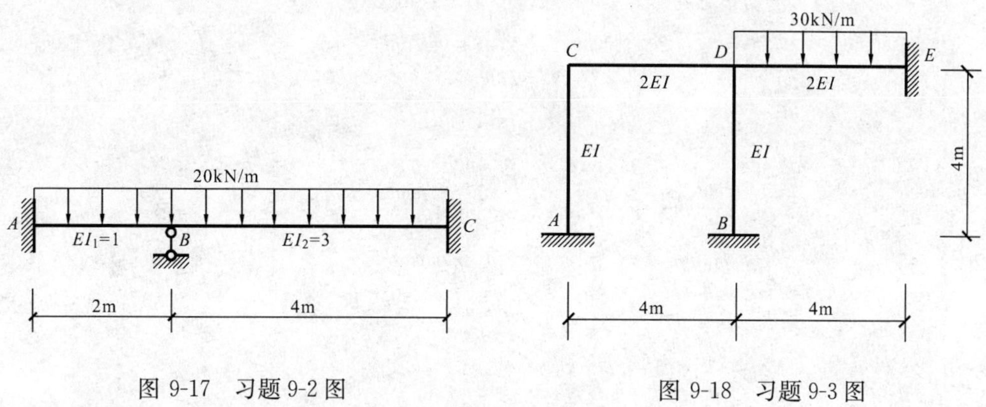

图 9-17　习题 9-2 图　　　图 9-18　习题 9-3 图

9-3　试用位移法计算图示刚架，并绘制其内力图。

9-4　试用力矩分配法计算图示连续梁，绘制其弯矩图并求出支座 B 的反力（EI 为常数）。

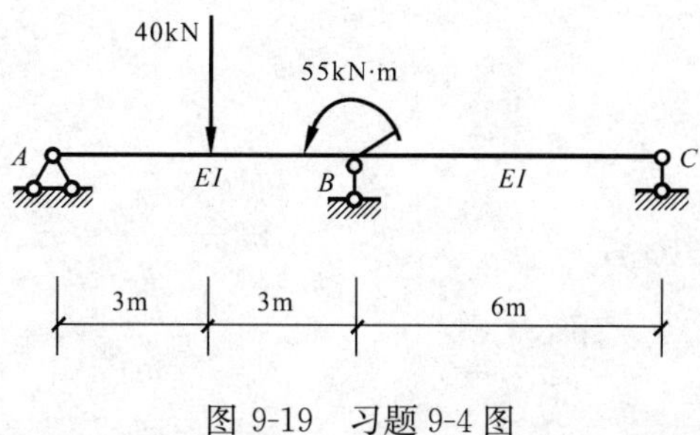

图 9-19　习题 9-4 图

9-5　试用力矩分配法计算图示刚架，并绘制其最后 M 图。

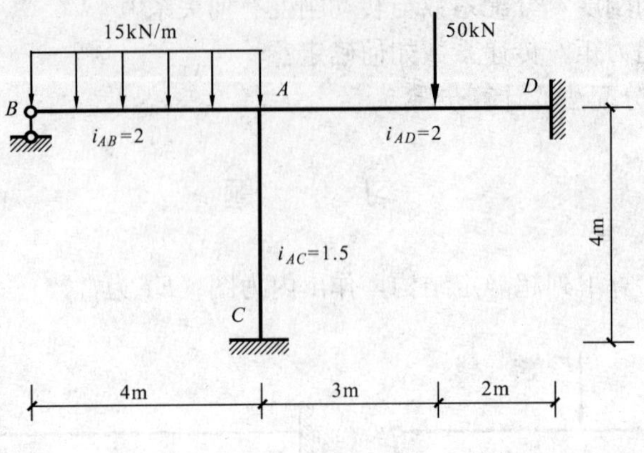

图 9-20　习题 9-5 图

第二篇 建 筑 结 构

第十章 钢筋与混凝土材料的力学性能

内 容 提 要

1. 钢筋混凝土的概念
2. 混凝土的强度、变形以及选用
3. 钢筋的种类级别、力学性能以及选用
4. 钢筋与混凝土的粘结

第一节 钢筋混凝土的概念

钢筋混凝土是由钢筋和混凝土两种物理和力学性能有很大不同的材料组成的复合材料。混凝土的抗压能力较强而其抗拉能力却较弱，钢筋的抗拉和抗压能力均较大。在建筑工程中，为充分发挥钢筋和混凝土两种材料的特性，满足工程结构的需要，从而将两者结合在一起并使之共同工作，使混凝土承受压力而钢筋主要承受拉力，这就是钢筋混凝土材料。

如图 10-1 所示，当素混凝土梁上部受到荷载作用时，整个梁发生弯曲变形，其截面上部分受压应力作用而下部分受拉应力作用。由于混凝土抗压能力很强而抗拉能力较弱，上部混凝土还没有充分发挥其性能，下部的混凝土在拉力的作用下已出现了裂缝，且由于裂缝的不断扩展而使整个混凝土梁产生破坏。因此，单纯用混凝土制作构件是不合理的。于是人们就想在混凝土构件的受拉区域内配置一种抗拉性能高的材料，与混凝土共同工作来抵抗拉力。经过反复的试验和选择，人们发现钢筋不但抗拉能力强，并且还有很多与混凝土相似的性能，从而能够与混凝土组合在一起共同工作。这些性能主要是：

(1) 钢筋和混凝土之间有可靠的粘结力，能牢固地粘结成整体，特别是将钢筋端部加做弯钩，在钢筋表面轧花纹或将钢筋焊成网片后，钢筋与混凝土的粘结力则大大加强。这样就使钢筋和混凝土形成一个坚固的整体，共同抵抗外力的作用。

(2) 钢筋和混凝土受力后变形一致，不会因受力变形不协调而产生相对滑移，从而破坏钢筋和混凝土的整体性。

(3) 钢筋和混凝土的温度变形值基本相同，不致因热胀冷缩现象使两者产生相对位移而发生破坏。

(4) 混凝土包裹在钢筋外面，能有效地保护钢筋不受锈蚀，使钢筋混凝土构件经久耐用。

钢筋混凝土梁承受荷载情况，如图 10-2 所示。在混凝土梁的底部，即受拉区配置钢筋来承受拉力。试验结果表明，梁承受荷载的能力较之不配钢筋有很大的提高。

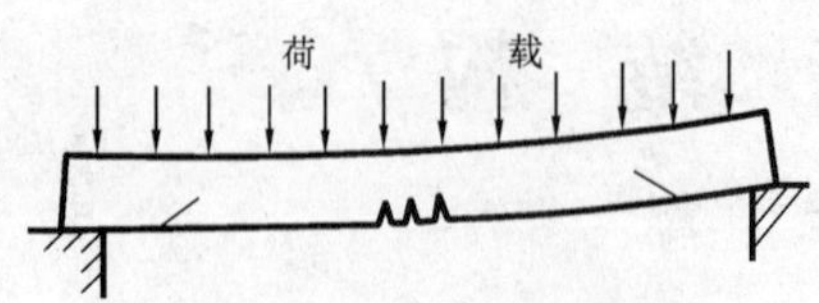

图 10-1 混凝土梁受力破坏示意图

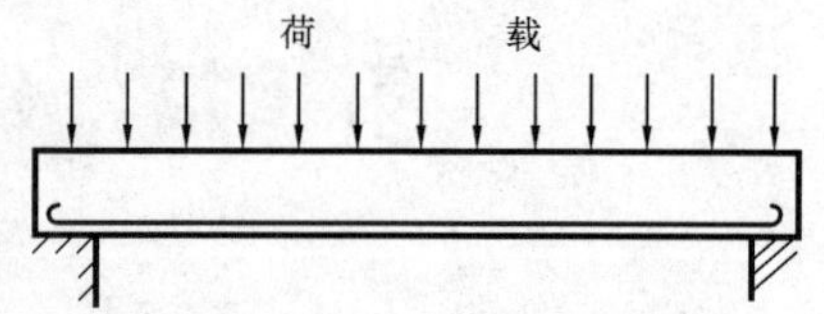

图 10-2 钢筋混凝土梁受力示意图

钢筋混凝土构件中配筋的多少，需通过结构计算来确定。它与构件的尺寸大小、承受荷载的多少以及混凝土和钢筋强度的大小有关，既不能少配，也不能多配。因为钢筋配得不足时，钢筋受拉超过其限度，则钢筋的伸长变形大，混凝土仍然会被拉裂；而钢筋配得过多时，混凝土构件的上部混凝土则会被压坏，从而不能充分发挥钢筋的力学性能，造成钢材的浪费。因此，在钢筋混凝土构件中配置的钢筋应适当。

第二节 混 凝 土

一、混凝土的强度

材料的强度是指材料所能承受的极限应力。混凝土是由水泥、骨料（包括粗骨料和细骨料，粗骨料有碎石、卵石等，细骨料有粗砂、中砂、细砂）和水按一定比例配合而成的，混凝土的强度大小不仅与组成材料的质量和配合比有关，而且与混凝土的养护、龄期、受力情况等有着密切关系。

一般的，混凝土的强度随时间而增长，初期增长速度快，后期增长速度变慢并趋于稳定；对于普通混凝土，若以龄期 3 天的抗压强度为 1，则 1 周为 2，4 周为 4，3 个月为 4.3，1 年为 5.2 左右。龄期为 4 周（28 天）的强度大致稳定，可以作为混凝土早期强度的界限。混凝土强度在长时间内随时间而增长，是由于水泥的水化反应过程是长时间进行的缘故。

在实际工程中，常用的混凝土强度有立方体抗压强度、轴心抗压强度、轴心抗拉强度等。

（一）立方体抗压强度

混凝土的立方体抗压强度是衡量混凝土强度的主要指标。我国《混凝土结构设计规范》（GB 50010—2010）规定：混凝土强度等级应按立方体抗压强度标准值确定。立方体抗压强度标准值系指按标准方法制作、养护（温度 20±3℃，相对湿度≥90%的潮湿空气中）的边长为 150mm 的立方体试件，在 28d 或设计规定龄期以标准试验方法［试件表面不涂润滑剂，全截面受压，加荷速度 0.15～0.25N/（mm^2·s）加压至试件破坏］测得的具有 95%保证率的抗压强度值，用符号 f_{cuk}表示。立方体抗压强度标准值是以强度总体分布的平均值减 1.645 倍标准差而确定的，并应满足相应验收的要求。

当用边长为 200mm 或 100mm 的立方体试件进行试验时，需要对数据进行修正，修正系数分别为 1.05、0.95。

混凝土强度等级分为 14 级：C15、C20、C25、C30、C35、C40、C45、C50、C55、C60、C65、C70、C75 和 C80。其中符号 C 表示混凝土，C 后面的数值表示以 N/mm^2 为单位的立方体抗压强度标准值，例如 C30 表示立方体抗压强度标准值为 30N/mm^2 的混凝土强度等级。

（二）轴心抗压强度

实际工程中的受压构件是棱柱体，而不是立方体，即构件长度比其截面尺寸大很多。对于这一类构件，混凝土的抗压强度应采用棱柱体轴心抗压强度，简称轴心抗压强度。

测定混凝土的轴心抗压强度，《普通混凝土力学性能试验方法标准》规定以150mm×150mm×300mm的棱柱体作为混凝土轴心抗压强度的标准试件，试验测得的具有95%保证率的抗压强度值，作为混凝土轴心抗压强度标准值，用符号f_{ck}表示。若采用非标准试件，通常采用的棱柱体试件的高宽比为$h/b=2\sim3$。如h/b过大，则在试件破坏时会出现附加偏心，从而降低轴心抗压强度；如h/b太小，则难以消除试件两侧的摩擦阻力对强度的影响。

轴心抗压强度是结构混凝土的最基本的强度指标，但在工程中很少直接测定它，而是通过测定立方体的抗压强度进行换算。由对比试验得到：轴心抗压强度与立方体抗压强度比值，对C50及以下取0.76，对C80取0.87，中间按直线规律变化。

（三）轴心抗拉强度

混凝土试件在轴向拉伸情况下的极限强度称为轴心抗拉强度，它在结构设计中是确定混凝土抗裂度的重要指标。由于混凝土内部的不均匀性，加之安装试件存在偏差等原因，准确测定轴心抗拉强度是很困难的，故国内外也常采用圆柱体或立方体劈裂试验来间接测得混凝土的轴心抗拉强度。混凝土轴心抗拉强度标准值用符号f_{tk}表示。

混凝土的抗拉强度很低，一般只有抗压强度的1/17～1/8，在钢筋混凝土构件的强度计算中通常不考虑受拉混凝土的作用；但是对于在使用过程中不允许出现裂缝的构件，就应考虑受拉混凝土的作用。

混凝土的轴心抗压强度标准值f_{ck}、轴心抗拉强度标准值f_{tk}分别见表10-1和表10-2。

表10-1　混凝土轴心抗压强度标准值　N/mm²

强度	混凝土强度等级													
	C15	C20	C25	C30	C35	C40	C45	C50	C55	C60	C65	C70	C75	C80
f_{ck}	10	13.4	16.7	20.1	23.4	26.8	29.6	32.4	35.5	38.5	41.5	44.5	47.5	50.2

表10-2　混凝土轴心抗拉强度标准值　N/mm²

强度	混凝土强度等级													
	C15	C20	C25	C30	C35	C40	C45	C50	C55	C60	C65	C70	C75	C80
f_{tk}	1.27	1.54	1.78	2.01	2.2	2.39	2.51	2.64	2.74	2.85	2.93	2.99	3.05	3.11

不同强度等级混凝土的强度设计值，由强度标准值除以混凝土材料分项系数γ_c确定，γ_c值取为1.4。轴心抗压强度设计值$f_c=f_{ck}/1.4$，其中还考虑了附加偏心距的影响；轴心抗拉强度设计值$f_t=f_{tk}/1.4$。混凝土的轴心抗压强度设计值f_c、轴心抗拉强度设计值f_t，分别见表10-3和表10-4。

表10-3　混凝土轴心抗压强度设计值　N/mm²

强度	混凝土强度等级													
	C15	C20	C25	C30	C35	C40	C45	C50	C55	C60	C65	C70	C75	C80
f_c	7.2	9.6	11.9	14.3	16.7	19.1	21.1	23.1	25.3	27.5	29.7	31.8	33.8	35.9

表10-4　混凝土轴心抗拉强度设计值　N/mm²

强度	混凝土强度等级													
	C15	C20	C25	C30	C35	C40	C45	C50	C55	C60	C65	C70	C75	C80
f_t	0.91	1.1	1.27	1.43	1.57	1.71	1.8	1.89	1.96	2.04	2.09	2.14	2.18	2.22

二、混凝土的变形

混凝土的变形有两类：一类是混凝土的受力变形，包括一次短期荷载作用下的变形、长期荷载和重复荷载作用下的变形；另一类是混凝土的体积变形，如收缩、膨胀等。

（一）混凝土在一次短期荷载作用下的变形

1. 应力—应变曲线

混凝土在一次短期荷载作用下的应力—应变曲线是研究钢筋混凝土结构构件的截面应力、建立强度计算和变形计算理论所必不可少的依据。混凝土受压时的应力—应变曲线一般是用均匀加载的棱柱体试件来测定的，如图10-3所示。它具有以下几个特点：

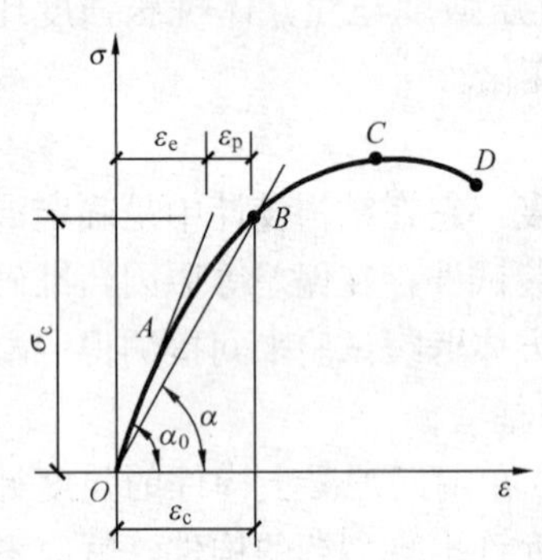

图10-3　棱柱体一次加载的 σ—ε曲线

（1）当应力较小，即 $\sigma_c \leqslant (0.2 \sim 0.3) f_c$（图10-3中曲线 OA 段）时，试件可近似的作为弹性体，混凝土的应力与应变成正比；卸载后，应变恢复到零。

（2）当荷载继续增大时，即 $\sigma_c = (0.3 \sim 0.8) f_c$ 时，曲线呈上升趋势，且应变的增加较应力增长快，材料表现出塑性性质。在压应力作用下，既产生弹性变形 ε_e，又产生塑性变形 ε_p，混凝土的总应变 $\varepsilon_c = \varepsilon_e + \varepsilon_p$。此时混凝土是一种弹塑性体。

（3）应力继续增大，即当 $\sigma_c > 0.8 f_c$（到达图10-3中曲线 B 点后）时，混凝土试件上的内裂缝进入非稳定发展阶段，塑性变形显著增大，应力—应变曲线的斜率急剧减小。当应力达到曲线上的 C 点时，混凝土达到最大的承载能力。此时，相应的应力 σ_C 就是混凝土的轴心抗压强度 f_c，其相应的应变值为 $\varepsilon_c = 0.002$。当应力达到峰值 f_c 后，试件的承载能力开始下降，但不立即破坏，而是随着缓慢的卸载，应力逐渐减小，应变则持续增加，此时曲线有下降趋势，直至 D 点破坏。此时，相应的压应变为最大压应变 ε_{cmax}，其值约为 0.002～0.006。混凝土的极限拉应变 ε_{tmax} 约为 0.0001～0.00015，此值比极限压应变小很多。所以，混凝土构件的受拉区很容易开裂，且一般都是带裂缝工作。《混凝土结构设计规范》对非均匀受压时，混凝土的极限压应变取值为 0.0033。

混凝土的极限压应变由弹性应变和塑性应变组成，并以塑性变形为主。塑性变形部分越长，表示其变形能力越大，延性越好。一般低强度等级混凝土受压时的延性要比高强度等级混凝土好些。在结构设计中，混凝土材料应满足一定的延性要求，以防止结构构件发生脆性破坏。

2. 混凝土的弹性模量 E_c

混凝土棱柱体受压时的应力—应变曲线原点的切线斜率，称为原点弹性模量，用符号 E_c 表示。由图10-3可知

$$E_c = \tan\alpha_0 = \sigma_c / \varepsilon_e \tag{10-1}$$

由于应力—应变曲线中的直线段很短，要找出 α_0 很不容易。因此，《混凝土结构设计规范》规定混凝土的弹性模量 E_c 是在试件重复加、卸载的应力—应变曲线上求得的，即取 $\sigma_c = (0.4 \sim 0.5) f_c$ 重复加、卸载 5～10 次后的应力—应变直线的斜率作为混凝土的弹性模量 E_c。不同强度等级混凝土受压、受拉的弹性模量 E_c 不同，可查表10-5，也可用式（10-2）计算

$$E_c = 10^5 / (2.2 + 34.7 / f_{cuk}) \tag{10-2}$$

表 10-5　**混凝土的弹性模量**　$\times 10^4$ N/mm²

混凝土强度等级	C15	C20	C25	C30	C35	C40	C45	C50	C55	C60	C65	C70	C75	C80
E_c	2.2	2.55	2.8	3	3.15	3.25	3.35	3.45	3.55	3.6	3.65	3.7	3.75	3.8

注　1. 当有可靠试验数据时，弹性模量可根据实测数据确定；

2. 当混凝土中掺有大量矿物掺和料时，弹性模量可按规定龄期根据实测数据确定。

混凝土的剪变模量 G_c 一般可根据抗压试验测得的弹性模量 E_c 和泊松比 υ_c 按照式（10-3）确定：

$$G_c = \frac{E_c}{2(\upsilon_c + 1)} \tag{10-3}$$

在《混凝土结构设计规范》中，取泊松比 $\upsilon_c = 0.2$，$G_c = 0.417E_c$，可近似取 $G_c = 0.4E_c$。

（二）混凝土在荷载长期作用下的变形——徐变

混凝土在长期不变荷载作用下，它的应变也会随着时间的增加而增长，这种现象称为混凝土的徐变。产生徐变的原因是由于混凝土受力后，尚未转化为结晶的水泥胶体会产生塑性变形，同时混凝土内部的微裂缝在荷载长期作用下也会不断地发展和增加，从而导致混凝土产生随时间增加而增长的变形。

图 10-4 为徐变随时间而变化的函数曲线，其中 ε_{el} 为加荷时的瞬时变形，ε_{ct} 为徐变变形。由图 10-4 可知，加荷初期，徐变增长很快，以后逐渐变慢，约两年后基本稳定。徐变变形值 ε_{ct} 一般约为瞬时变形值 ε_{el} 的 1～4 倍。

混凝土的徐变对混凝土构件的受力性能有重要影响：它将使构件的变形增加（如长期荷载下，受弯构件的挠度由于受压区混凝土的徐变可增加一倍）；在截面中引起应力重分布（如使轴心受压构件中的钢筋压应力增加，混凝土的压应力减少）；在预应力混凝土构件中，混凝土的徐变引起相当大的预应力损失。

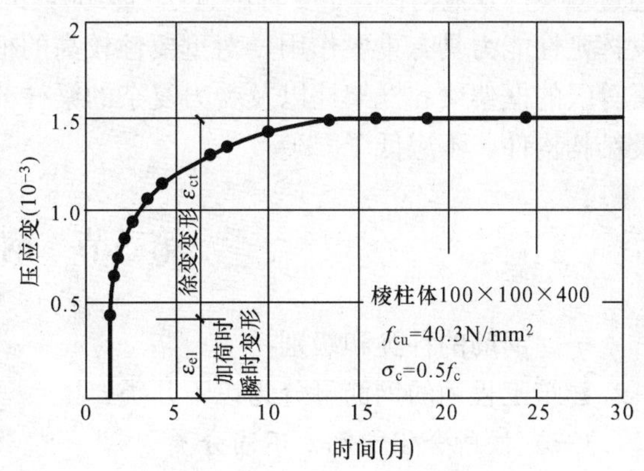

图 10-4　混凝土的徐变曲线

影响徐变的因素很多。试验表明：在水灰比不变的条件下，水泥用量越多，徐变越大；在水泥用量相同的条件下，水灰比越大，徐变越大；混凝土养护条件越好，徐变越小；加荷前混凝土龄期越长，徐变越小；在混凝土中增加骨料含量、提高骨料的质量，可以减少徐变；构件截面上压应力越大，徐变越大。

（三）混凝土的收缩、膨胀和热工参数

混凝土在空气中结硬时，体积会缩小；在水中结硬时，体积会膨胀；但收缩量比膨胀量大得多。

混凝土的收缩变形也是随时间增加而增长的，开始增长很快，以后逐渐变慢，要持续很长时间才趋于稳定。普通混凝土的收缩值一般取 3×10^{-4}。

收缩对钢筋混凝土的危害很大。对于一般构件来说，收缩会引起初应力，使构件产生早期裂缝。如钢筋混凝土受弯构件，当混凝土收缩时，由于钢筋阻止其收缩，从而导致钢筋受压，混凝土受拉；当拉应力超过混凝土的抗拉强度时，混凝土将产生裂缝。此外，混凝土的收缩还会导致预应力混凝土结构的预应力损失。

减少混凝土收缩的措施有：减少水泥用量，尽可能采用低强度等级混凝土，降低水灰比，施工时加强捣固，加强养护等。除此以外，还可在结构上采用预留伸缩缝、在构件内部配置一定数量的分布钢筋和构造钢筋。

《混凝土结构设计规范》给出了温度在0℃～100℃范围内，混凝土的热工参数取值：线膨胀系数 1×10^{-5}/℃，导热系数 $\lambda=10.6$kJ/（m·h·℃），比热 $C=0.96$kJ/（kg·℃）。

混凝土的膨胀往往是有利的，故一般不予考虑。混凝土的线膨胀系数与钢筋的线膨胀系数（1.2×10^{-5}/℃）相近，因此，当温度发生变化时，在混凝土与钢筋之间只有很小的内力，不致产生有害的影响。

三、混凝土的选用

在实际工程中，为提高材料的利用效率（包括提高耐久性以及延长使用年限），工程中应用的混凝土强度等级宜适当提高。素混凝土结构的混凝土强度等级不应低于C15；钢筋混凝土结构的混凝土强度等级不应低于C20；采用强度等级400MPa及以上的钢筋时，混凝土强度等级不应低于C25。预应力混凝土结构的混凝土强度等级不宜低于C40，且不应低于C30。承受重复荷载的钢筋混凝土构件，混凝土强度等级不应低于C30。

对于抗震设防的混凝土结构，由于高强度混凝土表现出的明显脆性，以及因侧向变形系数偏小而使箍筋对它的约束效果受到一定削弱，《混凝土结构设计规范》规定，剪力墙不宜超过C60；其他构件，9度时不宜超过C60，8度时不宜超过C70。为了保证构件塑性铰区发挥延性能力具有重要作用，对重要性较高的框支梁、框支柱、延性要求相对较高的一级抗震等级的框架梁和框架柱以及受力复杂的梁柱节点的混凝土强度等级不应低于C30，其他各类结构构件，不应低于C20。

第三节 钢 筋

一、钢筋的种类和级别

建筑工程用的钢筋可分为以下几类：

（一）按所含化学元素不同分类

按钢筋所含化学元素不同，分为碳素钢和普通低合金钢。

碳素钢根据含碳量不同分为三种：低碳钢（含碳量小于0.25%，如Ⅰ级钢HPB300）、中碳钢（含碳量为0.25%～0.6%，如过去用过的5号钢）、高碳钢（含碳量0.6%～1.4%，如碳素钢丝、钢绞线等）。碳素钢的力学性质与含碳量有着密切关系，含碳量愈高，钢筋的强度愈高，塑性性能愈差，质地愈脆硬，故高碳钢又称为硬钢；含碳量愈少，强度愈低，但塑性性能愈好，质地愈软，所以低碳钢又称为软钢。

普通低合金钢是在碳素钢的成分中加入少量的合金元素，如锰、硅、钛、钒等。普通低合金钢在强度上有显著提高，塑性和可焊性等也能得到改善。

（二）按生产加工工艺不同分类

钢筋按生产加工工艺不同，分为热轧光圆钢筋、普通热轧钢筋、细晶粒热轧钢筋、热处理钢筋。

1. 热轧光圆钢筋

热轧光圆钢筋（hot rolled plain bars）是指经热轧成型，横截面通常为圆形，表面光滑的成品钢筋。例如 HPB300。

2. 普通热轧钢筋

普通热轧钢筋（hot rolled bars）是指按热轧状态交货的钢筋。其金相组织主要是铁素体加珠光体，不得有影响使用性能的其他组织存在。例如，HRB400、HRB500。

3. 细晶粒热轧钢筋

细晶粒热轧钢筋（hot rolled bars of fine grains）是指在热轧过程中，通过控轧和控冷工艺形成的细晶粒钢筋。其金相组织主要是铁素体加珠光体，不得有影响使用性能的其他组织存在，晶粒度不粗于 9 级。例如 HRBF400、HRBF500。

4. 热处理钢筋

热处理钢筋（RRB）由轧制的钢筋经高温淬火，余热处理后提高强度。其可焊性、机械连接性能及施工适应性均稍差，须控制其应用范围。一般可在对延性及加工性能要求不高的构件中使用，如基础、大体积混凝土以及跨度及荷载不大的楼板、墙体中应用。例如 RRB400。

热轧钢筋的应力—应变曲线有明显的屈服点和流幅。

（三）按外表形状分类

钢筋按其外表形状不同，可分为热轧光面钢筋和热轧带肋钢筋两种。

光面钢筋的表面是光滑的，如 HPB300 级钢筋。其余热轧钢筋和热处理钢筋都是带肋钢筋，表面有螺纹或月牙纹，如图 10-5 所示。采用带肋钢筋，可提高钢筋与混凝土之间的粘结强度。

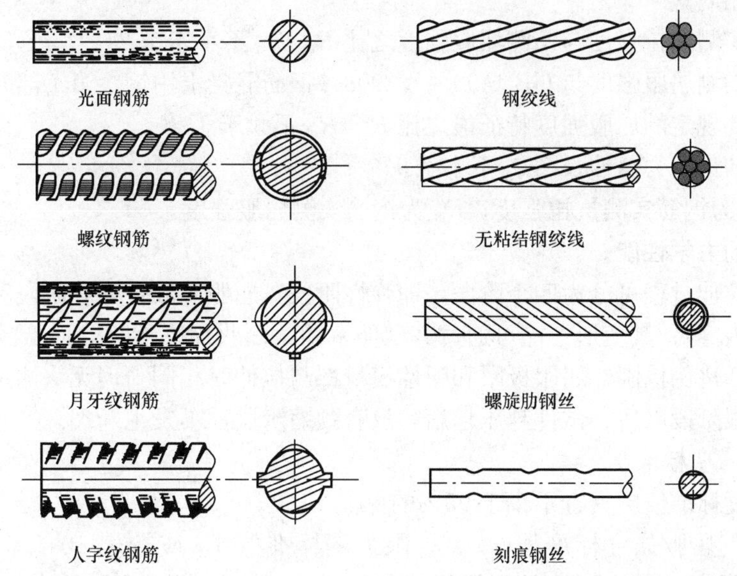

图 10-5　钢筋形式

通常热轧光圆钢筋的公称直径范围为 6～22mm，热轧带肋钢筋的公称直径范围为 6～50mm。

(四) 钢筋牌号的构成及含义

钢筋牌号的构成及含义见表 10-6。

各牌号含义为:

HRB500——强度级别为 500MPa 的普通热轧带肋钢筋;

HRBF400——强度级别为 400MPa 的细晶粒热轧带肋钢筋;

RRB400——强度级别为 400MPa 的余热处理带肋钢筋;

HPB300——强度级别为 300MPa 的热轧光圆钢筋;

HRB400E——强度级别为 400MPa 且有较高抗震性能的普通热轧带肋钢筋;

表 10-6　　钢筋牌号的构成及含义

产品名称	牌　号	牌号构成	英文字母含义
热轧光圆钢筋	HPB300	由 HPB+屈服强度特征值构成	HPB—热轧光圆钢筋的英文(Hot rolled Plain Bars)缩写
普通热轧钢筋	HRB335	由 HRB+屈服强度特征值构成	HRB—热轧带肋钢筋的英文(Hot rolled Ribbed Bars)缩写
	HRB400		
	HRB500		
细晶粒热轧钢筋	HRBF335	由 HRBF+屈服强度特征值构成	HRBF—在热轧带肋钢筋的英文缩写后加“细”的英文(Fine)首位字母
	HRBF400		
	HRBF500		

有较高要求的抗震结构适用牌号为:在表 10-6 中已有牌号后加 E(例如:HRB400E、HRBF400E)的钢筋。该类钢筋除应满足以下(1)~(3)的要求外,其他要求与相对应的已有牌号钢筋相同。

(1) 钢筋实测抗拉强度与实测屈服强度之比 R_m^o/R_{eL}^o不小于 1.25。

(2) 钢筋实测屈服强度与 GB 1499.1—2008《钢筋混凝土用钢　第 1 部分:热轧光圆钢筋》规范中表 6 规定的屈服强度特征值之比 R_{eL}^o/R_{eL}不大于 1.30。

(3) 钢筋的最大力总伸长率 δ_{gt}不小于 9%。

其中,R_m^o 为钢筋实测抗拉强度;R_{eL}^o为钢筋实测屈服强度。

二、钢筋的力学性能

低碳钢的拉伸过程可分为四个阶段,即弹性阶段、屈服阶段、强化阶段和颈缩阶段(见第三章第四节内容);其变形性能可通过其延伸率和截面收缩率体现。而低碳钢在压缩时的力学性质,包括比例极限、屈服极限和弹性模量都与拉伸时相同,但无法测定压缩时的强度极限,因为屈服阶段以后,试件越压越扁,没有颈缩阶段,不发生断裂。

1. 钢筋的强度标准值

钢筋的强度标准值应具有不小于 95%的保证率。

普通钢筋的屈服强度标准值 f_{yk}、极限强度标准值 f_{stk}应按表 10-7 采用;预应力钢丝、钢绞线和预应力螺纹钢筋的屈服强度标准值 f_{pyk}、极限强度标准值 f_{ptk}应按表 10-8 采用。

表 10-7　　普通钢筋强度标准值

牌　号	符　号	公称直径 d（mm）	屈服强度标准值 f_{yk}（N/mm²）	极限强度标准值 f_{stk}（N/mm²）
HPB300	Φ	6～22	300	420
HRB335 HRBF335	Φ $Φ^F$	6～50	335	455
HRB400 HRBF400 RRB400	Φ $Φ^F$ $Φ^R$	6～50	400	540
HRB500 HRBF500	Φ $Φ^F$	6～50	500	630

表 10-8　　预应力筋强度标准值

种　类		符　号	公称直径 d（mm）	屈服强度标准值 f_{pyk}（N/mm²）	极限强度标准值 f_{ptk}（N/mm²）
中强度预应力钢丝	光面 螺旋肋	$Φ^{PM}$ $Φ^{HM}$	5、7、9	620	800
				780	970
				980	1270
预应力螺纹钢筋	螺纹	$Φ^T$	18、25、32、40、50	785	980
				930	1080
				1080	1230
消除应力钢丝	光面	$Φ^P$	5	—	1570
				—	1860
			7	—	1570
	螺旋肋	$Φ^H$	9	—	1470
				—	1570
钢绞线	1×3（三股）	$Φ^S$	8.6、10.8、12.9	—	1570
				—	1860
				—	1960
	1×7（七股）		9.5、12.7、15.2、17.8	—	1720
				—	1860
				—	1960
			21.6	—	1860

注　极限强度标准值为1960N/mm² 的钢绞线作后张预应力配筋时，应有可靠的工程经验。

2. 钢筋的抗拉、抗压强度设计值

钢筋的强度设计值为其标准值除以材料分项系数 γ_s 的数值。延性较好的热轧钢筋 γ_s 取1.10，但对新投产的高强500MPa级钢筋适当提高安全储备，取1.15；延性稍差的预应力筋 γ_s 取1.20。钢筋抗压强度设计值取与抗拉强度相同，这是由于构件中混凝土受到配箍筋的约束，实际极限受压应变加大，受压钢筋可达到较高强度。

普通钢筋的抗拉强度设计值 f_y、抗压强度设计值 f'_y 应按表 10-9 采用；预应力筋的抗拉强度设计值 f_{py}、抗压强度设计值 f'_{py}应按表 10-10 采用。

当构件中配有不同种类的钢筋时，每种钢筋应采用各自的强度设计值。横向钢筋的抗拉强度设计值 f_{yv}应按表中 f_y 的数值采用；当用作受剪、受扭、受冲切承载力计算时，其数值大于 360N/mm^2 时应取 360N/mm^2，但用作围箍约束混凝土时不限。

表 10-9 **普通钢筋强度设计值** N/mm^2

牌 号	抗拉强度设计值 f_y	抗压强度设计值 f'_y
HPB300	270	270
HRB335、HRBF335	300	300
HRB400、HRBF400、RRB400	360	360
HRB500、HRBF500	435	410

表 10-10 **预应力筋强度设计值** N/mm^2

种 类	极限强度标准值 f_{ptk}	抗拉强度设计值 f_{py}	抗压强度设计值 f'_{py}
中强度预应力钢丝	800	510	410
	970	650	
	1270	810	
消除应力钢丝	1470	1040	410
	1570	1110	
	1860	1320	
钢绞线	1570	1110	390
	1720	1220	
	1860	1320	
	1960	1390	
预应力螺纹钢筋	980	650	410
	1080	770	
	1230	900	

注 当预应力筋的强度标准值不符合表 10-10 的规定时，其强度设计值应进行相应的比例换算。

3. 钢筋的总伸长率要求

普通钢筋及预应力筋在最大力下的总伸长率 δ_{gt}不应小于表 10-11 规定的数值。

表 10-11 **普通钢筋及预应力筋在最大力下的总伸长率限值**

钢筋品种	普通钢筋			预应力筋
	HPB300	HRB335、HRBF335、HRB400、HRBF400、HRB500、HRBF500	RRB400	
δ_{gt}（%）	10.0	7.5	5.0	3.5

4. 钢筋的弹性模量

普通钢筋和预应力筋的弹性模量 E_s 见表 10-12。由于制作偏差、基圆面积率不同以及钢绞线捻绞紧度等因素的影响，实际钢筋受力后的变形模量存在一定的不确定性，且通常不同程度地偏小。因此必要时可通过实验实测钢筋的实际弹性模量，用于计算。

表 10-12　钢筋的弹性模量　$\times 10^5 N/mm^2$

牌号或种类	弹性模量 E_s
HPB300 钢筋	2.10
HRB335、HRB400、HRB500 钢筋 HRBF335、HRBF400、HRBF500 钢筋 RRB400 钢筋 预应力螺纹钢筋	2.00
消除应力钢丝、中强度预应力钢丝	2.05
钢绞线	1.95

注　必要时可采用实测的弹性模量。

三、钢筋的冷加工

钢筋冷加工的目的是提高钢筋的强度，节约钢材。常用的冷加工方法有冷拉和冷拔两种。

（一）冷拉

冷拉就是将热轧钢筋在常温下进行强力拉伸到超过屈服点而进入强化阶段再卸载，从而使钢筋的屈服强度得到提高。冷拉只能提高钢筋的抗拉强度，抗压强度没有提高。

（二）冷拔

冷拔就是以强力拉拔的方式，使钢筋通过比它本身直径小的硬质合金拔丝模，如图 10-6 所示，成为直径比原来细的钢丝。冷拔后的钢筋的抗拉和抗压强度可同时得到较大的提高，但钢材的塑性降低很多，故不允许用冷加工钢筋作为预制构件的吊环。

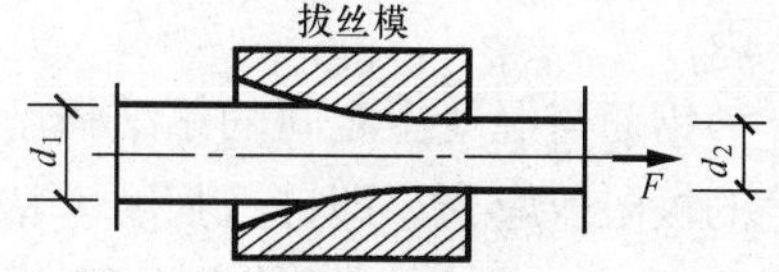

图 10-6　在拔丝模中冷拔的钢筋

冷拉、冷拔钢筋是由热轧钢筋冷加工制成的，冷加工后的钢筋强度可以提高，但其塑性性能随之而降低。

四、钢筋的选用

（1）混凝土结构的钢筋应按下列规定选用：

1）纵向受力普通钢筋宜采用 HRB400、HRB500、HRBF400、HRBF500 钢筋，也可采用 HPB300、HRB335、HRBF335、RRB400 钢筋；

2）梁柱纵向受力普通钢筋应采用 HRB400、HRB500、HRBF400、HRBF500 钢筋；

3）箍筋宜采用 HRB400、HRBF400、HPB300、HRB500、HRBF500 钢筋，也可采用 HRB335、HRBF335 钢筋；

4）预应力筋宜采用预应力钢丝、钢绞线和预应力螺纹钢筋。

注意：RRB400 钢筋不宜用作重要部位的受力钢筋，不应用于直接承受疲劳荷载的构件。细晶粒 HRBF 钢筋用于疲劳荷载作用的构件受到控制；考虑疲劳验算的钢筋建议采用 HRB400 热轧带肋钢筋。

（2）对于抗震设防的混凝土结构，梁、柱、支撑以及剪力墙边缘构件中，其受力钢筋宜采用热轧带肋钢筋；当采用现行国家标准《钢筋混凝土用钢　第 2 部分：热轧带肋钢筋》GB 1499.2 中牌号带“E”的热轧带肋钢筋时，其强度和弹性模量应按规范有关热轧带肋钢筋的规定采用。

(3) 按一、二、三级抗震等级设计的框架和斜撑构件，其纵向受力普通钢筋应符合下列要求：

1) 钢筋的抗拉强度实测值与屈服强度实测值的比值不应小于1.25；

2) 钢筋的屈服强度实测值与屈服强度标准值的比值不应大于1.30；

3) 钢筋最大拉力下的总伸长率实测值不应小于9%。

(4) 当采用直径为50mm的钢筋时，宜有可靠的工程经验。

构件中的钢筋可采用并筋的配置形式。直径28mm及以下的钢筋并筋数量不应超过3根；直径32mm的钢筋并筋数量宜为2根；直径36mm及以上的钢筋不应采用并筋。并筋应按单根等效钢筋进行计算，等效钢筋的等效直径应按截面面积相等的原则换算确定。

(5) 当进行钢筋代换时，除应符合设计要求的构件承载力、最大力下的总伸长率、裂缝宽度验算以及抗震规定以外，尚应满足最小配筋率、钢筋间距、保护层厚度、钢筋锚固长度、接头面积百分率及搭接长度等构造要求。

第四节 钢筋与混凝土的粘结

钢筋混凝土构件在外力作用下，在钢筋与混凝土的接触面上将产生剪应力。当剪应力超过钢筋与混凝土之间的粘结强度时，钢筋与混凝土之间将发生相对滑移，从而使构件早期发生破坏。

钢筋与混凝土之间的粘结强度，实质上是钢筋与混凝土处于极限平衡状态时两者之间产生的极限剪应力，即抗剪强度。粘结强度的大小和分布规律，可通过钢筋抗拔试验确定。如图10-7 (a) 所示，钢筋在受到拉力作用时，在其表面将产生剪应力，当剪应力不超过粘结强度τ时，钢筋就不会被拔出。在抗拔试验中，测得钢筋的应力σ_s分布规律，如图10-7 (b) 所示，即可求得各点处粘结强度τ的数值，绘出τ的分布图，如图10-7 (c) 所示。

当钢筋处于极限平衡时，作用在钢筋上的外力应等于钢筋与混凝土之间在l长度（钢筋埋在混凝土内的长度）范围内的粘结强度总和。

试验表明，平均粘结强度与混凝土强度等级和钢筋类别有关，其值可由图10-8中曲线求得。

当钢筋最大应力与屈服强度相等时，可求得钢筋的锚固长度l_a。钢筋的锚固长度与钢筋种类和混凝土强度等级有关。由于光圆钢筋与混凝土之间的粘结强度相对较小，为了提高钢筋的锚固效果，要求把钢筋的端部做成弯钩，见图10-9。变形钢筋与混凝土之间的粘结强度大，故变形钢筋端部可不做弯钩，按《混凝土结构设计规范》规定采用锚固长度，就可保证钢筋的锚固效果。

在施工中，当钢筋长度不够时，常采用绑扎接头。绑扎接头的工作原理，就是通过钢筋与混凝土之间的粘结强度来传递钢筋内力。因此，钢筋绑扎接头要有一定的搭接长度。对于光圆钢筋，还需在接头两端做成弯钩，如图10-10所示。构件中的纵向受拉钢筋绑扎接头的搭接长度在任何情况下均不应小于300mm，而构件中的纵向受压钢筋受压接头的搭接长度在任何情况下不应小于200mm。

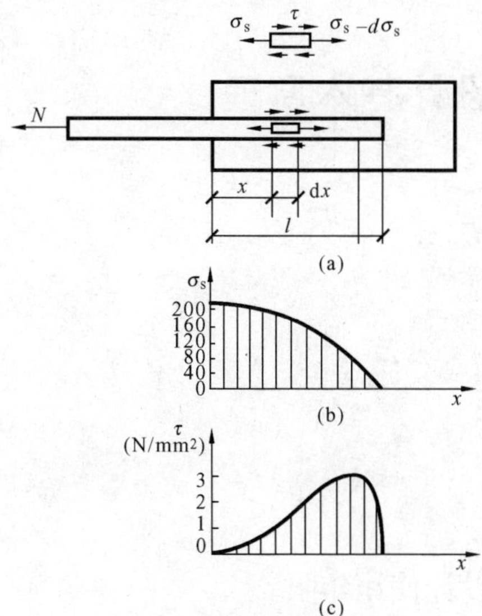

图 10-7　钢筋拉拔试验中应力 σ_s 及 τ 的分布图

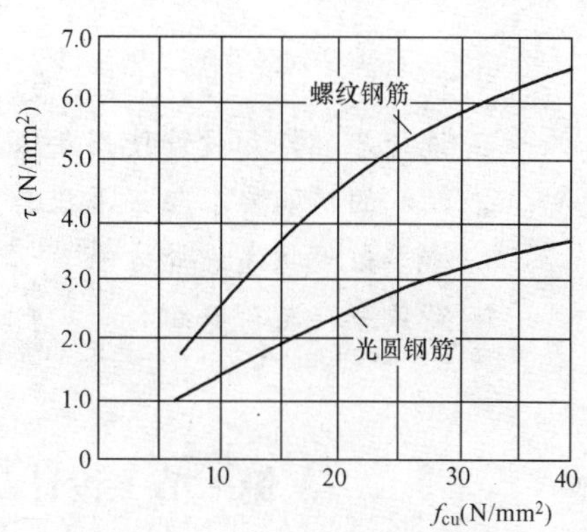

图 10-8　不同钢筋及混凝土强度中钢筋的平均粘结强度

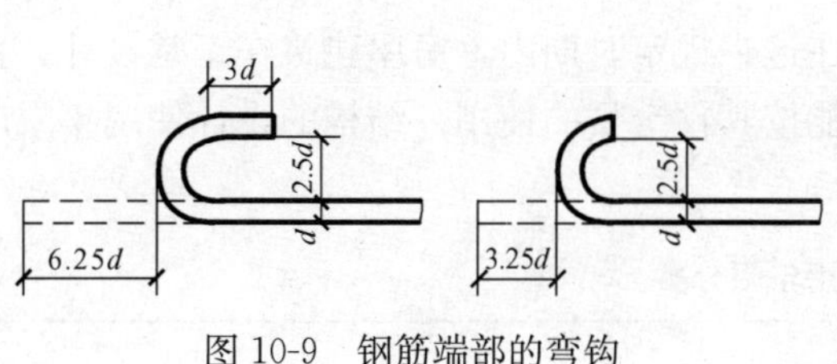

图 10-9　钢筋端部的弯钩

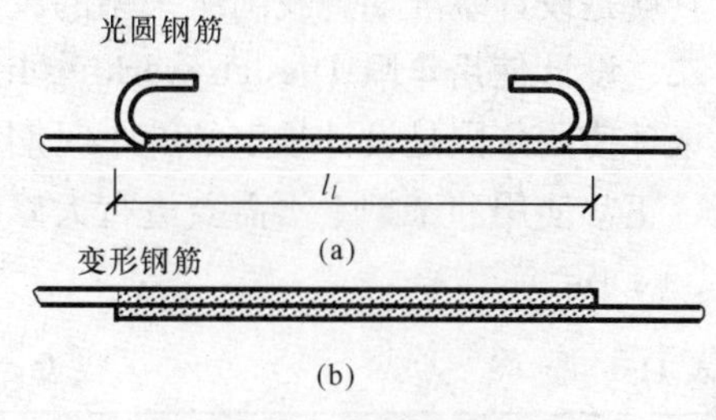

图 10-10　钢筋的绑扎

思　考　题

10-1　钢筋与混凝土为什么能够共同工作从而形成工程上广泛应用的钢筋混凝土材料？

10-2　混凝土强度有哪些？什么是混凝土立方体抗压强度？

10-3　什么是混凝土的收缩和徐变？它们对工程结构有何危害？如何减少混凝土的收缩和徐变？

10-4　简述钢筋的分类。

10-5　钢筋冷加工的目的是什么？钢筋经过冷加工后其力学性能发生了哪些改变？

第十一章　建筑结构设计基本原理

内 容 提 要

1. 设计基准期和设计使用年限
2. 结构的功能要求与极限状态
3. 概率极限状态设计方法
4. 荷载分类与荷载组合

第一节　设计基准期和设计使用年限

一、设计基准期 (design reference period)

结构设计所采用的荷载统计参数、与时间有关的材料性能取值，都需要选定一个时间参数，它就是设计基准期。我国所采用的设计基准期为 50 年。

二、设计使用年限 (design working life)

设计使用年限是设计规定的一个时期。在这一规定时期内，房屋建筑在正常设计、正常施工、正常使用和维护下不需要进行大修就能按其预定目的使用。结构的设计使用年限应按表 11-1 确定。

表 11-1　设计使用年限分类

类　别	设计使用年限（年）	示　　例
1	5	临时性结构
2	25	易于替换的结构构件
3	50	普通房屋和构造物
4	100	纪念性建筑和特别重要的建筑结构

显然，设计使用年限不同于设计基准期的概念。但对于普通房屋和构筑物，设计使用年限和设计基准期均为 50 年。

第二节　结构的功能要求与极限状态

一、结构的功能要求

结构在规定的设计使用年限内，应满足安全性、适用性、耐久性等各项功能要求。结构的安全性、适用性、耐久性统称为结构的可靠性，结构的可靠性用可靠度来度量。

（一）结构安全性要求

(1) 在正常施工和正常使用时，能承受可能出现的各种作用（如荷载、温度变化、地基不均匀沉降等)。

(2) 在设计规定的偶然事件(如爆炸、撞击、地震等)发生时及发生后,仍能保持必需的整体稳定性。所谓整体稳定性,是指在偶然事件发生时和发生后,建筑结构仅产生局部的损坏而不致发生连续倒塌。

(二) 结构适用性要求

结构在正常使用时具有良好的工作性能。如受弯构件在正常使用时不出现过大的挠度、过宽的裂缝,以及不产生影响正常使用的振动等。

(三) 结构耐久性要求

结构在正常维护下具有足够的耐久性能。所谓足够的耐久性能,是指结构在规定的工作环境中,在预定时期内,其材料性能的恶化不致导致结构出现不可接受的失效概率。从工程概念上讲,就是指在正常维护条件下结构能够正常使用到规定的设计使用年限。

混凝土结构应根据设计使用年限和环境类别进行耐久性设计,混凝土结构的环境类别共分为五类,见表 11-2。

表 11-2　混凝土结构的环境类别

环境类别	条　件
一	室内干燥环境;无侵蚀性静水浸没环境
二 a	室内潮湿环境;非严寒和非寒冷地区的露天环境;非严寒和非寒冷地区与无侵蚀性的水或土壤直接接触的环境;严寒和寒冷地区的冰冻线以下与无侵蚀性的水或土壤直接接触的环境
二 b	干湿交替环境;水位频繁变动环境;严寒和寒冷地区的露天环境;严寒和寒冷地区冰冻线以上与无侵蚀性的水或土壤直接接触的环境
三 a	严寒和寒冷地区冬季水位变动区环境;受除冰盐影响环境;海风环境
三 b	盐渍土环境;受除冰盐作用环境;海岸环境
四	海洋环境
五	受人为或自然的侵蚀性物质影响的环境

注　1. 室内潮湿环境是指构件表面经常处于结露或湿润状态的环境;
2. 严寒和寒冷地区的划分应符合国家现行标准 GB 50176《民用建筑热工设计规范》的有关规定;
3. 海岸环境和海风环境宜根据当地情况,考虑主导风向及结构所处迎风、背风部位等因素的影响,由调查研究和工程经验确定;
4. 受除冰盐影响环境为受到除冰盐盐雾影响的环境;受除冰盐作用环境指被除冰盐溶液溅射的环境以及使用除冰盐地区的洗车房、停车楼等建筑。
5. 暴露的环境是指混凝土结构表面所处的环境。

根据不同的环境和设计使用年限,对结构混凝土的最大水胶比、最低混凝土强度等级、最大氯离子含量、最大碱含量等都有具体规定,以满足其耐久性要求。

二、结构的极限状态

极限状态(limit state)是指整个结构或结构的一部分超过某一特定状态就不能满足设计规定的某一功能要求,此特定状态为该功能的极限状态。

结构的各种极限状态,都规定有明确的标志及限值。根据结构的功能要求,极限状态可分为承载能力极限状态和正常使用极限状态两类。

(一) 承载能力极限状态

结构或结构构件达到最大承载力、出现疲劳破坏、发生不适于继续承载的变形或因结构局部破坏而引发的连续倒塌,称为承载能力极限状态。

当结构或结构构件出现下列状态之一时，即认为超过了承载能力极限状态：

（1）整个结构或结构的一部分作为刚体失去平衡。例如，雨篷的倾覆、烟囱在风力作用下发生整体倾覆、挡土墙在土压力作用下发生整体滑移。

（2）结构构件或其连接因超过材料强度而破坏（包括疲劳破坏），或因过度的变形而不适于继续承载。例如，轴心受压钢筋混凝土柱中混凝土达到轴心受压强度而压碎；钢结构轴心受拉构件当钢材达到屈服点时，其变形导致不适于继续承载；钢结构或钢筋混凝土结构吊车梁在吊车荷载数十万次或数百万次的反复作用下，钢材、混凝土或钢筋可能发生疲劳破坏而导致整个吊车梁破坏。

（3）结构转变为机动体系。

（4）结构或构件丧失稳定（如压屈等）。

（5）地基丧失承载能力而破坏（如失稳等）。

承载能力极限状态主要考虑结构的安全性，而结构的安全又关系到人的生命和财产的安危。因此，应严格控制结构或结构构件不允许其超过承载能力极限状态。

（二）正常使用极限状态

这种极限状态对应于结构或结构构件达到正常使用的某项规定限值或耐久性能的某种规定状态。当结构或结构构件出现下列状态之一时，即认为超过了正常使用极限状态。

（1）影响正常使用或外观的变形；

（2）影响正常使用或耐久性能的局部损坏（包括裂缝）；

（3）影响正常使用的振动；

（4）影响正常使用的其他特定状态。

正常使用极限状态主要考虑结构的适用性和耐久性，当结构或结构构件出现这种极限状态时，一般不会危及生命和财产的安全。

在实际工程中，根据使用条件需控制变形值的结构构件，应进行变形验算；对不允许混凝土开裂的构件，应进行抗裂度验算；对于限制裂缝宽度的构件，应进行裂缝宽度验算。

第三节 概率极限状态设计方法

一、结构的可靠性与可靠度

如前所述，结构在规定的设计年限内，应满足安全性、适应性和耐久性等功能要求。

结构的可靠性是指结构在规定的时间内、在规定的条件下完成预定功能的能力。这种能力既取决于结构的作用和作用效应，也取决于结构的抗力。

结构的可靠性用可靠度来度量。我国 GB 50068—2001《建筑结构可靠度设计统一标准》规定：可靠度是指结构在规定的时间内，在规定的条件下，完成预定功能的概率。通俗地说，建筑结构在规定的使用年限内（例如普通房屋和构筑物为 50 年），在正常设计、正常施工和正常使用条件下，如果其安全性、适用性和耐久性均能满足要求，则该结构是可靠的，否则就是不可靠的。

二、结构的功能函数

1. 作用效应 S

直接作用和间接作用使结构产生的内力（如轴力、弯矩、剪力、扭矩）和变形（如挠度、转角、弯曲、压缩、拉伸、裂缝等）称为“作用效应”，用 S 表示。对于间接作用效应，通常根据引起作用的原因来分别相应确定效应，如地震作用效应、温度变化效应、地基变形作用效应等。当作用为直接作用（荷载）时，其效应被称为“荷载效应”。荷载 Q 与荷载效应之间，一般近似按线性关系考虑：

$$S = CQ \tag{11-1}$$

式中　C——为荷载效应系数。例如，承受均布荷载作用的简支梁，跨中最大弯矩为 $M=\frac{1}{8}ql_0^2$，此处 M 就是荷载效应，$\frac{1}{8}l_0^2$ 就是荷载效应系数。

由于荷载是随机变量，故荷载效应也是随机变量，其变化规律与结构可靠度的分析有着密切的关系。

2. 结构抗力 R

结构抗力指结构或结构构件承受各种作用的能力，用 R 表示。影响结构抗力的主要因素有结构材料性能（f）、构件截面几何参数（a）和计算模式（p）。它们都是相互独立的随机变量，R 也是随机变量，一般认为 R 服从正态分布。

结构构件的抗力可用式（11-2）表示

$$R = R(f_c, f_s, a_k, \cdots) \tag{11-2}$$

式中　$R(\cdot)$——结构构件的抗力函数；

f_c、f_s——混凝土、钢筋的强度设计值；

a_k——几何参数的标准值，当其变异性对结构性能有明显的不利影响时，应增减一个附加值。

3. 功能函数 Z

R 为结构抗力，S 为作用效应，则可以用功能函数 $Z=R-S$ 来描述结构的工作状态。

当 $Z>0$ 时，即 $R>S$，表示结构可靠；

当 $Z<0$ 时，即 $R<S$，表示结构失效；

当 $Z=0$ 时，即 $R=S$，表示结构处于极限状态，$R-S=0$ 称为极限状态方程。

显然，结构可靠的基本条件是使 $Z\geqslant 0$。

由于结构抗力 R 和作用效应 S 是随机变量，故结构的功能函数 Z 也是随机变量。当假定 R 和 S 相互独立并且都服从正态分布时，则 Z 也服从正态分布，则功能函数 Z 的平均值及标准差为

$$\begin{cases} \mu_Z = \mu_R - \mu_S & (11\text{-}3) \\ \sigma_Z = \sqrt{\sigma_R^2 + \sigma_S^2} & (11\text{-}4) \end{cases}$$

三、可靠概率和失效概率

结构能够完成预定功能的概率称为可靠概率 P_s；结构不能完成预定功能的概率称为失效概率 P_f。

画出结构功能函数 $Z=g(R,S)$ 的分布曲线，如图 11-1 所示。则纵坐标轴以左分布曲线围成的阴影部分面积表示结构的失效概率 P_f，纵坐标轴以右分布曲线围成的面

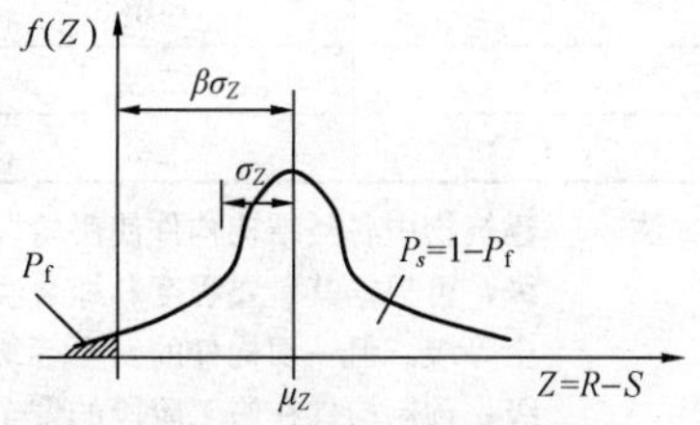

图 11-1　功能函数 Z 的分布曲线

积表示结构的可靠概率 P_s。显然，二者是互补的，即 $P_s+P_f=1.0$。因此，结构可靠度也可用结构的失效概率来度量，失效概率越小，结构可靠度越大。

四、可靠指标及设计准则

（一）可靠指标

对影响结构可靠度的各随机变量进行统计分析和数学处理，并用失效概率 P_f 来衡量结构的可靠度，能够较好地反映问题的实质，具有明确的物理意义，但计算失效概率 P_f 仍很复杂。因此，引入可靠指标 β 来代替失效概率 P_f，具体度量结构的可靠性。

可靠指标是结构功能函数 Z 的平均值 μ_Z 与标准差 σ_Z 之比，即

$$\beta=\frac{\mu_Z}{\sigma_Z}=\frac{\mu_Z-\mu_S}{\sqrt{\sigma_R^2+\sigma_S^2}} \tag{11-5}$$

可靠指标 β 与失效概率 P_f 之间存在着对应关系：β 值越大，失效概率 P_f 越小；β 值越小，失效概率 P_f 越大。β 值与 P_f 的对应关系见表 11-3。

表 11-3　　**β 与 P_f 的对应关系**

β	P_f	β	P_f
1.0	1.59×10^{-1}	3.2	6.40×10^{-4}
2.0	2.28×10^{-2}	3.5	2.33×10^{-4}
2.5	6.21×10^{-3}	3.7	1.10×10^{-4}
2.7	3.50×10^{-3}	4.0	3.17×10^{-5}
3.0	1.35×10^{-3}	4.2	1.30×10^{-5}

结构构件设计时采用的可靠指标，是根据对现有结构构件可靠度进行分析，并考虑使用经验和经济因素等确定的。对于承载能力极限状态设计时允许的可靠指标，见表 11-4。

表 11-4　　**结构构件承载能力极限状态设计时允许的可靠指标**

破坏类型	安全等级		
	一级	二级	三级
延性破坏	3.7	3.2	2.7
脆性破坏	4.2	3.7	3.2

注　延性破坏是指结构构件在破坏前有明显的变形或其他预兆；脆性破坏是指结构构件在破坏前无明显的变形或其他预兆。

表 11-4 中，建筑结构的安全等级是根据结构破坏可能产生的后果（危及人的生命、造成经济损失、产生社会影响等）的严重性而划分的，共分为三级，见表 11-5。

表 11-5　　**建筑结构的安全等级及其重要性系数**

序　号	安全等级	破坏后果	建筑物类型	结构构件的重要性系数
1	一级	很严重	重要的建筑物	$\gamma_0=1.1$
2	二级	严重	一般的建筑物	$\gamma_0=1.0$
3	三级	不严重	次要的建筑物	$\gamma_0=0.9$

注　1. 建筑物中各类结构构件使用阶段的安全等级，宜与整个结构的安全等级相同。对其中部分结构构件的安全等级，可根据其重要程度和综合经济效果作适当调整，对于结构中重要构件和关键传力部位，宜适当提高其安全等级。但一切构件的安全等级在各个阶段均不得低于三级。例如，对于屋架、托架的安全等级应提高一级；预制构件在施工阶段的安全等级，可较其使用阶段的安全等级降低一级。

2. 以承受永久荷载为主的轴心受压柱、小偏心受压柱，其安全等级宜提高一级。

（二）设计准则

在建筑结构设计时，根据建筑物的安全等级，按规定的可靠指标（也称目标可靠指标）进行设计的设计准则，称为按可靠指标的设计准则。按可靠指标的设计准则虽然直接运用了概率论的原则，但是在确定可靠指标时，做了若干假定和简化（如假定 R 和 S 均服从正态分布，且互相独立等），因此这个准则只能称为近似概率准则。

五、概率极限状态设计法

《混凝土结构设计规范》采用以概率理论为基础的极限状态设计方法，以可靠指标度量结构构件的可靠度，采用分项系数的设计表达式进行设计。

（一）承载能力极限状态计算

1. 混凝土结构的承载能力极限状态计算应包括的内容

（1）结构构件应进行承载力（包括失稳）计算；

（2）直接承受重复荷载的构件应进行疲劳验算；

（3）有抗震设防要求时，应进行抗震承载力计算；

（4）必要时尚应进行结构的倾覆、滑移、漂浮验算；

（5）对于可能遭受偶然作用，且倒塌可能引起严重后果的重要结构，宜进行防连续倒塌设计。

2. 承载能力极限状态设计表达式

对持久设计状况、短暂设计状况和地震设计状况，当用内力的形式表达时，结构构件应采用下列承载能力极限状态设计表达式：

$$\gamma_0 S \leqslant R \tag{11-6}$$

$$R = R(f_c, f_s, a_k, \cdots)/\gamma_{Rd} \tag{11-7}$$

式中　γ_0——结构重要性系数：对持久设计状况和短暂设计状况下，对安全等级为一级的结构构件不应小于 1.1，对安全等级为二级的结构构件不应小于 1.0，对安全等级为三级的结构构件不应小于 0.9，对地震设计状况下应取 1.0；

S——承载能力极限状态下作用组合的效应设计值：对持久设计状况和短暂设计状况应按作用的基本组合计算；地震设计状况应按作用的地震组合计算；

R——结构构件的抗力设计值；

R（·）——结构构件的抗力函数；

γ_{Rd}——结构构件的抗力模型不定性系数：静力设计取 1.0，对不确定性较大的结构构件根据具体情况取大于 1.0 的数值；抗震设计应用承载力抗震调整系数 γ_{RE} 代替 γ_{Rd}。

承载能力极限状态的荷载效应组合分为基本组合和偶然组合。对持久和短暂设计状况，应采用基本组合；对偶然设计状况，应采用偶然组合，结构重要性系数 γ_0 取不小于 1.0 的数值，式（11-7）中混凝土、钢筋的强度设计值 f_c、f_s 改用强度标准值 f_{ck}、f_{yk}（或 f_{pyk}）。

当进行结构防连续倒塌验算时，结构构件的承载力函数应按照《混凝土结构设计规范》第 3.6 节的原则确定。

（二）正常使用极限状态验算

1. 进行正常使用极限状态验算的规定

混凝土结构构件应根据其使用功能及外观要求，按下列规定进行正常使用极限状态验算：

（1）对需要控制变形的构件，应进行变形验算；

（2）对不允许出现裂缝的构件，应进行混凝土拉应力验算；

（3）对允许出现裂缝的构件，应进行受力裂缝宽度验算；

（4）对舒适度有要求的楼盖结构，应进行竖向自振频率验算。

2. 正常使用极限状态设计表达式

对于正常使用极限状态，钢筋混凝土构件、预应力混凝土构件应分别按荷载的准永久组合并考虑长期作用的影响或标准组合并考虑长期作用的影响，采用下列极限状态设计表达式进行验算：

$$S \leqslant C \tag{11-8}$$

式中 S——正常使用极限状态荷载组合的效应设计值；

C——结构或结构构件达到正常使用要求的规定限值，例如变形、裂缝、振幅、加速度、应力等的限值，应按各有关建筑结构设计规范的规定采用。

钢筋混凝土受弯构件的最大挠度应按荷载的准永久组合，预应力混凝土受弯构件的最大挠度应按荷载的标准组合，并均应考虑荷载长期作用影响进行计算，受弯构件的挠度限值见表 11-6。

表 11-6 受弯构件的挠度限值

构件类型	楼盖、屋盖及楼梯构件			吊车梁	
	$l_0<7\text{m}$	$7\text{m}\leqslant l_0\leqslant 9\text{m}$	$l_0>9\text{m}$	手动吊车	电动吊车
挠度限值	$l_0/200(l_0/250)$	$l_0/250(l_0/300)$	$l_0/300(l_0/400)$	$l_0/500$	$l_0/600$

注 1. 表中 l_0 为构件的计算跨度，对悬臂构件，l_0 按实际悬臂长度的 2 倍取用。

2. 括号内数值适用于使用上对挠度有较高要求的构件。

3. 如果构件制作时预先起拱，且使用上也允许，则在验算挠度时，可将计算值减去起拱值，对预应力混凝土构件尚可减去预应力产生的反拱值。

4. 构件制作时的起拱值和预加力所产生的反拱值，不宜超过构件在相应荷载组合作用下的计算挠度值。

结构构件正截面的裂缝控制等级分为三级。裂缝控制等级的划分应符合下列规定：

一级——严格要求不出现裂缝的构件，按荷载标准组合计算时，构件受拉边缘混凝土不应产生拉应力。

二级——一般要求不出现裂缝的构件，按荷载标准组合计算时，构件受拉边缘混凝土拉应力不应大于混凝土抗拉强度标准值；

三级——允许出现裂缝的构件：对钢筋混凝土构件，按荷载准永久组合并考虑长期作用影响计算时，构件的最大裂缝宽度不应超过表 11-7 规定的最大裂缝宽度限值。对预应力混凝土构件，按荷载标准组合并考虑荷载长期作用的影响计算时，构件的最大裂缝宽度不应超过表 11-7 规定的最大裂缝宽度限值；对二 a 类环境的预应力混凝土构件，尚应按荷载准永久组合计算，且构件受拉边缘混凝土的拉应力不应大于混凝土的抗拉强度标准值；

结构构件应根据结构类别和混凝土结构的环境类别（见表 11-2），按表 11-7 的规定选用不同裂缝控制等级及最大裂缝宽度限值 ω_{lim}。

表 11-7　　结构构件的裂缝控制等级及最大裂缝宽度限值　　mm

环境类别	钢筋混凝土结构		预应力混凝土结构	
	裂缝控制等级	ω_{lim}	裂缝控制等级	ω_{lim}
一	三	0.30（0.40）	三级	0.20
二 a		0.20	三级	0.10
二 b			二级	—
三 a、三 b			一级	—

注　1. 对处于年平均相对湿度小于 60%地区一类环境下的受弯构件，其最大裂缝宽度限值可采用括号内的数值。

2. 在一类环境下，对钢筋混凝土屋架、托架及需作疲劳验算的吊车梁，取 ω_{lim}=0.2mm，对钢筋混凝土屋面梁和托梁，其最大裂缝宽度限值应取为 0.30mm。

3. 在一类环境下，对预应力混凝土屋架、托架及双向板体系，应按二级裂缝控制等级进行验算；对一类环境下的预应力混凝土屋面梁、托梁、单向板，应按表中二 a 级环境的要求进行验算；在一类和二 a 类环境下需作疲劳验算的预应力混凝土吊车梁，应按裂缝控制等级不低于二级的构件进行验算。

4. 表中规定的预应力混凝土构件的裂缝控制等级和最大裂缝宽度限值仅适用于正截面的验算；预应力混凝土构件的斜截面裂缝控制验算应符合规范第 7 章的有关规定。

5. 对于烟囱、筒仓和处于液体压力下的结构，其裂缝控制要求应符合专门标准的有关规定。

6. 对处于四、五类环境下的结构构件，另见专门标准规定。

7. 表中最大裂缝宽度限值用于验算荷载作用引起的最大裂缝宽度。

六、混凝土结构的耐久性设计

混凝土结构应根据设计使用年限和环境类别进行耐久性设计，耐久性设计包括下列内容：

（1）确定结构所处的环境类别；

（2）提出材料的耐久性质量要求；

（3）确定构件中钢筋的混凝土保护层厚度（钢筋的混凝土保护层的最小厚度可参见第十三章表 13-9）；

（4）满足耐久性要求相应的技术措施；

（5）在不利的环境条件下应采取的防护措施；

（6）提出结构使用阶段检测与维护的要求。

注：对临时性的混凝土结构，可不考虑混凝土的耐久性要求。

七、防连续倒塌设计原则

防连续倒塌设计原则本书从略，请读者参阅《混凝土结构设计规范》规定。

八、混凝土结构设计应包括的内容

（1）进行结构方案设计、确定计算简图。对具体的建筑进行结构选型，确定适当的结构型式；进行结构平面布置，确定结构的计算单元和计算简图（包括构件截面尺寸选择、计算跨度的确定、荷载取值，不同荷载有不同的计算简图）；选择结构材料和相应强度等级。

（2）用力学方法进行作用及作用效应分析（即 S_{GK} 及 S_{Qik}，$i=1, 2, \cdots, n$）。

（3）结构的极限状态设计。

（4）结构及构件的构造、连接措施。

（5）耐久性及施工的要求。

（6）满足特殊要求结构的专门性能设计。

第四节 荷载分类与荷载组合

一、荷载分类

（1）永久荷载，又称为恒荷载，在结构使用期间，其值不随时间变化，或其变化与平均值相比可以忽略不计，或其变化是单调的并能趋于限值的荷载，例如结构自重[1]、土压力、预应力等。

（2）可变荷载，又称活荷载，在结构使用期间，其值随时间变化，且其变化与平均值相比不可以忽略不计的荷载，例如楼面活荷载、屋面活荷载和积灰荷载、吊车荷载、风荷载、雪荷载等。

（3）偶然荷载，在结构使用期间不一定出现，一旦出现，其值很大且持续时间很短的荷载，例如爆炸力、撞击力等。

二、荷载代表值

荷载代表值是指结构设计中用以验算极限状态所采用的荷载量值，例如标准值、组合值、频遇值和准永久值。

建筑结构设计时，对不同荷载应采用不同的代表值。对永久荷载应采用标准值作为代表值。对可变荷载应根据设计要求采用标准值、组合值、频遇值或准永久值作为代表值。对偶然荷载应按建筑结构使用的特点确定其代表值。

（一）永久荷载标准值

标准值是指荷载的基本代表值，为设计基准期内最大荷载统计分布的特征值（例如均值、众值、中值或某个分位值）。

永久荷载标准值，对结构自重，可按结构构件的设计尺寸与材料单位体积的自重计算确定。对于自重变异较大的材料和构件（如现场制作的保温材料、混凝土薄壁构件等），自重的标准值应根据对结构的不利状态，取上限值或下限值。

对于常用的材料和构件，单位体积自重可由国家标准《建筑结构荷载规范》（GB 50009—2001）（2006年版）附录A查得。表11-8是摘录的几种常用材料的自重。

表11-8　几种常用材料和构件的自重

名 称	自重（kN/m^3）	备 注
黏土	13.5	干，松，孔隙比1.0
浆砌机砖	19	
水泥砂浆	20	
石灰砂浆、混合砂浆	17	振捣或不振捣
素混凝土	22～24	
钢筋混凝土	24～25	
瓷面砖	19.8	150mm×150mm×8mm（5556块/m^3）

（二）可变荷载标准值

《建筑结构荷载规范》给出了楼面和屋面活荷载、吊车荷载、雪荷载、风荷载的标准值，

[1] 自重是指材料自身重量产生的荷载（重力）。

设计时可以直接查用。其中楼面和屋面活荷载包括民用建筑楼面均布活荷载、工业建筑楼面活荷载、屋面活荷载、屋面积灰荷载、施工和检修荷载及栏杆水平荷载、动力系数。

1. 板的可变荷载标准值

民用建筑楼面均布活荷载的标准值及其组合值、频遇值和准永久值系数，见表 11-9。

屋面均布活荷载的标准值及其组合值、频遇值和准永久值系数，见表 11-10。屋面均布活荷载不与雪荷载同时组合，仅取其中较大者。

表 11-9　民用建筑楼面均布活荷载标准值及其组合值、频遇值和准永久值系数

项次	类　别	标准值（kN/m^2）	组合值系数 ψ_c	频遇值系数 ψ_f	准永久值系数 ψ_q
1	（1）住宅、宿舍、旅馆、办公楼、医院病房、托儿所、幼儿园 （2）教室、实验室、阅览室、会议室、医院门诊室	2.0	0.7	0.5 0.6	0.4 0.5
2	（1）食堂、餐厅、一般资料档案室	2.5	0.7	0.6	0.5
3	（1）礼堂、剧场、影院、有固定座位的看台 （2）公共洗衣房	3.0 3.0	0.7 0.7	0.5 0.6	0.3 0.5
4	（1）商店、展览厅、车站、港口、机场大厅及其旅客等候室 （2）无固定座位的看台	3.5 3.5	0.7 0.7	0.6 0.5	0.5 0.3
5	（1）健身房、演出舞台 （2）舞厅	4.0 4.0	0.7 0.7	0.6 0.6	0.5 0.3
6	（1）书库、档案库、储藏室 （2）密集柜书库	5.0 12.0	0.9	0.9	0.8
7	通风机房、电梯机房	7.0	0.9	0.9	0.8
8	汽车通道及停车库： （1）单向板楼盖（板跨不小于 2m） 客车 消防车 （2）双向楼盖和无梁楼盖（柱网尺寸不小于 6m×6m） 客车 消防车	4.0 35.0 2.5 20.0	0.7 0.7 0.7 0.7	0.7 0.7 0.7 0.7	0.6 0.6 0.6 0.6
9	厨房 （1）一般的 （2）餐厅的	2.0 4.0	0.7 0.7	0.6 0.7	0.5 0.7
10	浴室、厕所、盥洗室 （1）第 1 项中的民用建筑 （2）其他民用建筑	2.0 2.5	0.7 0.7	0.5 0.6	0.4 0.5
11	走廊、门厅、楼梯 （1）宿舍、旅馆、医院病房、托儿所、幼儿园、住宅 （2）办公楼、教室、餐厅、医院门诊部 （3）当人员可能密集时	2.0 2.5 3.5	0.7 0.7 0.7	0.5 0.6 0.5	0.4 0.5 0.3

续表

项次	类 别	标准值 (kN/m^2)	组合值系数 ψ_c	频遇值系数 ψ_f	准永久值系数 ψ_q
12	阳台 (1) 一般情况 (2) 当人群有可能密集时	 2.5 3.5	0.7	0.6	0.5

注 1. 本表所给各项活荷载适用于一般使用条件，当使用荷载较大或情况特殊时，应按实际情况采用。

2. 第6项书库活荷载当书架高度大于2m时，书库活荷载尚应按每米书架高度不小于$2.5kN/m^2$确定。

3. 第8项中的客车活荷载只适用于停放载人少于9人的客车；消防车活荷载是适用于满载总重为300kN的大型车辆；当不符合本表要求时，应将车轮的局部荷载按结构效应的等效原则，换算为等效均布荷载。

4. 第11项楼梯活荷载，对预制楼梯踏步平板，尚应按1.5kN集中荷载验算。

5. 本表各项荷载不包括隔墙自重和二次装修荷载。对固定隔墙的自重应按恒荷载考虑，当隔墙位置可灵活自由布置时，非固定隔墙的自重应取每延长米墙重（kN/m）的1/3作为楼面活荷载的附加值（kN/m^2）计入，附加值不小于$1.0kN/m^2$。

表 11-10　　屋面均布活荷载

项 次	类 别	标准值 (kN/m^2)	组合值系数 ψ_c	频遇值系数 ψ_f	准永久值系数 ψ_q
1	不上人的屋面	0.5	0.7	0.5	0
2	上人的屋面	2.0	0.7	0.5	0.4
3	屋顶花园	3.0	0.7	0.6	0.5

注 1. 不上人的屋面，当施工或维修荷载较大时，应按实际情况采用；对不同结构应按有关设计规范的规定，将标准值作$0.2kN/m^2$的增减。

2. 上人的屋面，当兼作其他用途时，应按相应楼面活荷载采用。

3. 对于因屋面排水不畅、堵塞等引起的积水荷载，应采取构造措施加以防止；必要时，应按积水的可能深度确定屋面活荷载。

4. 屋顶花园活荷载不包括花圃土石等材料自重。

2. 楼面梁、墙、柱及基础活荷载标准值

设计楼面梁、墙、柱及基础时，表11-9中的楼面活荷载标准值在下列情况下应乘以规定的折减系数。

(1) 设计楼面梁时的折减系数：

①第1（1）项当楼面梁从属面积超过$25m^2$时，应取0.9；

②第1（2）～7项当楼面梁从属面积超过$50m^2$时，应取0.9；

③第8项对单向板楼盖的次梁和槽形板的纵肋应取0.8，对单向板楼盖的主梁应取0.6，对双向板楼盖的梁应取0.8；

④第9～12项应采用与所属房屋类别相同的折减系数。

(2) 设计墙、柱和基础时的折减系数

①第1（1）项应按表11-11规定采用；

②第1（2）～7项应采用与其楼面梁相同的折减系数；

③第8项对单向板楼盖应取0.5，对双向板楼盖和无梁楼盖应取0.8；

④第9～12项应采用与所属房屋类别相同的折减系数。

表 11-11 **活荷载按楼层的折减系数**

墙、柱、基础计算截面以上的层数	1	2～3	4～5	6～8	9～20	>20
计算截面以上各楼层活荷载总和的折减系数	1.00 (0.90)	0.85	0.70	0.65	0.60	0.55

注 1. 楼面梁的从属面积应按梁两侧各延伸二分之一梁间距的范围内的实际面积确定。
2. 当楼面梁的从属面积超过 $25m^2$ 时，应采用括号内的系数。

(三) 可变荷载组合值

可变荷载组合值是考虑施加在结构上的各可变荷载不可能同时达到各自的最大值，因此，其取值不仅与荷载本身有关，而且与荷载效应组合所采用的概率模型有关。可变荷载组合值，应为可变荷载标准值乘以荷载组合值系数。其值根据两种或两种以上可变荷载在设计基准期内相遇情况及其组合的最大荷载效应的概率分布，并考虑不同荷载效应组合时结构构件可靠指标具有一致性的原则确定；也可根据使组合后产生的荷载效应值超越概率与考虑单一荷载时基本相同的原则确定。组合值是一种在统计基础上确定的荷载代表值。

(四) 可变荷载频遇值

荷载频遇值是对可变荷载而言的，是正常使用极限状态按频遇组合设计采用的一种可变荷载代表值。可变荷载频遇值等于可变荷载标准值乘以可变荷载的频遇值系数 ψ_f。其值在设计基准期内经常达到或超过的值。其超越频率限于某一给定值。它也是一种在统计基础上确定的荷载代表值。

(五) 可变荷载准永久值

荷载准永久值也是对可变荷载而言的，考虑荷载的持久性对结构的影响是正常使用极限状态按准永久性组合和频遇组合设计采用的可变荷载代表值。可变荷载准永久值等于可变荷载标准值乘以可变荷载准永久值系数 ψ_q，它是一种在统计基础上确定的荷载代表值。其值在设计基准期内被超越的总时间为设计基准期的一半。荷载准永久值主要用于正常使用极限状态的准永久组合和频遇组合中。

三、荷载组合

建筑结构设计应根据使用过程中在结构上可能同时出现的荷载，按承载能力极限状态和正常使用极限状态分别进行荷载（效应）组合，并应取各自的最不利的效应组合进行设计。

(一) 承载能力极限状态

对于承载能力极限状态，应按荷载效应的基本组合或偶然组合进行荷载（效应）组合。

1. 基本组合

对于基本组合，荷载效应组合的设计值 S 应从下列组合值中取最不利值确定：

1) 由可变荷载效应控制的组合：

$$S = \gamma_G S_{GK} + \gamma_{Q1} S_{Q1K} + \sum_{i=2}^{n} \gamma_{Qi} \psi_{ci} S_{QiK} \tag{11-9}$$

式中 γ_G——永久荷载的分项系数，当其效应对结构不利时，对由可变荷载效应控制的组合，应取 1.2；当其效应对结构有利时，一般情况下应取 1.0；对结构的倾覆、滑移或漂浮验算，荷载的分项系数应按有关的结构设计规范的规定采用。

γ_{Qi}——第 i 个可变荷载分项系数，其中 γ_{Q1} 为可变荷载 Q_1 的分项系数。一般情况下，应取 1.4；对标准值大于 $4kN/m^2$ 的工业房屋楼面结构的活荷载取 1.3。

S_{GK}——按永久荷载标准值 G_K 计算的荷载效应值。

S_{QiK}——按可变荷载标准值 Q_{iK} 计算的荷载效应值，其中 S_{Q1K} 为诸可变荷载效应中起控制作用者；当对 S_{Q1K} 无法明显判断时，轮次以各可变荷载效应为 S_{Q1K}，选其中最不利的荷载效应组合。

ψ_{ci}——可变荷载 Q_i 的组合值系数，应分别按荷载规范各章的规定采用。

n——参与组合的可变荷载数。

2）由永久荷载效应控制的组合：

$$S=\gamma_G S_{GK}+\sum_{i=1}^{n}\gamma_{Qi}\psi_{ci}S_{QiK} \tag{11-10}$$

式中 γ_G——永久荷载的分项系数，对由永久荷载效应控制的组合，应取 1.35，且参与组合的仅限于竖向荷载。

其余符号同前。

注意：基本组合中的设计值仅适用于荷载与荷载效应为线性的情况。

2. 基本组合的简化规则

对于一般排架、框架结构，基本组合可采用简化规则，并应按下列组合值中取最不利值确定：

1）由可变荷载效应控制的组合：

$$\begin{cases} S=\gamma_G S_{GK}+\gamma_{Q1}S_{Q1k} \\ S=\gamma_G S_{GK}+0.9\sum_{i=1}^{n}\gamma_{Qi}S_{QiK} \end{cases} \tag{11-11}$$

2）由永久荷载效应控制的组合仍按式（11-10）采用。

3. 偶然组合

对于偶然组合，荷载效应组合的设计值宜按下列规定确定：偶然荷载的代表值不乘分项系数；与偶然荷载同时出现的其他荷载可根据观测资料和工程经验采用适当的代表值。各种情况下荷载效应的设计值公式，可由有关规范另行规定。

（二）正常使用极限状态

对于正常使用极限状态，应根据不同的设计要求，采用荷载的标准组合、频遇组合或准永久组合。并注意组合中的设计值仅适用于荷载与荷载效应为线性的情况。

1. 标准组合

对于标准组合，荷载效应组合的设计值 S 应按式（11-12）采用：

$$S=S_{GK}+S_{Q1K}+\sum_{i=2}^{n}\psi_{ci}S_{QiK} \tag{11-12}$$

对照式（11-9）与式（11-12），当式（11-9）的荷载分项系数均取为 1 时，就是式（11-12）。

2. 频遇组合

对于频遇组合，荷载效应组合的设计值 S 应按式（11-13）采用：

$$S=S_{GK}+\psi_{f1}S_{Q1K}+\sum_{i=2}^{n}\psi_{qi}S_{QiK} \tag{11-13}$$

式中 ψ_{f1}——可变荷载 Q_1 的频遇值系数，应按荷载规范各章的规定采用；

ψ_{qi}——可变荷载 Q_i 的准永久值系数，应按荷载规范各章的规定采用。

3. 准永久组合

对于准永久组合，荷载效应组合的设计值 S 可按式（11-14）采用：

$$S = S_{GK} + \sum_{i=1}^{n} \psi_{qi} S_{QiK} \tag{11-14}$$

【例 11-1】 某幼儿园走廊楼面做法采用《山东省建筑标准设计“建筑做法说明”》（L06J002）中楼 15 地面砖楼面、棚 4 混合砂浆顶棚（其他省市可用相应的标准图集），现浇板厚度初定 h=80mm，结构安全等级为二级，试计算楼面荷载设计值。

解　由 L06J002 可知

永久荷载标准值（刷素水泥浆及涂料重量可不考虑）：

14 厚抹灰顶棚	0.014m×17kN/m^3=0.238kN/m^2
80 厚现浇板	0.08m×25kN/m^3=2.000kN/m^2
刷素水泥浆一道	0
30 厚干硬性水泥砂浆结合层	0.03m×20kN/m^3=0.600kN/m^2
10 厚地面砖	0.010m×19.8kN/m^3=0.198kN/m^2
	合计：G_K=3.036kN/m^2

活荷载标准值：　Q_K=2.0kN/m^2

由结构的安全等级为二级，查表 11-5 得结构重要性系数 γ_0=1.0。

永久荷载设计值：$G=\gamma_0\gamma_G G_K=1.0\times1.2\times3.036=3.643$kN/m^2

活荷载设计值：　$Q=\gamma_0\gamma_Q Q_K=1.0\times1.4\times2.0=2.8$kN/m^2

【例 11-2】 已知某屋面板由各种荷载引起的弯矩标准值分别为：永久荷载 2000N·m，屋面均布活荷载 1200N·m，风荷载 300N·m，雪荷载 200N·m。若安全等级为二级，试求按承载能力极限状态设计时的荷载效应 M？又若各种可变荷载的组合值系数、频遇值系数、准永久系数分别为：屋面均布活荷载 $\psi_{c1}=0.7$，$\psi_{f1}=0.5$，$\psi_{q1}=0.4$；风荷载 $\psi_{c2}=0.6$，$\psi_{f2}=0.4$，$\psi_{q2}=0$；雪荷载 $\psi_{c3}=0.7$，$\psi_{f3}=0.6$，$\psi_{q3}=0.2$，试求在正常使用极限状态下的荷载效应标准组合的弯矩设计值 M_c、频遇组合的弯矩设计值 M_f 和准永久组合的弯矩设计值 M_q？

解

（1）按承载能力极限状态，计算荷载效应 M。安全等级为二级，故结构重要性系数 $\gamma_0=1.0$。屋面均布活荷载不与雪荷载同时组合，仅取其中较大者。

①由可变荷载效应控制的组合：

$$M=\gamma_0\left(\gamma_G M_{GK}+\gamma_{Q1}M_{Q1K}+\sum_{i=2}^{n}\gamma_{Qi}\psi_{ci}M_{QiK}\right)$$

$$=1.0\times(1.2\times2000+1.4\times1200+1.4\times0.6\times300)=4332\text{N}\cdot\text{m}$$

② 由永久荷载效应控制的组合：

$$M=\gamma_0\left(\gamma_G M_{GK}+\sum_{i=1}^{n}\gamma_{Qi}\psi_{ci}M_{QiK}\right)$$

$$=1.0\times[1.35\times2000+1.4\times(0.7\times1200+0.6\times300)]=4128\text{N}\cdot\text{m}$$

比较上述两者大小可知，承载能力极限状态是由可变荷载效应控制，取值 4332N·m。

（2）按正常使用极限状态，计算荷载效应 M_K、M_f、M_q。

① 标准组合：

$$M_c = M_{GK} + M_{Q1K} + \sum_{i=2}^{n} \psi_{ci} M_{QiK} = 2000 + 1200 + 0.6 \times 300 = 3380\text{N} \cdot \text{m}$$

② 频遇组合

$$\begin{aligned} M_f &= M_{GK} + \psi_{f1} M_{Q1K} + \sum_{i=2}^{n} \psi_{qi} M_{QiK} \\ &= 2000 + 0.5 \times 1200 + 0 \times 300 = 2600\text{N} \cdot \text{m} \end{aligned}$$

③ 准永久组合：

$$\begin{aligned} M_q &= M_{GK} + \sum_{i=1}^{n} \psi_{qi} M_{QiK} \\ &= 2000 + 0.4 \times 1200 + 0 \times 300 = 2480\text{N} \cdot \text{m} \end{aligned}$$

比较上述三者大小可知，正常使用极限状态荷载效应取标准组合值 3380N·m。

思 考 题

11-1 什么是设计基准期？我国所采用的设计基准期为多少年？

11-2 普通房屋和构造物的设计使用年限是多少？

11-3 建筑结构应满足哪些功能要求？

11-4 什么是极限状态？根据结构的功能要求，极限状态可分为哪两类。

11-5 什么是承载能力极限状态？试举例说明。

11-6 什么是正常使用极限状态？试举例说明。

11-7 什么是结构的可靠性？可靠度？

11-8 什么是作用效应？结构抗力？可靠概率？失效概率？

11-9 承载能力极限状态设计表达式是什么？

11-10 正常使用极限状态设计表达式是什么？

11-11 荷载有哪些分类？荷载的代表值有哪些？

11-12 对于承载能力极限状态，荷载效应组合有哪些？

11-13 对于正常使用极限状态，荷载效应组合有哪些？

第十二章　板

内 容 提 要

1. 单向板、双向板的板厚及内力计算
2. 板顶标高与单跨梁板的计算跨度
3. 板的配筋计算
4. 板的构造要求
5. 预应力混凝土空心板的选用

板是最先承受竖向荷载的构件。按材料划分，板可分为钢筋混凝土板、钢板和木板等。按支承情况划分，板可分为简支板、连续板和悬臂板。四边支承的板，按其长短边比例不同可分为单向板和双向板。

本章仅说明钢筋混凝土板，钢筋混凝土板按其制作方法可分为现浇板和预制板。

第一节　单向板、双向板、连续板的板厚及内力计算

一、板截面的选择及内力计算

1. 单向板与双向板

两对边支承的板应按单向板计算。对于四边支承的板，当长边与短边长度之比小于或等于 2.0 时，应按双向板计算；当该比值大于 2.0 但小于 3.0 时，宜按双向板计算；当该比值大于或等于 3.0 时，宜按沿短边方向受力的单向板计算，并应沿长边方向布置构造钢筋。

单向板肋梁楼盖一般是由板、次梁、主梁等组成，楼盖则支承在柱、墙等竖向承重构件上。单向板肋梁楼盖布置的几种形式，如图 12-1 所示，设计时可供参考。

当房屋的平面尺寸≤7m 时，可不设主梁，仅在一个方向布置次梁，此时，次梁可直接搁置于纵墙上，如图 12-1（a）所示。

当房屋平面尺寸较大时，则应在两个方向布置梁，此时一般需布置柱子。主梁可平行于纵墙布置，如图 12-1（b）所示；也可以垂直于纵墙布置主梁，如图 12-1（c）所示。

当房屋中有走廊时，如教学楼、办公楼等，次梁可搁在主梁上并平行于纵墙，主梁沿横墙方向搁在外纵墙上，如图 12-1（d）所示。当不设置主梁时，则次梁可直接搁置于纵向承重墙上。

2. 板的厚度

板的厚度主要应由设计计算决定，除应满足强度、刚度和裂缝方面的要求外，还应注意使用要求、施工方便和经济方面等因素。根据设计经验，板的最小厚度应满足表 12-1 和表 12-2 的规定。

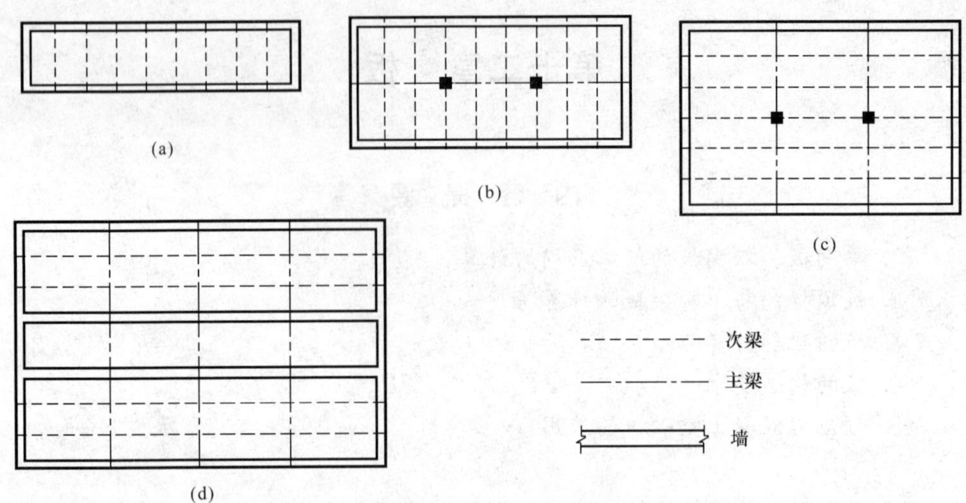

图 12-1 单向板肋形楼盖的结构平面布置简图

表 12-1 **现浇混凝土板的跨厚比**

序号	板的类型	跨厚比（l/h）	序号	板的类型	跨厚比（l/h）
1	单向板	≤30	3	无梁支承的有柱帽板	≤35
2	双向板	≤40	4	无梁支承的无柱帽板	≤30

注 预应力板可以适当增加；当板的荷载、跨度较大时宜适当减小。

表 12-2 **现浇钢筋混凝土板的最小厚度** mm

板的类别		最小厚度
单向板	屋面板	60
	民用建筑楼板	60
	工业建筑楼板	70
	行车道下的楼板	80
双向板		80
密肋楼盖	肋间距小于或等于 700mm 面板	50
	肋高	250
悬臂板（根部）	板的悬臂长度小于或等于 500mm	60
	板的悬臂长度 1200mm	100
无梁楼板		150
现浇空心楼盖		200

3. 板的跨度

许多工程实践表明，单向板的跨度取 1.7～2.7m 时较为经济。

4. 内力计算

双向板的内力可以按弹性理论计算，也可以按塑性理论计算。这里仅介绍利用按弹性理论制作的计算表格计算双向板的内力，供设计时参考或应用。

（1）单跨双向板应用表格计算内力：在整体式肋梁楼盖中，单跨双向板按其四边支承的不同情况，可分为如图 12-2 所示的六种情况：

① 四边简支，如图 12-2（a）所示；

② 一边固定、三边简支，如图 12-2（b）所示；

③ 两对边固定、两对边简支，如图 12-2（c）所示；

④ 四边固定，如图 12-2（d）所示；

⑤ 两邻边固定、两邻边简支，如图 12-2（e）所示；

⑥ 三边固定，一边简支，如图 12-2（f）所示。

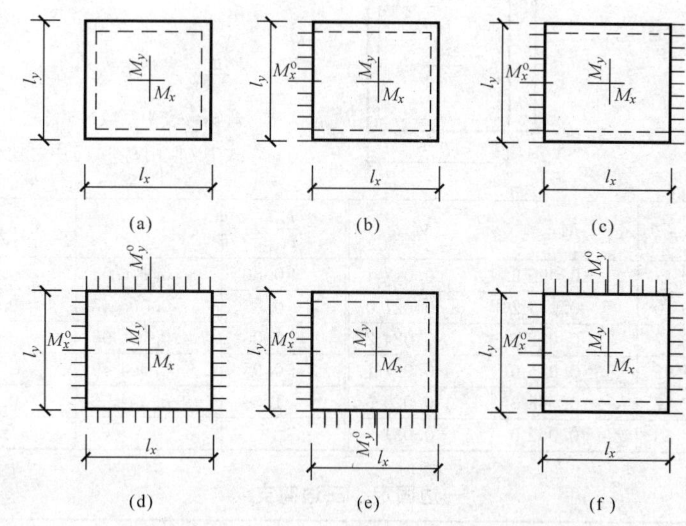

图 12-2　双向板的六种四边支承情况简图

在图 12-2 中，

M_x^o——平行于 l_y 方向的固定边支座中点沿 l_x 方向的弯矩值；

M_y^o——平行于 l_x 方向的固定边支座中点沿 l_y 方向的弯矩值；

M_x、M_y——分别为平行于 l_x、l_y 方向板中心点的弯矩值。

表 12-3～表 12-8 分别给出了图 12-2 所示的六种边界条件单跨双向板在均布荷载作用下的挠度系数、支座弯矩值系数和当横向变形系数（泊松比）$\mu=0$ 时的跨中弯矩值系数。

钢筋混凝土结构 $\mu=1/6$，故板的跨中弯矩值可按下式计算：

$$M_x^{\mu} = M_x + \mu M_y \tag{12-1}$$

$$M_y^{\mu} = M_y + \mu M_x \tag{12-2}$$

式中　M_x、M_y——由表 12-3～表 12-8 查得的板跨中弯矩系数计算得到的跨中弯矩值。

（2）承受均布荷载时单跨双向板按弹性理论计算系数表中符号说明：

$$B_c = \frac{Eh^3}{12(1-\mu^2)} \tag{12-3}$$

式中　B_c——刚度；

h——板厚；

μ——泊松比；

E——弹性模量；

f、f_{max}——板中心点的挠度和最大挠度；

正负号的规定：

弯矩——使板的受荷面受压者为正。

挠度——变位方向与荷载方向相同者为正。

M_x，$M_{x\max}$——平行于 l_x 方向板中心点单位板宽内的弯矩和板跨内最大弯矩值。

M_u，$M_{y\max}$——平行于 l_y 方向板中心点单位板宽内的弯矩和板跨内最大弯矩值。

表 12-3 **四 边 简 支**

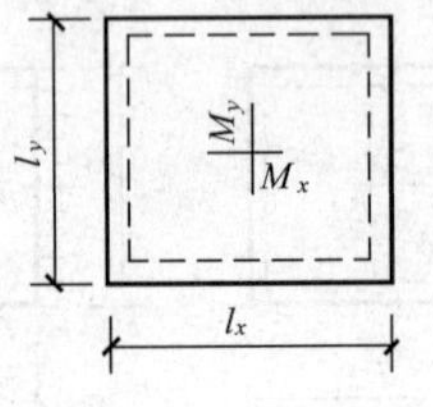

$\mu=0$；

挠度=表中系数×$\frac{ql^4}{B_c}$；

弯矩=表中系数×ql^2。

式中 l 取用 l_x 和 l_y 中之较小者。

$\frac{l_x}{l_y}$	f	M_x	M_y	$\frac{l_x}{l_y}$	f	M_x	M_y
0.50	0.010 13	0.096 5	0.017 4	0.80	0.006 03	0.056 1	0.033 4
0.55	0.009 40	0.089 2	0.021 0	0.85	0.005 47	0.050 6	0.034 8
0.60	0.008 67	0.082 0	0.024 2	0.90	0.004 96	0.045 6	0.035 8
0.65	0.007 96	0.075 0	0.027 1	0.95	0.004 49	0.041 0	0.036 4
0.70	0.007 27	0.068 3	0.029 6	1.00	0.004 06	0.036 8	0.036 8
0.75	0.006 63	0.062 0	0.031 7				

表 12-4 **一边固定、三边简支**

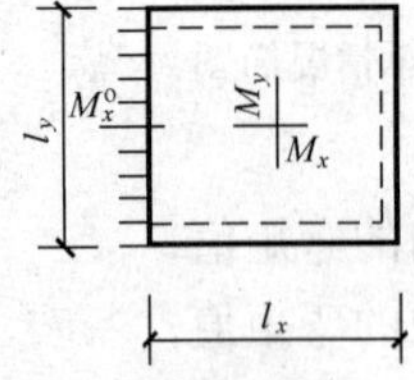

$\mu=0$；

挠度=表中系数×$\frac{ql^4}{B_c}$；

弯矩=表中系数×ql^2。

式中 l 取用 l_x 和 l_y 中之较小者。

$\frac{l_x}{l_y}$	$\frac{l_y}{l_x}$	f	$f_{\max}$	M_x	$M_{x\max}$	M_y	$M_{y\max}$	M_x^0
0.50		0.004 88	0.005 04	0.058 3	0.064 6	0.006 0	0.006 3	−0.121 2
0.55		0.004 71	0.004 92	0.056 3	0.061 8	0.008 1	0.008 7	−0.118 7
0.60		0.004 53	0.004 72	0.053 9	0.058 9	0.010 4	0.011 1	−0.115 8
0.65		0.004 32	0.004 48	0.051 3	0.055 9	0.012 6	0.013 3	−0.112 4
0.70		0.004 10	0.004 22	0.048 5	0.052 9	0.014 8	0.015 4	−0.108 7
0.75		0.003 88	0.003 99	0.045 7	0.049 6	0.016 8	0.017 4	−0.104 8
0.80		0.003 65	0.003 76	0.042 8	0.046 3	0.018 7	0.019 3	−0.100 7
0.85		0.003 43	0.003 52	0.040 0	0.043 1	0.020 4	0.021 1	−0.096 5
0.90		0.003 21	0.003 29	0.037 2	0.040 0	0.021 9	0.022 6	−0.092 2
0.95		0.002 99	0.003 06	0.034 5	0.036 9	0.023 2	0.023 9	−0.088 0
1.00	1.00	0.002 79	0.002 85	0.031 9	0.034 0	0.024 3	0.024 9	−0.083 9
	0.95	0.003 16	0.003 24	0.032 4	0.034 5	0.028 0	0.028 7	−0.088 2
	0.90	0.003 60	0.003 68	0.032 8	0.034 7	0.032 2	0.033 0	−0.092 6
	0.85	0.004 09	0.004 17	0.032 9	0.034 7	0.037 0	0.037 8	−0.097 0
	0.80	0.004 64	0.004 73	0.032 6	0.034 3	0.042 4	0.043 3	−0.101 4
	0.75	0.005 26	0.005 36	0.031 9	0.033 5	0.048 5	0.049 4	−0.105 6
	0.70	0.005 95	0.006 05	0.030 8	0.032 3	0.055 3	0.056 2	−0.109 6
	0.65	0.006 70	0.006 80	0.029 1	0.030 6	0.062 7	0.063 7	−0.113 3
	0.60	0.007 52	0.007 62	0.026 8	0.028 9	0.070 7	0.071 7	−0.116 6
	0.55	0.008 38	0.008 48	0.023 9	0.027 1	0.079 2	0.080 1	−0.119 3
	0.50	0.009 27	0.009 35	0.020 5	0.024 9	0.088 0	0.088 8	−0.121 5

表 12-5　**两对边固定、两对边简支**

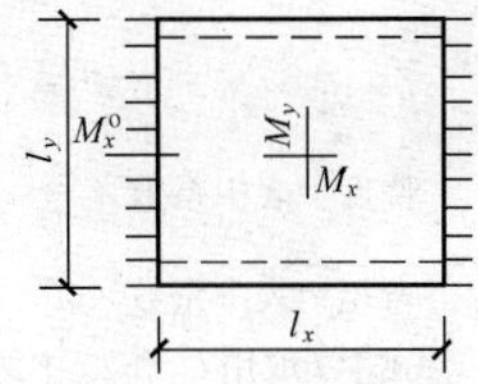

$\mu=0$；

挠度=表中系数×$\frac{ql^4}{B_c}$；

弯矩=表中系数×ql^2。

式中 l 取用 l_x 和 l_y 中之较小者。

$\frac{l_x}{l_y}$	$\frac{l_y}{l_x}$	f	M_x	M_y	M_x^0
0.50		0.002 61	0.041 6	0.001 7	−0.084 3
0.55		0.002 59	0.041 0	0.002 8	−0.084 0
0.60		0.002 55	0.040 2	0.004 2	−0.083 4
0.65		0.002 50	0.039 2	0.005 7	−0.082 6
0.70		0.002 43	0.037 9	0.007 2	−0.081 4
0.75		0.002 36	0.036 6	0.008 8	−0.079 9
0.80		0.002 28	0.035 1	0.010 3	−0.078 2
0.85		0.002 20	0.033 5	0.011 8	−0.076 3
0.90		0.002 11	0.031 9	0.013 3	−0.074 3
0.95		0.002 01	0.030 2	0.014 6	−0.072 1
1.00	1.00	0.001 92	0.028 5	0.015 8	−0.069 8
	0.95	0.002 23	0.029 6	0.018 9	−0.074 6
	0.90	0.002 60	0.030 6	0.022 4	−0.079 7
	0.85	0.003 03	0.031 4	0.026 6	−0.085 0
	0.80	0.003 54	0.031 9	0.031 6	−0.090 4
	0.75	0.004 13	0.032 1	0.037 4	−0.095 9
	0.70	0.004 82	0.031 8	0.044 1	−0.101 3
	0.65	0.005 60	0.030 8	0.051 8	−0.106 6
	0.60	0.006 47	0.029 2	0.060 4	−0.111 4
	0.55	0.007 43	0.026 7	0.069 8	−0.115 6
	0.50	0.008 44	0.023 4	0.079 8	−0.119 1

表 12-6　**四　边　固　定**

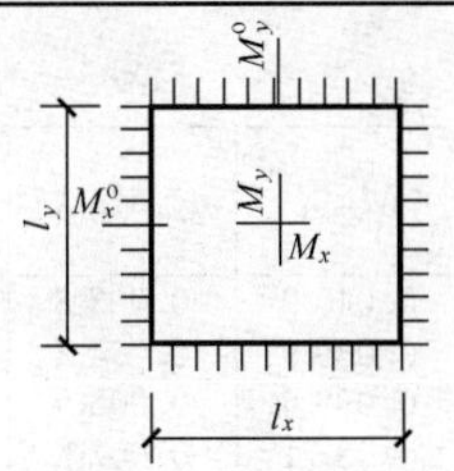

$\mu=0$；

挠度=表中系数×$\frac{ql^4}{B_c}$；

弯矩=表中系数×ql^2。

式中 l 取用 l_x 和 l_y 中之较小者。

$\frac{l_x}{l_y}$	f	M_x	M_y	M_x^0	M_y^0
0.50	0.002 53	0.040 0	0.003 8	−0.082 9	−0.057 0
0.55	0.002 46	0.038 5	0.005 6	−0.081 4	−0.057 1
0.60	0.002 36	0.036 7	0.007 6	−0.079 3	−0.057 1
0.65	0.002 24	0.034 5	0.009 5	−0.076 6	−0.057 1
0.70	0.002 11	0.032 1	0.011 3	−0.073 5	−0.056 9
0.75	0.001 97	0.029 6	0.013 0	−0.070 1	−0.056 5
0.80	0.001 82	0.027 1	0.014 4	−0.066 4	−0.055 9
0.85	0.001 68	0.024 6	0.015 6	−0.062 6	−0.055 1
0.90	0.001 53	0.022 1	0.016 5	−0.058 8	−0.054 1
0.95	0.001 40	0.019 8	0.017 2	−0.055 0	−0.052 8
1.00	0.001 27	0.017 6	0.017 6	−0.051 3	−0.051 3

表 12-7　**两邻边固定、两邻边简支**

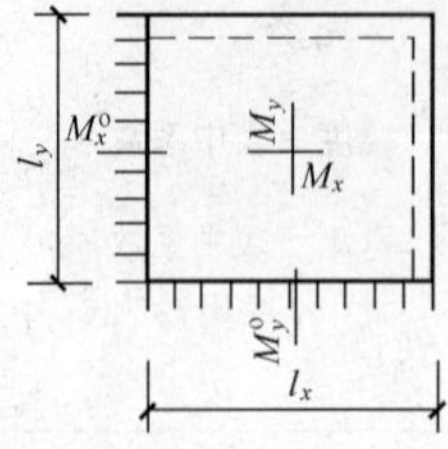

$\mu=0$；

挠度＝表中系数×$\frac{ql^4}{B_c}$；

弯矩＝表中系数×ql^2。

式中 l 取用 l_x 和 l_y 中之较小者。

$\frac{l_x}{l_y}$	f	f_{max}	M_x	M_{xmax}	M_y	M_{ymax}	M_x^0	M_y^0
0.50	0.004 68	0.004 71	0.055 9	0.056 2	0.007 9	0.013 5	−0.117 9	−0.078 6
0.55	0.004 45	0.004 54	0.052 9	0.053 0	0.010 4	0.015 3	−0.114 0	−0.078 5
0.60	0.004 19	0.004 29	0.049 6	0.049 8	0.012 9	0.016 9	−0.109 5	−0.078 2
0.65	0.003 91	0.003 99	0.046 1	0.046 5	0.015 1	0.018 3	−0.104 5	−0.077 7
0.70	0.003 63	0.003 68	0.042 6	0.043 2	0.017 2	0.019 5	−0.099 2	−0.077 0
0.75	0.003 35	0.0034 0	0.039 0	0.039 6	0.018 9	0.020 6	−0.093 8	−0.076 0
0.80	0.003 08	0.003 13	0.035 6	0.036 1	0.020 4	0.021 8	−0.088 3	−0.074 8
0.85	0.002 81	0.002 86	0.032 2	0.032 8	0.021 5	0.022 9	−0.082 9	−0.073 3
0.90	0.002 56	0.002 61	0.029 1	0.029 7	0.022 4	0.023 8	−0.077 6	−0.071 6
0.95	0.002 32	0.002 37	0.026 1	0.026 7	0.023 0	0.024 4	−0.072 6	−0.069 8
1.00	0.002 10	0.002 15	0.023 4	0.024 9	0.023 4	0.024 9	−0.067 7	−0.067 7

表 12-8　**三边固定、一边简支**

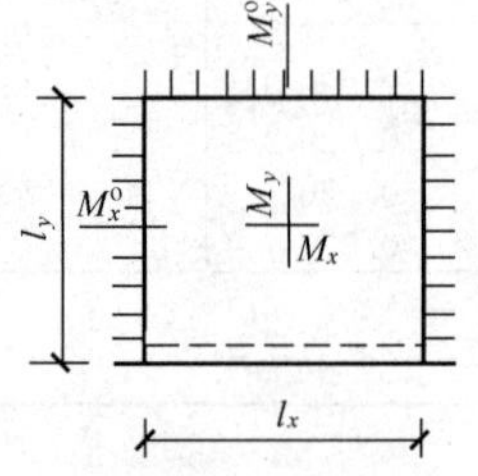

$\mu=0$；

挠度＝表中系数×$\frac{ql^4}{B_c}$；

弯矩＝表中系数×ql^2。

式中 l 取用 l_x 和 l_y 中之较小者。

$\frac{l_x}{l_y}$	$\frac{l_y}{l_x}$	f	f_{max}	M_x	M_{xmax}	M_y	M_{ymax}	M_x^0	M_y^0
0.50		0.002 57	0.002 58	0.040 8	0.040 9	0.002 8	0.008 9	−0.083 6	−0.056 9
0.55		0.002 52	0.002 55	0.039 8	0.039 9	0.004 2	0.009 3	−0.082 7	−0.057 0
0.60		0.002 45	0.002 49	0.038 4	0.038 6	0.005 9	0.010 5	−0.081 4	−0.057 1
0.65		0.002 37	0.002 40	0.036 8	0.037 1	0.007 6	0.011 6	−0.079 6	−0.057 2
0.70		0.002 27	0.002 29	0.035 0	0.035 4	0.009 3	0.012 7	−0.077 4	−0.057 2
0.75		0.002 16	0.002 19	0.033 1	0.033 5	0.010 9	0.013 7	−0.075 0	−0.057 2
0.80		0.002 05	0.002 08	0.031 0	0.031 4	0.012 4	0.014 7	−0.072 2	−0.057 0
0.85		0.001 93	0.001 96	0.028 9	0.029 3	0.013 8	0.015 5	−0.069 3	−0.056 7
0.90		0.001 81	0.001 84	0.026 8	0.027 3	0.015 9	0.016 3	−0.066 3	−0.056 3
0.95		0.001 69	0.001 72	0.024 7	0.025 2	0.016 0	0.017 2	−0.063 1	−0.055 8
1.00	1.00	0.001 57	0.001 60	0.022 7	0.023 1	0.016 8	0.018 0	−0.060 0	−0.055 0
	0.95	0.001 78	0.001 82	0.022 9	0.023 4	0.019 4	0.020 7	−0.062 9	−0.059 9
	0.90	0.002 01	0.002 06	0.022 8	0.023 4	0.022 3	0.023 8	−0.065 6	−0.065 3
	0.85	0.002 27	0.002 33	0.022 5	0.023 1	0.025 5	0.027 3	−0.068 3	−0.071 1
	0.80	0.002 56	0.002 62	0.021 9	0.022 4	0.029 0	0.031 1	−0.070 7	−0.077 2
	0.75	0.002 86	0.002 94	0.020 8	0.021 4	0.032 9	0.035 4	−0.072 9	−0.083 7
	0.70	0.003 19	0.003 27	0.019 4	0.020 0	0.037 0	0.040 0	−0.074 8	−0.090 3
	0.65	0.003 52	0.003 65	0.017 5	0.018 2	0.041 2	0.044 6	−0.076 2	−0.097 0
	0.60	0.003 86	0.004 03	0.015 3	0.016 0	0.045 4	0.049 3	−0.077 3	−0.103 3
	0.55	0.004 19	0.004 37	0.012 7	0.013 3	0.049 6	0.054 1	−0.078 0	−0.109 3
	0.50	0.004 49	0.004 63	0.009 9	0.010 3	0.053 4	0.058 8	−0.078 4	−0.114 6

由于双向板跨中正弯矩钢筋纵向横向叠置，计算时应采用两个方向各自的有效高度。同时，跨中的短向（即弯矩较大方向）钢筋宜放置在长方向钢筋的下面，故短向钢筋的有效高度比长向钢筋大一根钢筋直径。

二、连续板

当相邻的现浇板板顶标高相同且在交界处配有受力负筋时，为连续板。连续板的内力可用弯矩分配法进行计算。

必须说明：

(1) 如在施工时将中间支座处的受力负筋踩倒，则连续板就变成了一个个简支板，此时，跨中弯矩增大将会导致板的破坏。因此，除非保证受力负筋的空间位置，否则板应按铰支计算，但在中间支座仍按构造配置板顶负筋。当然，按此法配筋有较大缺陷，一是难以控制中间支座板顶负弯矩裂缝，二是造成钢筋的浪费。

(2) 实际工程中没有完全的板边铰支或板边固定，支承情况总是介于二者之间，当实际情况较为符合哪种情况时，就按哪种情况计算，计算结果与实际情况之间的误差，可以给予调整或按构造处理。

第二节　现浇板的板顶标高与单跨梁、板的计算跨度

一、板顶标高

板顶标高为结构标高，它是建筑标高减去各种面层做法总厚度之后的标高。

【例 12-1】　求［例 11-1］中走廊现浇板的板顶标高（已知各楼面的建筑标高为 3.600、7.200）。

解　现浇板顶面层厚度：

10 厚地面砖	10mm
30 厚干硬性水泥砂浆层	30mm
	40mm

各楼面走廊现浇板板顶标高＝建筑标高－0.040

计算结果依次为 3.560、7.160。实际设计时，可考虑施工误差，板顶标高再下降 5mm。

【例 12-2】　某教学楼厕所采用《建筑做法说明》L06J002 楼 26 陶瓷锦砖（马赛克）防水楼面，已知楼面标高（以 3.900 为例），地漏至门口距离为 5m，求现浇板板顶标高。

解　根据做法逐个扣除各层厚度（mm）：

楼面标高（改写为 mm）	3900
进门处下降 20	－20
门口至地漏(坡度 0.5％)－0.005×5000＝	－25
5 厚 1∶1 水泥砂浆贴陶瓷锦砖总厚 12	－12
撒素水泥面	0
15 厚 1∶2 干硬性水泥砂浆	－15
刷素水泥浆一道	0
40 厚细石混凝土	－40
水乳型橡胶沥青一布四涂（估计厚 5）	－5

20 厚 1∶3 水泥砂浆（兼找坡） —20

刷素水泥浆一道 0

小计 现浇板板顶标高 3763

考虑到施工误差及坡度不大（仅 0.5%），为防止出现地漏高于楼面，再将标高降低一些，以 3.740 为宜。

二、梁、板的计算跨度

单跨梁板的计算跨度可按表 12-9 的规定计算：

表 12-9 单跨梁板的计算跨度 l_0

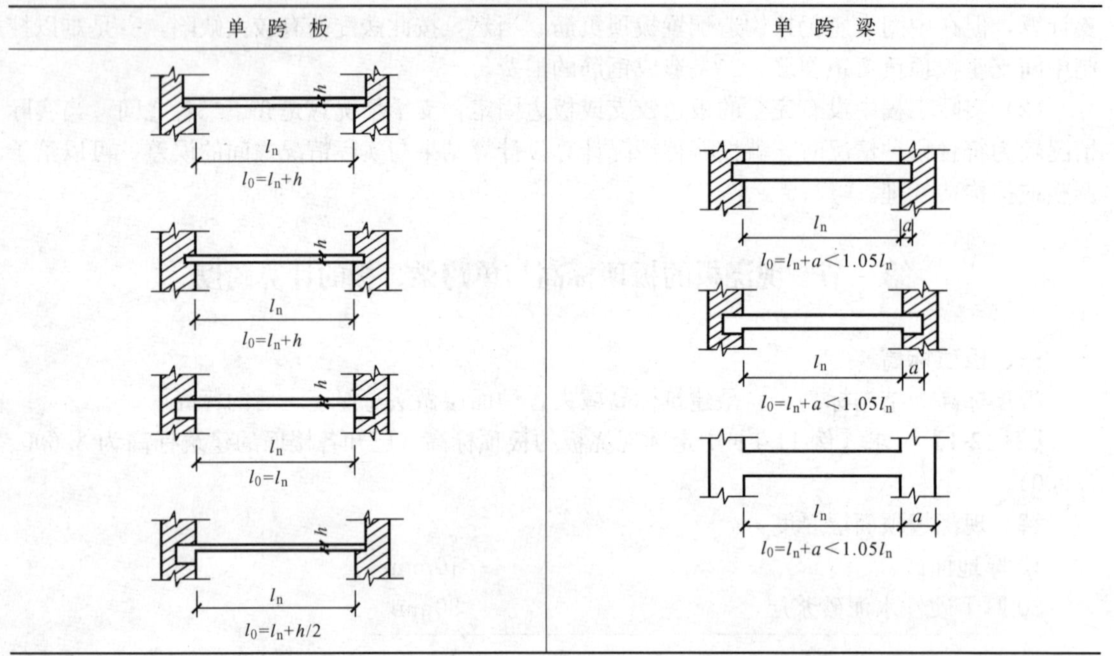

连续梁板的内力按结构力学方法计算。

等跨连续梁板按弹性理论计算时，如果各跨计算跨度不超过 10%，则可按等跨连续梁、板的内力系数表格查取各截面的内力系数（见建筑结构静力计算手册）。但计算各跨跨中截面内力时，仍应按本跨计算跨度计算；在计算支座截面弯矩时，则应按其左、右两跨计算跨度的平均值计算。

对于各跨荷载相同，且跨数超过 5 跨的等跨等截面连续梁、板，除两边两跨外的所有中间跨内力是十分接近的，工程上为简化计算，将所有中间跨均以第三跨来代表，故对于超过 5 跨的多跨连续梁、板，可按 5 跨来计算其内力。

第三节 受弯构件（板）的配筋计算

板的受弯配筋计算如下（理论推导详见第十三章内容）：

（1）统计荷载（包括板自重），计算跨中或连续板支座弯矩。

（2）按下列步骤计算配筋。

$$\alpha_s = \frac{M}{\alpha_1 f_c b h_0^2} \quad (\text{C50 及以下混凝土 } \alpha_1 = 1)$$

$$\xi = 1 - \sqrt{1 - 2\alpha_s} \leqslant \xi_b \quad (\xi_b \text{ 见表 13-3})$$

$$A_s = \xi \frac{f_c}{f_y} b h_0$$

查表 12-10 选配钢筋

表 12-10　　**每米板宽内的钢筋截面面积**　　mm^2

钢筋间距（mm）	钢筋直径（mm）													
	3	4	5	6	6/8	8	8/10	10	10/12	12	12/14	14	14/16	16
70	101	179	281	404	561	719	920	1121	1369	1616	1908	2199	2536	2872
75	94.3	167	262	377	524	671	859	1047	1277	1508	1780	2053	2367	2681
80	88.4	157	245	354	491	629	805	981	1198	1414	1669	1924	2218	2513
85	83.2	148	231	333	462	592	758	924	1127	1331	1571	1811	2088	2365
90	78.5	140	218	314	437	559	716	872	1064	1257	1484	1710	1972	2234
95	74.5	132	207	298	414	529	678	826	1008	1190	1405	1620	1868	2116
100	70.6	126	196	283	393	503	644	785	958	1131	1335	1539	1775	2011
110	64.2	114	178	257	357	457	585	714	871	1028	1214	1399	1614	1828
120	58.9	105	163	236	327	419	537	654	798	942	1112	1283	1480	1676
125	56.5	100	157	226	314	402	515	628	766	905	1068	1232	1420	1608
130	54.4	96.6	151	218	302	387	495	604	737	870	1027	1184	1366	1547
140	50.5	89.7	140	202	281	359	460	561	684	808	954	1100	1268	1436
150	47.1	83.8	131	189	262	335	429	523	639	754	890	1026	1183	1340
160	44.1	78.5	123	177	246	314	403	491	599	707	834	962	1110	1257
170	41.5	73.9	115	166	231	296	379	462	564	665	786	906	1044	1183
180	39.2	69.8	109	157	218	279	358	436	532	628	742	855	985	1117
190	37.2	66.1	103	149	207	265	339	413	504	595	702	810	934	1058
200	35.3	62.8	98.2	141	196	251	322	393	479	565	668	770	888	1005
220	32.1	57.1	89.3	129	178	228	292	357	436	514	607	700	807	914
240	29.4	52.4	81.9	118	164	209	268	327	399	471	556	641	740	838
250	28.3	50.2	78.5	113	157	201	258	314	383	452	534	616	710	804
260	27.2	48.3	75.5	109	151	193	248	302	368	435	514	592	682	773
280	25.2	44.9	70.1	101	140	180	230	281	342	404	477	550	634	718
300	23.6	41.9	65.5	94	131	168	215	262	320	377	445	513	592	670
320	22.1	39.2	61.4	88	123	157	201	245	299	353	417	481	554	628

（3）计算完弯矩后也可直接按混凝土的强度等级及钢筋种类查《简明混凝土结构设计手册》得到 A_s。

【例 12-3】　［例 11-1］和［例 12-1］的走廊现浇板，如图 12-3 所示，采用 C20 混凝土，HPB300 热轧钢筋，请计算该板的内力，并选配钢筋。

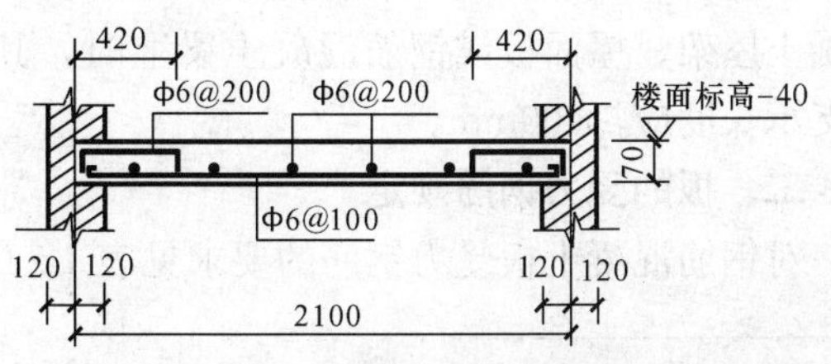

图 12-3　［例 12-3］图

解　查表 12-1，板的跨厚比 $l/h \leqslant 30$，

则 $h \geqslant l/30=2100/30=70\text{mm}$，取板厚为 70mm，符合表 12-2 最小板厚的要求；

净跨度：$l_n=2100-2\times120=1860\text{mm}$

计算跨度 l_0：根据表 12-9，$l_0=l_n+h=1860+70=1930\text{mm}$；

C20 混凝土：查表 10-3，得 $f_c=9.6\text{N/mm}^2$；

HPB300 钢筋：查表 10-9，得 $f_y=270\text{N/mm}^2$；

按照构造要求，对于设计使用年限为 50 年的混凝土结构，在一类环境类别下，梁、柱的钢筋的混凝土保护层❶的最小厚度为 20mm，板、墙的为 15mm，当混凝土强度等级不大于 C25 时，上述数值应增加 5mm。

此板的保护层为 20mm，取 $\alpha_s=25\text{mm}$，则 $h_0=70-25=45\text{mm}$。

计算跨中弯矩：

$$M=\frac{(G+Q)l^2}{8}=\frac{(3.643+2.8)\times1.93^2}{8}=3.00\text{kN}\cdot\text{m}=3.00\times10^6\text{N}\cdot\text{mm}$$

$$\alpha_s=\frac{M}{\alpha_1 f_c b h_0^2}=\frac{3.00\times10^6}{1.0\times9.6\times1000\times45^2}=0.154$$

$$\xi=1-\sqrt{1-2\alpha_s}=0.168<\xi_b=0.576\quad\text{（满足要求），}\xi_b\text{ 由表 13-3 查得}$$

$$A_s=\xi\frac{f_c}{f_y}bh_0=0.168\times\frac{9.6}{270}\times1000\times45=269\text{mm}^2/\text{m}$$

查表 12-10 选得：Φ 6@100（$A_s=283\text{mm}^2/\text{m}$）

按第四节板的构造要求，选配分布筋为Φ 6@200，板边上部构造筋（板顶负筋）Φ 6@200。

本例板底受力筋若改用 HRB400 钢筋时，$f_y=360\text{N/mm}^2$，

则 $A_s=\xi\frac{f_c}{f_y}bh_0=0.168\times\frac{9.6}{360}\times1000\times45=202\text{mm}^2$，选用Φ 6@140（$A_s=202\text{mm}^2$），

节省率：$\frac{283-202}{283}\times100\%=28.62\%$。

$$\rho_{min}=0.2\%<\rho=\frac{A_s}{bh_0}=\frac{202}{1000\times45}=0.45\%<\rho_{max}=1.381\%\quad\text{可以。}$$

第四节 板 的 构 造 要 求

一、板的支承长度

现浇板的支承长度应满足板内受力钢筋在支座内的锚固要求。板在砖墙上的支承长度一般不小于板厚，并应不小于 120mm（即 1/2 砖长）。

预制板的支承长度：①当搁置在钢屋架上时，其支承长度应≥60mm；②当搁置在钢筋混凝土屋架、屋面板或钢筋混凝土梁上时，其支承长度应≥80mm；③当搁置在砖墙上时，其支承长度应≥100mm。

二、板的受力钢筋规定

对钢筋混凝土板受力钢筋的要求见表 12-11。

❶ 混凝土构件钢筋的混凝土保护层厚度是指最外层钢筋外边缘至混凝土表面的距离。

表 12-11　对板的钢筋的要求

序号	项　目	要　求　内　容	备　注
1	钢筋直径	(1) 现浇板受力钢筋直径应根据设计计算要求确定，通常采用直径 $d=6$、8、10、12、14、16mm 的钢筋。 (2) 悬臂板当挑出长度 $l>500$mm 时，钢筋直径≥8mm；当 $l\leqslant 500$mm 时，钢筋直径≥6mm	
2	钢筋间距	受力钢筋间距@应满足：70mm≤@≤200mm； 当板厚 $h>150$mm 时，应满足：70mm≤@≤1.5h，且不超过 250mm	h 为板厚
3	伸入支座的钢筋	由板中深入支座的下部钢筋，其间距不应大于 400mm，其截面面积不应小于跨中受力钢筋截面面积的 1/3	
4	弯起钢筋	多跨连续板的跨中钢筋可在支座处弯起 1/2～1/3，以承受支座负弯矩值，不足者可另设直钢筋负担	板中弯起钢筋的弯起角度一般采用 30°；当板厚>120mm 时，可采用 45°
5	距墙或梁边缘的距离	板内的受力钢筋，一般距墙或梁边 50～100mm 开始配置，一般取用 50mm	
6	简支板的下部纵向受力钢筋伸入支座的锚固长度	简支板或连续板的下部纵向受力钢筋伸入支座的锚固长度 l_a 不应小于 $5d$；且宜伸过支座中心线；当连续板内温度、收缩应力较大时，伸入支座的长度宜适当增加。 同时，当采用焊接网配筋时，其末端至少应有一根横向钢筋配置在支座边缘内。如不能符合要求时应在受力钢筋末端制成弯钩，或加焊附加的横向锚固钢筋。 当 $V>0.7f_tbh_0$ 时，配置在支座边缘内的横向锚固钢筋不应少于二根，其直径不应小于纵向受力钢筋直径的 1/2	
7	经济配筋百分率	钢筋混凝土板的经济配筋率为 $\rho=0.4\%\sim0.8\%$	

三、板的构造配筋

(1) 按简支边或非受力边设计的现浇混凝土板，当与混凝土梁、墙整体浇筑或嵌固在砌体墙内时，应设置板面构造钢筋，并符合下列要求：

1) 钢筋直径不宜小于 8mm，间距不宜大于 200mm，且单位宽度内的配筋面积不宜小于跨中相应方向板底钢筋截面面积的 1/3。与混凝土梁、混凝土墙整体浇筑单向板的非受力方向，钢筋截面面积尚不宜小于受力方向跨中板底钢筋截面面积的 1/3。

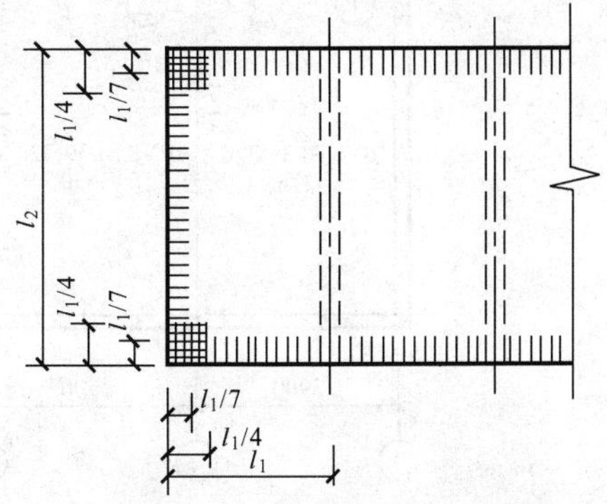

图 12-4　板嵌固在承重砖墙内时板边上部构造钢筋配置图

2) 钢筋从混凝土梁边、柱边、墙边伸入板内的长度不宜小于 $l_0/4$，砌体墙支座处钢筋伸入板边的长度不宜小于 $l_0/7$，其中计算跨度 l_0 对单向板按受力方向考虑，对双向板按短边方向考虑，如图 12-4、图 12-5 所示。

3）在楼板角部，宜沿两个方向正交、斜向平行或放射状布置附加钢筋，如图 12-6 所示。

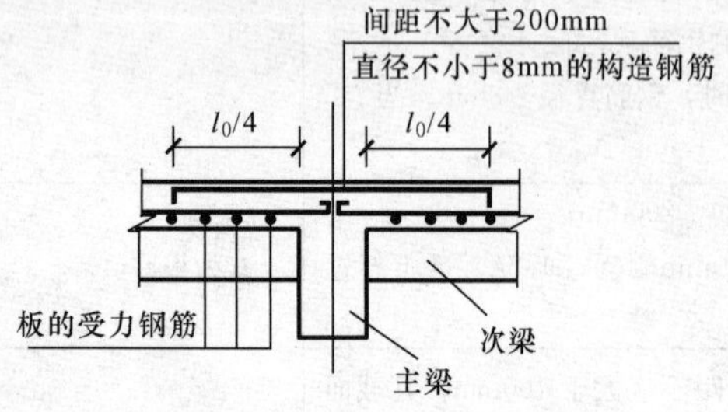

图 12-5　板中与梁肋垂直的构造钢筋配置图

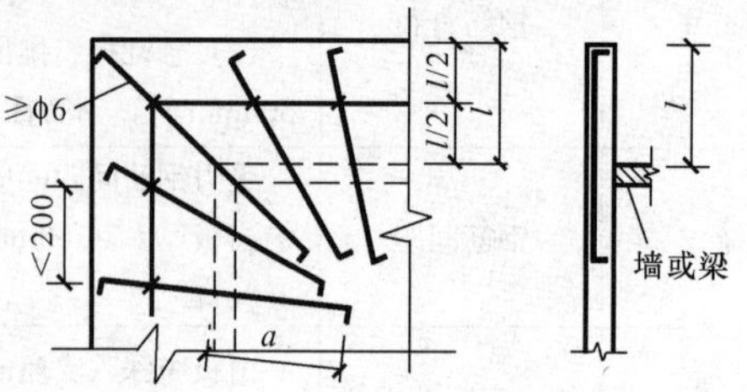

图 12-6　屋面挑檐转角处附加钢筋配置图

4）钢筋应在梁内、墙内或柱内可靠锚固。

（2）当按单向板设计时，应在垂直于受力的方向布置分布钢筋，单位宽度上的配筋不宜小于单位宽度上的受力钢筋的 15%，且配筋率不宜小于 0.15%；分布钢筋直径不宜小于 6mm，间距不宜大于 250mm；当集中荷载较大时，分布钢筋的配筋面积尚应增加，且间距不宜大于 200mm。

当有实践经验或可靠措施时，预制单向板的分布钢筋可不受本条的限制。

（3）在温度、收缩应力较大的现浇板区域，应在板的表面双向配置防裂构造钢筋。配筋率均不宜小于 0.10%，间距不宜大于 200mm。防裂构造钢筋可利用原有钢筋贯通布置，也可另行设置钢筋并与原有钢筋按受拉钢筋的要求搭接或在周边构件中锚固。

楼板平面的瓶颈部位宜适当增加板厚和配筋。沿板的洞边、凹角部位宜加配防裂构造钢筋，并采取可靠的锚固措施。

（4）混凝土厚板及卧置于地基上的基础筏板，当板的厚度大于 2m 时，除应沿板的上、下表面布置的纵、横方向钢筋外，尚宜在板厚度不超过 1m 范围内设置与板面平行的构造钢筋网片，网片钢筋直径不宜小于 12mm，纵横方向的间距不宜大于 300mm。

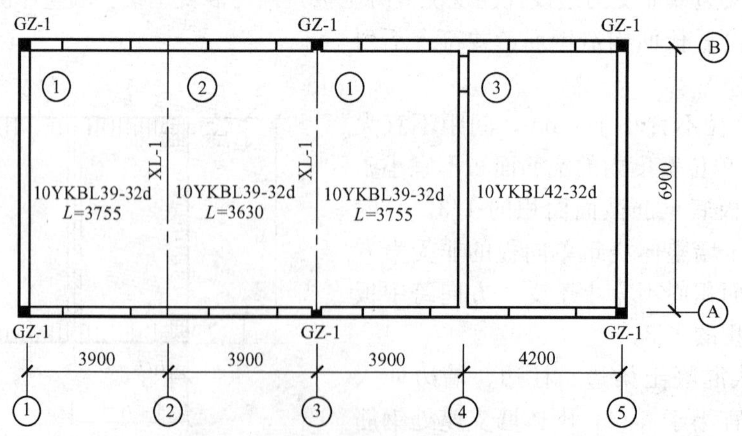

图 12-7　活动室楼面结构布置图

①～④轴—活动室；④～⑤轴—准备室

（5）当混凝土板的厚度不小于150mm时，对板的无支承边的端部，宜设置U形构造钢筋并与板顶、板底的钢筋搭接，搭接长度不宜小于U形构造钢筋直径的15倍且不宜小于200mm；也可采用板面、板底钢筋分别向下、上弯折搭接的形式。

第五节　预应力混凝土空心板的选用

预制混凝土空心板分为普通钢筋混凝土空心板和预应力混凝土空心板两类，其中普通钢筋混凝土空心板现在已经很少采用。

预应力混凝土空心板采用的钢筋有冷轧带肋钢筋、冷拔螺旋钢筋等。

现以山东省建筑标准设计《预应力混凝土空心板》（冷轧带肋钢筋）L95G404为例说明空心板的选用。

表示方法：

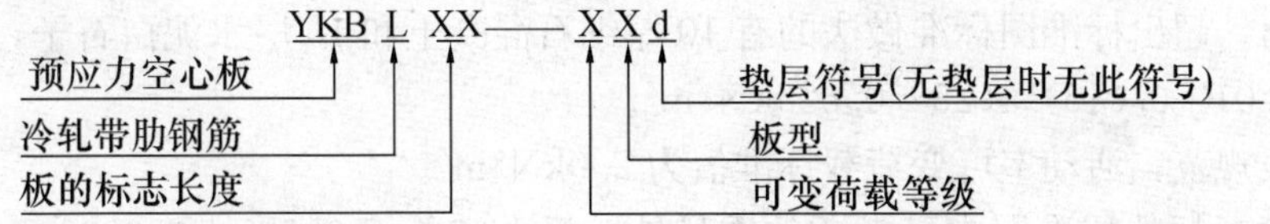

符号说明（自后而前）：

1. d垫层

设置垫层是为了防止空心板板缝开裂所采取的措施之一。也就是在空心板上浇50mm厚的C20细石混凝土并配有$\Phi^{b}4$@200钢丝网，此部分重量在带d的空心板中已考虑在内。

2. 板型（见表12-12）

表12-12

板型	截面尺寸（$b\times h$）	实际截面尺寸	板型	截面尺寸（$b\times h$）	实际截面尺寸
1型板	500×120	490×120	5型板	600×180	590×180
2型板	600×120	590×120	6型板	900×180	890×180
3型板	900×120	890×120	7型板	1200×180	1190×180
4型板	1200×120	1190×120			

3. 可变荷载等级（见表12-13）

表12-13

可变荷载等级	1	2	3	4	5	6	7	8
可变荷载标准值（kN/m^2）	1.5	2.0	3.0	4.0	5.0	6.0	8.0	10.0

4. 板的标志长度

30表示板的标志长度为3m（3000mm），板的构造长度＝板的标志长度－20mm。

1～4型板：标志长度为2400～4200mm，以模数300mm递增；

5～7型板：标志长度为3900～6000mm，以模数300mm递增。

【例12-4】　某幼儿园小活动室平面如图12-7所示，楼面做法采用山东省标准设计《建筑做法说明》L06J002 楼 9，考虑到电气布管等要求，改细石混凝土垫层厚度为 60mm，请为该活动室选用预应力混凝土空心板。

解 （一）计算荷载（标准值），选板的等级

标准图中已考虑了板的自重、灌缝重、50mm 厚垫层重及上下各 20mm 厚抹灰面重，因此，超出此范围的不变荷载需另行考虑。

楼 9 改动后的做法：120 厚预制钢筋混凝土预应力空心板

刷素水泥浆一道

60 厚 C20 细石混凝土$\Phi^b 4$@200 钢筋网随捣随抹

刷素水泥浆一道

20 厚 1∶2 水泥砂浆结合层

刷素水泥浆一道

15 厚 1∶2.5 水泥白石子磨光，刷草酸，打蜡

可以看出，超出标准图标准做法的有 10 厚细石混凝土和 15 厚水泥白石子，它们的荷载标准值为（0.01＋0.015）×25＝0.625kN/m^2。

根据荷载规范，活动室可变荷载标准值为 2.0kN/m^2。

所以，除了板的标准图中已考虑的重量外，板尚应负担 0.625＋2.000＝2.625kN/m^2，选 3 级板，允许外加荷 3.0kN/m^2。

（二）选板型及块数

（1）板型：选用 1 型或 2 型板（考虑重量轻，吊装方便，块数多，板缝宜控制），本题选 2 型板。

（2）块数：块数要符合板缝≥40mm 的要求

净进深＝6900mm－240mm＝6660mm

取 10 块板，考虑 11 个板缝，则缝宽为（6660－590×10）/11＝69mm 满足要求。

（三）计算板长

板长＝理论板长－20mm

（1）活动室边开间：3900（开间）－125（半个花篮梁宽）－20＝3755mm

（2）活动室中开间：3900（开间）－125×2（每端半个花篮梁宽）－20＝3630mm

（3）准备室：4200mm，板直接搁于墙上，实际长度为 4180mm，不必改写。

（四）布板，如图 12-7 所示

（五）板下圈梁顶标高

板下圈梁顶标高应为楼面建筑标高减去所有面层厚度－板厚－10mm 厚板底座浆。

（六）特别说明

本例中荷载计算仅为选板用，若计算板传给墙、梁的荷载，应按其实际全部不变荷载及可变荷载计算荷载的设计值。

思 考 题

12-1 单向板、双向板是如何划分的？什么是连续板？

12-2 板的厚度是如何确定的？

12-3　板的有效高度是如何确定的?

12-4　双向板的有效高度是如何确定的?

12-5　简述板的配筋步骤。

12-6　板的构造钢筋如何设置?

12-7　板顶负筋的设置规定有哪些?

第十三章　梁　与　柱

内 容 提 要

1. 简支梁、外伸梁、悬臂梁、连续梁、单筋梁、双筋梁
2. 梁的高跨比及截面尺寸的确定
3. 荷载统计与梁的内力计算
4. 单筋梁的正截面设计
5. 梁的斜截面设计
6. 钢筋混凝土轴心受压柱
7. 构造要求

混凝土结构中，板将荷载传给墙体，但如遇空间较大，单纯采用板不经济时，就要在此空间设置梁，以减小板的跨度。板的荷载先传给梁，然后由梁传给墙体或柱子。

按材料划分，梁分为木梁、钢梁和钢筋混凝土梁等。

按支承情况划分，梁分为简支梁、连续梁、悬臂梁和外伸梁等。

按截面形式划分，梁分为矩形梁、花篮梁、T形梁、倒T形梁和工字形梁等。

本章仅对钢筋混凝土梁进行介绍。

当梁的跨度较大，不经济时，可在梁下的某些位置设置柱，以减小梁的计算跨度，以柱来承担梁传来的荷载。

对于框架、排架结构，梁和柱是主要的承重构件，板的荷载连同自重传给梁，然后连同梁的自重传给柱子，而墙体仅起围护和分隔作用。

柱按材料划分，分为木柱、钢柱和钢筋混凝土柱等。

钢筋混凝土柱截面形式除了排架结构可采用工字形截面外，其他结构一般采用矩形和圆形截面柱。

本章仅简单介绍钢筋混凝土轴心受压柱。

第一节　简支梁、外伸梁、悬臂梁、连续梁、单筋梁、双筋梁

一、简支梁

简支梁的计算简图是两端铰支的弯剪构件，它的支座支承情况如下：

(1) 梁的两端搁置在墙上或与墙中圈梁浇筑在一起，墙体或圈梁对梁端的约束很小，可以忽略不计；

(2) 梁与柱浇筑在一起，但柱的刚度较小（如构造柱），柱对梁端的约束较小，此约束可以在梁端顶部配置少量的构造负筋来抵抗。

当梁与刚度较大的柱一同浇筑，且节点配筋符合刚性节点要求时，此梁就不能认为是简

支梁了，而应按框架计算梁的内力。

二、外伸梁、悬臂梁

外伸梁的计算简图，如图 13-1 所示。此梁多用于带有外廊的建筑。若 l_1 部分下部不是空间，而是承重墙体，此时称之为悬臂梁或悬挑梁，俗称“挑梁”。

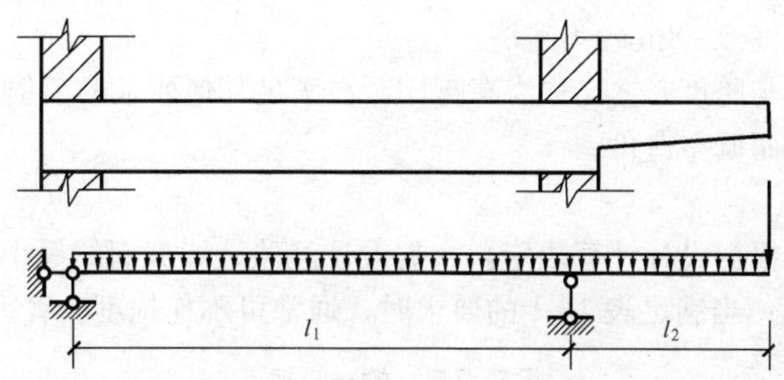

图 13-1　外伸梁的计算简图

悬臂梁的计算详见第十六章。

三、连续梁

若梁的长度较大，中间有一个或几个支座，此时称为连续梁，如图 13-2 所示，连续梁与简支梁、外伸梁最大的区别就是不能用静定方法求得内力。

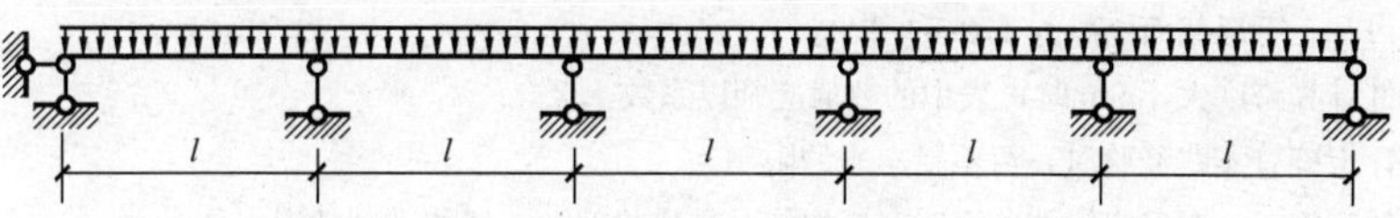

图 13-2　连续梁的计算简图

四、单筋梁

当梁的截面高度适宜时，梁中的弯矩由受压区混凝土中的压应力及受拉区钢筋的拉力而产生的抵抗弯矩来平衡。此时，我们认为受压区的钢筋不计，只有混凝土受压，而拉力由钢筋来承担，此种梁称为单筋梁。

五、双筋梁

当梁的截面高度受到限制，而荷载又大时，受压区混凝土无法抵抗如此大的压力，只好在梁的受压区配置受压钢筋来分担混凝土承受的压应力。这种在受压区配置计算受压钢筋的梁，称为双筋梁。双筋梁的经济性较差，设计时应尽量避免采用。

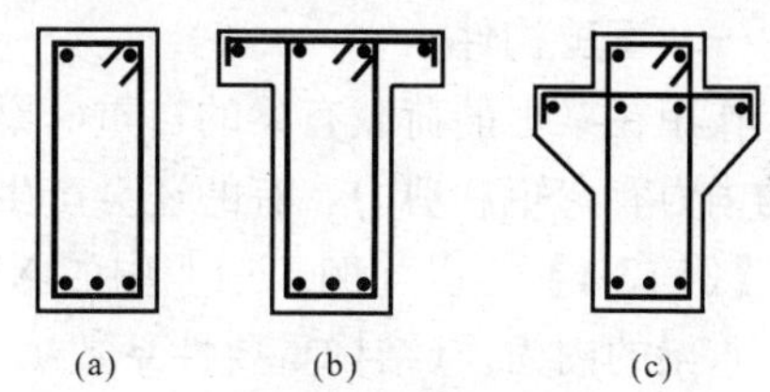

图 13-3　梁的截面形式

(a) 矩形梁；(b) T 形梁；(c) 花篮梁

六、梁的截面形式

梁的截面形式常用的有三种：矩形、T 形、花篮形，如图 13-3 所示。

第二节 梁的高跨比及截面尺寸的确定

一、高跨比

梁的跨度在首先满足各方面的实际需要的前提下，要尽量做到经济合理，一般的，次梁跨度4～6m，主梁跨度5～8m较为经济。

梁的截面高度h与跨度l之比称为高跨比，在满足其他要求的前提下，调整高跨比可以改变梁的配筋率，从而调整造价。

二、截面尺寸

梁的截面尺寸应根据设计计算决定。根据设计经验，梁截面的最小高度h一般可以按表13-1的规定进行选用；当满足表13-1的要求时，通常可不作挠度验算。

表13-1 梁截面尺寸的一般规定

<table>
<tr><th>序号</th><th>构件种类</th><th>简支</th><th>多跨连续</th><th>悬臂</th><th>备注</th></tr>
<tr><td>1</td><td>次梁</td><td>$h=(1/12\sim1/15)\ l$</td><td>$h=(1/12\sim1/18)\ l$</td><td>$h\geqslant l/8$</td><td rowspan="3">现浇整体肋形梁</td></tr>
<tr><td>2</td><td>主梁</td><td>$h=(1/8\sim1/12)\ l$</td><td>$h=(1/8\sim1/13)\ l$</td><td>$h\geqslant l/6$</td></tr>
<tr><td>3</td><td>独立梁</td><td>$h=(1/8\sim1/12)\ l$</td><td>$h=(1/10\sim1/12)\ l$</td><td>$h\geqslant l/6$</td></tr>
<tr><td rowspan="2">4</td><td rowspan="2">框架梁</td><td colspan="3">$h=(1/10\sim1/12)\ l$</td><td>现浇整体式框架梁</td></tr>
<tr><td colspan="3">$h=(1/8\sim1/10)\ l$</td><td>装配整体式或装配式框架梁</td></tr>
</table>

注 1. 表中h为梁的截面高度，l为梁的计算跨度。梁截面宽度b与截面高度h的比值（b/h），对于矩形梁一般为1/2～1/3；T形截面一般为1/2.5～1/3。

2. 如构件计算跨度大于9m时，表中的数值应乘以系数1.2。

3. 在设计上确有实践经验时，可不受本表的限制。

4. 为了便于施工，在确定梁的截面时，应取统一规格尺寸，一般按下列情况采用：

梁截面宽度b为120、150、180、200、250、300mm，大于250mm以50mm为模数进级；

梁截面高度h为250、300、350、400、…、750、800、900mm，大于800mm以100mm为模数进级。

5. 现浇结构中，主梁截面高度应与次梁截面高度相等或大于50mm以上。

第三节 荷载统计与梁的内力计算

一、弯剪构件

作用在梁上的荷载有梁的自重、梁抹面重、板或次梁传来的荷载等，这些荷载在梁中引起的内力有弯矩和剪力，有的还会产生扭矩。

【例13-1】 以［例12-4］中的XL-1为例，若XL-1如图13-4所示，截面如图13-5所示，求梁的内力。(结构重要性系数1.0)

解 如精确求得作用在梁上的荷载比较麻烦，首先需要求出梁的自重（包括花篮梁重），考虑梁各面抹灰重，梁顶部梁宽度范围内的面层、活载，另外，在YKB（预应力空心板）传来的荷载中还需要扣除梁的宽度范围内的荷载等。虽然精确，但意义不大。

通常可以将梁视为矩形截面来计算荷载（少计算了花篮重），YKB传来的荷载计算至轴线（多计算了梁宽之内部分），如此抵消部分误差，可以满足精度要求。

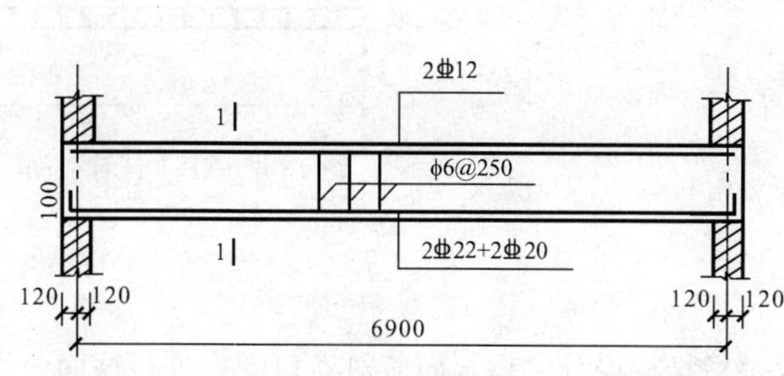

图 13-4 [例 13-1]、[例 13-2]、[例 13-4] 图 XL-1

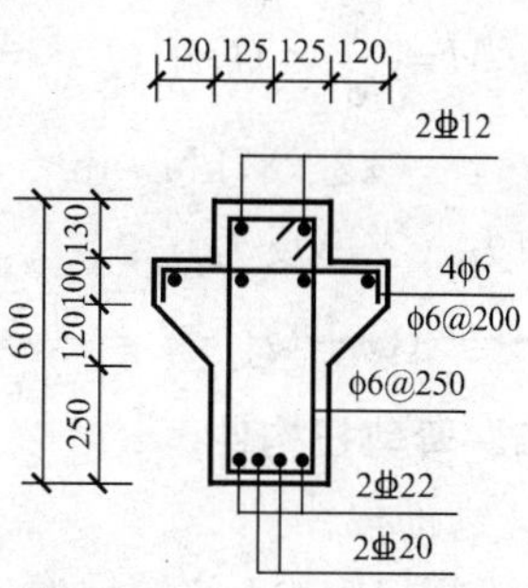

图 13-5 XL-1 1-1 截面

1. 梁的永久荷载设计值

梁自重 $0.25\times0.6\times25\times1.2=4.5\text{kN/m}$

双面抹灰重 $0.02\times2\times0.6\times20\times1.2=0.58\text{kN/m}$

梁的永久荷载设计值 $=5.08\text{kN/m}$

2. YKB 板传来的荷载

(1) 可变荷载设计值

可变荷载标准值 2.00kPa

可变荷载设计值 $2.0\times1.4=2.80\text{kPa}$

XL-1 的从属面积 $6.9\times\left(\frac{3.9}{2}+\frac{3.9}{2}\right)=26.91\text{m}^2>25\text{m}^2$

按《荷载规范》规定可变荷载取折减系数 0.9

可变荷载取用设计值 $2.8\times0.9=2.52\text{kPa}$

作用于梁上的可变荷载 $2.52\times\left(\frac{3.9}{2}+\frac{3.9}{2}\right)=9.83\text{kN/m}$

(2) 永久荷载设计值

板自重 $2.0\times1.2=2.40\text{kN/m}^2$

灌缝及上下抹面重（标准图中提供的） $0.94\times1.2=1.13\text{kN/m}^2$

60 厚细石混凝土垫层 $0.06\times25\times1.2=1.80\text{kN/m}^2$

楼 9 做法面层 15 厚 $0.015\times25\times1.2=0.45\text{kN/m}^2$

合 计 $=5.78\text{kN/m}^2$

传递给梁的永久荷载 $5.78\times\left(\frac{3.9}{2}+\frac{3.9}{2}\right)=22.54\text{kN/m}$

3. 作用于梁上的荷载总和

作用于梁上的荷载总和为 $G+Q=5.08+22.54+9.83=37.45\text{kN/m}$

4. XL-1 的内力计算

根据表 12-9 可得，梁的计算跨度 l_0：

$l_0=l_n+a=6660+240=6900\text{mm}<1.05l_n=1.05\times6660=6993\text{mm}$，取 $l_0=6900\text{mm}$。

计算简图如图 13-6 所示。

跨中弯矩

$$M = \frac{1}{8} \times (G+Q)l^2 = \frac{1}{8} \times 37.45 \times 6.9^2$$
$$= 222.87\text{kN} \cdot \text{m}$$

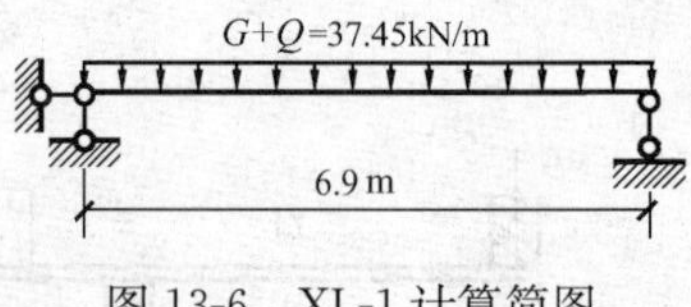

图 13-6 XL-1 计算简图

梁端剪力（支座反力）

$$V = \frac{1}{2} \times (G+Q) \times l = \frac{1}{2} \times 37.45 \times 6.9 = 129.20\text{kN}$$

二、弯剪扭构件

1. 纯扭构件

如在檐口圈梁上浇筑挑檐，在完成挑檐结构设计之后，尚应对檐口圈梁进行截面设计。此时，由于圈梁搁置于墙体上，圈梁中不产生弯矩和剪力，而仅产生由挑檐而引起的扭矩，故应对檐口圈梁进行抗扭设计，扭矩值为挑檐对圈梁中心产生的“弯矩”乘以内横墙圈梁间距的一半。

需要特别说明的是：内横墙圈梁梁头每侧承担的外纵檐口圈梁传来的扭矩，此扭矩作用在内横墙圈梁梁端上，就变成了内横墙圈梁梁端的弯矩，故应在内横墙圈梁梁顶配置受弯钢筋（必要时局部加大内横墙圈梁的截面高度），此钢筋伸入内横墙圈梁上的配置长度，应按挑檐的抗倾覆确定，除此之外，为防止圈梁交接处破坏，尚应将此受弯钢筋伸入外纵檐口圈梁中并满足锚固长度要求，由于内横墙圈梁梁端弯矩是靠内横墙圈梁上抗倾覆段的荷重来抵抗的，因而内横墙圈梁会出现剪力，此剪力不难用静力平衡方法解得。

2. 弯剪扭的构件

如框架结构檐口连系梁上若有挑檐时，则檐口连系梁除自身重量、挑檐重量及其他荷载引起的弯矩和剪力外，还有由挑檐引起的扭矩。此类梁必须按弯、剪、扭构件计算。

第四节 单筋梁的正截面设计

一、配筋率对构件破坏特征的影响

如图 13-7 所示简支梁，梁截面宽度为 b，梁截面高度为 h，纵向受力钢筋截面面积为 A_s，自受拉钢筋合力点至截面受压混凝土边缘的距离为截面有效高度 h_0，则配筋率为

$$\rho = \frac{A_s}{bh_0} \tag{13-1}$$

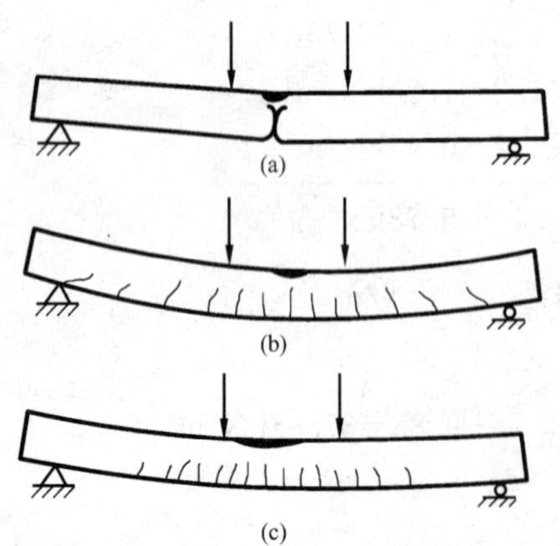

图 13-7 少筋梁、适筋梁和超筋梁的破坏形态
(a) 少筋梁；(b) 适筋梁；(c) 超筋梁

截面的破坏特征取决于配筋率、混凝土的强度等级、截面形式等，尤其以配筋率最为重要。

(1) 当构件受拉区配筋较少时，承载力很低，只要梁底混凝土一开裂，裂缝就会急速向上开展，钢筋由于拉应力急剧升高而屈服，在混凝土承压能力尚未完全发挥时，钢筋已被拉断，如图 13-7 (a) 所示。这种破坏呈脆性破坏，是突然发生的，也称为少筋破坏。

(2) 当受拉区配筋率适当时，构件破坏特征是：受拉区钢筋首先屈服，然后受压区混凝土压碎，钢筋和混凝土的强度都会得到充分利

用。这种破坏称为拉压破坏。拉压破坏在构件破坏前有明显的塑性变形和裂缝预兆，称为适筋破坏，如图 13-7（b）所示。

（3）当构件受拉区配筋太多时，受拉区钢筋尚未屈服，受压区混凝土就已经被压碎，这种破坏亦呈脆性，也是突然发生的，称为超筋破坏，如图 13-7（c）所示。

因此，我们设计受弯构件时，必须设计成适筋梁，即必须控制适当的配筋率。

二、适筋受弯构件截面受力的几个阶段

钢筋混凝土受弯构件由于弯矩引起的破坏称为正截面破坏，破坏面与构件的轴线垂直。

试验表明，对于配筋率适中的受弯构件，从开始加载到正截面完全破坏，截面的受力状态可以分为下面三个大的阶段：

（一）第一阶段——弹性工作阶段

当荷载很小时，截面上的内力很小，应力与应变成正比，截面的应力分布为直线，如图 13-8（a）所示，这种受力阶段称为第Ⅰ阶段。

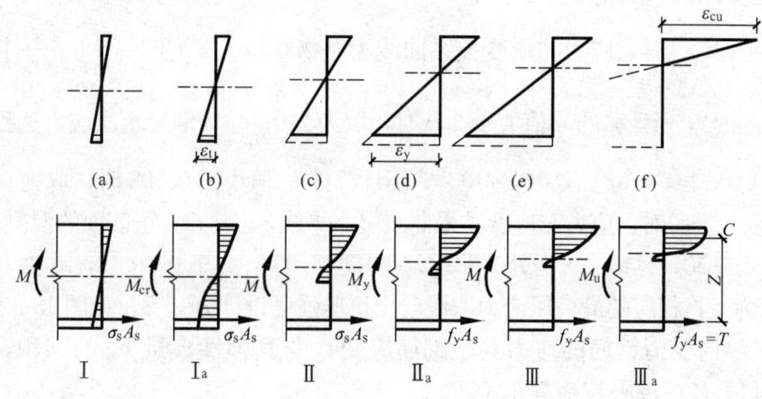

图 13-8　梁在各受力阶段的应力、应变图

当荷载增大时，截面上的内力随之增大，由于受拉区混凝土出现塑性变形，而使受拉区的应力图形呈曲线。当荷载增大到某一数值时，受拉区边缘的混凝土可达其实际的抗拉强度 f_t 和抗拉极限应变值 ε_t。截面处在开裂前的临界状态，如图 13-8（b）所示，这种受力状态称为第Ⅰ$_a$ 阶段。

（二）第二阶段——带裂缝工作阶段

当截面受力达到第Ⅰ$_a$ 阶段后，荷载只要稍许增加，截面立即开裂，截面上应力发生重分布，裂缝处混凝土不再承受拉应力，拉力主要由钢筋承担，随着荷载的增大，受压区混凝土出现明显的塑性变形，应力图形呈曲线形分布，如图 13-8（c）所示，这种受力阶段称为第Ⅱ阶段。

随着荷载继续增加，裂缝进一步开展，钢筋和混凝土的应力不断增大。当荷载增加到某一数值时，受拉区纵向受力钢筋开始屈服，钢筋应力达到其屈服强度 f_y，如图 13-8（d）所示，这种特定的受力状态称为Ⅱ$_a$ 阶段。

（三）第三阶段——破坏阶段

受拉区纵向受力钢筋屈服后，截面的承载力无明显的增加，但塑性变形急速发展，裂缝迅速开展，并向受压区延伸，由于中和轴高度上升，受压区面积减小，受压区混凝土压应力迅速增大，这是截面受力的第Ⅲ阶段，如图 13-8（e）所示，在荷载几乎保持不变的情况下，裂缝进一步急剧开展，受压区混凝土出现纵向裂缝，混凝土被完全压碎，截面发生破坏，如图 13-8（f）所示，这种特定的受力状态称为第$Ⅲ_a$阶段。

试验同时表明，从开始加载到构件破坏的整个受力过程中，变形前的平截面，变形后仍保持平截面。

截面抗裂验算是建立在第$Ⅰ_a$阶段的基础之上，构件正常使用阶段的变形和裂缝宽度验算是建立在第Ⅱ阶段的基础之上，而截面的承载力极限状态计算则是建立在第$Ⅲ_a$阶段的基础之上的。

三、单筋矩形截面承载力计算

（一）基本假定

（1）截面应变保持平面（平截面假定）。

（2）不考虑混凝土的抗拉强度。

（3）混凝土受压的应力应变曲线：

1）当压应变 $\varepsilon_c \leqslant \varepsilon_0$ 时，应力与应变关系曲线为抛物线，$\sigma_c = f_c\left[1-\left(1-\frac{\varepsilon_c}{\varepsilon_0}\right)^n\right]$，其中系数 $n = 2-\frac{1}{60}(f_{ck}-50)$，当计算的 n 值大于 2.0 时，取为 2.0；ε_0 为混凝土压应力达到 f_c 时的混凝土压应变，$\varepsilon_0 = 0.002+0.5\ (f_{ck}-50)\ \times 10^{-5}$，当计算的 ε_0 值小于 0.002 时，取为 0.002。

2）当压应变 $\varepsilon_c > \varepsilon_0$ 时，应力与应变关系曲线呈水平线，$\sigma_c = f_c$。正截面的混凝土极限压应变 $\varepsilon_{cu} = 0.0033-\ (f_{ck}-50)\ \times 10^{-5}$，当处于非均匀受压且计算值大于 0.003 3，取为 0.003 3；当处于轴心受压时取为 ε_0；相应的最大压应力取混凝土抗压强度设计值 $\alpha_1 f_c$，如图 13-9 所示。

（4）受拉区纵向受力钢筋的应力等于钢筋应变 ε_s 与其弹性模量 E_s 的乘积，但不得大于其抗拉强度设计值 f_y，极限拉应变取 0.01。

根据上述四点基本假定，单筋矩形截面（仅在受拉区配受力钢筋的矩形截面）的计算简图，如图 13-10 所示。

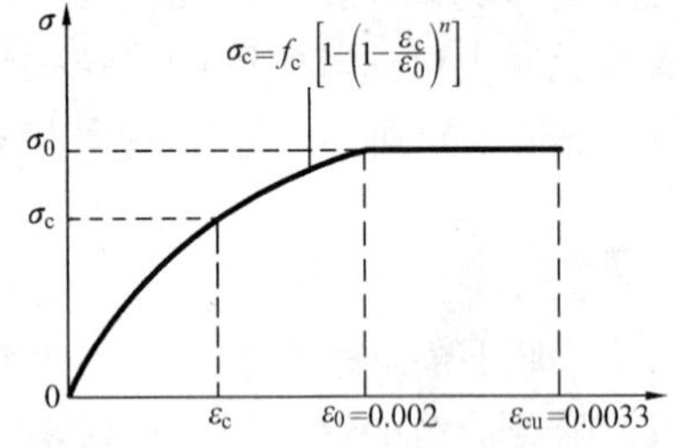

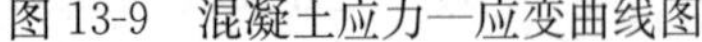

图 13-9 混凝土应力—应变曲线图

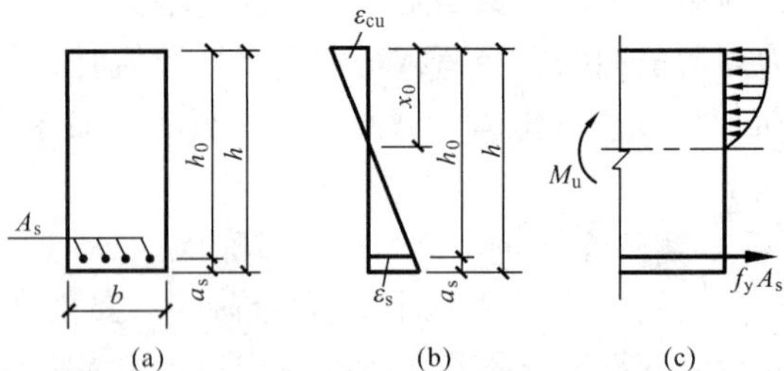

图 13-10 单筋矩形截面的计算简图

为了简化计算，受压区混凝土的应力图形可进一步用一个等效的矩形应力图代替。矩形应力图的应力仍取为混凝土抗压强度设计值 $\alpha_1 f_c$，如图 13-11 所示。所谓“等效”，是指这两个图不但压应力合力的大小相等，而且合力的作用位置完全相同。

根据上述简化假定，可以求得按等效矩形应力图计算的受压区高度 x 与按平截面假定确定的受压区高度 x_0 之间存在下列关系

$$x = \beta_1 x_0 \qquad (13\text{-}2)$$

式中，对强度等级不大于 C50 的混凝土取 $\beta_1=0.8$，当混凝土强度等级为 C80 时，$\beta_1=0.74$，其间按线性内插法确定。

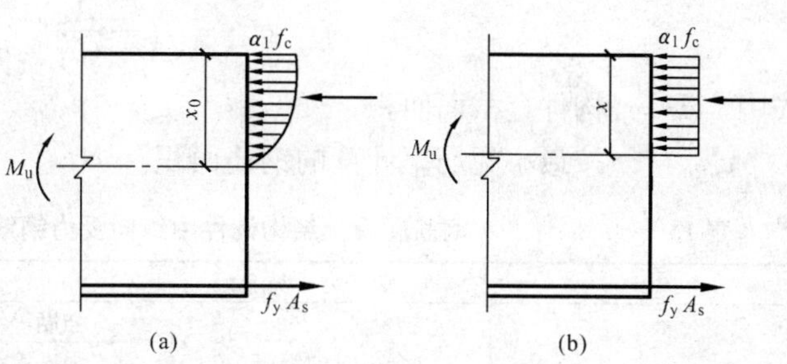

图 13-11 单筋矩形截面受压区混凝土的等效应力图

（二）基本计算公式

由于截面在破坏前的一瞬间处于静力平衡状态，所以，对于图 13-11（b）的受力状态可建立两个平衡方程。

一个是所有各力在水平轴方向上的合力为零，即

$$\Sigma F_x = 0 \quad \alpha_1 f_c bx = f_y A_s \qquad (13\text{-}3)$$

式中 b——矩形截面宽度；

A_s——受拉区纵向受力钢筋的截面面积；

α_1——系数，当混凝土强度等级不超过 C50 时，α_1 取为 1.0，当为 C80 时，α_1 取为 0.94，其间按线性内插法确定。

另一个是所有各力对截面上任何一点的合力矩为零，当对受拉区纵向受力钢筋的合力作用点取矩时，有

$$\Sigma M = 0 \quad M = \alpha_1 f_c bx(h_0 - x/2) \qquad (13\text{-}4)$$

式中 M——荷载在该截面上产生的弯矩设计值；

h_0——截面的有效高度，$h_0=h-\alpha_s$；h 为截面高度，α_s 为受拉区边缘到受拉钢筋合力作用点的距离。

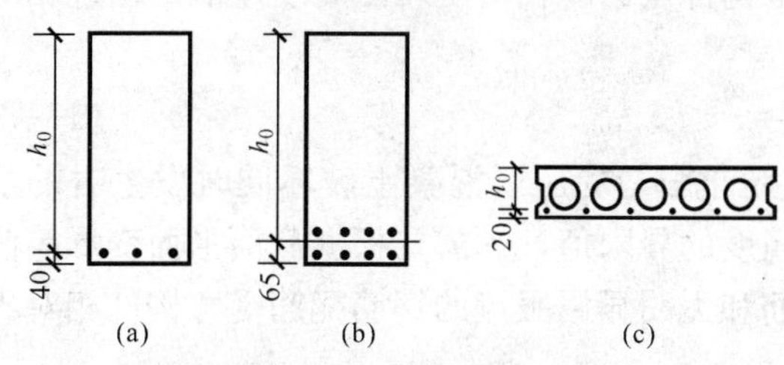

图 13-12 梁板有效高度的确定方法

按照构造要求，对于设计使用年限为 50 年的混凝土结构，在一类环境类别下，梁、柱的钢筋的混凝土保护层的最小厚度为 20mm，板、墙的为 15mm，当混凝土强度等级不大于 C25 时，上述数值应增加 5mm。因此，梁板截面的有效高度在构件设计时可按下面方法进行估算，如图 13-12 所示。待钢筋确定后，再按实调整。

梁的纵向受力钢筋按一排布置时，梁的截面有效高度 $h_0=h-40$mm（不大于 C25 时，$h_0=h-45$mm）；

梁的纵向受力钢筋按两排布置时，$h_0=h-65$mm（不大于 C25 时，$h_0=h-70$mm）；

板的截面有效高度 $h_0=h-20$mm（不大于 C25 时，$h_0=h-25$mm）。

式（13-3）和式（13-4）是单筋矩形截面受弯构件的正截面承载力计算公式。

（三）基本计算公式的使用条件

《混凝土结构设计规范》规定，任何受弯构件必须满足下列两个使用条件：

（1）为了防止将构件设计成少筋构件，要求构件配筋率不小于其最小配筋率。

最小配筋率是少筋构件与适筋构件的界限配筋率，它是根据受弯构件的破坏弯矩等于同样截面的素混凝土构件的破坏弯矩确定的。《混凝土结构设计规范》规定，受弯构件的最小配筋率 ρ_{min} 按构件全截面面积扣除位于受压边的翼缘面积（b'_f-b）h'_f 后的截面面积计算，即

$$\rho_{min}=\frac{A_{s,min}}{A-(b'_f-b)h'_f} \tag{13-5}$$

式中 A——构件全截面面积；

$A_{s,min}$——按最小配筋率计算的钢筋面积。

表 13-2　钢筋混凝土结构构件中纵向受力钢筋的最小配筋百分率　%

受力类型			最小配筋百分率
受压构件	全部纵向钢筋	强度等级 500MPa	0.50
		强度等级 400MPa	0.55
		强度等级 300MPa、335MPa	0.6
	一侧纵向钢筋		0.2
受弯构件、偏心受拉、轴心受拉构件一侧的受拉钢筋			0.2 和 $45f_t/f_y$ 中的较大值

注 1. 受压构件全部纵向钢筋最小配筋百分率，当采用 C60 以上强度等级的混凝土时，应按表中规定增大 0.1；
2. 板类受弯构件（不包括悬臂板）的受拉钢筋，当采用强度等级 400MPa、500MPa 的钢筋时，其最小配筋百分率应允许采用 0.15 和 $45f_t/f_y$ 中的较大值；
3. 偏心受拉构件中的受压钢筋，应按受压构件一侧纵向钢筋考虑；
4. 受压构件的全部纵向钢筋和一侧纵向钢筋的配筋率以及轴心受拉构件和小偏心受拉构件一侧受拉钢筋的配筋率应按构件的全截面面积计算；
5. 受弯构件、大偏心受拉构件一侧受拉钢筋的配筋率应按全截面面积扣除受压翼缘面积 $(b'_f-b)h'_f$ 后的截面面积计算；
6. 当钢筋沿构件截面周边布置时，"一侧纵向钢筋"是指沿受力方向两个对边中的一边布置的纵向钢筋。

除工字形截面外，矩形截面和 T 形截面的最小配筋率 $\rho_{min}=\frac{A_{s,min}}{bh}$，而 $bh\approx bh_0$，故在习惯上，防止设计成少筋构件的要求表达式为

$$\rho\geqslant\rho_{min} \tag{13-6}$$

（2）为了防止将构件设计成超筋构件，要求构件截面的相对受压区高度 ξ 不得超过相对界限受压区高度 ξ_b，即

$$\xi\leqslant\xi_b \quad 或 \quad x\leqslant\xi_b h_0 \tag{13-7}$$

相对界限受压区高度 ξ_b 是根据纵向受拉钢筋屈服与受压区混凝土破坏同时发生时的情况计算的，是适筋构件与超筋构件相对受压区高度的界限值，它需要根据截面平面变形等假定求出。下面分别推导有明显屈服点的普通钢筋和无明显屈服点的钢筋配筋受弯构件相对界限受压区高度 ξ_b 的计算公式。

1）有明显屈服点的普通钢筋配筋受弯构件相对界限受压区高度 ξ_b 的计算公式。

有明显屈服点普通钢筋配筋的界限配筋构件破坏时，受拉钢筋的应变等于钢筋的抗拉强度设计值 f_y 与钢筋弹性模量 E_s 之比值，即 $\varepsilon_s=f_y/E_s$，如图 13-13 所示。由此可推得其相对界限受压区高度 ξ_b 的计算公式为

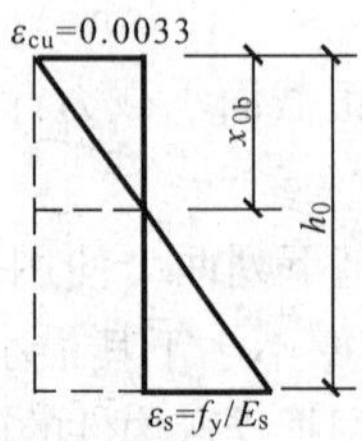

图 13-13 界限配筋时的应变情况

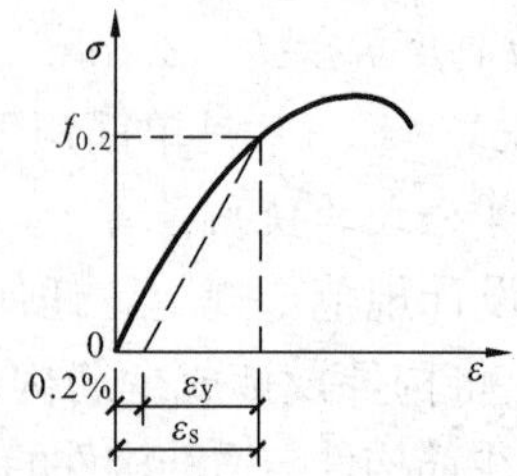

图 13-14 无明显屈服点钢筋的应力—应变

$$\xi_b = \frac{x_b}{h_0} = \beta_1 \frac{x_{0b}}{h_0} = \beta_1 \frac{\varepsilon_{cu}}{\varepsilon_{cu}+\varepsilon_s} = \frac{\beta_1}{1+\frac{\varepsilon_s}{\varepsilon_{cu}}} = \frac{\beta_1}{1+\frac{f_y}{E_s\varepsilon_{cu}}} \tag{13-8}$$

为了方便使用，对于常用的有明显屈服点的热轧 HPB 300、HRB 400、HRB 500 钢筋，将其抗拉强度设计值 f_y 和弹性模量 E_s 代入式（13-8）中，可得它们的相对界限受压区高度 ξ_b，见表 13-3，设计时可直接查用。当 $\xi \leqslant \xi_b$ 时，受拉钢筋必定先于混凝土屈服，为适筋构件。当 $\xi > \xi_b$ 时，受拉钢筋不会屈服，为超筋构件。

表 13-3　C50 及以下钢筋混凝土构件的相对界限受压区高度 ξ_b 参考值

钢筋种类	抗拉强度设计值 f_y（N/mm²）	ξ_b 值
HPB300	270	0.576
HRB 335	300	0.550
HRB 400	360	0.518
HRB500	435	0.482

2）无明显屈服点普通钢筋的相对界限受压区高度 ξ_b 的计算公式。

对于无明显屈服点的普通钢筋，取对应于残余应变为 0.2%时的应力 $f_{0.2}$ 作为条件屈服点，并以此作为这类钢筋的抗拉强度设计值。对于条件屈服点 $f_{0.2}$ 时的钢筋应变为如图 13-14所示：

$$\varepsilon_s = 0.002 + \varepsilon_y = 0.002 + \frac{f_y}{E_s} \tag{13-9}$$

式中　f_y——无明显屈服点普通钢筋的抗拉强度设计值；

E_s——无明显屈服点普通钢筋的弹性模量。

根据截面平面变形等假设，可以求得无明显屈服点普通钢筋配筋受弯构件相对受压区高度 ξ_b 的计算公式为

$$\xi_b = \frac{x_b}{h_0} = \beta_1 \frac{x_{0b}}{h_0} = \beta_1 \frac{\varepsilon_{cu}}{\varepsilon_{cu}+\varepsilon_s} = \frac{\beta_1}{1+\frac{\varepsilon_s}{\varepsilon_{cu}}} = \frac{\beta_1}{1+\frac{0.002+\frac{f_y}{E_s}}{\varepsilon_{cu}}} = \frac{\beta_1}{1+\frac{0.002}{\varepsilon_{cu}}+\frac{f_y}{E_s\varepsilon_{cu}}} \tag{13-10}$$

对于预应力混凝土构件的相对界限受压区高度 ξ_b 请参阅《混凝土结构设计规范》。

截面相对受压区高度 ξ 与截面配筋率 ρ 之间存在着对应关系。ξ_b 求出后，可以求出适筋受弯构件截面最大配筋率的计算公式。由式（13-3）得

$$\alpha_1 f_c b \xi_b h_0 = f_y A_{s,max} \tag{13-11}$$

故

$$\rho_{max} = \frac{A_{s,max}}{bh_0} = \alpha_1 \xi_b \frac{f_c}{f_y} \tag{13-12}$$

式（13-12）即为受弯构件最大配筋率的计算公式。为了使用方便将配有明显屈服点普通钢筋的钢筋混凝土受弯构件的最大配筋率 ρ_{max} 列在表 13-4 中。

表 13-4 **常用混凝土的截面最大配筋率 ρ_{max}** %

钢筋等级	混凝土的截面最大配筋率					
	C20	C25	C30	C35	C40	C50
HPB300	2.048	2.539	3.051	3.563	4.075	4.928
HRB 300、HRB 335	1.760	2.182	2.622	3.062	3.502	4.235
HRB 400	1.381	1.712	2.058	2.403	2.748	3.324
HRB500	1.064	1.319	1.585	1.850	2.116	2.560

当构件按最大配筋率配筋时，由式（13-4）可以求出适筋受弯构件所能承受的最大弯矩为

$$M_{max}=\alpha_1 f_c b\xi_b h_0\left(h_0-\xi_b\frac{h_0}{2}\right)=\alpha_1\xi_b\left(1-\frac{\xi_b}{2}\right)bh_0^2 f_c=\alpha_1\alpha_{sb}bh_0^2 f_c \tag{13-13}$$

式中 α_{sb}——截面最大的抵抗矩系数，$\alpha_{sb}=\xi_b$（$1-\xi_b/2$）。

对于具有明显屈服点钢筋配筋的受弯构件，其截面最大的抵抗矩系数见表 13-5。

表 13-5 **受弯构件截面最大的抵抗矩系数 α_{sb}**

钢筋种类	HPB 235	HRB 335	HRB 400
α_{sb}	0.425	0.399	0.384

由上面的讨论可知，为了防止将构件设计成超筋构件，既可用式（13-7）进行控制，也可以用

$$\rho\leqslant\rho_{max} \tag{13-14}$$

或

$$\alpha_s\leqslant\alpha_{sb} \tag{13-15}$$

进行控制。

式（13-7）、式（13-14）、式（13-15）对应于同一配筋和受力状况，因而三者是等效的。

设计经验表明，当梁、板的配筋率为

实心板 $\rho=0.4\%\sim0.8\%$

矩形梁 $\rho=0.6\%\sim1.5\%$

T 形梁 $\rho=0.9\%\sim1.8\%$

时，构件的用钢量和造价都较经济，施工比较方便，受力性能也好。因此，常将梁、板的配筋设计在上述范围内。梁、板的上述配筋率称为经济配筋率。

（四）设计步骤

（1）初定受弯构件截面，计算构件自重及作用于构件的全部荷载。

（2）计算受弯构件的最大弯矩设计值 M，并确定混凝土的强度等级及钢筋种类。

（3）计算受弯构件截面抵抗矩系数 α_s

$$\alpha_s=\frac{M}{\alpha_1 f_c bh_0^2}\leqslant\alpha_{sb}$$

如不满足此式，应加大构件截面尺寸重新计算。当混凝土强度等级为 C50 及以下时，式中 $\alpha_1=1.0$；当为 C80 时，$\alpha_1=0.94$，其间按线性内插法确定。

（4）计算受弯构件的相对受压区高度 ξ

$$\xi=1-\sqrt{1-2\alpha_s}\leqslant\xi_b$$

(5) 计算受拉钢筋截面积 A_s

$$A_s = \xi \frac{f_c}{f_y} b h_0$$

(6) 选配钢筋，以所配钢筋的实际面积计算配筋率

$$\rho_{min} \leqslant \rho = \frac{A_s}{bh_0} \leqslant \rho_{max}$$

(五) 受弯构件

在受弯构件设计中，会遇到两种情况：一是截面设计，即要求确定截面尺寸及配筋；二是截面尺寸及配筋已知，验算该设计能否承受所需承受的荷载。

【例 13-2】　如［例 13-1］所示简支梁，采用 C25 混凝土，HRB400 钢筋，选配受拉钢筋。

解　$f_c = 11.9\text{N/mm}^2$，$f_y = 360\text{N/mm}^2$

设受拉钢筋为单排筋，则 $h_0 = 600 - 45 = 555\text{mm}$

$$\alpha_s = \frac{M}{\alpha_1 f_c b h_0^2} = \frac{222.87 \times 10^6}{1.0 \times 11.9 \times 250 \times 555^2} = 0.243 < \alpha_{sb} = 0.384$$

$$\xi = 1 - \sqrt{1 - 2\alpha_s} = 1 - \sqrt{1 - 2 \times 0.243} = 0.283 < \xi_b = 0.518$$

$$A_s = \xi \frac{f_c}{f_y} b h_0 = 0.283 \times \frac{11.9}{360} \times 250 \times 555 = 1298\text{mm}^2$$

查附表 1-1 选配 2Φ22+2Φ20（$A_s = 1388\text{mm}^2$）如图 13-5 所示。

一般地，实际配筋既要考虑节省，也要考虑构造要求，施工方便、控制裂缝等。

$$\rho_{min} = 0.2\% < \rho = \frac{A_s}{bh_0} = \frac{1388}{250 \times 555} = 1.00\% < \rho_{max} = 1.76\%\text{，可以。}$$

【例 13-3】　某梁采用 C20 混凝土，HRB400 钢筋，配筋如图 13-15 所示，若跨中设计弯矩为 110kN·m，问此梁是否安全?

解　$f_c = 9.6\text{N/mm}^2$，$f_y = 360\text{N/mm}^2$　$\alpha_1 = 1.0$　$A_s = 804\text{mm}^2$，$h_0 = 500 - 45 = 455\text{mm}$

(1) 求混凝土受压区高度 x。

$$\alpha_1 f_c b x = f_y A_s$$

$$x = \frac{f_y A_s}{\alpha_1 f_c b} = \frac{360 \times 804}{1.0 \times 9.6 \times 250} = 120.6\text{mm}$$

$$\xi = \frac{x}{h_0} = \frac{120.6}{455} = 0.265 < \xi_b = 0.518$$

(2) 求可承受的最大弯矩。

$$M_u = \alpha_1 f_c b x \left(h_0 - \frac{x}{2}\right) = \frac{1.0 \times 9.6 \times 250 \times 120.6 \times \left(455 - \frac{120.6}{2}\right)}{10^6} = 114.24\text{kN·m} >$$

$M = 110\text{kN·m}$，安全。

(3) 其他适应条件。

$$\rho_{min} = 0.2\% < \rho = \frac{A_s}{bh_0} = \frac{804}{250 \times 455} = 0.707\% < \rho_{max} = 1.760\%\text{，可以。}$$

第五节 梁的斜截面设计

在［例 13-1］图 13-6 中，取隔离体如图 13-16 所示，不难算出：

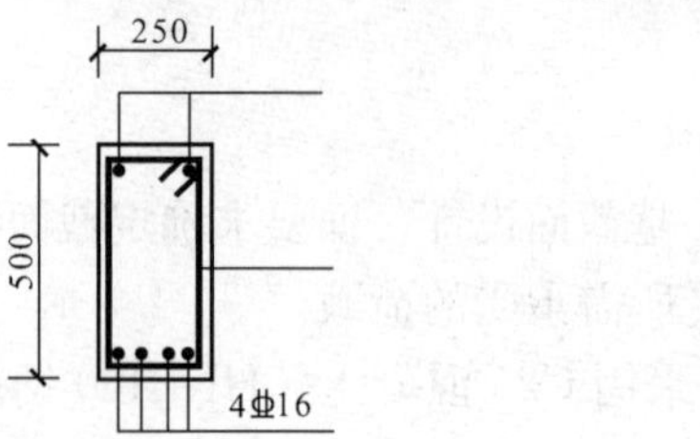

图 13-15 ［例 13-3］图

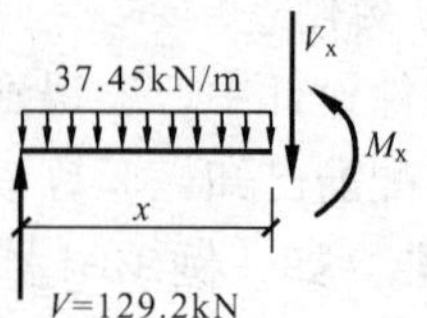

图 13-16 XL-1 隔离体图

弯矩：$M_x = Vx - \frac{1}{2}(G+Q)x^2 = 129.2x - \frac{1}{2} \times 37.45x^2$

剪力：$V_x = V - (G+Q)x = 129.2 - 37.45x$

因此，除支座处只有剪力和跨中只有弯矩外，其他截面则弯矩与剪力同时存在，且随 x 的变化而变化。当梁受到一定的荷载时，在跨中梁底出现垂直裂缝，而在同时承受弯矩和剪力的区段，由于剪力的存在，则会出现斜裂缝，越靠近支座，裂缝越倾斜。构件除了在跨中由弯矩而产生的正截面破坏（混凝土压碎或钢筋拉断）外，还有可能沿斜截面发生破坏，因此，除进行构件的正截面承载力设计外，必须进行斜截面的承载力设计。

为防止受弯构件沿斜截面破坏，同正截面的设计一样，必须使截面尺寸符合一定的要求，并配置必要的箍筋（有时还需配置弯起钢筋）。箍筋与弯起钢筋统称为腹筋，无此两种钢筋的梁称为无腹筋梁。

一、影响斜截面抗剪承载力的主要因素

1. 剪跨比 λ

对于承受集中荷载的梁，剪跨 a（集中荷载作用点至支座或节点边缘的距离）与截面的有效高度 h_0 的比值称为剪跨比 λ，即

$$\lambda = \frac{a}{h_0} = \frac{V \cdot a}{Vh_0} = \frac{M}{Vh_0}$$

公式实际反映了该截面弯矩 M 与剪力 V 的相对比值。因此，对于非集中力作用的梁，也可以用$\frac{M}{Vh_0}$来反映弯矩 M 与剪力 V 的相对比值，一般称$\frac{M}{Vh_0}$为广义剪跨比 λ_0。

（1）当剪跨比 λ 较大，即 $\lambda > 3$，斜裂缝一旦出现，就迅速向集中荷载作用点延伸，并很快形成临界裂缝而破坏，如图 13-17（a）所示，称为斜拉破坏 。

斜拉破坏具有明显的脆性。

（2）当剪跨比适中，即 $1 < \lambda \leqslant 3$ 时，荷载增加时，首先在支座附近产生斜裂缝，随着斜裂缝的发展，混凝土的剪应力大大增加，剪压区混凝土压应力也大大增加，而骨料胶合力急剧减少，钢筋的拉应力急剧增加，如图 13-17（b）所示。

破坏过程：某条斜裂缝发展为临界裂缝，临界裂缝向荷载作用点逐渐靠近，剪压区高度

逐渐减少，最后剪压区混凝土被压碎而破坏，称为剪压破坏。剪压破坏有一定的预兆，但与适筋梁的正截面破坏相比，仍属于脆性破坏。

(3) 当剪跨比很小，如 $\lambda \leqslant 1$，承受对称集中荷载且 $l_0/h_0 \leqslant 4$ 时，此时荷载越接近支座，由荷载引起的正应力不大而剪力很大。其破坏过程：首先在荷载作用点与支座间梁腹部出现若干条平行的斜裂缝，随着荷载的增加，梁腹被斜裂缝分割成若干斜“短柱”，最后因斜短柱混凝土被压碎而破坏。称为斜压破坏，如图 13-17（c）所示。

斜压破坏的破坏荷载很大，但变形很小，属于脆性破坏。

纵筋拉力的增大导致钢筋与混凝土间的粘结力增大，可能出现沿纵筋的粘结裂缝与撕裂裂缝，如图 13-18 所示。

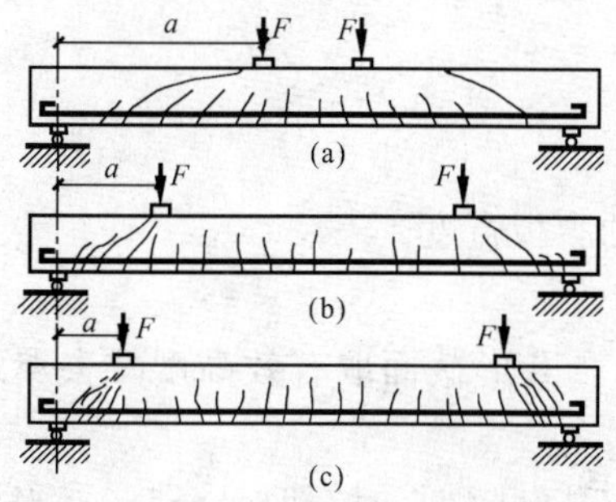

图 13-17 斜截面的破坏形态

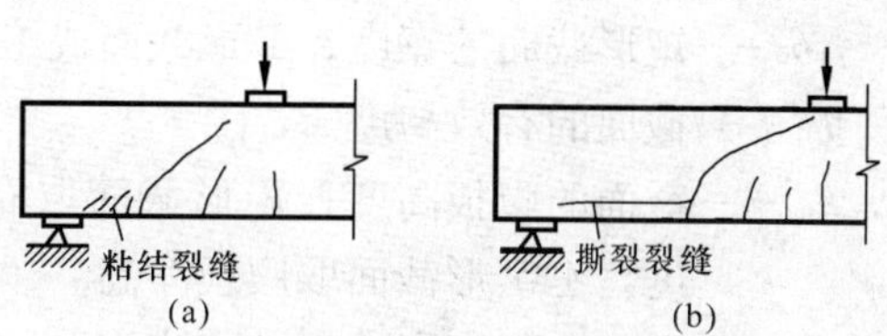

图 13-18 粘结裂缝和撕裂裂缝

(a) 粘结裂缝；(b) 撕裂裂缝

2. 混凝土强度

混凝土强度对梁的抗剪能力影响很大，大致呈线性变化。当斜压破坏时，抗剪取决于混凝土的抗压强度；斜拉破坏时，取决于混凝土的抗拉强度。

3. 纵向配筋率

纵向配筋率 ρ 的增大可以提高梁的抗剪能力，其原因一方面是纵向钢筋能抑制斜拉裂缝的开展和延伸，增大剪压区混凝土面积；另一方面纵筋自己本身也有一定的抗剪能力，称为销栓力，纵筋多销栓力当然大。

4. 配箍率和箍筋强度

箍筋可以承担相当部分的剪力，也可以有效地抑制斜裂缝的开展和延伸，可以提高剪压区内的混凝土抗剪能力并提高纵筋的销栓力。当配箍量在适当的范围内时，配箍量增多，箍筋强度提高，可以有效地提高梁的抗剪能力；同时，密集的配箍可以约束混凝土，提高混凝土的强度和延性，这对于抗震特别有利。

配箍量一般用配箍率表示：

$$\rho_{sv} = \frac{A_{sv}}{bs} \tag{13-16}$$

$$A_{sv} = n A_{sv1}$$

式中 A_{sv}——配置在同一截面内箍筋各肢的全部截面面积；

n——在同一截面内箍筋的肢数；

A_{sv1}——单肢箍筋的截面面积；

s——沿构件长度方向上箍筋的间距；

b——矩形截面的宽度，T形截面或工字形截面的腹板宽度。

二、梁的斜截面受剪承载力计算

1. 复核截面尺寸

在对矩形、T形和工字形截面受弯构件的斜截面受剪承载力计算时，其受剪截面应符合下列条件：

当$\frac{h_w}{b} \leqslant 4$时，　　$V \leqslant 0.25\beta_c f_c b h_0$　　(13-17)

当$\frac{h_w}{b} \geqslant 6$时，　　$V \leqslant 0.2\beta_c f_c b h_0$　　(13-18)

当$4 < \frac{h_w}{b} < 6$时，按上两式线性内插法确定。

式中　V——构件斜截面上最大剪力设计值。

b——矩形截面的宽度、T形截面或工字形截面的腹板宽度。

h_0——截面的有效高度。

h_w——截面的腹板高度；矩形截面取有效高度h_0，T形截面取有效高度减去翼缘高度，工字形截面取腹板净高。

β_c——混凝土强度影响系数：当混凝土强度等级不超过C50时，取$\beta_c = 1.0$；当混凝土强度等级为C80时，取$\beta_c = 0.8$；其间按线性内插法确定。

f_c——混凝土轴心抗压强度设计值，按表10-3采用。

注意：对T形或工字形截面的简支受弯构件，当有实践经验时，式（13-17）中的系数0.25可以改用为0.3。对受拉边倾斜的构件，当有实践经验时，其受剪截面的控制条件可适当放宽。

如果不满足式（13-17）、式（13-18），则应加大构件截面尺寸或提高混凝土强度等级。

2. 不配置箍筋和弯起钢筋的一般板类受弯构件的条件

不配置箍筋和弯起钢筋的一般板类受弯构件，其斜截面受剪承载力应符合下列规定：

$$V \leqslant 0.7\beta_h f_t b h_0$$

$$\beta_h = \left(\frac{800}{h_0}\right)^{1/4}$$

式中　β_h——截面高度影响系数：当h_0小于800mm时，取800mm；当h_0大于2000mm时，取2000mm。

3. 不需要进行斜截面受剪承载力计算的条件

计算矩形、T形和工字形截面的一般受弯构件的斜截面受剪承载力时，如能满足条件

$$V \leqslant 0.7 f_t b h_0 \tag{13-19}$$

对集中荷载作用下的矩形、T形、工字形截面独立简支梁，当满足条件

$$V \leqslant \frac{1.75}{\lambda + 1} f_t b h_0 \tag{13-20}$$

式中　λ——计算截面（计算截面取集中荷载作用点处的截面）的剪跨比，即$\lambda = \frac{a}{h_0}$；

a——计算截面至支座截面或节点边缘的距离；当 $\lambda>3$ 时，取 $\lambda=3$；当 $\lambda<1.5$ 时，取 $\lambda=1.5$；此时，在计算截面至支座之间的箍筋，应均匀配置。

以上两种情况均可不需进行斜截面的受剪承载力计算，但应根据表 13-6 有关规定，按构造要求配置箍筋。

表 13-6　　箍筋设置范围构造规定

序号	梁斜截面高度	箍筋设置范围	备　注
1	$h<150$mm	可不设置箍筋	
2	150mm$<h\leqslant$300mm	可仅在梁端部各 1/4 跨度范围设置箍筋	当在梁的中部 1/2 跨范围内有集中荷载作用时，应沿梁跨全长设置箍筋
3	$h>300$mm	应沿梁全长设置箍筋	

4. 斜截面受剪承载力的计算位置

在计算斜截面的受剪承载力时，为安全起见，应取作用在该斜截面范围内的最大剪力作为剪力设计值，即取斜截面受拉区起始端的剪力作为剪力设计值，因而，斜截面受剪承载力的计算位置应按下列规定采用：

(1) 支座边缘处的截面，如图 13-19（a）、(b）截面 1-1 所示；

(2) 受拉区弯起钢筋弯起点处的截面，如图 13-19（a）截面 2-2、3-3 所示；

(3) 箍筋截面面积或间距改变处的截面，如图 13-19（b）截面 4-4 所示；

(4) 截面尺寸改变处的截面。

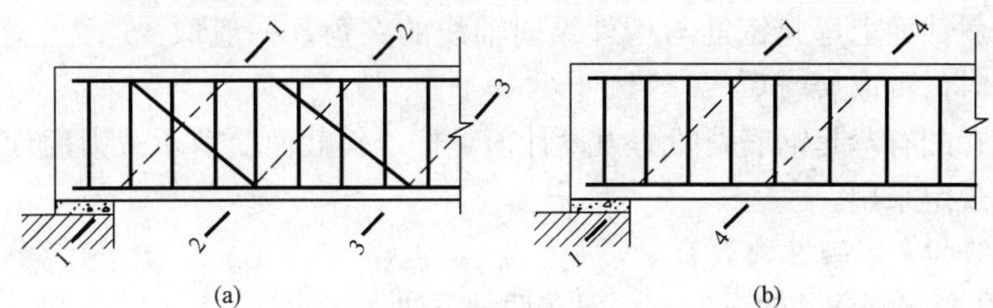

图 13-19　斜截面受剪承载力剪力设计值的计算截面

1—1 支座边缘处的斜截面；2—2、3—3 受拉区弯起钢筋弯起点的斜截面；4—4 箍筋截面面积或间距改变处的斜截面

对受拉边倾斜的受弯构件，尚应包括梁的高度开始变化处、集中荷载作用处和其他不利的截面等，这些都是斜截面受剪承载力变化的地方。故上述计算位置均为有控制意义的较危险的斜截面。

5. 仅配箍筋时的斜截面受剪承载力计算

矩形、T 形和工字形截面的一般受弯构件，当仅配有箍筋时，其斜截面的受剪承载力计算公式为

$$V \leqslant V_{cs} = 0.7 f_t b h_0 + f_{yv} \frac{A_{sv}}{s} h_0 \tag{13-21}$$

$$A_{sv} = n A_{sv1}$$

式中　V——构件斜截面上的最大剪力设计值；

V_{cs}——构件斜截面上混凝土和箍筋的受剪承载力设计值；

A_{sv}——配置在同一截面内箍筋各肢的全部截面面积；

n——同一个截面内箍筋的肢数；

A_{sv1}——单肢箍筋的截面面积；

s——沿构件长度方向的箍筋间距，应符合有关规定；

f_t——混凝土轴心抗拉强度设计值；按表 10-4 采用；

f_{yv}——箍筋抗拉强度设计值，按表 10-9 采用，但取值不应大于 $360N/mm^2$。

对集中荷载作用下的独立梁（包括作用有多种荷载，其中集中荷载对支座截面或节点边缘所产生的剪力值占总剪力值的75%以上的情况），则式（13-21）应改为

$$V \leqslant V_{cs} = \frac{1.75}{\lambda+1} f_t b h_0 + f_{yv} \frac{A_{sv}}{s} h_0 \tag{13-22}$$

式中 λ——计算截面剪跨比，可取 $\lambda = a/h_0$，a 为集中荷载作用点至支座或节点边缘的距离；当 $\lambda < 1.5$ 时，取 $\lambda = 1.5$；当 $\lambda > 3$ 时，取 $\lambda = 3$；集中荷载作用点至支座之间的箍筋，应均匀配置。

6. 配置箍筋和弯起钢筋时的斜截面受剪承载力计算

矩形、T 形和工字形截面的受弯构件，当配有箍筋和弯起钢筋时，其斜截面的受剪承载力计算公式为

$$V \leqslant V_{cs} + 0.8 f_y A_{sb} \sin\alpha_s \tag{13-23}$$

式中 A_{sb}——在所验算的斜截面中同一弯起平面内弯起钢筋的截面面积。

α_s——斜截面上弯起钢筋与构件纵向轴线的夹角，一般取 45°；当梁高 $h > 800$mm 时，可取 $\alpha = 60°$。

V——在配有弯起钢筋处的剪力设计值，按“斜截面受剪承载力的计算位置”中的规定采用。

7. 计算箍筋和弯起钢筋的数量

计算箍筋和弯起钢筋的数量时，一般有两种方法。

一是剪力设计值全部由混凝土和箍筋承受；二是剪力设计值由混凝土、箍筋和弯起钢筋共同承受。具体采用哪种办法，应视结构的具体情况、剪力设计值大小等而定。

(1) 剪力设计值全部由混凝土和箍筋承受：一般根据式（13-21）进行斜截面受剪承载力计算时，所需箍筋的数量应按式(13-24)计算，即

$$\frac{nA_{sv1}}{s} \geqslant \frac{V - 0.7 f_t b h_0}{f_{yv} h_0} \tag{13-24}$$

如根据条件按式（13-22）进行斜截面受剪承载力计算时，所需箍筋的数量应按式(13-25)计算，即

$$\frac{nA_{sv1}}{s} \geqslant \frac{V - \dfrac{1.75}{\lambda+1} f_t b h_0}{f_{yv} h_0} \tag{13-25}$$

计算时可先选定箍筋间距 S 及箍筋肢数 n，再由式（13-24）或式（13-25）计算所需的单肢箍筋截面面积 A_{sv1}；也可选定 A_{sv1} 及 n，再由式（13-24）或式（13-25）计算所需的箍筋间距 S。

所选用的箍筋肢数 n、直径 d 及间距 S，均应符合箍筋的构造要求及满足箍筋最小配箍率，即

$$\rho_{sv}=\frac{A_{sv}}{bs}\geqslant\rho_{sv,min}=0.24\frac{f_t}{f_{yv}} \tag{13-26}$$

若为弯剪扭构件，上式中的 0.24 改为 0.28，其中受扭箍应作成封闭式，当采用复合箍筋时，位于截面内部的箍筋不应计入受扭所需的箍筋面积。

梁中箍筋最大间距见表 13-7。

表 13-7　梁中箍筋的最大间距　mm

梁高 h	$V>0.7f_tbh_0+0.05N_{p0}$	$V\leqslant 0.7f_tbh_0+0.05N_{p0}$
$150<h\leqslant 300$	150	200
$300<h\leqslant 500$	200	300
$500<h\leqslant 800$	250	350
$H>800$	300	400

当梁中配有按计算需要的纵向受压钢筋时，箍筋应做成封闭式；此时，箍筋的间距不应大于 15d（d 为纵向受压钢筋的最小直径），同时不应大于 400mm；当一层内的纵向受压钢筋多于 5 根且直径大于 18mm 时，箍筋间距不应大于 10d；当梁的宽度大于 400mm 且一层内的纵向受压钢筋多于 3 根时，或当梁的宽度不大于 400mm 但一层内的纵向受压钢筋多于 4 根时，应设置复合箍筋。

对截面高度 $h>800$mm 的梁，其箍筋直径不宜小于 8mm；对截面高度 $h\leqslant 800$mm 的梁，其箍筋直径不宜小于 6mm。梁中配有计算需要的纵向受压钢筋时，箍筋直径尚不应小于纵向受压钢筋最大直径的 0.25 倍。

（2）剪力设计值由混凝土、箍筋和弯起钢筋共同承受：当剪力设计值大于斜截面上混凝土和箍筋的受剪承载力时，即 $V>V_{cs}$时，说明混凝土与箍筋已不足以承受全部剪力设计值，需要设置一定数量的弯起钢筋，即剪力设计值由混凝土、箍筋和弯起钢筋共同承受，这时应按式（13-23）计算斜截面受剪承载力。

根据梁的正截面设计配筋，先确定弯起钢筋的数量，再根据（式 13-27）计算出箍筋的数量，即

$$\frac{nA_{sv1}}{s}\geqslant\frac{V-0.7f_tbh_0-0.8f_yA_{sb}\sin\alpha_s}{f_{yv}h_0} \tag{13-27}$$

计算弯起钢筋时，其剪力设计值可按下列规定采用：

1）当第一排（对支座而言）弯起钢筋时，取用支座边缘处的剪力值；

2）当计算以后的每一排弯起钢筋时，取用前一排（对支座而言）弯起钢筋弯起点处的剪力值。

三、计算例题

【例 13-4】　将［例 13-1］的梁进行斜截面设计。

解　已知 $V=129.20$kN（见［例 13-1］），$b\times h=250\text{mm}\times 600\text{mm}$，混凝土强度等级 C25。选用 HPB300 钢筋Φ 6 双肢箍，查表 10-9 得，$f_{yv}=270\text{N/mm}^2$；查表 10-3 得，$f_c=11.9\text{N/mm}^2$；查表 10-4 得 $f_t=1.1\text{N/mm}^2$；$\beta_c=1.0$。

（1）复核截面尺寸：矩形截面 $h_w=h_0=600-45=555$mm

$$\frac{h_w}{b}=\frac{h_0}{b}=\frac{555}{250}=2.22<4$$

$$V=129.20\text{kN}<0.25\beta_c f_c bh_0=0.25\times1.0\times11.9\times250\times555=412\ 781\text{N}=412.8\text{kN}$$

故截面尺寸满足要求。

(2) 验算是否需要计算配箍：Φ 6 筋，$A_{sv1}=28.3\text{mm}^2$

$$V=129.20\text{kN}>0.7f_t bh_0=0.7\times1.1\times250\times555=106\ 837\text{N}=106.8\text{kN}$$

则需计算配置箍筋，箍筋间距

$$S\leqslant\frac{nA_{sv1}\times f_{yv}h_0}{V-0.7f_t bh_0}=\frac{2\times28.3\times270\times555}{129\ 200-106\ 837}=379\text{mm}$$

按照构造要求，查表 13-7，间距不得大于 250mm，取Φ 6@250（见图 13-4 和图 13-5）。

近年来，为了施工方便等原因，弯起钢筋已较少采用，只是在箍筋配置太密时采用弯起钢筋以增大箍筋间距，或者箍筋间距适宜、斜截面承载略显不足时，增配构造弯筋。若梁上有集中荷载的，应在集中荷载两侧一定范围内增配附加筋（箍筋、吊筋），以增配箍筋为优先，使集中附加钢筋能承担全部荷载，附加钢筋所需总面积为

$$A_{sv}\geqslant\frac{F}{f_y\sin\alpha}\tag{13-28}$$

式中 A_{sv}——承受集中荷载所需的附加横向钢筋总截面面积；

F——作用在梁的下部或梁截面高度范围内的荷载设计值；

α——附加横向钢筋与梁轴线间的夹角。

第六节 钢筋混凝土轴心受压柱

一、轴心受压柱的受力情况

钢筋混凝土轴心受压柱多用于混合结构。当由梁引起的荷载偏心很小时，可以将柱按照轴心受压柱计算。

当轴心受压柱的截面不变，随着柱长度的增加，柱的承载力会降低。我们可以先做一个试验，取 1mm 粗的铁丝，截取 10mm 长，沿轴向加压，仅用手指很难把它压弯；但若截取 100mm 长，用手指沿轴向加压，就很容易把它压弯。我们把构件的计算长度 l_0 与构件截面回转半径 i 之比，叫做构件的长细比。长细比越大，则承载力越低。《混凝土结构设计规范》采用一个降低系数 φ 来反映这种承载力随长细比增大而降低的现象，并称为稳定系数，见表 13-8。

表 13-8 钢筋混凝土轴心受压构件的稳定系数

l_0/b	≤8	10	12	14	16	18	20	22	24	26	28
l_0/d	≤7	8.5	10.5	12	14	15.5	17	19	21	22.5	24
l_0/i	≤28	35	42	48	55	62	69	76	83	90	97
φ	1.00	0.98	0.95	0.92	0.87	0.81	0.75	0.70	0.65	0.60	0.56
l_0/b	30	32	34	36	38	40	42	44	46	48	50
l_0/d	26	28	29.5	31	33	34.5	36.5	38	40	41.5	43
l_0/i	104	111	118	125	132	139	146	153	160	167	174
φ	0.52	0.48	0.44	0.40	0.36	0.32	0.29	0.26	0.23	0.21	0.19

注 1. 表中 l_0—构件的计算长度；b—矩形截面短边尺寸；d—圆形截面的直径；i—截面最小回转半径。

2. 表中数值按直线内插。

构件的计算长度 l_0 与端部的支承情况有关，几种理想支承的柱计算长度，如图 13-20 所示。在实际工程中，由于支承情况并非理想的不动铰支承或固定端，应按《混凝土结构设计规范》的有关规定采用。

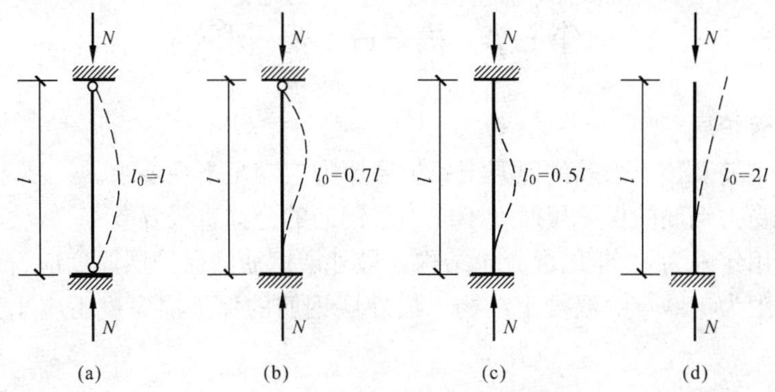

图 13-20　柱的计算长度

(a) 两端铰支；(b) 一端铰支，一端固定；(c) 两端固定；(d) 一端固定，一端自由

二、正截面承载力计算公式

在轴向力设计值 N 作用下，如图 13-21 所示的轴心受压构件承载力可按下式计算

$$N \leqslant 0.9\varphi(f'_{y}A'_{s} + f_{c}A) \tag{13-29}$$

式中　φ——钢筋混凝土构件的稳定系数，按表 13-8 取用；

N——轴向压力设计值；

f'_y——钢筋抗压强度设计值，见表 10-9；

f_c——混凝土轴心抗压强度设计值，见表 11-3；

A'_s——全部纵向钢筋的截面面积；

A——构件截面面积，当纵向钢筋配筋率大于 3%时，A 改用 $A_c = A - A'_s$。

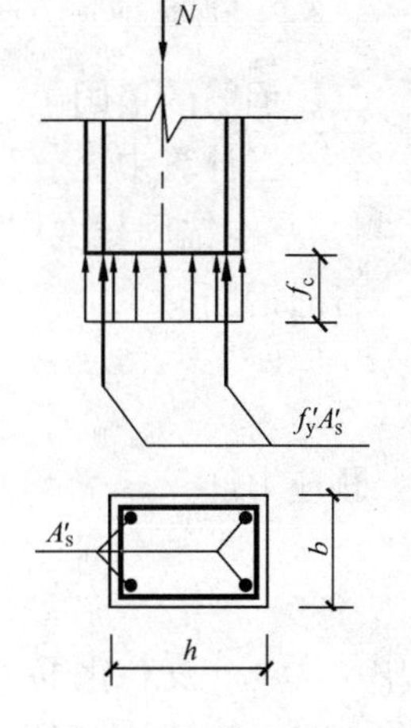

图 13-21　轴心受压柱的计算图形

当现浇钢筋混凝土轴心受压构件截面长边或直径小于 300mm 时，应乘以系数 0.8（构件质量确有保证时不受此限）。

三、设计计算方法

轴心受压柱截面设计计算方法可分为截面选择和承载力校核两类。

在截面选择时，可先确定材料强度等级，并根据建筑设计的要求、轴向压力设计值的大小以及房屋总体刚度确定形状和尺寸，然后按式（13-29）求出所需钢筋数量。求得的全部受压钢筋的配筋率 ρ'（$=A'_s/A$）不应小于最小配筋率 ρ'_{min}。

应当注意，实际工程中的轴心受压构件沿截面两个方向的杆端约束条件可能不同，截面尺寸也不同，因此计算长度 l_0 和回转半径 i 也不同。此时应分别按两个方向确定 φ 值，选其中较小者代入式（13-29）进行计算。

在截面校核时，构件的计算长度、截面尺寸、材料强度、配筋量均为已知，故只需将有关数据代入式（13-29），即可求出构件所能承担的轴向力设计值。

四、柱的构造要求

内容详见《混凝土结构设计规范》的相应规定，本书从略。

第七节 构造要求

一、混凝土保护层

构件中普通钢筋及预应力筋的混凝土保护层厚度应满足下列要求。

（1）构件中受力钢筋的保护层厚度不应小于钢筋的公称直径 d；

（2）设计使用年限为50年的混凝土结构，最外层钢筋的保护层厚度应符合表13-9的规定；设计使用年限为100年的混凝土结构，最外层钢筋的保护层厚度不应小于表13-9中数值的1.4倍。

表13-9　混凝土保护层的最小厚度 c　mm

环境类别	板、墙、壳	梁、柱、杆
一	15	20
二a	20	25
二b	25	35
三a	30	40
三b	40	50

注　1. 混凝土强度等级不大于C25时，表中保护层厚度数值应增加5mm；
　　2. 钢筋混凝土基础宜设置混凝土垫层，基础中钢筋的混凝土保护层厚度应从垫层顶面算起，且不应小于40mm。

二、钢筋的锚固

（1）当计算中充分利用钢筋的抗拉强度时，受拉钢筋的锚固应符合下列要求：

1）基本锚固长度应按下列公式计算：

普通钢筋

$$l_{ab} = \alpha \frac{f_y}{f_t} d$$

预应力筋

$$l_{ab} = \alpha \frac{f_{py}}{f_t} d$$

式中　l_{ab}——受拉钢筋的基本锚固长度；

f_y、f_{py}——普通钢筋、预应力筋的抗拉强度设计值；

f_t——混凝土轴心抗拉强度设计值，当混凝土强度等级高于C60时，按C60取值；

d——锚固钢筋的直径；

α——锚固钢筋的外形系数，按表13-10取用。

表13-10　锚固钢筋的外形系数 α

钢筋类型	光圆钢筋	带肋钢筋	螺旋肋钢丝	三股钢绞线	七股钢绞线
α	0.16	0.14	0.13	0.16	0.17

注　光圆钢筋末端应做180°弯钩，弯后平直段长度不应小于 $3d$，但作受压钢筋时可不做弯钩。

2）受拉钢筋的锚固长度应根据锚固条件按下式计算，且不应小于 200mm：

$$l_a = \zeta_a l_{ab}$$

式中 l_a——受拉钢筋的锚固长度；

ζ_a——锚固长度修正系数，对普通钢筋按下面第（2）条的规定取用，当多于一项时，可按连乘计算，但不应小于 0.6；对预应力筋，可取 1.0。

3）当锚固钢筋的保护层厚度不大于 $5d$ 时，锚固长度范围内应配置横向构造钢筋，其直径不应小于 $d/4$；对梁、柱、斜撑等构件间距不应大于 $5d$，对板、墙等平面构件间距不应大于 $10d$，且均不应大于 100mm，此处 d 为锚固钢筋的直径。

（2）纵向受拉普通钢筋的描固长度修正系数 ζ_a 应按下列规定取用：

1）当带肋钢筋的公称直径大于 25mm 时取 1.10；

2）环氧树脂涂层带肋钢筋取 1.25；

3）施工过程中易受扰动的钢筋取 1.10；

4）当纵向受力钢筋的实际配筋面积大于其设计计算面积时，修正系数取设计计算面积与实际配筋面积的比值，但对有抗震设防要求及直接承受动力荷载的结构构件，不应考虑此项修正；

5）锚固钢筋的保护层厚度为 $3d$ 时修正系数可取 0.80，保护层厚度为 $5d$ 时修正系数可取 0.70，中间按内插取值，此处 d 为锚固钢筋的直径。

（3）当纵向受拉普通钢筋末端采用弯钩或机械锚固措施时，包括弯钩或锚固端头在内的锚固长度（投影长度）可取为基本锚固长度 l_{ab} 的 60%。弯钩和机械锚固的形式（图 13-22）和技术要求应符合表 13-11 的规定。

表 13-11　　钢筋弯钩和机械锚固的形式和技术要求

锚固形式	技 术 要 求
90°弯钩	末端 90°弯钩，弯钩内径 $4d$，弯后直段长度 $12d$
135°弯钩	末端 135°弯钩，弯钩内径 $4d$，弯后直段长度 $5d$
一侧贴焊锚筋	末端一侧贴焊长 $5d$ 同直径钢筋
两侧贴焊锚筋	末端两侧贴焊长 $3d$ 同直径钢筋
焊端锚板	末端与厚度 d 的锚板穿孔塞焊
螺栓锚头	末端旋入螺栓锚头

注 1. 焊缝和螺纹长度应满足承载力要求；
2. 螺栓锚头和焊接锚板的承压净面积不应小于锚固钢筋截面积的 4 倍；
3. 螺栓锚头的规格应符合相关标准的要求；
4. 螺栓锚头和焊接锚板的钢筋净间距不宜小于 $4d$，否则应考虑群锚效应的不利影响；
5. 截面角部的弯钩和一侧贴焊锚筋的布筋方向宜向截面内侧偏置。

（4）混凝土结构中的纵向受压钢筋，当计算中充分利用其抗压强度时，锚固长度不应小于相应受拉锚固长度的 70%。

三、钢筋的连接

钢筋连接可采用绑扎搭接、机械连接或焊接。

混凝土结构中受力钢筋的连接接头宜设置在受力较小处。在同一根受力钢筋上宜少设接头。在结构的重要构件和关键传力部位，纵向受力钢筋不宜设置连接接头。

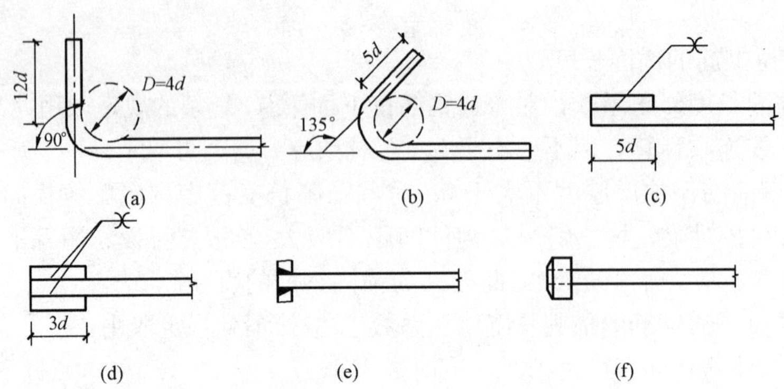

图 13-22 弯钩和机械锚固的形式和技术要求

(a) 90°弯钩；(b) 135°弯钩；(c) 一侧贴焊锚筋；
(d) 两侧贴焊锚筋；(e) 穿孔塞焊锚板；(f) 螺栓锚头

(1) 轴心受拉及小偏心受拉杆件的纵向受力钢筋不得采用绑扎搭接；其他构件中的钢筋采用绑扎搭接时，受拉钢筋直径不宜大于 25mm，受压钢筋直径不宜大于 28mm。

(2) 同一构件中相邻纵向受力钢筋的绑扎搭接接头宜互相错开。钢筋绑扎搭接接头连接区段的长度为 1.3 倍搭接长度，凡搭接接头中点位于该连接区段长度内的搭接接头均属于同一连接区段（图 13-23）。同一连接区段内纵向受力钢筋搭接接头面积百分率为该区段内有搭接接头的纵向受力钢筋与全部纵向受力钢筋截面面积的比值。当直径不同的钢筋搭接时，按直径较小的钢筋计算。

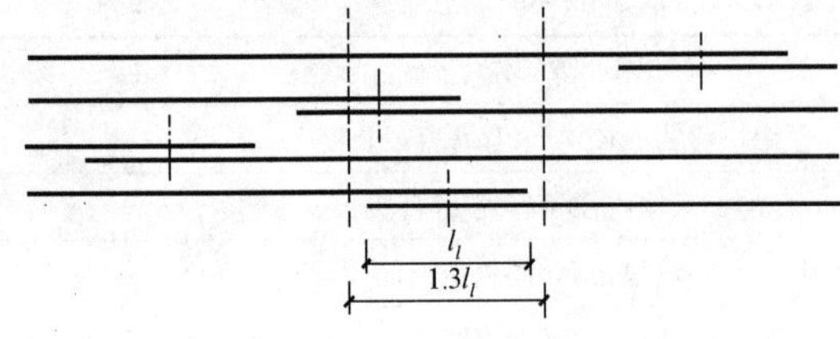

图 13-23 同一连接区段内纵向受拉钢筋的绑扎搭接接头

注：图中所示同一连接区段内的搭接接头钢筋为两根，当钢筋直径相同时，钢筋搭接接头面积百分率为 50%。

位于同一连接区段内的受拉钢筋搭接接头面积百分率：对梁类、板类及墙类构件，不宜大于 25%；对柱类构件，不宜大于 50%。当工程中确有必要增大受拉钢筋搭接接头面积百分率时，对梁类构件，不宜大于 50%；对板、墙、柱及预制构件的拼接处，可根据实际情况放宽。

并筋采用绑扎搭接连接时，应按每根单筋错开搭接的方式连接。接头面积百分率应按同一连接区段内所有的单根钢筋计算。并筋中钢筋的搭接长度应按单筋分别计算。

(3) 纵向受拉钢筋绑扎搭接接头的搭接长度，应根据位于同一连接区段内的钢筋搭接接头面积百分率按下列公式计算，且不应小于 300mm。

$$l_l = \zeta_l l_{\mathrm{a}}$$

式中 l_l——纵向受拉钢筋的搭接长度；

ζ_l——纵向受拉钢筋搭接长度修正系数，按表 13-12 取用。当纵向搭接钢筋接头面积百分率为表的中间值时，修正系数可按内插取值。

表 13-12　**纵向受拉钢筋搭接长度修正系数**

纵向搭接钢筋接头面积百分率（%）	≤25	50	100
ζ_l	1.2	1.4	1.6

（4）构件中的纵向受压钢筋当采用搭接连接时，其受压搭接长度不应小于前面（3）纵向受拉钢筋搭接长度的70%，且不应小于200mm。

四、梁的构造要求

（一）钢筋混凝土梁纵向钢筋的一般规定

伸入梁支座范围内的纵向受力钢筋的根数，不应少于两根。

当梁高≥300mm时，$d\geqslant 10$mm；当梁高<300mm时，$d\geqslant 8$mm。

梁的上部纵向钢筋的净距≥30mm和$1.5d$（d为钢筋的最大直径），下部纵向钢筋净距≥25mm和d。梁的下部纵向钢筋配置多于两层时，两层以上钢筋水平方向的中距应比下面两层的中距增大一倍。各层钢筋之间的净距离≥25mm和d。

在梁的配筋密集区域宜采用并筋的配筋形式。

（二）梁纵向受力钢筋的锚固长度

（1）如图13-24所示，钢筋混凝土简支梁和连续梁简支端的下部纵向受力钢筋，从支座边缘算起伸入支座范围内的锚固长度l_a应符合下列规定：

①当$V\leqslant 0.7f_tbh_0$时，$l_a\geqslant 5d$；

②当$V>0.7f_tbh_0$时，对带肋钢筋，$l_a\geqslant 12d$；对光面钢筋，$l_a\geqslant 15d$。

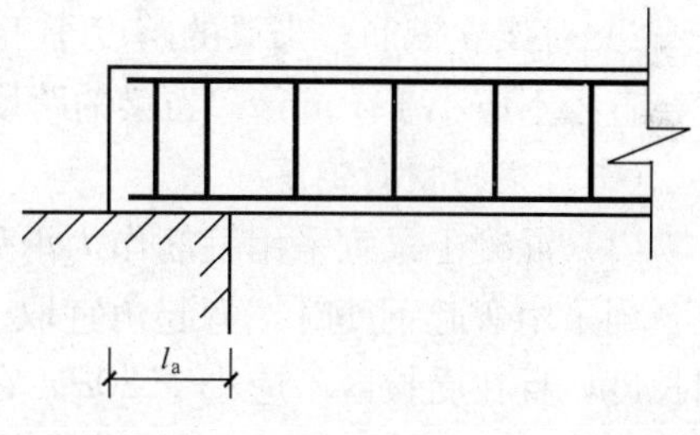

图13-24

其中d为纵向受力钢筋的直径。

如纵向受力钢筋伸入梁的支座范围内的锚固长度不符合上述规定要求时，可采取弯钩或机械锚固措施，并满足规范规定要求采取有效的锚固措施。

（2）支承在砌体结构上的钢筋混凝土独立梁，在纵向受力钢筋的锚固长度l_a范围内应配置不少于两个箍筋，其直径不宜小于纵向受力钢筋最大直径的0.25倍，间距不宜大于纵向受力钢筋最大直径的10倍；当采用机械锚固措施时，箍筋间距尚不宜大于纵向受力钢筋最小直径的5倍。

注：对混凝土强度等级为C25及以下的简支梁和连续梁的简支端，当距支座边$1.5h$范围内作用有集中荷载，且$V>0.7f_tbh_0$时，对带肋钢筋宜采取附加锚固措施，或取锚固长度$l_a\geqslant 15d$。

（3）在钢筋混凝土悬臂梁中，应有不少于2根上部钢筋伸至悬臂梁外端，并向下弯折不小于$12d$；其余钢筋不应在梁的上部截断，而应按规范规定的弯起点位置向下弯折，并按规范的规定在梁的下边锚固。

（4）梁内受扭纵向钢筋的配筋率ρ_{tl}应符合下列规定：

$$\rho_{tl}\geqslant 0.6\sqrt{\frac{T}{Vb}}\frac{f_t}{f_y} \tag{13-30}$$

$$\rho_{tl}=\frac{A_{stl}}{bh}$$

当$\frac{T}{Vb}>2.0$，取$\frac{T}{Vb}=2.0$。

式中 ρ_{tl}——受扭纵向钢筋的配筋率；

b——受剪的截面宽度；

A_{stl}——沿截面周边布置的受扭纵向钢筋总截面面积。

沿截面周边布置的受扭纵向钢筋的间距不应大于 200mm 和梁截面短边长度；除应在梁截面四角设置受扭纵向钢筋外，其余受扭纵向钢筋宜沿截面周边均匀对称布置。受扭纵向钢筋应按受拉钢筋锚固在支座内。

在弯剪扭构件中，配置在截面弯曲受拉边的纵向受力钢筋，其截面面积不应小于规定的受弯构件受拉钢筋最小配筋率计算出的钢筋截面面积与按本书受扭纵向钢筋配筋率计算并分配到弯曲受拉边的钢筋截面面积之和。

(5) 梁的上部纵向构造钢筋应符合下列要求：

1) 当梁端按简支计算但实际受到部分约束时，应在支座区上部设置纵向构造钢筋。其截面面积不应小于梁跨中下部纵向受力钢筋计算所需截面面积的 1/4，且不应少于 2 根。该纵向构造钢筋自支座边缘向跨内伸出的长度不应小于 $l_0/5$，l_0 为梁的计算跨度。

2) 对架立钢筋，当梁的跨度小于 4m 时，直径不宜小于 8mm；当梁的跨度为 4m～6m 时，直径不应小于 10mm；当梁的跨度大于 6m 时，直径不宜小于 12mm。

（三）梁的横向钢筋

(1) 混凝土梁宜采用箍筋作为承受剪力的钢筋。

当采用弯起钢筋时，弯起角宜取 45°或 60°；在弯终点外应留有平行于梁轴线方向的锚固长度，且在受拉区不应小于 $20d$，在受压区不应小于 $10d$，d 为弯起钢筋的直径；梁底层钢筋中的角部钢筋不应弯起，顶层钢筋中的角部钢筋不应弯下。

(2) 当梁中配有按计算需要的纵向受压钢筋时，箍筋应符合以下规定：

1) 箍筋应做成封闭式，且弯钩直线段长度不应小于 $5d$，d 为箍筋直径。

2) 箍筋的间距不应大于 $15d$，并不应大于 400mm。当一层内的纵向受压钢筋多于 5 根且直径大于 18mm 时，箍筋间距不应大于 $10d$，d 为纵向受压钢筋的最小直径。

3) 当梁的宽度大于 400mm 且一层内的纵向受压钢筋多于 3 根时，或当梁的宽度不大于 400mm 但一层内的纵向受压钢筋多于 4 根时，应设置复合箍筋。

（四）局部配筋

(1) 位于梁下部或梁截面高度范围内的集中荷载，应全部由附加横向钢筋承担；附加横向钢筋宜采用箍筋。

箍筋应布置在长度为 $2h_1$ 与 $3b$ 之和的范围内（见图 13-25）。当采用吊筋时，弯起段应伸至梁的上边缘，且末端水平段长度不应小于规范的规定。

附加横向钢筋所需的总截面面积应符合下列规定：

$$A_{sv} \geqslant \frac{F}{f_{yv}\sin\alpha}$$

式中 A_{sv}——承受集中荷载所需的附加横向钢筋总横面面积；当采用附加吊筋时，A_{sv}应为左、右弯起段截面面积之和。

F——作用在梁的下部或梁截面高度范围内的集中荷载设计值。

α——附加横向钢筋与梁轴线间的夹角。

（2）梁的腹板高度 h_w 不小于 450mm 时，在梁的两个侧面应沿高度配置纵向构造钢筋。

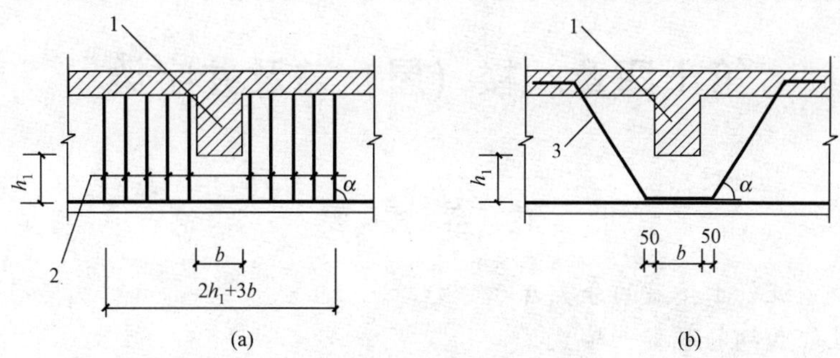

注：图中尺寸单位 mm。

图 13-25 梁截面高度范围内有集中荷载作用时附加横向钢筋的布置

（a）附加箍筋；（b）附加吊筋

1—传递集中荷载的位置；2—附加箍筋；3—附加吊筋

思 考 题

13-1 简要叙述简支梁、外伸梁、悬臂梁、连续梁、单筋梁、双筋梁的概念及特点。

13-2 梁的高跨比及截面尺寸是如何确定的？

13-3 叙述单筋梁的设计步骤。

13-4 何为少筋梁、适筋梁、超筋梁？

13-5 为何要控制配筋率？

13-6 梁的计算跨度如何确定？

13-7 轴心受压柱的计算长度如何确定？

13-8 请叙述轴心受压柱的设计过程。

第十四章　楼（屋）盖及井字梁

内　容　提　要

1. 钢筋混凝土楼盖的分类
2. 装配式钢筋混凝土楼盖
3. 现浇单向板肋形楼盖
4. 现浇双向板肋形楼盖及井字梁结构

第一节　概　　述

钢筋混凝土楼（屋）盖广泛应用于工业与民用建筑当中，某些构筑物如地下水池、化粪池等也采用钢筋混凝土顶盖。钢筋混凝土楼（屋）盖在整个建筑的结构中占主要部分，如框架结构，楼（屋）盖的用钢量约为整座建筑物用钢量的一半，而对于混合结构，其用钢主要在楼（屋）盖中。因此，搞好楼（屋）盖的设计，包括结构选型、结构布置、结构计算及构造，对建筑物的安全、经济、美观都具有相当重要的意义。

钢筋混凝土楼（屋）盖按施工方法可分为装配式、装配整体式和现浇式三种。

一、装配式

装配式是指钢筋混凝土构件多为预制，现场装配。此法便于工业化生产，在多层民用与工业建筑中广泛应用。

其优点为：钢筋混凝土构件由专业工厂制作，质量较好，装配施工速度快。

其缺点是楼（屋）盖的整体性、抗震性和防水性较差，不便在预制板上开洞，预制板之间容易产生裂缝影响美观。

常见的钢筋混凝土预制构件有：预应力混凝土空心板、预应力混凝土平板、钢筋混凝土过梁，也有钢筋混凝土楼梯、雨篷、挑檐等。其他构件如基础、圈梁、柱、构造柱、卫生间及厨房楼面等则为现浇。近年来，由于质量要求的提高，装配式构件采用的已越来越少。

二、装配整体式

装配整体式整体性较装配式为好，比现浇式节约模板和支撑，但其不足之处是这种楼（屋）盖要进行混凝土的二次浇灌，有时还需焊接，因而影响施工进度和造价。所以此种楼盖仅用于荷载较大的多层工业厂房、高层建筑及有抗震设防的建筑。

其实，近年来此类形式已逐步淘汰，为现浇、钢结构、轻型钢结构等所取代。

三、现浇式

现浇钢筋混凝土楼（屋）盖依据其支承条件的不同，可分为四种：单向板肋形楼（屋）盖，又称为主次梁结构，如图 14-1 所示；双向板肋形楼（屋）盖，如图 14-2 所示；井式楼（屋）盖，又称为井字梁结构，如图 14-3 所示；无梁（屋）楼盖，如图 14-4 所示。

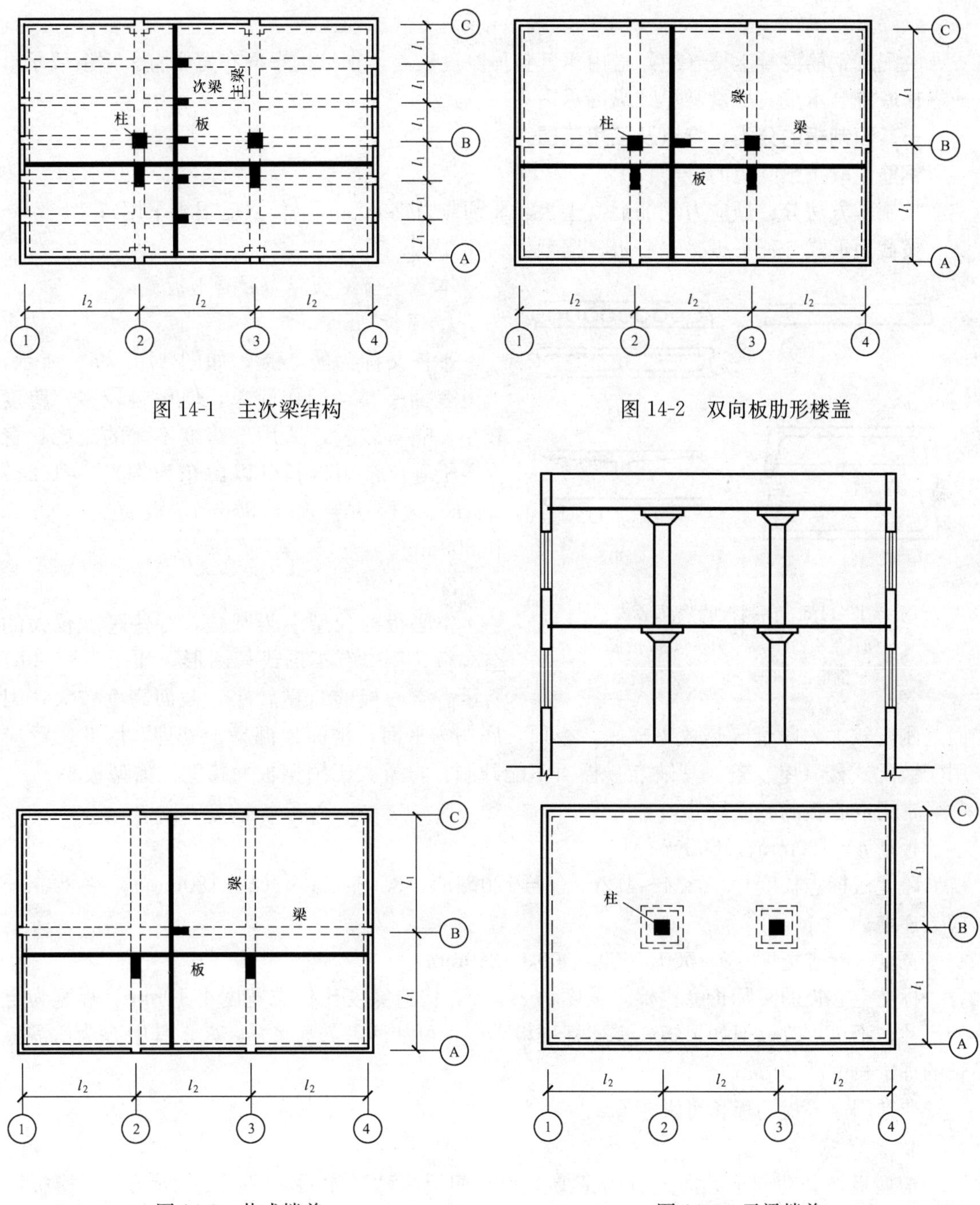

图 14-1　主次梁结构

图 14-2　双向板肋形楼盖

图 14-3　井式楼盖

图 14-4　无梁楼盖

其优点：整体性、抗震性、防水性都很好。缺点是用钢量、模板量和支撑量较大，造价高，施工复杂，施工周期长，板顶负筋在浇筑混凝土时容易被踩倒而失效，现场搅拌混凝土质量不容易控制等。后两种缺点可以用加强管理和采用商品混凝土来解决。

第二节 装配式钢筋混凝土楼（屋）盖

装配式钢筋混凝土楼（屋）盖由于其整体刚度较差，在结构平面布置中宜采用横墙承重或纵横墙混合承重，尽量避免纯纵墙承重。

一、预制板的分类、特点及使用范围

钢筋混凝土预制板的分类：

按制作方法分：预应力钢筋混凝土板、非预应力钢筋混凝土板（已很少采用）；

按截面形式分：平板、空心板、槽型板和T形板。

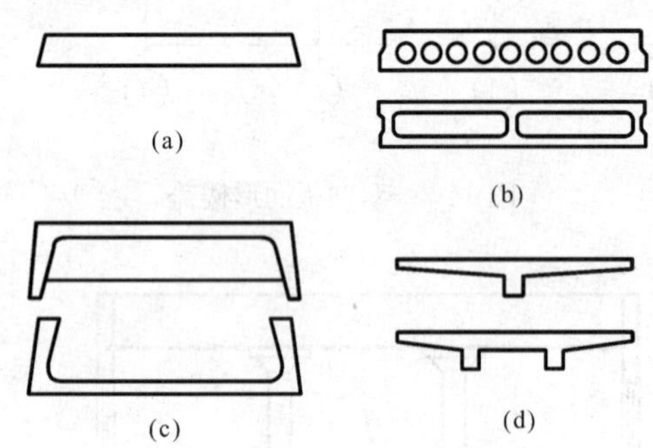

图 14-5 预制板的截面形式
(a) 平板；(b) 空心板；(c) 槽板、倒槽板；(d) 单T、双T板

本节仅介绍预应力混凝土板。

1. 平板

平板又称为实心板，如图 14-5（a）所示，上下表面平整，制作简单，但用料较多，跨度较小，隔音较差，适用于跨度不大的走廊、管沟盖板等。常用板长（以山东为例）l=1.2～1.4m，板厚 h=50～80mm，板宽为 500mm 和 600mm。

2. 空心板

空心板的孔型多为圆孔，一些跨度较大的空心板孔型也有矩形或长圆形，如图 14-5（b）所示。空心板的自重较小，截面高度较大，因而其刚度较大，隔音隔热效果较好，板顶、底均为平面，楼面顶棚易于处理，因此广泛应用于装配式楼（屋）盖。其缺点：板面不能开洞，自重大于槽型板而跨度比槽型板小。

常用空心板的截面尺寸：

板高 h=120mm、180mm；

跨度（标志长度）l=2.4～4.2m（h=120mm）、3.9～6.0m（h=180mm），按 300mm 模数递增；

宽度（标志宽度）b=500、600、900、1200mm。

标准空心板的实际长度比标志长度小 20mm，构造宽度比标志宽度小 10mm。板宽为定型尺寸，不可更改，但如果板长需比标准板小些，可加注解 L=××××，其中 L 为所需板长的理论长度减 20mm。

非常用空心板的板长可大于 6m。

3. 槽型板

槽型板按其肋向下和向上分为正槽板和倒槽板两种，如图 14-5（c）所示。正槽板可以充分利用板面的抗压，但不能形成平整的天棚（若需要，只能吊顶），倒槽板与此相反。

槽型板开洞较自由，跨度及承载力均较大，多用于工业建筑。

4. T形板

T形板分为单T板和双T板两种，如图 14-5（d）所示。

T 型板的板宽 $b=1400\sim2100$mm，截面高度 $h=300\sim500$mm。此类板受力性能好，跨度大，开洞较自由。缺点是整体刚度差，双 T 板的吊装要求也较高。T 型板适用于跨度在 12m 以下的楼（屋）盖。

二、楼（屋）盖梁

在装配式楼（屋）盖中，有时需设置梁来增大平面空间，梁可以预制（预制梁越来越少采用），也可以现浇。梁截面多为矩形和花篮形，在框架结构或带壁柱的混合结构中，为弥补柱或壁柱的影响，平行于板的梁常做成“T 形”或“倒 L 形”。

三、装配式构件制作、运输、吊装安装要求

装配式构件是在场外由专业工厂预制的，除了制作过程控制外，构件的堆放、运输、吊装及安装不当都可使构件造成破坏。关于构件制作、运输、吊装安装的要求，各地标准图都有详细规定，标准图也是施工必备资料之一。

第三节　钢筋混凝土现浇单向板肋形楼（屋）盖

现浇单向板肋形楼（屋）盖由板、次梁和主梁组成，见图 14-1，板四边支承在墙、次梁或主梁上。按弹性理论计算，当板的长短边之比 $l_2/l_1>2$ 时，板的荷载主要由板的长边支承承担。此时，可以视为单向板，板的受力钢筋为短方向筋，而长筋可为分布钢筋，板在长度方向上有一定的弯曲变形和内力，分布钢筋也起一定的受力作用。荷载传递路径为：板→次梁→主梁→柱或墙。

设计楼（屋）盖时，首先要进行结构布置，确定柱网尺寸、梁的间距，将板编号，绘出结构布置草图，根据此图进行结构设计。

一、结构平面布置应注意的问题

(1) 结构布局应兼顾工艺要求和结构的合理性。

(2) 为加强房屋横向刚度，主梁宜垂直于房屋的纵方向布置，如图 14-6 所示，如此，主梁与柱、外纵墙（外柱）可构成内框架（框架）体系，对房屋的横向刚度有利。

(3) 主次梁布置应规矩，各梁自身宜贯通，板上大洞口的四边及板上有非轻质隔墙或重的设备处，均应另设梁承重，不得将线荷载或集中荷载直接作用于板上。

(4) 主梁跨度一般不超过 9m，次梁跨度一般不超过 7m，板厚在满足刚度要求 $h\geqslant l/40$ 的前提下，尽量薄些，以便节约造价。但板厚也不可小于最小板厚：工业楼面 70mm，民用楼面 60mm，屋面 60mm，板的跨度（次梁的间距）一般在 2m 左右。

根据楼（屋）盖荷载的大小，主梁截面高度可取 $h=(1/8\sim1/12)l_0$，次梁截面高度可取 $h=(1/12\sim1/18)l_0$（l_0 为梁的计算跨度，在此也可取支座中心距离），梁截面宽度 $b=(1/2\sim1/3)h$。

(5) 主次梁均应支承于柱或外墙、窗间墙之上。若必须支承于窗顶，应设过梁承担荷载，过梁下的墙体（或柱）也必须足以承担过梁荷载。

二、结构内力计算

结构平面图中相同构件应编号相同，对于构件应分别计算其内力。计算过程为：荷载统计→荷载组合→选用计算方法→确定计算简图→计算内力→进行截面设计→绘制施工图。

梁板内力计算方法有两种。一是弹性理论计算法，二是塑性理论计算法。常用的是弹性

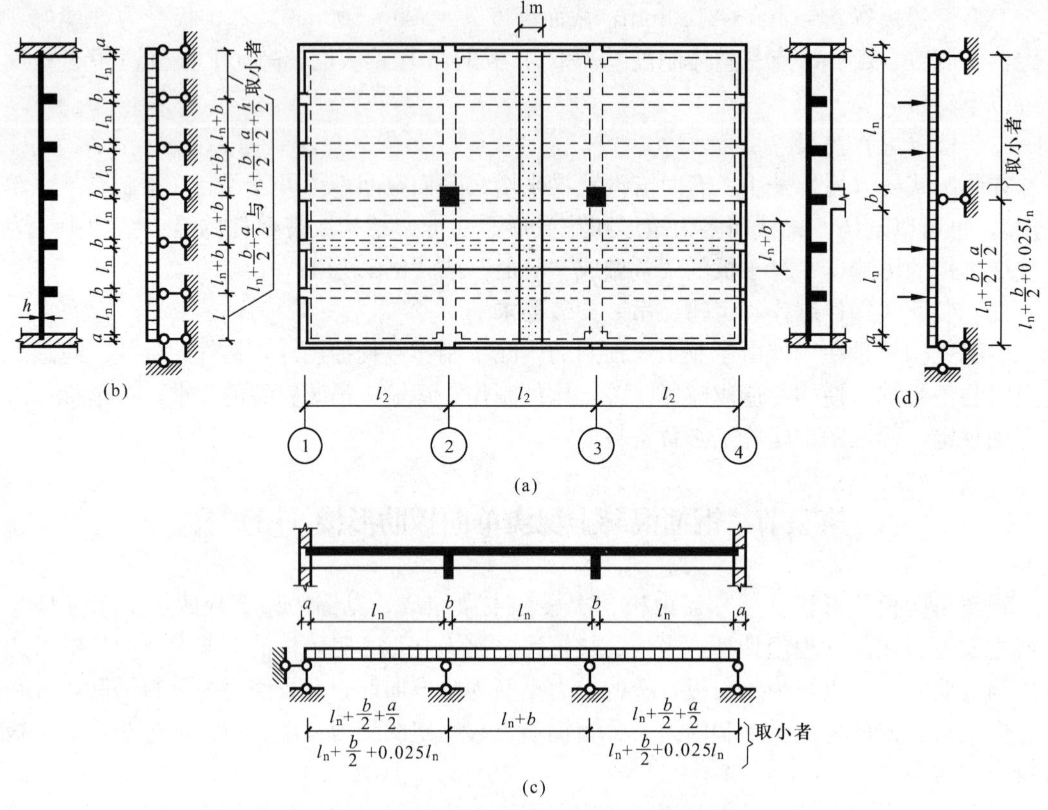

图 14-6 单向板肋形楼盖的计算简图

(a) 楼盖结构平面；(b) 板计算简图；(c) 次梁计算简图；(d) 主梁计算简图

理论计算法，即假定钢筋混凝土梁板为匀质弹性体，用结构力学方法计算。塑性理论计算法是考虑钢筋混凝土的塑性性质，按塑性理论计算，此法的应用有一定的限制。

（一）计算简图与荷载

计算简图应尽量符合结构实际受力情况，完全符合是不可能的。其一，荷载与实际荷载不同，例如实际上并没有真正的集中荷载；其二，支承情况与实际不同，实际上没有真正的铰支或固定端。我们分析结构后作出的简图，与实际情况有着或大或小的误差，可忽略者则忽略，不可忽略者在计算荷载和内力时加以调整。

1. 支承条件

图 14-6 所示梁板支承于墙，墙对梁板的转角变形限制较小可以忽略，因而按铰支简支考虑。

当主梁仅是搁于柱上，柱可以视为不动铰支座。

当主梁与柱整体现浇且满足刚性节点要求时，主梁与柱的变形是互动的。若柱较易变形，此处可以认为是铰支，若柱无法变形（当然不可能），此处可认为是固端。介于二者之间时，应按弹性嵌固于柱上的框架梁来计算。实际上，若梁柱的线刚度比大于 3 时，就可以认为是铰支，按连续梁计算主梁以简化计算。

板支承于次梁及次梁支承于主梁，可以忽略支承构件的弯曲变形，且不考虑支承节点处的刚性及支承宽度影响，将其支座视为不动铰支座，按连续板、梁计算见图 14-6（b）、（c），其误差在计算时予以调整。

2. 计算跨度和跨数的确定

所谓的计算跨度是指计算简图所表示的跨度，它与实际跨度并不一定相同，其值与支承长度 a 和构件的抗弯刚度有关。见图 14-6，设想把柱增粗若干倍，则主梁的计算跨度就会明显减小。

连续梁板按弹性理论计算时，计算跨度取值按表 14-1 确定。

表 14-1　　连续梁板的计算跨度（按弹性分析）l_0

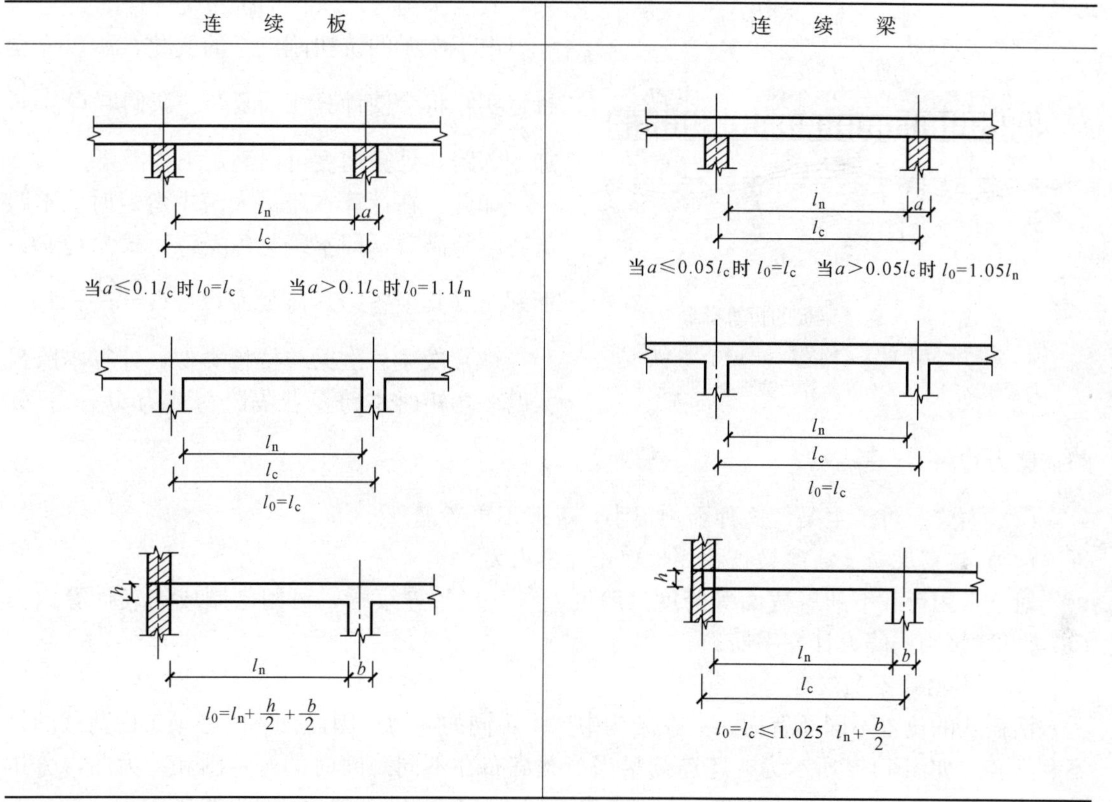

实际工程中，为方便计算，按弹性理论计算时，可取构件支承中心线间的距离作为计算跨度，误差不大且偏于安全。

关于跨数，5 跨及以内的连续梁板，按实际跨数考虑，超过 5 跨的连续梁板，若跨度差小于 10%且各跨截面尺寸及荷载相同，则从第 3 跨起因其内力无多大变化，只需按 5 跨计算即可。

3. 荷载的取用

（1）连续板。对于等跨的连续梁板，当活荷载沿各跨满布时，可以将其视为铰支，因为此时板在中间支座（即次梁）处发生的转角很小，按铰支计算与实际情况差别不大。但是，当活荷载隔跨布置时，板在中间支座将发生转角 θ，如图 14-7（a）所示，但实际上由于板与次梁整体浇筑，板若转动势必带动次梁一起转动，又因为次梁具有一定的抗扭刚度，次梁的两端又受主梁的约束，所以板的转角达不到纯铰支时的程度，最终只能发生两者的协调转

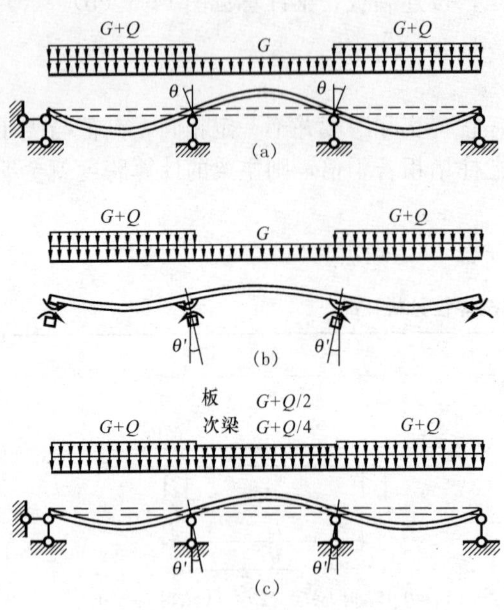

图 14-7 连续梁板的折算荷载

(a) 实际荷载理想铰支的变形；(b) 实际荷载非理想铰支的变形；(c) 折算荷载理想铰支的变形

角 $\theta'<\theta$，θ'随着次梁抗扭能力的提高而减小，如图 14-7（b）所示。

次梁对板的约束使板的跨中弯矩有所降低，支座负弯矩相应增加，但不会超过两相邻跨满布活荷载时的支座负弯矩。

为使计算结果接近于实际，在邻跨（无活荷载的跨）上施加部分活荷载，则图14-7（a）的转角 θ 就会被减小而达到图 14-7（c）的效果，其结果与考虑次梁的抗扭是一样的。

由于次梁的抗扭刚度 θ 的变化，所以完全接近实际将会使计算相当复杂。我们取 $Q'=\frac{Q}{2}$ 加于邻跨，计算精度可以满足工程需要。

如此，在计算本跨最大跨中弯矩时，本跨与各隔跨满载，即本跨与各隔跨荷载为 $Q+G$；而邻跨（其余各跨）荷载为 $Q'+G=\frac{Q}{2}+G$。

（2）次梁。次梁与楼板类似，计算本跨最大跨中弯矩时本跨及各隔跨荷载为 $Q+G$；邻跨荷载为 $Q'+G=\frac{Q}{4}+G$。

（3）主梁。对于主梁，这种影响很小，一般不再考虑。

（二）钢筋混凝土连续梁板按弹性理论计算内力

对于常用荷载下的等截面等跨度（跨度差≤10%）连续板，可用已制成的表计算内力（参考《建筑结构静力计算手册》）。

1. 荷载的最不利组合

活荷载的位置不同及有无，会在结构中产生不同的内力，因此计算时必须考虑荷载的最不利组合。如图 14-8 所示为 3 跨连续梁当荷载满布在不同跨间时的弯矩图和剪力图，分析其变化规律和不同组合后的效果，不难得出下述确定截面最不利活荷载布置的原则：

（1）梁上恒荷载应按实际情况布置。

（2）求某跨跨中最大弯矩时，应在该跨布置活荷载，然后向其左右每隔一跨布置活荷载。

（3）求某跨跨中最大负弯矩（即最小弯矩）时，应在该跨不布置活荷载，而在两相邻跨布置活荷载，然后每隔一跨布置。

（4）求某支座最大负弯矩时，应在该支座左右两跨布置活荷载，然后再每隔一跨布置。

（5）求某内支座截面最大剪力时，其活荷载布置与求该跨支座最大负弯矩的布置相同；求边支座截面最大剪力时，其活荷载布置与该跨跨中最大正弯矩的布置相同。

活荷载布置之后，即可按结构力学的方法或查计算手册表格进行连续梁板的内力计算。

2. 内力包络图

如图 14-9 所示，将活荷载满跨布置，可以得到 B 支座处的最大负弯矩和最大剪力，将活荷载布置在1跨，可以得到A支座处的最大剪力和1跨跨中最大弯矩；反之可得到2跨跨中最大弯矩C支座的最大剪力。

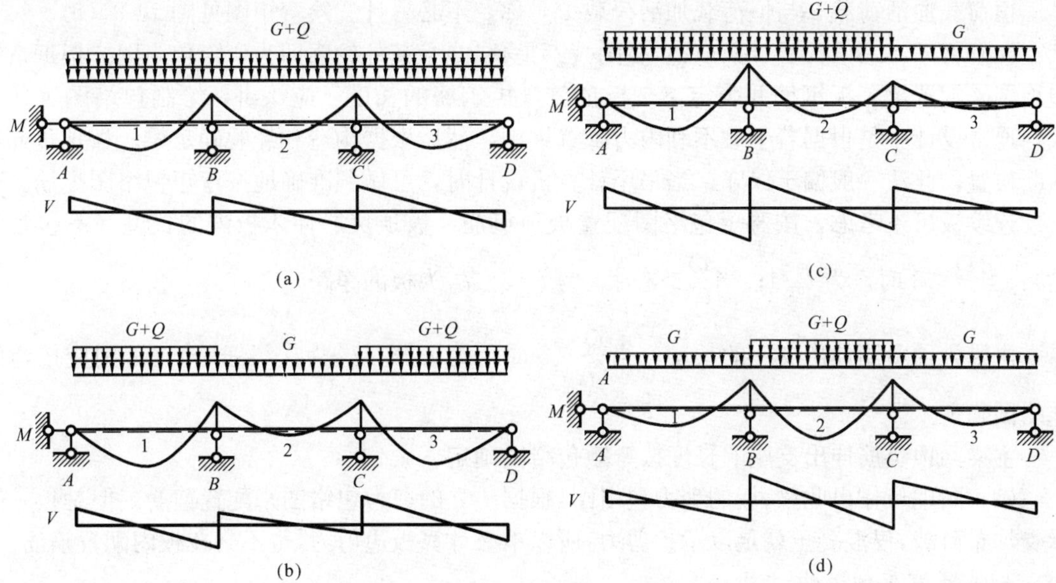

图14-8　荷载的最不利组合

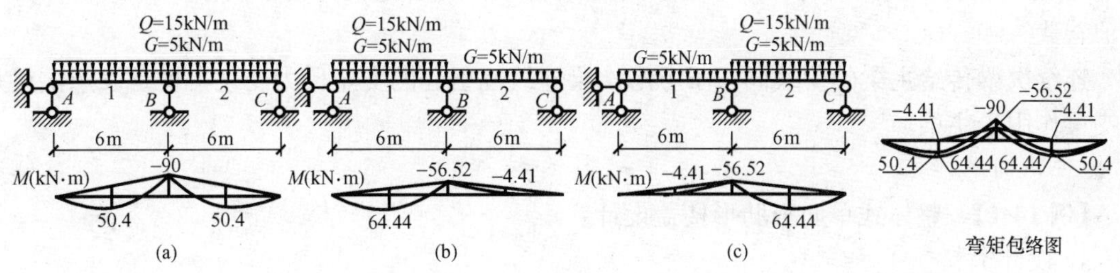

图14-9　弯矩包络图

图中数据计算及绘图如下：

M=系数×均布荷载×短跨计算跨度的平方，式中系数查自《建筑结构静力计算手册》。

（1）满布活荷载时

$$M_B=-0.125\times20\times6^2=-90\text{kN}\cdot\text{m}\qquad\text{（梁顶受拉）}$$

$$M_{中}=0.070\times20\times6^2=50.4\text{kN}\cdot\text{m}$$

以支座B负弯矩90kN·m与支座A、C连线（虚线）为基准，按简支梁的弯矩图绘制全荷载下的弯矩图，见图14-9（a）。

（2）恒荷载加活荷载1

$$M_B=-0.125\times5\times6^2-0.063\times15\times6^2=-56.52\text{kN}\cdot\text{m}$$

$$M_1=0.070\times5\times6^2+0.096\times15\times6^2=64.44\text{kN}\cdot\text{m}$$

$$M_2=0.070\times5\times6^2-\frac{1}{2}\times0.063\times15\times6^2=-4.41\text{kN}\cdot\text{m}$$

绘弯矩图见图 14-9（b）。

（3）恒荷载加活荷载 2

恒荷载加活荷载 2 与恒荷载加活荷载 1 对称，不必另计。绘弯矩图见图 14-9（c）。

（4）将图 14-9（a）、（b）、（c）叠画（不是叠加），其外轮廓即为弯矩包络图。根据弯矩包络图来配置梁、板钢筋并确定梁、板顶负弯矩钢筋的长度。应该讲，绘制包络图工作量大，通常设计中是根据若干最不利内力配置钢筋，然后根据构造和经验确定梁、板顶负筋的截断位置，此法一般偏于保守。当采用计算机设计时，可做到准确地按弯矩包络图配筋。

连续板可不考虑，按弯矩包络图配置板顶负筋，板顶负筋伸入板内的长度（不包括直钩）：当$\frac{Q}{G}\leqslant 3$时，为$l_n/4$；当$\frac{Q}{G}>3$时，为$l_n/3$（l_n为板的净跨）。

次梁梁顶负筋伸出支座的长度：当$\frac{Q}{G}\leqslant 3$时，为$l_n/3$（l_n为次梁净跨），否则应按弯矩包络图确定。

主梁梁顶负筋伸出支座的长度按弯矩包络图确定。

（5）同理可作出此梁、板的剪力包络图，根据建立的剪力包络图来配置箍筋。但是板一般承受均布荷载，仅混凝土就足以承担剪力，所以不必计算板边剪力，也不必在板内配置箍筋。

3. 支承宽度的影响

支承宽度可以减小梁板的弯矩及剪力，计算配筋时，弯矩及剪力值可取用支承边缘处的值。

4. 连续板传给次梁的荷载不考虑板的连续性，而是设想板简支于次梁来计算板传给次梁的荷载

连续次梁传给主梁的荷载同样不考虑次梁连续性引起的支座反力变化，也是设想次梁是简支梁作用于主梁。

（三）例题

【例 14-1】 整体式单向板肋形楼盖设计。

1. 设计资料

（1）某工业用仓库，楼面使用活荷载为 9kN/m^2。

（2）楼面面层为水磨石（底层 20mm 水泥砂浆，10mm 面层），自重为 0.65kN/m^2，梁板天棚混合砂浆抹灰 15mm。

（3）材料选用

混凝土：采用 C25（f_c=11.9N/mm^2，f_t=1.27N/mm^2）。

钢筋：梁中受力纵筋采用 HRB400 钢筋（f_y=360N/mm^2），其他钢筋均用 HPB300 钢筋（f_y=270N/mm^2）。

（4）二楼楼面结构平面布置图如图 14-10 所示（楼梯在此平面外）。

2. 设计要求

（1）板、次梁、主梁内力均按弹性理论计算。

（2）绘出二楼楼面结构平面布置及板、次梁和主梁的施工图。

解 （一）板的设计

1. 荷载

板自重 $1.2\times 0.08\times 25=2.4$kN/m^2 （板厚确定详 2）

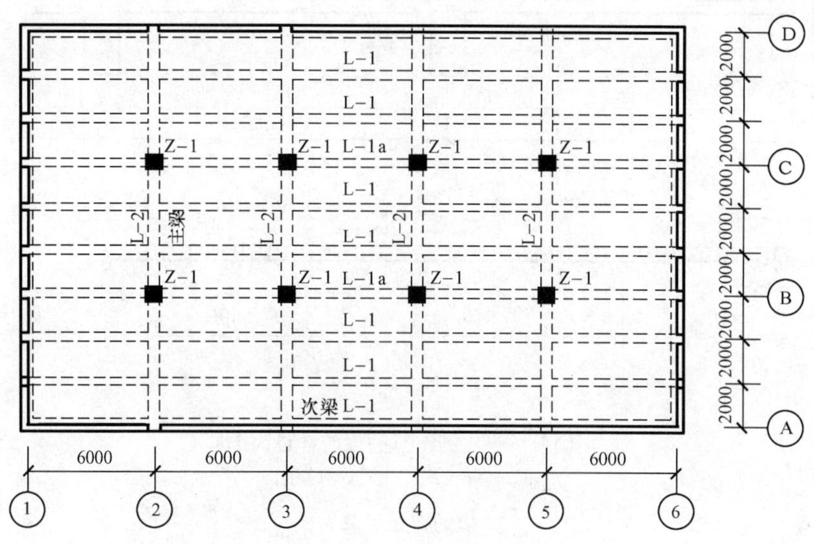

图 14-10　［例 14-1］二楼盖结构平面布置图

楼面面层　　$1.2\times0.65=0.78\mathrm{kN/m^2}$

天棚抹灰　　$1.2\times0.015\times17=0.31\mathrm{kN/m^2}$

恒荷载　　$G=3.49\mathrm{kN/m^2}$

活荷载　　$Q=1.3\times9.0=11.7\mathrm{kN/m^2}$（系数 $\gamma_Q=1.3$）

对于工业建筑楼面，当楼面活荷载标准值大于或等于 $4\mathrm{kN/m^2}$ 时，《建筑结构荷载规范》规定 $\gamma_Q=1.3$。

因为　$\dfrac{Q}{G}=\dfrac{11.7}{3.49}=3.35>3$

中间支座板顶负筋净伸长　$a=\dfrac{l_0}{3}$。

2. 计算简图

（1）按不验算挠度的刚度条件，板厚应不小于 $l/40\approx2000/40=50\mathrm{mm}$，此值小于工业房屋楼面最小厚度 70mm 的构造要求，在此取板厚 $h=80\mathrm{mm}$。次梁截面高度 h，因楼面活荷载较大，按 $l/18\sim l/12$ 初估，取 $h=500\mathrm{mm}$，截面宽度 b 按 $h/3\sim h/2$ 初估为 $b=200\mathrm{mm}$。根据结构平面布置，板的几何尺寸如图 14-11（a）所示。

（2）取 1m 宽板作为计算单元，各跨的计算跨度为 2m。板的计算简图如 14-11（b）所示（计算跨度应按表 14-1 确定，本题简化取为轴线距离）。

（3）弯矩计算。

考虑最不利荷载组合，则折算均布恒荷载为 $g=Q'+G=\dfrac{Q}{2}+G=\dfrac{11.7}{2}+3.49=9.34\mathrm{kN/m}$。

折算均布活荷载为 $q=Q'=\dfrac{Q}{2}=\dfrac{11.7}{2}=5.85\mathrm{kN/m}$。

计算结果如表 14-2 所示（其中活载弯矩系数 α 为最不利状态下的值）。

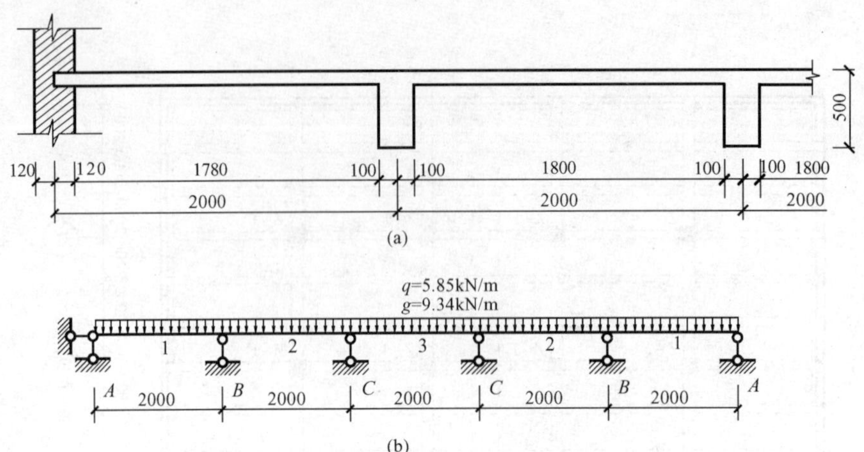

图 14-11 [例 14-1] 板的计算简图

(a) 实际结构；(b) 计算简图

表 14-2 板的弯矩计算

截面	1	B	2	C	3
折算恒载弯矩系数 α	0.078	−0.105	0.033	−0.079	0.046
$M_g=\alpha g l_0^2$ (kN·m)	0.078×9.34 ×2²=2.91	−0.105×9.34 ×2²=−3.92	0.033×9.34 ×2²=1.23	−0.079×9.34 ×2²=−2.95	0.046×9.34 ×2²=1.72
活载弯矩系数 α	0.1	−0.119	0.079	−0.111	0.085
$M_q=\alpha q l_0^2$ (kN·m)	0.1×5.85 ×2²=2.34	−0.119×5.85 ×2²=−2.78	0.079×5.85 ×2²=1.85	−0.111×5.85 ×2²=−2.60	0.085×5.85 ×2²=1.99
最后弯矩	5.25	−6.70	3.08	−5.55	3.71

(4) 配筋计算。

取板的截面有效高度 $h_0=80-25=55$mm（在室内一般环境下，C25 混凝土板受力钢筋的保护层厚度为 20mm），板的配筋计算见表 14-3；配筋如图 14-12 所示。

表 14-3 板的配筋计算表

截面	1	B	2	C	3
M (N·mm)	5.25×10⁶	−6.70×10⁶	3.08×10⁶	−5.55×10⁶	3.71×10⁶
$\alpha_s=\dfrac{M}{\alpha_1 f_c b h_0^2}$	0.146	0.186	0.086	0.154	0.103
$\xi=1-\sqrt{1-2\alpha_s}<\xi_b=0.576$	0.159	0.208	0.090	0.168	0.109
$A_s=\xi\dfrac{f_c}{f_y}bh_0$ (mm²)	385	504	218	407	264
选用钢筋	Φ6/8@100	Φ8@100	Φ6@100	Φ6/8@100	Φ6/8@150
实用钢筋面积	393	503	283	393	262

注 考虑施工方便，表中配筋未严格按照计算值配置，若实配低于计算值，允许少配值不大于 5%。

(二) 次梁的设计

次梁的梁高 h 按 $l/12\sim l/18$ 估算，取 $h=500$mm，梁宽 b 按 $h/3\sim h/2$ 估算，取 $b=$

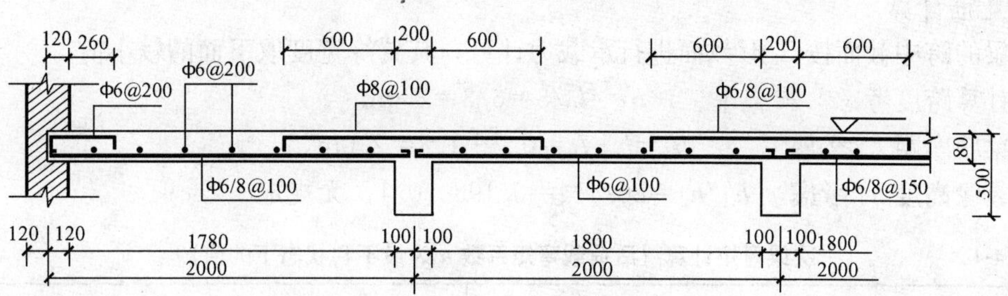

图 14-12　［例 14-1］板的配筋

200mm，次梁的几何尺寸与支承情况如图 14-13 所示。

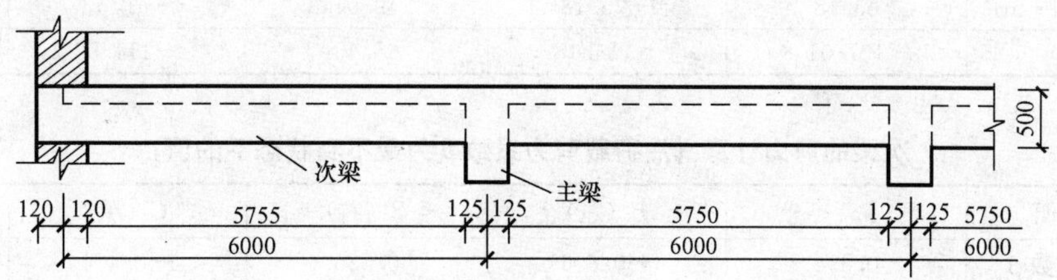

图 14-13　［例 14-1］次梁几何尺寸与支承情况

1. 荷载

板传来恒荷载	$3.49\times2=6.98$kN/m
次梁自重	$1.2\times25\times0.2\times(0.50-0.08)=2.52$kN/m
次梁双侧粉刷	$1.2\times17\times0.015\times(0.50-0.08)\times2=0.26$kN/m
恒荷载	$G=9.76$kN/m
活荷载	$Q=1.3\times9\times2=23.40$kN/m

则　$\dfrac{Q}{G}=\dfrac{23.40}{9.76}<3$

2. 计算简图

按等跨连续梁计算，计算简图如图 14-14 所示。

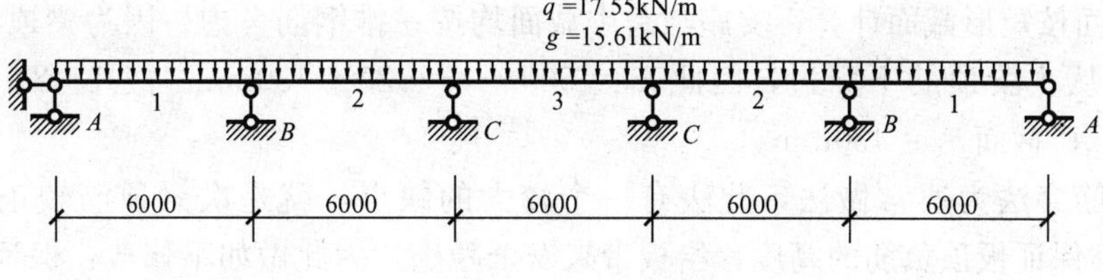

图 14-14　［例 14-1］次梁计算简图

3. 内力计算

考虑最不利荷载组合，则折算均布恒荷载为 $g=Q/4+G=23.40/4+9.76=15.61$kN/m，折算均布活荷载为 $q=3Q/4=3\times23.40/4=17.55$kN/m。

弯矩计算结果见表 14-4，剪力计算结果见表 14-5。

4. 配筋计算

次梁的跨中截面按 T 形截面进行承载力计算，其翼缘宽度取下面的较小值。

按计算跨度考虑 $b'_f = l_0/3 = 6/3 = 2.0\text{m}$

按梁肋净距 l_n 考虑 $b'_f = b + l_n = 0.2 + 1.8 = 2.0\text{m}$

按翼缘高度 h'_f 考虑 $h'_f/h_0 = 80/414 = 0.193 > 0.1$，无规定

表 14-4 次梁弯矩计算（活荷载弯矩系数 α 为最不利状态下的值）

截　　面	1	B	2	C	3
恒载弯矩系数 α	0.078	−0.105	0.033	−0.079	0.046
$M_g = \alpha g l_0^2$(kN·m)	43.83	−59.00	18.54	−44.39	25.85
活载弯矩系数 α	0.1	−0.119	0.079	−0.111	0.085
$M_q = \alpha q l_0^2$(kN·m)	63.18	−75.18	49.91	−70.13	53.70
最后弯矩	107.01	−134.18	68.45	−114.52	79.55

表 14-5 次梁的剪力计算（活荷载剪力系数 β 为最不利状态下的值）

截　　面	A	B（左）	B（右）	C（左）	C（右）
恒载剪力系数 β	0.394	−0.606	0.526	−0.474	0.500
$V = \beta g l_0$(kN)	36.90	−56.76	49.26	−44.39	46.83
活载剪力系数 β	0.447	−0.620	0.598	−0.576	0.591
$V_q = \beta q l_0$(kN·m)	47.07	−65.29	62.97	−60.65	62.23
最后剪力	83.97	−122.05	112.23	−105.04	109.06

判断各跨中 T 形截面的类型：$h_0 = 500 - 45 = 455\text{mm}$(C25 混凝土在室内一般环境下梁受力钢筋的保护层厚度为 25mm)，若混凝土受压区高度恰好等于翼缘高度时，梁可承受的最大跨中弯矩为：

$$\alpha_1 f_c b'_f h'_f \left(h_0 - \frac{h'_f}{2}\right) = 1.0 \times 11.9 \times 2000 \times 80 \times \left(455 - \frac{80}{2}\right)$$

$$= 790\ 160\ 000\text{N} \cdot \text{mm} = 790.16\text{kN} \cdot \text{m}$$

与表 14-4 中的跨中弯矩值比较可知，各跨中截面均属于第一类 T 形截面(第一类 T 形截面是指混凝土的受压区高度小于翼缘高度，限于篇幅，第二类 T 形截面不再介绍)。

支座截面按矩形截面计算，支座与跨中截面均按一排钢筋考虑。因为梁顶与主梁顶平，梁顶钢筋须从主梁顶筋下穿过，因此 $h_0 = 500 - 45 - 25 = 430\text{mm}$。故 1、2、3 截面 $h_0 = 455\text{mm}$，B、C 截面 $h_0 = 430\text{mm}$。

以上钢筋穿法为通常做法，此法有一个较大的缺点，就是次梁顶筋较正常情况低了 25mm，很难保证板顶负筋的高度，给板带来安全隐患。为此做如下修改：保证次梁顶钢筋的正常位置，将主梁顶筋从次梁顶筋下穿过，则次梁的有效高度均为 $h_0 = 455\text{mm}$。如此设计必须注意两点：一是计算主梁负筋时，有效高度必须再减去次梁顶筋的直径，二是必须在图纸中醒目地说明主次梁顶筋的位置关系，山东某地在 2004 年 7 月就出现了一起因板顶负筋位置低而全面加固楼(屋)面板的事故。

(1)次梁正截面计算见表 14-6。

(2)次梁斜截面承载力计算见表 14-7。

次梁配筋见图 14-15。

由于次梁的$\frac{Q}{G}=\frac{23.40}{9.76}<3$，故可按构造要求确定梁顶纵向受力钢筋的截断，计算也较为简便。

表 14-6　次梁正截面的承载力计算

截　面	1	B	2	C	3
M (N·mm)	107.01×10^6	134.18×10^6	68.45×10^6	114.52×10^6	79.55×10^6
$\alpha_s=\frac{M}{\alpha_1 f_c b h_0^2}$	$\frac{107.01\times10^6}{1.0\times11.9\times2000\times455^2}=0.022$	$\frac{134.18\times10^6}{1.0\times11.9\times200\times455^2}=0.272$	$\frac{68.45\times10^6}{1.0\times11.9\times2000\times455^2}=0.014$	$\frac{114.52\times10^6}{1.0\times11.9\times200\times455^2}=0.232$	$\frac{79.55\times10^6}{1.0\times11.9\times1920\times455^2}=0.016$
$\xi=1-\sqrt{1-2\alpha_s}<\xi_b=0.518$	0.022	0.325	0.014	0.268	0.016
$A_s=\xi\frac{f_c}{f_y}bh_0$ (mm²)	662	978	421	806	481
选配钢筋	3 Φ 18	2 Φ 18+1 Φ 25	2 Φ 18	2 Φ 18+1 Φ 20	2 Φ 18
实配钢筋截面 (mm²)	763	999.9	509	823.2	509

表 14-7　次梁斜截面承载力计算

截　面	A	$B_左$	$B_右$	$C_左$	$C_右$
V(kN)	83.97	122.05	112.23	105.04	109.06
$0.25\beta_c f_c bh_0$(N)	$0.25\times1.0\times11.9\times200\times455=270\ 725>V$	$270\ 725>V$	$270\ 725>V$	$270\ 725>V$	$270\ 725>V$
$0.7f_t bh_0$(N)	$0.7\times1.27\times200\times455=80\ 899<V$	$80\ 899<V$	$80\ 899<V$	$80\ 899<V$	$80\ 899<V$
箍筋肢数、直径	2ϕ6	2ϕ6	2ϕ6	2ϕ6	2ϕ6
$A_{sv}=nA_{sv1}$(mm²)	$2\times28.3=56.6$	56.6	56.6	56.6	56.6
$S=\frac{f_{yv}A_{sv}h_0}{V-0.7f_t bh_0}$	$\frac{300\times56.6\times455}{83\ 970-80\ 899}=2516$	188	247	320	274
实际配箍间距(mm)	150	150	200	200	200

注　规范规定：宜采用箍筋作为承受剪力的钢筋。高 500mm 的梁，箍筋最小直径 6mm，需计算配箍的，最大箍筋间距 200mm。

三、主梁的截面和配筋设计（略）

主梁按弹性理论计算内力，设柱的截面 350×350mm，主梁截面尺寸 $b\times h=250\times650\text{mm}^2$，则主梁线刚度比柱的线刚度大得多，故主梁中间支座可按铰支考虑，因此主梁计算简图为三等跨连续梁。由于工业厂房活荷载较大，计算主梁时仍然考虑活荷载的最不利布置。

1. 荷载的取值

（1）恒载按实际取用，主梁恒载为线荷载，次梁恒载按每边半跨传来的集中荷载计算。

（2）活荷载按每边半跨次梁传来的集中荷载计算。

2. 内力计算及配筋（略），读者可以试配

3. 因次梁传来的荷载为集中荷载，因而按规范规定必须在主梁中设置附加钢筋（箍筋和吊筋）

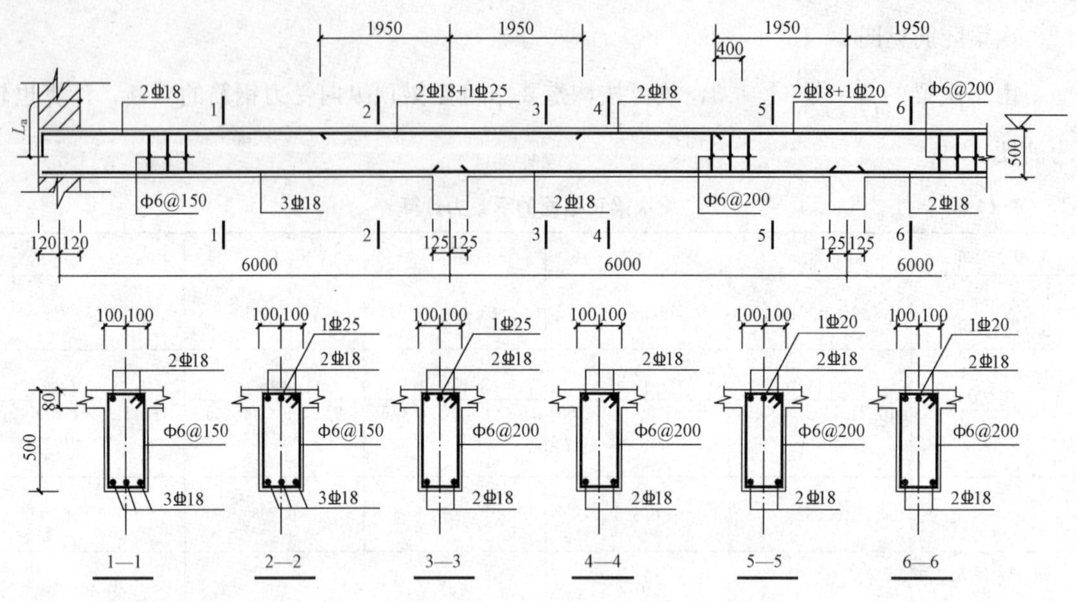

图 14-15 ［例 14-1］的 L-1（次梁）配筋图

第四节 钢筋混凝土现浇双向板肋形楼（屋）盖及井字梁结构

当某大空间采用整体肋形楼（屋）盖时，一般地在房屋的短向尺寸设几道主梁，然后沿房屋的长度方向设置几道次梁，若主次梁构成的板格长短边之比大于 2 时，称为整体式单向板肋形楼（屋）盖。

若板的长短边之比不大于 2，则板在长度方向的挠度与弯矩就不可忽略，此时我们称之为钢筋混凝土现浇双向板肋形楼（屋）盖。关于双向板的计算前面已经讲述。此处主次梁的计算均同上节，只不过作用于次梁的板不是均匀的，而是梯形；主梁上板的荷载不能忽略，而是三角形。如图 14-16 所示。

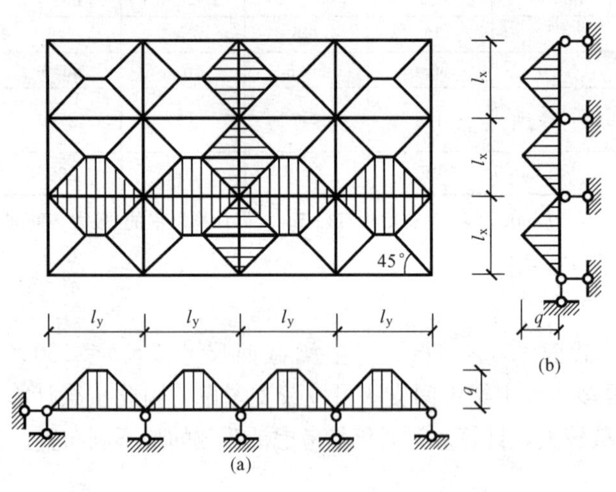

图 14-16 双向板支承梁的计算简图

若房屋平面的两个方向的尺寸相差不大，我们再将纵横梁做成等截面高度，此时就不能分主次梁了，而是两个方向上的梁共同受力，称之为井字梁。

井字梁的受力与双向板类同，即短向梁较长向梁受力大，中间梁较边梁大，可以类比为将板底无筋部分掏空了的双向板。只不过掏空太大，掏空部分顶部的板需要按双向板重新计算，而且因为掏空太大，需在剩余部分增配箍筋抗剪，即剩余部分成为梁。

由于井字梁内容过多，本章仅介绍个别情况及设计方法。

一、一般规则

1. 井字梁支承条件图例

┈┈┈┈┈ 自由边；———— 简支边；

━━━━━ 固定边。

2. 井字梁上作用荷载图例（见图 14-17）

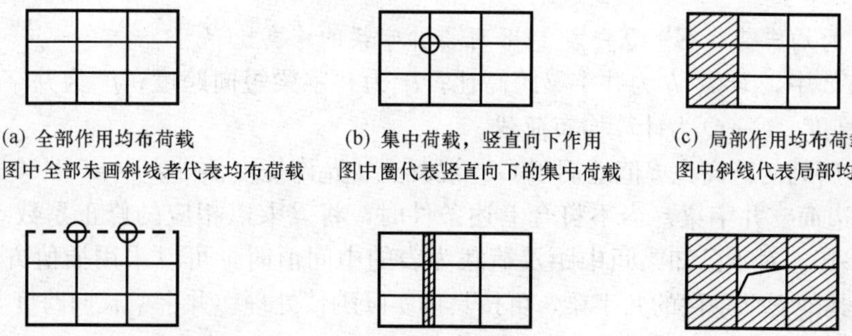

(a) 全部作用均布荷载
图中全部未画斜线者代表均布荷载

(b) 集中荷载，竖直向下作用
图中圈代表竖直向下的集中荷载

(c) 局部作用均布荷载
图中斜线代表局部均布荷载

(d) 均布荷载与自由边上集中荷载共同作用

(e) 线均布荷载

(f) 井字梁上开洞情况

图 14-17　井字梁上作用荷载图例

3. 荷载、内力及挠度正负号的规定

荷载——竖直向下作用为正，反之为负；

内力——使梁受荷面受压者为正，反之为负；

挠度——变位方向与荷载方向相同者为正，反之为负。

这里介绍在均布荷载作用下部分井字梁的内力计算。

二、均布荷载作用下井字梁计算公式

1. 内力计算公式

支座处弯矩

A 方向梁　$M_{\text{fix}}=-\text{表中系数}\times ab^2q$　(14-1)

B 方向梁　$M_{\text{fix}}=-\text{表中系数}\times a^2bq$　(14-2)

跨内最大弯矩

A 方向梁　$M_{\max}=\text{表中系数}\times ab^2q$　(14-3)

B 方向梁　$M_{\max}=\text{表中系数}\times a^2bq$　(14-4)

最大剪力　$V_{\max}=\text{表中系数}\times abq$　(14-5)

2. 最大挠度计算公式

A 方向梁　$f_{\max}=\text{表中系数}\times\dfrac{ab^4q}{B}$　(14-6)

B 方向梁　$f_{\max}=\text{表中系数}\times\dfrac{a^4bq}{B}$　(14-7)

式中　a、b——分别为井字梁横、纵向区格长度；

q——单位面积上计算荷载；

B——井字梁刚度；按弹性理论计算时 $B=EI$；

E——弹性模量；

I——截面惯性矩。

三、荷载与梁截面的确定

1. 井格的划分

井格的划分关系到经济性及美观，一般以 2～3m 为宜。

2. 确定均布荷载 $G+Q$

井格划定之后，即可按楼（屋）面活荷载的大小及井格尺寸选定板厚并按双向板计算配筋。

3. 按板的均布荷载 $G+Q$ 查表 14-8 可得井字梁的跨高比 β

在表 14-8 中，$\beta=l_1/h$ 为井字梁跨高比；l_1 为井字梁短向跨度；l_2 为井字梁长向跨度；h 为梁截面高度；$G+Q$ 为计算均布荷载。

表 14-8 所列的跨高比 β 值适用于 C20 混凝土、允许挠度值 $[f]=l_1/400$、在均布荷载作用下的四边简支井字梁。当不符合上述条件时，将 β 乘以相应的修正系数 α_1、α_2，见表 14-9、表 14-10。对于已知梁间中距及荷载为表的中间值时，可以采用插值方法加以解决。另外，对于其他支承条件的井字梁，可按具体实际酌情处理。井字梁长向跨度与短向跨度比值一般不宜大于 1.5。

表 14-8　井字梁跨高比 β 值

梁截面 / 梁间中距 / $G+Q$ (kN/m²)	T 形					矩 形				
	1.5	2.0	2.5	3.0	3.5	1.5	2.0	2.5	3.0	3.5
3	28	27	25	24	23	25	24	23	22	20
4	26	25	24	23	22	23	22	21	20	19
5	25	24	22	22	20	22	21	20	19	18
6	24	22	21	20	19	21	20	19	18	17
7	22	20	19	19	18	20	19	18	17	16
8	21	19	18	18	17	18	17	16	16	15
9	20	18	17	17	16	17	16	15	15	14
10	19	17	16	16	14	16	15	14	14	13
15	17	16	15	14	13	15	14	13	12	12
20	14	14	13	13	12	14	13	12	11	11
25	14	13	12	12	11	12	12	11	10	10
30	13	12	11	11	10	11	11	10	9	9
40	11	11	10	10	9	10	10	9	9	8

注　当 $l_2/l_1=1.4\sim1.5$ 时，β 值应减去 1.5～2.0 用。

当 $l_2/l_1=1.3\sim1.4$ 时，β 值应减去 1.0～1.5 用。

4. 允许跨高比 $[\beta]$

所谓允许跨高比 $[\beta]$ 是指满足现行规范中允许挠度值和工程中对结构的实际要求时，井字梁短向梁跨度与梁高度之比：

根据井字梁的支承条件、梁截面形状、梁间距离及作用荷载大小等条件，可从表 14-8

查出跨高比β值后，再乘以相应的修正系数，最后求得所需要的允许跨高比［β］。

表 14-9　　修正系数 α_1 值

混凝土强度等级	C15	C20	C25	C30	C40	C50	C60
α_1	0.970	1.000	1.024	1.036	1.062	1.078	1.088

表 14-10　　修正系数 α_2 值

$\frac{l_1}{[f]}$	200	250	300	350	400	500	600	700	800	900	1000
α_2	1.189	1.125	1.074	1.034	1.000	0.946	0.903	0.870	0.841	0.816	0.796

5. 确定梁截面尺寸

由计算得到允许高跨比［β］之后，按公式［β］$=l_1/h$，即可确定梁截面高度

$$h=\frac{l_1}{[\beta]} \tag{14-8}$$

对于梁截面宽度 b 的确定可参照单向梁的高宽比 h/b 进行，见表 14-11。不过应尽量选用上限值。同时，梁截面宽度也应满足构造上和建筑上的要求。

表 14-11　　梁截面高宽比

矩形截面	2.0～3.5
T 形截面	2.5～4.0

在确定井字梁截面时，对挠度值的控制，建议不宜大于短向梁跨度的 1/400。

四、井字梁内力计算

井字梁截面尺寸确定之后，即可据表 14-12 按本节二中公式计算梁的内力。须注意：

(1) 梁内力计算公式中的 q 是总的荷载，即活载、板恒载及梁自重折算均布荷载。

(2) 短向梁受力大，宜保证其有效高度 h_0，长向梁受力小，梁顶底主筋从短向梁顶底主筋下、上侧穿过，因而长向梁的有效高度 h_0 须较短向梁 h_0 减小 25mm。

五、部分四边简支均布荷载井字梁计算简图表

表 14-12　　部分四边简支均布荷载井字梁计算简图表

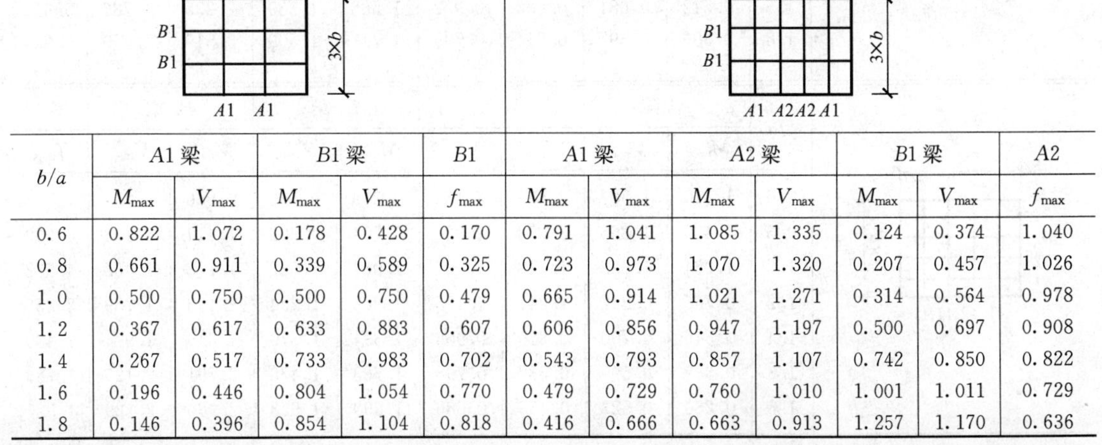

b/a	A1梁 M_{max}	A1梁 V_{max}	B1梁 M_{max}	B1梁 V_{max}	B1 f_{max}	A1梁 M_{max}	A1梁 V_{max}	A2梁 M_{max}	A2梁 V_{max}	B1梁 M_{max}	B1梁 V_{max}	A2 f_{max}
0.6	0.822	1.072	0.178	0.428	0.170	0.791	1.041	1.085	1.335	0.124	0.374	1.040
0.8	0.661	0.911	0.339	0.589	0.325	0.723	0.973	1.070	1.320	0.207	0.457	1.026
1.0	0.500	0.750	0.500	0.750	0.479	0.665	0.914	1.021	1.271	0.314	0.564	0.978
1.2	0.367	0.617	0.633	0.883	0.607	0.606	0.856	0.947	1.197	0.500	0.697	0.908
1.4	0.267	0.517	0.733	0.983	0.702	0.543	0.793	0.857	1.107	0.742	0.850	0.822
1.6	0.196	0.446	0.804	1.054	0.770	0.479	0.729	0.760	1.010	1.001	1.011	0.729
1.8	0.146	0.396	0.854	1.104	0.818	0.416	0.666	0.663	0.913	1.257	1.170	0.636

续表

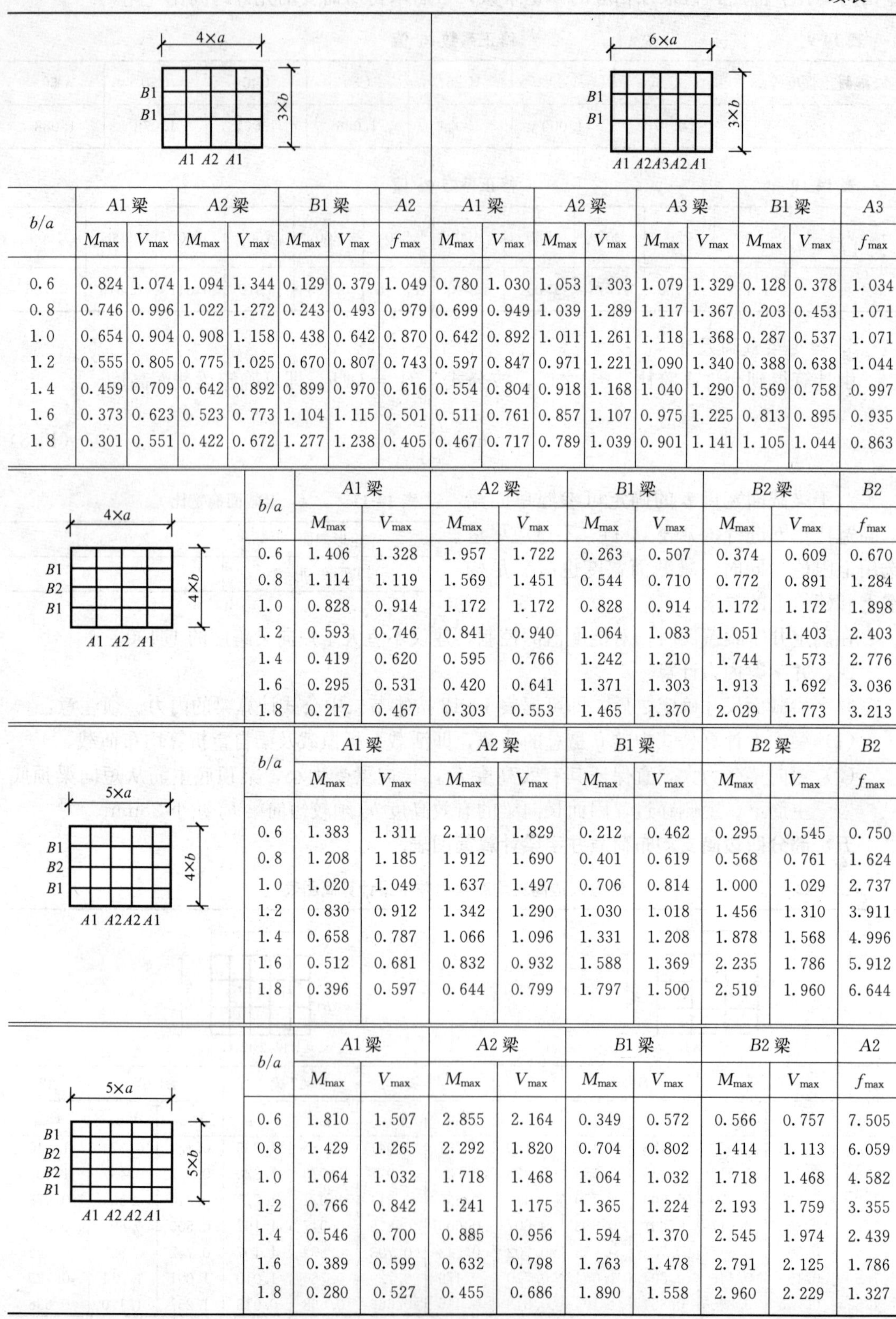

b/a	$A1$梁		$A2$梁		$B1$梁		$A2$	$A1$梁		$A2$梁		$A3$梁		$B1$梁		$A3$
	M_{max}	V_{max}	M_{max}	V_{max}	M_{max}	V_{max}	f_{max}	M_{max}	V_{max}	M_{max}	V_{max}	M_{max}	V_{max}	M_{max}	V_{max}	f_{max}
0.6	0.824	1.074	1.094	1.344	0.129	0.379	1.049	0.780	1.030	1.053	1.303	1.079	1.329	0.128	0.378	1.034
0.8	0.746	0.996	1.022	1.272	0.243	0.493	0.979	0.699	0.949	1.039	1.289	1.117	1.367	0.203	0.453	1.071
1.0	0.654	0.904	0.908	1.158	0.438	0.642	0.870	0.642	0.892	1.011	1.261	1.118	1.368	0.287	0.537	1.071
1.2	0.555	0.805	0.775	1.025	0.670	0.807	0.743	0.597	0.847	0.971	1.221	1.090	1.340	0.388	0.638	1.044
1.4	0.459	0.709	0.642	0.892	0.899	0.970	0.616	0.554	0.804	0.918	1.168	1.040	1.290	0.569	0.758	0.997
1.6	0.373	0.623	0.523	0.773	1.104	1.115	0.501	0.511	0.761	0.857	1.107	0.975	1.225	0.813	0.895	0.935
1.8	0.301	0.551	0.422	0.672	1.277	1.238	0.405	0.467	0.717	0.789	1.039	0.901	1.141	1.105	1.044	0.863

b/a	$A1$梁		$A2$梁		$B1$梁		$B2$梁		$B2$
	M_{max}	V_{max}	M_{max}	V_{max}	M_{max}	V_{max}	M_{max}	V_{max}	f_{max}
0.6	1.406	1.328	1.957	1.722	0.263	0.507	0.374	0.609	0.670
0.8	1.114	1.119	1.569	1.451	0.544	0.710	0.772	0.891	1.284
1.0	0.828	0.914	1.172	1.172	0.828	0.914	1.172	1.172	1.898
1.2	0.593	0.746	0.841	0.940	1.064	1.083	1.051	1.403	2.403
1.4	0.419	0.620	0.595	0.766	1.242	1.210	1.744	1.573	2.776
1.6	0.295	0.531	0.420	0.641	1.371	1.303	1.913	1.692	3.036
1.8	0.217	0.467	0.303	0.553	1.465	1.370	2.029	1.773	3.213

b/a	$A1$梁		$A2$梁		$B1$梁		$B2$梁		$B2$
	M_{max}	V_{max}	M_{max}	V_{max}	M_{max}	V_{max}	M_{max}	V_{max}	f_{max}
0.6	1.383	1.311	2.110	1.829	0.212	0.462	0.295	0.545	0.750
0.8	1.208	1.185	1.912	1.690	0.401	0.619	0.568	0.761	1.624
1.0	1.020	1.049	1.637	1.497	0.706	0.814	1.000	1.029	2.737
1.2	0.830	0.912	1.342	1.290	1.030	1.018	1.456	1.310	3.911
1.4	0.658	0.787	1.066	1.096	1.331	1.208	1.878	1.568	4.996
1.6	0.512	0.681	0.832	0.932	1.588	1.369	2.235	1.786	5.912
1.8	0.396	0.597	0.644	0.799	1.797	1.500	2.519	1.960	6.644

b/a	$A1$梁		$A2$梁		$B1$梁		$B2$梁		$A2$
	M_{max}	V_{max}	M_{max}	V_{max}	M_{max}	V_{max}	M_{max}	V_{max}	f_{max}
0.6	1.810	1.507	2.855	2.164	0.349	0.572	0.566	0.757	7.505
0.8	1.429	1.265	2.292	1.820	0.704	0.802	1.414	1.113	6.059
1.0	1.064	1.032	1.718	1.468	1.064	1.032	1.718	1.468	4.582
1.2	0.766	0.842	1.241	1.175	1.365	1.224	2.193	1.759	3.355
1.4	0.546	0.700	0.885	0.956	1.594	1.370	2.545	1.974	2.439
1.6	0.389	0.599	0.632	0.798	1.763	1.478	2.791	2.125	1.786
1.8	0.280	0.527	0.455	0.686	1.890	1.558	2.960	2.229	1.327

续表

图示	b/a	A1 梁		A2 梁		A3 梁		B1 梁		B2 梁		A3
		M_{max}	V_{max}	M_{max}	V_{max}	M_{max}	V_{max}	M_{max}	V_{max}	M_{max}	V_{max}	f_{max}
6×a；B1 B2 B2 B1；5×b；A1 A2 A3 A2 A1	0.6	1.777	1.487	2.919	2.204	3.284	2.425	0.281	0.531	0.440	0.690	8.606
	0.8	1.521	1.322	2.578	1.996	2.945	2.217	0.566	0.719	0.919	0.980	7.735
	1.0	1.257	1.151	2.158	1.737	2.480	1.934	0.990	0.944	1.608	1.325	6.541
	1.2	1.003	0.987	1.732	1.474	1.996	1.639	1.424	1.172	2.308	1.673	5.297
	1.4	0.781	0.843	1.352	1.239	1.561	1.374	1.812	1.375	2.930	1.981	4.180
	1.6	0.600	0.726	1.041	1.046	1.203	1.155	2.135	1.543	3.439	2.232	3.261
	1.8	0.460	0.635	0.798	0.895	0.923	0.984	2.392	1.678	3.834	2.426	2.541

注　其他荷载及支承情况详见《井字梁静力计算结构手册》。

六、例题

【例 14-2】　已知井字梁网格为 4×3，如图 14-18 所示。区格长度 $a=2.5$m，$b=2.0$m，格梁刚度 $B=4.29\times10^8$kN·cm²，计算均布荷载 $q=G+Q=8.0$kN/m²。

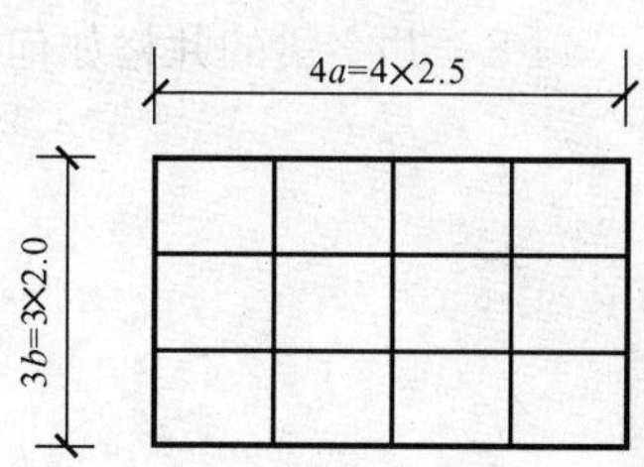

图 14-18　［例 14-2］图

求：各梁内力及最大挠度值。

解　1. 计算各梁内力

查表 14-12，由 $b/a=2.0/2.5=0.8$ 查得各梁内力系数，代入式（14-3）～式（14-5），得

A1 梁：　$M_{max}=0.746\times ab^2q=0.746\times2.5\times2.0^2\times8.0=59.68$kN·m

$V_{max}=0.996\times abq=0.996\times2.5\times2.0\times8.0=39.84$kN

A2 梁：　$M_{max}=1.022\times ab^2q=1.022\times2.5\times2.0^2\times8.0=81.76$kN·m

$V_{max}=1.272\times abq=1.272\times2.5\times2.0\times8.0=50.88$kN

B1 梁：　$M_{max}=0.243\times a^2bq=0.243\times2.5^2\times2.0\times8.0=24.30$kN·m

$V_{max}=0.493\times abq=0.493\times2.5\times2.0\times8.0=19.72$kN

2. 计算最大挠度值

井字梁的最大挠度点在 A2 梁上，其值按式（14-6）进行计算。

$$f_{max}=0.979\times\frac{ab^4q}{B}=\frac{0.979\times250\times200^4\times8.0}{4.29\times10^8\times10^4}=0.73\text{cm}$$

【例 14-3】　已知在均布荷载作用下的四边简支井字梁，计算荷载 $q=8$kN/m²，采用 C25 混凝土，允许挠度值［f］$=l_1/600$，梁截面为 T 形，其梁间中距为 $a=2.5$m，$b=2.5$m。试求允许跨高比［β］。

解　查表 14-8 得跨高比 $\beta=18$；再从表 14-9 查出修正系数 $\alpha_1=1.024$；从表 14-10 查出修正系数 $\alpha_2=0.903$；

则允许跨高比为 $[\beta]=\beta\alpha_1\alpha_2=18\times1.024\times0.903=16.64$。

【例 14-4】　已知井字梁允许跨高比［β］$=17.57$，其短向跨度为 $l_1=10$m。试确定梁的截面尺寸。

解　梁截面高度为：$h=l_1/[\beta]=10/17.57=0.57$m

梁截面宽度为：$b=h/3=0.57/3=0.19$m

确定梁截面尺寸为：$b=0.20$m，$h=0.60$m。

思 考 题

14-1 钢筋混凝土楼（屋）盖按施工方法可分哪几类?

14-2 钢筋混凝土预制板如何分类?

14-3 板的计算跨度和跨数如何确定?

14-4 连续板的荷载如何取用?

14-5 主次梁的截面如何确定?

14-6 如何保证连续板的板顶负筋的位置?

14-7 何谓井字梁?

14-8 井字梁的井格如何划分? 梁截面如何确定?

第十五章 楼 梯

内 容 提 要

1. 楼梯的类型
2. 板式楼梯的设计要点
3. 梁式楼梯的设计要点
4. 现浇楼梯的一些构造处理

楼梯是多层和高层房屋的联系竖向交通及疏散的重要组成部分，多采用钢筋混凝土制成。

一、楼梯的类型

钢筋混凝土楼梯按照施工方法的不同，可分为现浇整体式楼梯和预制装配式楼梯。前者结构设计灵活，整体性好；后者制造工业化程度高，施工速度快。装配式楼梯大多已编有通用标准图集，在此不做赘述，以下仅介绍现浇钢筋混凝土楼梯。

现浇钢筋混凝土楼梯按其结构形式和受力特点可分为板式楼梯和梁式楼梯。

板式楼梯由楼梯段、平台板和平台梁组成，如图 15-1 所示。楼梯段是斜放的齿形板，支承在平台梁和楼层梁上，底层下段一般支承在地垄梁上。最常见的是双跑楼梯，每层有两个梯段，也有采用单跑楼梯或三跑楼梯的。板式楼梯的优点是下表面平整，施工支模较方便，外观比较轻巧。缺点是斜板较厚，约为楼梯段水平长度的 1/25～1/30，材料用量多，自重大，故一般楼梯板水平长度以不超过 3m 为宜。

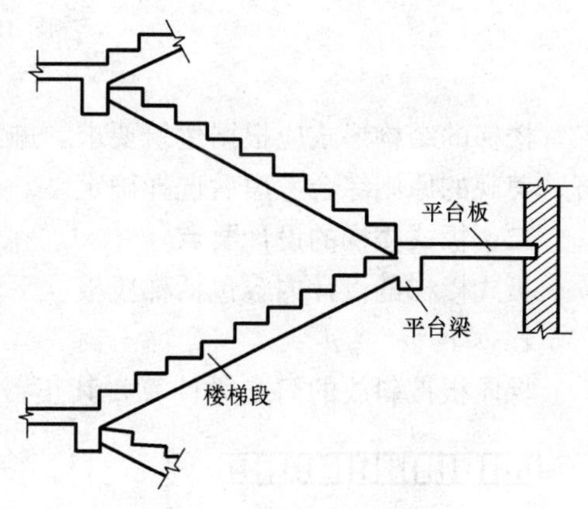

图 15-1 板式楼梯的组成

梁式楼梯由踏步板、斜梁和平台板、平台梁组成，如图 15-2 所示。梁式楼梯的踏步板两端支承在斜梁上，斜梁两端支承于平台梁上。梯段上的荷载先由踏步板以均布荷载的形式传给斜梁，斜梁以集中荷载的形式、平台板以均布荷载的形式传给平台梁和楼面梁，平台梁再以集中力的形式传给侧承重墙。梁式楼

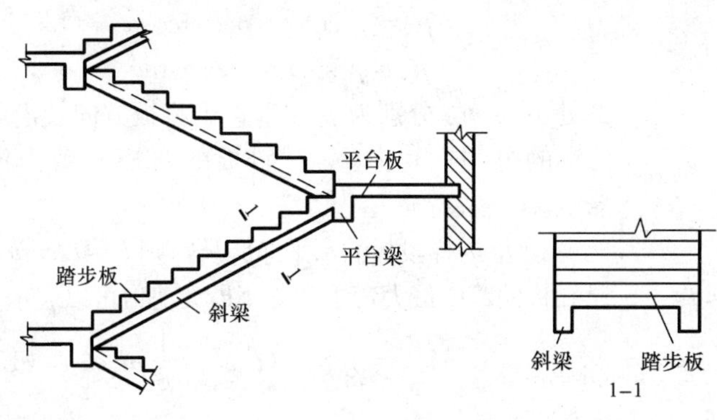

图 15-2 梁式楼梯的组成

梯一般适用于楼梯段水平投影长度大于 3m，或活荷载较大时。但梁式楼梯支模及施工比较复杂，外观也显得笨重。梁式楼梯一般采用双梁式。

除此之外，在一些公共建筑中也采用一些特种楼梯，如螺旋板式楼梯或悬挑板式楼梯，如图 15-3 所示。

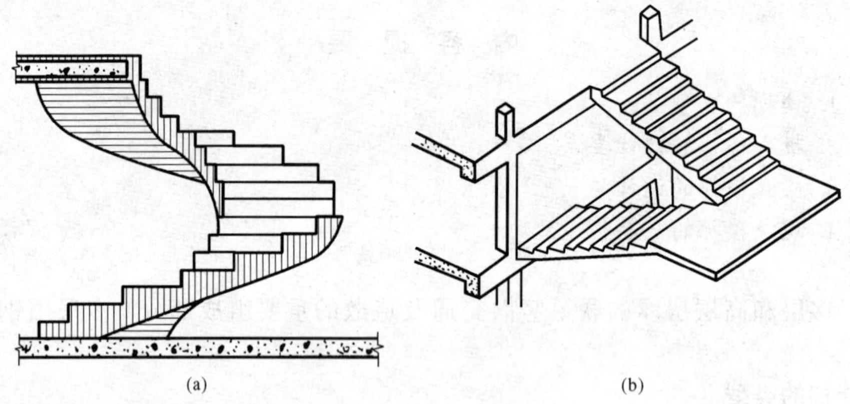

图 15-3 特种楼梯

(a) 螺旋板式楼梯；(b) 悬挑板式楼梯

楼梯的结构形式应根据建筑要求、施工条件、材料供应、荷载大小等因素以及适用、经济、美观的原则综合考虑后选择确定。

二、板式楼梯的设计要点

板式楼梯的设计内容包括梯段板、平台板和平台梁。

1. 梯段板

梯段板按斜放的简支梁计算，其正截面与梯段板垂直，楼梯的活荷载按水平投影面计算，计算跨度取平台梁间的斜长净距 l'_n，计算简图如图 15-4 所示。设梯段板单位水平长度上的竖向均布荷载为 p（表示为↓），则沿斜板单位长度上的竖向均布荷载为 $p'=p\cos\alpha$（表示为↓/），此处 α 为梯段板与水平线间的夹角。则竖向的 p' 沿 x、y 分解为：

$$p'_x=p'\cos\alpha=p\cos\alpha\cos\alpha$$

$$p'_y=p'\sin\alpha=p\cos\alpha\sin\alpha$$

此处 p'_x、p'_y 分别为 p' 在垂直于斜板方向及沿斜板方向的分力。其中 p'_y 对斜板的弯矩和剪力没有影响。

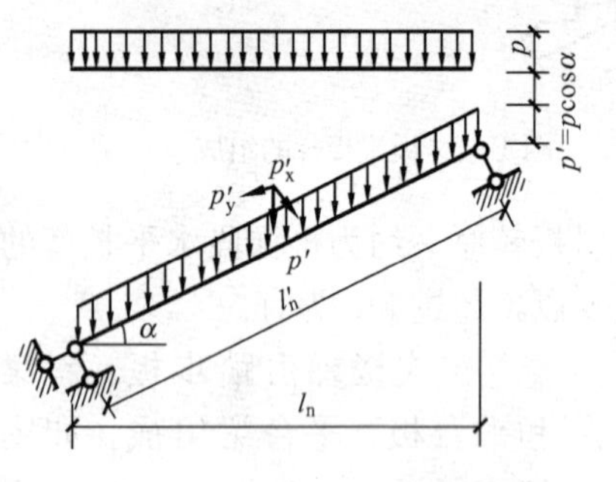

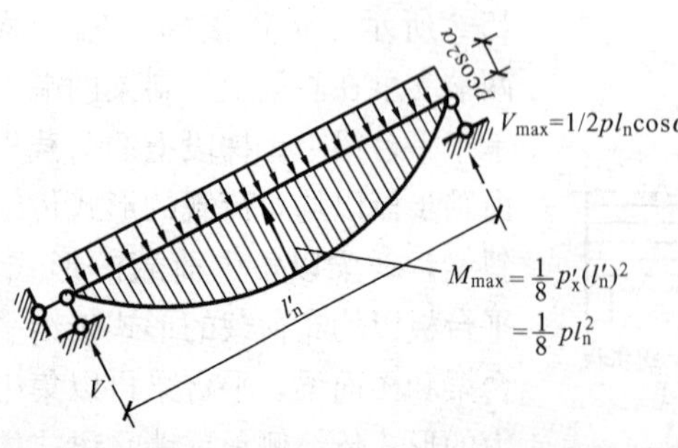

图 15-4 梯段板的计算简图

设 l_n 为梯段板的水平净跨长，则 $l_n=l'_n\cos\alpha$，于是斜板的跨中最大弯矩和支座最大剪力可以表示为：

$$M_{max}=\frac{1}{8}p'_x\ (l'_n)^2=\frac{1}{8}pl_n^2 \qquad (15\text{-}1)$$

$$V_{max}=\frac{1}{2}p'_n l'_n=\frac{1}{2}pl_n\cos\alpha \qquad (15\text{-}2)$$

可见，简支斜梁在竖向均布荷载 p 作用下的最大弯矩，等于其水平投影长度的简支梁在 p 作用下的最大弯矩；最大剪力为水平投影长度的简支梁在 p 作用下的最大剪力值乘以 $\cos\alpha$。由于梯段板与平台梁整浇，平台对斜板的转动变形有一定的约束作用，故在计算板的跨中正弯矩时，常近似取 $M_{max}=\frac{1}{10}pl_n^2$。

截面承载力计算时，斜板的截面高度应垂直于斜面量取，并取齿形的最薄处。

为避免斜板在支座处产生过大的裂缝，应在板面配置一定数量的钢筋，一般取 $\phi8@200$，长度为 $l_n/4$。斜板内分布钢筋可采用 $\phi6$ 或 $\phi8$，每级踏步不少于 1 根，放置在受力钢筋的内侧。

2. 平台板和平台梁

平台板一般设计成单向板，可取 1m 宽板带进行计算，平台板一端与平台梁整体连接，另一端可能支承在砖墙上，也可能与过梁整浇。跨中弯矩可近似取 $M=\frac{1}{8}pl^2$ 或 $M\approx\frac{1}{10}pl^2$。考虑到板支座的转动会受到一定约束，一般应将板下部钢筋在支座附近弯起一半，或在板面支座处另配短钢筋，伸出支承边缘长度为 $l_n/4$，图 15-5 为平台板的配筋。

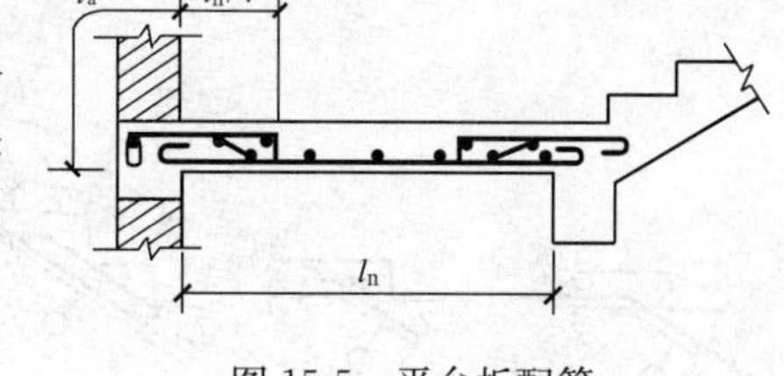

图 15-5　平台板配筋

平台梁的设计与一般梁相似。

三、梁式楼梯的设计要点

梁式楼梯的设计内容包括踏步板、斜梁、平台板和平台梁。

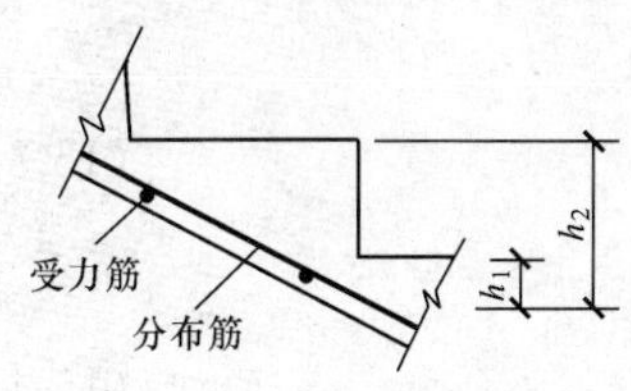

图 15-6　梁式楼梯的踏步板

1. 踏步板

由于踏步板两端支承在斜梁上，可按两端简支的单向板计算，一般取一个踏步作为计算单元。踏步板为梯形截面，板的截面高度可近似取平均高度 $h=(h_1+h_2)/2$（如图 15-6 所示），板厚一般不小于 30～40mm。每一踏步一般需配置不小于 $2\phi6$ 的受力钢筋，沿斜向布置的分布钢筋直径不小于 $\phi6$，间距不大于 300mm。

2. 斜梁

斜梁的内力计算与板式楼梯的斜板相同。踏步板可能位于斜梁截面高度的上部，也可能位于下部。计算时截面高度可取为矩形截面。图 15-7 为边斜梁的配筋构造。

3. 平台梁

平台梁主要承受斜边梁传来的集中荷载（由上、下跑楼梯斜梁传来）和平台板传来的均布荷载，平台梁一般按简支梁计算。

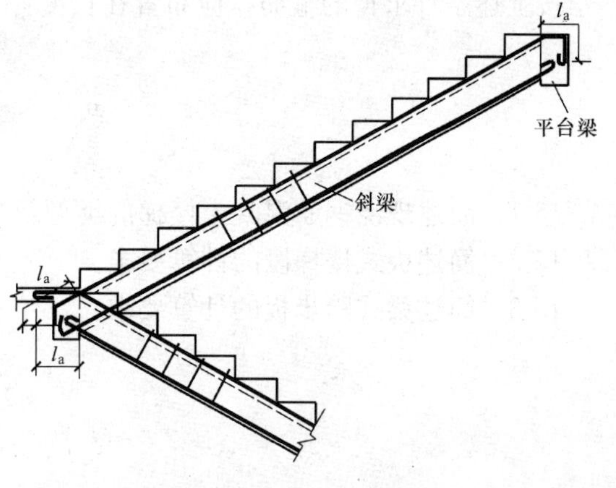

图 15-7　斜梁的配筋

四、现浇楼梯的一些构造处理

当楼梯下净高不够时可将楼层梁向内移动，如图 15-8 所示，这样板式楼梯的梯段板成为折线板。此时，应注意两个问题：

（1）梯段板中的水平段，其板厚应与梯

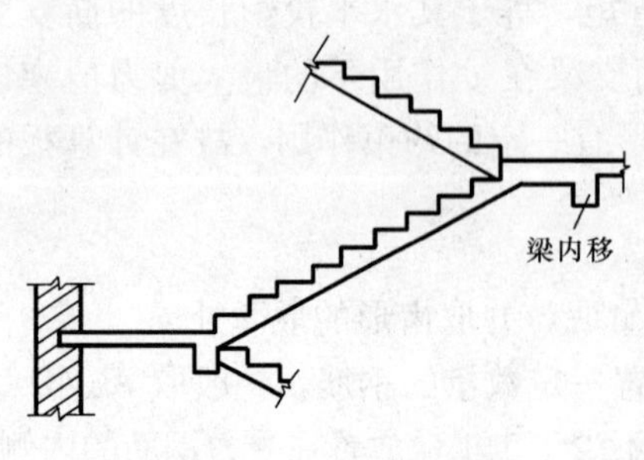

图 15-8 楼层梁内移

段斜板相同，不能按平台板考虑。

(2) 折角处的下部受拉钢筋不允许沿板底弯折，以免产生向外的合力，将该处的混凝土崩脱，应将此处的纵筋断开，各自延伸至上面再行锚固。若板的弯折位置靠近楼层梁，板内可能出现负弯矩，则板上面还应配置承担负弯矩的短钢筋，如图 15-9 所示。

楼层梁内移后，会出现折线形斜梁。折线梁内折角处的受拉纵向钢筋应分开配置，并各自延伸以满足锚固要求，同时还应在该处增设附加箍筋。该箍筋应足以承受未伸入受压区锚固的纵向受拉钢筋的合力，且在任何情况下不应小于全部纵向受拉钢筋合力的 35%。由附加箍筋承受的纵向钢筋的合力按下式计算，见图 15-10。

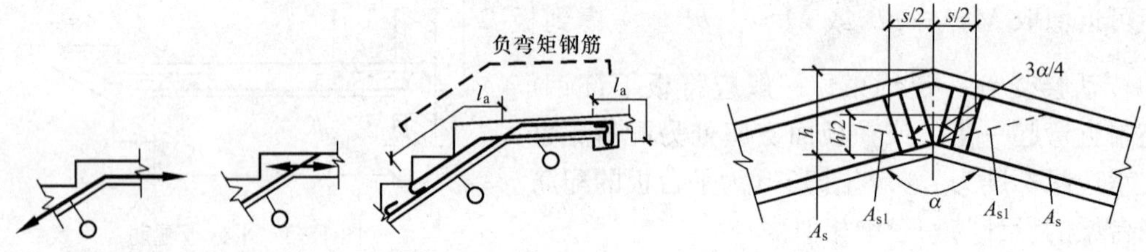

图 15-9 板内折角处配筋

图 15-10 折线形梁内折角配筋

未伸入受压区锚固的纵向受拉钢筋合力

$$N_{s1}=2f_yA_{s1}\cos\frac{\alpha}{2} \tag{15-3}$$

全部纵向受拉钢筋合力的 35%

$$N_{s2}=0.7f_yA_s\cos\frac{\alpha}{2} \tag{15-4}$$

式中 A_{s1}——未伸入受压区锚固的纵向受拉钢筋面积；

A_s——全部纵向受拉钢筋面积；

α——构件的内折角。

按上述条件求得的箍筋，应布置在长度为 $s=h\tan\frac{3}{8}\alpha$ 的范围内。

思 考 题

15-1 简述现浇钢筋混凝土楼梯的类型及其组成要求。

15-2 简述板式楼梯段的计算要求。

15-3 简述梁式踏步板的计算要求。

第十六章　砌　体　结　构

内 容 提 要

1. 砌体结构的优缺点、砌体结构的分类
2. 块体材料、砂浆及其强度等级
3. 砌体的力学性能
4. 砌体结构构件的承载力计算
5. 混合结构房屋的承重体系和静力计算方案
6. 过梁、圈梁、悬挑构件

第一节　概　　述

砌体结构是最古老而且被广泛应用的建筑结构形式之一，它有着悠久而灿烂的历史。举世闻名的万里长城、埃及的金字塔、古罗马大角斗场、建于1400多年前的安济桥、有着2200多年历史的都江堰水利工程、南京紫金山的无梁殿，都是经典的砌体结构。

一、砌体结构的优缺点

(1) 砌体结构的优点：砖、石易于取材，符合"因地制宜、就地取材"的原则；造价低廉，施工简便；许多新型砌块，其原料为工业废渣，既可变废为宝，保护了土地资源，同时又获得了许多优良的性能。砌体材料有着良好的耐火性、化学稳定性和大气稳定性，特别是砖砌体有着良好的隔热、隔声性能。

(2) 砌体结构的缺点：砌体的强度较低，使得构件体积大、用料多、自重大；砂浆和砌块的粘结强度弱，因此砌体的抗拉、抗剪强度较低，砌体结构的整体性能不良，抗震性能较差；施工砌筑速度慢，现场作业量大；烧结黏土砖消耗大量土地资源和能源，因此我国大部分地区已经禁止或限制黏土砖的使用。

二、砌体结构的分类

1. 按照砌体结构所用材料分类

(1) 石砌体。采用各种料石和毛石与砂浆砌筑而成的砌体称为石砌体。

(2) 砖砌体。采用烧结普通砖、烧结多孔砖、蒸压灰砂普通砖、蒸压粉煤灰普通砖、混凝土普通砖、混凝土多孔砖与砂浆砌筑而成的无筋和配筋砌体。

(3) 砌块砌体。砌块砌体是用混凝土砌块、轻骨料混凝土砌块与砂浆砌筑而成的无筋和配筋砌体。

2. 按照结构形式分类

(1) 无筋砌体结构。由块体和砂浆砌筑而成的墙、柱作为建筑物主要受力构件的结构，是砖砌体、砌块砌体和石砌体结构的统称。

(2) 配筋砌体结构。由配置钢筋的砌体作为建筑物主要受力构件的结构，是网状配筋砌体柱、水平配筋砌体墙、砖砌体和钢筋混凝土面层或钢筋砂浆面层组合砌体柱（墙）、砖砌体和钢筋混凝土构造柱组合墙和配筋砌体剪力墙结构的统称。

(3) 配筋砌块砌体剪力墙结构。由承受竖向和水平作用的配筋砌块砌体剪力墙和混凝土楼、屋盖所组成的房屋建筑结构。

3. 其他分类

(1) 预应力砌体。为了进一步提高砌体的整体性能，提高其抗剪强度和抗震性能，在配置竖向钢筋的同时，施加预应力，这种砌体称为预应力砌体。

(2) 夹心墙砌体。由一些新型的空心砌块砌筑而成的墙体，分为内外两叶，内叶墙起承重作用，外叶墙起围护作用，中间有空气间层和保温层（空腔填充隔热保温用的材料如聚乙烯苯、珍珠岩等)，这种砌体称为夹心墙砌体。可以提高节能、隔声效果。

三、砌体结构的新发展

砌体结构有着许多其他结构无法比拟的优点，可以应用到很多领域。当前，砌体结构的应用发展不仅涉及新型砌体材料的研发与生产、砌体结构理论的研究、砌体结构的构造原理和细部设计，还涉及砌体结构的经济性、环保与节能，以及砌体结构的评估、修复和加固等领域。同时，许多新型砌块（环保、节能、轻质、高强等)、高黏度的高强砂浆和有机化合物树脂、新的结构形式都被应用到了砌体结构中，使得砌体结构具有良好的适用性和经济效益以及更广阔的发展前景。

第二节 砌 体 材 料

一、块体材料及强度等级

通常的块体有天然的石材，人造的烧结普通砖、烧结多孔砖、烧结空心砖，以及不经过烧结的蒸压灰砂砖、蒸压粉煤灰砖，混凝土普通砖，混凝土多孔砖，混凝土砌块等。

(一) 块体材料

1. 砖

砖分为烧结砖和非烧结砖。

(1) 烧结砖

烧结砖有烧结普通砖、烧结多孔砖、烧结空心砖，如图 16-1 所示。

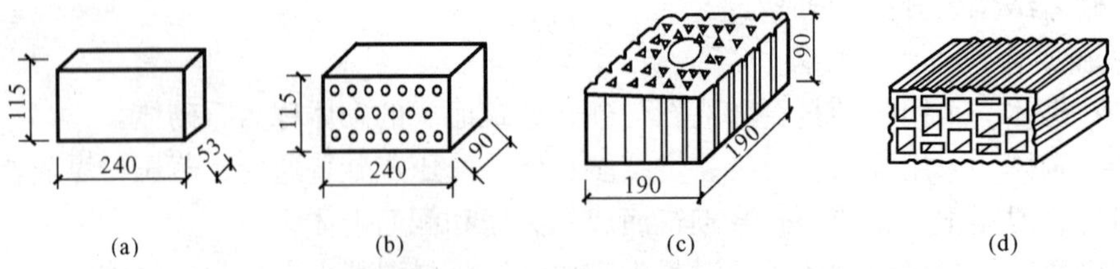

图 16-1 部分烧结砖规格

(a) 烧结普通砖；(b) P形多孔砖；(c) M形多孔砖；(d) 空心砖

1) 烧结普通砖。由页岩、煤矸石、粉煤灰或黏土为主要原料，经过焙烧而成的实心或者孔洞率不大于规定值（15%）且外形尺寸符合规定的砖（标准砖的规格尺寸为 240mm×115mm×53mm)。分烧结页岩砖、烧结粉煤灰砖、烧结煤矸石砖、烧结黏土砖等。

2）烧结多孔砖。由页岩、煤矸石或粉煤灰、黏土为主要原料，经过焙烧而成、孔洞率不大于35%，孔的尺寸小而数量多，主要用于承重部位的砖。烧结多孔砖孔洞垂直于大面（即受压面），孔洞率在15%以上，有M形（如190mm×190mm×90mm）和P形（如240mm×115mm×90mm）两种规格。

3）烧结空心砖。是指以页岩、煤矸石或粉煤灰为主要原料，经焙烧而成的主要用于非承重部位的空心砖（由两两相对的顶面、大面及条面组成直角六面体）。其顶面有孔，孔大而少，孔洞率一般在35%以上，其外形尺寸，长度为290，240，190mm，宽度为240，190，180，175，140，115mm，高度为90mm，型号有KM1，KP1和KP2三种。

（2）非烧结砖

非烧结砖是以硅质材料（如砂、粉煤灰）和石灰等钙质材料为主要原料，经过坯料制备、加压排气、压制成型、高压蒸汽养护的实心砖，统称硅酸盐砖，其尺寸与烧结普通砖相同。有蒸压灰砂砖、蒸压粉煤灰砖。

2. 混凝土普通砖、混凝土多孔砖

它是由普通混凝土或轻骨料混凝土制成的实心或者孔洞率不大于规定值且外形尺寸符合规定的砖，主要用于承重部位的砌筑。

3. 砌块

砌块由普通混凝土或轻骨料混凝土制成，与小块的砖相比，尺寸较大，可以减小劳动量，加快施工进度，是墙体材料改革的一个重要方向。

混凝土小型空心砌块是我国目前应用最为普遍的墙体承重材料，主要规格为390mm×190mm×190mm，空心率在25%和50%之间，简称混凝土砌块或砌块，如图16-2所示。

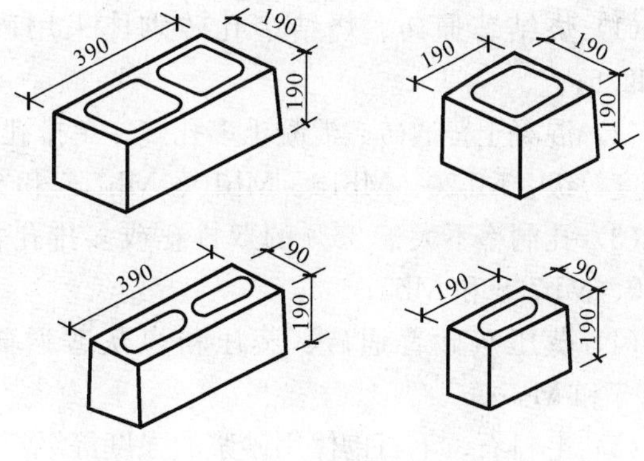

图16-2 部分混凝土小型砌块规格

4. 石材

天然的石材如花岗岩、砂岩、石灰石具有强度高、耐久性、抗冻性和抗气性好的特点，可用于基础砌体和重要房屋的贴面层。由于其传热性能高、保温性能差，在寒冷和炎热的地区单独使用，需要很大的墙厚而且不经济。

（二）块体的强度等级

1. 承重结构的块体的强度等级（以“MU”来表示，单位为“MPa”）

（1）烧结普通砖、烧结多孔砖的强度等级：MU30、MU25、MU20、MU15、MU10；

（2）蒸压灰砂普通砖、蒸压粉煤灰普通砖的强度等级：MU25、MU20和MU15；

（3）混凝土普通砖、混凝土多孔砖的强度等级：MU30、MU25、MU20和MU15；

（4）混凝土砌块的强度等级：MU20、MU15、MU10、MU7.5和MU5；

（5）石材的强度等级：MU100、MU80、MU60、MU50、MU40、MU30和MU20。

2. 自承重墙的空心砖、轻集料混凝土砌块的强度等级

（1）空心砖的强度等级：MU10、MU7.5、MU5.0和MU3.5。

（2）轻集料混凝土砌块的强度等级：MU10、MU7.5、MU5.0、MU3.5和MU2.5。

二、砂浆及强度等级

砂浆是由胶凝材料（如水泥、石灰、黏土、石膏等）、细骨料（砂）、水及根据需要掺入的掺和料和外加剂等组分，按一定比例，采用机械拌和制成的混合材料。砂浆粘结砌块，使其成为整体，均匀抹平的砂浆可以使砌块间的应力分布均匀。此外，砂浆填满了块体间的缝隙，减少了砌体的透气性，提高了砌体的隔热性能和抗冻性。

1. 砂浆的种类

砂浆按其成分可分为：（纯）水泥砂浆、有塑性掺和料（石灰浆或黏土浆）的混合砂浆，以及不含水泥的石灰砂浆、黏土砂浆和石膏砂浆等非水泥砂浆。还有专门用于砌筑混凝土砌块的砌筑砂浆（简称砌块专用砂浆），用于砌筑蒸压灰砂砖、蒸压粉煤灰砖的专用砂浆。

2. 砂浆的主要指标

（1）强度。砂浆应该有足够的强度，满足砌体强度要求。

（2）和易性。砂浆应该具有较好的和易性和可塑性，便于砌筑，保证砌筑质量和提高工效。

（3）保水性。适当的保水性可以使砂浆在存放、运输和砌筑过程中不失水，保证砂浆强度和与块材的粘结。

3. 砂浆的强度等级

（1）烧结普通砖、烧结多孔砖砌体采用砂浆的强度等级：M15、M10、M7.5、M5和M2.5；

（2）混凝土普通砖、混凝土多孔砖、单排孔混凝土砌块和轻集料混凝土砌块砌体用砂浆的强度等级：Mb20、Mb15、Mb10、Mb7.5和Mb5；

（3）孔洞率不大于35%的双排孔或多排孔轻集料混凝土砌块砌体用砂浆的强度等级：Mb10、Mb7.5和Mb5；

（4）蒸压灰砂普通砖、蒸压粉煤灰普通砖砌体用砂浆的强度等级：Ms15、Ms10、Ms7.5和Ms5；

（5）毛料石、毛石砌体用砂浆的强度等级：M7.5、M5和M2.5。

注：确定砂浆强度等级时应采用同类块体为砂浆强度试块底模。

三、混凝土砌块灌孔混凝土

为了提高砌体房屋的整体性、承载力和抗震性能，往往在混凝土砌块孔中设置钢筋并浇入灌孔混凝土，形成钢筋混凝土柱；或者仅灌混凝土而不设置钢筋，以增大砌体的截面，提高承载力。灌孔混凝土按照灌孔尺寸和灌注高度不同可分为粗灌孔混凝土和细灌孔混凝土。灌孔混凝土强度等级用Cb表示。

第三节 砌体的力学性能

砌体是由块材和砂浆粘接而成的一种复合材料，它的力学性能不仅与组成砌体的块材、砂浆本身的力学性能有关，还与砌筑方式、灰缝的厚度、灰缝的砂浆均匀饱满程度有关。

一、砌体的受压性能

1. 砌体的受压破坏特征

试验研究表明，砌体的受压破坏大致要经历以下三个阶段，如图16-3所示。

第一阶段：从砌体受压开始，随着荷载的增大，砌体的应力逐渐变大，单块砖内将出现微小的竖向裂缝。这时的荷载约为破坏荷载的 50%～70%。

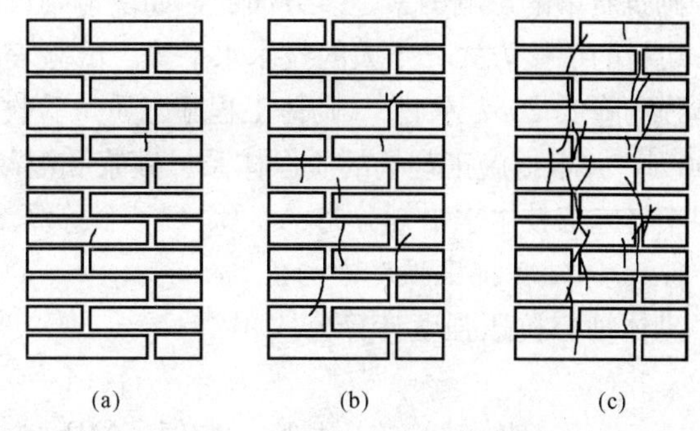

图 16-3 砖砌体的受压破坏

(a) 第一阶段；(b) 第二阶段；(c) 第三阶段

第二阶段：随着荷载的增加，单块砖内的微小竖裂缝不断发展，个别裂缝连接起来，形成连续的裂缝，而且逐渐延伸到竖向灰缝和其他的若干皮砖，在砌体内形成较连续的裂缝段。此时的荷载为破坏荷载的 80%～90%，此时即使荷载不再增加，裂缝也将继续开展，最后砌体已经临近破坏。假如荷载长时间作用在砌体上将进入第三阶段。

第三阶段：随着荷载的增加，砌体内的裂缝迅速延伸，宽度变大，并且形成竖向的通缝，大约贯穿在砌体中间，把砌体分成立柱，砌体向外凸出，个别砖被压坏，小立柱将因为失稳而破坏，砌体将完全破坏。砌体破坏时的压力除以砌体截面面积所得的应力值为砌体的极限抗压强度。

2. 影响砌体抗压强度的主要因素

(1) 块材和砂浆的强度

块材和砂浆的强度是决定砌体抗压强度的首要因素，尤其是块材的强度。块材的抗压强度较高时，其抗拉、抗弯、抗剪等强度也相应提高。一般来说，砌体抗压强度随块体和砂浆的强度等级的提高而提高，但采用提高砂浆强度等级来提高砌体强度的做法，不如用提高块材的强度等级更有效。但在毛石砌体中，提高砂浆强度等级对提高砌体抗压强度的效果更明显。块材和砂浆的强度等级应互相匹配才比较合理。

(2) 砂浆的性能

砂浆的流动性、保水性以及变形性能等对砌体抗压强度都有重要影响。流动性和保水性好的砂浆铺砌的灰缝饱满、均匀、密实，可以有效地降低单砖在砌体内的局部弯、剪应力，提高砌体的抗压强度。与混合砂浆相比，纯水泥砂浆容易失水而导致流动性差，所以同一强度等级的纯水泥砂浆砌筑的砌体强度要比混合砂浆低。但当砂浆的流动性过大时，硬化后的砂浆变形也大，砌体抗压强度反而降低。在实际工程中，宜采用掺有石灰的混合砂浆砌筑砌体。

(3) 块材的尺寸、形状及灰缝厚度

高度大的块体，其抗弯、抗剪、抗拉的能力增大，会推迟砌体的开裂；长度较大时，块体在砌体中引起的弯、剪应力也较大，易引起块体开裂破坏。块材表面规则、平整时，砌体中块材的弯剪不利影响减少，砌体强度相对提高。

如细料石砌体抗压强度要比毛料石高 50% 左右。灰缝越厚，越容易铺砌均匀，但砂浆的横向变形越大，块体内横向拉应力也越大，砌体内的复杂应力状态也随之加剧，砌体抗压强度亦降低。灰缝太薄又难以铺设均匀。因而一般灰缝厚度应控制在 8～12mm，对石砌体中的细料石砌体不宜大于 5mm，毛料石和粗料石砌体不宜大于 20mm。

(4) 砌筑质量

砌筑质量的影响因素是多方面的，如块材砌筑的含水率、砂浆搅拌方式、灰缝的均匀饱满度、块材的搭接方式、工人的技术水平等。试验表明，当砂浆饱满度由 80% 降低为 65% 时，砌体强度降低 20% 左右。《砌体工程施工质量验收规范》规定，水平灰缝的砂浆饱满度不得小于 80%，并根据施工现场的质保体系、砂浆和混凝土的强度、砌筑工人技术等级等方面的综合因素将施工技术水平划分为 A、B、C 三个等级。一般情况下施工质量控制等级为 B 级。

3. 砌体轴心抗压强度平均值

砌体轴心抗压强度计算公式

$$f_m = k_1 f_1^{\alpha}(1+0.07f_2)k_2 \tag{16-1a}$$

式中　f_m——砌体轴心抗压强度平均值，MPa；

f_1、f_2——分别为块体、砂浆的抗压强度平均值，MPa；

k_1——与块体类别及砌体类别有关的参数，见表 16-1；

α——与块体高度有关的参数，见表 16-1；

k_2——砂浆强度影响的修正系数，见表 16-1。

表 16-1　砌体轴心抗压强度平均值计算参数

序　号	砌体类别	$f_m=k_1f_1^{\alpha}(1+0.07f_2)k_2$		
		k_1	α	k_2
1	烧结普通砖、烧结多孔砖、蒸压灰砂砖、蒸压粉煤灰砖	0.78	0.5	当 $f_2<1$ 时，$k_2=0.6+0.4f_2$
2	混凝土砌块	0.46	0.9	当 $f_2=0$ 时，$k_2=0.8$
3	毛料石	0.79	0.5	当 $f_2<1$ 时，$k_2=0.6+0.4f_2$
4	毛石	0.22	0.5	当 $f_2<2.5$ 时，$k_2=0.4+0.24f_2$

注　1. k_2 在表列条件以外时均等于 1.0；

2. 混凝土砌块的轴心抗压强度平均值，当 $f_2>10$MPa 时，应乘以系数 $(1.1-0.01f_2)$，MU20 的砌块应乘以系数 0.95，且满足 $f_1\geqslant f_2$，$f_1\leqslant 20$MPa。

二、砌体的抗拉、抗弯和抗剪性能

砌体的抗拉强度、抗弯强度和抗剪强度远远低于抗压强度，试验表明，其破坏发生在灰缝和块材的界面上，取决于灰缝和块材的粘结强度，块体与砂浆的粘结强度取决于砂浆的强度等级，因此，砌体的轴心抗拉强度、抗弯强度和抗剪强度可由砂浆的强度等级来确定。

在轴心拉力作用下，砌体一般沿齿缝截面发生破坏。

砌体结构的受弯破坏，一种是沿齿缝破坏，另外一种是沿水平灰缝破坏。

《砌体结构设计规范》规定轴心抗拉强度平均值、砌体弯曲抗拉强度平均值和砌体抗剪强度平均值的统一计算公式为

轴心抗拉强度平均值　$$f_{t,m} = k_3\sqrt{f_2} \tag{16-1b}$$

弯曲抗拉强度平均值　$$f_{tm,m} = k_4\sqrt{f_2} \tag{16-1c}$$

抗剪强度平均值　$$f_{v,m} = k_5\sqrt{f_2} \tag{16-1d}$$

式中　$f_{t,m}$——砌体轴心抗拉强度平均值，MPa；

$f_{tm,m}$——砌体弯曲抗拉强度平均值，MPa；

$f_{v,m}$——砌体抗剪强度平均值，MPa；

f_2——砂浆的抗压强度平均值，MPa；

k_3，k_4，k_5——与块体类别有关的参数，取值见表 16-2。

表 16-2　砌体抗拉、抗弯、抗剪强度平均值计算参数

序号	砌体类别	k_3	k_4		k_5
			齿　缝	通　缝	
1	烧结普通砖、烧结多孔砖	0.141	0.250	0.125	0.125
2	蒸压灰砂砖、蒸压粉煤灰砖	0.09	0.18	0.09	0.090
3	混凝土砌块	0.069	0.081	0.056	0.069
4	毛石	0.075	0.113	—	0.188

三、砌体的变形和其他性能

1. 砌体的弹性模量

砌体的弹性模量是其应力与应变的比值，砌体是弹塑性材料，从受压一开始，应力与应变就不是直线变化。随着荷载的增加，应变增长加快，接近破坏时，荷载虽然增加很少，但变形急剧增长。所以，砌体的应力—应变关系呈曲线变化。

砖砌体的 σ-ε 关系曲线可以采用式 (16-2)

$$\varepsilon = -\frac{n}{\xi}\ln\left(1-\frac{\sigma}{nf_{\mathrm{m}}}\right) \tag{16-2}$$

式中　ξ——弹性模量特征值；

n——1 或略大于 1 的常系数。

2. 砌体的剪变模量

砌体的剪变模量为

$$G=\frac{E}{2(1+\upsilon)} \tag{16-3}$$

式中　υ——材料的泊松系数（比），一般为 0.1～0.2，烧结普通砖砌体的泊松系数可取 0.15。

因此，$G=\frac{E}{2(1+\upsilon)}=(0.41\sim0.45)E$，《砌体结构设计规范》近似取 $G=0.4E$。

3. 砌体的干缩变形

砌体遇水体积膨胀，失水干缩，而且，收缩变形比较大。在墙体中容易引起裂缝，影响美观。

第四节　砌体结构构件的承载力计算

砌体结构构件按照受力情况可以分为受压、受拉、受弯和受剪；按照有无配筋可以分为无筋砌体和配筋砌体构件。我国《砌体结构设计规范》采用以概率理论为基础的极限状态设计方法，以可靠度指标度量结构构件的可靠度，采用分项系数的设计表达式进行计算。

砌体结构应按承载能力极限状态设计，并满足正常使用极限状态的要求。根据砌体结构的特点，砌体结构正常使用极限状态的要求，一般情况下可由相应的构造措施来保证。

一、砌体强度设计值

1. 砌体强度的标准值

砌体强度的标准值 f_{k} 是砌体强度平均值 f_{m} 的概率密度分布函数 0.05 分位值，即

$$f_k = f_m - 1.645\delta_f f_m = (1 - 1.645\delta_f) f_m \tag{16-4}$$

式中 δ_f——砌体强度的变异系数，按表 16-3 的规定采用。

表 16-3 f_k、f、f_m之间的关系

类 别	δ_f	f_k	f
各类砌体受压	0.17	$0.72f_m$	$0.45f_m$
毛石砌体受压	0.24	$0.60f_m$	$0.37f_m$
各类砌体受拉、受弯、受剪	0.20	$0.67f_m$	$0.42f_m$
毛石砌体受拉、受弯、受剪	0.26	$0.57f_m$	$0.36f_m$

注 表中 f 为施工质量控制等级为 B 级的取值。

2. 砌体的强度设计值

砌体的强度设计值 f 是砌体结构构件按照承载能力极限状态设计时所采用的砌体强度代表值，包括抗压、抗拉、抗剪设计值，为砌体强度的标准值 f_k除以材料性能分项系数 γ_f，

$$f = \frac{f_k}{\gamma_f} \tag{16-5}$$

其中，材料性能分项系数根据施工质量的控制等级确定。在结构设计中通常按 B 级考虑，即取 $\gamma_f=1.6$ 来确定抗压强度设计值；当为 C 级时，取 $\gamma_f=1.8$；当为 A 级时，取 $\gamma_f=1.5$。不同受力状态下各类砌体强度标准值、设计值及与平均值的关系，见表 16-3。

考虑到一些不利因素，某些特殊情况的各类砌体，其强度设计值应乘以调整系数 γ_a，即砌体强度设计值取为 $\gamma_a f$，γ_a的取值本书从略，详见有关教材。

二、墙、柱高厚比验算

砌体结构房屋的墙、柱均是受压构件，必须进行墙、柱的高厚比验算，使其具有足够的刚度和稳定性，避免在施工阶段和使用阶段发生失稳破坏或者出现过大的侧向挠曲。

墙、柱的计算高度 H_0 与墙厚或矩形柱截面边长的比值称为高厚比，用 β 表示。

墙、柱的高厚比验算包括两方面：①允许高厚比的限值；②高厚比的实际限值。

1. 影响高厚比的因素及允许高厚比

影响允许高厚比限值［β］的因素有很多，也很复杂。主要有以下几点：

砂浆强度等级，砌体截面刚度，砌体类型，构件的重要性和房屋的使用情况，构造柱间距及截面，横墙间距，支撑条件等。

《砌体结构设计规范》给出了不同的砂浆砌筑的砌体的允许高厚比［β］值见表 16-4。

表 16-4 墙、柱的允许高厚比［β］值

砂浆强度等级	墙	柱
M2.5	22	15
M5.0 或 Mb5.0	24	16
≥M7.5 或 Mb7.5	26	17

注 1. 毛石墙、柱允许高厚比应按表中数值降低 20%；
2. 组合砖砌体构件的允许高厚比，可按表中数值提高 20%，但不得大于 28；
3. 配筋混凝土砌块砌体构件的允许高厚比不应大于 30；
4. 验算施工阶段砂浆尚未硬化的新砌砌体高厚比时，允许高厚比对墙取 14，对柱取 11。

2. 高厚比验算

(1) 一般高厚比验算。

$$\beta = \frac{H_0}{h} \leqslant \mu_1 \mu_2 [\beta] \tag{16-6}$$

$$\mu_2 = 1 - 0.4\frac{b_s}{s} \tag{16-7}$$

式中 H_0——墙、柱的计算高度，按表 16-5 采用；

h——墙厚或矩形柱与 H_0 相对应的边长；

μ_1——自承重墙允许高厚比的修正系数；

$h = 240\text{mm}$ $\mu_1 = 1.2$

$h \leqslant 90\text{mm}$ $\mu_1 = 1.5$

$90\text{mm} < h < 240\text{mm}$ μ_1 可按插入法取值

注：①上端为自由端的允许高厚比，除按上述规定提高外，尚可提高 30%；

②对厚度小于 90mm 的墙，当双面用不低于 M10 的水泥砂浆抹面，包括抹面层的墙厚不小于 90mm 时，可按墙厚等于 90mm 验算高厚比。

μ_2——有门窗洞口墙（见图 16-4）允许高厚比的修正系数；

b_s——在宽度 s 范围内的门窗口总宽度；

s——相邻窗间墙、壁柱或构造柱之间的距离。

注：当按式（16-7）算得 μ_2 的值小于 0.7 时，应采用 0.7。当洞口高度等于或小于墙高的 1/5 时，可取 μ_2 等于 1.0。

表 16-5　　受压构件的计算高度 H_0

<table>
<tr><th colspan="3" rowspan="2">房屋类别</th><th colspan="2">柱</th><th colspan="3">带壁柱墙或周边拉结的墙</th></tr>
<tr><th>排架方向</th><th>垂直排架方向</th><th>$s>2H$</th><th>$2H \geqslant s > H$</th><th>$s \leqslant H$</th></tr>
<tr><td rowspan="3">有吊车的单层房屋</td><td rowspan="2">变截面柱上段</td><td>弹性方案</td><td>$2.5H_u$</td><td>$1.25H_u$</td><td colspan="3">$2.5H_u$</td></tr>
<tr><td>刚性、刚弹性方案</td><td>$2.0H_u$</td><td>$1.25H_u$</td><td colspan="3">$2.0H_u$</td></tr>
<tr><td colspan="2">变截面柱下段</td><td>$1.0H_l$</td><td>$0.8H_l$</td><td colspan="3">$1.0H_l$</td></tr>
<tr><td rowspan="5">无吊车的单层和多层房屋</td><td rowspan="2">单跨</td><td>弹性方案</td><td>$1.5H$</td><td>$1.0H$</td><td colspan="3">$1.5H$</td></tr>
<tr><td>刚弹性方案</td><td>$1.2H$</td><td>$1.0H$</td><td colspan="3">$1.2H$</td></tr>
<tr><td rowspan="2">多跨</td><td>弹性方案</td><td>$1.25H$</td><td>$1.0H$</td><td colspan="3">$1.25H$</td></tr>
<tr><td>刚弹性方案</td><td>$1.10H$</td><td>$1.0H$</td><td colspan="3">$1.1H$</td></tr>
<tr><td colspan="2">刚性方案</td><td>$1.0H$</td><td>$1.0H$</td><td>1.0</td><td>$0.4s+0.2H$</td><td>$0.6s$</td></tr>
</table>

注 1. 表中 H_u 为变截面柱的上段高度；H_l 为变截面柱的下段高度；s 为房屋横墙间距。

2. 对于上端为自由端的构件，$H_0 = 2H$。

3. 独立砖柱，当无柱间支撑时，柱在垂直排架方向的 H_0 应按表中数值乘以 1.25。

4. 自承重墙的计算高度，应根据周边支承或拉结条件确定。

(2) 带壁柱墙高厚比验算

带壁柱墙的高厚比验算包括两部分内容：

1) 带壁柱整片墙的高厚比验算。

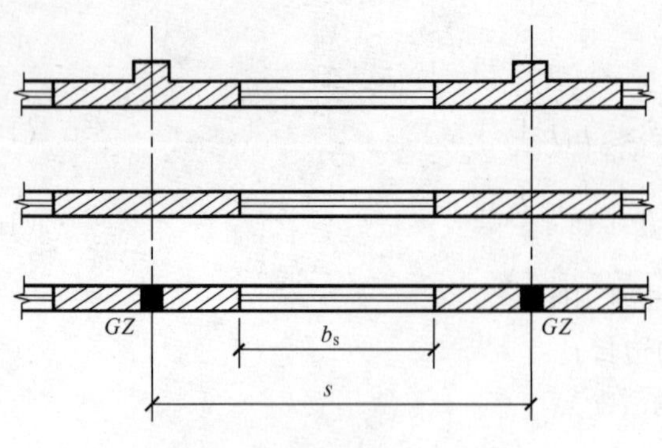

图 16-4 门窗洞口示意图

将壁柱视为墙的一部分，即墙截面为 T 形，按惯性矩和面积都相等的原则换算为矩形截面，其折算墙厚为 $h_T = 3.5i$(i 为截面回转半径)。

此时按式（16-8）验算高厚比：

$$\beta = \frac{H_0}{h_T} \leqslant \mu_1 \mu_2 [\beta] \tag{16-8}$$

在确定整片墙的计算高度时，支承横墙间距离即墙长 s 取相邻横墙的距离 s_w。

在求算带壁柱墙截面的回转半径 i 时，翼缘宽度 b_f按如下规定采用：单层房屋对于无窗洞口的墙面取壁柱宽加 2/3 墙高，同时不得大于壁柱间距和窗间墙宽度。多层房屋有窗洞口时，取窗间墙宽度；无窗洞口时，每侧翼墙宽度可取壁柱高度的 1/3；计算带壁柱墙的条形基础时，可取相邻壁柱间的距离。

2）壁柱之间墙局部高厚比验算。

除了整片墙的高厚比验算外，还应该对壁柱之间墙厚为 h 的墙面进行高厚比验算。壁柱视为墙的侧向不动铰支点，s 取壁柱间距离。而且不管房屋静力计算采用何种方案，确定壁柱间墙的 H_0时，均按刚性方案考虑。

（3）带构造柱墙高厚比验算。

1）整片墙的高厚比验算。

$$\beta = \frac{H_0}{h_T} \leqslant \mu_1 \mu_2 \mu_c [\beta] \tag{16-9}$$

$$\mu_c = 1 + \gamma \frac{b_c}{l} \tag{16-10}$$

式中 μ_c——带构造柱墙允许［β］提高系数。

γ——系数，对细料石、半细料石砌体，$\gamma=0$；对混凝土砌块、粗料石、毛料石及毛石砌体，$\gamma=1.0$；其他砌体，$\gamma=1.5$。

b_c——构造柱沿墙长方向的宽度。

l——构造柱间距，此时 s 取相邻构造柱间距。

2）构造柱间墙高厚比验算。

构造柱视为墙的侧向不动铰支点，s 取构造柱间距离。而且不管房屋静力计算采用何种方案，确定壁柱间墙的 H_0时，均按刚性方案考虑。

当壁柱间的墙较薄、较高以致超过高厚比限值时，可在墙高范围内设置钢筋混凝土圈梁，而且 $b/s \geqslant 1/30$（b 为圈梁宽度）时，圈梁可以视作壁柱间墙的不动铰支点（因为圈梁水平方向刚度较大，能够限制壁柱间墙体的侧向变形）。这样，墙高也就降低为基础顶面至圈梁底面的高度。另外，当与墙体连接的相邻横墙间距 s 太小时，墙体的高厚比可不受［β］的限制，墙厚按承载力计算需要加以确定，这时横墙间距规定为

$$s \leqslant \mu_1 \mu_2 [\beta] h \tag{16-11}$$

当壁柱间或相邻横墙间的墙的长度 $s \leqslant H$（H 为墙的高度）时，应按计算高度 $H_0 =$

0.6s 来计算墙面的高厚比。

【例 16-1】 某单层单跨无吊车的仓库，壁柱间距 4m，中开宽 1.8m 的窗口，墙截面如图 16-5 所示，车间长 40m，屋架下弦标高为 5m，壁柱为 370mm×490mm，墙厚为 240mm，根据车间构造确定为刚弹性方案，试验算带壁柱墙的高厚比。

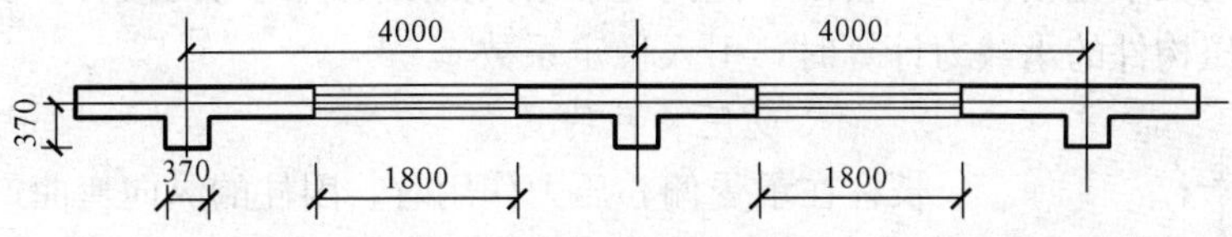

图 16-5　带壁柱墙截面

解　(1) 求壁柱截面的几何特征。

$$A = 240 \times 2200 + 370 \times 250 = 620\ 500(\text{mm}^2)$$

$$y_1 = \frac{240 \times 2200 \times 120 + 250 \times 370(240 + 0.5 \times 250)}{620\ 500} = 156.5\ (\text{mm})$$

$$y_2 = (240 + 250) - 156.5 = 333.5\ (\text{mm})$$

$$I = \frac{1}{12} \times 2200 \times 240^3 + 2200 \times 240 \times (156.5 - 120)^2 + \frac{1}{12} \times 370 \times 250^3 + 370 \times 250 \times (333.5 - 125)^2 = 7\ 740\ 000\ 000\ (\text{mm}^4)$$

$$i = \sqrt{\frac{I}{A}} = 111.8\ (\text{mm})$$

$$h_T = 3.5i = 3.5 \times 111.8 = 391\ (\text{mm})$$

(2) 确定计算高度。

$$H = 5 + 0.5 = 5.5\ (\text{m})\ \text{（到基础顶面）}$$

查表 16-5 得，$H_0 = 1.2H = 1.2 \times 5.5 = 6.6\ (\text{m})$

(3) 整片墙高厚比验算。

采用 M2.5 混合砂浆时查表 16-4 得 $[\beta]=22$。因为是承重墙，所以 $\mu_1=1$。

开有门窗的墙，$[\beta]$ 的修正系数 μ_2 为

$$\mu_2 = 1 - 0.4\frac{b_s}{s} = 1 - 0.4 \times \frac{1.8}{4} = 0.82$$

$$\beta = \frac{H_0}{h_T} = \frac{6.6}{0.391} = 16.9 < \mu_1\mu_2[\beta] = 0.82 \times 22 = 18\text{，满足要求。}$$

(4) 壁柱间墙高厚比验算。

$$S = 4.0\text{m} < H = 5.5\text{m}$$

$$H_0 = 0.6s = 0.6 \times 4000 = 2400$$

$$\beta = \frac{H_0}{h_T} = \frac{2400}{240} = 10 < 18\text{，满足要求。}$$

三、无筋砌体受压构件承载力计算

1. 受压短柱受力

对于短柱受力情况，当轴向压力作用在截面重心时，截面的应力是均匀分布的，破坏时

截面所能承受的最大压应力就是砌体的轴心抗压强度。当轴向力具有较小偏心时，截面的压应力为不均匀分布，对比不同偏心距的偏心受压短柱试验发现，随着偏心距e_0的增大，构件所能承担的轴向压力明显降低。

2. 轴心受压长柱的受力

当砌体柱的长细比较大时，会由于侧向变形增大而发生纵向弯曲破坏，受压承载力比短柱要低，在受压构件的承载力计算时，引入稳定系数φ_0。

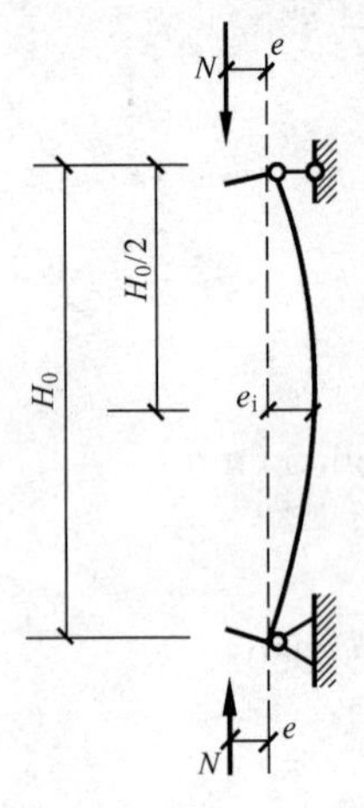

图 16-6　偏心受压构件的附加偏心距

3. 偏心受压长柱的受力

长柱在承受偏心压力作用时，因柱的纵向弯曲产生一个附加偏心距e_i，如图 16-6 所示，使砌体柱中截面的轴向压力偏心距增大，除了轴向力偏心距e以外，还要考虑附加偏心距，所以总的偏心距为$e+e_i$。

4. 受压构件承载力计算

在以上分析的基础上，《砌体结构设计规范》规定无筋砌体受压构件的承载力按下列公式计算

$$N \leqslant \varphi f A \tag{16-12}$$

式中　N——轴向力设计值；

φ——高厚比β和轴向力偏心距e对受压构件承载力的影响系数，可查附表；

f——砌体抗压强度设计值；

A——截面面积，对各类砌体均应按毛截面计算。

注：对矩形截面构件，当轴向力偏心方向的截面边长大于另一方向的边长时，除了按偏心受压计算外，还应对较小边长方向，按轴心受压进行验算。

计算影响系数φ或查φ表时，构件高厚比β应按式（16-13）和式（16-14）确定：

对矩形截面

$$\beta = \gamma_\beta \frac{H_0}{h} \tag{16-13}$$

对 T 形截面

$$\beta = \gamma_\beta \frac{H_0}{h_T} \tag{16-14}$$

式中　γ_β——不同砌体材料的高厚比修正系数，按表 16-6 采用；

H_0——受压构件的计算高度；

h——矩形截面轴向力偏心方向的边长，当轴心受压时为截面较小边长；

h_T——T 形截面的折算厚度，可近似按 $3.5i$ 计算；

i——截面回转半径。

表 16-6　　高厚比修正系数 γ_β

砌体材料类别	γ_β
烧结普通砖、烧结多孔砖	1.0
混凝土普通砖、混凝土多孔砖、混凝土及轻集料混凝土砌块	1.1
蒸压灰砂普通砖、蒸压粉煤灰普通砖、细料石	1.2
粗料石、毛石	1.5

另外，当偏心受压构件的偏心距过大时，构件的承载力明显下降；而且，偏心距过大可能使截面受拉边出现过大的水平裂缝。因此《砌体结构设计规范》规定轴向力的偏心距 e 不应超过 $0.6y$，y 是截面重心到受压边缘的距离。

《砌体结构设计规范》根据不同的砂浆强度等级和不同的偏心距及高厚比计算出 φ 值并列成表。

【例 16-2】 截面尺寸为 370mm×490mm 的砖柱，砖的强度等级为 MU10，混合砂浆强度等级为 M5，柱高 3.2m，两端为不动铰支座。柱顶承受轴向压力标准值 $N_k=160\text{kN}$（其中永久荷载 130kN，已含砖柱自重），试验算该柱的承载力。

解 $N = 1.2\times 130 + 1.4\times 30 = 198\ \text{kN}$

$$\beta = \frac{3.2}{0.37} = 8.65$$

查表影响系数 $\varphi = 0.90$

柱截面面积 $A = 0.37\times 0.49 = 0.18\text{m}^2 < 0.3\text{m}^2$

故调整系数 $\gamma_a = 0.7 + 0.18 = 0.88$

根据砖和砂浆的强度等级查附表得砌体的轴心抗压强度 $f = 1.5\text{N/mm}^2$，则

$\varphi A f = 0.88\times 0.18\times 10^6\times 0.9\times 1.5 = 213.84\times 10^3\text{N} = 213.84\text{kN} > 198\text{kN}$ 安全。

由于可变荷载效应与永久荷载之比 $\rho = 0.23$ 应属于以自重为主的构件，所以再以荷载分项系数 1.35 和 1.0 重新进行计算

$N = 1.35\times 130 + 1.0\times 30 = 205.5\text{kN} < 213.84\text{kN}$，仍然安全。

四、局部受压

局部受压是指轴向力仅作用于砌体的部分截面上。当砌体截面上作用局部均匀压力时（如承受上部柱或墙传来压力的基础顶面），称为局部均匀受压；当砌体截面上作用局部非均匀压力时（如支承或屋架端部支承处的砌体顶面），称为局部不均匀受压。局部受压可以引起局部受压破坏。

砌体局部受压大致有三种破坏形式：因纵向裂缝发展而引起的破坏；劈裂破坏；与垫板直接接触的砌体局部破坏（压碎）。

1. 砌体局部均匀受压

砌体截面中受局部均匀压力时的承载力按下列公式计算：

$$N_l \leqslant \gamma f A_l \tag{16-15}$$

式中 N_l——局部受压面积上的轴向力设计值。

γ——砌体局部抗压强度提高系数；$\gamma = 1 + 0.35\sqrt{\dfrac{A_0}{A_l} - 1}$，$A_0$ 为影响砌体局部抗压强度的计算面积。

f——砌体的抗压强度设计值，可不考虑强度调整系数 γ_a 的影响。

A_l——局部受压面积。

其中计算所得 γ 值，应符合下列规定：

（1）在图 16-7（a）的情况下，$\gamma \leqslant 2.5$。

（2）在图 16-7（b）的情况下，$\gamma \leqslant 2.0$。

（3）在图 16-7（c）的情况下，$\gamma \leqslant 1.5$。

(4) 在图 16-7 (d) 的情况下，$\gamma \leqslant 1.25$。

(5) 对多孔砖砌体和混凝土砌块灌孔砌体，在上述 (1)、(2)、(3) 的情况下，尚应符合 $\gamma \leqslant 1.5$；未灌孔混凝土砌块砌体，$\gamma \leqslant 1.0$。

A_0 则按下列规定采用：

(1) 在图 16-7 (a) 的情况下，$A_0=(a+c+h)\cdot h$。

(2) 在图 16-7 (b) 的情况下，$A_0=(b+2h)\cdot h$。

(3) 在图 16-7 (c) 的情况下，$A_0=(a+h)\cdot h+(b+h_1-h)\cdot h_1$。

(4) 在图 16-7 (d) 情况下，$A_0=(a+h)\cdot h$。

其中 a、b——矩形局部受压面积 A_l 的边长；

h、h_1——墙厚或柱的较小边长，墙厚。

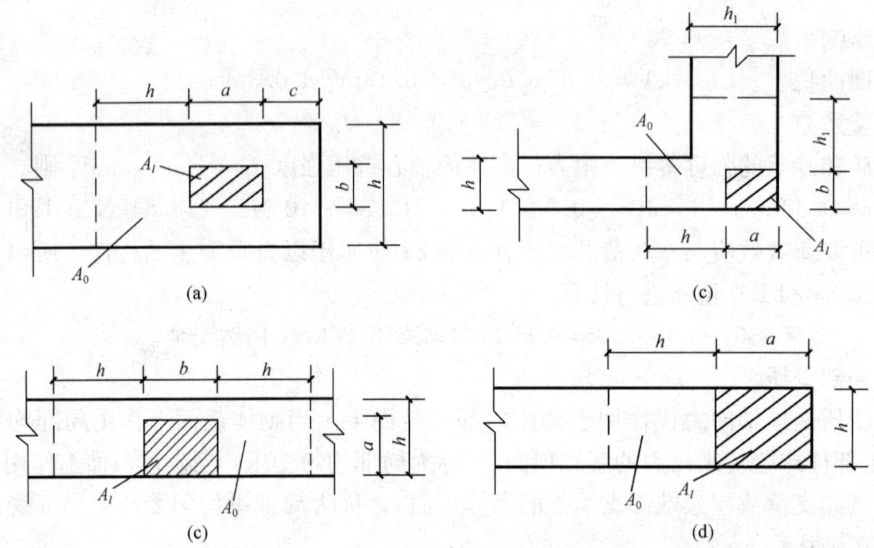

图 16-7 影响局部抗压强度的面积 A_0

2. 梁端局部受压

梁端支承处砌体的局部受压承载力应按下列公式计算

$$\psi N_0+N_l \leqslant \eta\gamma f A_l \tag{16-16}$$

$$\psi=1.5-0.5\frac{A_0}{A_l} \tag{16-17}$$

$$N_0=\sigma_0 A_l \tag{16-18}$$

$$A_l=a_0 b \tag{16-19}$$

$$a_0=10\sqrt{\frac{h_c}{f}} \tag{16-20}$$

式中 ψ——上部荷载的折减系数，当 A_0/A_l 大于等于 3 时，取 ψ 等于 0；

N_0——局部受压面积内上部轴向力设计值；

N_l——梁端支承压力设计值；

σ_0——上部平均压应力设计值；

A_l ——局部受压面积；

η——梁端底面压应力图形的完整系数，可取 0.7，对于过梁和墙梁可取 1.0；

a_0 ——梁端有效支承长度，当 a_0 大于 a 时，应取 a_0 等于 a；

a——梁端实际支承长度；

b——梁的截面宽度；

h_c ——梁的截面高度；

f ——砌体的抗压强度设计值。

3. 梁下设有刚性垫块

当梁端局部受压承载力不满足时，在梁端下设置预制或现浇混凝土垫块扩大局部受压面积，是较有效的方法之一。当垫块的高度大于或等于 180mm，且垫块自梁边缘起挑出的长度不大于垫块的高度时，其刚度较大，称为刚性垫块。

（1）在梁端设有刚性垫块的砌体局部受压承载力应符合下列公式计算规定：

$$N_0 + N_l \leqslant \varphi\gamma_1 f A_b \tag{16-21}$$

$$N_0 = \sigma_0 A_b \tag{16-22}$$

$$A_b = a_b b_b \tag{16-23}$$

式中 N_0 ——垫块面积 A_b 内上部轴向力设计值；

φ——垫块上 N_0 及 N_l 合力的影响系数；

γ_1 ——垫块外砌体面积的有利影响系数，γ_1 应为 0.8γ，但不小于 1，γ 为砌体局部抗压强度提高系数，按 $\gamma = 1 + 0.35\sqrt{\frac{A_0}{A_b} - 1}$ 计算；

A_b ——垫块面积；

a_b ——垫块伸入墙内的长度；

b_b ——垫块的宽度。

（2）刚性垫块的构造应符合下列规定：刚性垫块的高度不宜小于 180mm，自梁边算起的垫块挑出长度不宜大于垫块高度 t_b；在带壁柱墙的壁柱内设刚性垫块时，如图 16-8 所示，其计算面积应取壁柱范围内的面积，而不应计算翼缘部分，同时壁柱上垫块伸入翼墙内的长度不应小于 120mm；当现浇垫块与梁端整体浇筑时，垫块可在梁高范围内设置。

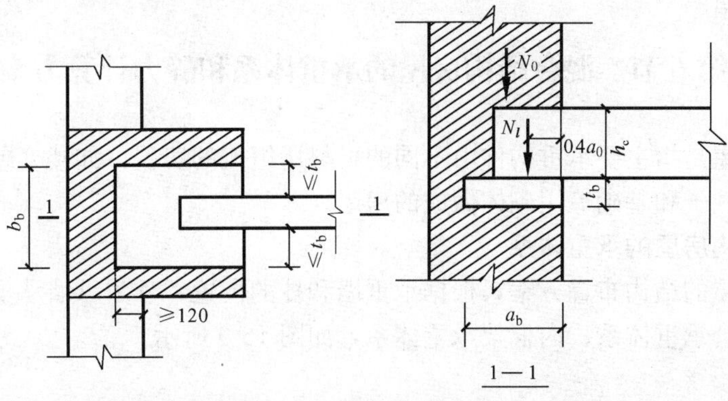

图 16-8 壁柱上设有垫块时梁端局部受压

刚性垫块上表面梁端有效支承长度 a_0 按式（16-24）确定：

$$a_0 = \delta_1\sqrt{\frac{h_c}{f}} \tag{16-24}$$

式中 δ_1——刚性垫块的影响系数，按表 16-7 采用。垫块上 N_l 作用点的位置可取 $0.4a_0$ 处。

表 16-7　　影响系数 δ_1

σ_0/f	0	0.2	0.4	0.6	0.8
δ_1	5.4	5.7	6.0	6.9	7.8

注　表中其间的数值可采用插入法求得。

4. 当梁下设有长度大于 πh_0 的钢筋混凝土垫梁

当梁下设有长度大于 πh_0 的钢筋混凝土垫梁时，垫梁是柔性的，当垫梁置于墙上，在屋面梁或楼面梁的作用下，相当于承受集中荷载的"弹性地基"上的无限长梁。由于垫梁下应力不均匀，最大应力发生在局部范围内。所以《砌体结构设计规范》建议取下式验算

$$\sigma_{ymax} \leqslant 1.5f \tag{16-25}$$

《砌体结构设计规范》考虑到荷载沿墙方向分布不均匀的影响，规定梁下设有长度大于 πh_0 的钢筋混凝土垫梁的砌体局部受压承载力应按下列公式计算：

$$N_0 + N_l \leqslant 2.4\delta_2 f b_b h_0 \tag{16-26}$$

$$N_0 = \pi b_b h_0 \sigma_0 / 2 \tag{16-27}$$

$$h_0 = 2\sqrt[3]{\frac{E_b I_b}{E h_b}} \tag{16-28}$$

式中 N_0——垫梁上部轴向力设计值；

b_b——垫梁在墙厚方向的宽度；

δ_2——当荷载沿墙厚方向均匀分布时 δ_2 取 1.0，不均匀分布时 δ_2 可取 0.8；

h_0——垫梁折算高度；

E_b、I_b——分别为垫梁的混凝土弹性模量和截面惯性矩；

h_b——垫梁的高度；

E——砌体的弹性模量；

h——墙厚。

第五节　混合结构房屋的承重体系和静力计算方案

混合结构房屋是指主要承重构件由不同的材料所组成的房屋，如楼（屋）盖用钢筋混凝土结构，墙体、柱子和基础等用砌体做成的房屋。

一、混合结构房屋的承重体系

混合结构房屋的结构布置方案，根据承重墙和柱的位置，分为纵墙承重体系、横墙承重体系、纵横墙混合承重体系、内框架承重体系，如图 16-9 所示。

1. 纵墙承重体系

纵墙是主要的承重墙，荷载的主要传递路线是：板→（梁）→纵墙→基础→地基。纵墙

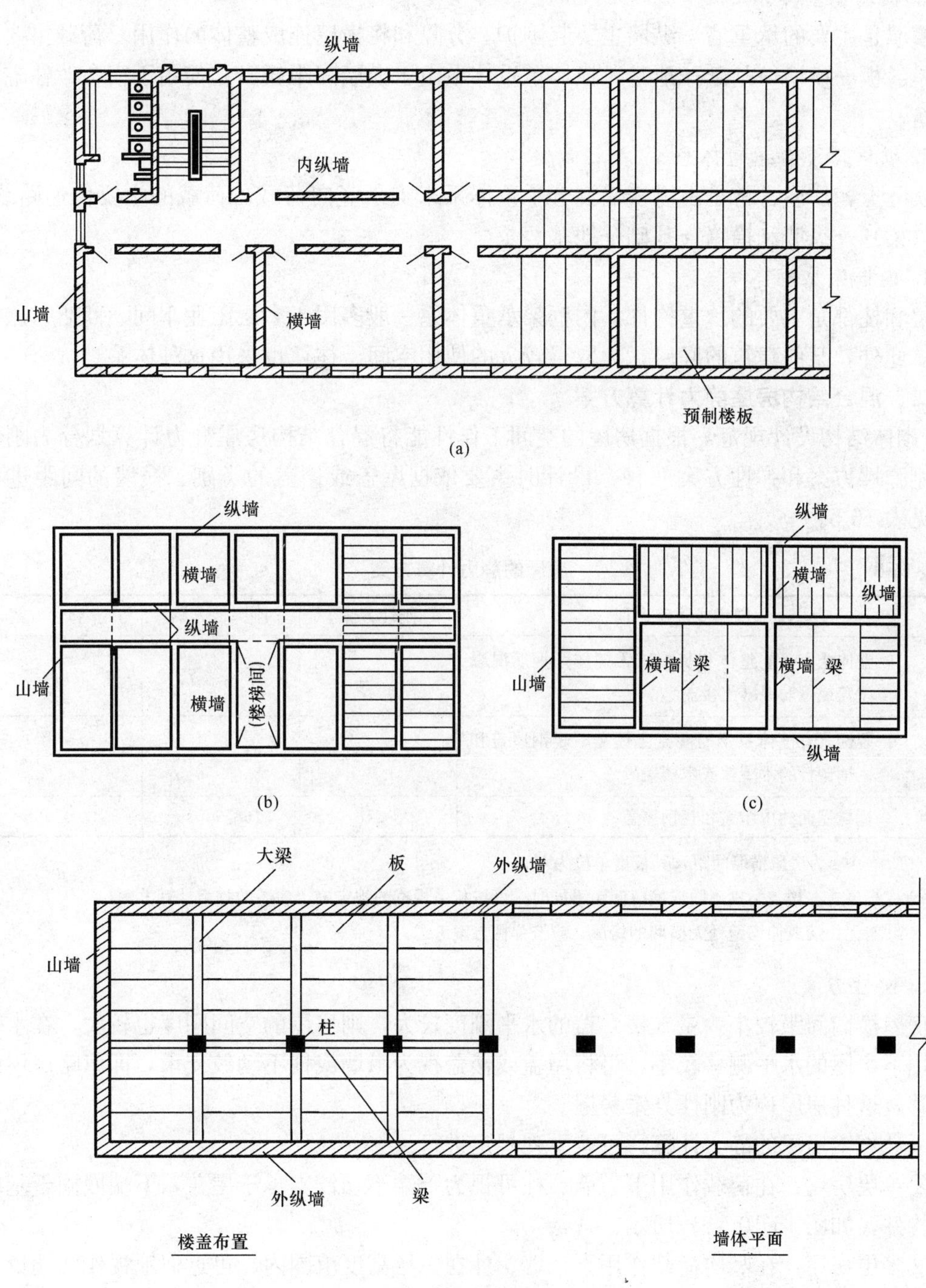

图 16-9　房屋结构承重体系

(a) 纵墙承重体系；(b) 横墙承重体系；(c) 纵横墙承重体系；(d) 内框架承重体系

承重体系适用于使用上要求有较大空间的房屋或隔断墙位置有可能变化的房屋，如教学楼、实验楼、办公楼、图书馆、食堂、仓库和中小型工业厂房等。

2. 横墙承重体系

横墙是主要的承重墙，纵墙主要起围护、分隔和将横墙连成整体的作用。荷载主要传递路线是：板→横墙→基础→地基。横墙承重体系由于横墙间距较密，使用于宿舍、住宅等居住建筑。

3. 纵横墙混合承重体系

实际上，房屋常常是由纵横墙混合承重体系来支承竖向荷载。荷载的主要传递路线是：板→（梁）→纵墙和横墙→基础→地基。

4. 内框架承重体系

墙和柱都是主要的承重构件。内框架承重体系一般多用于多层工业车间、商店、旅馆等建筑。此外，某些建筑的底层，为取得较大的使用空间，往往也采用这种体系。

二、混合结构房屋静力计算方案

《砌体结构设计规范》根据房屋的空间工作性能将混合结构房屋静力计算划分为刚性方案、刚弹性方案和弹性方案三种，设计时主要依据屋盖或楼盖的类别、横墙的间距进行划分，见表16-8。

表16-8 房屋的静力计算方案

序号	屋盖或楼盖类别	刚性方案	刚弹性方案	弹性方案
1	整体式、装配整体和装配式无檩体系钢筋混凝土屋盖或钢筋混凝土楼盖	$s<32$	$32\leqslant s\leqslant 72$	$s>72$
2	装配式有檩体系钢筋混凝土屋盖、轻钢屋盖和有密铺望板的木屋盖或木楼盖	$s<20$	$20\leqslant s\leqslant 48$	$s>48$
3	瓦材屋面的木屋盖和轻钢屋盖	$s<16$	$16\leqslant s\leqslant 36$	$s>36$

注 1. 表中 s 为房屋横墙间距，其长度单位为m；
2. 当屋盖、楼盖类别不同或横墙间距不同时，可按相关规范的规定确定房屋的静力计算方案；
3. 对无山墙或伸缩缝处无横墙的房屋，应按弹性方案考虑。

1. 刚性方案

房屋横墙间距较小，屋（楼）盖的水平刚度较大，则房屋的空间刚度也较大，在水平荷载作用下房屋的水平侧移较小，可将屋盖或楼盖视为纵墙或柱不动铰支承，即忽略房屋的水平位移，这种房屋称为刚性方案房屋。

刚性方案房屋的静力计算，可按下列规定进行：

①单层房屋：在荷载作用下，墙、柱可视为上端不动铰支承于屋盖，下端嵌固于基础的竖向构件，如图16-10（a）所示。

②多层房屋：在竖向荷载作用下，墙、柱在每层高度范围内，可近似地视作两端铰支的竖向构件；在水平荷载作用下，墙、柱可视作竖向连续梁。

2. 弹性方案

房屋的横墙间距较大，屋（楼）盖的水平刚度较大，则房屋的空间刚度较小，在水平荷载作用下房屋的水平侧移较大，不可忽略，这种房屋称为弹性方案房屋。弹性方案房屋的静力计算，可按屋架或大梁与墙（柱）为铰接的、不考虑空间工作的平面排架或框架计算，如图16-10（c）所示。

3. 刚弹性方案

房屋的空间刚度介于刚性方案和弹性方案之间的房屋称为刚弹性方案房屋。即按屋架、大梁与墙、柱铰接并考虑空间工作的平面排架或框架计算的房屋。这种房屋在水平荷载作用下墙、柱顶端的相对水平位移较弹性方案房屋的小，但又不可忽略不计。

刚弹性方案房屋墙柱的内力计算，可根据房屋刚度的大小，将其水平荷载作用下的反力进行折减，然后按平面排架或框架计算，如图 16-10（b）所示。

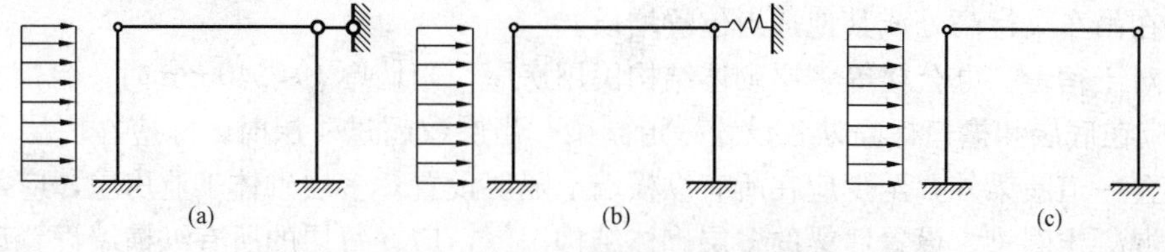

图 16-10　混合结构房屋的计算简图

（a）刚性方案；（b）刚弹性方案；（c）弹性方案

第六节　过梁、圈梁、悬挑构件

一、过梁

过梁是墙体门窗洞口上常用的承重构件。对有较大振动荷载或可能产生不均匀沉降的房屋，应采用钢筋混凝土过梁，当过梁的跨度不大于 1.5m 时，可采用钢筋砖过梁，不大于 1.2m 时，可采用砖砌平拱过梁。

过梁承受荷载有两种情况：第一种仅有墙体荷载；第二种除墙体荷载外，还承受梁板荷载。《砌体结构设计规范》规定过梁的荷载应该按下列规定采用：

（1）对于砖和小型砌块砌体，当梁、板下的墙体高度 $h_w < l_n$ 时（l_n 为过梁的净跨），应计入梁、板传来的荷载；当梁、板下的墙体高度 $h_w \geqslant l_n$ 时，可不考虑梁、板荷载。

（2）对砖砌体，当过梁上的墙体高度 $h_w < l_n/3$ 时，应按墙体的均布自重采用。当墙体高 $h_w \geqslant l_n/3$ 时，应按高度为 $l_n/3$ 墙体的均布自重采用；对混凝土砌块砌体，当过梁上的墙体高度 $h_w < l_n/2$ 时，应按墙体的均布自重采用。当墙体高度 $h_w \geqslant l_n/2$ 时，应按墙体高度为 $l_n/2$ 墙体的均布自重采用。

钢筋混凝土过梁应按钢筋混凝土受弯构件计算。验算过梁下砌体局部受压承载力时，可不考虑上层荷载的影响，取 $\psi = 0$ 。

二、圈梁

圈梁是指在房屋的檐口、窗顶、楼层、吊车梁顶或基础顶面标高处，沿砌体墙水平方向设置封闭状的按构造配筋的混凝土梁式构件。圈梁可以增加混合结构房屋的整体刚度、防止地基的不均匀沉降、减小较大振动荷载及地震作用对房屋的不利影响。圈梁的存在还可减小墙体的计算高度，提高墙体稳定性。跨越门窗洞口的圈梁，配筋若不小于过梁的配筋时，还可兼做过梁；当窗洞较宽，窗间墙较窄，可设置连续过梁，其两端与圈梁相连时亦可起到圈梁作用。位于顶层屋面梁、板下的圈梁又称为檐口圈梁；基础顶面设置的圈梁又称为地圈梁。

1. 圈梁的布置

圈梁的设置，应该根据房屋的类型、墙体的材料、吊车和振动设备要求和情况来决定。

圈梁的设置应符合下列原则：

（1）对于车间、仓库、食堂等空旷的单层房屋，当墙厚 $h \leqslant 240$mm 时，应按下列规定设置圈梁：砖砌体房屋，檐口标高为 5～8m 时，应在檐口标高处设置圈梁一道；檐口标高大于 8m 时，应增加设置数量；砌块及料石砌体房屋，檐口标高为 4～5m 时，应在檐口标高处设置圈梁一道；檐口标高大于 5m 时，应增加设置数量；对有吊车或较大振动设备的单层工业厂房，当未采取有效的隔振措施时，除在檐口或窗顶标高处设置现浇钢筋混凝土圈梁外，尚宜在吊车梁标高处或其他适当位置增设。

（2）对于宿舍、办公楼等多层砌体结构民用房屋，当墙厚 $h \leqslant 240$mm 时，且层数为 3～4 层时，应在底层和檐口标高处各设置一道圈梁；当层数超过 4 层时，除应在底层和檐口标高处各设置一道圈梁外，至少应在所有纵横墙上隔层设置；多层砌体工业房屋，应每层设置现浇钢筋混凝土圈梁。设置墙梁的多层砌体结构房屋，应在每层的所有纵横墙设置现浇钢筋混凝土圈梁。

2. 圈梁的构造要求

（1）圈梁宜连续的设在同一平面上，并形成封闭状。当圈梁被门窗洞口截断时，应在洞口上部增设相同截面的附加圈梁。附加圈梁和圈梁的搭接长度不应小于其中到中垂直距离的两倍，而且不得小于 1m。

（2）钢筋混凝土圈梁的宽度宜与墙厚相同，当墙厚 $h \geqslant 240$mm 时，其宽度不宜小于 $2h/3$。圈梁高度不应小于 120mm，纵向钢筋不宜小于 4Φ10，绑扎接头的搭接长度按受拉钢筋考虑，箍筋间距不宜大于 300mm。

（3）圈梁混凝土强度等级：现浇时不宜低于 C15，预制时不宜低于 C20。

（4）圈梁兼作过梁时，过梁部分的钢筋应按计算用量另行增配。

（5）纵横墙交接处的圈梁应可靠连接。刚弹性和弹性方案房屋，圈梁应与屋架、大梁等构件可靠连接。

三、悬挑构件

挑梁、雨篷、凸阳台和悬挑楼梯往往将钢筋混凝土的梁或板悬挑在墙体外面，称为悬挑构件。

挑梁有三种破坏形式：

（1）抗倾覆力矩小于倾覆力矩而使挑梁围绕倾覆点发生破坏，如图 16-11 所示；

（2）挑梁下砌体局部受压破坏，如图 16-12 所示；

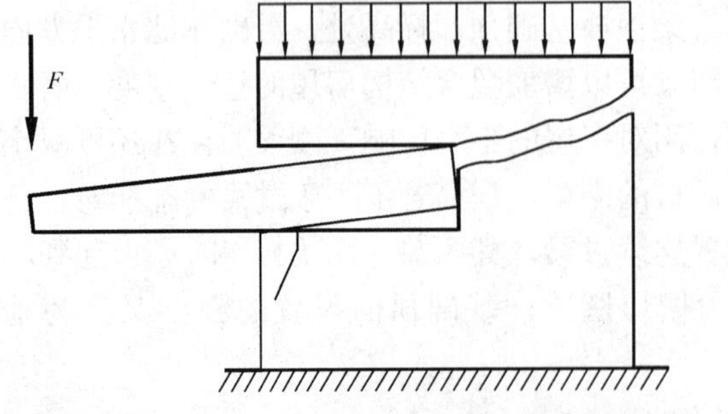

图 16-11 挑梁的倾覆破坏

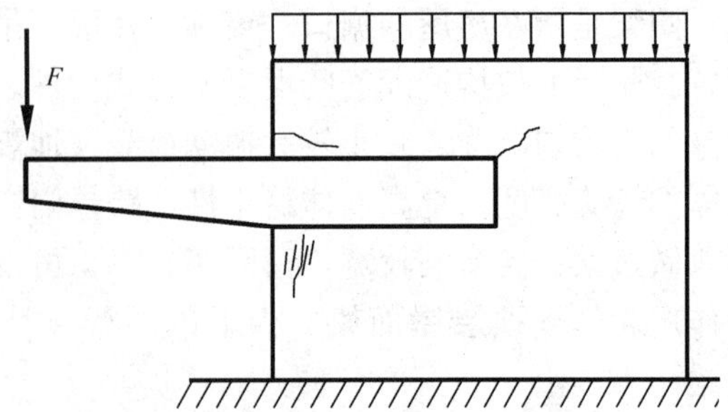

图 16-12 挑梁下砌体局压破坏或挑梁破坏

(3) 挑梁倾覆点附近正截面受弯破坏或斜截面受剪破坏。这种破坏不属于砌体结构讨论问题。

对于雨篷、阳台等这类垂直于墙端挑出的构件，其挑出一边的墙面受压，另一边墙面受拉。当其发生倾覆破坏时，将在雨篷或阳台梁沿墙面产生阶梯型斜裂缝。

挑梁的计算：

1. 抗倾覆验算

当挑梁上的墙体自重和楼盖恒载产生的抗倾覆力矩小于挑梁悬挑段荷载引起的倾覆力矩时，挑梁将发生围绕倾覆点旋转的倾覆破坏。因此《砌体结构设计规范》规定：

$$M_{ov} \leqslant M_r \tag{16-29}$$

式中 M_{ov}——挑梁悬挑段荷载设计值对计算倾覆点产生的倾覆力矩；

M_r——挑梁的抗倾覆力矩设计值。

其中 M_r 的计算可以按下列公式计算：

$$M_r = 0.8G_r(l_2 - x_0) \tag{16-30}$$

式中 G_r——挑梁的抗倾覆荷载，为挑梁尾端上部 45°扩展角的阴影范围（其水平长度为 l_3）内本层的砌体与楼面恒荷载标准值之和，如图 16-13 所示。当上部楼层无挑梁时，倾覆荷载中可计及上部楼层的楼面永久荷载。

l_2——G_r 作用点至墙外边缘的距离。

x_0——计算倾覆点至墙外边缘的距离，mm。当 $l_1 \geqslant 2.2h_b$ 时，$x_0 = 0.3h_b$，且不大于 $0.13l_1$；当 $l_1 < 2.2h_b$ 时，$x_0 = 0.13l_1$ 。

l_1——挑梁埋入砌体墙中的长度，mm。

h_b——挑梁的截面高度，mm。

当挑梁下有构造柱时，计算倾覆点至墙外边缘的距离可取 $0.5x_0$。l_3 取值原则：当洞口在 l_1 之外时，$l_3 = 0$。

2. 挑梁下砌体的局部受压承载力验算

挑梁下砌体的局部受压承载力可按式（16-31）验算：

$$N_l \leqslant \eta\gamma f A_l \tag{16-31}$$

式中 N_l——挑梁下的支承压力，可取 $N_l = 2R$，R 为挑梁的倾覆荷载设计值。

η——梁端底面压应力图形的完整系数，可取 0.7。

γ——砌体局部抗压强度提高系数，对矩形截面墙段（一字墙），$\gamma = 1.25$；对 T 形截面墙段（丁字墙）$\gamma = 1.5$，如图 16-14 所示。

A_l——挑梁下砌体局部受压面积，可取 $A_l = 1.2bh_b$，b 为挑梁的截面宽度，h_b 为挑梁的截面高度。

3. 挑梁承载力计算

由于倾覆点不在墙边而在离墙边 x_0 处，以及墙内挑梁上下界面压应力作用。可以知道，挑梁承受的最大弯矩 M_{max} 在接近 x_0 处，最大的剪力 V_{max} 在墙边，所以

$$M_{max} = M_{ov} \tag{16-32}$$

$$V_{max} = V_0 \tag{16-33}$$

式中 M_{max}——挑梁最大弯矩设计值；

V_{max}——挑梁最大剪力设计值；

V_0——挑梁的荷载设计值在挑梁墙外边缘截面产生的剪力。

挑梁受弯承载力和受剪承载力计算与一般钢筋混凝土梁相同。

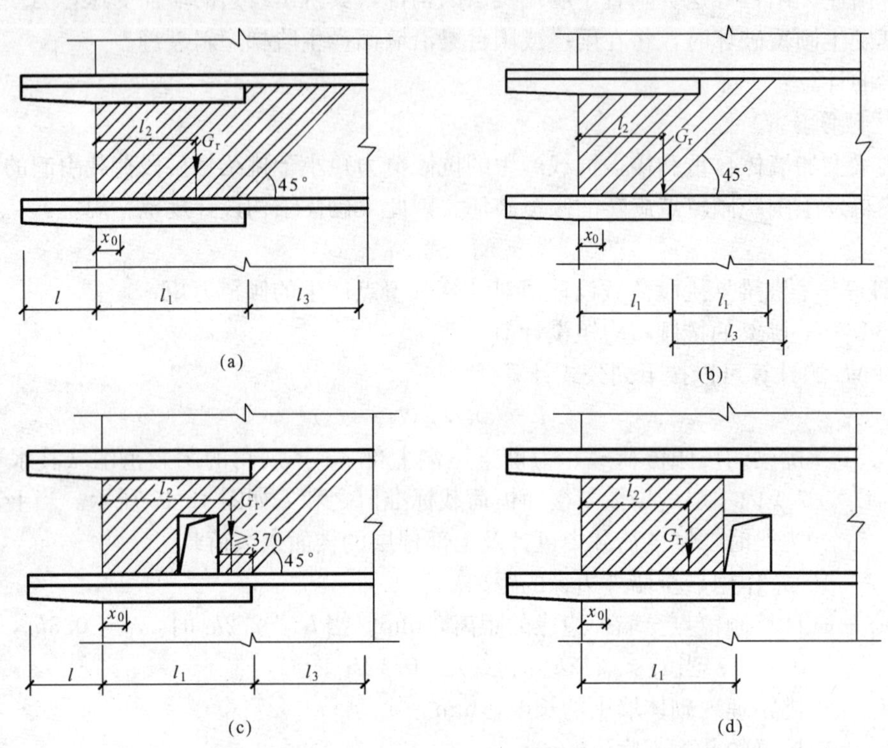

图 16-13　挑梁的抗倾覆荷载

(a)不开洞墙体，$l_3 \leqslant l_1$；(b)不开洞墙体，$l_3 > l_1$；(c)开洞墙体，洞在 l_1 之内时；(d)开洞墙体，洞在 l_1 之外时

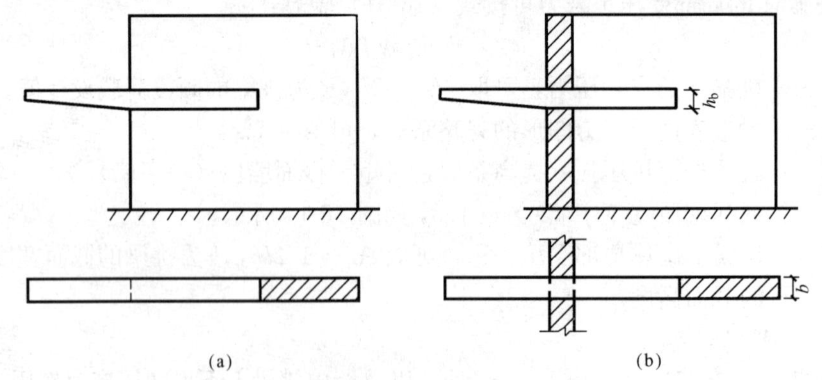

图 16-14　挑梁下砌体局部受压

(a) 挑梁支承在一字墙上；(b) 挑梁支承在丁字墙上

4. 挑梁的构造要求

(1) 由于挑梁埋入段仍有弯矩存在，并逐渐减少至尾端为零；故挑梁上部纵向受力钢筋应有不少于计算钢筋面积的一半，且不少于 2Φ12 伸入挑梁尾端。其他钢筋伸入埋入段的长

度不应小于 $2l_1/3$。

(2) 为了从构造上保证梁的稳定性，其埋入长度 l_1 与挑出长度 l 之比宜大于 1.2；当挑梁上无砌体时，l_1 与 l 之比宜大于 2。

(3) 施工阶段悬挑构件的稳定性应按施工荷载进行抗倾覆验算，必要时可架设临时支撑。

四、墙体的构造措施

墙体的构造措施此处从略，具体内容详见《砌体结构设计规范》。

思 考 题

16-1 什么是砌体结构？砌体结构有什么优缺点？

16-2 影响砌体抗压强度的因素有哪些？

16-3 墙柱高厚比验算包括哪几个方面？

16-4 混合结构房屋的结构布置方案有哪几种？

16-5 混合结构房屋有哪几种静力计算方案？

16-6 什么是过梁？过梁承受的荷载如何考虑？

16-7 什么是圈梁？圈梁的作用是什么？

16-8 挑梁有哪些破坏形式？

第十七章 高层建筑结构简介

内 容 提 要

1. 高层建筑的受力特点
2. 高层建筑结构体系

第一节 概 述

高度和层数是高层建筑的两个主要指标，我国《高层建筑混凝土结构技术规程》（以下简称"高规"）规定10层及10层以上或房屋高度超过28m的住宅建筑结构和房屋高度大于24m的其他民用建筑结构称为高层建筑。在结构设计中，高层建筑的高度一般是指从室外地面至主要屋面的距离，不包括地下室、突出屋面的水箱、电梯间等部分的高度。

随着轻质高强材料的推广应用、抗侧力结构体系的发展、结构设计计算理论的发展、服务设施和技术设备的完善，世界各地已经建成了大量的高层和超高层建筑。目前较为典型的高层建筑结构有：马来西亚吉隆坡的双子塔，88层，高452m，钢—混凝土混合结构；美国芝加哥的西尔斯大厦，110层，高442m，钢结构；朝鲜平壤的柳京饭店，105层，高319.8m，钢筋混凝土结构；美国休斯敦的贝壳广场大厦，60层，高226m，轻骨料混凝土结构。我国较为典型的如上海金茂大厦，88层，高420.5m，钢筋混凝土核心筒与巨型钢骨架混合结构；深圳地王大厦，81层，高325m，混凝土核心筒外框钢结构；广州中信广场，80层，高322m，钢筋混凝土框—筒结构；北京京广大厦，52层，高208m，钢结构。

目前，世界第一高楼"哈利法塔"位于阿拉伯联合酋长国的迪拜，160层，建筑高度828m，于2010年1月5日正式启用；位于我国台湾台北市信义区的101金融大厦，2003年建成，地上101层，地下5层，楼高508m；上海环球金融中心，于2008年8月29日竣工，总建筑面积38.16万m^2，地上101层，地下3层，建筑主体高度达492m；上海新第一高楼——陆家嘴"上海中心大厦"主体建筑高度为580m，塔冠最高点为632m，建成后将与金茂大厦、上海环球金融中心等组成浦东陆家嘴金融贸易区的超高层建筑群。

目前，随着城市经济和科技的发展，中国内陆各地陆续建造了若干高层和超高层建筑，拥有高层建筑的规模和数量，已经成为衡量一个城市的经济发展水平、城市现代化的象征。

高层建筑的设计与建造不仅要考虑到建筑功能与结构受力，还应该考虑到文化、社会、经济和技术等各方面的要求。按单位建筑面积计算，高层建筑的造价和管理费用都远远超出多层建筑。图17-1反映了材料用量或土建造价（以单位建筑面积计）与建筑物层数之间的关系。但是，有时从城市总体规划的角度来看，建造高层建筑可以带来明显的社会经济效益。

高层建筑结构的受力特点与多层建筑结构的主要区别，在于侧向力（风或水平地震作用）成为影响结构内力、结构变形及建筑物土建造价的主要因素。在一般多层建筑结构中，竖向荷载是影响结构内力的主要因素。在结构变形方面，主要考虑梁在竖向荷载作用下的挠度，一般不必考虑结构侧向位移对建筑物使用功能或结构可靠性的影响。在高层建筑结构中，竖向荷载的作用与多层建筑相似，柱内轴力随着层数的增加而增大，可近似地认为轴力与层数呈线性关系，见图 17-2（a）；而水平向作用的风荷载或地震作用力可近似地认为呈倒三角分布，该倒三角分布力在结构底部所产生的弯矩与结构高度的三次方成正比，见图 17-2（b）；在水平力作用下，结构顶点的侧向位移与高度的四次方成正比，见图 17-2（c）。上述弯矩和侧向位移常常成为决定结构方案、结构布置及构件截面尺寸的控制因素。

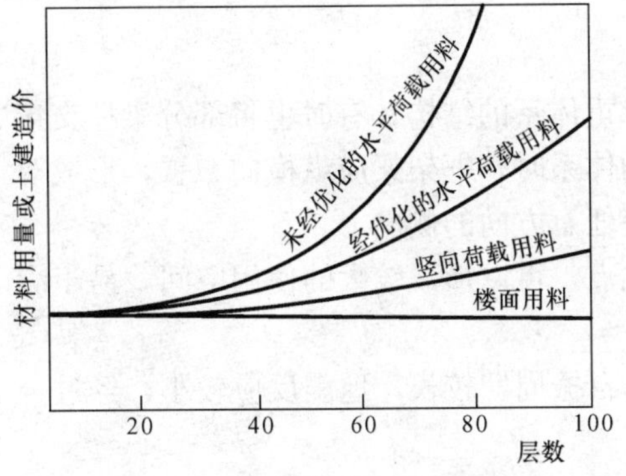

图 17-1 高层建筑的经济指标

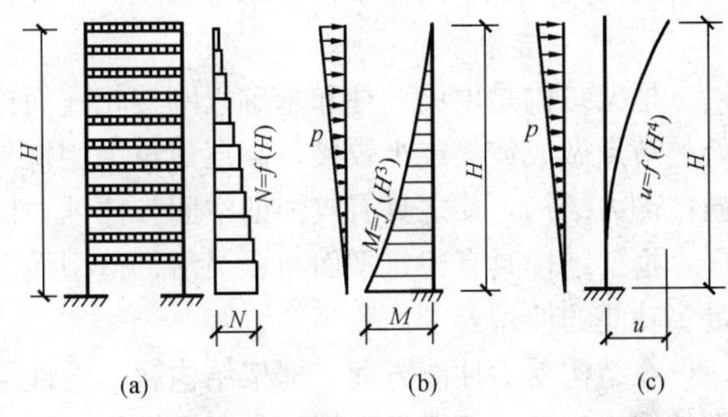

图 17-2 高层建筑结构的受力特点

（a）轴力与高度的关系；（b）弯矩与高度的关系；（c）侧向位移与高度的关系

高层建筑结构也可以看成是底端固定的悬臂柱，承受竖向荷载和侧向力的作用，建筑物的侧向位移（或称水平位移），常会成为结构设计的控制因素。侧向位移过大，会导致建筑装修与隔墙的损坏，造成电梯运行困难，使居住者感觉不良。另一方面，侧向位移过大，竖向荷载将会产生显著的附加弯矩（即 p-Δ 效应），使结构内力增大，甚至会引起主体结构的开裂或破坏。为此，《高规》对楼层层间最大位移与层高之比 $\Delta u/h$ 作了如下规定。

（1）高度不大于 150m 的高层建筑，其楼层层间最大位移与层高之比 $\Delta u/h$ 不宜大于表 17-1 的限值。

表 17-1 楼层层间最大位移与层高之比的限值

结构类型	$[\Delta u/h]$	结构类型	$[\Delta u/h]$
框架	1/550	筒中筒、剪力墙	1/1000
框架-剪力墙、框架-核芯筒	1/800	框支层	1/1000

注 楼层层间最大位移 Δu 以楼层最大的水平位移差计算，不扣除整体弯曲变形。

（2）高度为 150m 至 250m 之间的高层建筑，楼层层间最大位移与层高之比 $\Delta u/h$ 的限值按线性插入取用。

（3）高度为 250m 及以上的高层建筑，楼层层间最大位移与层高之比 $\Delta u/h$ 的限值为 1/500。

为了实现“大震不倒”，还应对某些高层建筑进行罕遇地震作用下薄弱层（部位）的抗震变形验算，具体规定见《高规》。

第二节 高层建筑结构体系

高层建筑结构体系包括两个方面：竖向结构体系和水平结构体系。

竖向结构也称为抗侧力结构。对于高层建筑结构来说，因为侧向力（如水平风荷载和水平地震作用）对结构内力及变形的影响加大，所以竖向承重结构体系不但要承受与传递竖向荷载，还要抵抗侧向力的作用。水平结构即建筑物的楼盖及屋盖结构。在高层建筑中，楼（屋）盖结构除了承受与传递楼（屋）面竖向荷载以外，还要协调各榀抗侧力结构的变形与位移，对结构的空间整体刚度的发挥和抗震性能有直接的影响。

一、钢筋混凝土竖向结构体系

高层建筑常用的钢筋混凝土竖向结构体系有：框架结构体系、剪力墙结构体系、框架—剪力墙结构体系、筒体结构体系等。

1. 框架结构体系

框架结构是由梁、柱和基础以刚接相连而构成承重体系的结构，有时也将部分梁柱交接处的节点做成铰接或半铰接。高层建筑采用框架结构体系时，框架梁应纵横向布置，形成双向抗侧力结构，使之具有较强的空间整体性，以承受任意方向的侧向力。

框架结构具有建筑平面布置灵活、造型活泼等优点，可以形成较大的使用空间，易于满足多功能的使用要求。

在结构受力性能方面，框架结构属于柔性结构，自振周期较长，地震反应较小，经过合理的结构设计，可以具有较好的延性性能。

框架结构的缺点是结构抗侧刚度较小，在地震作用下侧向位移较大，容易使填充墙产生裂缝，并引起建筑装修、玻璃幕墙等非结构构件的损坏。地震作用下的大变形还会在框架柱内引起 $p\text{-}\Delta$ 效应，严重时会引起整个结构的倒塌。同时，当建筑层数较多或荷载较大时，要求框架柱截面尺寸较大，既减少了建筑使用面积，又会给室内办公用具或家具的布置带来不便。

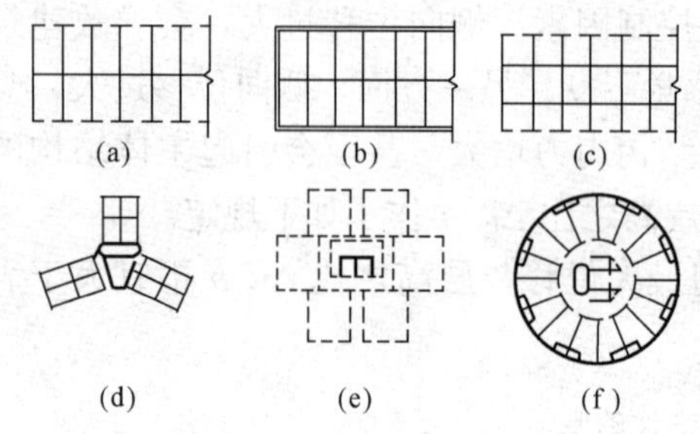

图 17-3 剪力墙结构平面

框架结构体系一般适用于非地震区或层数较少的高层建筑。在抗震设防烈度较高的地区，其建筑高度应严格控制。

2. 剪力墙结构体系

剪力墙结构是由剪力墙同时承受竖向荷载和侧向力的结构，建筑平面形式如图 17-3 所示。剪力墙是利用建筑外墙和内隔墙位置布置的钢筋混凝土结构墙，是下端固定在基础顶面上的竖向悬臂板，竖向荷载在墙体内主要产生向下的压力，侧向力在墙体内产生水平剪力和弯矩。因这类墙体具有较大的承受侧向力（水平剪力）的能力，故被称为剪力墙。在地震区，侧向力主要是水平地震作用力，因此剪力墙有时也称为抗震墙。

剪力墙结构的适用范围较大，从十几层到三十几层的建筑都很常见，在四五十层及更高的建筑中也很适用。它常被用于高层住宅和高层旅馆建筑中，因为这类建筑物的隔墙位置较为固定，布置剪力墙不会影响各个房间的使用功能，而且在房间内没有柱、梁等外凸构件，既整齐美观，又便于室内家具布置。

3. 框架—剪力墙结构体系

在框架结构中的部分跨间布置剪力墙，或把剪力墙结构中的部分剪力墙抽掉改成框架承重，即成为框架—剪力墙结构，图 17-4 为框架—剪力墙结构的布置方案示例。它既保留了框架结构建筑布置灵活、使用方便的优点，又具有剪力墙结构抗侧刚度大、抗震性能好的优

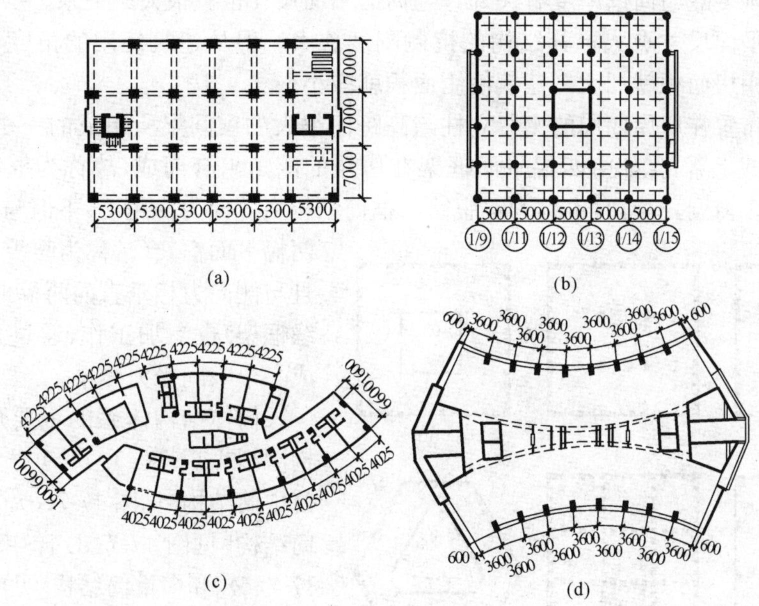

图 17-4　框架—剪力墙结构布置

（a）上海交通大学包兆龙图书馆；（b）甘肃省图书馆；（c）深圳西丽大厦；（d）广州远洋大厦

点，同时还可充分发挥材料的强度作用，具有较好的技术经济指标，因而被广泛地应用于高层办公楼建筑和旅馆建筑中。

框架—剪力墙结构的适用范围很广，10～40 层的高层建筑均可采用这类结构体系。当建筑物较低时，仅布置少量的剪力墙即可满足结构的抗侧要求；而当建筑物较高时，则要有较多的剪力墙，并通过合理的布置使整个结构具有较大的抗侧刚度和较好的整体抗震性能。

4. 筒体结构体系

筒体结构体系主要有核心筒结构和框筒结构。

核心筒一般由布置在电梯间、楼梯间及设备管线井道四周的钢筋混凝土墙所组成。为底端固定、顶端自由、竖向放置的薄壁筒状结构，其水平截面为单孔或多孔的箱形截面，如图 17-5 所示。它既可以承受竖向荷载，又可承受任意方向上的侧向力作用，是一个空间受力结构。在高层建筑平面布置中，为充分利用建筑物四周作为景观和采光，电梯等服务性设施的用房常常位于房屋的中部，核心筒也因此而得名，因筒壁上仅开有少量洞口，故有时也称为“实腹筒”。

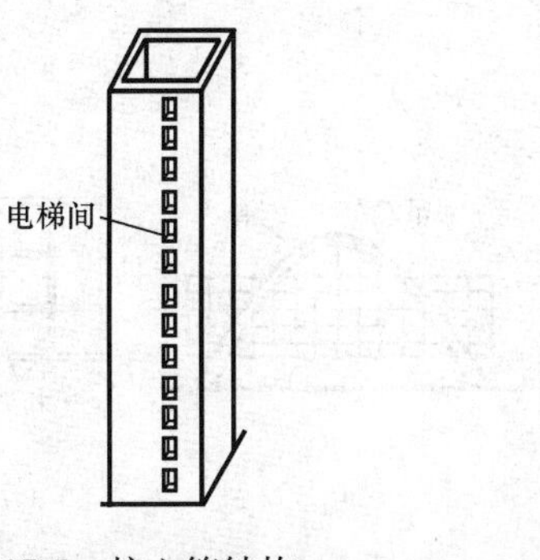

图 17-5　核心筒结构

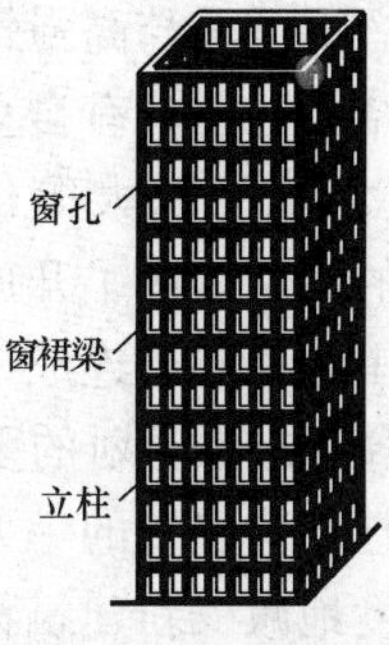

窗孔
窗裙梁
立柱

图 17-6　框筒结构

核心筒的刚度除与筒壁厚度有关外，与筒的平面尺寸也有很大的关系。从结构受力的角度看，核心筒平面尺寸愈大，其结构的抗侧刚度愈大。但从建筑使用的角度看，核心筒越大，则服务性用房面积就加大，建筑使用面积就减小。

框筒是由布置在房屋四周的密集立柱与高跨比很大的窗间梁所组成的一个多孔筒体，见图 17-6。从形式上看，犹如由四榀平面框架在房屋的四角组合而成，故称为框筒结构。因其立面上开有很多窗洞，故有时也称为空腹筒。框筒结构在侧向力作用下，不但与侧向力平行的两榀平面框架（常称为腹板框架）受力，而且与侧向力相垂直的两榀框架（常称为翼缘框架）也参加工作，通过角柱的连接形成一个空间受力体系。

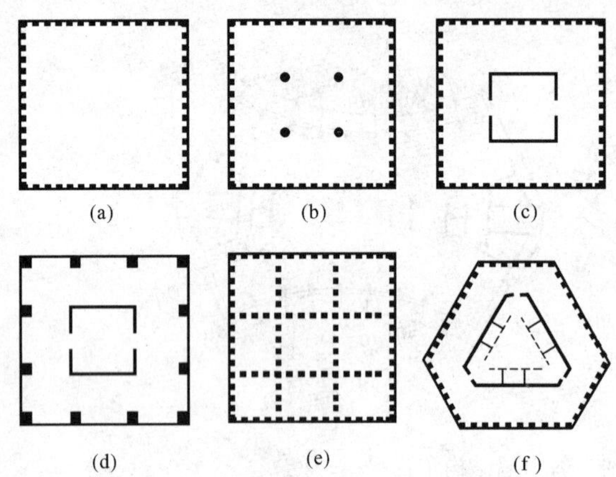

图 17-7 筒体结构平面

筒体结构体系的主要形式有框筒结构[见图 17-7(a)、(b)]、核心筒结构；筒中筒结构[见图 17-7(c)]、框架—核心筒结构[见图 17-7(d)]、束筒结构[见图 17-7(e)]和多重筒结构[见图 17-7(f)]。

有时也可在上述结构的基础上辅助地布置一些框架或剪力墙，与筒体结构整体共同工作，形成各种独特的结构方案。筒体结构抗侧刚度大，整体性好；建筑布置灵活，能够提供很大的、可以自由分隔的使用空间，特别适用于 30 层以上或 100m 以上的超高层办公楼建筑。

二、高层建筑结构的其他形式

高层建筑结构的布置有很大的灵活性，例如可以在各种基本结构形式的基础上进行灵活地组合和布置，形成新的抗侧力结构体系。这里介绍几种典型的结构方案。

1. 悬挂结构

悬挂结构是以核心筒、刚架、拱等作为竖向承重结构，全部楼面均通过钢丝束、吊索悬挂在上述承重结构上而形成的一种新型结构体系，见图 17-8。由于受拉的钢丝束与受压的核心筒或拱受力明确，可充分发挥混凝土与高强钢丝的强度，所以这种结构往往具有自重轻、用钢量少、有效使用面积大等优点。特别是在建筑物的底层形成了开放的自由空间，可与周围地面环境连成一体综合布置，易于满足城市规划的要求。占地面积小是悬挂结构建筑的一大特点，这样可最大限度地减少新建筑物对邻近老建筑物的影响。这对旧城区的

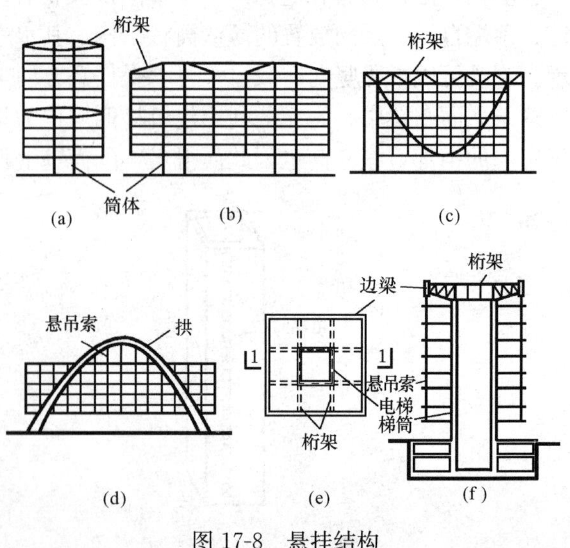

图 17-8 悬挂结构

改造，或在密集的建筑群中建造新的高层建筑，具有特别重要的意义。

2. 巨型框架结构

在高层建筑中，通常每隔一定的层数就有一个设备层，用于布置水箱、空调机房、电梯机房或安置其他一些设备。这些设备层在立面上一般没有或很少有布置门窗洞口的要求，因此，可以利用该设备层的高度，布置一些强度和刚度都很大的水平构件（桁架或现浇钢筋混凝土大梁）。巨型框架结构是将位于设备层上的大梁或大型桁架作为水平构件，将布置在建筑物四周的大型柱子或钢筋混凝土井筒作为柱子，与位于建筑物中间的核心筒组成整体，形成具有强大抗侧刚度的巨型的框架结构，见图 17-9。巨型框架结构打破了传统框架按建筑楼层和建筑开间布置结构承重构件的做法，把结构按两级受力体系进行布置。第一级即巨型框架，作为主要的抗侧力结构，并把荷载传至基础；第二级为在巨型框架的水平构件之间、由普通的楼层构件所组成的普通框架，以形成若干层建筑使用空间，普通框架上的竖向荷载和水平作用力则全部传递给巨型框架。巨型框架结构在建筑结构上给人以巨型骨架的感觉，也为建筑上布置大空间提供了方便。另外，各小框架可在巨型框架施工结束后同时施工，加快了施工进度。

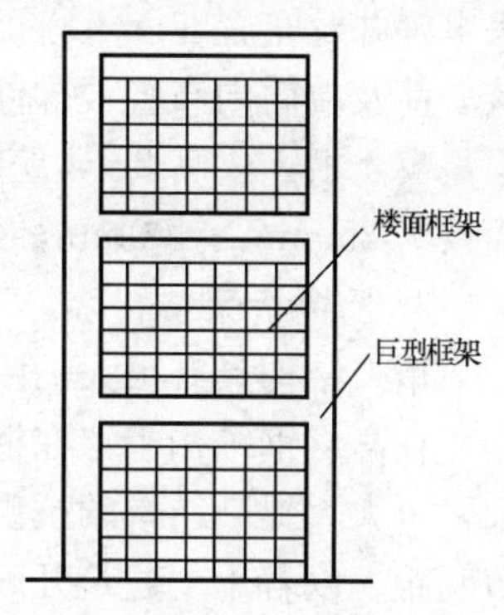

图 17-9　巨型框架结构

图 17-10 为深圳亚洲大酒店的结构布置示意图，该建筑共 32 层，高 96.5m。竖向由中

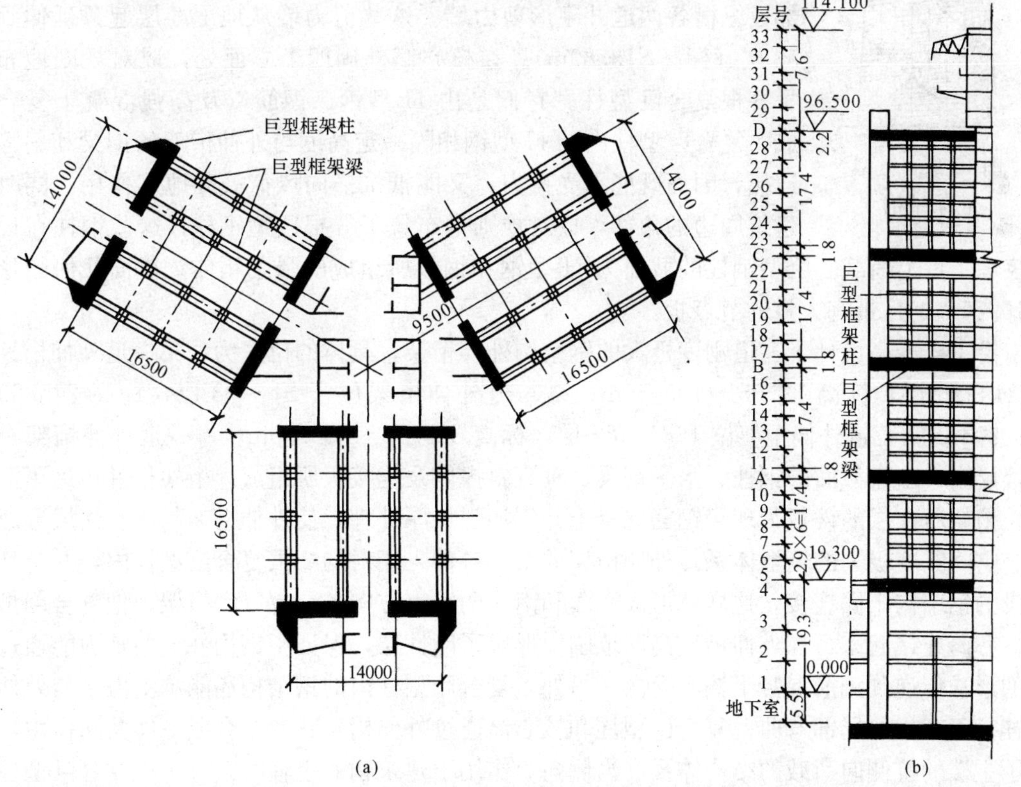

图 17-10　深圳亚洲大酒店

(a) 结构平面图；(b) 剖面示意图

央电梯井及布置在Y形平面三个端部的端筒作为巨型框架柱子，每隔6层设置巨型框架梁。核心筒及端筒内布置楼梯间、电梯间及设备用房，筒壁最厚处达800～1000mm。巨型框架梁每翼4根，梁高2m，跨度16.5m。两层巨型框架梁之间的小框架只承受竖向荷载，柱截面仅为250mm×400mm，第六层可不设小框架中柱，以便于建筑上布置大空间。

3. 竖向桁架结构

桁架结构具有很大的刚度，能够充分利用材料强度，因而在桥梁结构中得到了广泛的应用。在高层钢结构中，在框架平面内增设一些斜向支撑或腹杆，使之成为竖向放置的刚接桁架，可大大提高结构的抗侧刚度，改善结构的受力性能。若采用若干个建筑层高作为桁架的节间距，以若干个建筑开间作为桁架的弦杆间距，则所形成的巨型桁架可作为高层建筑的承重结构，同时承受竖向荷载和水平力。

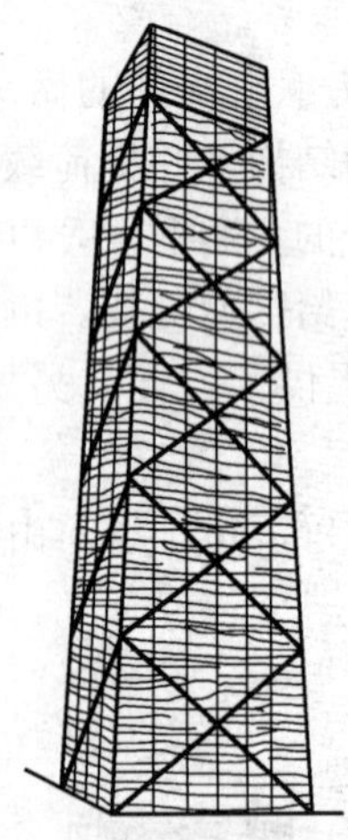

图17-11 巨型桁架结构

图17-11为建于美国芝加哥的约翰·汉考克大楼的巨型桁架布置示意图，该建筑共100层，高344m。

4. 核心筒加复合巨型柱结构

上海金茂大厦主楼结构即采用了核心筒加外圈复合巨型柱的方案，同时由3道强劲的钢结构外伸桁架将核心筒和复合巨型柱连成整体，以提高主楼的侧向刚度，如图17-12所示。核心筒平面形状呈八角形，外围尺寸约为27m×27m，筒顶标高为333.70m，全部为现浇钢筋混凝土结构。根据建筑功能上的要求以及结构刚度的需要，在核心筒内部设纵横各两道井字形剪力墙。这些剪力墙从地下3层起只延伸到第53层（标高213.80m）。在核心筒外周四个立面处，成对规则地布置了8根复合巨型柱。它们是由H型钢、钢筋以及高强混凝土复合而成。复合巨型柱内的H型钢相隔一定高度与外伸桁架的钢梁和斜撑相连接，因而既能承受重力，又能抵抗横向风荷载和地震作用。同时在建筑周边的角部，成对规则地布置了8根巨型钢柱，这些钢柱在设计中仅承受重力荷载。巨型钢柱的截面为H型钢和钢板所组成的强劲箱体，截面几何图形成“曰”字状，且带有大量的节点板。

沿主楼全高设计了三道刚度极大的钢结构外伸桁架，具体的位置为：第一道外伸桁架位于24～26层，标高97.05～105.55m；第二道外伸桁架位于51～53层，标高205.80～213.80m；第三道外伸桁架位于85～87层，标高325.70～333.70m。每一道外伸桁架有两个楼层高，由大截面的钢柱、水平钢梁、垂直斜撑以及连接板所组成。桁架杆件包裹了混凝土，桁架所在层的楼板为现浇钢筋混凝土并作加强加厚处理，使外伸桁架与所在楼层形成了一个空间刚度极大的箱形体系。外伸桁架的两端各伸入相对的2根复合巨型柱内，并与柱中埋设的钢结构牢固连接，这样就形成东西和南北两垂直方向各二榀巨型桁架，把复合巨型柱和核心筒连接起来，在外伸桁架高度范围内形成了刚性层，保证了钢构件上的轴力能通过剪力的形式传递到钢筋混凝土核心筒内。另外，复合巨型柱内的钢结构还能承受由于与外伸桁架连接而产生的局部弯曲。复合巨型柱和核心筒通过外伸桁架三者结合成一体共同作用，构成了主楼的抗侧向荷载的结构体系。当侧向力作用于建筑物的主轴时，有4根复合巨型柱起作用。而当侧向力斜向作用于建筑物时，则8根复合巨型柱同时起作用，大大地提高了主楼结构抗侧力的能力。

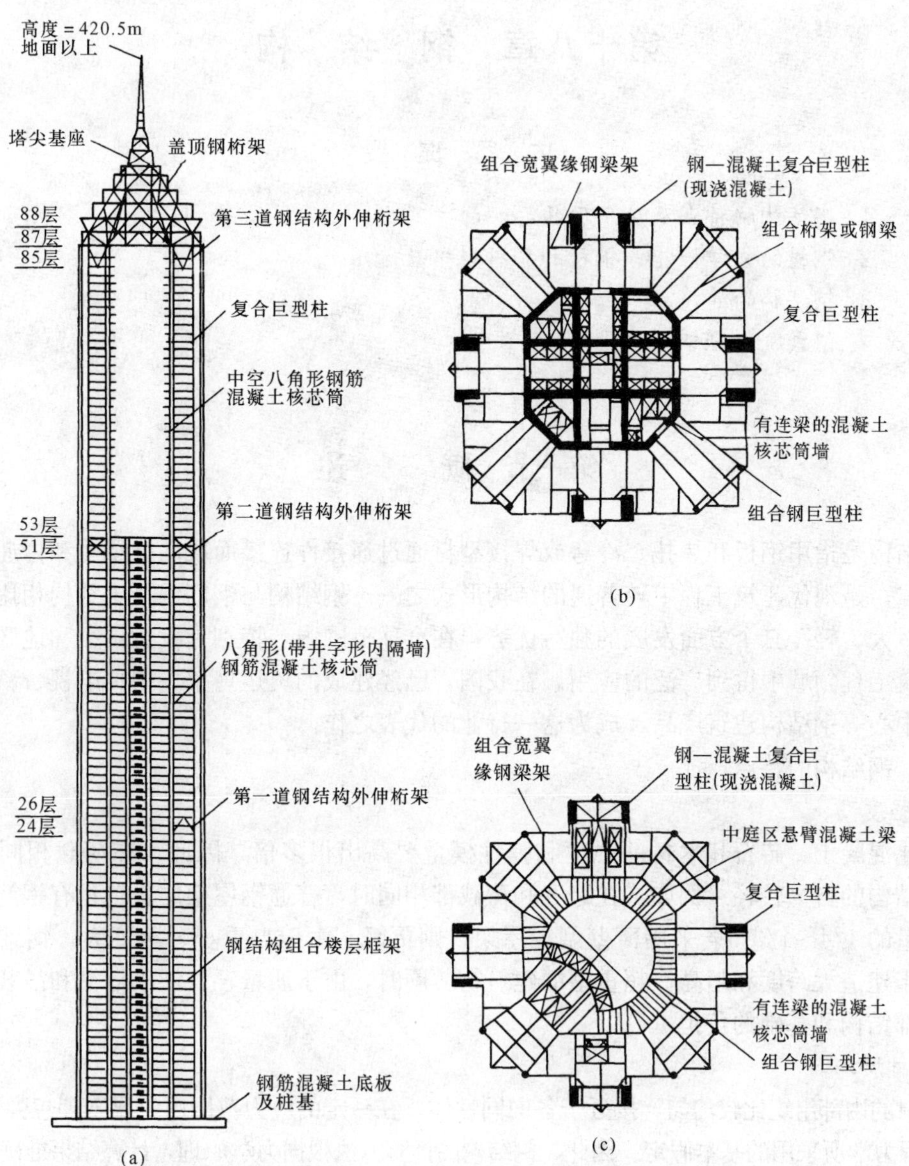

图 17-12 金茂大厦主楼结构体系

(a) 结构剖面图；(b) 办公室标准层结构平面；(c) 酒店标准层结构平面

思 考 题

17-1 什么是高层建筑？

17-2 高层建筑结构的受力特点是什么？

17-3 高层建筑结构体系包括哪两个方面？

17-4 钢筋混凝土竖向结构体系有哪些？

17-5 高层建筑有哪些其他结构体系？

第十八章　钢　结　构

内　容　提　要

1. 钢结构的特点及应用现状
2. 钢材的力学性能、钢材的品种规格及选用
3. 钢结构的连接
4. 门式刚架轻钢结构设计

第一节　概　　述

钢结构是指用钢板和热扎、冷弯或焊接型材通过连接件连接而成的能承受和传递荷载的结构形式，是现代建筑工程中较普通的结构形式之一。钢结构与钢筋混凝土结构相比，具有在"高、大、轻"三个方面发展的独特优势，在全球范围内，特别是发达国家和地区，钢结构在建筑工程领域中得到广泛的应用。在我国，已经建成的奥运鸟巢、中央电视台新址、上海环球中心等钢结构建筑产品，成为这一行业的代表之作。

一、钢结构的特点

1. 强度高

钢比混凝土、砖石和木材的强度和弹性模量要高出很多倍，因此，在荷载相同的条件下，钢结构的自重较轻。例如，在跨度和荷载都相同时，普通钢屋架的重量只有钢筋混凝土屋架重量的1/4～1/3，若采用薄壁型钢屋架，则更轻。由于自重小、跨度大，钢结构特别适宜用于建造大跨度和超高、超重型的建筑物。同时，由于质量轻，便于运输和吊装，还可减轻下部结构和基础的负担。

2. 材质均匀

钢材的内部组织比较均匀，接近于各向同性体。在一定的应力范围内，属于理想弹性工作，符合工程力学所采用的基本假定。因此，钢结构的计算方法根据力学原理，计算结果准确可靠。

3. 塑性、韧性好

钢材具有良好的塑性。钢结构在一般情况下，不会发生突发性破坏，而是在事先有较大变形的预兆。此外，钢材还具有良好的韧性，能很好地承受动力荷载。这些都为钢结构的安全应用提供了可靠保证。

4. 工业化程度高

钢结构所用材料均是各种型材和钢板，经切割、焊接等工序制造成钢构件，然后运至工地安装。一般钢结构的制造都可在金属结构制造厂进行，采用机械化程度高的专业化生产，故而精确度高，制造周期短。在安装上，由于是装配化作业，故效率高，施工期也短。

5. 拆迁方便

钢结构由于强度高及采用螺栓连接，故可建造出质量轻、连接简便的可拆迁结构。

6. 密闭性好

焊接的钢结构可以做到完全密闭，因此可用于建造要求气密性和水密性好的气罐、油罐和高压容器。

7. 耐腐蚀性差

钢材在湿度大和有侵蚀性介质的环境中容易锈蚀，因此，需采取防护措施，如除锈、刷油漆等，故维护费用较高。

8. 耐热不耐火

当辐射热温度低于100℃时，即使长期作用，钢材的主要性能变化很小，其屈服点和弹性模量均降低不多，因此其耐热性能较好。但当温度超过150℃时，材质变化较大，需采取隔热措施。钢结构不耐火，故需采取防火措施。

二、钢结构的应用现状

钢结构体系通常分为高层钢结构、空间钢结构、轻型钢结构、住宅钢结构、钢—混凝土组合结构和桥梁钢结构等。下面分别介绍我国钢结构的应用现状。

1. 高层重型钢结构

高层钢结构建筑往往被当作一个城市的标志性建筑。

我国从80年代至今已建成和在建高层钢结构达100多幢，总面积约800万m^2，钢材用量80多万t。北京、上海在建和新建成的高层钢结构就达到十余幢。如：上海中心大厦（在建，632m）、上海环球金融中心（101层，高492m，用钢量6.5万t）；北京电视中心（建筑面积18.3万m^2，高度为41层，227.05m，用钢量3.8万t）；国贸中心三期（建筑面积54万m^2、高度为330m）；央视新大楼（建筑面积5万m^2，高度为234m，用钢量12.8万t）等。全国每年有200万～300万m^2高层钢结构建筑在施工，用钢量约45万t。

2. 空间结构

空间结构是指结构的形态呈三维状态，在荷载作用下具有三维受力特性并呈现空间工作的结构。例如，平板网架、网壳以及悬索结构等空间结构在我国都得到了广泛应用。从国内外工程实践来看，包括奥运场馆在内的大跨度建筑多数采用各种形式的空间结构体系。

以网架和网壳为代表的空间网格结构，特点是跨度大、面积大、形式多样，不仅用于一般民用建筑，而且用于工业厂房、机库、候机楼、体育馆、展览中心、大剧院、博物馆等。如天津无缝钢管厂、首都机场飞机维修库（306m×90m）、沈阳博展中心室内足球场、天津体育馆、上海体育场、温州体育馆、广州东铁路新站、郑州碧波苑的网架，其跨度都达到七、八十米，一百多米跨度的网架或网壳也已屡见不鲜。又如北京海洋馆、济宁小松推土机联合厂房、江阴兴澄轧钢车间的面积都有二、三万平方米。空间网格结构又富于造型的变化，如宜春体育馆的飞蝶形网壳、威海体育馆的贝壳形网壳，以及海南大佛的多层多跨网架都属此例。钢结构用量较大的工业厂房如曹妃甸钢铁基地、上海江南造船基地等，代表性场馆如2008北京奥运会国家体育场（馆）、2010上海世博会场（钢结构用量达30多万t）、2010年亚运会（广州）、济南全运会、深圳大运会及南阳全国农民运动会等城市兴建的体育场馆。一批航站楼、会议展览中心、体育场馆开始采用矩形钢管、圆钢管制作空间桁架、拱架及斜拉网架结构，加上波浪形屋面更引起了人们的关注。

据中国钢结构协会空间结构分会统计：网架和网壳近年生产已处于趋平稳状态，每年1500座，约250万m^2，用钢约7万t，钢结构选用的钢材呈现品种多、规格杂、用量大、强度高的特点，主要品种有：Q235C、Q345C、390D（用于地下预埋的桩柱）、Q345GJ、Q420、Q460等。

随着悬索和膜的张拉结构研究开发深入和工程应用的推广。预应力空间结构开始得到应用。杭州雷峰塔、海南千年塔、广州新电视塔（高度610m、用钢量4.0万t）和昆明世博园艺术广场膜结构等一大批新型钢结构建筑和构筑物不断涌现。悬索和膜结构目前处于发展阶段，用量不大，国内已有多家膜结构工程公司，承担很多体育场馆、机场、公园和街道景观的设计和施工。目前高中档膜材仍需进口（如PTFE、ETFE）。

3. 轻钢结构

轻钢结构是相对于重钢结构而言，其类型有门式刚架、拱形波纹钢屋盖结构等，主要用于轻型的工业厂房，棉花和粮食仓库，码头和保税区仓库，农产品、建材、家具等各类交易市场，体育场馆，展览厅及活动房屋，加层建筑等。

轻型钢结构由彩色钢板制成墙面和屋面，由4mm以上钢板焊接成H型钢作为承重结构，一般采用门式刚架结构并用圆钢制成柔性支撑和高强螺栓连接。骨架用钢量一般在30～40kg/m^{2}左右，具有施工速度快的优点，得到业主的欢迎。全国每年大约新建轻钢房屋800万m^2、用钢约20万t。

4. 住宅钢结构

用钢结构建造的住宅具有质量轻、抗震性能好、工业化程度高等优点，可满足住宅大开间的需求，使用面积比钢筋混凝土住宅提高4%左右。钢材可以回收，建造和拆除时对环境污染较少，符合推进住宅产业化发展节能省地型住宅的国家政策。

我国目前平均每年房屋建筑建设约20亿m^2（2009年房屋施工面积达32亿m^2），其中钢结构约占2%～3%，绝大多数是钢筋混凝土结构和砖混凝土结构。近8亿m^2/年的城镇居民住宅亦如此。钢结构建筑在我国整个建筑行业中所占的比重还不到5%，而发达国家已达50%以上，住宅钢结构的潜在发展空间非常大。目前，在北京、上海、天津、河北、武汉、青岛等地建了低层、多层、高层钢结构住宅试点示范工程，已建成500多万m^2，用钢约20万t。

5. 钢—混凝土组合结构

钢—混凝土组合结构是充分发挥钢材和混凝土两种材料各自优点的合理组合，不但具有优异的静、动力工作性能，而且能大量节约钢材、降低工程造价和加快施工进度，对环境污染较少，符合我国建筑结构发展方向。在我国的发展十分迅速，已广泛应用于冶金、造船、电力、交通等部门的建筑中，并以迅猛的势头进入了桥梁工程和高层与超高层建筑中。

在高层建筑方面，建成了全部采用组合结构的超高层建筑——深圳赛格广场大厦，高291.6m，属世界最高的钢—混凝土组合结构。全国已建成的采用组合结构的高层建筑超过40幢之多。组合结构拱桥已建成的也已超过300座。

6. 桥梁钢结构

各大城市将桥梁等交通基础设施建设作为经济发展的重要基础。使用钢结构较多的有斜拉桥，主要在钢箱、缆索、桥塔等部位，600m以上的特大桥梁均为钢结构桥梁。“十一五”前三年平均新建桥梁3万座/年，年平均用钢量1300万t。据统计，目前在建高速公路混凝土桥梁中可实施改用钢结构桥梁3480座，改用钢结构后可净增加钢材用量546万t。截至2008年底，全国59万座桥梁中钢结构桥梁不足1%。与美国60万座桥梁中钢结构桥梁占

33％、日本13万座桥梁钢结构桥梁占41％相比，差距较大。中国第一座全钢结构桥塔的桥是南京三桥，仅桥塔用钢量即达1.44万t。香港昂船洲大桥（长1018m）和苏通长江大桥（长1088m）占据世界最大斜拉桥的前两名，到2015年，中国要建5座跨海峡大桥，总用钢量为625万t。

总之，钢结构在中国的工程建设中日益得到重视，目前中国既是产钢大国，也是世界上消耗钢材最多的国家之一。由于钢结构具有结构牢固、造型美观、施工简便、可回收利用、造价相对较低的特点，在未来城市建设和基础设施建设中仍将占据相当比重（到2015年，争取实现钢结构房屋建筑占全国房屋建筑总量约15％～20％左右的目标），随着城市功能的提升，土地资源紧缺，超高层住宅的普及，建筑钢结构市场仍将保持较大增长规模。

第二节　钢结构的材料

一、钢材的力学性能

钢结构可用钢只占种类繁多的钢种中的很小一部分。为了在结构中应用，一般均用轧制、冷弯、锻造和铸造等方法将钢加工成钢板、型材（工字钢、槽钢、角钢）以及其他特殊形状的元件，所有这些材料通称为钢材。钢材是制造钢结构的基础，对承重结构钢材的机械性能和化学成分应有严格的要求，因为它们标志着钢材的性能，同时也是保证安全可靠使用的先决条件。

（一）钢材的两种破坏形式

钢材的破坏形式有两种：一种是塑性破坏，一种是脆性破坏。

取两种拉伸试件：一种是标准圆棒试件；一种是比标准试件粗但在中部带有小槽，其计算截面面积仍与标准试件计算面积相同的试件。当两种试件分别在拉力机上均匀地加荷直至拉断时，其受力性能呈现出非常明显的区别。标准的光滑试件在经过较长时间的截面变细后才被拉断，其加荷的延续时间长，破坏前变形大，断口呈纤维状，色发暗，有时还能看到滑移的痕迹，断口与作用力的方向约呈45°，此种破坏形式为塑性破坏。带小槽的试件在拉断前塑性变形很小，且几乎无任何迹象而突然断裂，断口平齐，呈有光泽的晶粒状，此种破坏形式为脆性破坏。由于脆性破坏突然，故比塑性破坏危险得多。

从上述两种破坏形式可见，即使同一种钢材，在某些因素影响下，有时也会发生不同形式的破坏。虽然上述两种破坏形式是因试件的构造不同所引起，但已深刻地表现出脆性破坏的危险性。因此，在设计、制造和安装钢结构时，均应采取适当措施，防止钢材发生脆性破坏。

（二）单轴应力作用下的静力工作性能

钢结构对材料性能的要求是多方面的，一般应根据结构的具体条件，对钢材的各种性能指标进行全面的衡量并慎重选择。

钢材的主要性能是机械性能，它可用静载、常温条件下标准试件一次单向均匀拉伸的性能来确定。现结合如图18-1（a）所示低碳钢拉伸试验的应力—应变曲线，对各种性能指标分析如下：

1．强度

图18-1（b）为应力—应变曲线的局部放大，曲线上有代表性的强度指标：比例极限 f_p、弹性极限 f_e、屈服点 f_y 和抗拉强度 f_u。曲线中开始的直线部分所对应的最大应力为比例极限

f_p。弹性极限 f_e 是弹性变形的终点，它同比例极限十分接近，实际上可以不加区分。在比例极限以内，应力和应变成比例关系，符合虎克定律，变形是弹性的，如图 18-1（b）区段Ⅰ所示。弹性模量 $E=\Delta\sigma/\Delta\varepsilon=2.06\times10^5\text{N/mm}^2$。应力超过比例极限后，曲线逐渐弯曲，应变逐渐增大，当应力到达屈服点 f_y 时，应力保持不变，而应变仍持续发展，出现塑性流动，形成塑性平台，如图 18-1（b）中区段Ⅲ所示。在弹性范围和塑性流动范围之间，是弹塑性范围，如图 18-1（b）中区段Ⅱ所示。塑性流动范围和弹塑性范围的应变，都包括弹性应变和塑性应变两部分。前者在卸荷后随即消失，后者则成为残余应变而留存下来。

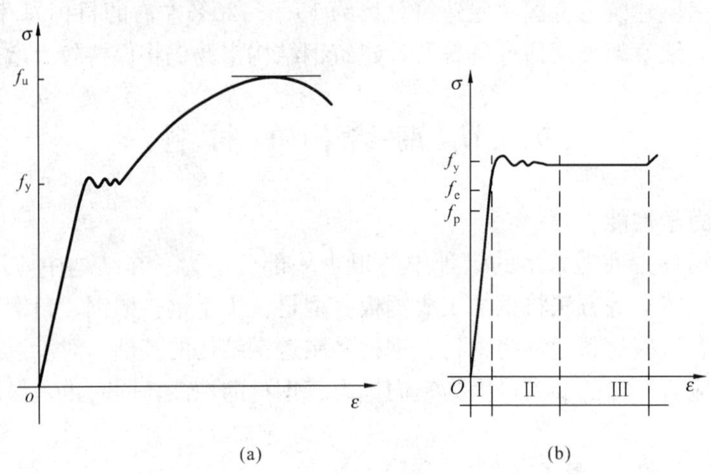

图 18-1 低碳钢单向一次拉伸的 σ—ε 曲线

没有缺陷和残余应力影响，弹性极限、比例极限和屈服点三者比较接近，且屈服点之前应变很小（3 号钢约为 ε＝0.15％），屈服点之后，应变却急剧增长（流幅 ε≈0.15％～2.5％），钢材暂时耗尽了承载能力。为了简化计算，通常假定屈服点之前材料为完全弹性的，屈服点之后变为塑性材料，如图 18-2 所示。因此，钢结构在按弹性设计时，以屈服点作为强度计算的限值，并据以确定钢材的强度设计值。在按塑性设计时，则有意识地利用材料的塑性性质获得节约钢材的效果。

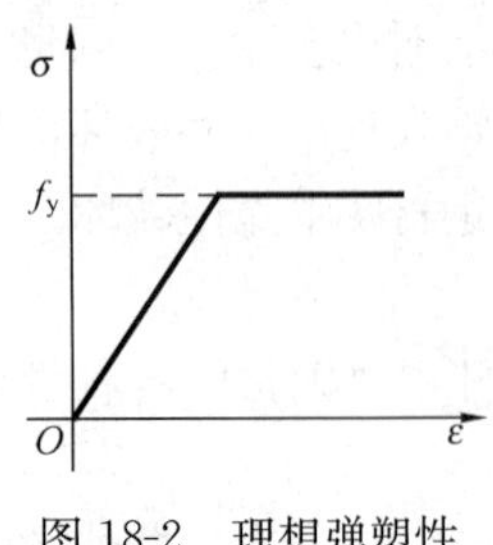

图 18-2 理想弹塑性体的 σ—ε 曲线

没有明显屈服点和塑性平台的钢材，可将卸荷后试件中残余应变为 0.2％所对应的应力为其屈服点，称为条件屈服点。

抗拉强度 f_u 是钢材破坏前能够承受的最大应力，但这时钢材产生了巨量塑性变形，因而已失去使用性能，故实用意义不大。然而，它直接反映钢材内部组织的优劣，并与钢材的疲劳强度有比较密切的关系。同时，作为钢材的强度储备，也是必要的，所以 f_u 值高，可以增加结构的安全保障。

2. 塑性

塑性是指钢材受力时，在应力超过屈服点后，能产生显著的残余应变（塑性变形）而不立即断裂的性质。衡量钢材塑性性能的主要指标，是伸长率 δ。对结构用钢材，无论是在静力荷载作用下还是在加工制造过程中，除需具有较高的强度外，均要求具有足够的伸长率。

如图 18-3 所示，伸长率 δ 等于试件拉断后的原标距的残余塑性变形和原标距的比值，以百分数表示，当 $l_0/d_0=10$ 时，以 δ_{10} 表示；当 $l_0/d_0=5$ 时，以 δ_5 表示。δ 值按下式计算

$$\delta=\frac{l_1-l_0}{l_0}\times100\%$$

式中 δ——伸长率；

l_0——试件原标距长度；

l_1——试件拉断后标距的长度。

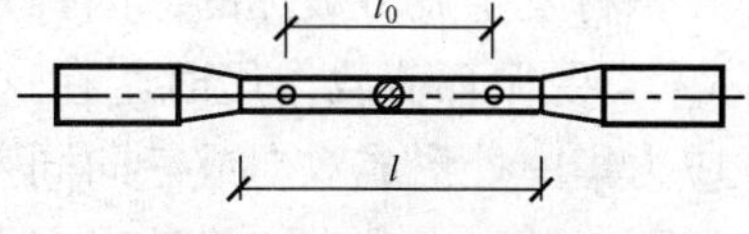

图 18-3 静力拉伸标准试件

（三）冲击荷载作用下的韧性性能

钢材的强度和塑性指标，是由静力拉伸试验获得的。将它用于承受于动力荷载的结构或构件时，显然会有很大的局限性，而韧性指标可通过冲击试验获得，故它是判断钢材在冲击荷载作用下，是否会出现脆性破坏的重要指标。钢材的韧性是反映钢材塑性变形和断裂过程中吸收能量的能力，通常强度高的钢材韧性也差，因此，韧性是强度和塑性的综合指标。

在冲击试验中，一般采用截面为 10mm×10mm、长度为 55mm、中间开有缺口的长方形试件，将其放在摆锤式冲击试验机上击断，如图 18-4 所示。其消耗的冲击功 A_k 值除以试件缺口处的截面面积 A 即为冲击韧性指标，用 α_k 表示。

$$\alpha_k=\frac{A_k}{A}(\mathrm{J/cm^2})$$

冲击韧性值随钢材的金属组织和结晶状态的改变而急剧地变化，钢中的非金属夹杂物、脱氧不良等因素都显著地影响钢材的冲击韧性。

钢结构或构件的脆性断裂，常从应力集中处开始，特别是缺口和裂缝，常是脆性断裂的根源。因此，冲击试验的试件需做成有代表性的缺口。我国采用的是夏比 V 形缺口的形状。

钢材在负温时的冲击韧性值较常温时的低得多。它表明低温对钢材产生脆性破坏有显著的影响。因此，在寒冷地区（计算温度等于或低于－20℃）吊车梁等重要构件所使用的钢材，不但要具有常温（20℃±5℃）冲击韧性指标，还要求具有负温（－20℃或－40℃）冲击韧性指标，以保证结构具有足够的抵抗脆性破坏的能力。

（四）180°冷弯性能

180°冷弯试验是鉴定钢材塑性应变能力和质量的一个综合指标。它通过对试件用规定直径的弯心加压，使其弯曲 180°，如图 18-5 所示，然后检查试件表面以不出现裂纹和分层为合格。因而它能直观地反映钢材质量的好坏，暴露钢材内部的冶金和轧制缺陷（如颗粒结晶、硫化物、氧化物的掺杂和分层等）。

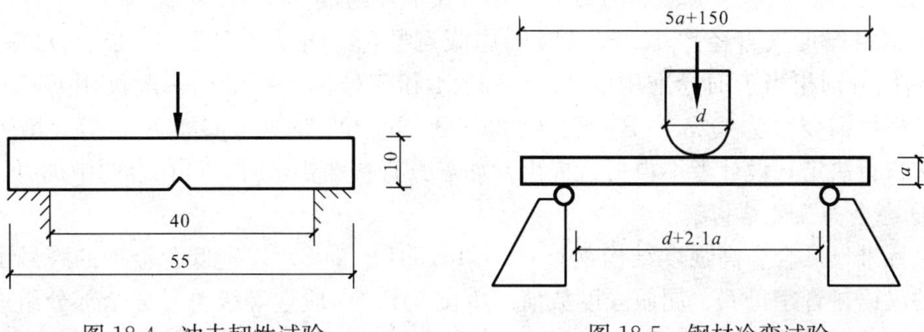

图 18-4 冲击韧性试验

图 18-5 钢材冷弯试验

（五）动力工作性能

在连续反复的动力荷载作用下，钢材的破坏强度低于静力荷载作用下拉伸试验的抗拉强度，且破坏时多属突然发生的脆性断裂，这种现象称为钢材的疲劳。造成疲劳破坏的应力称为疲劳强度。

钢材发生疲劳破坏的原因，是钢材中存在着一些局部缺陷（杂质、微裂纹、孔洞、槽口等）。当受循环荷载作用时，在这些缺陷处的截面上应力分布不均匀，产生应力集中现象，在应力集中处形成双向或三向同号拉应力场，材料的塑性变形受到限制。在交变应力的重复作用下，首先在应力高峰处出现微观裂缝，然后形成宏观裂缝。随着裂缝的不断开展，有效截面面积相应削弱，应力集中现象也更加严重，裂缝开展更加迅速，从而导致材料的最终破坏。

二、钢材的品种、规格

（一）钢材的品种

钢按用途可分为结构钢、工具钢和特殊钢（如不锈钢等）。结构钢又分建筑用钢和机械用钢。按冶炼方法可分为转炉钢、平炉钢和电炉钢（是特种合金钢，不用于建筑）。当前的转炉钢主要是氧气顶吹转炉钢；侧吹（空气）转炉钢所含杂质多，易脆，质量很低，目前多数已改建成氧气转炉钢，故《规范》中已取消这种钢的使用。平炉钢质量好，但冶炼时间长，成本高。氧气转炉钢质量与平炉钢相当，而成本较低。按脱氧方法，钢又分为沸腾钢（代号为 F）、半镇静钢（代号为 b）、镇静钢（代号为 Z）和特殊镇静钢（代号为 TZ），镇静钢和特殊镇静钢的代号可以省去。镇静钢脱氧充分，但成本较高；沸腾钢脱氧较差，但成本较低；半镇静钢介于镇静钢和沸腾钢之间。按成型方法分类，钢又分为轧制钢（热轧、冷轧）、锻钢和铸钢。最后按化学成分分类，钢又分为碳素钢和合金钢。

在建筑工程中采用的是碳素结构钢、低合金高强度结构钢和优质碳素结构钢。

1. 碳素结构钢

国家标准《碳素结构钢》（GB/T 700—2006）按质量等级将钢分为 A、B、C、D 共 4 级，A 级钢只保证抗拉强度、屈服点、伸长率，必要时尚可附加冷弯试验的要求，化学成分对碳、锰可以不作为交货条件。B、C、D 级钢均保证抗拉强度、屈服点、伸长率、冷弯和冲击韧性（分别为 20，0，－20℃）等力学性能。化学成分对碳、硫、磷的极限含量比旧标准要求更加严格。

钢的牌号由代表屈服强度的汉语拼音字母 Q、屈服强度数值（单位 MPa）、质量等级符号（A、B、C、D）、脱氧方法符号等 4 个部分按顺序组成。

根据钢材厚度（直径）≤16mm 时的屈服点数值，分为 Q195、Q215、Q235、Q255、Q275，它们分别相当于旧标准中的 1、2、3、4 和 5 号钢。钢结构一般仅用 Q235，因此，钢的牌号根据需要可为 Q235—B·F、Q235—B·b、Q235—C、Q235—D 等。冶炼方法一般由供方自行决定，设计者不再另行提出，如需方有特殊要求时，可在合同中加以注明。

2. 低合金高强度结构钢

国家标准《低合金高强度结构钢》（GB/T 1591—2008）规定低合金钢的牌号由代表屈服强度的汉语拼音字母 Q、屈服强度数值（单位 MPa）、质量等级符号三个部分组成，根据屈服强度大小，分为 Q345、Q390、Q420、Q460、Q500、Q550、Q620、Q690，当需方要求钢板具有厚度方向性能时，则在上述规定的牌号后加上代表厚度方向（Z向）性能级别的符号，例如：Q345DZ15。

低合金钢的牌号仍有质量等级符号，除与碳素结构钢A、B、C、D4个等级相同外增加一个等级E，主要是要求－40℃的冲击韧性。钢的牌号如：Q345B、Q390C。低合金高强度结构钢一般为镇静钢，因此，钢的牌号中不注明脱氧方法。冶炼方法也由供方自行选择。

A级钢应进行冷弯试验，其他质量级别钢如供方能保证弯曲试验结果符合规定要求，可不作检验。Q460和各牌号D、E级钢一般不供应型钢、钢棒。

3. 优质碳素结构钢

优质碳素结构钢以不热处理或热处理（退火、正火或高温回火）状态交货，要求热处理状态交货的应在合同中注明，未注明者，按不热处理交货，如用于高强度螺栓的45号优质碳素结构钢需经热处理，强度较高，对塑性和韧性又无显著影响。

（二）钢材的规格

钢结构采用的钢材主要为热轧成型的钢板和型钢，以及冷弯成型的薄壁型钢。

1. 热轧钢板

厚钢板：厚度为4.5～60mm，宽度600～3000mm，长度4～12m。

薄钢板：厚度为0.35～4.0mm，宽度500～1500mm，长度0.5～4m。

扁钢：厚度为4～60mm，宽度12～200mm，长度3～9m。

2. 热轧型钢

常用的热轧型钢为角钢、工字钢、H形钢和槽钢。角钢分等肢角钢和不等肢角钢两种。等肢角钢以符号“L”后加肢宽乘肢厚表示，如L100×10为肢宽100mm、肢厚10mm的等肢角钢。不等肢角钢以符号“L”后加长肢宽乘短肢宽乘厚表示，如L100×80×8为长肢宽100mm、短肢宽80mm和肢厚8mm的不等肢角钢。我国目前生产的最大等肢角钢的肢宽为200mm，最大的不等肢角钢的两个肢宽为200mm和125mm。角钢的长度一般为3～19m。

工字钢分普通工字钢、轻型工字钢两种。用符号“I”后加数表示，号数代表截面高度的厘米数。20号以上的工字钢，按腹板厚度，同一号数又分为a、b、c3类，例如，I36a表示高度为360mm的工字钢，腹板厚度为a类。应用时宜采用腹板厚度最薄的a类，因其质量轻，而截面惯性矩相对却较大。轻型工字钢的翼缘相对于普通工字钢的要宽且薄，故回转半径相对也较大，可节省钢材。我国生产的最大普通工字钢为63号，轻型工字钢为70号，长度为5～19m。

热轧H形钢分为宽翼缘、中翼缘和窄翼缘三种，此外还有H形钢桩，其代号分别为HW、HM、HN和HP。其规格标记采用高度H（mm）×宽度B（mm）×腹板厚度t_1（mm）×翼缘厚度t_2（mm）表示。如H340×250×9×14。H形钢翼缘内外表面平行，内表面无斜度，翼缘端部为直角，与其他构件连接方便，同时截面材料分布合理，力学性能好，是我国目前正在积极推广采用的钢材。

槽钢分普通槽钢和轻型槽钢两种。在符号“[”后也是加上代表以其截面高度的厘米数的号数来表示，例如[36a表示高度为360mm而腹板厚度属a类的槽钢。我国生产的最大号数槽钢为40号，长度为5～19m。同样，轻型槽钢的冀缘相对于普通槽钢的要宽且薄，故较经济。

3. 薄壁型钢

薄壁型钢是用薄壁钢板（1.5～5mm）或其他轻金属（如铝合金）模压或弯制而成，由于壁薄截面相对较开展，故能充分利用钢材的强度，节约钢材，在我国已得到部分应用。

三、钢材的选用

钢材的选用原则是：保证结构安全可靠，同时要经济合理，节约钢材。

如前所述，钢材的质量可由机械性能中 f_u（抗拉强度）、δ_5 或 δ_{10}（伸长率）、f_y（屈服点）、180°冷弯和 α_k（常温冲击韧性及负温冲击韧性）等指标是否符合规定，化学成分中碳、硫、磷的极限含量是否超过作为标准来衡量。显然，不论何种构件，一律要满足所有机械性能 5 项或 6 项保证是不合理的，而且保证项目多，钢材价格必定要高。所以，对钢材的选用应根据结构的重要性、荷载特征、结构形式、应力状态、连接方法、钢材厚度、工作环境等因素综合考虑，合理选择。现将钢材选用中需考虑的部分因素分述如下：

1. 结构的重要性

根据《建筑结构可靠度设计统一标准》的规定，按安全等级，建筑物可分为重要的（一级）、一般的（二级）和次要的（三级）三类，同时，各类结构构件亦需按安全等级考虑。因此，对大跨度屋架、重级工作制吊车梁等应按一级考虑，选用保证项目较多的钢材，一般屋架、梁和柱按二级考虑，其他如梯子、平台、栏杆等则按三级考虑，宜采用保证项目较少的钢材。

2. 荷载特征

结构所用荷载可分为静力荷载和动力荷载两种，且承受动力荷载的构件和吊车梁还有可能经常满载（重级工作制）和不经常满载（中、轻级工作制）的分别，因此，应针对荷载特征选用不同的钢材和不同的保证项目。

3. 连接方法

焊接结构由于对钢材有焊接性能方面的要求，故需选择碳、硫、磷含量较低，塑性和韧性较好的钢材。

4. 工作环境

结构工作环境的温度当处于低温时，钢材易产生低温冷脆，当周围有腐蚀性介质时，还易引起锈蚀，故在选材时应考虑采用相应质量的钢材。

按照《钢结构设计规范》对钢材的质量要求，一般地说，承重结构的钢材应保证抗拉强度、屈服点、伸长率和硫、磷的极限含量，宜采用 Q235、Q345、Q390 和 Q420 钢，对焊接结构尚应保证碳的极限含量(由于 Q235—A 钢的含碳量不作为交货条件，故一般不用于焊接结构)。

焊接承重结构以及重要的非焊接承重结构的钢材应具有冷弯试验的合格保证。

对于需要验算疲劳的以及主要的受拉或受弯的焊接结构的钢材，应具有常温冲击韧性的合格保证。当结构工作温度等于或低于 0℃但高于－20℃时，Q235 钢和 Q345 钢应具有 0℃冲击韧性的合格保证，Q390 钢和 Q420 钢应具有－20℃冲击韧性的合格保证；当结构工作温度等于或低于－20℃时，Q235 钢和 Q345 钢应具有－20℃冲击韧性的合格保证，Q390 钢和 Q420 钢应具有－40℃冲击韧性的合格保证。

四、钢结构的防火与防腐

1. 钢结构防火

钢结构防火性能差。当温度超过 250℃时，其强度随着温度的升高而降低。当温度至

600℃左右时，钢材的强度可降至零。由此可见，钢结构设计时应注意防火问题。

设计中，应根据有关防火规范对不同结构的防火要求以及结构的防火标准综合考虑。目前，国内采取的主要防火措施有：将钢结构件埋于绝热材料中（多用于柱），或者用预制绝热板材粘结或固定于钢结构外面，或者用灰浆绝热材料直接喷涂于钢构件表面，形成随形防火层，亦可采用防火涂料涂刷于钢构件表面。

2. 钢结构防腐

外露的钢结构可能会受到大气，特别是被污染的大气（含有湿气及酸、碱介质等）的严重腐蚀，最普通的是生锈。故必须对钢结构表面进行防腐处理，以保证结构的安全可靠。防腐处理的方法根据构件表面条件及使用寿命的要求确定。

主要的防腐措施有三种：

一是涂刷各种涂料（油漆），如红丹、铬酸锌等。

二是镀金属层，如镀铝或镀锌等。

三是喷涂石棉灰浆作为构件外包层。

在进行构造设计时，应对构造做法妥善处理，避免诸如将槽钢槽口朝上放置，造成积水等情况，大型构件应有人能进入的检测口等。

第三节 钢结构的连接

钢结构是由各种基本构件通过连接组成的整体结构物，而基本构件也需由钢板或轻型钢采用连接进行组合，使其共同工作。因此，钢结构的连接设计，其重要性不亚于构件的设计，故应给予高度重视。

钢结构的连接在整个钢结构的制造和安装中所占工作量最大，且多数工序机械化程度不高，需要大量的人工操作。因此，在设计时应注意选择合理的连接方式，既要做到传力明确、简捷，强度可靠，保证安全，同时还需构造简单，节约钢材，施工简便。

钢结构的连接方法可分为焊接、栓接和铆接三种。

焊接是通过电弧产生热量使焊条和焊件熔化，经冷却后融为一体的连接方法。焊接不削弱截面，节省材料，构造简单，操作简便省工，在一定的条件下还可以采用自动化作业。连接刚度大，密闭性能好。随着20世纪下半叶以来焊接技术水平的日益提高，焊接在钢结构连接中已处于主宰地位。但焊接也有缺点，如焊接附近的热影响区的材质变脆；焊接加热和冷却过程中产生的焊接残余应力和残余变形对结构有着不利影响；焊接结构因刚度大，对裂纹很敏感，局部裂纹一旦产生便易于扩展，在低温下更易产生脆断。

栓接是指采用普通螺栓或高强度螺栓的连接。普通螺栓由于紧固小，且栓杆与螺孔间的空隙较大，故受剪连接的变形较大，性能差，但受拉连接的性能较好，且其装拆方便，用于安装连接和需要拆装的结构，有着明显优点。高强度螺栓可施加很大的紧固力，故连接紧密可靠、耐疲劳，能很好地代替铆钉用于承受动力荷载的结构。我国自20世纪60年代投入使用后，近年来已在许多厂房、高层建筑和桥梁中广泛应用。高强度螺栓由于施工简便，易于拆换，受力性能好，特别适合于工地安装连接，故在应用上已呈现出日渐上升的趋势。

铆接是将一端带有预制钉头的铆钉，经加热后插入连接构件的钉孔中，用铆钉枪将另一端打铆成钉头，以使连接紧固。铆接传力可靠，塑性、韧性均较好，在 20 世纪上半叶以前曾经是钢结构的主要连接方法。但目前已基本被高强度螺栓所取代。

一、焊接连接的构造

（一）钢结构的焊接方法

钢结构的焊接方法多采用电弧焊。由于其设备简单，易于操作，焊缝质量可靠，故应用广泛。电弧焊分手工电弧焊、自动或半自动埋弧焊和气体保护焊等。

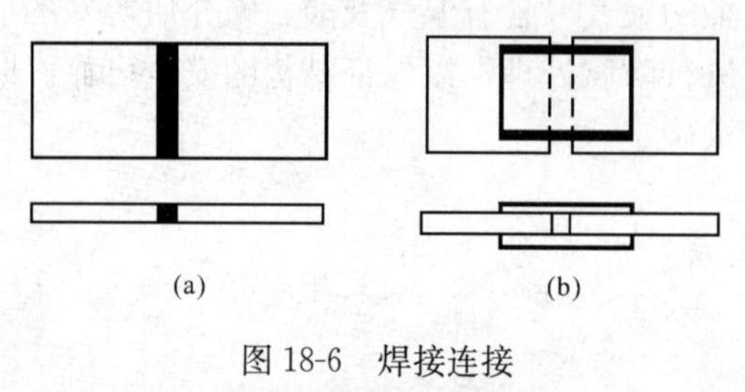

图 18-6 焊接连接
（a）对接焊缝；（b）角焊缝

（二）焊接连接及焊缝的形式

焊接连接根据被连接构件间的相互位置可分平接、搭接、T 形连接和角接 4 种，如图 18-6 所示。图 18-6（a）的焊缝截面形式为平接连接。其特点是用料省，传力平缓均匀，应力集中现象不显著，疲劳强度高，承受动力荷载性能好。但板边需开坡口且尺寸要求准确，制造较费工。图 18-6（b）为采用角焊缝加盖板的平接连接。其特点是对板尺寸要求较低，故制造较易。但通过盖板传力，应力集中现象较明显，故疲劳强度低。

焊接按沿长度方向的布置，分为连续角焊缝和断续角焊缝两种，如图 18-7 所示。前者受力性能好，应用广泛。后者因焊缝两端应力集中现象严重，一般只用在次要构件或次要焊缝的连接中，断续角焊缝之间的净距离不宜过大，以免产生连接不紧密，潮气侵入引起锈蚀，一般不应大于 $15t$（对受压构件）或 $30t$（对受拉构件），t 为较薄焊件的厚度。

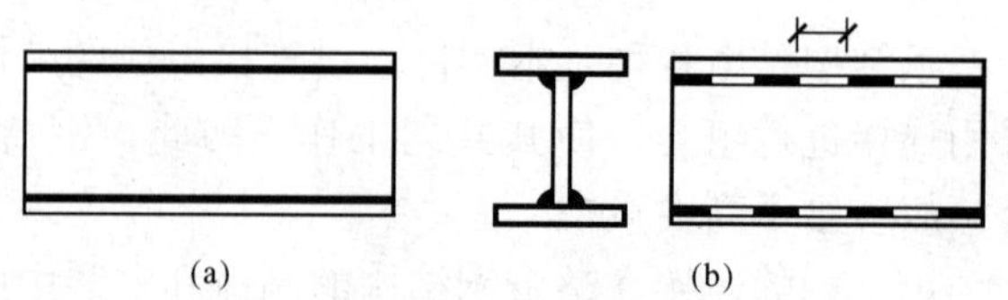

图 18-7 连续角焊缝与断续角焊缝

焊接按施焊位置分为平焊、立焊、横焊和仰焊几种。平焊亦称俯焊，施焊方便，质量易于保证，应尽量采用。立焊、横焊因施工较难，故焊接质量和效率均较平焊低。仰焊的施焊条件差，焊缝质量不易保证，设计时应尽量不用，当不可避免时，应采用适当的焊接工艺，并由技术等级较高的焊工施焊。

（三）对接焊缝的构造

对接焊缝因施焊需要，常将焊件边缘做成坡口，故亦称坡口焊缝。坡口形式应根据焊件厚度和施工条件按现行标准《手工电弧焊焊接接头的基本形式与尺寸》和《埋弧焊焊接接头的基本形式与尺寸》的要求选用。一般当焊接厚度很小（$t \leqslant 10$mm）时，可不开坡口（垂直坡口），如图 18-8（a）所示。对于中等厚度焊件（$t = 10 \sim 20$mm），宜采用有一定斜度的单边 V 形或 V 形坡口，如图 18-8（b）、（c）所示。图中 p 称为钝边（一般 $p = 2$mm），起托住熔化金属的作用；c 称为间隙，它

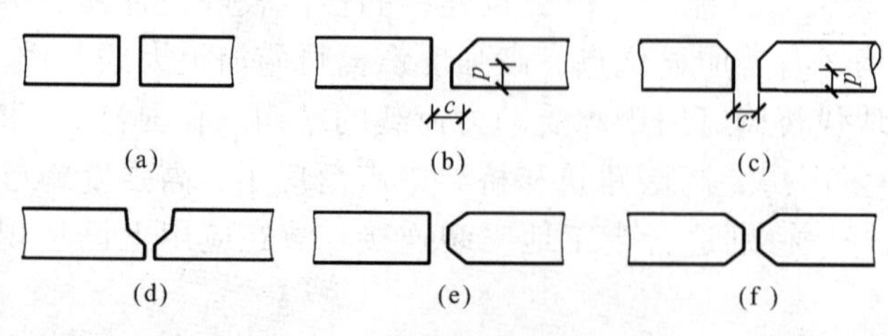

图 18-8 对接焊缝的坡口形式

和斜坡口组成一个施焊空间，使焊缝得以焊透。对于较厚焊件（$t>20$mm），宜采用 U 形、K 形和 X 形坡口，如图 18-8（d）、(e）、(f）所示。V 形和 U 形坡口焊接缝在坡口内焊缝焊完后，当条件许可时应对反面焊根进行清根补焊。否则，应在坡口下面预先加垫板，以保证焊透。X 形坡口焊缝则在清根后双面施焊。

在对接焊缝的拼接处，当焊件的宽度不同或厚度相差 4mm 以上时，应分别在宽度方向或厚度方向从一侧或两侧做成坡度不大于 1/2.5 的斜角，以使截面平缓过渡，减少应力集中现象，如图 18-9 所示。

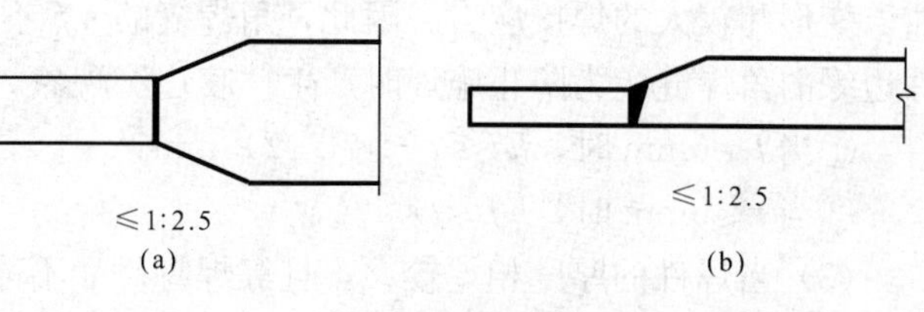

图 18-9　变截面钢板拼接

(a) 变宽度；(b) 变厚度

对接焊缝两端的起落弧处，常出现弧坑，以致该处由于应力集中易产生裂纹。这对承受动力荷载的结构尤为不利，故《钢结构工程施工质量验收规范》(GB 50205—2001）规定，凡对接焊缝施焊时，均应在焊件的两端配置引弧板，其材质和坡口形式与焊件相同，并在焊接完毕用气割切除并修磨平整。对某些特殊情况，如 T 形连接的对接焊缝无法采用引弧板时，应在每条焊缝的长度计算时各减去 $2t$（每端 t）。但这仅限于承受静力荷载或间接承受动力荷载的焊缝。对于直接承受动力荷载的焊缝，则必须用引弧板施焊。

焊缝质量的好坏直接影响连接的强度，如焊缝质量优良，试验情况证实其强度要高于焊件，试件破坏多位于焊缝附近热影响区的母材上。但是若焊缝中存在裂纹、气孔、渣、未焊透和咬边等缺陷时，不但会使焊缝的受力面积削弱，而且会在缺陷处引起应力集中，这往往是裂纹形成的发源点。尤其在受拉连接中，还会引起裂纹扩散延伸，造成整个连接的破坏。因此，对焊缝质量，应按连接的受力性质和所处部位进行分级检验，《施工质量验收规范》(GB 50205—2001）规定焊缝质量检验分为一、二、三级。三级检验项目只要求对全部焊缝作外观检查，即检查焊缝外形尺寸和外观缺陷是否符合外观检验质量标准的规定；二级检验项目是在外观检查的基础上，用超声波探伤抽检焊缝长度的 50%；一级检验项目则是在二级检验的基础上用 X 射线探伤抽检焊缝长度的 2%，并拍底片。一级检验标准适用于直接承受动力荷载的强度用足的受拉对接焊缝；二级检验标准适用于承受静力荷载的对接焊缝；三级检验标准多用于一般角焊缝。

（四）角焊缝的构造

角焊缝两焊脚边夹角为直角的称为直角角焊缝。夹角为锐角或钝角的称为斜角角焊缝。前者在钢结构中应用广泛，后者不宜用作受力焊缝（钢管结构除外）。

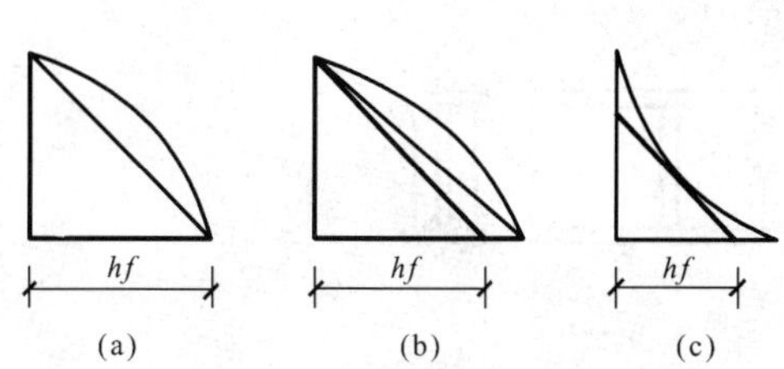

图 18-10　直角角焊缝截面形式

(a) 普通型；(b) 平埋型；(c) 凹面型

1. 角焊缝的形式

如图 18-10 所示，角焊缝的截面形式可分为普通型、平埋型和凹面型 3 种。图中 hf 称为角焊缝的焊脚尺寸。

2. 角焊缝的尺寸要求

(1) 最小焊缝尺寸。角焊缝的焊脚尺寸与焊件厚度密切相关，焊件愈厚，焊件冷却速度愈快，从而在焊缝内部产生浮硬组织，容易形成裂纹。因此，角焊缝的 hf（mm）不得小于 $1.57\sqrt{t}$，t（mm）为较厚焊件厚度。对自动焊，最小焊脚尺寸可减少 1mm；对 T 形连接的单面角焊缝，应增加 1mm。当焊件厚度等于或小于 4mm 时，则最小焊脚尺寸与焊件厚度相同。

（2）最大焊脚尺寸。角焊缝焊脚尺寸过大，易使母材形成“过浇”现象，使焊件产生翘曲、变形和较大的焊接应力。因此，角焊缝的 hf 不宜大于较薄焊件厚度的 1.2 倍，但对焊件边缘的角焊缝，为防止施焊时产生“咬边”现象，尚应符合下列要求：

①当 $t>6$mm 时，$hf \leqslant t-$（1～2）mm。

②当 $t \leqslant 6$mm 时，$hf \leqslant t$。

（3）当焊件的厚度相差较大，且等焊脚尺寸不能满足上述①、②条要求时，可采用不等焊脚尺寸，与较薄焊件接触的焊脚边应满足第②条的要求；与较厚焊件接触的焊脚边应满足第①条的要求。

（4）角焊缝的最小计算长度。角焊缝厚度大而长度过小时，将使焊件局部受热严重，且起落弧的弧坑相距太近，以及可能产生的缺陷，会导致较大的应力集中，使焊缝不够可靠。因此，角焊缝的计算长度不宜小于 8hf 和 40mm。

（5）角焊缝的最大计算长度。侧面角焊缝沿长度方向受力不均，两端大、中间小，且随焊缝长度与厚度之比值增大其差别也愈大。当比值过大时，焊缝两端将首先出现裂纹而导致整个连接的破坏，而中部焊缝还未充分发挥其承载能力。这种应力集中现象在动力荷载作用下更为不利。因此，侧面角焊缝的计算长度不宜大于 $60hf$；当大于上述数值时，其超过部分在计算中不予考虑。若内力沿侧面角焊缝全长分布，其计算长度不受此限，如工字形截面柱和梁的翼缘与腹板连接焊缝，以及类似的焊缝等。

（6）在搭接连接中，搭接长度不得小于焊件较小厚度的 5 倍，并不得小于 25mm，以减小焊缝收缩应力及因偏心在连接中产生的次应力。

（7）当角焊缝的端部在构件转角处时，为避免起落弧的缺陷在此应力集中较大处发生，宜做长度为 $2hf$ 的绕角焊，且必须连续施焊，不能断弧。

（五）减少焊接残余应力和变形的方法

为了减少焊接残余应力的不利影响和控制焊接变形量，应在设计、制造和焊接工艺上采取下列有效措施：

（1）设计方面焊缝尺寸应适当，不要随意加大焊脚尺寸。焊缝应尽可能对称布置，且不宜过分集中和三向相交，如图 18-11（a）所示，遇到以上情况时应采取措施加以改善，如图 18-11（b）、（c）所示。

（2）制造、焊接工艺方面选择合理的焊接顺序。如分段退焊［图 18-12（a）］、分层焊

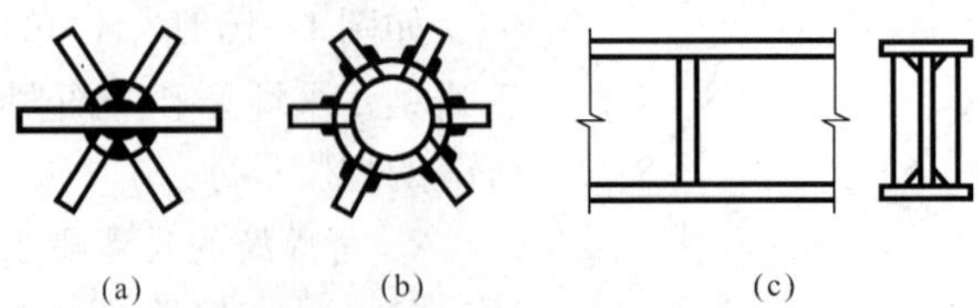

图 18-11 减少焊接顺序

（a）不合理；（b）、（c）合理

[图 18-12 (b)]、对角跳焊 [图 18-12 (c)]、分块拼焊 [图 18-12 (d)] 等。在焊前采用反变形，如图 18-13 所示：对重要结构进行焊前预热和焊后缓冷或用退火方法消除残余应力。

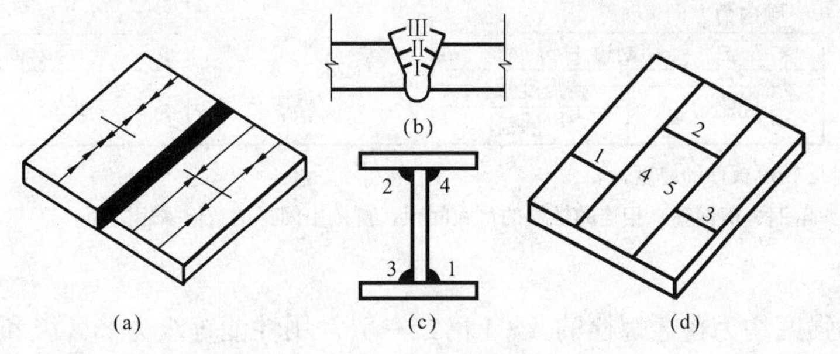

图 18-12 合理的焊接顺序

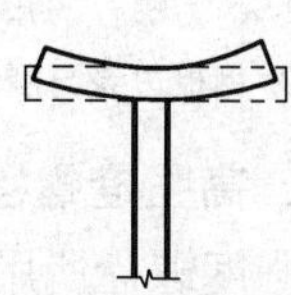

图 18-13 焊前反变形

二、普通螺栓连接的构造

(一) 普通螺栓连接的种类和用途

普通螺栓分粗制（C 级）螺栓和精制（A 级、B 级）螺栓两种。一般用 3 号钢制造。粗制螺栓表面不要求特别加工，对栓孔的要求也不高，一般采用Ⅱ类孔。孔径比螺栓杆径大 1.0～1.5mm，常用螺栓直径为 16mm、20mm、22mm、24mm。

精制螺栓需经机床加工，表面精度高，对栓孔的要求也高，需采用Ⅰ类孔，孔径比螺栓杆径只大 0.3～0.5mm。

粗制螺栓由于受剪性能差，一般只宜用于沿其杆轴方向受拉的连接和承受静力荷载或间接承受动力荷载结构中的次要受剪连接。精制螺栓虽受剪性能好，但制造和安装费工，故很少采用。

(二) 螺栓的排列

螺栓的排列应简单划一，力求紧凑，通常采用并列和错列两种形式。螺栓中距和端距应满足如下几方面要求：

1. 受力要求

螺栓孔使构件截面受到削弱，因此，螺栓中距不应过小，否则会使构件截面削弱过多。当构件承受压力作用时，顺压力方向的中距不宜太大，否则在被连接板件间易产生鼓曲。为防止构件端部钢板被剪开，顺内力方向最外一排螺栓应有足够的端距。

2. 构造要求

外排螺栓中距不宜过大，否则接触面不够紧密，以致潮气侵入引起锈蚀。

3. 施工要求

螺栓间应保持足够距离，以便于转动扳手，拧紧螺帽。根据上述要求制定的螺栓的最大、最小允许距离见表 18-1。

表 18-1　螺栓的最大、最小允许距离

名　称	位置和方向			最大允许距离（取两者的较小值）	最小允许距离
中心距离	任意方向	外　排		$12d_0$ 或 $8t$	$3d_0$
		中间排	构件受压力	$12d_0$ 或 $18t$	
			构件受拉力	$16d_0$ 或 $24t$	

续表

<table>
<tr><th>名 称</th><th colspan="3">位置和方向</th><th>最大允许距离
（取两者的较小值）</th><th>最小允许距离</th></tr>
<tr><td rowspan="4">中心至构件边缘距离</td><td colspan="3">顺内力方向</td><td rowspan="4">$4d_0$ 或 $8t$</td><td>$2d_0$</td></tr>
<tr><td rowspan="3">垂直内力方向</td><td colspan="2">切割边</td><td>$1.5d_0$</td></tr>
<tr><td rowspan="2">轧制边</td><td>高强度螺栓</td><td rowspan="2">$1.2d_0$</td></tr>
<tr><td>其他螺栓</td></tr>
</table>

注 1. d_0 为螺栓的孔径，t 为外层较薄板件的厚度。

2. 钢板边缘与刚性构件（如角钢、槽钢等）相连的螺栓的最大间距，可按中间排的数值采用。

三、高强度螺栓的构造

高强度螺栓所用材料的强度约为普通螺栓的 3～4 倍，一般常用性能等级为 8.8 级和 10.9 级的钢材制造。其中小数点前的数字“8”或“10”表示螺栓经热处理后的最低抗拉强度，属于 800N/mm^2 或 1000N/mm^2 这一级；小数点及后面的数字“0.8”和“0.9”表示螺栓经热处理后的屈强比 f_y/f_u，即 8.8 级的 $f_y=0.8\times800=640\text{N/mm}^2$；10.9 级的 $f_y=0.9\times1000=900\text{N/mm}^2$。8.8 级采用的钢号为优质碳素钢的 45 号钢和 35 号钢；10.9 级采用的钢号为合金结构钢 20MnTiB 钢（20 锰钛硼钢）、40B 钢（40 硼钢）、35VB（35 钒硼钢）。高强度螺栓的种类除了常见的大六角头型外，还有扭剪型。高强度螺栓孔应采用钻成孔。摩擦型高强度螺栓的孔径比螺栓公称直径 d 大 1.5～2.0mm；承压型高强度螺栓的孔径比螺栓公称直径 d 大 1.0～1.5mm。高强度螺栓是通过紧固螺帽在栓杆内产生尽量大的预拉力，以使被连接件压紧，因此，预拉力值应控制在接近于材料的弹性极限范围内。一般采用的紧固方法有下面几种：

1. 扭矩法

用一种可显示施加扭矩值的专用扳手——扭矩扳手拧紧螺帽，根据预先测定的扭矩和预应力之间的关系控制施加的扭矩。

2. 转角法

先用短扳手将螺帽拧至拧不动的位置，此称为初拧，并作出标记。然后用长扳手将螺帽从标记位置再拧 1/3～1/2 圈（120°～180°），以达到预定的预拉力值，此称为终拧。此法简单易行，在终拧角度和预拉力之间的关系测定好后，所得的预拉力值能有可靠保证。

3. 扭断螺栓尾部

此法适用于扭剪型高强度螺栓。用特制电动扳手的两个套筒分别套住螺帽和螺栓尾部。操作时，其中一个套筒正转，另一个反转，使螺帽能很快地紧固，并进而将螺栓尾部拧紧。由于螺栓尾部的槽口深度是由拧断扭矩和预拉力之间的关系确定的，故所得预拉力值亦能得到保证。由于此种螺栓施工简便，且便于检查螺栓是否存在漏拧，故近年来（首先是在宝山钢铁总厂的建设中）得到广泛应用。

第四节 门式刚架轻钢结构设计

从钢结构理论的系统性讲，除了前述钢结构的材料、钢结构连接以外，尚应介绍钢结构基本构件的设计。钢结构基本构件主要包括钢结构轴心受力（轴心受拉或轴心受压）构件、受弯构件和拉（压）弯构件等。因受本书篇幅及教学计划学时数的限制，此处从略，感兴趣的读者可进一步参阅相关的钢结构教材。

从钢结构技术的应用角度，一般的钢结构教材多介绍单层厂房钢结构，包括钢屋盖（钢屋架）体系的设计，本书在编写工程中考虑到目前建设领域使用钢屋架体系的情况在逐渐减少，在单层厂房钢结构体系选择过程中，工程师们多采用单层门式刚架轻钢结构体系。门式刚架轻钢结构，专指主要承重结构为单跨或多跨实腹门式刚架、具有轻型屋盖和轻型外墙、可以设置起重量不大于200kN的A1～A5工作级别桥式吊车或30kN悬挂式起重机的单层房屋钢结构。可以说，当前门式刚架轻钢结构在中国工业厂房建筑中几乎达到“一统天下”的局面。因此，本书着重介绍门式刚架轻钢结构，但也仅限于一般介绍。详细介绍请参阅周学军教授编著的《门式刚架轻钢结构设计与施工》一书。

一、结构形式和布置

1. 结构形式

门式刚架分为单跨［图18-14（a)］、双跨［图 18-14（b)］、多跨［图18-14（c）］刚架以及带挑檐的［图18-14（d)］和带毗屋的［图18-14（e）］结构等形式。多跨刚架中间柱与刚架斜梁的连接，可采用铰接。多跨刚架宜采用双坡或单坡屋盖［图18-14（f)］，必要时可采用由多个双坡单跨相连的多跨刚架形式。

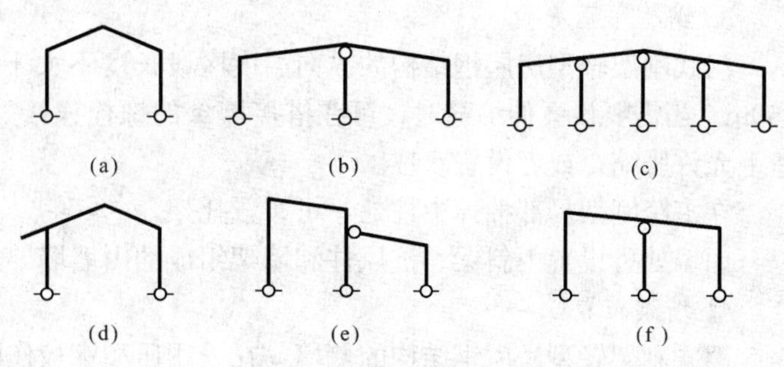

图 18-14 门式刚架的形式

在门式刚架轻型房屋钢结构体系中，屋盖应采用压型钢板屋面板和冷弯薄壁型钢檩条，主刚架可采用变截面实腹刚架，外墙宜采用压型钢板墙板和冷弯薄壁型钢墙梁，也可以采用砌体外墙或底部为砌体、上部为轻质材料的外墙。主刚架斜梁下翼缘和刚架柱内翼缘的出平面稳定性，由与檩条或墙梁相连接的隅撑来保证。主刚架间的交叉支撑可采用张紧的圆钢。

单层门式刚架轻型房屋可采用隔热卷材做屋盖隔热和保温层，也可以采用带隔热层的板材作屋面。

根据跨度、高度及荷载不同，门式刚架的梁、柱可采用变截面或等截面的实腹焊接工字形截面或轧制H形截面。设有桥式吊车时，柱宜采用等截面构件。变截面构件通常改变腹板的高度，做成楔形，必要时也可以改变腹板厚度。结构构件在运输单元内一般不改变翼缘截面，必要时可改变翼缘厚度，邻接的运输单元可采用不同的翼缘截面。

门式刚架可由多个梁、柱单元构件组成，柱一般为单独单元构件，斜梁可根据运输条件划分为若干个单元。单元构件本身采用焊接，单元之间可通过端板以高强度螺栓连接。

门式刚架轻型房屋屋面坡度宜取1/8～1/20，在雨水较多的地区宜取其中的较大值。

门式刚架的柱脚多按铰接支承设计，通常为平板支座，设一对或两对地脚螺栓。当用于工业厂房且有桥式吊车时，宜将柱脚设计为刚接。

2. 建筑尺寸

门式刚架的跨度，应取横向刚架柱轴线间的距离。

门式刚架的高度，应取地坪至柱轴线与斜梁轴线交点的高度。门式刚架的高度，应根据使用要求的室内净高确定，设有吊车的厂房应根据轨顶标高和吊车净高要求而定。

柱的轴线可取通过柱下端（较小端）中心的竖向直线；工业建筑边柱的定位轴线宜取柱

外皮；斜梁的轴线可取通过变截面梁段最小端中心与斜梁上表面平行的轴线。

对于门式刚架轻型房屋：其檐口高度，取地坪至房屋外侧檩条上缘的高度；其最大高度，取地坪至屋盖顶部檩条上缘的高度；其宽度，取房屋侧墙墙梁外皮之间的距离；其长度，取两端山墙墙梁外皮之间的距离。

门式刚架的跨度，宜为9～36m，以3m为模数。边柱的宽度不相等时，其外侧要对齐。

门式刚架的高度，宜为4.5～9.0m，必要时可适当加大。

门式刚架的间距，即柱网轴线在纵向的距离，宜为6m，也可采用7.5m或9m，最大可用12m。跨度较小时可用4.5m。

3. 结构平面布置

门式刚架轻型房屋钢结构的纵向温度区段长度不大于300m，横向温度区段长度不大于150m。当需要设置伸缩缝时，可在搭接檩条的螺栓连接处采用长圆孔并使该处屋面板在构造上允许胀缩；或者设置双柱。

在多跨刚架局部抽掉中柱处，可布置托架。

山墙处可设置由斜梁、抗风柱和墙架组成的山墙墙架，或直接采用门式刚架。

4. 墙梁布置

门式刚架轻型房屋钢结构的侧墙，在采用压型钢板作围护面时，墙梁宜布置在刚架柱的外侧，其间距随墙板板型及规格而定，但不应大于计算确定的值。

外墙在抗震设防烈度不高于6度的情况下，可采用砌体；当为7度、8度时，不宜采用嵌砌砌体；9度时宜采用与柱柔性连接的轻质墙板。

5. 支撑布置

在每个温度区段或者分期建设的区段中，应分别设置能独立构成空间稳定结构的支撑体系。柱间支撑的间距根据安装条件确定，一般取30～40m，不大于60m。房屋高度较大时，柱间支撑要分层设置。在设置柱间支撑的开间应同时设置屋盖横向支撑以组成几何不变体系。

端部支撑宜设在温度区段端部的第二个开间，这种情况下，在第一开间的相应位置宜设置刚性系杆。刚架转折处（如柱顶和屋脊）也宜设置刚性系杆。

由支撑斜杆等组成的水平桁架，其直腹杆宜按刚性系杆考虑，可由檩条兼作；若刚度或承载力不足，可在刚架斜梁间设置钢管、H型钢或其他截面形式的杆件。

门式刚架轻型房屋钢结构的支撑，宜采用张紧的十字交叉圆钢组成，用特制的连接件与梁柱腹板相连。连接件应能适应不同的夹角。圆钢端部都应有丝扣，校正定位后将拉条张紧固定。

二、作用效应计算

（一）变截面刚架内力计算

变截面门式刚架应采用弹性分析方法确定内力。仅在构件全部为等截面时才允许采用塑性分析方法按现行国家标准《钢结构设计规范》的规定进行设计。

变截面门式刚架宜按平面结构分析内力，一般不考虑应力蒙皮效应。当有必要且有条件时，可以考虑屋面板的应力蒙皮效应。内力分析可采用有限元法（直接刚度法），计算时宜将构件分为若干段，每段的几何特征可视为常量，还可以采用楔形单元。地震作用效应可采用底部剪力法分析确定

（二）变截面刚架侧移计算

变截面门式刚架的柱顶侧移应采用弹性分析方法确定。

当单跨变截面刚架斜梁上缘坡度不大于 1∶5 时，在柱顶水平力作用下的侧移 u，可按下列公式估算：

柱脚铰接刚架
$$u=\frac{Hh^3}{12EI_c}(2+\xi_t) \tag{18-1}$$

柱脚刚接刚架
$$u=\frac{Hh^3}{12EI_c}\cdot\frac{3+2\xi_t}{6+2\xi_t} \tag{18-2}$$

$$\xi_t=\frac{I_cL}{hI_b} \tag{18-3}$$

式中　h、L——分别为刚架柱高度和刚架跨度；当坡度大于 1∶10 时，L 应取横梁沿坡折线的总长度 $2s$，见图 18-15。

I_c、I_b——分别为柱和梁的平均惯性矩；对楔形构件：$I_c=(I_{c0}+I_{c1})/2$，I_{c0}、I_{c1} 分别是柱小头和柱大头的惯性矩。对双楔形横梁：$I_b=[I_{b0}+\alpha I_{b1}+(1-\alpha)I_{b2}]/2$，$I_{b0}$、$I_{b1}$、$I_{b2}$ 分别为楔形横梁最小截面、檐口和跨中截面的惯性矩，α 为楔形横梁长度比值，见图 18-15。

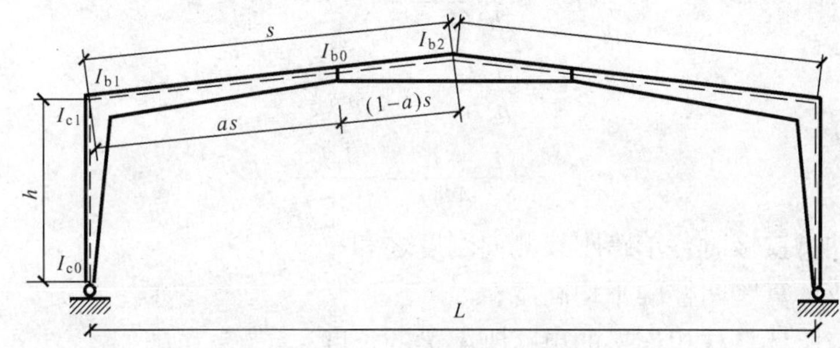

图 18-15　变截面刚架的几何尺寸

H——刚架柱顶等效水平力；当估算刚架在沿柱高度均布水平风荷载作用下的侧移时，如图 18-16 所示，对柱脚铰接刚架：$H=0.67W$，对柱脚刚接刚架：$H=0.45W$，$W=(w_1+w_4)h$，为均布风荷载的总值，w_1、w_4 分别为刚架两侧承受的沿柱高均布的水平风荷载（kN/m），其值按 CECS 102∶2002《门式刚架轻型房屋钢结构技术规程》附录 A 的规定计算；当估算刚架在吊车水平荷载 P_c 作用下的侧移时，如图 18-17 所示，对柱脚铰接刚架：$H=1.15\eta P_c$，对柱脚刚接刚架：$H=\eta P_c$，η 为吊车水平荷载 P_c 作用高度与柱高度之比。

ξ_t——刚架柱与刚架梁的线刚度比值。

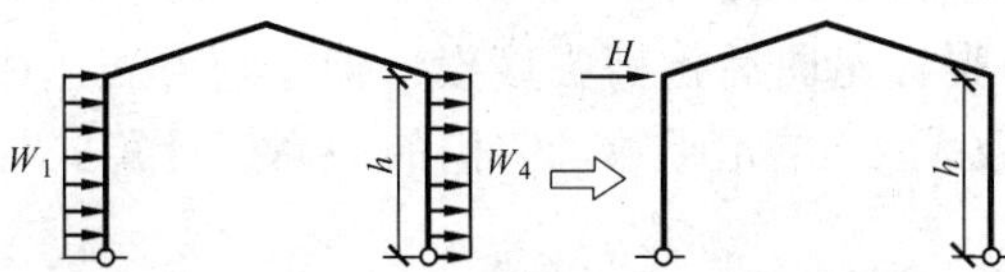

图 18-16　刚架在均布风荷载下柱顶等效水平力

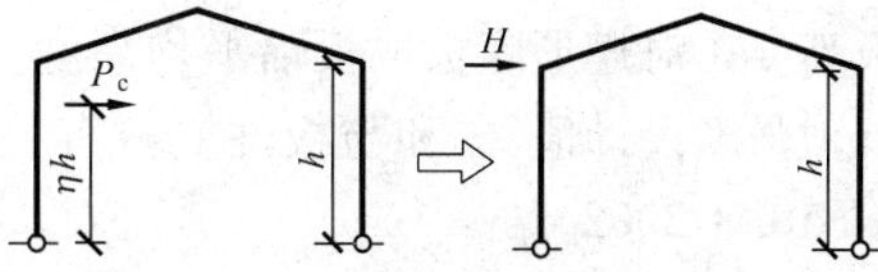

图 18-17　刚架在吊车水平荷载下柱顶等效水平力

中间柱为摇摆柱的两跨刚架，如图 18-18 所示，柱顶侧移可按式（18-1）或式（18-2）计算，但式（18-3）中的 L 应以 $2s$ 代替，s 为单坡面长度，如图 18-15 所示。

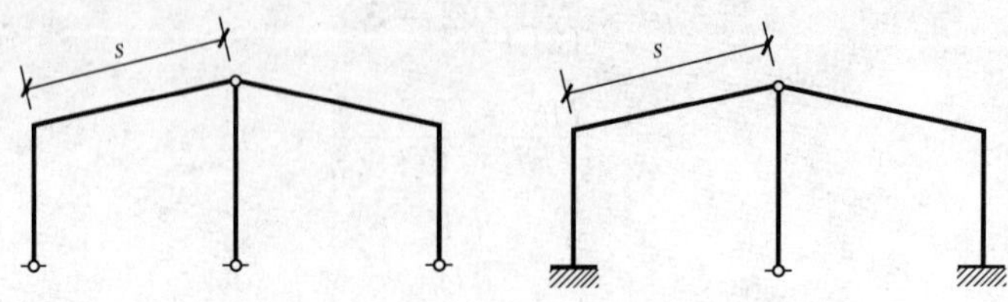

图 18-18 有摇摆柱的两跨刚架

当中间柱与横梁刚性连接时，可将多跨刚架视为多个单跨刚架的组合体（每个中间柱分为两半，惯性矩各为 $I/2$），按下列公式计算整个刚架在柱水平荷载作用下的侧移：

$$u=\frac{H}{\Sigma K_{\mathrm{i}}} \tag{18-4}$$

$$K_{\mathrm{i}}=\frac{12EI_{\mathrm{ei}}}{h_{\mathrm{i}}^{3}(2+\xi_{\mathrm{ti}})} \tag{18-5}$$

$$\xi_{\mathrm{ti}}=\frac{I_{\mathrm{ei}}l_{\mathrm{i}}}{h_{\mathrm{i}}I_{\mathrm{bi}}} \tag{18-6}$$

$$I_{\mathrm{ei}}=\frac{I_{\mathrm{l}}+I_{\mathrm{r}}}{4}+\frac{I_{\mathrm{l}}I_{\mathrm{r}}}{I_{\mathrm{l}}+I_{\mathrm{r}}} \tag{18-7}$$

式中 ΣK_{i}——柱脚铰接时各单跨刚架侧向刚度之和；

h_{i}——所计算跨两柱的平均高度；

l_{i}——与所计算柱相连接的单跨刚架梁的长度；

I_{ei}——两柱惯性矩不相同时的等效惯性矩；

I_{l}、I_{r}——分别为左、右两柱的惯性矩，见图 18-19。

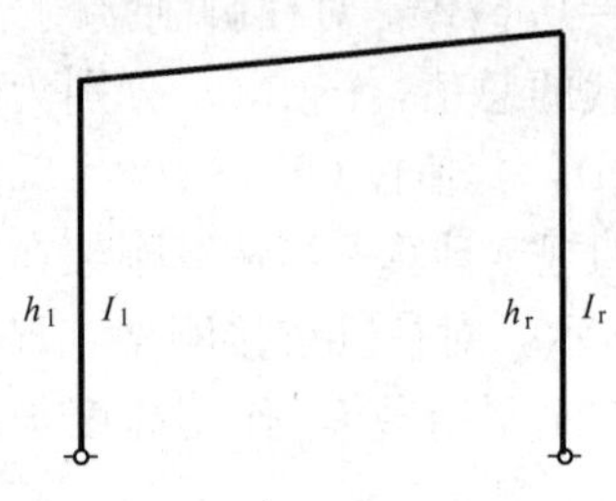

图 18-19 左右两柱的惯性矩

三、构件设计特点

（一）变截面刚架构件计算

1. 板件最大宽厚比和屈曲后强度利用的规定

工字形截面构件受压翼缘自由外伸宽度 b 与其厚度 t 之比 $b/t\leqslant15\sqrt{235/f_{\mathrm{y}}}$；

工字形截面梁、柱构件腹板计算的高度 h_0 与其厚度 t_{w} 之比 $h_0/t_{\mathrm{w}}\leqslant250\sqrt{235/f_{\mathrm{y}}}$。

工字形截面构件腹板的受剪板幅，当腹板高度变化不超过 60mm/m 时，可考虑屈曲后强度，其抗剪承载力设计值：$V_{\mathrm{d}}=h_{\mathrm{w}}\cdot t_{\mathrm{w}}\cdot f'_{\mathrm{v}}$。式中，$h_{\mathrm{w}}$ 是腹板高度，对楔形腹板取板幅平均高度；f'_{v}是腹板屈曲后抗剪强度设计值，它可表达成钢材抗剪强度设计值 f_{v} 和与板件受剪有关的参数 λ_{w} 的二元函数，它们的一系列计算式详见 CECS102：2002。

当利用腹板屈曲后抗剪强度时，横向加劲肋间距 a 宜在 $h_{\mathrm{w}}\sim2h_{\mathrm{w}}$ 之间。

工字形截面构件腹板受弯及受压板幅利用屈曲后强度时，应按有效宽度计算截面特性。

当截面全部受压时，有效宽度 $h_{\mathrm{e}}=\rho\cdot h_{\mathrm{w}}$；

当截面部分受拉时，受拉区全部有效，受压区有效宽度 $h_e=\rho\cdot h_c$。式中，h_c 是腹板受压区宽度；ρ 是有效宽度系数，其一系列表达式详见 CECS102：2002。

2. 刚架构件的强度计算和加劲肋设置规定

工字形截面受弯构件在剪力 V 和弯矩 M 共同作用下的强度，应符合：

$V\leqslant 0.5V_d$ 时

$$M\leqslant M_e \tag{18-8}$$

$0.5V_d\leqslant V\leqslant V_d$ 时

$$M\leqslant M_f+(M_e-M_f)[1-(2V/V_d-1)^2] \tag{18-9}$$

$$M_f=A_f(h_w+t)f$$

$$M_e=W_e f$$

式中 M_f——两翼缘所承担的弯矩，对双轴对称截面；

M_e——构件有效截面所承担的弯矩；

W_e——构件有效截面最大受压纤维的截面模量；

A_f——构件翼缘截面面积；

V_d——腹板抗剪承载力设计值，$V_d=h_w\cdot t_w\cdot f'_v$。

工字形截面压弯构件在剪力 V、弯矩 M 和轴力 N 共同作用下的强度，应符合：

$V\leqslant 0.5V_d$ 时

$$M\leqslant M_e^N=M_e-N\cdot W_e/A_e \tag{18-10}$$

$0.5V_d\leqslant V\leqslant V_d$ 时

$$M\leqslant M_f^N+(M_e^N-M_f^N)[1-(2V/V_d-1)^2] \tag{18-11}$$

式中 M_f^N——兼承受压力 N 时两翼缘所能承受的弯矩，对双轴对称截面：$M_f^N=A_f(h_w+t)(f-N/A)$；

A_e——有效截面面积。

梁腹板应在与中柱连接处、较大集中荷载作用处和翼缘转折处设置横向加劲肋。中间加劲肋的设置应满足上面（1）的相关要求。

梁腹板利用屈曲后强度时，其中间加劲肋除承受集中荷载和翼缘转折产生的压力外，还应承受拉力场产生的压力。该拉力场产生的压力 $N_s=V-0.9h_w\cdot t_w\cdot\tau_{cr}$，式中 τ_{cr} 是利用拉力场时腹板的屈曲剪应力，它是钢材抗剪强度 f_v 和参数 λ_w 的二元函数，详见 CECS 102：2002。

当验算加劲肋稳定性时，其截面应包括每侧 $15\sqrt{235/f_y}$ 宽度范围内的腹板面积，计算长度取 h_w。

3. 变截面柱在刚架平面内的稳定计算

$$\frac{N_0}{\varphi_{x\gamma}A_{e0}}+\frac{\beta_{mx}\cdot M_1}{\left(1-\frac{N_0}{N_E}\cdot\varphi_{x\gamma}\right)W_{e1}}\leqslant f \tag{18-12}$$

式中 N_E——欧拉临界力，计算 λ 时，回转半径 i_0 以小头为准，$N_E=\pi^2EA_{e0}/\lambda^2$；

N_0——小头的轴向压力设计值；

A_{e0}——小头的有效截面面积；

W_{e1}——大头有效截面最大受压纤维的截面模量；

M_1——大头的弯矩设计值；当柱最大弯矩不出现在大头时，M_1 和 W_{e1} 分别取最大弯矩和该弯矩所在截面的有效截面模量；

$\varphi_{x\gamma}$——杆件轴心受压稳定系数，计算长细比 λ 时，取小头的回转半径；而对楔形柱计算长度系数取 μ_γ 由附录 4 查得；

β_{mx}——等效弯矩系数，有侧移刚架柱的等效弯矩系数 β_{mx} 取 1.0。

截面高度呈线性变化的柱，在刚架平面的计算长度 $h_0=\mu_\gamma h$，这里 h 为柱高，μ_γ 为计算长度系数。μ_γ 可由下列三种方法之一确定：

①查表法，用于柱脚铰接的刚架。

②一阶分析法，用于柱脚铰接和刚接的刚架。

③二阶分析法，用于柱脚铰接和刚接的刚架。

三种方法各自的使用条件和具体计算要求详见 CECS 102：2002。

4. 变截面柱在刚架平面外的稳定计算

$$\frac{N_0}{\varphi_y A_{e0}}+\frac{\beta_t \cdot M_1}{\varphi_{b\gamma} W_{e1}} \leqslant f \tag{18-13}$$

式中 φ_y——轴心受压构件弯矩作用平面外稳定系数，按 GB 50017 采用，计算长度取侧向支承点间距离，长细比以小头为准；

$\varphi_{b\gamma}$——均匀弯曲楔形受弯构件整体稳定系数，详见 CECS 102：2002；

N_0——小头的轴向压力设计值；

M_1——大头的弯矩设计值；

β_t——等效弯矩系数，对一端弯矩为零的区段：$\beta_t=1-N/N_{Ex0}+0.75\ (N/N_{Ex0})^2$；对两端弯曲应力基本相等的区段：$\beta_t=1.0$；

N_{Ex0}——计算长细比 λ 时，回转半径 i_0 以小头为准的欧拉临界力。

5. 变截面柱下端铰接时，应验算柱端的抗剪承载力，如不满足要求应加强该处腹板

6. 斜梁和隅撑设计规定

实腹式刚架斜梁在平面内和平面外均应按压弯构件计算强度及稳定。当屋面坡度很小（$\alpha \leqslant 10°$）时，在刚架平面内可仅按压弯构件计算其强度。

变截面实腹式刚架斜梁的平面内计算长度可取竖向支承点间的距离。

实腹式刚架斜梁的出平面计算长度，应取侧向支承点间的距离；当斜梁两翼缘侧向支承点间的距离不等时，应取最大受压翼缘侧向支承点间的距离。

当实腹式刚架斜梁的下翼缘受压时，必须在受压翼缘两侧布置隅撑作为斜梁的侧向支承，隅撑的另一端连接在檩条上。隅撑应按轴心受压构件设计，轴压力 N 按下式计算

$$N=\frac{A \cdot f}{60 \cdot \cos\theta} \cdot \sqrt{\frac{f_y}{235}} \tag{18-14}$$

式中 A——实腹斜梁被支撑翼缘的截面面积；

θ——隅撑与檩条轴线的夹角；

f_y——实腹斜梁钢材的屈服强度。

当隅撑成对布置时，每根隅撑的计算轴压力可取式（18-14）计算值的一半。

当斜梁上翼缘承受集中荷载处不设横向加劲肋时，除应按规范有关公式验算腹板上边缘正应力、剪应力和局部压应力共同作用时的折算应力外，还要按 CECS 102：2002 作有关补充验算。

斜梁不需计算整体稳定的侧向支承点间最大长度，可取斜梁下翼缘宽度的 $16\sqrt{235/f_y}$。

（二）等截面刚架构件计算

等截面刚架按弹性设计时，其构件可按上述变截面刚架构件计算的规定进行计算。

等截面刚架按塑性设计时，其构件应按现行国家标准《钢结构设计规范》中有关塑性设计的规定进行设计。

（三）檩条设计

檩条宜优先采用实腹式构件，跨度大于 9m 时宜采用格构式构件并应验算其下翼缘的稳定性。实腹式檩条宜采用卷边槽形和带斜卷边的 Z 形冷弯薄壁型钢，也可以采用直卷边的 Z 形冷弯薄壁型钢。格构式檩条可采用平面桁架式或空间桁架式。檩条一般设计成单跨简支构件，实腹式檩条尚可设计成连续构件。

当屋面坡度大于 1/10、檩条跨度大于 4m 时，宜在檩条间跨中位置设置拉条。檩条跨度大于 6m 时，在跨度三分点处各设一道拉条，且在屋脊处还应设置斜拉条和撑杆。当屋面材料为压型钢板，屋面刚度较大且与檩条有可靠连接时，可少设或不设拉条。

对于作用在檩条上的荷载以及荷载效应组合，门式刚架轻型房屋钢结构有其自身的特点，与现行国家标准《建筑结构荷载规范》并不完全相同。设计计算时应予充分重视并按照《门式刚架轻型房屋钢结构技术规程》（CECS 102：2002）有关规定执行。

在屋面能阻止檩条侧向失稳和扭转的情况下，可仅按式（18-15）计算檩条在风正压力下的强度；当屋面不能阻止檩条侧向失稳和扭转的情况下，应按式（18-16）计算檩条在风正压力作用下的稳定性。

$$\frac{M_{\mathrm{x}}}{W_{\mathrm{enx}}}+\frac{M_{\mathrm{y}}}{W_{\mathrm{eny}}}\leqslant f \tag{18-15}$$

$$\frac{M_{\mathrm{x}}}{\varphi_{\mathrm{bx}}W_{\mathrm{ex}}}+\frac{M_{\mathrm{y}}}{W_{\mathrm{ey}}}\leqslant f \tag{18-16}$$

式中 M_{x}、M_{y}——对截面主轴 x 和主轴 y 的弯矩；

W_{enx}、W_{eny}——对主轴 x 和主轴 y 的有效净截面模量（对冷弯薄壁型钢）或净截面模量（对热轧型钢）；

W_{ex}、W_{ey}——对主轴 x 和主轴 y 的有效截面模量（对冷弯薄壁型钢）或毛截面模量（对热轧型钢）；

φ_{bx}——梁的整体稳定系数，根据不同情况按现行国家标准《冷弯薄壁型钢结构技术规范》或《钢结构设计规范》的规定采用。

当屋面能阻止檩条上翼缘侧向失稳和扭转时，可按式（18-16）计算在风吸力作用下檩条的稳定性，或设置拉杆、撑杆防止下翼缘扭转，也可以按《门式刚架轻型房屋钢结构技术规程》（CECS 102：2002）附录 E 的规定计算。

计算檩条时，不应考虑隅撑的影响。

（四）墙架构件设计

轻型墙体结构的墙梁宜采用卷边槽形或 Z 形冷弯薄壁型钢。

墙梁可设计成简支或连续构件，两端支承在刚架柱上。当墙梁有一定竖向承载力且墙板落地及与墙板间有可靠连接时，可不设中间柱，并可不考虑自重引起的弯矩和剪力。设有条形窗或房屋较高且墙梁跨度较大时，墙架柱的数量应由计算确定。当墙梁需承受墙板及自重时，应考虑双向弯曲。

当墙梁跨度 l 为 4～6m 时，宜在跨中设一道拉条，当跨度 $l>6$m 时，宜在跨间三分点处各设一道拉条，在最上层墙梁处宜设斜拉条将拉力传至承重柱或墙架柱。

单侧挂墙板的墙梁，应计算其强度和稳定。

承受朝向面板的风压时，墙梁的强度按 CECS 102：2002 规定的系列公式验算。

在风吸力作用下，外侧设有压型钢板的墙梁的稳定性按 CECS 102：2002 附录 E 的规定计算。

当外侧设有压型钢板的实腹式刚架柱的内翼缘受压时，可沿内侧翼缘设置成对的隅撑，作为柱的侧向支承，隅撑的另一端连接在墙梁上。隅撑所受轴压力按式（18-14）计算。

（五）支撑构件设计

门式刚架轻型房屋钢结构中的交叉支撑和柔性系杆可按拉杆设计。

刚架斜梁上横向水平支撑的内力，应根据纵向风荷载按支承于柱顶的水平桁架计算，并计入支撑对斜梁起减小计算长度作用而应承受的力。对交叉支撑可不计压杆的受力。

刚架柱间支撑的内力，应根据该柱列所受纵向风荷载（有吊车时还应计入吊车纵向制动力）按支承于柱脚基础上的竖向悬臂桁架计算，并计入支撑对柱起减小计算长度作用而应承受的力。对交叉支撑也可不计压杆的受力。当同一柱列设有多道纵向柱间支撑时，纵向力在支撑间可按均匀分布考虑。

支撑构件受拉或受压的计算，应遵循现行国家标准《钢结构设计规范》或《冷弯薄壁型钢结构技术规范》中关于轴心受拉或轴心受压构件的规定。

（六）屋面板和墙板设计

墙板应根据所受荷载计算其强度和变形。压型钢板应采用预涂层彩色钢板制作。一般建筑屋面或墙面宜采用长尺压型钢板，其厚度宜为 0.4～1.0mm。压型钢板的计算和构造，应符合现行国家标准《冷弯薄壁型钢结构技术规范》的规定。其他墙板应按有关标准的规定计算。

屋面天沟和落水管的断面，应按有关规定计算确定。

四、连接和节点设计特点

（一）焊接

当被连接板的最小厚度大于 4mm 时，其对接焊缝、角焊缝和部分熔透对接焊缝的强度，应分别按现行国家标准《钢结构设计规范》的规定计算。当最小厚度不大于 4mm 时，正面角焊缝的强度增大系数 β_f 取 1.0。

腹板厚度不大于 4mm 的 T 形连接，可采用双面断续角焊缝、高频焊接或其他可靠方法。

当连接板的最小厚度不大于 4mm 时，喇叭形焊缝的抗剪强度按下式计算

$$\tau=\frac{N}{tl_w}\leqslant\gamma\cdot f \tag{18-17}$$

式中 N——通过焊缝形心的轴心拉力或轴心压力；

t——被连接板件的最小厚度；

l_w——焊缝的有效长度；

f、γ——被连接板件钢材抗拉强度设计值及折算系数；N 作用线垂直于焊缝轴线方向时，取 $\gamma=0.8$；N 作用线平行于焊缝轴线方向时，取 $\gamma=0.7$。

当连接板的最小厚度大于 4mm 时，单边喇叭形焊缝的抗剪强度按下式计算

$$\tau = \frac{N}{0.7h_f l_w} \leqslant f_f^w \tag{18-18}$$

式中 h_f——焊缝的焊角尺寸，如图 18-20 和图 18-21 所示；

f_f^w——角焊缝抗剪强度设计值。

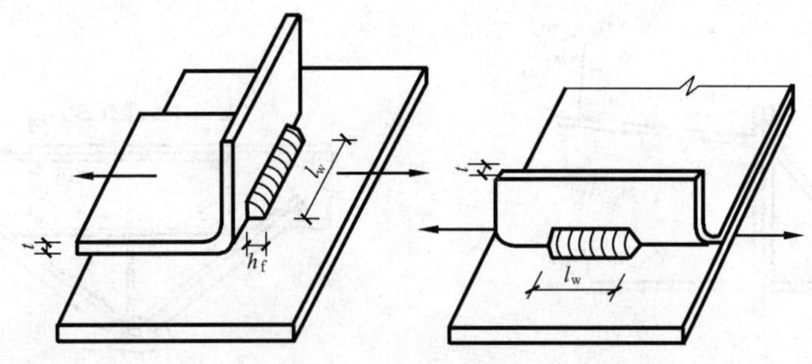

图 18-20 单边喇叭形焊缝

单边喇叭形焊缝的焊角尺寸 h_f 不得小于被连接板件的厚度。在组合结构中，组合件的喇叭形焊缝可采用断续焊缝，但其长度不得小于 $8t$ 和 40mm，断续焊缝间的净距不得大于 $15t$（受压构件）或 $30t$（受拉构件），t 为焊件的最小厚度。

（二）节点设计

门式刚架斜梁与柱的连接可采用端板竖放、端板平放和端板斜放三种形式。斜梁拼接时宜使端板与构件边缘垂直。

端板连接应按所受最大内力设计。当内力较小时，应按能承受不小于较小被连接截面承载力的一半设计。主刚架构件的连接应采用高强度螺栓，吊车梁与制动梁的连接宜采用摩擦型高强度螺栓，通常选用 M16～M24。吊车梁与刚架连接处宜设长圆孔。檩条与刚架斜梁以及墙梁与柱的连接常采用 M12 普通螺栓。

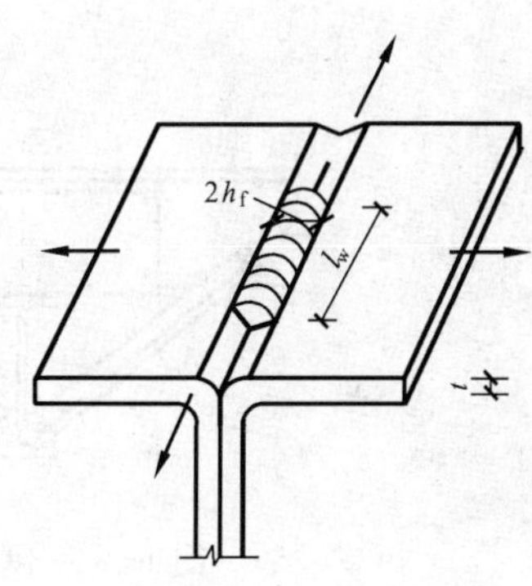

图 18-21 喇叭形焊缝

端板连接的螺栓应成对地对称布置，在受拉翼缘和受压翼缘的内外两侧均应设置并使每个翼缘的螺栓群中心与翼缘的中心重合或接近。螺栓中心至翼缘板表面的距离应满足拧紧螺栓时的施工要求，不宜小于 35mm。螺栓端距不应小于 2 倍螺栓孔径。门式刚架受压翼缘的螺栓不宜少于两排。当受拉翼缘两侧各设一排螺栓尚不能满足承载力要求时，可在翼缘内侧增设螺栓，如图 18-22 所示，其间距可取 75mm，且不小于 3 倍孔径。与斜梁端板连接的柱翼缘部分应与端板等厚度，如图 18-22 所示。当端板上两对螺栓间的最大距离大于 400mm 时，应在端板的中部增设一对螺栓。

同时受拉和受剪的螺栓，应验算螺栓在拉、剪共同作用下的强度。

端板的厚度 t 应根据支承条件计算（方法见 CECS 102：2002），但不宜小于 16mm。在刚架斜梁与柱相交的节点域，按 CECS 102：2002 的公式验算剪应力不满足要求时，应加厚腹板或设置斜加劲肋。刚架构件的翼缘和腹板与端板的螺栓连接处，构件腹板强度不满足 CECS 102：2002 公式计算值时，可设置腹板加劲肋或局部加厚腹板。

带斜卷边 Z 形檩条的搭接长度 $2a$（见图 18-23）及其连接螺栓直径，应根据连续梁中间支座处的弯矩值确定。

隅撑宜采用单角钢制作。可连接在刚架下（内）翼缘附近的腹板上，如图 18-23 所示，也可连于下（内）翼缘上，如图 18-24 所示。通常以单个螺栓连接，计算时应考虑承载力折减系数。

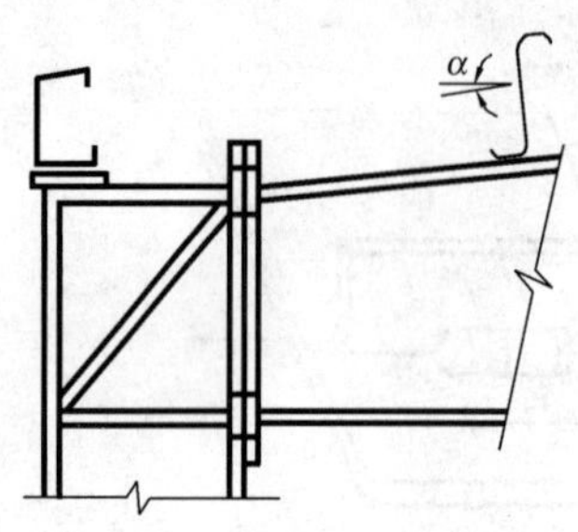

图 18-22 端板竖放的螺栓连接

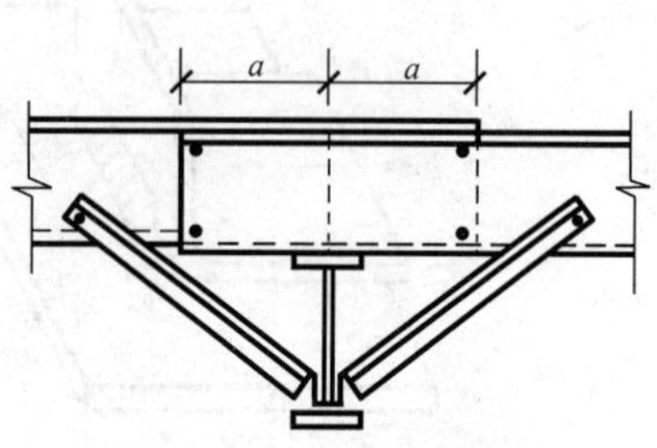

图 18-23 斜卷边檩条的搭接

圆钢支撑与刚架构件的连接，一般不设连接板，可直接在刚架构件腹板上靠外侧设孔连接，如图 18-25 所示。

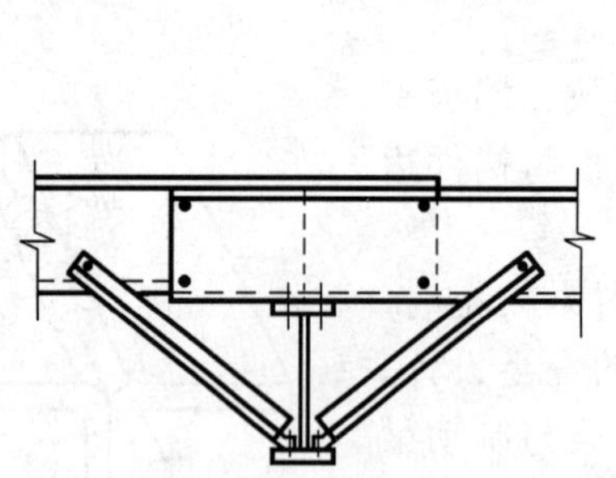

图 18-24 隅撑的连接

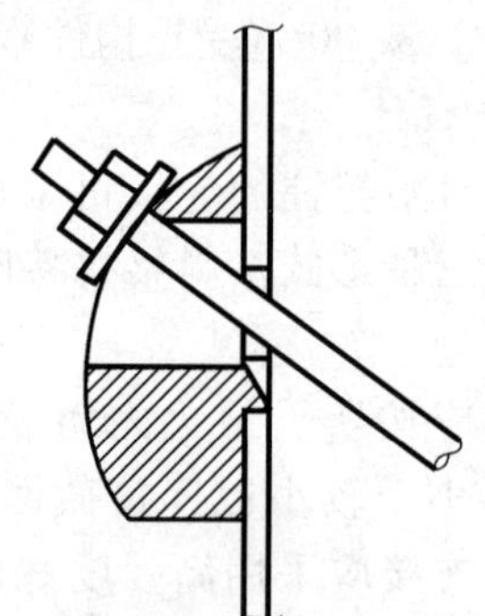

图 18-25 圆钢支撑与刚架构件的连接

屋面板之间的连接及面板与檩条或墙梁的连接，宜采用带橡皮垫圈的自钻自攻螺丝。螺丝的间距不应大于 300mm。

门式刚架轻型房屋钢结构的柱脚，宜采用平板式铰接柱脚，必要时，也可采用刚接柱脚，变截面柱下端的宽度应根据具体情况确定，但不宜小于 200mm。

思 考 题

18-1 简述钢结构有哪些特点。

18-2 简述钢结构的应用范围。

18-3 钢结构的连接方法有哪些？

第十九章　预应力混凝土结构简介

内 容 提 要

1. 预应力混凝土的概念、分类
2. 预应力混凝土结构的材料
3. 张拉控制应力及预应力损失

第一节　预应力混凝土的基本概念

普通钢筋混凝土构件，由于混凝土的抗拉强度及极限拉应变值都很低（其极限拉应变值为 $0.1\times10^{-3}\sim0.15\times10^{-3}$），因而钢筋混凝土构件存在一些难以克服的缺点：①在使用荷载作用下，通常是带裂缝工作的。对于使用上不允许开裂的构件，受拉钢筋的应力只能用到 20～30N/mm²，不能充分利用其强度；对于允许开裂的构件，通常当受拉钢筋应力达到 250N/mm² 时，裂缝宽度已达 0.2～0.3mm，此时构件的耐久性有所降低，故不宜用于高湿度或侵蚀性环境中。②为了满足变形和裂缝控制的要求，构件的截面尺寸和用钢量较大，不宜用于大跨度或承受动力荷载的钢筋混凝土结构。③若采用高强度钢筋，则不能充分发挥其作用；而提高混凝土强度等级对提高构件的抗裂性能和控制裂缝宽度的作用也不大。

一、预应力混凝土的概念

为了克服上述缺点，设法在结构构件受荷载作用前，使它产生预压应力来减小或抵消荷载所引起的混凝土拉应力，从而使结构构件的混凝土拉应力不大，甚至处于受压状态。在构件承受荷载以前预先对混凝土施加压应力的方法有多种，有配置预应力钢筋，再通过张拉或其他方法建立预加应力的；也有在离心制管中采用膨胀混凝土生产的自应力混凝土等。

现以图 19-1 所示预应力混凝土简支梁为例，说明预应力混凝土的概念。

在荷载作用之前，预先在梁的受拉区施加偏心压力 N，使梁下边缘混凝土产生预压应力 σ_c，梁上边缘产生预拉应力 σ_{ct}，见图 19-1（a）。当荷载 q（包括梁自重）作用时，如果梁跨中截面下边缘产生拉应力 σ_{ct}，梁上边缘产生压应力 σ_c，见图 19-1（b）。这样，在预压力 N 和荷载 q 共同作用下，梁的下边缘拉应力将减至 $\sigma_{ct}-\sigma_c$，梁上边缘应力一般为压应力，但也有可能

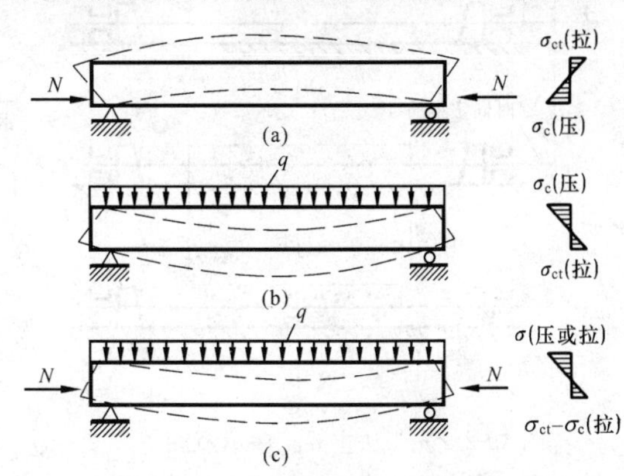

图 19-1　预应力混凝土简支梁
（a）预压力作用下；（b）外荷载作用下；
（c）预压力与外荷载共同作用下

为拉应力，见图 19-1（c）。若增大预压力 N，则在荷载作用下，梁的下边缘的拉应力还可减小，甚至变成压应力。

预应力混凝土构件具有延缓混凝土构件的开裂，提高构件的抗裂度和刚度，节约钢筋，减轻自重的优点。其缺点是构造、施工和计算均较普通钢筋混凝土构件复杂，且延性也差些。

下列结构物宜优先采用预应力混凝土：

(1) 要求裂缝控制等级较高的结构。

(2) 大跨度或受力很大的构件。

(3) 对构件的刚度和变形控制要求较高的结构构件，如工业厂房中的吊车梁、码头和桥梁中的大跨度梁式构件等。

二、预应力混凝土的分类

(1) 根据预加应力值大小对构件截面裂缝控制程度的不同，预应力混凝土构件分为全预应力混凝土与部分预应力混凝土两类。

当使用荷载作用下，不允许截面上混凝土出现拉应力的构件，称为全预应力混凝土，大致相当于《混凝土结构设计规范》中裂缝控制等级为一级，即严格要求不出现裂缝的构件。

当使用荷载作用下，允许出现裂缝，但最大裂缝宽度不超过允许值的构件，则称为部分预应力混凝土，大致相当于《混凝土结构设计规范》中裂缝控制等级为三级，即允许出现裂缝的构件。

当使用荷载作用下根据荷载效应组合情况，不同程度地保证混凝土不开裂的构件，则称为限值预应力混凝土，大致相当于《混凝土结构设计规范》中裂缝控制等级为二级，即一般要求不出现裂缝的构件。限值预应力混凝土也属部分预应力混凝土。

(2) 按照张拉预应力钢筋的方法分为先张法预应力混凝土和后张法预应力混凝土两类。

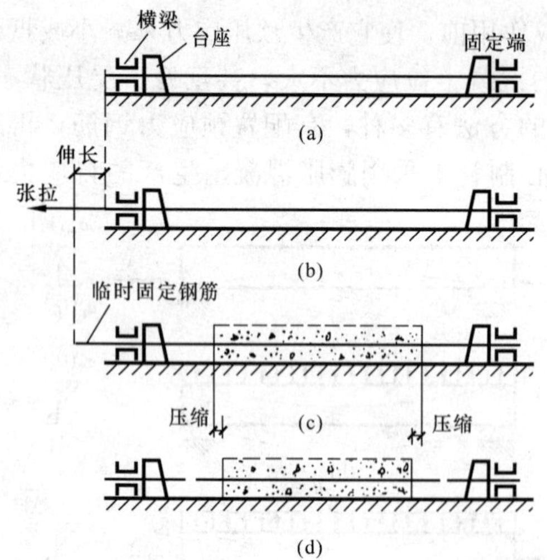

图 19-2 先张法主要工序示意图

(a) 钢筋就位；(b) 张拉钢筋；(c) 临时固定钢筋，浇灌混凝土并养护；(d) 放松钢筋，钢筋回缩，混凝土受预压

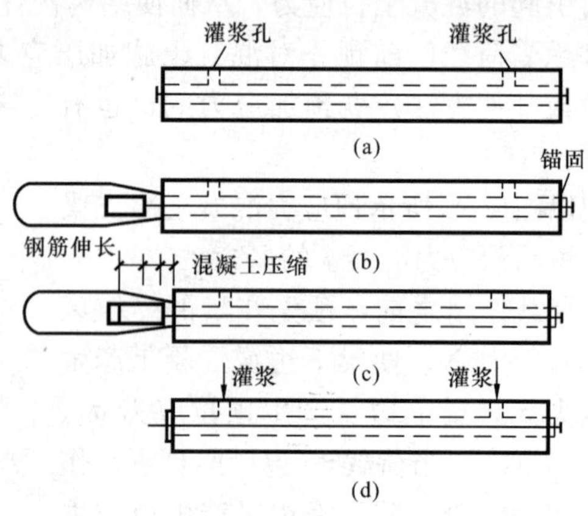

图 19-3 后张法主要工序示意图

(a) 制作构件，预留孔道，穿入预应力钢筋；(b) 安装千斤顶；(c) 张拉钢筋；(d) 锚住钢筋，拆除千斤顶、孔道压力灌浆

在浇灌混凝土之前张拉钢筋的方法称为先张法。制作先张法预应力构件一般都需要台座、拉伸机、传力架和夹具等设备，其工序如图 19-2 所示。当构件尺寸不大时，可不用台座，直接在钢模上进行张拉。

先张法预应力混凝土构件，预应力是靠钢筋与混凝土之间的粘结力来传递的。

在结硬后的混凝土构件上张拉钢筋的方法称为后张法。其工序见图 19-3。通过张拉钢筋后，在孔道内灌浆，使预应力钢筋与混凝土形成整体，见图 19-3（d）。也可不灌浆，完全通过锚具来传递预压力，形成无粘结的预应力构件。后张法预应力构件，预应力是依靠钢筋端部的锚具来传递的。

三、预应力混凝土结构的应用

预应力混凝土结构出现在 19 世纪末，由于早期的预应力混凝土采用的材料的强度低，且对预应力的损失认识不够，因而其应用受到限制。20 世纪 30 年代以后，随着高强度钢筋的大量生产与应用、对预应力混凝土研究的深入，预应力混凝土得到了进一步的发展。目前，在房屋建筑、公路和铁道桥梁、基础等工程中都有着广泛的应用。在工业与民用建筑中，不仅在屋面板、梁、屋架、吊车梁等预制构件中应用广泛，而且在大跨度、高层建筑的现浇结构中也得到应用。

第二节　预应力混凝土结构的材料

一、夹具和锚具

夹具和锚具是制作预应力构件时锚固预应力钢筋的工具。当预应力构件制成后能够取下重复使用的称夹具，而留在构件上不再取下的称锚具。夹具和锚具主要依靠摩阻、握裹和承压锚固来夹住或锚住钢筋。

锚具应具有下列要求：①安全可靠，锚具的本身应具有足够的强度和刚度；②应使预应力钢筋在锚具内尽可能不产生滑移，以减少预应力的损失；③构造简单，便于机械加工制作；④使用方便，省材料，价格低。

建筑工程中常用的锚具有螺丝端杆锚具、锥形锚具、镦头锚具、夹具式锚具等。

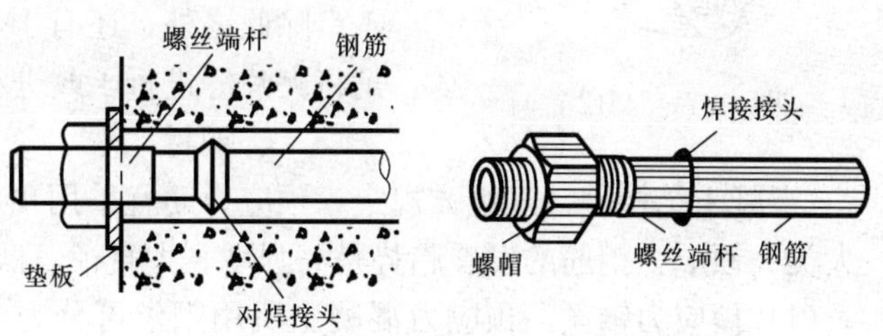

图 19-4　螺丝端杆锚具

（1）螺丝端杆锚具，见图 19-4。它是在单根预应力钢筋的两端各焊上一短段螺丝端杆，套以螺帽和垫板形成的一种最简单的锚具。预应力钢筋通过螺丝端杆螺纹斜面上的承压力将预拉力传到螺帽，再经过垫板传至预留孔道口四周的混凝土构件上。其优点是操作比较简单，且锚固后在千斤顶回油时，预应力钢筋基本不发生滑动。如有需要，还可再次张拉。缺点是对预应力钢筋长度的精确度要求高，不能太长或太短，避免发生螺纹长度不够等情况。

（2）锥形锚具，见图 19-5。锥形锚具是用于锚固多根直径为5～12mm的平行钢丝束或者多根直径为 13～15mm 的平行钢绞线束。预应力钢筋依靠摩擦力将预拉力传到锚环，再由锚环通过承压力和粘结力将预拉力传到混凝土构件上。这种锚具的缺点是滑移大，不易保证每根钢筋或钢丝中的应力均匀。

（3）镦头锚具，见图 19-6。镦头锚具用于锚固多根直径 10～18mm 的平行钢丝束或者 18 根以下直径 5mm 的平行钢丝束。预应力钢筋的预拉力依靠镦头的承压力传到锚环，再依靠螺纹上的承压力传到螺帽，再经过垫板传到混凝土构件上。这种锚具的锚固性能可靠，锚固力大，张拉操作方便，但要求钢筋或钢丝束的长度有较高的精度。

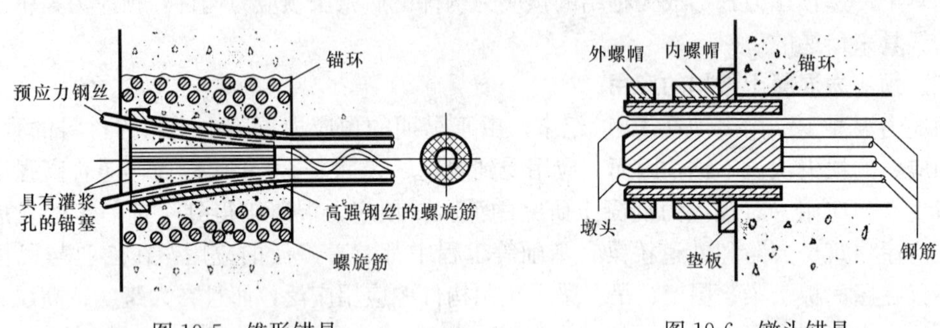

图 19-5 锥形锚具

图 19-6 镦头锚具

（4）夹具式锚具。这种锚具由锚环和夹片组成，可锚固钢绞线或钢丝束。夹片的块数与预应力钢筋或钢绞线的根数相同，每根钢绞线均可分开锚固，各自独立地放置在夹片的一个锥形孔内，任何一组夹具滑移、碎裂或钢绞线拉断，都不会影响同束中其他钢绞线的锚固。预应力钢筋依靠摩擦力将预拉力传给夹片，夹片依靠其斜面上的承压力将预拉力传给锚环，再由锚环依靠承压力将预拉力传给混凝土构件。常见的夹具式锚具主要有 JM12 型（见图 19-7）、OVM 型、QM 型、XM 型等型式。JM12 型锚具的主要缺点是钢筋内缩量较大。其余几种锚具有锚固较可靠、互换性好、自锚性能强、张拉钢筋的根数多，施工操作也较简便等优点。

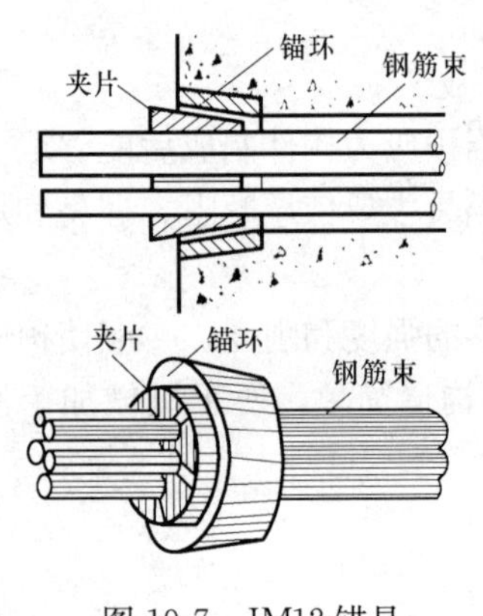

图 19-7 JM12 锚具

除此之外，还有 JM、SF、YM、VLM 型等锚具，主要是将夹片等进行了改进和调整，使锚固性能得到进一步提高。

二、钢材

《混凝土结构设计规范》规定，预应力筋宜采用预应力钢丝、钢绞线、预应力螺纹钢筋三大类。预应力钢筋的发展趋势是高强度、大直径、低松弛和耐腐蚀。

（1）预应力钢丝。预应力混凝土所用钢丝可分为中强度预应力钢丝及消除应力钢丝两种。按外形分有光圆钢丝、螺旋肋钢丝；按应力松弛性能分则有普通松弛（即Ⅰ级松弛）和低松弛（即Ⅱ级松弛）两种。钢丝的公称直径有 3～9mm，其极限抗拉强度标准值可达 1860N/mm^2。要求钢丝表面不得有裂纹、小刺、机械损伤、氧化铁皮和油污。

（2）钢绞线。常用的钢绞线是由直径 5～6mm 的高强度钢丝捻制成的。用三根钢丝捻制成的钢绞线，其结构为 1×3，公称直径有 8.6mm、10.8mm、12.9mm。用七根钢丝捻制成的钢绞线，其结构为 1×7，公称直径为 9.5～15.2mm。钢绞线的极限强度标准值可达 1960N/mm^2，在后张法预应力混凝土中采用较多。钢绞线以盘或卷供应，每盘钢绞线应由一整根组成，如无特殊要求，每盘钢绞线长度≥200m。成品的钢绞线表面不得带有润滑剂、油渍等，以免降低钢绞线与混凝土之间的粘结力。钢绞线表面允许有轻微的浮锈，但不得锈蚀成目视可见的麻坑。

(3) 预应力螺纹钢筋。又称精轧螺纹钢筋，公称直径有 18mm、25mm、32mm、40mm、50mm 五种。钢筋表面不得有肉眼可见的裂纹、结疤、折叠。钢筋表面允许有凸块，但不得超过横肋的高度，钢筋表面不得沾有油污，端部应切割正直。在制作过程中，除端部外，应使钢筋不受到切割火花或其他方式造成的局部加热影响。

三、混凝土

预应力混凝土结构构件所用的混凝土，需满足下列要求：

(1) 强度高。对采用先张法的构件，强度高的混凝土可提高钢筋与混凝土之间的粘结力；对采用后张法的构件，可提高锚固端的局部承压承载力。

(2) 收缩、徐变小。以减少因收缩、徐变引起的预应力损失。

(3) 快硬、早强。可尽早施加预应力，加快台座、锚具、夹具的周转率，加快施工进度。

《混凝土结构设计规范》规定，预应力混凝土构件的混凝土强度等级不宜低于 C40，且不应低于 C30。

四、孔道灌浆材料

后张法有粘结预应力混凝土结构中，目前普遍采用波纹管留孔。孔道灌浆材料为纯水泥浆，有时也加细砂，宜采用标号不低于 425 号的普通硅酸盐水泥或矿渣硅酸盐水泥。

第三节　张拉控制应力及预应力损失

一、张拉控制应力 σ_{con}

张拉控制应力 σ_{con} 是指预应力钢筋在进行张拉时所控制达到的最大应力值。其值为张拉设备（如千斤顶油压表）所指示的总张拉力除以预应力钢筋截面面积而得的应力值。张拉控制应力的取值，直接影响预应力混凝土的使用效果，如果张拉控制应力取值过低，则预应力钢筋经过各种损失后，对混凝土产生的预压应力过小，不能有效地提高预应力混凝土构件的抗裂度和刚度。如果张拉控制应力取值过高，则可能引起以下的问题：

(1) 在施工阶段会使构件的某些部位受到拉力（称为预拉力）甚至开裂，对后张法构件可能造成端部混凝土局压破坏；

(2) 构件出现裂缝时的荷载值与极限荷载值很接近，使构件在破坏前无明显的预兆，构件的延性较差；

(3) 为了减少预应力损失，有时需进行超张拉，有可能在超张拉过程中使个别钢筋的应力超过它的实际屈服强度，使钢筋产生较大塑性变形或脆断。

张拉控制应力值的大小与施加预应力的方法有关，《混凝土结构设计规范》规定，在一般情况下，张拉控制应力应符合下列规定：

(1) 消除应力钢丝、钢绞线

$$\sigma_{con} \leqslant 0.75 f_{ptk} \tag{19-1}$$

(2) 中强度预应力钢丝

$$\sigma_{con} \leqslant 0.70 f_{ptk} \tag{19-2}$$

(3) 预应力螺纹钢筋

$$\sigma_{con} \leqslant 0.85 f_{pyk} \tag{19-3}$$

式中 f_{ptk}——预应力筋极限强度标准值;

f_{pyk}——预应力螺纹钢筋屈服强度标准值。

消除应力钢丝、钢绞线、中强度预应力钢丝的张拉控制应力值不应小于 $0.4f_{ptk}$;预应力螺纹钢筋的张拉控制应力值不宜小于 $0.5f_{pyk}$。

符合下列情况之一时,上述张拉控制应力限值可提高 $0.05f_{ptk}$或 f_{pyk}:

① 要求提高构件在施工阶段的抗裂性能,而在使用阶段受压区内设置的预应力钢筋;

② 要求部分抵消由于应力松弛、摩擦、钢筋分批张拉以及预应力钢筋与张拉台座之间的温差因素产生的预应力损失。

二、预应力损失

在预应力混凝土构件施工及使用过程中,预应力钢筋的张拉应力值是在不断降低的,称为预应力损失。引起预应力损失的因素有:混凝土的弹性压缩、收缩、徐变等因素,锚具变形、钢筋徐变产生的松弛,锚具和预应力筋之间的摩擦,预应力筋与模板之间的摩擦、与孔道之间的摩擦,混凝土加热养护损失等等。一般认为预应力混凝土构件的总预应力损失值,可采用各种因素产生的预应力损失值进行叠加的办法求得。

三、预应力损失值的估算方法

预应力损失值可用预应力的百分比来表示,对总损失的估计:先张法构件大约为25%,后张法构件大约为20%。此值已考虑了适量的由于超张拉减少的松弛和抵消的摩擦损失与锚具损失,如摩擦损失不能完全抵消,则应增加这一部分的损失值。当计算预应力总损失值小于下列数值时,应按下列数值采用:先张法构件 $100N/mm^2$;后张法构件 $80N/mm^2$。

四、减少预应力损失的措施

预应力损失越大,预应力效果越差。针对预应力损失的原因,在设计和施工中应采取适当的措施以减少预应力损失。如选择变形和钢筋内缩小的锚具,减少垫板数量,对预应力筋进行超张拉,选择高强混凝土,加强养护措施等。

思 考 题

19-1 预应力混凝土的主要优缺点是什么?

19-2 先张法和后张法预应力混凝土构件的预应力是如何传递的?

19-3 什么是张拉控制应力?为什么要控制张拉控制应力的上限?张拉控制应力是否有下限?

19-4 预应力混凝土结构中的预应力损失与哪些因素有关 ?

19-5 如何采取措施减少预应力损失 ?

第二十章 钢筋混凝土单层工业厂房

内 容 提 要

1. 单层工业厂房的特点及结构类型
2. 排架结构单厂的结构组成及传力途径
3. 单层工业厂房的结构布置
4. 排架计算简图及柱

厂房建筑是为工业生产需要而建造的。由于工业生产的类型繁多，生产工艺不同，因而厂房建筑的类型很多。

单层工业厂房是工业建筑中普遍采用的一种形式。由于生产工艺流程和车间内部运输比较容易组织，地面上能够放置较重的机器设备和产品。所以，重工业生产如炼钢、铸造、金工，轻工业生产如纺织，多采用单层厂房。

第一节 单层工业厂房的特点及结构类型

一、单层工业厂房的特点

单层工业厂房不仅要满足生产工艺的要求，还要满足布置起重运输设备、生产设备及劳动保护的要求。因此单层厂房结构一般跨度大、高度高，结构构件承受的荷载大、内力大、截面尺寸大、用料多。厂房还常考虑动力荷载（如吊车荷载、动力机械设备荷载）的作用。

二、单层工业厂房的类型

单层工业厂房按生产规模，可分为大、中、小型；按承重结构的材料不同，可分为混合结构、钢筋混凝土结构和钢结构。

一般来说，无吊车或吊车吨位不超过 5t，跨度在 15m 以内，柱顶标高在 8m 以下，无特殊工艺要求的小型厂房，可采用由砖柱、钢筋混凝土屋架或木屋架或轻钢屋架组成的混合结构。当吊车吨位在 250t（中级载荷状态）以上，或跨度大于 36m 的大型厂房，或有特殊工艺要求的厂房（如设有 10t 以上锻锤的车间以及高温车间的特殊部位等），一般采用钢屋架、钢筋混凝土柱或全钢结构。其他大部分厂房均可采用钢筋混凝土结构。

三、钢筋混凝土单层工业厂房的结构形式

目前，我国钢筋混凝土单层厂房的结构形式主要有排架结构和刚架结构两种。

1. 排架结构

排架结构由屋架（屋面梁）、柱和基础组成，柱与屋架铰接，与基础刚接。根据生产工艺和使用要求不同，排架结构可做成单跨、多跨，等高、不等高和锯齿形等多种形式，如图 20-1 所示，后者通常用于单向采光的纺织厂。排架结构是目前单层厂房结构的基本结构形式，其跨度可超过 30m，高度可达 20～30m 或更高，吊车吨位可达 150t 甚至更大。排架结

构传力明确，构造简单，施工亦较方便。

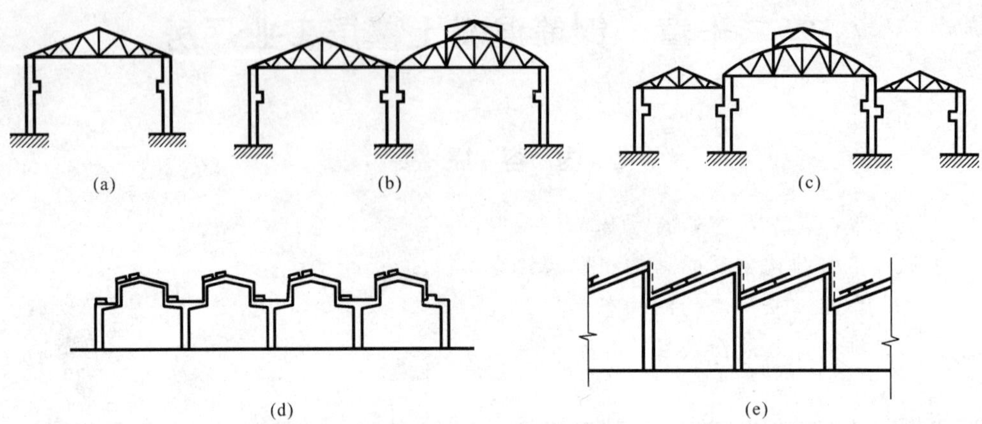

图 20-1 排架结构

(a) 单跨；(b) 两跨等高；(c) 多跨不等高；(d) 矩形多屋脊结构；(e) 锯齿形多屋脊结构

2. 刚架结构

目前常用的刚架结构是装配式钢筋混凝土门式刚架，如图 20-2 所示。其特点是柱和横梁刚接成一个构件，柱与基础通常为铰接。刚架顶节点做成铰接的，称为三铰刚架，是静定结构；做成刚接的称为两铰刚架，是超静定结构。为便于施工吊装，两铰刚架通常做成三段，在横梁中弯矩为零（或很小）的截面处设置接头，用焊接或螺栓连接成整体。刚架顶部一般为人字形，也有做成弧形的。

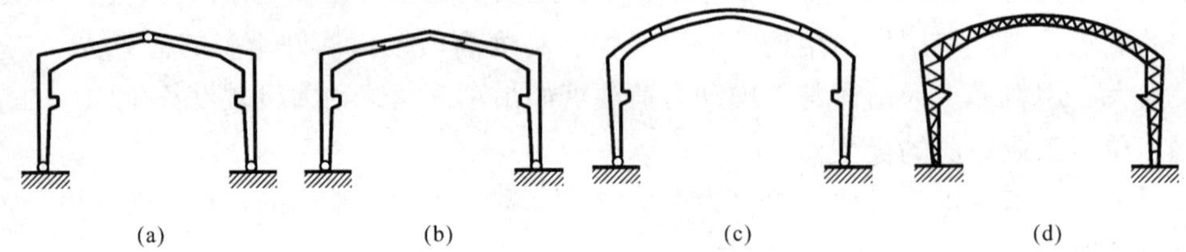

图 20-2 刚架结构

(a) 三铰刚架；(b) 两铰刚架；(c) 弧形刚架；(d) 弧形或工字形空腹刚架

刚架的优点是梁柱合一，构件种类少，制作较简单，且结构轻巧，当跨度和高度较小时，其经济指标稍优于排架结构。缺点是刚度较差，承载后会产生跨变，梁柱转角处易产生早期裂缝，所以对于吊车吨位较大的厂房，刚架的应用受到一定的限制。此外，由于刚架构件呈“┏”形或“Y”形，使构件的翻身、起吊和对中、就位等都比较麻烦，跨度大时更是这样。

我国从 20 世纪 60 年代初期以来，刚架已较广泛地用于屋盖较轻、无吊车或吊车吨位不大（一般不超过 10t、个别用至 20t)、跨度一般不超过 16～24m（国内已建成的两铰刚架最大跨度达 38m)、立柱高度 6～10m（最高已达 14m）的金工、机修、装配等车间或仓库。目前已发展成单层厂房中的一种结构体系。

第二节　排架结构单厂的结构组成及传力途径

现以常用的装配式钢筋混凝土排架结构为例，来说明单层工业厂房的结构组成及传力途径。

一、结构组成

单层厂房排架结构通常由下列结构构件组成并相互连接成整体，如图 20-3 所示。

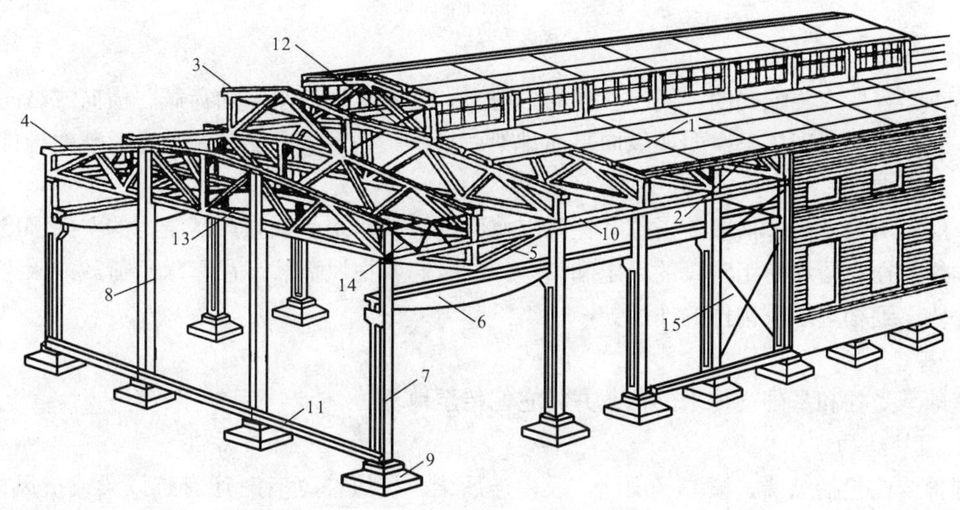

图 20-3　厂房结构组成

1—屋面板；2—天沟板；3—天窗架；4—屋架；5—托架；6—吊车梁；7—排架柱；8—抗风柱；9—基础；10—连系梁；11—基础梁；12—天窗架垂直支撑；13—屋架下弦横向水平支撑；14—屋架端部垂直支撑；15—柱间支撑

1. 屋盖结构

屋盖结构由屋面板（包括天沟板）、屋架或屋面梁（包括屋盖支撑）组成，有时还设有天窗架和托架等。屋盖结构分无檩和有檩两种屋盖体系。将大型屋面板直接支承在屋架或屋面梁上的称为无檩屋盖体系；将小型屋面板或瓦材支承在檩条上，再将檩条支承在屋架上的称为有檩屋盖体系。在屋盖结构中，屋面板起围护作用并承受作用在板上的荷载，再将这些荷载传至屋架或屋面梁；屋架或屋面梁是屋面承重构件，承受屋盖结构自重和屋面板传来的活荷载，并将这些荷载传至排架柱。天窗架支承在屋架或屋面梁上，也是一种屋面承重构件。

2. 横向平面排架

横向平面排架由横梁（屋架或屋面梁）、横向柱列和基础组成，是厂房的基本承重结构。厂房结构承受的竖向荷载、横向水平荷载以及横向水平地震作用都是由横向平面排架承担并传至地基的。

3. 纵向平面排架

纵向平面排架由纵向柱列、连系梁、吊车梁、柱间支撑和基础等组成，其作用是保证厂房的纵向稳定性和刚度，并承受作用在山墙、天窗端壁以及通过屋盖结构传来的纵向风荷载、吊车纵向水平荷载等，再将其传至地基，如图 20-4 所示，另外它还承受纵向水平地震作用、温度应力等。

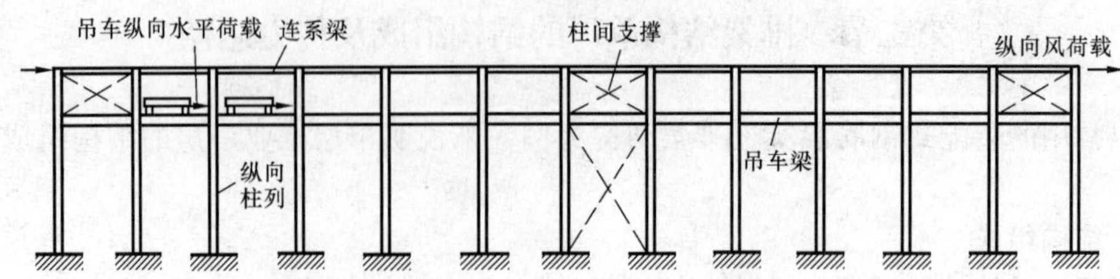

图 20-4 纵向平面排架

4. 吊车梁

吊车梁一般为装配式的，简支在柱的牛腿上，主要承受吊车竖向荷载、横向或纵向水平荷载，并将它们分别传至横向或纵向平面排架。吊车梁是直接承受吊车动力荷载的构件。

5. 支撑

单层厂房的支撑包括屋盖支撑和柱间支撑两种，其作用是加强厂房结构的空间刚度，保证结构构件在安装和使用阶段的稳定和安全，同时起着把风荷载、吊车水平荷载或水平地震作用等传递到相应承重构件的作用。

6. 基础

基础承受柱和基础梁传来的荷载并将它们传至地基。

7. 围护结构

围护结构包括纵墙、横墙（山墙）及由连系梁、抗风柱（有时还有抗风梁或抗风桁架）和基础梁等组成的墙架。这些构件所承受的荷载，主要是墙体和构件的自重以及作用在墙面上的风荷载等。

二、荷载及传力路线

作用在厂房上的荷载有永久荷载和可变荷载两大类，如图 20-5 所示。

永久荷载，又称恒载，包括各种结构构件（如屋面板、屋架、柱等）的自重及各种构造层的重量等。

可变荷载，又称活载，包括吊车竖向荷载，吊车纵、横向水平制动力，屋面活荷载（如屋面均布活荷载、施工荷载、积灰荷载及雪荷载），风荷载，地震作用等。

各种荷载的传力路线如图 20-6 所示。单层厂房结构所承受的各种荷载，基本上都是传递给排架柱，再由柱传到基础及地基的，因此屋架（或屋面梁）、柱、基础是单层厂房的主要承重构件。在有吊车的厂房中，吊车梁也是主要承重构件。

根据对一般中型厂房（跨度 24m，吊车起重量 15t）的统计结果，表 20-1 列出了其中几种主要构件的材料用量，表 20-2 列出了厂房各部分造价占土建总造价的百分比。

表 20-1 中型钢筋混凝土结构单层厂房各主要构件材料用量表

材 料	每 $1m^2$ 建筑面积构件材料用量（kg）	每种构件材料用量占总用量的百分比（%）				
		屋面板	屋 架	吊车梁	柱	基 础
混凝土	130～180	30～40	8～12	10～15	15～20	25～35
钢 材	18～20	25～30	20～30	20～32	12～25	8～12

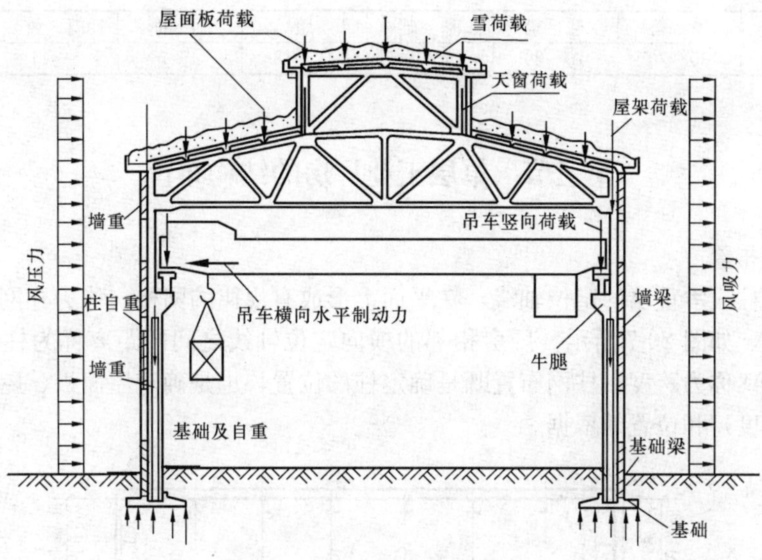

图 20-5　单层厂房的横向排架及其荷载示意图

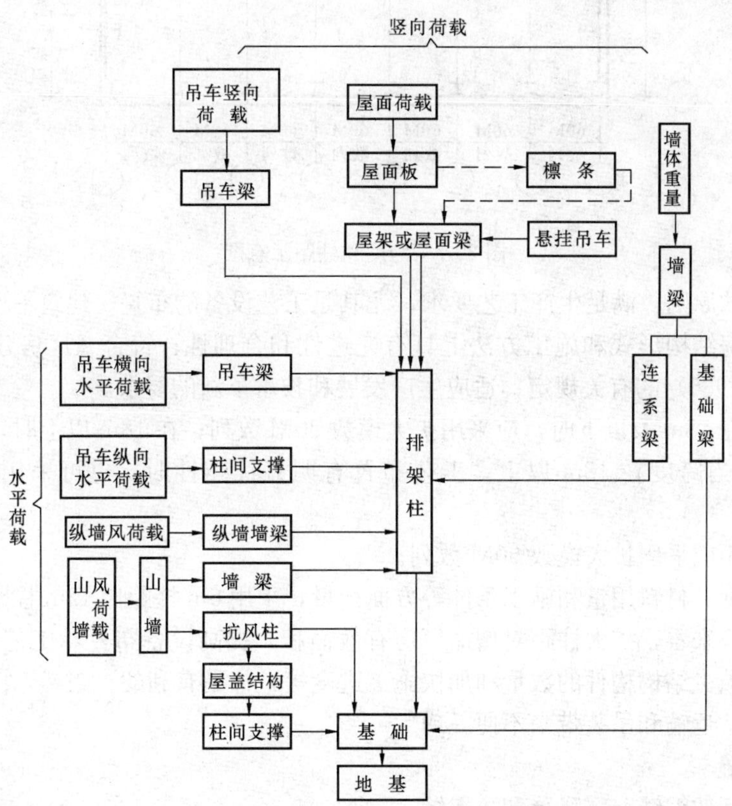

图 20-6　单层厂房传力路线示意

表 20-2 中型钢筋混凝土结构单层厂房各部分造价占土建总造价的百分比

项 目	屋 盖	柱、梁	基 础	墙	地 面	门、窗	其 他
百分比（%）	30～50	10～20	5～10	10～18	4～7	5～11	3～6

第三节 单层工业厂房的结构布置

一、柱网布置

厂房承重柱或承重墙的定位轴线，在平面上形成有规律的网格，称为柱网，柱网尺寸包括柱距和跨度，如图 20-7 所示。厂房相邻的横向定位轴线之间的距离称为柱距，纵向定位轴线之间的距离称为跨度。柱网布置既是确定柱的位置，也是确定屋面板、屋架和吊车梁等构件尺寸（跨度）和位置的依据。

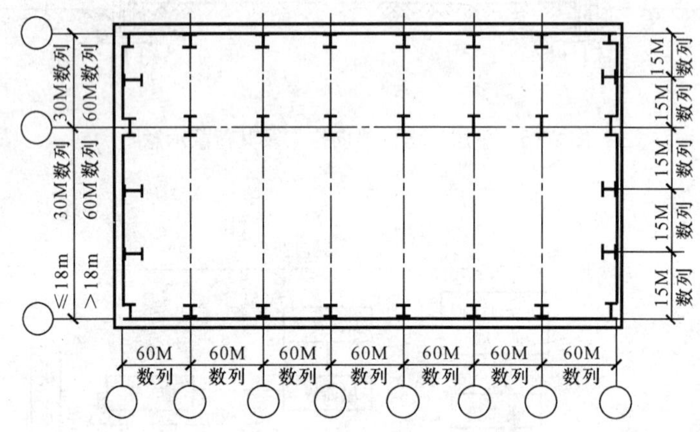

图 20-7 跨度和柱距示意图

柱网布置的原则：满足生产工艺要求，尤其是工艺设备的布置；建筑平面和结构方案经济合理；在厂房结构形式和施工方法上具有先进性和合理性；符合《厂房建筑模数协调标准》（GBJ 6—1986）的有关规定；适应生产发展和技术革新的要求。

厂房跨度在 18m 及以下时，应采用扩大模数 30M 数列；在 18m 以上时，应采用扩大模数 60M 数列。当跨度在 18m 以上，工艺布置有明显优越性时，也可采用扩大模数 30M 数列。

厂房的柱距应采用扩大模数 60M 数列。

从经济指标、材料用量和施工条件等方面衡量，采用 6m 柱距比 12m 柱距优越。但从现代工业发展趋势来看，扩大柱距对增加厂房有效面积，提高设备布置和工艺布置的灵活性，机械化施工中减少结构构件的数量和加快施工进度等，都是有利的。当然，由于构件尺寸增大，也给制作、运输和吊装带来不便。

二、变形缝

变形缝包括伸缩缝、沉降缝和防震缝。

当厂房长度和跨度过大，为防止气温变化时，结构内部产生很大的温度应力，使墙面、屋面和构件等拉裂，影响使用，可设置伸缩缝将厂房结构分成若干温度区段，如图 20-8 所

示。伸缩缝是从基础顶面开始，将上部结构构件完全分开，并留出一定宽度的缝隙。温度区

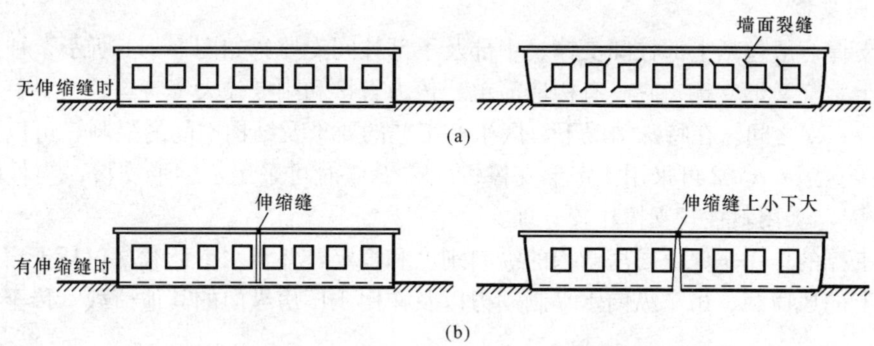

图 20-8　温度变化产生裂缝示意图

段的形状，应力求简单，并应使伸缩缝的数量最少。温度区段的长度（伸缩缝之间的距离），取决于结构类型和温度变化情况。《混凝土结构设计规范》对钢筋混凝土结构伸缩缝的最大距离作了规定。

当厂房相邻两部分高度相差很大（如 10m 以上），两跨间吊车吨位相差悬殊，地基承载力或下卧层土质有巨大差别，或厂房各部分的施工时间先后相差很长，地基土的压缩程度不同等情况时，为避免厂房因基础不均匀沉降而引起开裂和损坏，需在适当部位用沉降缝将厂房划分成若干刚度较一致的单元。沉降缝应将建筑物从屋顶到基础全部分开，以防缝两边发生不同沉降时损坏整个建筑物。沉降缝可兼作伸缩缝。

防震缝是为了减轻厂房震害而采取的措施之一。在地震区，当厂房平、立面布置复杂，结构高度或刚度相差很大，以及在厂房侧边贴建生活间、变电所、炉子间等毗屋时，应设置防震缝将相邻两部分分开。地震区厂房的伸缩缝和沉降缝均应符合防震缝的要求。

三、支撑

在装配式钢筋混凝土单层厂房结构中，支撑虽然不是主要的承重构件，但却是联系各种主要结构构件并把它们构成整体的重要组成部分。支撑的主要作用是：保证结构构件的稳定与正常工作；增强厂房的整体稳定性和空间刚度；把纵向风荷载、吊车纵向水平荷载及水平地震作用等传递到主要承重构件；保证在施工安装阶段结构构件的稳定。

厂房支撑分屋盖支撑和柱间支撑两类。

1. 屋盖支撑

屋盖支撑通常包括上、下弦水平支撑、垂直支撑及纵向水平系杆。

屋盖上、下弦水平支撑是指布置在屋架（屋面梁）上、下弦平面内以及天窗架上弦平面内的水平支撑，如图 20-9 所示。支撑节间的划分应与屋架节间相适应。水平支撑一般采用十字交叉的形式。交叉杆件的交角一般为 30°～60°。

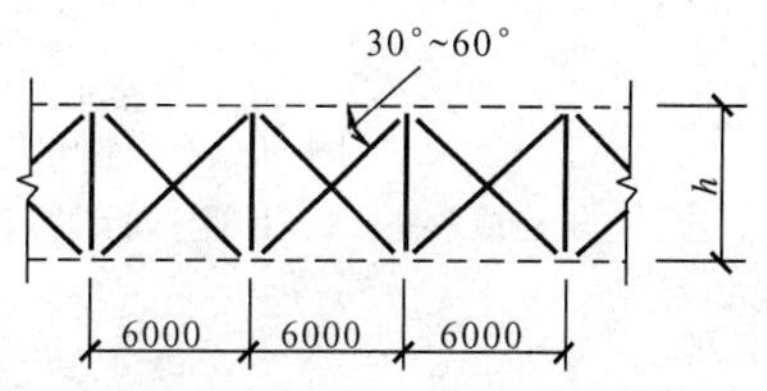

图 20-9　屋盖上、下弦水平支撑形式

屋盖垂直支撑是指布置在屋架（屋面梁）间或天窗架（包括挡风板立柱）间的支撑，垂直支撑的形式如图 20-10 所示。

系杆分刚性（压杆）和柔性（拉杆）两种。系杆设

置在屋架上、下弦及天窗上弦平面内。

2. 柱间支撑

柱间支撑一般包括上部柱间支撑、中部及下部柱间支撑，如图 20-11 所示。柱间支撑通常宜采用十字交叉形支撑；它具有构造简单、传力直接和刚度较大等特点。交叉杆件的倾角一般在 35°～50°之间。在特殊情况下，因生产工艺的要求及结构空间的限制，可以采用其他形式的支撑。当 $l/h \geqslant 2$ 可采用人字形支撑；$l/h \geqslant 2.5$ 时可采用八字形支撑；当柱距为 15m 且 h_2 较小时，采用斜柱式支撑比较合理。

柱间支撑的作用是保证厂房结构的纵向刚度和稳定，并将水平荷载（包括天窗端壁部和厂房山墙上的风荷载、吊车纵向水平制动力以及作用于厂房纵向的其他荷载）传至基础。

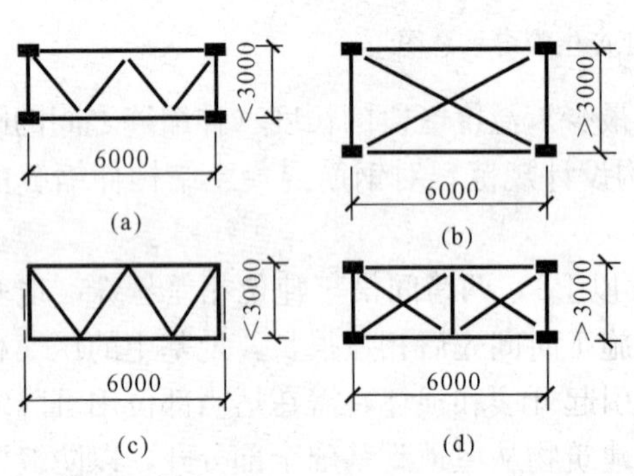

图 20-10 屋盖垂直支撑形式

(a)、(b)、(c) 为钢支撑；(d) 为钢筋混凝土支撑

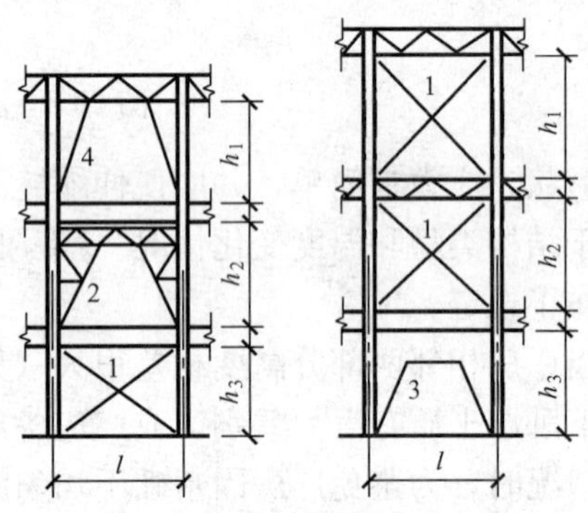

图 20-11 柱间支撑形式

1—十字交叉形支撑；2—空腹门形支撑；3—八字形支撑；4—人字形支撑

柱间支撑应布置在伸缩缝区段的中央或临近中央的柱间（上部柱间支撑在厂房两端第一个柱距内也应同时设置），并在柱顶设置通长刚性连系杆来传递荷载，如图 20-12 所示。当屋架端部设有下弦连系杆时，也可不设柱顶连系杆。

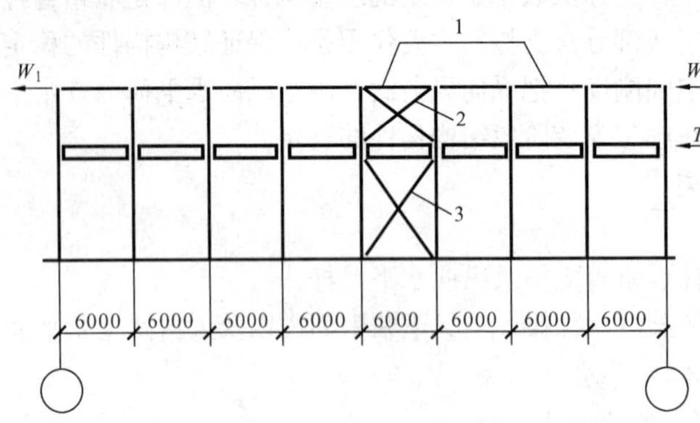

图 20-12 柱间支撑

1—柱顶系杆；2—上部柱间支撑；3—下部柱间支撑

柱间支撑一般采用钢结构，当厂房设有中级或轻级工作制吊车时，柱间支撑亦可采用钢筋混凝土结构。

四、抗风柱、圈梁、连系梁、过梁和基础梁

1. 抗风柱（山墙壁柱）

单层厂房的山墙受风面积较大，一般需设置抗风柱将山墙分成区格，使墙面受到的风荷载，一部分直接传至纵向柱列，另一部分则传给抗风柱，再由抗风柱下端直接传至基础，而上端则通过屋盖系统传至纵向柱列。

当厂房跨度和高度均不大（如跨度不大于 12m，柱顶标高 8m 以下）时，可在山墙设置砌体壁柱作为抗风柱；当跨度和高度均较大时，一般都设置钢筋混凝土抗风柱，柱外侧再贴

砌山墙。在很高的厂房中，为不使抗风柱的截面尺寸过大，可加设水平抗风梁或钢抗风桁架作为抗风柱的中间铰支点。

抗风柱上端与屋架的连接必须满足两个要求：一是在水平方向必须与屋架有可靠的连接以保证有效地传递风荷载；二是竖向脱开，且两者之间能允许一定的竖向相对位移，以防厂房与抗风柱沉降不均匀时产生不利影响。所以，抗风柱与屋架一般采用竖向可以移动、水平向又有较大刚度的弹簧板连接，如图 20-13（b）所示，若不均匀沉降可能较大时，则宜采用螺栓连接方案，见图 20-13（c）。

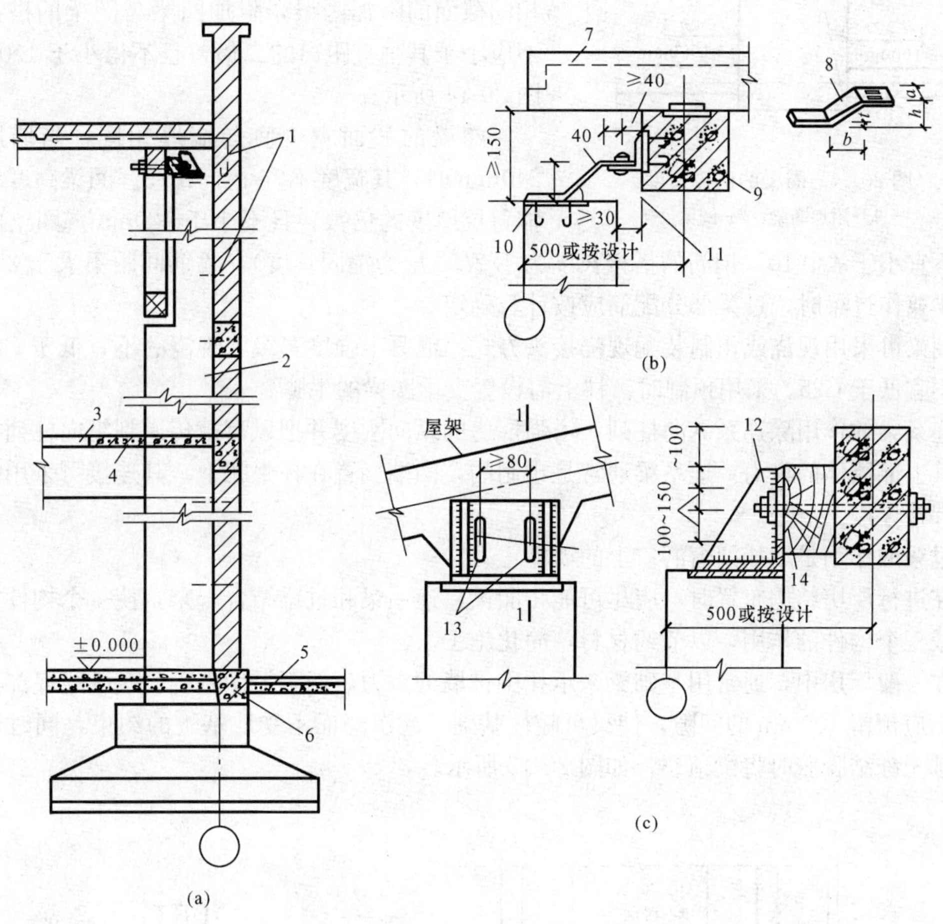

图 20-13 抗风柱

1—锚拉钢筋；2—抗风柱；3—吊车梁；4—抗风梁；5—散水坡；6—基础梁；7—屋面板或檩条；8—弹簧板；9—屋架上弦；10—柱中预埋件；11—≥2ϕ16 螺栓；12—加劲板；13—长圆孔；14—硬木块

抗风柱的上柱宜采用矩形截面，其截面尺寸不宜小于 350mm×300mm，下柱宜采用工字形或矩形截面，当柱较高时也可采用双肢柱。

2. 圈梁、连系梁、过梁和基础梁

当用砌体作为厂房的围护结构时，一般要设置圈梁或连系梁、过梁及基础梁。

圈梁的作用是增强房屋的整体刚度，防止由于地基的不均匀沉降或较大振动荷载等对厂房的不利影响。圈梁置于墙体内，和柱连接，将墙体与厂房柱箍在一起，柱对它仅起拉结作用。

圈梁的布置与墙体高度、对厂房刚度的要求以及地基情况有关。一般单层厂房圈梁布置的原则：对无桥式吊车的厂房，当墙厚≤240mm、檐口标高为5m～8m时，应在檐口附近布置一道，当檐高大于8m时，宜增设一道；对有桥式吊车或较大振动设备的厂房，除在檐口或窗顶布置圈梁外，尚宜在吊车梁标高处或其他适当位置增设一道；外墙高度大于15m时还应适当增设。

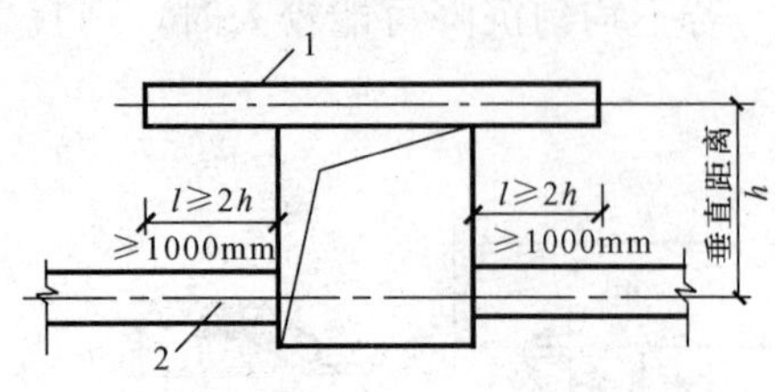

图 20-14 圈梁的搭接长度

1—附加圈梁；2—圈梁

圈梁宜连续地设在同一水平面上，并形成封闭圈。当圈梁被门窗洞口截断时，应在洞口上部增设相同截面的附加圈梁，附加圈梁与圈梁的搭接长度不应小于其垂直距离的二倍，且不得小于1.0m，如图20-14所示。

圈梁的截面宽度宜与墙厚相同，当墙厚 $h\geqslant$ 240mm时，其宽度不宜小于 $2h/3$。圈梁高度应为砌体每层厚度的倍数，且不小于120mm。圈梁的纵向钢筋不宜小于4Φ10，钢筋的搭接长度为 $1.2l_a$（l_a 为锚固长度），箍筋间距不大于250mm。当圈梁兼作过梁时，过梁部分配筋应按计算确定。

圈梁可采用现浇或预制装配现浇接头方式。混凝土强度等级，现浇的不宜低于C20，预制的不宜低于C25。采用预制时，柱上需设置支承圈梁的牛腿。

连系梁的作用除连系纵向柱列，增强厂房的纵向刚度并把风荷载传递到纵向柱列外，还承受其上部墙体的重力。连系梁通常是预制的，两端搁置在柱牛腿上，其连接可采用螺栓连接或焊接连接。

过梁的作用是承托门窗洞口上的墙体重力。

在进行厂房结构布置时，应尽可能将圈梁、连系梁和过梁结合起来，使一个构件能起到两个或三个构件的作用，以节约材料，简化施工。

在一般厂房中，通常用基础梁来承托围护墙的重力，而不另做基础。基础梁底部离地基土表面应预留100mm的间隙，使梁可随柱基础一起沉降而不受地基土的约束，同时还可防止地基土冻结膨胀时将梁顶裂，如图20-15所示。

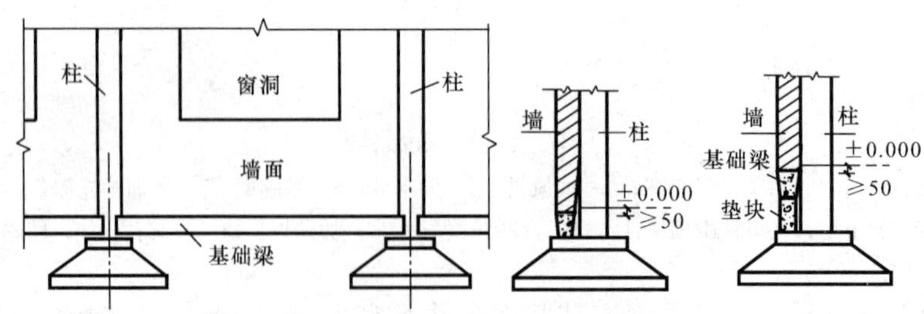

图 20-15 基础梁的布置

当厂房高度不大，且地基比较好，柱基础又埋得较浅时，也可不设基础梁而做砖石或混凝土的墙基础。

基础梁应优先采用矩形截面，必要时才采用梯形截面。

第四节　排架计算简图及柱

一、排架计算简图

单层厂房排架结构是一个空间结构，为了方便，可简化为平面结构进行计算。在横向（跨度方向）按横向平面排架计算，在纵向（柱距方向）按纵向平面排架计算。

纵向平面排架是由柱列、基础、连系梁、吊车梁和柱间支撑等组成，如图 20-4 所示。由于纵向平面排架的柱较多，抗侧刚度较大，每根柱承受的水平力不大，因此往往不必计算，仅当抗侧刚度较差、柱较少、需要考虑水平地震作用或温度内力时才进行计算。因此，主要进行横向平面排架计算。进行排架计算主要是为柱和基础设计提供内力数据。

当横向排架沿厂房纵向等间距布置时，由相邻柱距的中心线截出一个典型区段，称为排架的计算单元，如图 20-16（a）中的斜线部分所示。除吊车等移动的荷载以外，斜线部分就是排架的负荷范围，或称荷载从属面积。

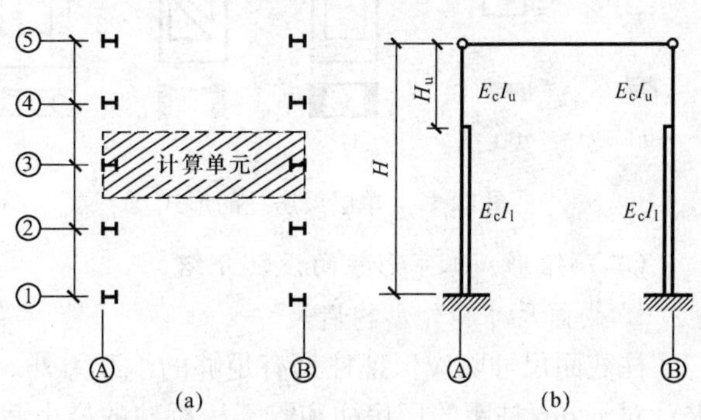

图 20-16　排架的计算单元和计算简图

为了简化计算，根据构造和实践经验，假定：

（1）柱下端固接于基础顶面，上端与屋面梁或屋架铰接。

（2）屋面梁或屋架没有轴向变形。

柱的计算轴线取上部和下部柱截面重心的连线，屋面梁或屋架用一根没有轴向变形的刚杆表示。单跨排架的计算简图如图 20-16（b）所示。

柱总高 H＝柱顶标高＋基础底面标高的绝对值－初步拟定的基础高度；

上部柱高 H_u＝柱顶标高－轨顶标高＋轨道构造高度＋吊车梁支承处的吊车梁高。

二、单层厂房柱

（一）柱的形式

单层厂房柱的形式常用的有实腹矩形柱、工字形柱、双肢柱等，如图 20-17 所示。

实腹矩形柱的外形简单，施工方便，但混凝土用量多，经济指标较差。

工字形柱的材料利用比较合理，目前在单层厂房中应用广泛，但当截面尺寸较大（如截面高度 $h\geqslant1600$mm）时施工吊装比较困难。

双肢柱有平腹杆和斜腹杆两种。前者构造简单，制作也较方便，而且腹部整齐的矩形孔洞便于布置工艺管道。当承受较大水平荷载时宜采用具有桁架受力特点的斜腹杆双肢柱，但其施工制作较复杂。双肢柱与工形柱相比较，混凝土用量少，自重较轻，柱高大时尤为显著，但其整体刚度差些，钢筋构造也较复杂，用钢量稍多。

根据工程经验，目前对预制柱可按截面高度 h 确定截面形式：

当 $h\leqslant600$mm 时，宜采用矩形截面；

当 h＝600mm～800mm 时，采用工字形或矩形；

当 h＝900mm～1400mm 时，宜采用工字形；

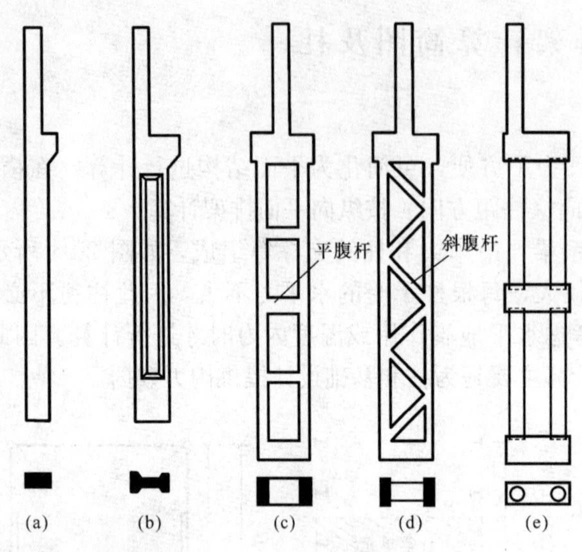

图 20-17　单层厂房柱的形式

当 $h>1400\text{mm}$ 时，宜采用双肢柱。

对设有悬臂吊车的柱宜采用矩形柱；对易受撞击及设有壁行吊车的柱宜用矩形柱或腹板厚度≥120mm、翼缘高度≥150mm 的工字形柱，当采用双肢柱时，则在安装壁行吊车的局部区段宜做成实腹柱。

《建筑抗震设计规范》规定，当抗震设防烈度为 8 度和 9 度时，厂房宜采用矩形，工字形截面和斜腹杆双肢柱，不宜采用薄壁工字形柱、腹板开孔柱、预制腹板的工字形柱和管柱；柱底至室内地坪 500mm 以上范围内和阶形柱的上柱宜采用矩形截面。

（二）矩形、工字形柱的设计介绍

1. 截面尺寸和外形构造尺寸

柱截面尺寸除应保证柱具有足够的承载力外，还必须使柱具有足够的刚度，根据刚度要求，对于 6m 柱距的厂房柱和露天栈桥柱的最小截面尺寸，可按表 20-3 确定。

表 20-3　　6m 柱距实腹柱截面尺寸参考表

项目	简图	分项		截面高度 h	截面宽度 b
无吊车厂房	H	单跨		$\geqslant H/18$	$\geqslant H/30$ 并≥300mm；管柱 $r\geqslant H/105$　$D\geqslant 300\text{mm}$
		多跨		$\geqslant H/20$	
有吊车厂房	H_k　H_l	$Q\leqslant 10\text{t}$		$\geqslant H_k/14$	$\geqslant H_l/20$ 并≥400mm；管柱 $r\geqslant H_l/85$　$D\geqslant 400\text{mm}$
		$Q=(15\sim20)\text{t}$	$H_k\leqslant 10\text{m}$	$\geqslant H_k/11$	
			$10\text{m}<H_k\leqslant 12\text{m}$	$H_k/12$	
		$Q=30\text{t}$	$H_k\leqslant 10\text{m}$	$\geqslant H_k/9$	
			$H_k>12\text{m}$	$H_k/10$	
		$Q=50\text{t}$	$H_k\leqslant 11\text{m}$	$\geqslant H_k/9$	
			$H_k\geqslant 13\text{m}$	$H_k/11$	
		$Q=(75\sim100)\text{t}$	$H_k\leqslant 12\text{m}$	$\geqslant H_k/9$	
			$H_k\geqslant 14\text{m}$	$H_k/8$	
露天栈桥	H_k　H_l	$Q\leqslant 10\text{t}$		$H_k/10$	$\geqslant H_l/25$ 并≥500mm；管柱 $r\geqslant H_l/70$　$D\geqslant 400\text{mm}$
		$Q=(15\sim30)\text{t}$	$H_k\leqslant 12\text{m}$	$H_k/9$	
		$Q=50\text{t}$	$H_k\leqslant 12\text{m}$	$H_k/8$	

注　1. 表中 Q 为吊车起吊质量，H 为基础顶至柱顶的总高度，H_k 为基础顶至吊车梁顶的高度，H_l 为基础顶至吊车梁底的高度，r 为管柱的单管回转半径，D 为管柱的单管外径。

2. 当采用平腹杆双肢柱时，h 应乘以 1.1，采用斜腹杆双肢柱时，h 应乘以 1.05。

3. 表中有吊车厂房的柱截面高度系按重级和特重级荷载状态考虑的，如为中、轻级载荷状态，应乘以系数 0.95。

4. 当厂房柱距为 12m 时，柱的截面尺寸宜乘以系数 1.1。

工字形柱的翼缘厚度不宜小于100mm，腹板厚度不宜小于80mm 。当有高温或侵蚀性介质时，则翼缘和腹板尺寸均应适当增大。工字形柱的腹板可以开孔洞（在孔洞周边宜设置加强钢筋）。

工字形柱的外形构造尺寸如图20-18所示。

2. 截面设计

根据排架计算求得的控制截面最不利的内力组合 M 和 N，按偏心受压构件进行截面计算。

3. 吊装、运输阶段的承载力和裂缝宽度验算

预制柱一般考虑翻身起吊，按图20-19中的1-1、2-2和3-3截面根据运输、吊装时混凝土的实际强度，分别进行承载力和裂缝宽度验算。

4. 构造要求

矩形和工字形柱的混凝土强度等级常用C25～C35，当轴向力大时宜用较高等级。纵向受力钢筋一般采用HRB400级和HRB500级钢筋，构造钢筋可用HPB300或HRB335级钢筋，直径 $d\geqslant 6$mm 的箍筋用HRB400级钢筋。

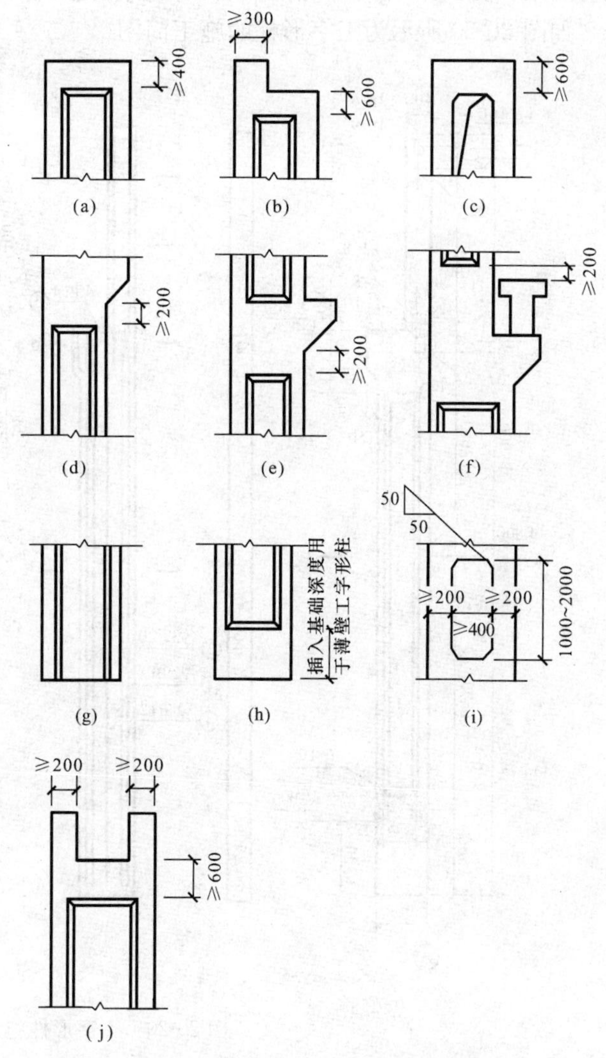

图20-18　工字形柱的外形尺寸

纵向受力钢筋直径不宜小于12mm，全部纵向受力钢筋的配筋率不宜超过5%；当混凝土强度等级小于或等于C50时，全部纵向受力钢筋的配筋率不应小于0.5%，当混凝土强度等级超过C50时，全部纵向受力钢筋的配筋率不应小于0.6%；柱截面每边纵向钢筋的配筋率不应小于0.2%。当柱的截面高度 $h\geqslant 600$mm 时，在侧面应设置直径为10～16mm的纵向构造钢筋，并相应地设置复合箍筋或拉结筋。

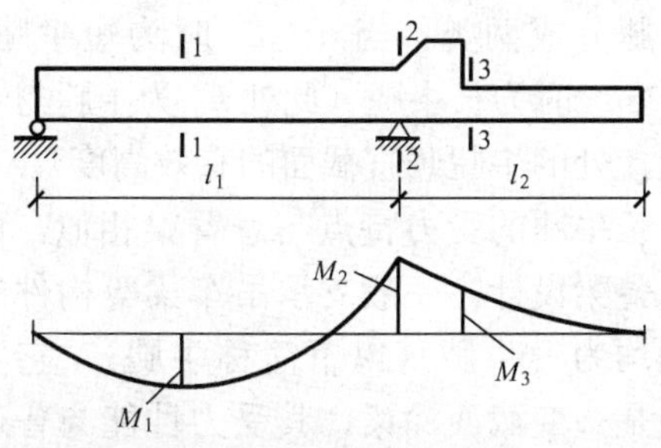

图20-19　柱吊装验算简图

柱内纵向钢筋的净距不应小于50mm；对水平浇筑的预制柱，其最小净距不应小于25mm和纵向钢筋的直径。垂直于弯矩作用平面的纵向受力钢筋的中距不应大于350mm。

柱中箍筋的构造应满足对偏心受压构件的要求。

柱与屋架（屋面梁）、吊车梁等构件的连接构造可参阅有关标准图集或设计手册。

如图 20-20 所示为工字形柱的施工简图。

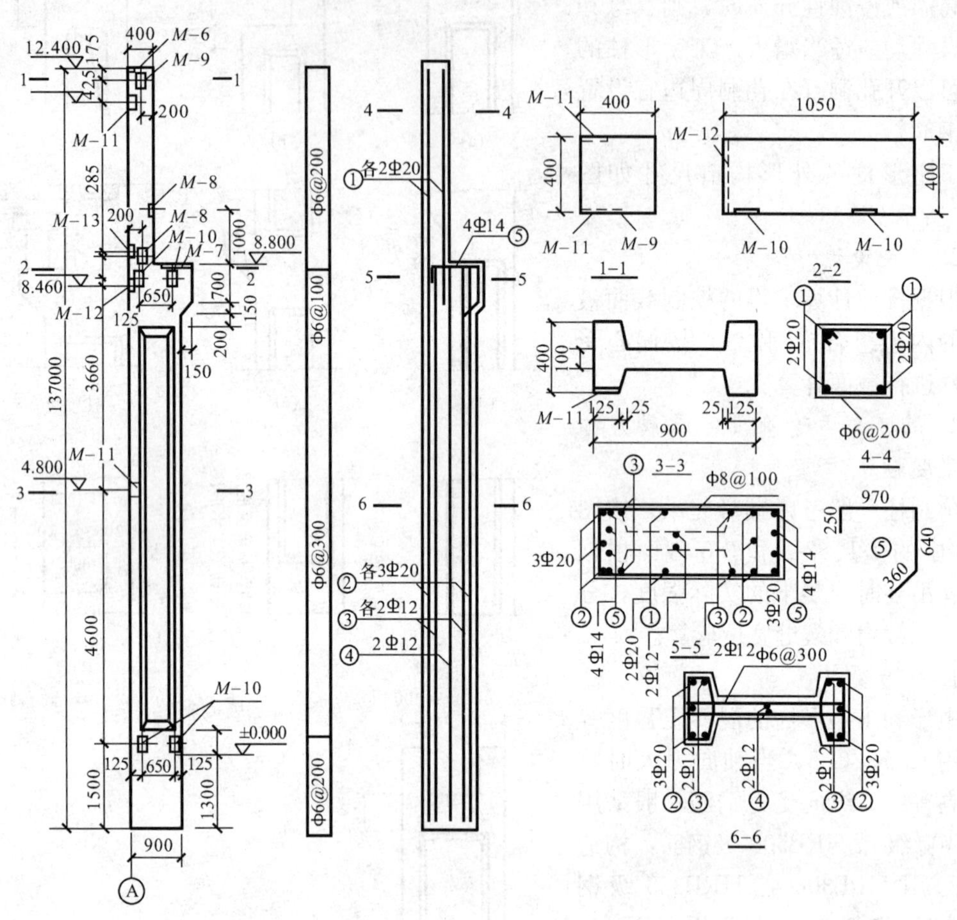

图 20-20　工字形柱施工简图

（三）牛腿

1. 牛腿的受力特点

单层厂房中，常采用柱侧伸出的牛腿来支承屋架（屋面梁）、托架和吊车梁等构件。由于这些构件大多是负荷较大或是有动力作用的，所以牛腿虽小，却很重要。

如图 20-21 所示，根据牛腿竖向力 F_v 的作用点至下柱边缘的水平距离 a 的大小，一般把牛腿分成两类：当 $a \leqslant h_0$ 时为短牛腿，当 $a > h_0$ 时为长牛腿（此处 h_0 为牛腿与下柱交接处的牛腿竖直截面的有效高度）。

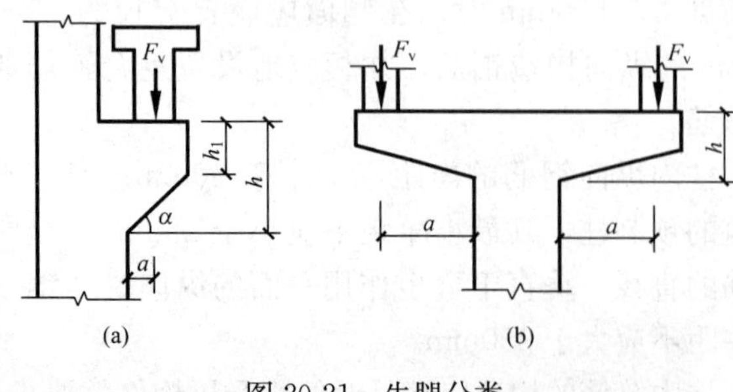

图 20-21　牛腿分类

长牛腿的受力特点与悬臂梁相似，可按悬臂梁设计。一般支承吊车梁等构件的牛腿均为短牛腿（以下简称牛腿），它实质上是一变截面深梁，其受力性能与普通悬臂梁不同。

2. 牛腿的破坏形态

牛腿受外荷载作用后的破坏形态主要取决于 a/h_0 值，牛腿受外荷载作用后，根据 a/h_0 值的不同，主要有三种破坏形态：

(1) 弯曲破坏。当 $a/h_0>0.75$ 和纵向受力钢筋配筋率较低时，一般发生弯曲破坏。其特征是当出现裂缝后，随荷载增加，该裂缝不断向受压区延伸，水平纵向钢筋应力也随之增大并逐渐达到屈服强度，这时裂缝外侧部分绕牛腿下部与柱的交接点转动，致使受压区混凝土压碎而引起破坏，如图 20-22 (a) 所示。

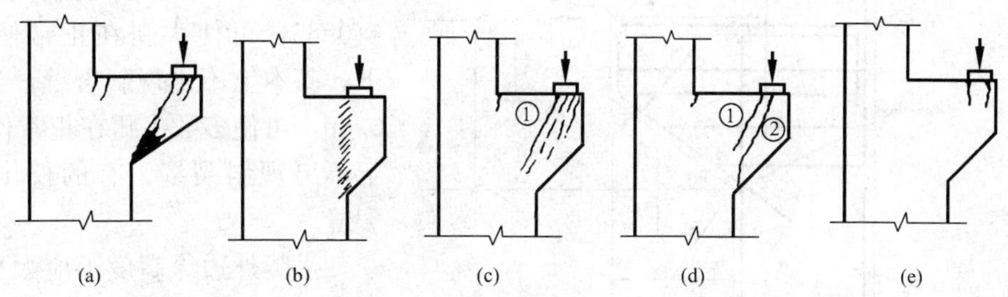

图 20-22　牛腿的破坏形态

(a) 弯曲破坏；(b) 纯剪破坏；(c) 斜压破坏；(d) 斜拉破坏；(e) 局部压坏

(2) 剪切破坏。又分纯剪破坏、斜压破坏和斜拉破坏三种，其中纯剪破坏是当 a/h_0 值很小 ($\leqslant 0.1$) 或 a/h_0 值虽然较大但边缘高度 h_1 较小时，可能发生沿加载板内侧接近竖直截面的剪切破坏。其特征是在牛腿与下柱交接面上出现一系列短斜裂缝，最后牛腿沿此裂缝从柱上切下而遭破坏，如图 20-22 (b) 所示。这时牛腿内纵向钢筋应力较低。

(3) 局部受压破坏。当加载板过小或混凝土强度过低，由于很大的局部压应力而导致加载板下混凝土局部压碎破坏，如图 20-22 (e) 所示。

3. 牛腿在竖向力和水平力同时作用下的受力情况

对同时作用有竖向力 F_v 和水平拉力 F_h 的牛腿的试验结果表明，由于水平拉力的作用，牛腿截面出现斜裂缝的荷载比仅有竖向力作用的牛腿有不同程度的降低。当 $F_h/F_v=0.2\sim0.5$ 时，开裂荷载下降 36%～47%，可见影响较大，同时牛腿的承载力亦降低。试验还表明，有水平拉力作用的牛腿与没有水平拉力作用的牛腿，两者的破坏规律相似。

4. 牛腿截面尺寸的确定

牛腿的截面宽度通常与柱同宽，主要是确定截面高度。牛腿截面高度的确定，一般以控制其在使用阶段不出现或仅出现细微斜裂缝为准。牛腿的截面尺寸可根据下式给出的斜裂缝控制条件和构造要求来确定，如图 20-23 所示。

$$F_{vk}\leqslant\beta\left(1-0.5\frac{F_{hk}}{F_{vk}}\right)\frac{f_{tk}bh_0}{0.5+\dfrac{a}{h_0}}\tag{20-1}$$

式中 F_{vk}——作用于牛腿顶部按荷载标准组合计算的竖向力值；

F_{hk}——作用于牛腿顶部按荷载标准组合计算的水平拉力值；

β——裂缝控制系数：对需要进行疲劳验算的牛腿，取 β=0.65；对其他牛腿，取 β=0.8；

a——竖向力的作用点至下柱边缘的水平距离，此时应考虑安装偏差 20mm；竖向力的作用点位于下柱截面以内时，取 $a=0$；

b——牛腿宽度；

h_0——牛腿与下柱交接处的垂直截面有效高度，取 $h_0=h_1-a_s+c\cdot\tan\alpha$，$\alpha$ 为牛腿底面的倾斜角，当 $\alpha>45°$时，取 $\alpha=45°$。

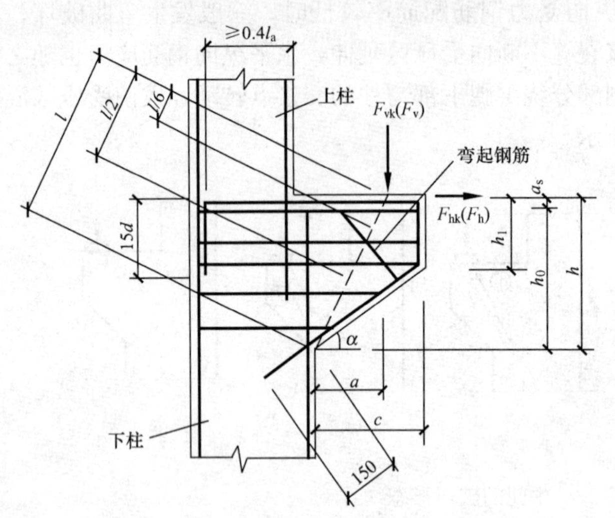

图 20-23　牛腿的尺寸和钢筋配置

上式中的$\left(1-0.5\dfrac{F_{hk}}{F_{vk}}\right)$是考虑在水平拉力 F_{hk}同时作用下对牛腿抗裂度的不利影响；系数 β 考虑了不同使用条件对牛腿抗裂度的要求，当取 $\beta=0.65$，可使牛腿在正常使用条件下，基本上不出现斜裂缝，当取 $\beta=0.80$，可使多数牛腿在正常使用条件下不出现斜裂缝，有的仅出现细微裂缝。

牛腿外边缘高度不应太小，《混凝土结构设计规范》规定，h_1 不应小于 $h/3$，且不应小于 200mm。

牛腿底面倾斜角 α 不应大于 45°（一般取 45°），以防止斜裂缝出现后可能引起底面与下柱交接处产生严重的应力集中。同时《混凝土结构设计规范》规定，在竖向力 F_{hk}作用下，牛腿支承面上局部受压应力不应超过 $0.75f_c$，即

$$\frac{F_{vk}}{A}\leqslant 0.75f_c \tag{20-2}$$

式中　A——牛腿支承面上的局部受压面积。

5. 牛腿的计算简图

根据试验结果，在荷载作用下，牛腿中纵向钢筋受拉，在斜裂缝外侧有一个不很宽的压力带。在整个压力带内，斜压力分布比较均匀，如同桁架中的压杆。因此，计算时可将牛腿简化为一个以纵向钢筋为拉杆和混凝土斜撑为压杆的三角形桁架，其计算简图如图 20-24（c）所示。当竖向力和作用在牛腿顶面的水平拉力共同作用时，其计算简图见图 20-24（d）。

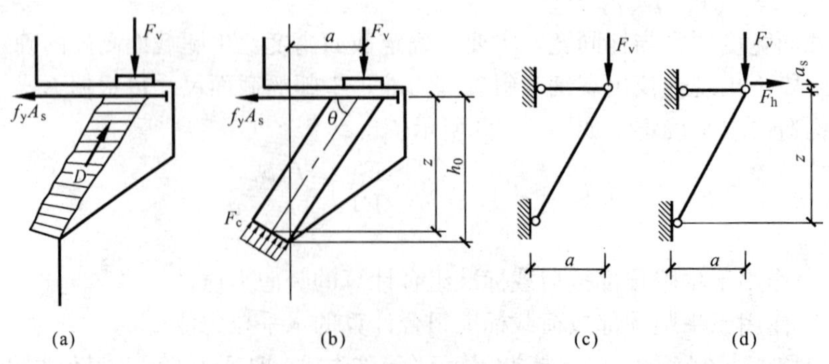

图 20-24　牛腿承载力计算简图

6. 纵向受拉钢筋的计算和构造

《混凝土结构设计规范》规定的确定承受竖向力所需要的受拉钢筋和承受水平拉力所需要的锚筋组成的纵向受力钢筋总截面面积的计算公式为

$$A_s = \frac{F_v a}{0.85 f_y h_0} + 1.2\frac{F_h}{f_y} \tag{20-3}$$

式中　当 $a<0.3h_0$ 时，取 $a=0.3h_0$；

F_v——作用在牛腿顶部的竖向力设计值；

F_h——作用在牛腿顶部的水平拉力设计值。

沿牛腿顶部配置的纵向受力钢筋，宜采用 HRB400 级或 HRB500 级热轧带肋钢筋。全部纵向受力钢筋及弯起钢筋宜沿牛腿外边缘向下伸入下柱内 150mm 后截断。纵向受力钢筋及弯起钢筋伸入上柱的锚固长度，当采用直线锚固时不应小于规范规定的受拉钢筋锚固长度 l_a；当上柱尺寸不足时，钢筋的锚固应符合梁上部钢筋在框架中间层端节点中带 90°弯折的锚固规定。此时，锚固长度应从上柱内边算起。

承受竖向力所需的纵向受力钢筋的配筋率不应小于 0.20%及 $0.45f_t/f_y$，也不宜大于 0.60%，钢筋数量不宜少于 4 根直径 12mm 的钢筋。

当牛腿设于上柱柱顶时，宜将牛腿对边的柱外侧纵向受力钢筋沿柱顶水平弯入牛腿，作为牛腿纵向受拉钢筋使用。当牛腿顶面纵向受拉钢筋与牛腿对边的柱外侧纵向钢筋分开配置时，牛腿顶面纵向受拉钢筋应弯入柱外侧，并应符合规范有关钢筋搭接的规定。柱顶牛腿配筋构造，如图 20-25 所示。

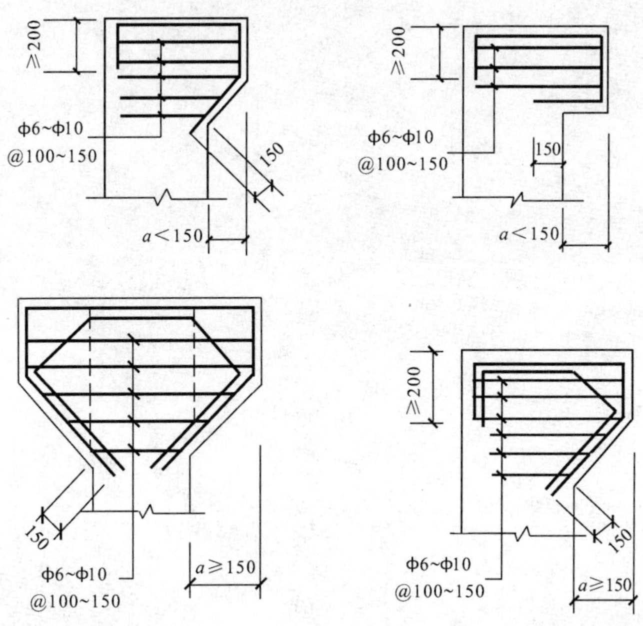

图 20-25　柱顶牛腿的配筋构造

7. 水平箍筋和弯起钢筋的构造要求

《混凝土结构设计规范》规定，牛腿应设置水平箍筋，箍筋直径宜为 6～12mm，间距为 100～150mm，在上部 $2h_0/3$ 范围内的水平箍筋总截面面积不宜小于承受竖向力的受拉钢筋截面面积的 1/2。规范还规定，当牛腿的剪跨比 $a/h_0 \geqslant 0.3$ 时，宜设置弯起钢筋，弯起钢筋宜采用 HRB400 级或 HRB500 级热轧带肋钢筋，并宜使其与集中荷载作用点到牛腿斜边下端点连线的交点位于牛腿上部 $l/6$ 至 $l/2$ 之间的范围内，l 为该连线的长度，如图 20-23 所示。弯起钢筋截面面积不宜小于承受竖向力的受拉钢筋截面面积的 1/2，且不宜少于 2 根直径 12mm 钢筋。纵向受拉钢筋不得兼作弯起钢筋。

思 考 题

20-1 简述排架结构的钢筋混凝土单层工业厂房的结构组成。

20-2 什么是柱网？简述柱网尺寸的要求？

20-3 厂房的支撑分几类？支撑的主要作用是什么？

20-4 简述排架结构的计算简图。

第二十一章 抗震设计基本知识

内容提要

1. 地震的一般知识、抗震设计与建筑抗震概念设计
2. 地震作用与结构抗震验算
3. 多层框架结构抗震设计
4. 多层砌体结构抗震设计
5. 结构抗震性能设计介绍

第一节 地震和抗震的一般知识

地震是一种自然现象，全球平均每年发生可以检测到的地震有500万次，其中有感地震有15万次。我国位于世界两大地震带——环太平洋地震带与欧亚地震带之间，受太平洋板块、印度洋板块和菲律宾海板块的挤压，地震活动频度高、强度大、震源浅、分布广，是一个震灾严重的国家。1976年7月28日3时42分唐山发生的7.8级大地震、2008年5月12日14时28分四川省汶川县发生的8.0级大地震都造成了巨大人员伤亡和财产损失。为了尽量减少地震对人类带来的损失，在地震区建造建筑物时要进行抗震设防。

一、地震的一般知识

（一）地震的成因

地震是地球内部构造运动的产物，是因地球内部缓慢积累的能量突然释放而引起的地球表层的振动。

地震按其成因可分为5种类型：火山地震、塌陷地震、诱发地震、构造地震、人工地震。

（1）火山地震：由于火山作用，如岩浆活动、气体爆炸等引起的地震。这类地震只占全世界地震的7%左右。

（2）塌陷地震：由于地下岩洞或矿井顶部塌陷而引起的地震。

（3）诱发地震：由于水库蓄水、油田注水等活动而引发的地震。

（4）构造地震：由于地下深处岩层错动、破裂所造成的地震。这类地震约占全世界地震的90%以上。因此，在结构抗震设计中，仅限于讨论在构造地震作用下建筑结构的抗震设计问题。

（5）人工地震：地下核爆炸、炸药爆破等人为引起的地面振动。

（二）地震的破坏作用

地震是群灾之首，具有突发性和不可预测性，频度较高，并可能产生严重的次生灾害。

大地震可以使地表发生大的改变，造成地陷、地裂、山崩、滑坡、地表隆起及喷砂冒水等现象，在其作用下，地表上的各类建筑物遭到严重破坏，地震产生灾害的直接原因有：

（1）地震引起滑坡、地裂、断层等严重的地面变形，直接损害建筑物；

(2) 地震引起建筑物地基的震陷、砂土液化，使地基失效而引起房屋基础及房屋破坏；

(3) 在剧烈的振动中，房屋结构构件由于强度不足，变形过大而引起构件破坏或失稳；结构节点强度不足而引起节点破坏；连接部件和锚固失败导致结构丧失整体性和稳定性；甚至引起结构整体倾覆而破坏。

除直接造成建筑物的破坏外，地震还常引起火灾、水灾、爆炸、毒气污染、传染性疾病、其他自然灾害（滑坡、泥石流）、海啸等次生灾害。在城市，尤其是大城市，次生灾害造成的损失往往比地震直接产生的灾害造成的损失还要大。

例如，1995 年日本阪神大地震，地震导致煤气泄漏引发大火，在大地震发生 12h 后，仍有大片地区陷在火海中，使得 10 万栋房屋遭到破坏、5200 多人死亡、26 800 多人受伤。

海啸是地震引发的另一种次生灾害，它是一种灾难性的海浪，通常由震源在海底下 50km 以内、里氏震级 6.5 以上的海底地震引起；水下或沿岸山崩或火山爆发也可能引起海啸。

2004 年 12 月 26 日，印度尼西亚苏门答腊岛以西 160km 处发生地震（震级大概是 8.9），引发大规模海啸，波及印度洋周边的印度尼西亚、斯里兰卡、印度、泰国、马来西亚、马尔代夫和孟加拉国。到 29 日为止的统计数据显示，已造成 29.2 万多人遇难。

北京时间 2011 年 3 月 11 日 13 时 46 分，日本本州岛仙台港以东 130km 海域处发生里氏 9.0 级地震，震源深度 10 公里；在日本太平洋海岸，地震引发了高达 10m 的海啸。从 11～13 日又发生 168 次 5 级以上余震。大地震发生后，福岛第一核电站机组相继发生事故，导致放射性物质泄漏。截至当地时间 29 日，3 月 11 日发生的日本大地震及其引发的海啸已确认造成 14 616 人死亡、11 111 人失踪（据凤凰网资讯）。该次大地震给基础设施等带来的直接损失约为 16.9 万亿日元（约合 2097 亿美元），是 1995 年阪神大地震损失的 1.8 倍。

（三）震源和震中

地壳深处发生岩层断裂、错动的地方称为震源。震源在正上方地面上的投影点称为震中。震源至地面的垂直距离称为震源深度，如图 21-1 所示。一般把震源深度小于 60km 的地震称为浅源地震；震源深度 60～300km 的称为中源地震；大于 300km 的称为深源地震。

我国发生的绝大部分地震属于浅源地震，其深度一般为 5～40km；在台湾、西藏和新疆有中源地震；华北地区有 400～600km 的深源地震。浅源地震由于震源距地面很近，故对地面的影响很大。深源地震所释放出的能量，在长距离传播中大部分被损失掉，对地面上的建筑物影响很小。

（四）地震波

当岩层断裂错动或其他原因引发地震时，地下积蓄的变形能量以波的形式释放，从震源向四周传播，称为地震波。

地震波按其在地壳传播的空间位置不同，分为体波和面波。

1. 体波

在地球内部传播的波称为体波。体波又分为纵波和横波。

纵波是由震源向四周传播的压缩波，又称 P 波。介质的质点振动方向与波的传播方向一致。这种波的周期短，振幅小，波速快，在地壳内它的速度一般为 200～1400m/s。纵波一般引起地面垂直方向的振动。

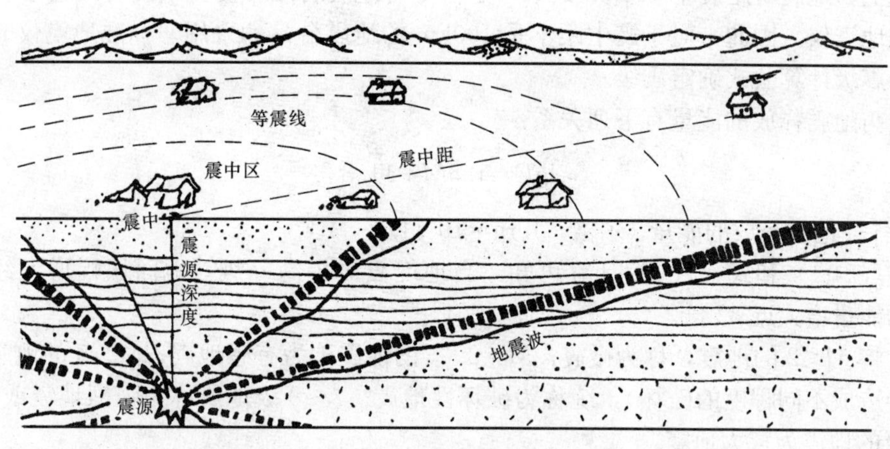

图 21-1　地震术语示意图

横波是由震源向四周传播的剪切波，又称 S 波。介质的质点的振动方向与波的传播方向垂直。这种波的周期长，振幅大，波速慢，在地壳内它的速度一般为 100～800m/s。横波一般引起地面水平方向的振动。

2. 面波

在地球表面传播的波称为面波，又称 L 波。它是体波经地层界面多次反射、折射形成的次生波。其波速较慢，约为横波波速的 0.9 倍，具有随土层深度增加而急剧减小的趋势。所以，它在体波之后到达地面。这种波的介质质点振动方向复杂，振幅比体波的大，对建筑物的影响也比较大。

图 21-2 为某次地震由地震仪记录下来的地震波曲线图，从图中可以看出，纵波（P 波）首先到达，横波（S 波）次之，面波（L 波）最后到达。分析地震曲线图上 P 波与 S 波的到达时间差，可确定震源的距离大小。

（五）震级

地震的震级是衡量一次地震释放能量大小的尺度，即地震本身的强弱程度。

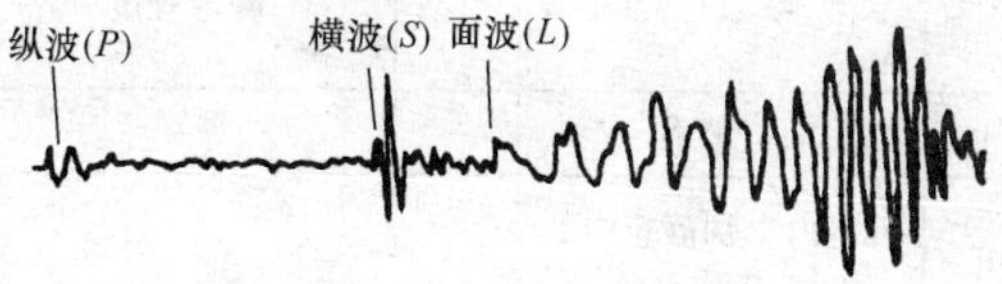

图 21-2　地震波曲线图

地震的震级一般采用里氏震级，它是由里克特（C. F. Richter）在 1935 年首先提出定义的，即在离震中 100km 处由 Wood-Anderson 式标准地震仪（摆的自振周期为 0.8s，阻尼系数为 0.8，放大倍数 2800 的地震仪），所记录到的最大水平位移 A ［单振幅，单位为 μm（$1\mu m=10^{-3}mm$）］的常用对数 M：

$$M=\lg A \tag{21-1}$$

式中　M——地震震级，一般称为里氏震级；

A——由标准地震仪距震中 100km 记录的最大水平地面位移，μm。

例如，在距震中 100km 处坚硬地面上，用标准地震仪记录到的地震曲线图上的最大振幅 $A=10mm$（$10mm=10^4\mu m$）。于是，该次地震震级为

$$M=\lg A=\lg 10^4=4$$

实际上，地震时距震中 100km 处不一定恰好有地震台站，而且地震台站也不一定有上述的标准地震仪。因此，对于震中距不是 100km 的地震台站和采用非标准地震仪时，需按修正后的震级计算公式确定震级。

震级与地震释放的能量有下列关系：

$$\lg E = 1.5M + 11.8 \tag{21-2}$$

式中 E——地震释放的能量（尔格，$1\text{erg}=10^{-7}\text{J}$）。

由式（21-1）和式（21-2）计算可知，当地震震级提高一级，地面振幅增大约 10 倍，而释放的能量增大近 32 倍。

通常将 $M<2$ 的地震，称为微震；$M=2\sim5$ 的地震称为有感地震；$M>5$ 的地震（对建筑物就会造成不同程度的破坏），统称为破坏性地震；7～8 级地震称为强烈地震或大地震；大于 8 级的地震为特大地震。

（六）烈度

1. 地震烈度

一次地震只有一个震级，但由于各地区距震中的远近不同、地质情况和建筑物状况也不同，故各地区所遭受到的地震影响程度也不同。因此，一次地震对于不同的地区有多个烈度，即地震烈度。

地震烈度是指地震引起的地面震动及其影响的强弱程度，用符号 I 表示。一般而言，震级越大，烈度就越大。同一次地震，震中距小烈度就高，反之烈度就低。影响烈度的因素，除了震级、震中距外，还与震源深度、地质构造和地基条件等因素有关。

我国根据房屋建筑震害指数、地表破坏程度及地面运动加速度指标将地震烈度分为 12 度，制定了《中国地震烈度表（2008）》（GB/T 17742—2008），见表 21-1。

表 21-1 中国地震烈度表（GB/T 17742—2008）

地震烈度	人的感觉	房屋震害			其他震害现象	水平向地面运动	
		类型	震害程度	平均震害指数		峰值加速度 m/s^2	峰值速度 m/s
Ⅰ	无感	—	—	—	—	—	—
Ⅱ	室内个别静止中的人有感觉	—	—	—	—	—	—
Ⅲ	室内少数静止中的人有感觉	—	门、窗轻微作响	—	悬挂物微动	—	—
Ⅳ	室内多数人、室外少数人有感觉，少数人梦中惊醒	—	门、窗作响	—	悬挂物明显摆动，器皿作响	—	—
Ⅴ	室内绝大多数、室外多数人有感觉，多数人梦中惊醒	—	门窗、屋顶、屋架颤动作响，灰土掉落，个别房屋抹灰出现细微细裂缝，个别有檐瓦掉落，个别屋顶烟囱掉砖	—	悬挂物大幅度晃动，不稳定器物摇动或翻倒	0.31（0.22～0.44）	0.03（0.02～0.04）

续表

地震烈度	人的感觉	房屋震害			其他震害现象	水平向地面运动	
		类型	震害程度	平均震害指数		峰值加速度 m/s²	峰值速度 m/s
Ⅵ	多数人站立不稳，少数人惊逃户外	A	少数中等破坏，多数轻微破坏和/或基本完好	0.00～0.11	家具和物品移动；河岸和松软土出现裂缝，饱和砂层出现喷砂冒水；个别独立砖烟囱轻度裂缝	0.63 (0.45～0.89)	0.06 (0.05～0.09)
		B	个别中等破坏，少数轻微破坏，多数基本完好				
		C	个别轻微破坏，大多数基本完好	0.00～0.08			
Ⅶ	大多数人惊逃户外，骑自行车的人有感觉，行驶中的汽车驾乘人员有感觉	A	少数毁坏和/或严重破坏,多数中等和/或轻微破坏	0.09～0.31	物体从架子上掉落；河岸出现塌方，饱和砂层常见喷水冒砂，松软土地上地裂缝较多；大多数独立砖烟囱中等破坏	1.25 (0.90～1.77)	0.13 (0.10～0.18)
		B	少数毁坏，多数严重和/或中等破坏				
		C	个别毁坏,少数严重破坏,多数中等和/或轻微破坏	0.07～0.22			
Ⅷ	多数人摇晃颠簸，行走困难	A	少数毁坏，多数严重和/或中等破坏	0.29～0.51	干硬土上出现裂缝，饱和砂层绝大多数喷砂冒水；大多数独立砖烟囱严重破坏	2.50 (1.78～3.53)	0.25 (0.19～0.35)
		B	个别毁坏,少数严重破坏,多数中等和/或轻微破坏				
		C	少数严重和/或中等破坏，多数轻微破坏	0.20～0.40			
Ⅸ	行动的人摔倒	A	多数严重破坏或/和毁坏	0.49～0.71	干硬土上多处出现裂缝，可见基岩裂缝、错动，滑坡、塌方常见；独立砖烟囱多数倒塌	5.00 (3.54～7.07)	0.50 (0.36～0.71)
		B	少数毁坏，多数严重和/或中等破坏				
		C	少数毁坏和/或严重破坏,多数中等和/或轻微破坏	0.38～0.60			
Ⅹ	骑自行车的人会摔倒，处不稳状态的人会摔离原地，有抛起感	A	绝大多数毁坏	0.69～0.91	山崩和地震断裂出现；基岩上拱桥破坏；大多数独立砖烟囱从根部破坏或倒毁	10.00 (7.08～14.14)	1.00 (0.72～1.41)
		B	大多数毁坏				
		C	多数毁坏和/或严重破坏	0.58～0.80			

续表

地震烈度	人的感觉	房屋震害			其他震害现象	水平向地面运动	
		类型	震害程度	平均震害指数		峰值加速度 m/s²	峰值速度 m/s
Ⅺ	—	A	绝大多数毁坏	0.89～1.00	地震断裂延续很大，大量山崩滑坡	—	—
		B					
		C		0.78～1.00			
Ⅻ	—	A	几乎全部毁坏	1.00	地面剧烈变化，山河改观	—	—
		B					
		C					

注 表中给出的“峰值加速度”和“峰值速度”是参考值，括弧内给出的是变动范围。

1. 表中的数量词：“个别”为10%以下；“少数”为10%～45%；“多数”为40%～70%；“大多数”为60%～90%；“绝大多数”为80%以上。
2. 评定烈度的房屋包括三种类型，A类为木构架和土、石、砖墙建造的旧式房屋；B类为未经抗震设防的单层或多层砖砌体房屋；C类为按照Ⅶ度抗震设防的单层或多层砖砌体房屋。
3. 房屋破坏等级分为基本完好、轻微破坏、中等破坏、严重破坏和毁坏五类。其中基本完好：承重和非承重构件完好，或个别非承重构件轻微损坏，不加修理可继续使用；轻微破坏：个别承重构件出现可见裂缝，非承重构件有明显裂缝，不需要修理或稍加修理即可继续使用；中等破坏：多数承重构件出现轻微裂缝，部分有明显裂缝，个别非承重构件破坏严重，需要一般修理后可使用；严重破坏：多数承重构件破坏较严重，非承重构件局部倒塌，房屋修复困难；毁坏：多数承重构件严重破坏，房屋结构濒于崩溃或已倒毁，已无修复可能。

一般来说，地震烈度随着震中距的增加而递减。我国根据153个等震线资料统计出的烈度（I）—震级（M）—震中距（R）的经验关系式为

$$I=0.92+1.63M-3.49\lg R \tag{21-3}$$

2. 基本烈度

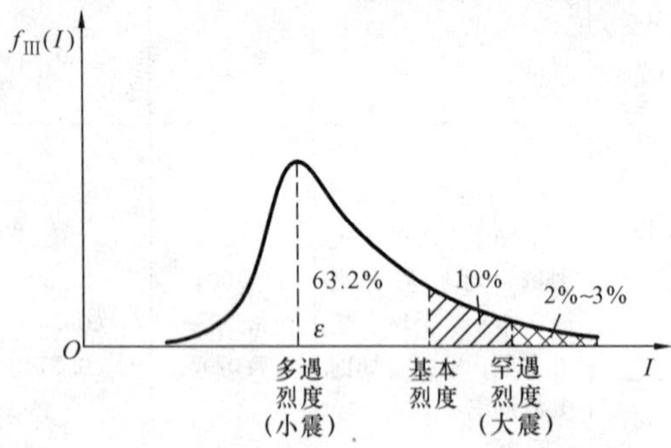

图21-3 地震烈度概率密度分布函数

在50年的设计基准期内，建筑物遭受不同地震烈度的概率分布呈偏态曲线，如图21-3所示。基本烈度是指某地区未来50年内，在一般场地条件下可能遭受的具有10%超越概率的地震烈度值（最大地震烈度）。相当于475年一遇的最大地震烈度。基本烈度也称为偶遇烈度或中震烈度。出现频率最高的称为众值烈度 I_m，超越概率为63.2%。超越概率为2%～3%的称为预估的罕遇地震烈度 I_s。众值烈度平均比基本烈度低1.55度；预估罕遇烈度与基本烈度相比，在6～7度区高出1度，在8度区高出接近1度，在9度区高出不到1度。

3. 抗震设防烈度

抗震设防烈度是按国家规定的权限批准作为一个地区抗震设防依据的地震烈度。一般情况下，取50年内超越概率10%的地震烈度。《建筑抗震设计规范》（GB 50011—2010）附录A提供了我国抗震设防区各县级及县级以上城镇的中心地区建筑工程抗震设计时所采用的

抗震设防烈度、设计基本地震加速度值和所属的设计地震分组。

二、抗震设计

对建筑进行抗震设计，包括地震作用计算、结构抗震验算（包括结构构件截面抗震验算和抗震变形验算）并采取相应的抗震构造措施，以达到抗震的效果和目的。

我国《建筑抗震设计规范》规定，抗震设防烈度为 6 度及以上地区的建筑，必须进行抗震设计。

1. 抗震设防的基本思想

抗震设防实行以预防为主的方针，使建筑经抗震设防后，减轻建筑的地震破坏，避免人员伤亡，减少经济损失。抗震设防标准需要根据国民经济的基本状况和结构安全使用的基本要求来确定，设防标准过高将大大提高建筑的造价，设防标准过低不能保证在地震作用下建筑和人们生命财产的安全。因此，我国采用按建筑使用功能的重要性分类和三水准设防、二阶段设计的基本思想，指导抗震设计规范的制订以及建筑的抗震设防。

2. 抗震设防分类

抗震设防分类是根据建筑遭遇地震破坏后，可能造成人员伤亡、直接和间接经济损失、社会影响的程度及其在抗震救灾中的作用等因素，对各类建筑所做的设防类别划分。

国家标准《建筑抗震设防分类标准》（GB 50223—2008）将建筑工程划分为四个抗震设防类别：

① 特殊设防类：指使用上有特殊设施，涉及国家公共安全的重大建筑工程和地震时可能发生严重次生灾害等特别重大灾害后果，需要进行特殊设防的建筑。简称甲类。例如，核电站等。

② 重点设防类：指地震时使用功能不能中断或需尽快恢复的生命线相关建筑，以及地震时可能导致大量人员伤亡等重大灾害后果，需要提高设防标准的建筑。简称乙类。例如，供水、供电、通信工程等城市生命线工程，医院、消防等救灾最需要的建筑工程。

③ 标准设防类：指大量的除①、②、④款以外按标准要求进行设防的建筑。简称丙类。如一般工业与民用建筑的公共建筑、住宅、旅馆、厂房等。

④ 适度设防类：指使用上人员稀少且震损不致产生次生灾害，允许在一定条件下适度降低要求的建筑。简称丁类。如一般仓库、人员较少的辅助性建筑。

3. 抗震设防标准

抗震设防标准是衡量抗震设防要求高低的尺度，由抗震设防烈度或设计地震动参数及建筑抗震设防类别确定。

各抗震设防类别建筑的抗震设防标准，应符合下列要求：

① 标准设防类，应按本地区抗震设防烈度确定其抗震措施和地震作用，达到在遭遇高于当地抗震设防烈度的预估罕遇地震影响时不致倒塌或发生危及生命安全的严重破坏的抗震设防目标。

② 重点设防类，应按高于本地区抗震设防烈度一度的要求加强其抗震措施；但抗震设防烈度为 9 度时应按比 9 度更高的要求采取抗震措施；地基基础的抗震措施，应符合有关规定。同时，应按本地区抗震设防烈度确定其地震作用。

③ 特殊设防类，应按高于本地区抗震设防烈度提高一度的要求加强其抗震措施；但抗震设防烈度为 9 度时应按比 9 度更高的要求采取抗震措施。同时，应按批准的地震安全性评

价的结果且高于本地区抗震设防烈度的要求确定其地震作用。

④ 适度设防类，允许比本地区抗震设防烈度的要求适当降低其抗震措施，但抗震设防烈度为6度时不应降低。一般情况下，仍应按本地区抗震设防烈度确定其地震作用。

注：对于划为重点设防类而规模很小的工业建筑，当改用抗震性能较好的材料且符合抗震设计规范对结构体系的要求时，允许按标准设防类设防。

4. 抗震设防目标

抗震设防目标要求建筑物在使用期间，对不同频率和强度的地震，应具有不同的抵抗能力。《建筑抗震设计规范》将抗震设防目标与三种烈度相对应，提出了“三水准设防目标”：

第一水准：当遭受低于本地区抗震设防烈度的多遇地震影响时，建筑物一般不受损坏或不需修理即可继续使用。

第二水准：当遭受本地区抗震设防烈度的地震影响时，建筑物可能损坏，经一般修理或不需修理仍可继续使用。

第三水准：当遭受高于本地区抗震设防烈度预估的罕遇地震影响时，建筑物不致倒塌或发生危及生命的严重破坏。

以上所述的三水准抗震设防目标，即所谓“小震不坏、中震可修、大震不倒”。

建筑物在强烈地震中不损坏是不可能的，抗震设防的底线是建筑物不倒塌，只要不倒塌就可以大大减少生命财产的损失，减轻灾害。一般，在设防烈度小于6度地区，地震作用对建筑物的损坏程度较小，可不予考虑抗震设防。在9度以上地区，即使采取很多措施，仍难以保证安全，故在抗震设防烈度大于9度地区的建筑抗震设计应按有关专门规定执行。

5. 抗震设计方法

《建筑抗震设计规范》采用“二阶段设计”方法实现上述三水准设防目标。

第一阶段设计：按小震作用效应和其他荷载效应的基本组合验算结构构件的承载能力以及在小震作用下验算结构的弹性变形，以满足第一水准抗震设防目标的要求。并采用改善结构延性的抗震构造措施。对于框架结构和框架—抗震墙结构等较柔的结构，还要验算众值烈度下的弹性层间位移，以控制其侧向变形在小震作用下不致过大。对大多数结构，可只进行第一阶段设计。

第二阶段设计：对一些规范规定的结构（有特殊要求的建筑、地震易倒塌的建筑、有明显薄弱层的建筑，不规则的建筑等）进行罕遇地震作用下的结构弹塑性变形验算。首先，根据实际设计截面寻找结构的薄弱层或薄弱部位（层间位移较大的楼层或首先屈服的部位），然后计算和控制其在大震作用下的弹塑性层间位移，并采取提高结构变形能力的构造措施，达到大震不倒的目的。

6. 地震影响

建筑物所在地区遭受的地震影响，采用与抗震设防烈度相对应的设计基本地震加速度和设计特征周期或设计地震动参数来表征。抗震设防烈度和设计基本地震加速度值的对应关系见表21-2。

设计特征周期也是表征地震影响的一个重要因素，它与建筑所在的场地条件（场地土类型、覆盖层厚度等）、震中距、大震和小震等因素有关。

7. 设计地震分组

理论分析和震害表明，不同的地震（震级不同）对某一地区不同动力特性结构的破坏作用是不同的。一般来讲，震级较大、震中距较远的地震对自振周期较长的高柔结构的破坏比同样烈度的震级较小震中距较近的破坏要重，对自振周期较短的刚性结构则有相反的趋势。为了区别同样烈度下不同震级和震中距的地震对不同动力特性的建筑物的破坏作用，《建筑抗震设计规范》以设计地震分组来体现震级和震中距的影响，将建筑工程的设计地震分为三组，并在附录A提供了我国抗震设防区各县级及县级以上城镇的中心地区建筑工程抗震设计时所采用的抗震设防烈度、设计基本地震加速度值和所属的设计地震分组，供设计时取用。

表 21-2　抗震设防烈度和设计基本地震加速度值的对应关系

抗震设防烈度	6度	7度	8度	9度
设计基本地震加速度值	$0.05g$	$0.10(0.15)g$	$0.20(0.30)g$	$0.40g$

注　1. g为重力加速度；

2. 设计基本地震加速度是按50年设计基准期超越概率10%的地震加速度的设计取值；

3. 设计基本地震加速度为$0.15g$和$0.30g$地区内的建筑，除了另有具体的规定外，应分别按抗震设防烈度7度和8度的要求进行抗震设计。

8. 建筑场地

抗震设计时要区分场地的类别，以作为表征地震反应场地条件的指标。场地是指工程群体所在地，具有相似的反应谱特征。其范围相当于厂区、居民小区和自然村或不小于$1.0km^2$的平面面积。

建筑的场地类别，应根据土层等效剪切波速和场地覆盖层厚度按表21-3划分为四类，Ⅰ类场地对抗震最为有利，Ⅳ类最不利。其中Ⅰ类分为$Ⅰ_0$、$Ⅰ_1$两个亚类。当有可靠的剪切波速和覆盖层厚度且其值处于表21-3所列场地类别的分界线附近时，应允许按插值方法确定地震作用计算所用的特征周期。

表 21-3　各类建筑场地的覆盖层厚度　m

土的类型	岩石的剪切波速或土的等效剪切波速（m/s）	场地类别				
		$Ⅰ_0$	$Ⅰ_1$	Ⅱ	Ⅲ	Ⅳ
岩石	$v_S>800$	0				
坚硬土或软质岩石	$800\geqslant v_S>500$		0			
中硬土	$500\geqslant v_S>250$		<5	≥5		
中软土	$250\geqslant v_S>150$		<3	3～50	>50	
软弱土	$v_S\leqslant 150$		<3	3～15	15～50	>80

注　表中v_S系岩石的剪切波速。

建筑场地为Ⅰ类时，对甲、乙类的建筑应允许仍按本地区抗震设防烈度的要求采取抗震构造措施；对丙类的建筑应允许按本地区抗震设防烈度降低一度的要求采取抗震构造措施，但抗震设防烈度为6度时仍应按本地区抗震设防烈度的要求采取抗震构造措施。

三、建筑抗震概念设计

由于地震及地面运动的不确定性，地震时地面运动的复杂性，目前的结构抗震计算理论尚未能充分反映地震时结构反应及破坏的复杂过程。因此，结构抗震设计首先必须遵循正确的抗震概念设计的思路。

建筑抗震概念设计是指根据地震灾害和工程经验等形成的基本设计原则和设计思想，进行建筑和结构总体布置并确定细部构造的过程。

概念设计强调，在工程设计一开始，就应从总体上把握好场地选择、地基处理、重视建筑结构的规则性、选择合理的建筑结构体系、抗侧力结构和构件的延性设计等方面，从根本上消除建筑的抗震薄弱环节，再辅以必要的计算和构造措施，就有可能设计出具有良好抗震性能的建筑。

在这里，"抗震计算"当然是很重要的，不可缺少的；但"概念设计"是抗震计算的前提和基础。在进行抗震设计时，正确的概念设计比数值计算更重要。因此，概念设计、抗震计算和构造措施构成了抗震设计的整体。

1. 场地选择和地基基础

选择建筑场地时，应根据工程需要和地震活动情况、工程地质和地震地质的有关资料，对抗震有利、一般、不利和危险地段做出综合评价。对不利地段，应提出避开要求；当无法避开时应采取有效的措施。对危险地段，严禁建造甲、乙类的建筑，不应建造丙类的建筑。

建筑抗震有利地段，一般是指坚硬土或开阔平坦、密实均匀的中硬土等地段；不利地段，一般是指软弱土、液化土、条状突出的山嘴、高耸孤立的山丘、非岩质的陡坡、河岸和边坡边缘、在平面分布上成因、岩性、状态明显不均匀的土层（如故河道、断层破碎带、暗埋的塘浜沟谷及半填半挖地基）等地段；危险地段，一般是指地震时可能发生滑坡、崩塌、地陷、地裂、泥石流等以及地震断裂带上可能发生地表错位的部位等地段。

同一结构单元的基础不宜设置在性质截然不同的地基上；同一结构单元不宜部分采用天然地基部分采用桩基；当采用不同基础类型或基础埋深显著不同时，应根据地震时两部分地基基础的沉降差异，在基础、上部结构的相关部位采取相应措施。地基为软弱黏性土、液化土、新近填土成严重不均匀土时，应根据地震时地基不均匀沉降和其他不利影响，采取相应的措施。

2. 建筑形体及结构布置的规则性

建筑设计应根据抗震概念设计的要求明确建筑形体❶的规则性。不规则的建筑应按规定采取加强措施；特别不规则的建筑应进行专门研究和论证，采取特别的加强措施；严重不规则的建筑不应采用。

国内外大量震例表明，凡是建筑结构物的体型复杂，平面或竖向布置不规则，质量与刚度分布不均匀，结构单元之间有不合理的耦联组合等情况，均会造成严重破坏或倒塌。所以，建筑设计应重视其平面、立面和竖向剖面的规则性对抗震性能及经济合理性的影响，宜择优选用规则的形体，其抗侧力构件的平面布置宜规则对称、侧向刚度沿竖向宜均匀变化、竖向抗侧力构件的截面尺寸和材料强度宜自下而上逐渐减小、避免侧向刚度和承载力突变。

《建筑抗震设计规范》对结构平面不规则和竖向不规则的类型进行了定义，给出了平面、竖向不规则的处理途径，并提出了对于不规则结构的水平地震作用效应的计算、内力调整和对薄弱部位采取有效的抗震措施等方面的要求。

3. 建筑结构体系的选择

在选择建筑结构体系时，应符合以下要求：

---

❶ 形体指建筑平面形状和立面、竖向剖面的变化。

(1) 应具有明确的计算简图和合理的地震作用传递途径。

(2) 宜有多道抗震防线，应避免因部分结构或构件破坏而导致整个结构丧失抗震能力或对重力荷载的承载能力。

(3) 应具备必要的抗震承载力，良好的变形能力和消耗地震能量的能力。

(4) 宜具有合理的刚度和承载力分布，避免因局部削弱或突变形成薄弱部位，产生过大的应力集中或塑性变形集中，对可能出现的薄弱部位，应采取措施提高抗震能力。

(5) 宜有多道抗震防线，结构在两个主轴方向的动力特性宜相近。

4. 结构构件的延性

抗震结构构件应尽量避免脆性破坏的发生，并应采取构造措施改善其变形能力。如砌体结构按规定设置钢筋混凝土圈梁和构造柱、芯柱，或采用约束砌体、配筋砌体等；混凝土结构构件应控制截面尺寸和受力钢筋、箍筋的设置，防止剪切破坏先于弯曲破坏、混凝土的压溃先于钢筋的屈服、钢筋的锚固粘结破坏先于钢筋破坏，等等。

结构各构件之间的连接应强于相应连接的构件，如节点破坏、预埋件的锚固破坏，均不应先于构件和连接件的破坏；装配式结构构件的连接，支撑系统等应能保证结构的整体性和稳定性。

5. 对非结构构件的要求

非结构构件，包括建筑非结构构件（如围护墙、隔墙、幕墙、装饰贴面、楼梯间的非承重墙体等）和安装在建筑上的附属机械、电气设备系统等。总的要求是非结构构件自身及其与主体结构有可靠的连接或锚固，避免不合理设置而导致主体结构的破坏，避免地震时倒塌伤人或砸坏重要设备。

6. 结构材料和施工

抗震结构对材料和施工质量的特别要求，应在设计文件上注明。

(1) 砌体结构材料应符合下列规定：

普通砖和多孔砖的强度等级不应低于 MU10，其砌筑砂浆强度等级不应低于 M5；混凝土小型空心砌块的强度等级不应低于 MU7.5，其砌筑砂浆强度等级不应低于 Mb7.5。

(2) 混凝土结构材料应符合下列规定：

混凝土的强度等级，框支梁、框支柱及抗震等级为一级的框架梁、柱、节点核芯区，不应低于 C30；构造柱、芯柱、圈梁及其他各类构件不应低于 C20；抗震墙不宜超过 C60，其他构件，9 度时不宜超过 C60，8 度时不宜超过 C70。钢筋混凝土构造柱和底部框架—抗震墙房屋中的砌体抗震墙，其施工应先砌墙后浇构造柱和框架梁柱。

普通钢筋的强度等级，纵向受力钢筋宜选用符合抗震性能指标的不低于 HRB400 级的热轧钢筋，也可采用符合抗震性能指标的 HRB335 级热轧钢筋；箍筋宜选用符合抗震性能指标的不低于 HRB335 级的热轧钢筋，也可选用 HPB300 级热轧钢筋。抗震等级为一、二、三级的框架和斜撑构件（含梯段），其纵向受力钢筋采用普通钢筋时，钢筋的抗拉强度实测值与屈服强度实测值的比值不应小于 1.25；钢筋的屈服强度实测值与屈服强度标准值的比值不应大于 1.3. 且钢筋在最大拉力下的总伸长率实测值不应小于 9%。

在施工中，当需要以强度等级较高的钢筋替代原设计中的纵向受力钢筋时，应按照钢筋受拉承载力设计值相等的原则换算，并应满足最小配筋率要求。

(3) 钢结构的钢材应符合下列规定：

钢结构的钢材宜采用 Q235 等级 B、C、D 的碳素结构钢及 Q345 等级 B、C、D、E 的低合金高强度结构钢；当有可靠依据时，尚可采用其他钢种和钢号。钢材的屈服强度实测值与抗拉强度实测值的比值不应大于 0.85；钢材应有明显的屈服台阶，且伸长率不应小于 20%；钢材应有良好的焊接性和合格的冲击韧性。

第二节 地震作用与结构抗震验算

一、地震作用

地震作用是由地震引起的结构动态作用（加速度、速度、位移的作用），包括竖向地震作用、水平地震作用和扭转作用。对一般的建筑结构，竖向地震作用的影响不明显，所以可仅计算水平地震作用。抗震设防烈度为 8、9 度时的大跨度和长悬臂结构以及 9 度时的高层建筑，则应计算竖向地震作用。8、9 度时采用隔震设计的建筑结构，应按有关规定计算竖向地震作用。

一般情况下，应至少在建筑结构的两个主轴方向分别计算水平地震作用，各方向的水平地震作用应由该方向抗侧力构件承担。有斜交抗侧力构件的结构，当相交角度大于 15°时，应分别计算各抗侧力构件方向的水平地震作用。质量和刚度分布明显不对称的结构，应计入双向水平地震作用下的扭转影响；其他情况，应允许采用调整地震作用效应的方法计入扭转影响。

1. 地震作用的计算简图

地震作用是结构质量受地面输入的加速度激励产生的惯性作用，它的大小与结构质量有关。计算地震作用时，经常采用“集中质量法”的结构简图，把结构简化为一个有限数目质点的悬臂杆。假定各楼层的质量集中在楼盖标高处，墙体质量则按上下层各半也集中在该层楼盖处，于是各楼层质量被抽象为若干个参与振动的质点。结构的计算简图是一单质点的弹性体系或多质点弹性体系，如图 21-4 所示。

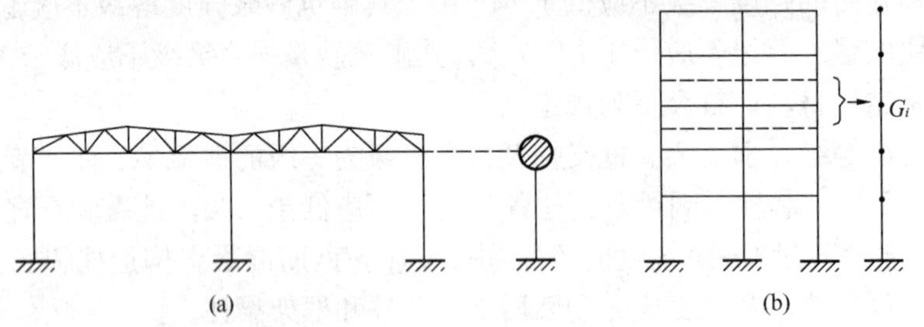

图 21-4 结构计算简图

（a）单质点体系；（b）多质点体系

计算地震作用时，建筑的重力荷载代表值应取结构和构配件自重标准值和各可变荷载组合值之和。各可变荷载的组合值系数，见《建筑抗震设计规范》规定。第 i 楼层的重力荷载代表值记为 G_i。

2. 设计反应谱

计算地震作用的理论基础是地震反应谱。所谓地震反应谱，是指地震作用时结构上质点反应（加速度、速度、位移等）的最大值与结构自振周期之间的关系，也称反应谱曲线。

对每一次地震，都可以得到它的反应谱曲线。但是地震具有很大的随机性，即使是同一烈度、同一地点，先后两次地震的地面加速度记录也不同，更何况进行抗震设计时不可能预知当地未来地震的反应谱曲线。

设计反应谱是根据单自由度弹性体系的地震反应按主要影响因素处理后得到的平均反应谱曲线。通过设计反应谱，可以把动态的地震作用转化为作用在结构上的最大等效侧向静力荷载，以方便计算。

《建筑抗震设计规范》采用的设计反应谱的具体表达形式是地震影响系数 α 曲线，由直线上升段、水平段、曲线下降段和直线下降段组成，如图 21-5 所示。图中结构自振周期小于 0.1s 的区段为直线上升段；周期自 0.1s～T_g 的区段为水平段，即 $\alpha=\alpha_{max}$；自 T_g～$5T_g$ 的区段为曲线下降段；自 $5T_g$～6s 的区段为直线下降段。

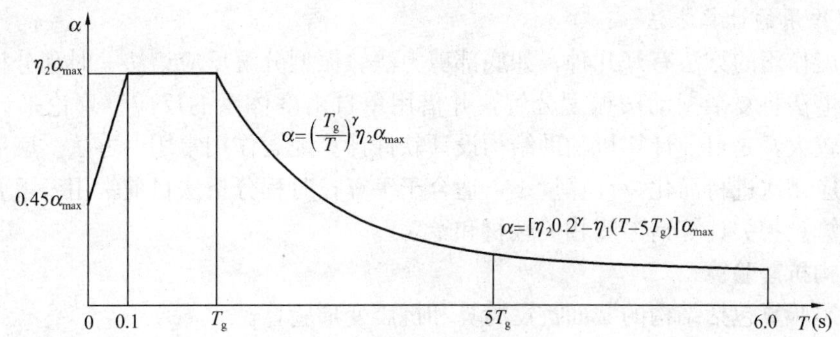

图 21-5　地震影响系数 α 曲线

α—地震影响系数；α_{max}—地震影响系数最大值；η_1—直线下降段的下降斜率调整系数；γ—衰减指数；T_g—特征周期；η_2—阻尼调整系数；T—结构自振周期

影响地震作用大小的因素有：建筑物所在地的地震动参数（加速度），烈度越高，地震作用越大；建筑物总重力荷载值，质点的质量越大，其惯性力越大；建筑物的动力特性，主要是指结构的自振周期 T 和阻尼比 ζ，一般来说 T 值越小，建筑物质点最大加速度反应越大，阻尼比越小，地震作用也越大；建筑物场地类别越高（如一类场地），地震作用越小。《建筑抗震设计规范》规定，除有专门规定外，建筑结构的阻尼比取 0.05。设计反应谱曲线还考虑了设计地震分组。

综上所述，建筑结构的地震影响系数 α 应根据烈度、场地类别、设计地震分组和结构自振周期以及阻尼比确定。地震影响系数应取最大值 α_{max}，按表 21-4 采用。

表 21-4　　水平地震影响系数最大值 α_{max}

地震影响	6 度	7 度	8 度	9 度
多遇地震作用	0.04	0.08（0.12）	0.16（0.24）	0.32
罕遇地震作用	0.28	0.50（0.72）	0.90（1.20）	1.40

注　括号中数值分别用于设计基本地震加速度为 0.15g 和 0.30g 的地区。

特征周期 T_g 根据场地类别和设计地震分组按表 21-5 采用，计算罕遇地震作用时，特征周期应增加 0.05s。

表 21-5 **特 征 周 期 值 T_g** s

设计地震分组	场地类别				
	I_0	I_1	Ⅱ	Ⅲ	Ⅳ
第一组	0.20	0.25	0.35	0.45	0.65
第二组	0.25	0.30	0.40	0.55	0.75
第三组	0.30	0.35	0.45	0.65	0.90

阻尼调整系数和形状系数（直线下降段的下降斜率调整系数 η_1、衰减系数 γ）的取值：一般情况下，建筑结构的阻尼比取 0.05，此时阻尼比调整系数 $\eta_2=1.0$，$\gamma=0.9$，$\eta_1=0.02$。当建筑结构的阻尼比不等于 0.05 时，阻尼调整系数和形状系数的取值应根据阻尼比值计算，详见《建筑抗震设计规范》。

3. 地震作用的计算方法

计算地震作用的方法有好几种，如底部剪力法、振型分解反应谱法、时程分析法等。振型分解反应谱法将复杂振动按振型分解，并借用单自由度体系的反应谱理论来计算地震作用，计算量较大，是目前计算机辅助结构设计软件计算地震作用常用的方法。底部剪力法对振型分解反应谱法进行简化，计算量小，适合于手算；时程分析法目前常用于重要或复杂结构的补充计算。相关计算请参阅相关教材和专著。

二、结构抗震验算

结构抗震验算包括结构的截面抗震验算和抗震变形验算。

1. 截面抗震验算

6 度时的建筑（不规则建筑及建造于Ⅳ类场地上较高的高层建筑除外），以及生土房屋和木结构房屋等，应符合有关的抗震措施要求，但应允许不进行截面抗震验算。6 度时不规则建筑、建造于Ⅳ类场地上较高的高层建筑，7 度和 7 度以上的建筑结构（生土房屋和木结构房屋等除外），应进行多遇地震作用下的截面抗震验算。采用隔震设计的建筑结构，其抗震验算应符合有关规定。

二阶段设计方法的第一阶段，是以低于本地区设防烈度的多遇地震水平地震作用标准值，用弹性理论的方法求出结构构件的地震作用效应（内力），再和结构上其他荷载效应组合，得出结构构件截面内力的基本组合后进行截面承载力设计。结构构件的截面抗震验算请参阅相关教材和专著，本书从略。

2. 抗震变形验算

结构在地震作用下的变形验算包括多遇地震作用下结构的弹性变形验算和罕遇地震作用下结构的弹塑性变形验算，是结构抗震设计的重要组成部分。

对钢筋混凝土框架、钢筋混凝土框架－抗震墙、板柱－抗震墙、框架－核心筒、钢筋混凝土抗震墙、筒中筒、钢筋混凝土框支层、多高层钢结构，应进行多遇地震作用下的抗震变形验算；对某些结构，尚应进行罕遇地震作用下的薄弱层的弹塑性变形验算。

（1）多遇地震作用下抗震变形验算目的

多遇地震作用下结构的变形验算的目的是为了限制结构弹性变形，避免建筑物的非结构构件在多遇地震下出现破坏。

（2）罕遇地震作用下薄弱层的弹塑性变形验算目的

结构抗震设计要求结构在罕遇地震作用下不发生倒塌。罕遇地震的计算地震动参数将是多遇地震的 4～6 倍，所以在多遇地震作用下处于弹性阶段的结构，在罕遇地震作用下势必进入弹塑性阶段。

结构在进入屈服阶段后已无承载力储备。为了抵御地震作用，要求通过结构的塑性变形来吸收和消耗地震输入的能量。若结构的变形能力不足，则势必发生倒塌。结构在罕遇地震作用下变形验算的目的，是估计在强烈地震作用下结构薄弱楼层或部位的弹塑性最大位移，分析结构本身的变形能力，通过改善结构的均匀性和采取改善薄弱楼层变形能力的抗震措施等，把结构的层间弹塑性最大位移值控制在允许范围之内。

结构抗震变形验算的详细验算方法请参阅相关教材和专著，本书从略。

第三节　多层框架结构抗震设计

一、框架结构抗震概念设计

1. 框架房屋适用高度和高宽比限值

《建筑抗震设计规范》在考虑地震烈度、场地土、抗震性能、使用要求及经济效果等因素和总结地震经验基础上，对地震区框架房屋适用的最大高度给出了规定。

房屋高度指室外地面到主要屋面板板顶的高度，不考虑局部突出屋顶部分。当平面和竖向均不规则的结构或Ⅳ类场地上的结构，适用的最大高度应适当降低。当房屋的最大高度超过规定时，则应改用其他结构形式，如框架-剪力墙结构或剪力墙结构等。框架房屋适用高度和高宽比限值分别见表 21-6、表 21-7。

表 21-6　　钢筋混凝土框架房屋适用的最大高度　　m

抗震设防烈度	6 度	7 度	8 度（0.2g）	8 度（0.3g）	9 度
适用最大高度	60	50	40	35	24

表 21-7　　钢筋混凝土框架房屋高宽比限值

抗震设防烈度	非抗震设计	6、7 度	8 度	9 度
高宽比限值	4	4	3	2

2. 结构布置

结构布置应密切结合建筑设计进行，使建筑物具有良好的体型，使结构受力构件得到合理组合。

为抵抗不同方向的地震作用，承重框架宜双向布置。楼电梯间不宜设在结构单元的两端及拐角处，因为单元角部扭转应力大，受力复杂，容易造成破坏。框架刚度沿高度不宜突变，以免形成薄弱层。同一结构单元宜将框架梁设置在同一标高处，避免出现错层和夹层，造成短柱破坏。出屋面小房间不应采用砖混结构，以防鞭梢效应造成破坏。

框架结构中非承重墙体的材料应优先选用轻质墙体材料。非承重墙体的布置，在平面和竖向宜均匀对称，避免形成薄弱层或短柱，宜与梁柱轴线位于同一平面内，尽量减少对结构体系的不利影响。

3. 基础形式与埋深

框架结构房屋要选择合理的基础形式及埋置深度。我国《高层建筑混凝土技术规程》规定，基础埋置深度，采用天然地基时，不宜小于房屋高度的 1/15；采用桩基础时，不宜小于房屋高度的 1/18（不计桩长），以抗倾覆和滑移，确保建筑物在强烈地震作用下的安全。

在地基土比较均匀的条件下，对于高层建筑主体结构基础底面形心宜与永久作用重力荷载重心重合；当采用桩基础时，桩基的竖向刚度中心宜与高层建筑主体结构永久重力荷载重心重合。

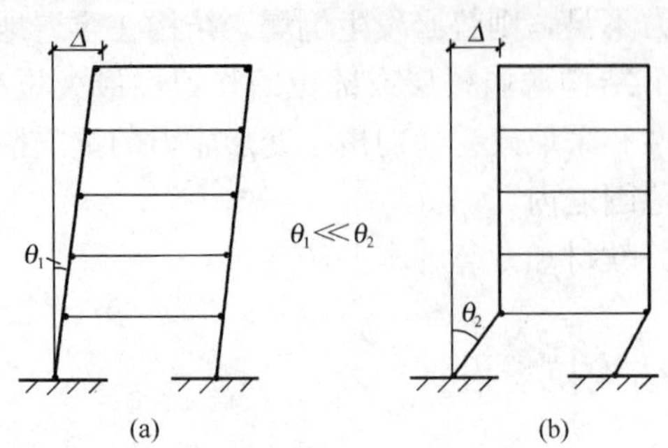

图 21-6 框架结构的破坏机制
（a）整体机制；（b）楼层机制

二、延性框架的设计原则

地震区的框架结构，应设计成延性框架，遵守“强柱弱梁”、“强剪弱弯”、“强节点强锚固”等设计原则，以保证框架在强震下形成如图 21-6（a）所示的预期整体机制，避免形成如图 21-6（b）所示的楼层机制，使框架在罕遇地震作用下有良好的抗震性能，不致严重倒塌破坏。

要求“强柱弱梁”的目的是在框架梁与柱之间形成承载力级差，使框架梁端先屈服，形成塑性铰，以保护框架柱。否则，柱端先于梁端屈服将产生抗震性能差的楼层破坏机制。

因剪切破坏属于脆性破坏，变形能力远小于延性的弯曲破坏，为保证梁柱塑性铰转动能力及结构的塑性变形能力，应防止构件在弯曲屈服前出现脆性的剪切破坏，这就要求构件的抗剪承载力大于其抗弯承载力。

节点与多根杆件相连且受力复杂，节点的失效意味着与之相连的梁柱同时失效。另外，梁端塑性铰形成的基本前提是保证梁纵筋在节点区有可靠的锚固，因此，节点的承载力不应低于其连接构件的承载力，且梁柱纵筋在节点区应有可靠的锚固。

三、框架结构构件抗震设计

1. 抗震等级

抗震等级是混凝土结构构件抗震设防的标准。钢筋混凝土房屋应根据烈度、结构类型和房屋高度采用不同的抗震等级。抗震等级共分为四级，体现了不同的抗震要求，其中一级抗震要求最高。

表 21-8 所列为标准设防类建筑钢筋混凝土框架结构的抗震等级划分，其他结构形式的抗震等级划分，请参阅《建筑抗震设计规范》。

表 21-8　　现浇钢筋混凝土框架结构房屋的抗震等级

抗震设防烈度	6 度		7 度		8 度		9 度
高度（m）	≤24	＞24	≤24	＞24	≤24	＞24	≤24
框架	四	三	三	二	二	一	一
大跨度框架	三		二		一		一

注 建筑场地为Ⅰ类时，除 6 度外可按降低一度对应的抗震等级采取构造措施，但相应的计算要求不应降低。

2. 控制截面与最不利内力组合

在进行构件截面设计时，须求得控制截面的最不利内力作为配筋的依据。对框架梁，一般选梁的两端截面（最大负弯矩）和跨内截面（最大正弯矩）为控制截面；对框架柱，则选柱的上下端截面为控制截面。

最不利内力就是在控制截面处对截面配筋起控制作用的内力。同一控制截面，可能有好几组最不利内力组合。内力组合的目的就是要求得控制截面上的最不利内力。

为求得控制截面上的最不利内力组合，应考虑到荷载同时出现的可能性，对荷载效应进行组合。荷载效应组合应按考虑地震作用组合和不考虑地震作用组合分别进行。

3. 梁端截面受剪承载力调整

梁端截面受剪承载力计算时，梁端剪力设计值应根据强剪弱弯的原则，按《建筑抗震设计规范》的要求加以调整。对一、二、三级抗震等级分别取 1.3、1.2 和 1.1 的梁端剪力增大系数，以形成强剪弱弯的延性破坏形态。

4. 梁端箍筋加密

在梁端预期塑性铰区段加密箍筋，可以起到约束混凝土，提高混凝土变形能力的作用，从而提高梁截面转动能力，增加延性。梁端箍筋加密区的范围和构造要求见表 21-9。

表 21-9　梁端箍筋加密区的长度、箍筋的最大间距和最小直径

抗震等级	加密区长度（采用较大值）(mm)	箍筋最大间距（采用最小值）(mm)	箍筋最小直径 (mm)
一	$2h_b$，500	$h_b/4$，$6d$，100	10
二	$1.5h_b$，500	$h_b/4$，$8d$，100	8
三	$1.5h_b$，500	$h_b/4$，$8d$，150	8
四	$1.5h_b$，500	$h_b/4$，$8d$，150	6

注　1. d 为纵向钢筋直径，h_b 为梁截面高度；

2. 箍筋直径大于 12mm、数量不少于 4 肢且肢距不大于 150mm 时，一、二级的最大间距允许适当放宽，但不得大于 150mm。

5. 柱内力调整

在进行柱截面设计前，应根据“强柱弱梁”、“强剪弱弯”的原则，按照《建筑抗震设计规范》的相应要求，进行内力调整。柱端剪力增大系数。对框架结构，二、三级分别取 1.3、1.2；对其他结构类型的框架，一、二级分别取 1.4 和 1.2，三、四级均取 1.1。

对柱端弯矩而言，要求复核柱端弯矩设计值之和应大于梁端弯矩值之和的 η_c 倍。η_c 为框架柱端弯矩增大系数，对框架结构，一、二、三级抗震等级可分别取 1.7、1.5、1.3；其他结构类型中的框架，一级可取 1.4，二级可取 1.2，三、四级可取 1.1。

6. 加强柱端约束

加强柱端约束加密柱端箍筋可以有以下作用：承担柱剪力；约束柱端混凝土，提高柱端混凝土抗压强度及变形能力；为纵筋提供侧向支承，防止纵筋屈曲。

柱端箍筋的加密区范围，应按下列规定采用：

(1) 柱端：取 500mm、1/6 柱净高、柱截面高度三者的最大值。

(2) 底层柱：柱根不小于 1/3 柱净高，以及刚性地面上下各 500mm 范围内。

(3) 剪跨比不大于 2 的柱和因设置填充墙等形成的柱净高与柱截面高度之比不大于 4 的柱应全柱高加密。

(4) 一、二级抗震等级框架的角柱也取全高。

(5) 柱箍筋的最大间距和最小直径尚应符合规范的规定。

7. 节点抗震设计

框架的节点是梁、柱的共有部分，节点的破坏也就意味着梁柱的失效。故在框架的抗震设计时，除要进行梁柱的强度、延性设计计算外，同时还应保证节点的强度。为保证“更强节点”，一般框架节点核心区应进行抗剪承载力验算。为了保证节点核心区的抗剪承载力，使梁柱纵筋有可靠的锚固，必须对节点核心区混凝土进行有效约束。箍筋的最大间距和最小直径宜与柱端加密区箍筋相同。

四、抗震构造措施

抗震构造措施包括节点构造、构件本体构造以及其他细部设计。

1. 节点构造

节点构造是指节点内的钢筋锚固和贯通构造。

基础、柱、墙、梁、板、楼梯等各类构件，在现浇钢筋混凝土结构中都不可能独立存在，各类构件通过节点的连接形成了结构，没有节点的连接功能，构件仅仅是构件，再多的构件也不能代表结构。因此，节点在结构中是非常关键的要素。

节点通常关系到多个构件的连接，是一个空间实体。节点具备节点本体构件和节点关联构件两类要素[1]。因为，混凝土结构作为一个完整的系统，具有一定的层次性和关联性，其层次性在于：基础为柱的支承体系，柱为梁的支承体系，梁为板的支承体系，板为自身支承体系；其关联性在于：柱与基础关联，梁与柱关联，板与梁关联。

节点构造包括节点本体构造和节点关联构造两方面。节点本体构件的纵向钢筋与横向钢筋(箍筋)，应连续贯通节点设置；节点关联构件通常是关联构件的端部，其纵筋主要完成在节点本体内的锚固。当节点本体位于构件端部时，节点本体构件的纵向钢筋应在构件端部可靠封闭。

根据节点本体构件的宽度和关联构件的宽度，分为三种情况：①宽本体节点，即节点本体构件宽度大于关联构件宽度的情况；②宽关联节点，即节点本体构件宽度小于关联构件宽度的情况；③等宽度节点，即节点本体构件宽度等于关联构件宽度的情况。陈青来在《钢筋混凝土结构平法设计与施工规则》专著中介绍了三种节点的钢筋通用构造规则。并将混凝土结构常见节点构造进行了分类，见表21-10。结构中间层、顶层框架节点的钢筋锚固如图21-7和图21-8所示；其余各节点钢筋通用构造规则及节点构造请参阅《钢筋混凝土结构平法设计与施工规则》和平法G101-X系列图集。

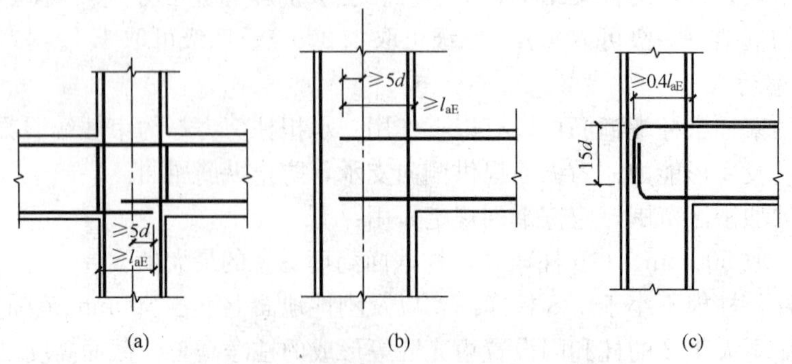

图21-7 中间层抗震节点的钢筋锚固

(a) 中间层中间节点；(b) 中间层端节点梁钢筋直线锚固；(c) 中间层端节点梁钢筋弯折锚固

[1] 陈青来．钢筋混凝土结构平法设计与施工规则．北京：中国建筑工业出版社．2007，(P74～75)。

表 21-10　　常见节点构造分类

节点类型	节点本体构件与关联构件	
	本体构件	关联构件
框架柱—基础	基础	框架柱
剪力墙—基础		剪力墙
剪力墙柱—基础		剪力墙柱
基础连梁—基础		基础连梁
框架梁—框架柱	框架柱	框架梁
		屋面框架梁
板—柱	柱	无梁楼盖板
		屋面无梁楼盖板
剪力墙连梁—剪力墙（平面内）	剪力墙	剪力墙连梁
板—剪力墙（平面外）		楼面板
		屋面板
梁—剪力墙（平面外）		楼层梁
		屋面梁
基础次梁—基础主梁	基础主梁	基础次梁
次梁—主梁	主梁（框架或非框架梁）	次梁
长跨井字梁—短跨井字梁	短跨井字梁	长跨井字梁
边梁—悬挑梁	悬挑梁	边梁
悬挑梁—悬挑梁	主悬挑梁	次悬挑梁
基础底板—基础梁	基础梁（主梁或次梁）	基础底板
板—梁	梁（框架或非框架梁）	板

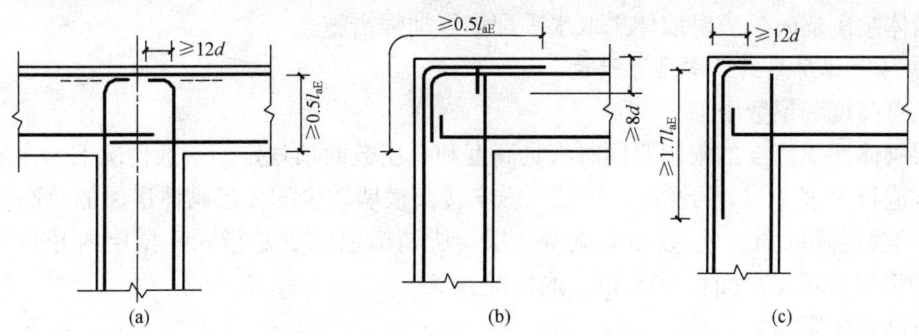

图 21-8　顶层框架节点的钢筋锚固

2．构件本体构造

构件本体构造指不包括节点的构件自身构造和构件自由端构造，通常指节点外构件内的钢筋布置和连接构造。

关于抗震构造的共性方面包括以下几个方面：

（1）纵向受拉钢筋的抗震锚固及抗震锚固长度 l_{aE}。抗震锚固分为直锚和弯锚，其锚固长度及构造是有区别的，详见各类构件的构造详图。

（2）纵向受拉钢筋的机械锚固构造。

（3）纵向受力钢筋的抗震连接，包括绑扎连接、机械连接（如挤压套筒接头、锥螺纹套筒接头、镦粗直螺纹套筒接头等）和焊接连接（如闪光对焊、电渣压力焊、气压焊等）。

（4）箍筋与拉筋构造。封闭箍筋应有135°弯钩，弯钩末端平直段长度不小于10倍箍筋直径，并锚入核心区混凝土内。箍筋的无支承长度不得大于350mm。

（5）构造钢筋、分布钢筋的规定。

以上抗震构造的具体要求请参见《混凝土结构设计规范》、《建筑抗震设计规范》及平法G101-X系列图集的相关部分。

第四节　多层砌体结构抗震设计

一、抗震概念设计

大量的震害调查表明，多层砌体房屋的结构布置对建筑物的抗震性能关系密切，因此在进行建筑平面、立面以及结构抗震体系的布置与选择时，应注意方案的合理性；同时应结合多层砌体房屋的基本尺寸限值进行设计。

1. 建筑平面及结构布置

建筑平面应优先采用横墙承重或纵横墙共同承重的结构体系。纵横墙的布置宜均匀对称，沿平面内宜对齐，沿竖向应上下连续；同一轴线上的窗间墙宽度宜均匀。

当房屋立面高差在6m以上，房屋有错层且楼板高差较大及各部分结构刚度、质量截然不同时应设置抗震缝，缝两侧均应设置墙体，缝宽应根据设防烈度和房屋高度确定，一般可采用50～100mm。

不宜将楼梯间设置在房屋的尽端或转角处。

不宜采用无竖向配筋的附墙烟囱及出屋面的烟囱。烟道、风道、垃圾道等不应削弱墙体。当墙体被削弱时，应对墙体采取水平配筋等加强措施。

2. 多层砌体房屋的基本尺寸限值

（1）总高度和层数限值

多层砌体房屋高度的限制要同时满足高度和总层数两项规定。一般情况下，房屋的层数和总高度应符合表21-11的规定，医院、教学楼及横墙较少的多层砌体房屋的总高度应比表21-11中的规定降低3m，层数相应减少一层。所谓横墙较少是指同一楼层内开间尺寸大于4.20m的房间占该层总面积40％以上的情况。

（2）高宽比限值

多层砌体房屋的高宽比限值见表21-12。

（3）抗震横墙的间距限值

多层砌体房屋的抗震横墙的间距限值见表21-13。

（4）房屋的局部尺寸限值

房屋的局部尺寸限值应符合表21-14的规定。

表 21-11　多层砌体房屋的层数和总高度限值

房屋类别		最小抗震墙厚/mm	烈度											
			6度		7度				8度				9度	
			0.05g		0.10g		0.15g		0.20g		0.30g		0.40g	
			高度/m	层数	高度/m	层数	高度/m	层数	高度/m	层数	高度/m	层数	高度/m	层数
多层砌体	普通砖	240	21	7	21	7	21	7	18	6	15	5	12	4
	多孔砖	240	21	7	21	7	18	6	18	6	15	5	9	3
	多孔砖	190	21	7	18	6	15	5	15	5	12	4	—	—
	小砌块	190	21	7	21	7	18	6	18	6	15	5	9	3

注　1. 房屋的总高度指室外地面到主要屋面板板顶或檐口的高度，半地下室可从地下室室内地面算起，全地下室和嵌固条件好的半地下室可从室外地面算起；带阁楼的坡屋面应算至山尖墙的1/2高度处。

2. 室内外高差大于0.6m时，房屋总高度应允许比表中数据适当增加，但不应多于1m。

3. 表中小砌块砌体房屋不包括配筋混凝土小型空心砌块砌体房屋。

表 21-12　房屋最大高宽比

烈　度	6度	7度	8度	9度
最大高宽比	2.5	2.5	2.0	1.5

注　单面走廊房屋的总宽度不包括走廊宽度；建筑平面接近方形时，高宽比宜适当减小。

表 21-13　房屋抗震横墙间距限值　m

房屋类别		烈度			
		6度	7度	8度	9度
多层砌体房屋	现浇或装配整体式钢筋混凝土楼（屋）盖	18	18	15	11
	装配式钢筋混凝土楼（屋）盖	15	15	11	7
	木楼（屋）盖	11	11	7	4

注　对多层砌体房屋的顶层，最大横墙间距允许适当放宽；表中木楼（屋）盖的规定不适用于小砌块砌体房屋。

表 21-14　房屋的局部尺寸限值　m

部　位	烈度			
	6度	7度	8度	9度
承重窗间墙最小宽度	1.0	1.0	1.2	1.5
承重外墙尽端至门窗洞边的最小距离	1.0	1.0	1.2	1.5
非承重外墙尽端至门窗洞边的最小距离	1.0	1.0	1.0	1.0
内墙阳角至门窗洞边的最小距离	1.0	1.0	1.5	2.0
无锚固女儿墙（非出入口处）的最大高度	0.5	0.5	0.5	0.0

注　局部尺寸不足时应采取局部加强措施弥补；出入口处的女儿墙应有锚固。

二、多层砌体砖房的抗震构造措施

抗震构造措施可以提高房屋的整体性及变形能力，抗震构造措施主要包括构造柱的设置、圈梁的设置和加强构件间连接的构造措施等几个方面。

1. 构造柱设置

设置现浇钢筋混凝土构造柱且与圈梁连接共同工作，对砌体起约束作用，可以明显改善多层砌体结构房屋的抗震性能，增加其变形能力和延性。构造柱示意图如图 21-9 所示。多层砌体结构房屋构造柱的设置要求，见表 21-15，其构造及相关要求请参阅砌体结构章节。

表 21-15　　多层砖砌体房屋构造柱设置要求

<table>
<tr><th colspan="4">房 屋 层 数</th><th colspan="2" rowspan="2">设 置 部 位</th></tr>
<tr><th>6度</th><th>7度</th><th>8度</th><th>9度</th></tr>
<tr><td>四、五</td><td>三、四</td><td>二、三</td><td></td><td rowspan="3">楼、电梯间四角、楼梯斜梯段上下端对应的墙体处；外墙四角和对应转角；错层部位横墙与外纵墙交接处；较大洞口两侧</td><td>隔 12m 或单元横墙与外纵墙交接处；楼梯间对应的另一侧内横墙与外纵墙交接处</td></tr>
<tr><td>六</td><td>五</td><td>四</td><td>二</td><td>隔开间横墙（轴线）与外墙交接处；山墙与内纵墙交接处</td></tr>
<tr><td>七</td><td>≥六</td><td>≥五</td><td>≥三</td><td>内墙（轴线）与外墙交接处；内横墙的局部较小墙垛处；内纵墙与横墙（轴线）交接处</td></tr>
</table>

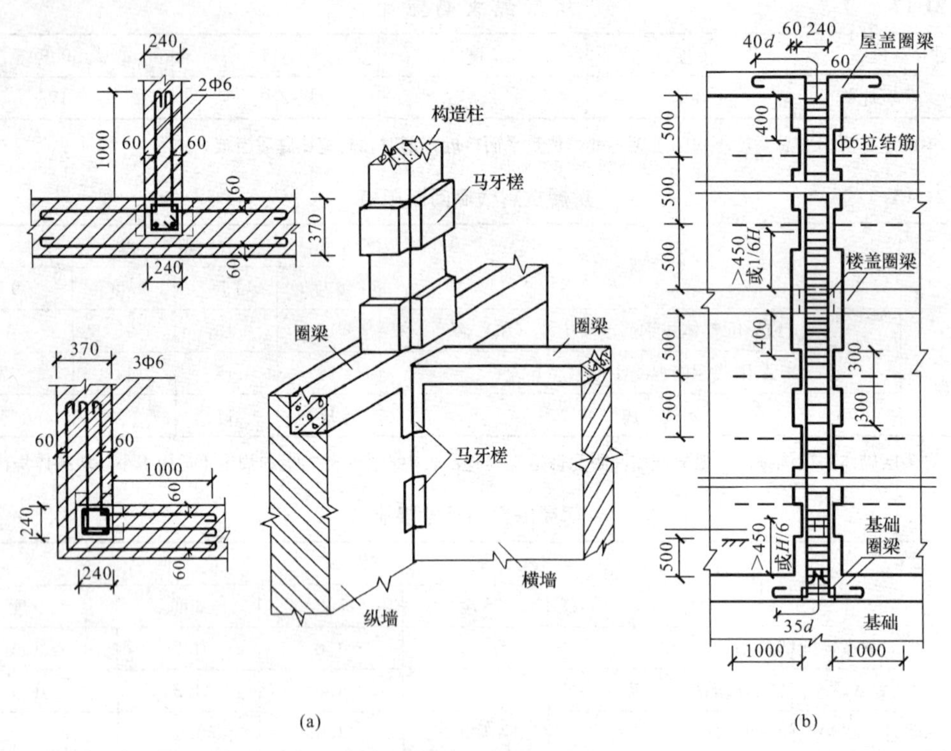

图 21-9　构造柱示意图

2. 圈梁设置

(1) 圈梁的主要功能

圈梁对砌体房屋的抗震具有重要作用，它与构造柱共同工作，是提高多层砌体结构房屋抗震能力的一种经济有效的措施，其主要功能为：

1) 加强房屋的整体性。由于圈梁的约束作用，减小了预制板散开以及墙体出平面倒塌的危险性，使纵、横墙能保持为一个整体的箱形结构，充分发挥各片墙体的平面内抗剪强度，有效抵御来自各个方向的水平地震作用。

2）与构造柱形成约束框架，能有效地限制墙体斜裂缝的开展和延伸，使墙体抗剪强度得以更好发挥，也提高了墙体的稳定性。

3）减轻地震时地基不均匀沉陷和地表裂隙对房屋的影响。

（2）圈梁的设置

多层黏土砖、多孔砖房的现浇混凝土圈梁设置应符合下列要求：

1）装配式钢筋混凝土楼、屋盖或木楼、屋盖的砖房，横墙承重时应按表 21-16 的要求设置圈梁；纵墙承重时每层均应设置圈梁，且抗震横墙上的圈梁间距应比表 21-16 内要求适当加密。

表 21-16　　砖房现浇钢筋混凝土圈梁设置要求

墙　类	烈　度		
	6、7度	8度	9度
外墙和内纵墙	屋盖处及每层楼盖处	屋盖处及每层楼盖处	屋盖处及每层楼盖处
内横墙	同上；屋盖处间距不应大于4.5m；楼盖处间距不应大于7.2m；构造柱对应部位	同上；各层所有横墙，且间距不应大于4.5m；构造柱对应部位	同上；各层所有横墙

2）现浇或装配整体式钢筋混凝土楼、屋盖与墙体有可靠连接的房屋可不另设圈梁，但楼板沿墙体周边应加强配筋并应与相应的构造柱钢筋可靠连接。

3. 加强构件间连接的构造措施

为增强楼（屋）盖的整体稳定性和保证与墙体有足够支承长度和可靠拉结，有效传递地震作用，楼（屋）盖在构造方面应当满足下列各项要求：

（1）楼（屋）盖结构

①现浇钢筋混凝土楼板或屋面板伸进纵、横墙内的长度，不宜小于 120mm；装配式钢筋混凝土楼板或屋面板，当圈梁未设在板的同一标高时，板端伸进外墙的长度不应小于 120mm，伸进内墙的长度不宜小于 100mm 或采用硬架支模连接，在梁上不应小于 80mm 或采用硬架支模连接。

②当板的跨度大于 4.8m 并与外墙平行时，靠外墙的预制板侧边应与墙或圈梁拉结。

③房屋端部大房间的楼盖，6 度时房屋的屋盖和 7～9 度时房屋的楼、屋盖，当圈梁设在板底时，钢筋混凝土预制板应相互拉结，并应与梁、墙或圈梁拉结。

④楼、屋盖的钢筋混凝土梁或屋架应与墙、柱（包括构造柱）或圈梁可靠连接；不得采用独立砖柱。跨度不小于 6m 大梁的支承构件应采用组合砌体等加强措施，并满足承载力要求。

（2）对楼梯间的要求

楼梯间是地震时的疏散通道，历次地震震害表明，由于楼梯间墙体在高度方向比较空旷，常常被破坏，当楼梯间设置在房屋尽端时破坏尤为严重。

①顶层楼梯间墙体应沿墙高每隔 500mm 设 2Φ6 通长钢筋和Φ4 分布短钢筋平面内点焊组成的拉结网片或Φ4 点焊网片；7～9 度时其他各层楼梯间墙体应在休息平台或楼层半高处设置

60mm厚、纵向钢筋不应少于2Φ10的钢筋混凝土带或配筋砖带，配筋砖带不少于3皮，每皮的配筋不少于2Φ6，砂浆强度等级不应低于M7.5且不低于同层墙体的砂浆强度等级。

②楼梯间及门厅内墙阳角处的大梁支承长度不应小于500mm，并应与圈梁连接。

③装配式楼梯段应与平台板的梁可靠连接，8、9度时不应采用装配式楼梯段；不应采用墙中悬挑式踏步或踏步竖肋插入墙体的楼梯，不应采用无筋砖砌栏板。

④突出屋顶的楼、电梯间，构造柱应伸到顶部，并与顶部圈梁连接，所有墙体应沿墙高每隔500mm设2Φ6通长钢筋和Φ4分布短筋平面内点焊组成的拉结网片或Φ4点焊网片。

第五节 结构抗震性能设计

近几年，结构抗震性能设计已在我国“超限高层建筑结构”抗震设计中比较广泛地采用，积累了不少经验。国际上，高层建筑采用抗震性能设计已形成一种发展趋势。

1. 结构抗震性能设计的适用对象

抗震设计的高层建筑混凝土结构，当其房屋高度、规则性、结构类型、场地条件或抗震设防标准等有特殊要求时，可采用结构抗震性能设计方法进行分析和论证。

(1)“超限高层建筑结构”；

(2) 有些工程虽不属于“超限高层建筑结构”，但由于其结构类型或有些部位结构布置的复杂性，难以直接按高规的常规方法进行设计；

(3) 还有一些位于高烈度区（8度、9度）的甲、乙类设防标准的工程或处于抗震不利地段的工程，出现难以确定抗震等级或难以直接按高规常规方法进行设计的情况。

2. 结构抗震性能设计的工作内容

结构抗震性能设计包括下列三项主要工作：

(1) 分析结构方案的特殊性。

分析结构方案在房屋高度、规则性、结构类型、场地条件或抗震设防标准等方面的特殊要求，以确定结构设计是否需要采用抗震性能设计方法并以此特殊性作为选用性能目标的主要依据。分析论证一般需要进行如下工作：

1) 分析确定结构超过本规程适用范围及不规则性的情况和程度；

2) 认定场地条件、抗震设防类别和地震动参数；

3) 深入的弹性和弹塑性计算分析（静力分析及时程分析）并判断计算结果的合理性；

4) 找出结构有可能出现的薄弱部位以及需要加强的关键部位，提出有针对性的抗震加强措施；

5) 必要时还需进行构件、节点或整体模型的抗震试验，补充提供论证依据，例如对本规程未列入的新型结构方案又无震害和试验依据或对计算分析难以判断、抗震概念难以接受的复杂结构方案；

6) 论证结构能满足所选用的抗震性能目标的要求。

(2) 选用适宜的结构抗震性能目标。

结构抗震性能目标应综合考虑抗震设防类别、设防烈度、场地条件、结构的特殊性、建造费用、震后损失和修复难易程度等各项因素选定。结构抗震性能目标分为A、B、C、D四个等级，结构抗震性能分为1、2、3、4、5五个水准（见表21-17），每个性能目标均与一组在指定地震地面运动下的结构抗震性能水准相对应。性能目标选用时，一般需征求业主和有关专家的意见。

结构抗震性能水准可按表 21-18 进行宏观判别。

表 21-17　结构抗震性能目标

地震水准 \ 性能水准 \ 性能目标	A	B	C	D
多遇地震	1	1	1	1
设防烈度地震	1	2	3	4
预估的罕遇地震	2	3	4	5

表 21-18　各性能水准结构预期的震后性能状况

结构抗震性能水准	宏观损坏程度	损坏部位			继续使用的可能性
		普通竖向构件	关键构件	耗能构件	
第 1 水准	完好、无损坏	无损坏	无损坏	无损坏	一般不需修理即可继续使用
第 2 水准	基本完好、轻微损坏	无损坏	无损坏	轻微损坏	稍加修理即可继续使用
第 3 水准	轻度损坏	轻微损坏	轻微损坏	轻度损坏、部分中度损坏	一般修理后才可继续使用
第 4 水准	中度损坏	部分构件中度损坏	轻度损坏	中度损坏、部分比较严重损坏	修复或加固后才可继续使用
第 5 水准	比较严重损坏	部分构件比较严重损坏	中度损坏	比较严重损坏	需排险大修

注　“普通竖向构件”是指“关键构件”之外的竖向构件；“关键构件”是指该构件的失效可能引起结构的连续破坏或危及生命安全的严重破坏；“耗能构件”包括框架梁、剪力墙连梁及耗能支撑等。

（3）分析论证结构方案可满足预期的抗震性能目标的要求。

结构抗震性能分析论证的重点是深入的计算分析和工程判断，找出结构有可能出现的薄弱部位，提出有针对性的抗震加强措施，必要的试验验证，分析论证结构可达到预期的抗震性能目标。

建筑抗震性能化设计，立足于承载力和变形能力的综合考虑，具有很强的针对性和灵活性。针对具体工程的需要和可能，可以对整个结构，也可以对某些部位或关键构件，灵活运用各种措施达到预期的性能目标——着重提高抗震安全性或满足使用功能的专门要求。

正确应用性能设计方法将有利于判断高层建筑结构的抗震性能，有针对性地加强结构的关键部位和薄弱部位，为发展安全、适用、经济的结构方案提供创造性的空间。

思 考 题

21-1 引起地震的成因有哪些？什么是震源、震中？
21-2 什么是震级、地震烈度、基本烈度、抗震设防烈度？
21-3 简述我国建筑物的抗震设防思想、抗震设防目标、抗震设防方法。
21-4 简述我国建筑工程抗震设防类别是怎样划分的？
21-5 什么是场地？
21-6 什么是抗震概念设计？抗震概念设计包括哪些方面的内容？
21-7 影响建筑物地震作用大小的因素有哪些？
21-8 结构抗震验算包括哪些内容？
21-9 简述延性框架有哪些设计原则。
21-10 混凝土结构的抗震等级如何确定？
21-11 框架结构的抗震构造措施包括哪些？
21-12 砖混结构的抗震构造措施主要有哪些？

第二十二章　地 基 与 基 础

内 容 提 要

1. 地基与基础、地基基础设计等级
2. 地基土的分类
3. 土中应力
4. 地基的变形
5. 土的抗剪强度和地基承载力
6. 天然地基上浅基础设计

第一节　概　　述

一、地基与基础

建筑物或构筑物并不是平地而起的，它在地下还有一部分，这一部分我们称为基础，它承受建筑物或构筑物上部结构传下来的全部荷载，并将这些荷载及本身重量一并传给地基。基础的设计既涉及上部结构，又要考虑地基土和场地条件。

地基是承担基础传下荷载的土层或岩石。地基一般分几个土层，与基底相接触的那层土称为持力层，其下的土层称为下卧层；若某一下卧层比上层土软（承载能力小），则称该下卧层为软下卧层。地基、基础、持力层、下卧层如图 22-1 所示。

地基可分为天然地基和人工地基。天然地基是指开挖后不作处理或稍作处理（如局部处理）即可建造基础的地基。人工地基是指开挖后经大量的人工处理才可建造基础的地基。

天然地基上的基础，按埋深可分为浅基础和深基础。浅基础是指埋深在 5m 以内，可用常规方法施工的基础。深基础是指埋深较大，需特殊施工者，如桩基、沉井、地下连续墙等。

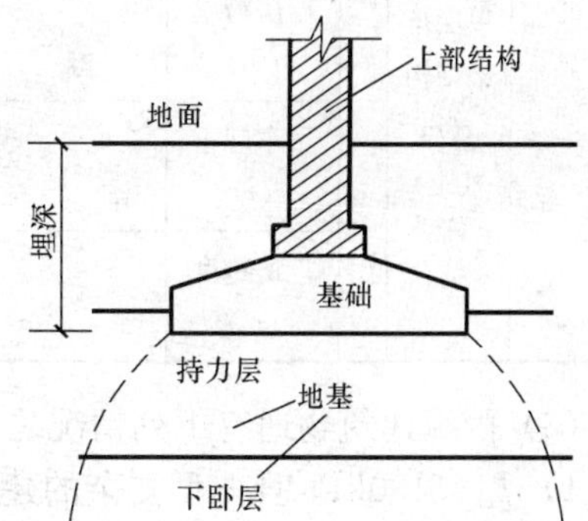

图 22-1　地基与基础示意

二、地基基础设计等级

根据地基复杂程度、建筑物规模和功能特征以及由于地基问题可能造成建筑物破坏或影响正常使用的程度，地基基础设计分为甲级、乙级和丙级三个设计等级，见表 22-1。

1. 承载力计算

所有建筑物的地基都应满足承载力计算的有关规定。

2. 地基变形验算

(1) 设计等级为甲级、乙级的建筑物，均应按地基变形设计。

（2）一般的设计等级为丙级的建筑物，可不作地基变形计算，见表 22-2，表中地基承载力 f_{ak}为特征值。

表 22-1　　地基基础设计等级

设计等级	建筑和地基类型
甲级	重要的工业与民用建筑物； 30 层以上的高层建筑； 体型复杂，层数相差超过 10 层的高低层连成一体的建筑物； 大面积的多层地下建筑物（如地下车库、商场、运动场等）； 对地基变形有特殊要求的建筑物； 复杂地质条件下的坡上建筑物（包括高边坡）； 对原有工程影响较大的新建建筑物； 场地和地基条件复杂的一般建筑物； 位于复杂地质条件及软土地区的二层及二层以上地下室的基坑工程
乙级	除甲级、丙级以外的工业与民用建筑物
丙级	场地和地基条件简单，荷载分布均匀的七层及七层以下民用建筑物及一般工业建筑物；次要的轻型建筑物

表 22-2　　可不作地基变形计算的丙级建筑物

<table>
<tr><td rowspan="2">地基主要受力层情况</td><td colspan="3">f_{ak}（kPa）</td><td>60⩽ $f_{ak}<80$</td><td>80⩽ $f_{ak}<100$</td><td>100⩽ $f_{ak}<130$</td><td>130⩽ $f_{ak}<160$</td><td>160⩽ $f_{ak}<200$</td><td>200⩽ $f_{ak}<300$</td></tr>
<tr><td colspan="3">各土层坡度（%）</td><td>⩽5</td><td>⩽5</td><td>⩽10</td><td>⩽10</td><td>⩽10</td><td>⩽10</td></tr>
<tr><td rowspan="5">建筑类型</td><td colspan="3">砌体承重结构、框架结构层数</td><td>⩽5</td><td>⩽5</td><td>⩽5</td><td>⩽6</td><td>⩽6</td><td>⩽7</td></tr>
<tr><td rowspan="4">单层排架结构（6m 柱距）</td><td rowspan="2">单跨</td><td>吊车起重（t）</td><td>5～10</td><td>10～15</td><td>15～20</td><td>20～30</td><td>30～50</td><td>50～100</td></tr>
<tr><td>厂房跨度（m）</td><td>⩽12</td><td>⩽18</td><td>⩽24</td><td>⩽30</td><td>⩽30</td><td>⩽30</td></tr>
<tr><td rowspan="2">多跨</td><td>吊车起重（t）</td><td>3～5</td><td>5～10</td><td>10～15</td><td>15～20</td><td>20～30</td><td>30～75</td></tr>
<tr><td>厂房跨度（m）</td><td>⩽12</td><td>⩽18</td><td>⩽24</td><td>⩽30</td><td>⩽30</td><td>⩽30</td></tr>
</table>

（3）丙级建筑物遇有下列情况之一时，仍应作变形验算。

1）$f_{ak}<130$kPa 且体型复杂的建筑物；

2）软弱地基上的建筑物存在偏心荷载；

3）相邻建筑距离过近、可能发生倾斜；

4）在基础上及其附近有地面堆载或相邻基础荷载差异较大，可能引起地基产生过大的不均匀沉降；

5）地基内有厚度较大或厚薄不均的添土、其自重固结未完成。

3. 稳定性验算

对经常受水平荷载作用的高层建筑、高耸建筑和挡土墙，以及建造在斜坡上或边坡附近的建筑物和构筑物等，应验算其稳定性。对基坑工程，也应进行稳定性验算。

4. 抗浮验算

当地下水埋藏较浅，建筑物地下室或地下构筑物存在上浮问题时，应进行抗浮验算。

第二节　地 基 土 的 分 类

一、土的成因

土是岩石在长期风化作用下产生的大小不同的松散颗粒，经过各种地质作用而形成的沉积物。根据地质成因的条件不同土可分为：残积土、坡积土、洪积土、冲积土、淤积土、冰积土、风积土等。

二、土的组成与结构

（一）土的组成

土一般由矿物颗粒（固相）、水（液相）、空气（气相）三部分组成，故称为三相土。孔隙中完全充满水时为饱和土，孔隙完全被空气充满时为干土，这两种土称为二相土。

1. 矿物颗粒

自然界中的土颗粒粗细都有。除黏性土外，土的颗粒粗细搭配对土的力学性能影响很大，有粗有细越不均匀越好。

2. 土中水

土中水分为液态水、气态水和固态水三种。气态水是土中水蒸气，对土的影响不大，我们认为它是空气的一部分。固态水是冰，基础底面以下一般不允许它的存在。

液态水分为表面结合水与自由水两种。表面强结合水对土的影响不大，弱结合水对黏性土的物理力学性质影响最大，砂土可以认为不含弱结合水。

自由水又分为毛细水和重力水两种。毛细水存在于地下水位以上土孔隙中。重力水是指在重力作用下可以自由流动的水，对工程影响较大的是潜水和承压水。潜水在地下有自由液面，可以渗透流动，深基坑开挖时需人工降水以避免水浸基坑；若降水不适会造成水自坑底向上涌出而产生流砂，应予以避免。承压水是指地下承受压力的水，一旦挖开承压水周围的不透水层，水就会喷射而出造成“喷泉”，使施工无法进行。

（二）土的结构

砂土的结构为单粒结构，此类土为无结构性土。

由粉粒串联而成的土为蜂窝结构，由黏粒集合体串联而成的土为絮状结构，这两种土存在大量孔隙，其天然结构被破坏后，强度降低，压缩性增加，即使再恢复到原始状态，其强度也需要很久才能完全恢复。这两种土叫有结构性土。

三、土的物理性质指标

（一）土的三相图

如图 22-2 所示，假想将土的三相完全分开，可以分析三相间的数量关系并可计算各项物理性质指标。

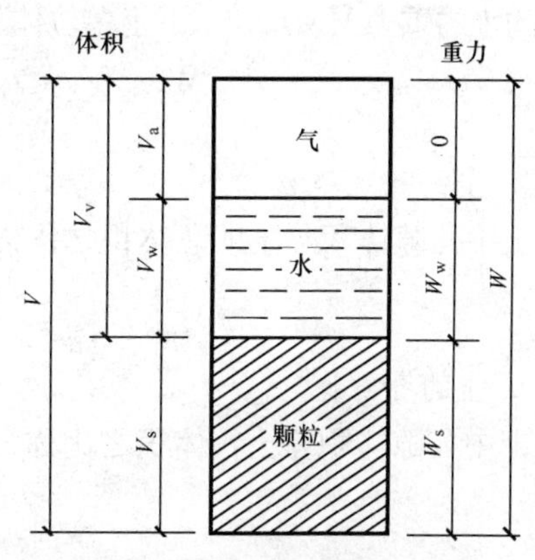

图 22-2　土的三相简图

（二）土的基本物理性质指标

土的基本物理性质指标是由原状土经实验测定出来的。

1. 土的重力密度 γ

土在天然状态时的单位体积的重力称为重力密度，简称重度。

$$\gamma = \frac{W}{V} = \frac{W_s + W_w}{V} = \frac{W_s + V_w \cdot \gamma_w}{V} \quad (\mathrm{kN/m^3}) \tag{22-1}$$

水的重度 $\gamma_w = 9.8\mathrm{kN/m^3}$，一般土的重度为 $16 \sim 20\mathrm{kN/m^3}$。

2. 土粒相对密度 d_s

土粒重量 W_s 与同体积的 4℃时水的重量 W_w 之比，称为土粒相对密度，也称土粒比重。

$$d_s = \frac{W_s}{V_s \cdot \gamma_w} \tag{22-2}$$

比重是没有单位的，而重力密度是有单位的。土粒比重一般为 2.6～2.8。

3. 土的天然含水量 ω

土中水的重量和土粒的重量之比称为含水量，用百分数表示：

$$\omega = \frac{W_w}{W_s} \times 100\% \tag{22-3}$$

（三）土的其他物理性质指标

1. 饱和土的重力密度 γ_{sat}

土中孔隙 V_v 完全被水充满时，单位体积土的重力称为饱和土的重力密度，简称饱和土的重度。

$$\gamma_{sat} = \frac{W_s + V_v \cdot \gamma_w}{V} \quad (\mathrm{kN/m^3}) \tag{22-4}$$

2. 干土的重力密度 γ_d

土中无水时，单位体积土的重力称为干土的重力密度，简称干土重度，用作评定土体的紧密程度。

$$\gamma_d = \frac{W_s}{V} \quad (\mathrm{kN/m^3}) \tag{22-5}$$

3. 水下土的重力密度 γ'

在地下水位以下的土，由于受到水的浮力作用，使土的重力减轻，土受到的浮力即等于同体积的水的重力 $V \cdot \gamma_w$，水下土单位体积的重度称为水下土的重力密度，简称为有效重度。

$$\gamma' = \frac{W_s + V_v \cdot \gamma_w - V\gamma_w}{V} = \gamma_{sat} - \gamma_w \quad (\mathrm{kN/m^3}) \tag{22-6}$$

4. 土的孔隙率 n

土中孔隙体积与土的总体积之比称为孔隙率，用百分数表示：

$$n = \frac{V_v}{V} \times 100\% \tag{22-7}$$

5. 土的孔隙比 e

土中孔隙体积与土粒体积之比称为孔隙比。

$$e = \frac{V_v}{V_s} \tag{22-8}$$

n 与 e 均反映土的密实程度，一般 $e < 0.6$ 的土是密实的低压缩性土，$e > 1$ 的土是疏松的高压缩性土。

6. 土的饱和度 S_r

土中水的体积与孔隙体积之比称为饱和度，用百分数表示：

$$S_r = \frac{V_w}{V_v} \times 100\% \tag{22-9}$$

S_r 反映土的潮湿程度，如 $S_r=100\%$，土中孔隙全部充满水，土为完全饱和状态，如 $S_r=0$，土为完全干燥状态。

（四）各物理性质指标之间的关系

上述 9 个物理性质指标，只要知道其中 3 个，即可求出其他 6 个物理性质指标。

由图 22-2 知，如果知道 W_s、W_w、V_s、V_w、V_a，即可求出任意一个物理性质指标。求解时只须设定总体积 $V=1$ 解方程即可。

【例 22-1】 已知某土 $\gamma=18\text{kN/ m}^3$，$\omega=28\%$，$d_s=2.7$；求其他物理性质指标。

解 取 $V=1\text{m}^3$ 的土，根据已知得

$$\gamma = \frac{W_s + W_w}{V} = W_s + W_w = 18 \qquad (\text{kN/m}^3) \tag{a}$$

$$\omega = \frac{W_w}{W_s} = 0.28 \tag{b}$$

$$d_s = \frac{W_s}{V_s \cdot \gamma_w} = \frac{W_s}{V_s \times 9.8} = 2.7 \tag{c}$$

将式（b）改写为 $W_w=0.28W_s$ 代入式（a），解得：$W_s=14.063\text{kN}$，$W_w=3.938\text{kN}$；

而 $V_w=W_w/\gamma_w=3.938/9.8=0.402\ \text{m}^3$

由式（c）得 $V_s= W_s/(2.7\times9.8)=14.063/(2.7\times9.8)=0.531\ \text{m}^3$

则 $V_a=1-V_w-V_s=1-0.402-0.531=0.067\ \text{m}^3$

据此可求出其他的物理性质指标（略）。

四、无黏性土的物理特征

无黏性土是指具有单粒结构的碎石土与砂土。此类土透水性好，疏松时强度低、压缩性较高；密实时强度高、压缩性低。

密实的碎石土或砂土是良好的天然地基。

五、黏性土的物理特征

（一）界限含水量

回顾幼时玩的泥巴可知，较硬的黏土加水会变软，当水加到一定程度使土的含水量达到某值时，土就软得可塑成任何形状，该含水量称为塑限 ω_p；若继续加水，土继续变软，当土的含水量又超过某值时，所塑造的玩具在重力作用下会变形，该含水量称为液限 ω_L，如图 22-3 所示，塑限、液限都是界限含水量。

（二）塑性指数与液性指数

不同的黏性土，处于可塑状态的含水量可以变化的范围不同。

塑性指数表示土的可塑范围（计算时不带%）：

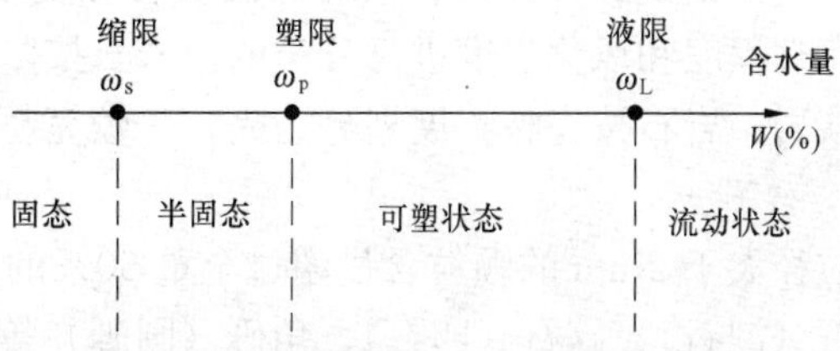

图 22-3　土的物理状态与含水量的关系

$$I_p = \omega_L - \omega_p \tag{22-10}$$

式中 I_p——塑性指数；

ω_L——液限（%）；

ω_p——塑限（%）。

塑性指数愈高，即液限与塑限的差值愈大，表示土中细粒含量愈多，土处于可塑状态的含水量变化范围愈大，土的黏性与可塑性愈好。塑性指数 I_p>10 的土为黏性土，其中：

$10 < I_p \leqslant 17$ 为粉质黏土；$I_p > 17$ 为黏土。

液性指数是判别黏性土的软硬程度的指标，又称稠度。液性指数 I_L 可按下式计算：

$$I_L = (\omega - \omega_p) / I_p \tag{22-11}$$

从上式看出，当 $\omega<\omega_p$ 时，$I_L<0$，土为坚硬状态。当 $\omega>\omega_L$ 时，$I_L>1$，土为流塑状态。当 ω 在 ω_p 与 ω_L 之间，即 I_L 在 0 与 1 之间时，为可塑状态。工程上根据 I_L 值将黏性土分为五种软硬状态：

$I_L \leqslant 0$	坚硬
$0 < I_L \leqslant 0.25$	硬塑
$0.25 < I_L \leqslant 0.75$	可塑
$0.75 < I_L \leqslant 1$	软塑
$I_L > 1$	流塑

【例 22-2】 已知某土的 $\omega=18\%$，$\omega_L=40\%$，$\omega_p=20\%$；确定土名。

解 由 $I_p=\omega_L-\omega_p=40-20=20>17$ 可知此土为黏土

又 $I_L=(\omega-\omega_p)/I_p=(18-20)/20=-0.1<0$ 可知此土为坚硬状态

所以，此土为坚硬黏土。

（三）黏聚力

黏聚力 c 是黏性土的抗剪强度的组成部分。黏性土的黏聚力约为 10～50 kN/m^2，淤泥或淤泥质土的黏聚力则较小，约为 5～15 kN/m^2。

六、粉土的特征

粉土是塑性指数 $I_p\leqslant10$ 及粒径大于 0.075mm 的颗粒含量不超过全重 50%的低塑性土。主要特征：不宜做液限试验、易液化、难压实、不宜用石灰加固、不宜采用压入法沉桩等。

七、土的工程分类

作为建筑地基的土，可分为岩石、碎石土、砂土、粉土、黏性土和人工填土。

1. 岩石

岩石根据成因可分为岩浆岩、沉积岩和变质岩。作为建筑地基的岩石是根据其坚硬程度、完整程度和风化程度进行分类的。岩石按坚硬程度分为坚硬岩、软硬岩、较软岩、软岩和极软岩；岩石按完整程度划分为完整、较完整、较破碎、破碎和极破碎。

2. 碎石土

粒径大于 2mm 的颗粒含量超过全重 50%的土为碎石土。根据粒组含量及颗粒形状可分为块石（漂石）、碎石（卵石）、角砾（圆砾）等；岩石的风化程度可分为未风化、微风化、中风化、强风化和全风化。

3. 砂土

粒径大于 2mm 的颗粒含量不超过全重 50%及粒径大于 0.075mm 的颗粒超过全重 50%的土为砂土。根据粒组含量分为砾砂、粗砂、中砂、细砂和粉砂。

4. 粉土

塑性指数 $I_p \leqslant 10$ 及粒径大于 0.075mm 的颗粒含量不超过全重 50%的土为粉土。

5. 黏性土

塑性指数 $I_p > 10$ 的土为黏性土。黏性土分布面积广，为最常见的一种土。

（1）黏性土根据沉积年代不同分老黏性土、一般黏性土及新近沉积的黏性土。

（2）黏性土按塑性指数分为黏土（$I_p > 17$）和粉质黏土（$10 < I_p \leqslant 17$）。

（3）淤泥和淤泥质土。在静水或缓慢的流水环境中沉积并经生物化学作用形成，其天然含水量大于液限、天然孔隙比 $e \geqslant 1.5$ 的黏性土称为淤泥；当天然孔隙比 $1 \leqslant e < 1.5$ 时，称为淤泥质土。

淤泥和淤泥质土的主要特点是强度低、压缩性高、透水性差、压实所需时间长。

（4）红黏土。碳酸盐岩系的岩石经红土化作用形成的高塑性黏土称为红黏土。

红黏土主要分布在贵州、广西、云南等地区，在湖南、湖北、安徽、四川等省也有局部分布。

6. 人工填土

人工填土是指由于人类活动而堆填的土。成分复杂，均匀性差，堆积时间不同，故用作地基时应慎重对待。

人工填土根据其组成和成因可分为素填土、杂填土和冲填土。素填土应为由碎石土、砂土、粉土、黏性土等组成的填土。经分层压实者统称为压实填土。杂填土应为含有建筑垃圾、工业废料、生活垃圾等杂物的填土。冲填土应为由水力冲填泥沙而成的泥土。

规范中有各种土定名的具体方法。

第三节　土　中　应　力

土中应力分为自重应力与土中附加应力。

自重应力是土体自身在土中产生的应力。由于建筑物的基底附加压力等外荷载的影响，基底下一定范围内的土中应力会增加，这种由外荷载作用产生的原先没有的土中应力，叫土中附加应力。

土的自重应力和土中附加应力均有竖向和水平两种，多研究竖向应力。

一、土的自重应力

土中任何一个水平面上，都受到它上方全部土体的自重应力。所以任意深度土的自重应力为

$$\sigma_{cz} = \sum_{i=1}^{n} \gamma_i h_i \tag{22-12}$$

式中　γ_i——第 i 层土的天然重度；

h_i——第 i 层土的厚度。自重应力自天然地面起算。

【例 22-3】　如图 22-4 所示土层，求各层土界面和 A 点的自重应力 σ_{cz}。

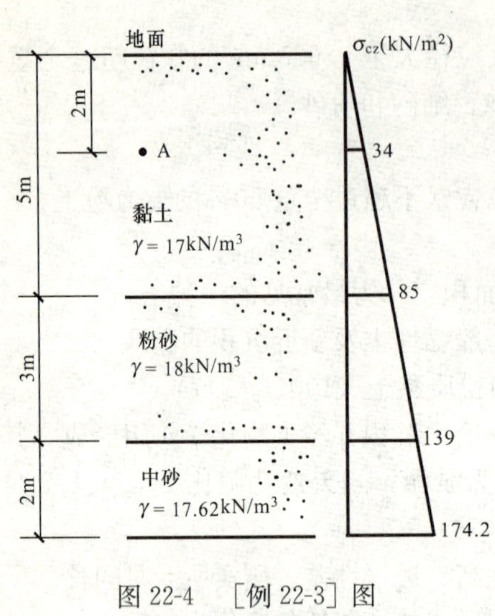

图 22-4 ［例 22-3］图

解 黏土底 $\sigma_{cz1}=17\times5=85\ \text{kN/m}^2$

粉砂底 $\sigma_{cz2}=85+18\times3=139\ \text{kN/m}^2$

中砂底 $\sigma_{cz3}=139+17.62\times2=174.2\ \text{kN/m}^2$

A 点处 $\sigma_{czA}=17\times2=34\ \text{kN/m}^2$

作 σ_{cz} 曲线如图 22-4。

二、基底压力

（一）基底压力分布

基底压力的分布实际上是不均匀的，它与基础的刚度及土的软硬有关。

为计算方便，通常假设基底压力是按直线变化的。

（二）基底压力的简化计算

基底压力可按下式确定：

1. 当轴心荷载作用时

$$p_k=(F_k+G_k)/A \tag{22-13}$$

式中 F_k——相应于荷载效应标准组合时，上部结构传至基础顶面的竖向力值；

G_k——基础自重和基础上的土重；$G_k=\bar{\gamma}A\bar{h}$（空心基础按实际重量计算）；

$\bar{\gamma}$——基础及基础上土的平均重度，取 20 kN/m³；

$\bar{h}$——基础平均高度；

A——基础底面面积。

2. 当偏心荷载作用时

$$p_{kmax}=(F_k+G_k)/A+M_k/W \tag{22-14}$$

$$p_{kmin}=(F_k+G_k)/A-M_k/W \tag{22-15}$$

式中 M_k——相应于荷载效应标准组合时，作用于基础底面中心的力矩值；

W——基础底面的抵抗矩；

p_{kmax}、p_{kmin}——相应于荷载效用标准组合时，基础底面边缘的最大、最小压力值，如图 22-5 所示。

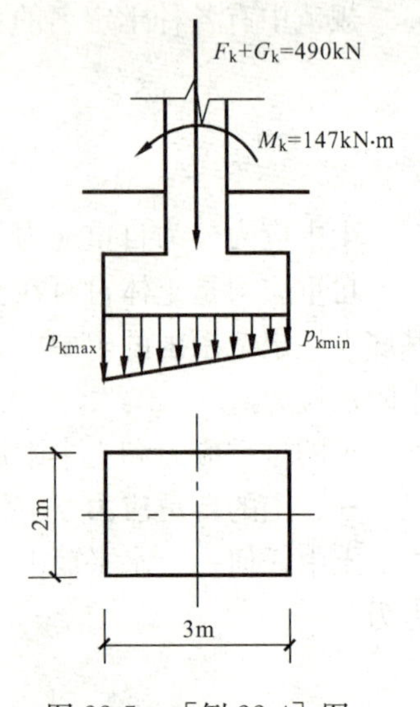

图 22-5 ［例 22-4］图

【例 22-4】 已知基底面积 $b\times l=2\times3\text{m}^2$，基底中心处的竖向力合力 $F_k+G_k=490\text{kN}$，偏心力矩 $M_k=147\text{kN}\cdot\text{m}$（见图 22-5），求基底压力。

解 $W=\dfrac{bl^2}{6}=\dfrac{2\times3^2}{6}=3(\text{m}^3)$

$$p_{k\,\min}^{\ \max}=\frac{F_k+G_k}{A}\pm\frac{M_k}{W_k}=\frac{490}{2\times3}\pm\frac{147}{3}=\begin{matrix}130.67\\32.67\end{matrix}(\text{kN/m}^2)$$

基底压力呈梯形分布。

（三）基底附加压力

在基坑开挖前，基底处已经存在土的自重应力，这部分自重应力引起的地基变形可认为已经完成，故引起的地基变形的压力应为基底压力扣除原先存在的土的自重应力，即为基底处的附加压力 p_{0k}，如图 22-6 所示。

$$p_{0k}=p_k-\sigma_{cz} \tag{22-16}$$

式中 p_{0k}——基底附加压力（kN/m^2）；

p_k——基底压力（kN/m^2）；

σ_{cz}——基底处土的自重应力（kN/m^2）。

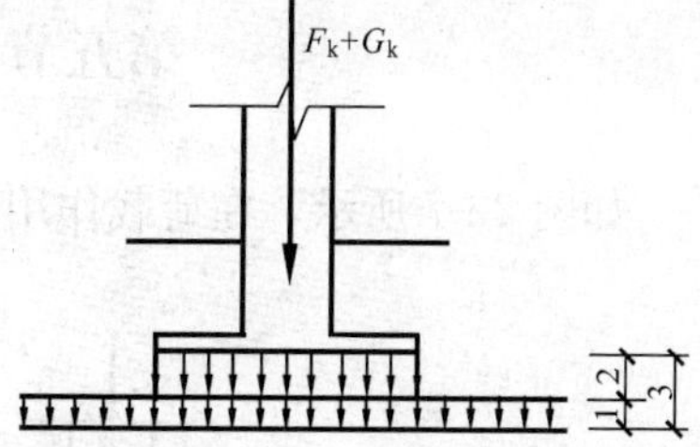

图 22-6 基底压力与基底附加压力

1—基底处土的自重应力；2—基底附加压力；3—基底压力

基底附加压力会引起地基变形（即基础的沉降），故高层建筑设计时常采用箱形基础（空心基础）或地下室，使设计的基础自身重力小于挖去土的重力，可减少基底附加压力，从而可减少基础的沉降。这种方法在工程上称为基础的补偿性设计。

三、土中附加应力

土中附加应力是由基底附加压力等外荷载在基底下面的土中（地基中）产生的，它是引起地基变形的原因。

第四节 地基的变形

1. 建筑物的地基变形计算值，不应大于地基变形允许值

2. 地基变形特征可分为沉降量、沉降差、倾斜、局部倾斜

3. 在计算地基变形时，应符合下列规定

（1）由于建筑物地基不均匀、荷载差异很大、体型复杂等因素引起的地基变形，对于砌体承重结构应由局部倾斜值控制；对于框架结构和单层排架结构应由相邻柱基的沉降差控制；对于多层或高层建筑和高耸结构应由倾斜值控制；必要时应控制平均沉降量。

（2）在必要情况下，需要分别预估建筑物在施工期间和使用期间的地基变形值，以便预留建筑物有关部分之间的净空、选择连接方法和施工顺序。一般多层建筑物在施工期间完成的沉降量，对于砂土可认为最终沉降量已完成 80％以上，对于其他低压缩性土可认为已完成最终沉降量的 50％～80％，对于中压缩性土可认为已完成 20％～50％，对于高压缩性土可认为已完成 5％～20％。

压缩性按压缩系数 $\alpha_{1\sim2}$ 确定，$\alpha_{1\sim2}$ 由试验室做出。当 $P_1=100kPa$ 时，孔隙比为 e_1；当 $P_2=200kPa$ 时，孔隙比为 e_2，则

$$\alpha_{1\sim2}=(e_1-e_2)/(P_2-P_1)$$

当 $\alpha_{1\sim2}<0.1MPa^{-1}$ 时，为低压缩性土；

当 $0.1<\alpha_{1\sim2}\leqslant0.5\ MPa^{-1}$ 时，为中压缩性土；

当 $\alpha_{1\sim2}>0.5\ MPa^{-1}$ 时，为高压缩性土。

或者用压缩模量评定：$E_s<4N/mm^2$，为高压缩性土；

$4\leqslant E_s\leqslant15N/mm^2$，为中压缩性土；

$E_s>15N/mm^2$，为低压缩性土。

4. 建筑物地基变形允许值，按规范规定采用

5. 地基变形的计算，可按照规范进行

第五节　土的抗剪强度和地基承载力

如图 22-7 所示，在荷载作用下，地基土中产生剪应力，当局部范围内的剪应力超过土的抗剪强度时，将发生一部分土体沿着另一部分滑动而造成剪切破坏，这种现象就称为地基丧失了稳定，所以地基的强度实际就是地基的抗剪强度。为防止地基土发生整体剪切破坏或失稳破坏，必须使作用在基础底面上的荷载不超过地基承载力。

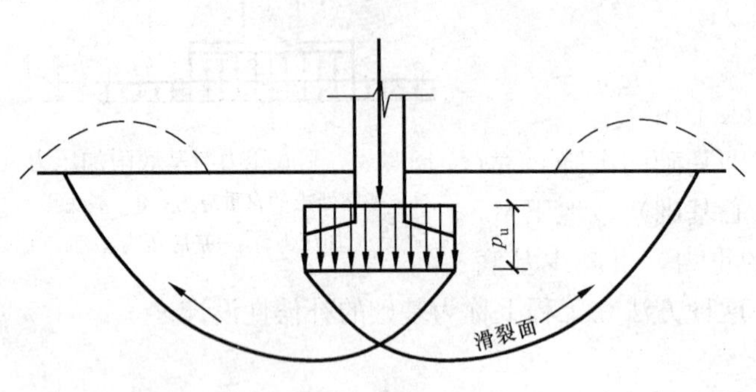

图 22-7　地基剪切破坏

一、土的抗剪强度及其测定方法

土的抗剪强度：土的抗剪强度就是某一受剪面上抵抗剪切破坏时的最大剪应力。土的抗剪强度可由剪切试验测定。

测定方法有直接剪切试验、三轴剪切试验、无侧限抗压试验、十字板剪切试验等，测得土的内摩擦角 φ 及黏聚力 c。

二、地基的临塑荷载与塑性荷载

地基的变形阶段，一般分为三个阶段，如图 22-8 所示，Ⅰ—压密阶段、Ⅱ—塑性变形阶段、Ⅲ—失稳阶段；Ⅰ、Ⅱ阶段的界限荷载为临塑荷载 p_{cr}，基底压力超过此值，地基土中就会出现塑性变形，此时，荷载称为塑性荷载 p_n。当荷载达到极限荷载 p_u 时，地基失去稳定性。

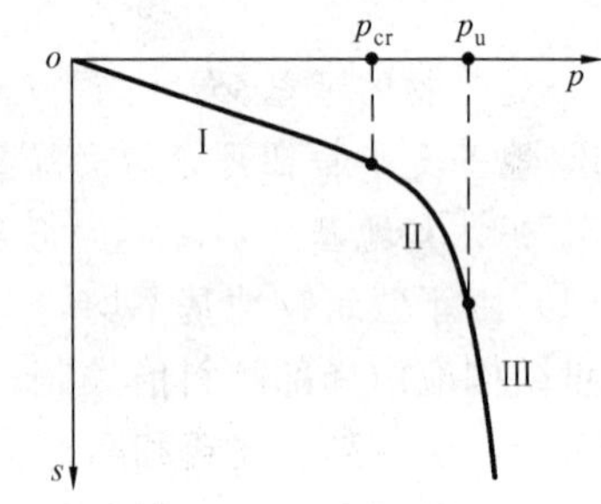

图 22-8　地基的变形阶段
Ⅰ—压密阶段；Ⅱ—塑性变形阶段；Ⅲ—失稳阶段

取临塑荷载 p_{cr} 作为地基的承载力偏于安全。工程实践证明，容许地基中出现不大的塑性区，对建筑物的安全也是有保证的。

当偏心距 $e \leqslant 0.033$ 倍基础底面宽度时，根据土的抗剪强度指标确定地基承载力特征值可按下式计算，并应满足变形要求

$$f_a = M_b \gamma b + M_d \gamma_m d + M_c c_k \tag{22-17}$$

式中　f_a——由土的抗剪强度指标确定的地基承载力特征值；

M_b、M_d、M_c——承载力系数，按表 22-3 确定；

b——基础底面宽度，大于 6 m 时按 6 m 取值，对于砂土小于 3 m 时按 3m 取值；

c_k——基底下一倍短边宽深度内土的黏聚力标准值。

三、地基承载力的确定方法

地基承载力特征值可由载荷试验或其他原位测试、公式计算、并结合工程实践经验等方

法综合确定。

表 22-3　承载力系数 M_b、M_d、M_c

土的内摩擦角标准值 φ_k（°）	M_b	M_d	M_c	土的内摩擦角标准值 φ_k（°）	M_b	M_d	M_c
0	0	1.00	3.14	22	0.61	3.44	6.04
2	0.03	1.12	3.32	24	0.80	3.87	6.45
4	0.06	1.25	3.51	22	1.10	4.37	6.90
6	0.10	1.39	3.71	28	1.40	4.93	7.40
8	0.14	1.55	3.93	30	1.90	5.59	7.95
10	0.18	1.73	4.17	32	2.60	6.35	8.55
12	0.23	1.94	4.42	34	3.40	7.22	9.22
14	0.29	2.17	4.69	36	4.20	8.25	9.97
16	0.36	2.43	5.00	38	5.00	9.44	10.80
18	0.43	2.72	5.31	40	5.80	10.84	11.73
20	0.51	3.06	5.66				

注　φ_k—基底下一倍短边宽深度内土的内摩擦角标准值。

四、地基承载力的修正

当基础宽度大于 3 m 或埋深大于 0.5 m 时，从载荷试验或其他原位测试、经验值等方法确定的地基承载力特征值，应按下式修正：

$$f_a = f_{ak} + \eta_b \gamma (b - 3) + \eta_d \gamma_m (d - 0.5) \tag{22-18}$$

式中　f_a——修正后的地基承载力特征值；

f_{ak}——地基承载力特征值，按本节第三条确定；

η_b、η_d——基础宽度和埋深的地基承载力修正系数，按基底下土的类别查表 22-4 取值；

γ——基础地面以下土的重度，地下水位以下取浮土重度；

b——基础底面宽度（m），当基宽小于 3 m 按 3 m 取值，大于 6 m 按 6 m 取值；

γ_m——基础底面以上土的加权平均重度，地下水位以下取浮土重度；

d——基础埋深（m），一般自室外地面标高算起。在填方整平地区，可自填土地面标高算起，但填土在上部结构施工后完成时，应从天然地面标高算起。对于地下室，如采用箱形基础或筏基时，基础埋深自室外地面标高算起；当采用独立基础或条形基础时，应从室内地面标高算起。

表 22-4　承 载 力 修 正 系 数

土　的　类　别		η_b	η_d
淤泥或淤泥质土		0	1.0
人工填土 e 或 I_L 大于等于 0.85 的黏性土		0	1.0
红黏性土	含水比 $\alpha_w > 0.8$	0	1.2
	含水比 $\alpha_w \leqslant 0.8$	0.15	1.4
大面积压实填土	压实系数大于 0.95、黏粒含量 $\rho_c \geqslant 10\%$ 的粉土	0	1.5
	最大干密度大于 $2.1 t/m^3$ 的级配砂石	0	2.0

续表

土的类别		η_b	η_d
粉土	黏粒含量 $\rho_c \geqslant 10\%$ 的粉土	0.3	1.5
	黏粒含量 $\rho_c < 10\%$ 的粉土	0.5	2.0
e 或 I_L 均小于 0.85 的黏性土		0.3	1.6
粉砂、细砂（不包括很湿与饱和时的稍密状态）		2.0	3.0
中砂、粗砂、砾砂和碎石土		3.0	4.4

注 强风化和全风化的岩石，可参照所风化成的相应土类取值，其他状态下的岩石不修正。

五、岩土工程勘察报告的阅读和地基的局部处理

地基基础设计前，必须进行工程地质勘察，并提供岩土工程勘察报告。工程地质勘察一般分为选址勘察（可行性研究勘察）、初步勘察、详细勘察三个阶段。对工程地质条件复杂或有特殊施工要求的重要建筑物地基，尚应进行预可行性勘察及施工勘察，场地较少且无特殊要求的工程可合并勘察阶段。

选址踏勘是初步确定是否可以选址；初步勘察进一步确定是否可以定址；详细勘察是针对总平面中建筑物的具体位置勘探，提供单体建筑物具体位置处的岩土工程勘察报告，该报告就是我们要阅读使用的。

1. 岩土工程勘察报告的阅读

阅读地质报告应结合拟建建筑物的特征，综合分析各层地基土及各种基础形式，以安全、经济性为原则，并考虑施工方便及材料供应等，确定持力层及基础形式。

2. 地基的验槽与局部处理

（1）基槽开挖后首先应钎探，钎探要求可查阅施工手册；钎探目的是补充地质勘察报告的不足，探明局部软弱、局部硬物、地下空洞及墓穴等。

（2）验槽，就是在基坑开挖完成后，勘察、设计、建设、施工单位共同到现场查看土质是否与地质报告相吻合。验槽时应避免受大雨灌槽及冬季冻槽的误导。

（3）查看分析钎探记录，发现突然大幅增减锤击数处，应补钎，若补钎结果与记录相近，即可判定下面有硬物或软土。

（4）局部处理，原则是处理过的部分与周围土的软硬程度相近。局部处理的方法有：换土、换砂、局部加深、增加基础刚度等。

第六节 天然地基上浅基础设计

一、浅基础类型

1. 无筋扩展基础

无筋扩展基础又称刚性基础，是指由砖、毛石、灰土、三合土、毛石混凝土、混凝土等材料组成的墙下条形基础或柱下独立基础，如图 22-9 所示。这些基础有一个共同的弱点，就是基础的抗拉、抗弯强度很低，在地基反力作用下，基础下部的扩大部分象倒悬臂梁一样向上弯曲，若悬臂过长，则易产生弯曲破坏。因此需用台阶宽高比的允许值来限制其悬臂的长度。宽高比可用 $\tan\alpha$ 表示，α 称为允许刚性角，基础宽度应在允许刚性

角线范围以内，即 $b \leqslant b_0 + 2h \cdot \tan\alpha$，如图 22-10 所示。一般无筋扩展基础用于多层民用建筑和轻型厂房。

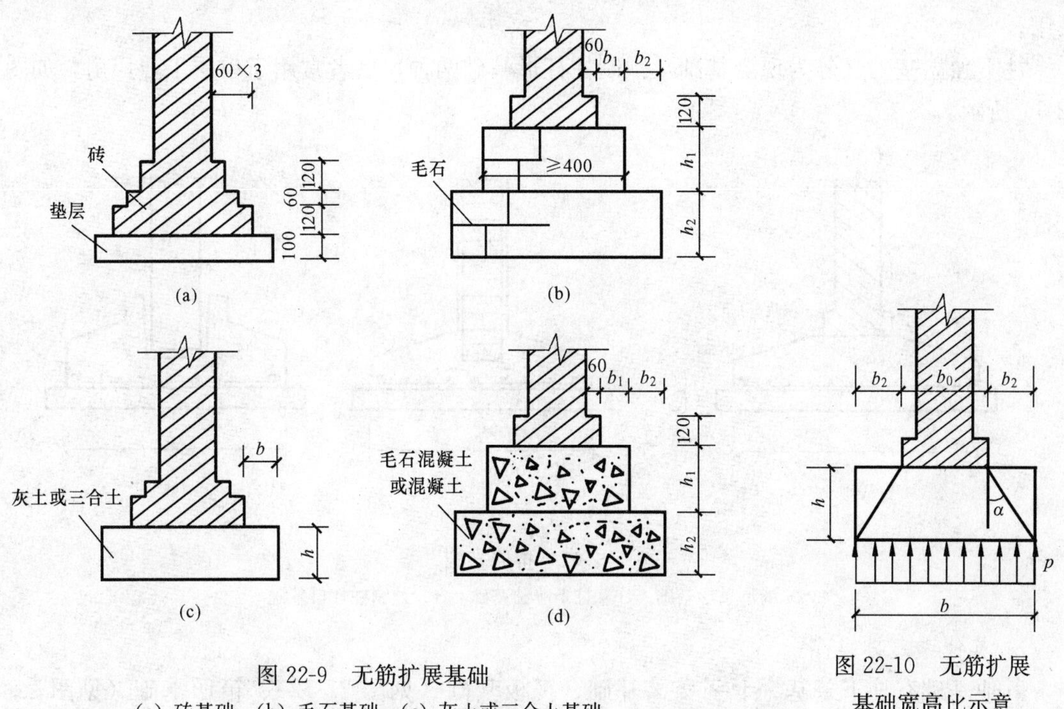

图 22-9　无筋扩展基础
(a) 砖基础；(b) 毛石基础；(c) 灰土或三合土基础；(d) 毛石混凝土或混凝土基础

图 22-10　无筋扩展基础宽高比示意

表 22-5　　无筋扩展基础台阶宽高比允许值

基础材料	质 量 要 求	台阶宽高比允许值		
		$p_k \leqslant 100$	$100 < p_k \leqslant 200$	$200 < p_k \leqslant 300$
混凝土基础	C15 混凝土	1∶1.00	1∶1.00	1∶1.25
毛石混凝土基础	C15 混凝土	1∶1.00	1∶1.25	1∶1.50
砖基础	砖不低于 MU10、砂浆不低于 M5	1∶1.50	1∶1.50	1∶1.50
毛石基础	砂浆不低于 M5	1∶1.25	1∶1.50	
灰土基础	体积比为 3∶7 或 2∶8 的灰土，其最小干密度： 粉土：1.55t/m^3 粉质黏土：1.5t/m^3 黏土：1.45t/m^3	1∶1.25	1∶1.50	
三合土基础	体积比 1∶2∶4～1∶3∶6（石灰：砂：骨料），每层约虚铺 220mm，夯至 150mm	1∶1.50	1∶2.00	

注　1. p_k 为荷载效应组合时基础底面处的平均压力值（kPa）；
2. 阶梯形毛石基础的每阶伸出宽度，不宜大于 200mm；
3. 当基础由不同材料叠合组成时，应对接触部分作抗压验算；
4. 基础底面处的平均压力值超过 300kPa 的混凝土基础，尚应进行抗剪验算。

2. 扩展基础

扩展基础又称柔性基础，是指柱下钢筋混凝土独立基础和墙下钢筋混凝土条形基础。这种基础整体性好，抗弯强度大，特别适用于“宽基浅埋”的场合下采用，在基础设计中经常采用。

柱下独立基础又分为现浇基础及预制柱杯形基础两种，后者常用于单层工业厂房，如图22-11 所示。

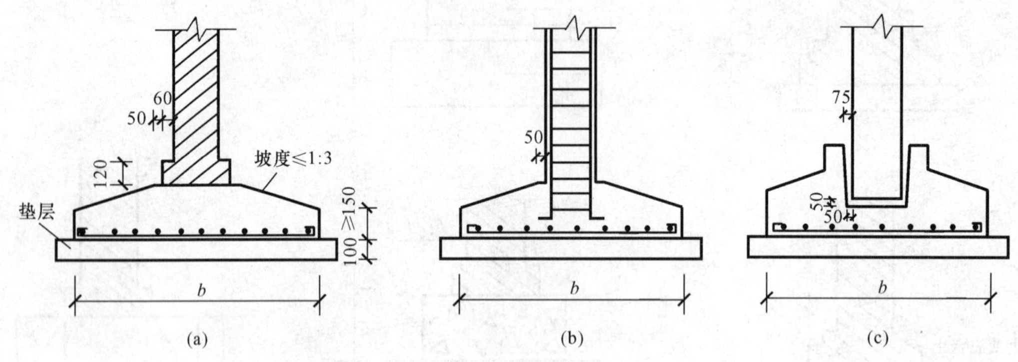

图 22-11 扩展基础

（a）墙下条形基础；（b）柱下单独基础；（c）预制柱杯口基础

3. 其他浅基础类型

其他基础有柱下条基、十字交叉基础、筏板基础（见图 22-12）、箱形基础（见图 22-13）、薄壳基础等。

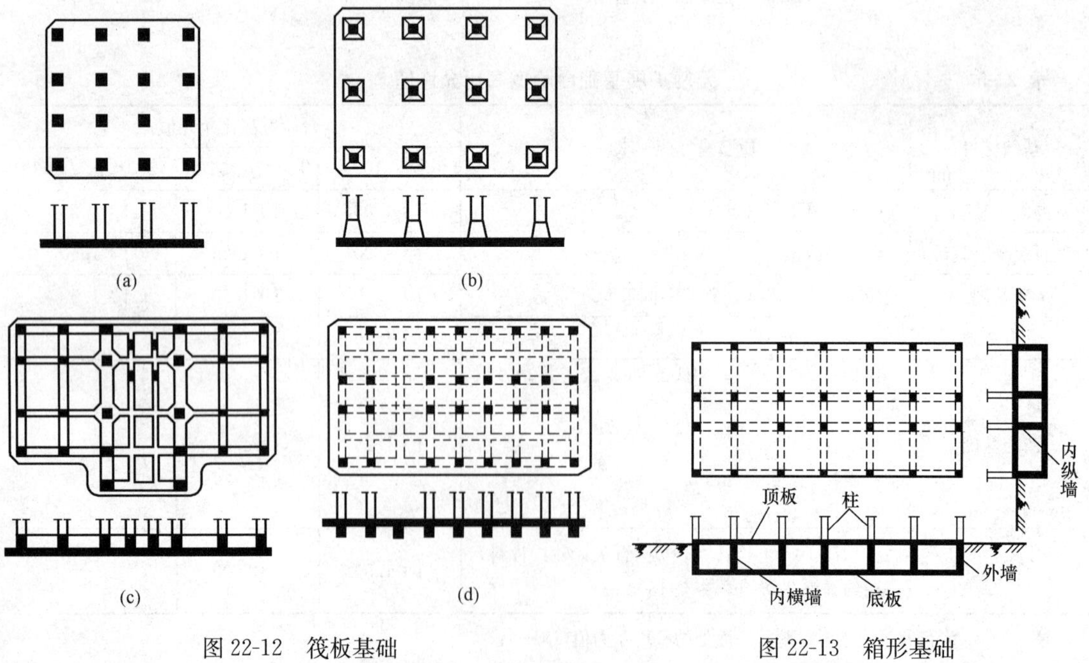

图 22-12 筏板基础

（a）、（b）平板式；（c）、（d）梁板式

图 22-13 箱形基础

4. 建筑物地基变形允许值，按规范规定采用

5. 地基变形的计算，可按照规范进行

第五节　土的抗剪强度和地基承载力

如图 22-7 所示，在荷载作用下，地基土中产生剪应力，当局部范围内的剪应力超过土的抗剪强度时，将发生一部分土体沿着另一部分滑动而造成剪切破坏，这种现象就称为地基丧失了稳定，所以地基的强度实际就是地基的抗剪强度。为防止地基土发生整体剪切破坏或失稳破坏，必须使作用在基础底面上的荷载不超过地基承载力。

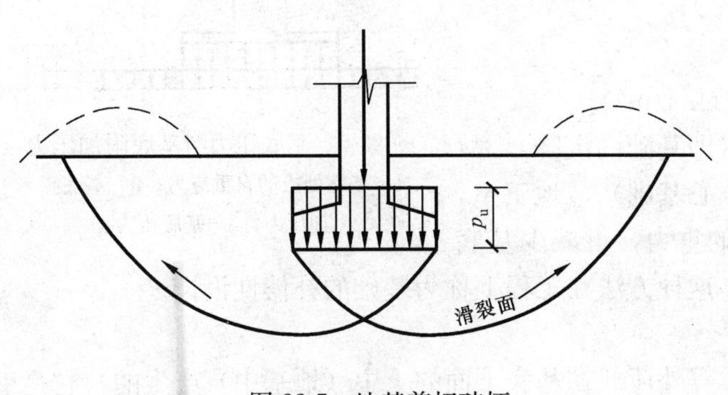

图 22-7　地基剪切破坏

一、土的抗剪强度及其测定方法

土的抗剪强度：土的抗剪强度就是某一受剪面上抵抗剪切破坏时的最大剪应力。土的抗剪强度可由剪切试验测定。

测定方法有直接剪切试验、三轴剪切试验、无侧限抗压试验、十字板剪切试验等，测得土的内摩擦角 φ 及黏聚力 c。

二、地基的临塑荷载与塑性荷载

地基的变形阶段，一般分为三个阶段，如图 22-8 所示，Ⅰ—压密阶段、Ⅱ—塑性变形阶段、Ⅲ—失稳阶段；Ⅰ、Ⅱ阶段的界限荷载为临塑荷载 p_{cr}，基底压力超过此值，地基土中就会出现塑性变形，此时，荷载称为塑性荷载 p_n。当荷载达到极限荷载 p_u 时，地基失去稳定性。

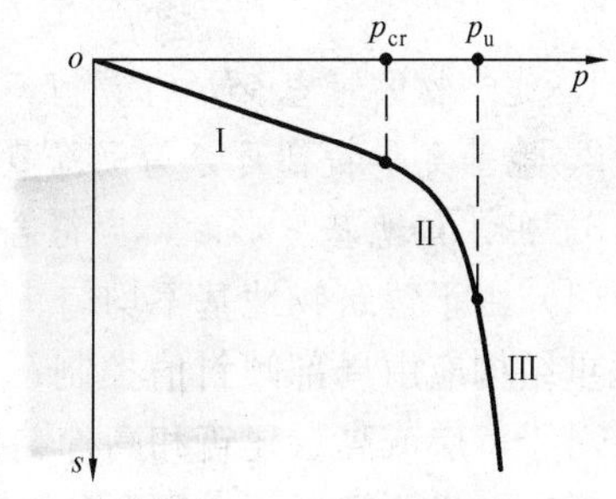

图 22-8　地基的变形阶段
Ⅰ—压密阶段；Ⅱ—塑性变形阶段；Ⅲ—失稳阶段

取临塑荷载 p_{cr} 作为地基的承载力偏于安全。工程实践证明，容许地基中出现不大的塑性区，对建筑物的安全也是有保证的。

当偏心距 $e\leqslant 0.033$ 倍基础底面宽度时，根据土的抗剪强度指标确定地基承载力特征值可按下式计算，并应满足变形要求

$$f_a = M_b \gamma b + M_d \gamma_m d + M_c c_k \tag{22-17}$$

式中　f_a——由土的抗剪强度指标确定的地基承载力特征值；

M_b、M_d、M_c——承载力系数，按表 22-3 确定；

b——基础底面宽度，大于 6 m 时按 6 m 取值，对于砂土小于 3 m 时按 3m 取值；

c_k——基底下一倍短边宽深度内土的黏聚力标准值。

三、地基承载力的确定方法

地基承载力特征值可由载荷试验或其他原位测试、公式计算、并结合工程实践经验等方

（三）基底附加压力

在基坑开挖前，基底处已经存在土的自重应力，这部分自重应力引起的地基变形可认为已经完成，故引起的地基变形的压力应为基底压力扣除原先存在的土的自重应力，即为基底处的附加压力 p_{0k}，如图 22-6 所示。

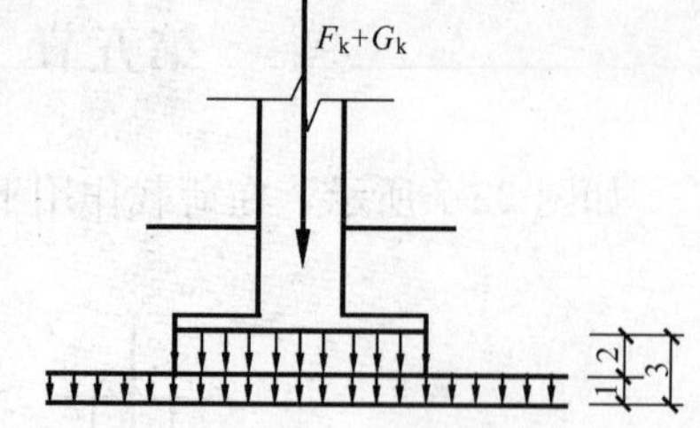

图 22-6 基底压力与基底附加压力

1—基底处土的自重应力；2—基底附加压力；3—基底压力

$$p_{0k} = p_k - \sigma_{cz} \tag{22-16}$$

式中 p_{0k}——基底附加压力（kN/m²）；

p_k——基底压力（kN/m²）；

σ_{cz}——基底处土的自重应力（kN/m²）。

基底附加压力会引起地基变形（即基础的沉降），故高层建筑设计时常采用箱形基础（空心基础）或地下室，使设计的基础自身重力小于挖去土的重力，可减少基底附加压力，从而可减少基础的沉降。这种方法在工程上称为基础的补偿性设计。

三、土中附加应力

土中附加应力是由基底附加压力等外荷载在基底下面的土中（地基中）产生的，它是引起地基变形的原因。

第四节 地 基 的 变 形

1. 建筑物的地基变形计算值，不应大于地基变形允许值

2. 地基变形特征可分为沉降量、沉降差、倾斜、局部倾斜

3. 在计算地基变形时，应符合下列规定

（1）由于建筑物地基不均匀、荷载差异很大、体型复杂等因素引起的地基变形，对于砌体承重结构应由局部倾斜值控制；对于框架结构和单层排架结构应由相邻柱基的沉降差控制；对于多层或高层建筑和高耸结构应由倾斜值控制；必要时应控制平均沉降量。

（2）在必要情况下，需要分别预估建筑物在施工期间和使用期间的地基变形值，以便预留建筑物有关部分之间的净空、选择连接方法和施工顺序。一般多层建筑物在施工期间完成的沉降量，对于砂土可认为最终沉降量已完成 80%以上，对于其他低压缩性土可认为已完成最终沉降量的 50%～80%，对于中压缩性土可认为已完成 20%～50%，对于高压缩性土可认为已完成 5%～20%。

压缩性按压缩系数 $\alpha_{1\sim2}$ 确定，$\alpha_{1\sim2}$ 由试验室做出。当 $P_1=100$kPa 时，孔隙比为 e_1；当 $P_2=200$kPa 时，孔隙比为 e_2，则

$$\alpha_{1\sim2} = (e_1 - e_2)/(P_2 - P_1)$$

当 $\alpha_{1\sim2}<0.1\text{MPa}^{-1}$时，为低压缩性土；

当 $0.1<\alpha_{1\sim2}\leqslant0.5\ \text{MPa}^{-1}$时，为中压缩性土；

当 $\alpha_{1\sim2}>0.5\ \text{MPa}^{-1}$时，为高压缩性土。

或者用压缩模量评定：$E_s<4\text{N/mm}^2$，为高压缩性土；

$4\leqslant E_s\leqslant15\text{N/mm}^2$，为中压缩性土；

$E_s>15\text{N/mm}^2$，为低压缩性土。

二、基础的埋置深度

虽然影响基础的埋置深度的因素很多，但就每项工程来说，往往只是其中一两个因素起决定作用。影响基础埋置深度的因素有：

（1）建筑物的用途，有无地下室、设备基础和地下设施，基础的形式和构造；

（2）作用在地基上的荷载大小和性质；

（3）工程地质和水文地质条件；

（4）相邻建筑物的基础埋深；

（5）地基土冻胀和融陷的影响；

（6）地基变形和稳定性要求。

在满足地基稳定和变形要求的前提下，基础宜浅埋，当上层地基的承载力大于下层土时，宜尽量利用上层土作持力层。除岩石地基外，基础埋深不宜小于0.5m。

基础宜埋置在地下水位以上，当必须埋在地下水位以下时，应采取地基土在施工时不受扰动的措施。

当存在相邻建筑物时，新建建筑物的基础埋深不宜大于原有建筑基础。当埋深大于原有建筑基础时，两基础间应保持一定净距，其数值应根据原有建筑荷载的大小、基础形式和土质情况确定。当上述要求不能满足时，应采取分段施工，设临时加固支撑，打板桩，地下连续墙等施工措施，或加固原有建筑物地基。

寒冷地区确定基础埋深应考虑地基的冻胀性。

三、基础底面积的确定

1. 计算规定

基础底面的压力，当轴心荷载作用时应符合下式要求：

$$p_k \leqslant f_a \tag{22-19}$$

式中 p_k——相应于荷载效应标准组合时，基础底面处的平均压力值；

f_a——修正后的地基承载力特征值。

当偏心荷载作用时，除符合式（22-19）要求外，尚应符合下式要求：

$$p_{kmax} \leqslant 1.2 f_a \tag{22-20}$$

式中 p_{kmax}——相应于荷载效应标准组合时，基础底面边缘的最大压力值。

2. 中心受荷基础

由 $P_k = \dfrac{F_k + G_k}{A} \leqslant f_a$ 及 $G_k = \bar{\gamma} A \bar{h}$ 得

$$A \geqslant \frac{F_k}{f_a - \bar{\gamma}\,\bar{h}} \tag{22-21}$$

3. 偏心受压基础

先按照 $A \geqslant \dfrac{F_k}{f_a - \bar{\gamma}\,\bar{h}}$ 确定底面积（也可视偏心大小将 A 增大10%～20%），定出基底长宽 l、b 后，按

$$p_{kmax} = \frac{F_k + G_k}{A} + \frac{M_k}{W} \leqslant 1.2 f_a$$

$$p_{\mathrm{kmin}} = \frac{F_{\mathrm{k}} + G_{\mathrm{k}}}{A} - \frac{M_{\mathrm{k}}}{W} \geqslant 0$$

及 $$\bar{p} = \frac{(F_{\mathrm{k}} + G_{\mathrm{k}})}{A} \leqslant f_{\mathrm{a}} \text{ 验算}$$

4. 偏心受压条基取单位长度验算

5. 带壁柱的墙下条基应使基础形心与墙体形心尽量重合，如此可按中心受压基础计算基底尺寸

6. 持力层下有软弱下卧层时，应按下式验算

$$p_{\mathrm{z}} + p_{\mathrm{cz}} \leqslant f_{\mathrm{az}} \tag{22-22}$$

式中 p_{z}——相应于荷载效应标准组合时，软下卧层顶面处的附加压力值；

p_{cz}——软下卧层顶面处土的自重压力值；

f_{az}——软下卧层顶面处经深度修正后地基承载力特征值。

对条形基础和矩形基础，式（22-22）中的 p_{z} 值可按下式简化计算：

条形基础 $$p_{\mathrm{z}} = \frac{b(p_{\mathrm{k}} - p_{\mathrm{c}})}{(b + 2z\tan\theta)} \tag{22-23}$$

矩形基础 $$p_{\mathrm{z}} = \frac{lb(p_{\mathrm{k}} - p_{\mathrm{c}})}{(b + 2z\tan\theta)(l + 2z\tan\theta)} \tag{22-24}$$

式中 b——矩形基础或条形基础底边的宽度；

l——矩形基础底边的长度；

p_{c}——基础底面处土的自重压力值；

z——基础底面至软下卧层顶面的距离；

θ——地基压力扩散线与垂直线的夹角，可按表 22-6 采用。

表 22-6 地基压力扩散角

E_{s1}/E_{s2}	z/b	
	0.25	0.50
3	6°	23°
5	10°	25°
10	20°	30°

注 1. E_{s1}为上层土压缩模量；E_{s2}为下层土压缩模量。
2. $z/b<0.25$ 时取 $\theta=0°$，必要时，宜由试验确定；$z/b>0.50$ 时 θ 值不变。

四、浅基础设计步骤

（1）根据建筑物传来的荷载大小及地基条件提出基础类型及地基处理的初步方案，并考虑使用要求、施工技术、材料供应和造价等条件，综合分析比较确定。

（2）确定基础的埋置深度及地基承载力。

（3）确定基础的底面尺寸，必要时进行软下卧层强度验算。

（4）对地基基础设计等级为甲、乙及不符合规范认定的可不作地基变形验算的丙级建筑物，进行地基变形验算。具体详见规范。

（5）对建于斜坡上的建筑物，经常承受较大水平荷载的构筑物，需进行地基稳定性验算。

（6）确定基础的剖面尺寸，进行基础结构计算。

（7）绘制基础施工图、编写施工说明。

五、例题

【例 22-5】 墙下毛石条形基础的设计。

某办公楼外墙墙厚 240mm，室内外高差 600mm，上部结构传至外墙基础顶面的荷载 $F_k=190\text{kN/m}$。地质状况：表层 400 厚耕土，$\gamma=16\text{kN/m}^3$，以下为黏土，$\gamma=18\text{kN/m}^3$，e 与 I_L 均小于 0.85，$f_{ak}=180\text{kN/m}^2$，地下水位较深，不予考虑。沿外墙内侧设暖气沟，净空不小于 1000mm×1000mm，局部最小净高不小于 600mm。设计毛石基础。

解 1. 估算基底标高（暂以 f_{ak} 代替 f_a）

$$b\geqslant\frac{F_k}{f_a-\overline{\gamma}\,\overline{h}}=\frac{F_k}{f_{ak}-\overline{\gamma}\,\overline{h}}=\frac{190}{180-20\times0.5}=1.118\text{m}=1120\text{mm}$$

每侧毛石放台总宽度：$\frac{1120-240}{2}=440\text{mm}$，放 3 步台阶即可，据山东多数情况，每步毛石台阶的高度为 350mm 为宜。

基底标高：0－0.600（室内外高差）－0.100（基顶至室外坪）－3×0.350（3 步毛石高）＝－1.750m

2. 修正地基承载力（估计基宽不超过 3m，所以不考虑宽度修正）

$$f_{ak}=180\text{kN/m}^2, d=1.75-0.6=1.15\text{m}$$

$$\gamma_m=\frac{16\times0.4+18\times0.75}{1.15}=17.3\text{kN/m}^3\text{，据持力层土质查表 22-2 得 }\eta_d=1.6$$

$$f_a=f_{ak}+\eta_d\gamma_m(d-0.5)=180+1.6\times17.3\times(1.15-0.5)=198\text{kN/m}^2$$

3. 计算基础宽度

$$\overline{h}=\frac{1.15+1.75}{2}=1.45\text{m}$$

$$b\geqslant\frac{F_k}{f_a-\overline{\gamma}\,\overline{h}}=\frac{190}{198-20\times1.45}=1.124\text{m}$$

4. 绘制基础详图

注意暖气沟处有内横墙地圈梁（DQL）伸来，所以暖气沟底至 DQL 底净高至少为 600mm，以便检修人员可以爬到隔壁维修，见图 22-14。

说明：本题第二次计算基宽与前边估算基宽接近，是因为室内外差的原因。若计算内墙基础宽度，当室内填土在施工前半期完成时，埋深 d 自室内地面算至基底，则计算基宽一般小于估算基宽。

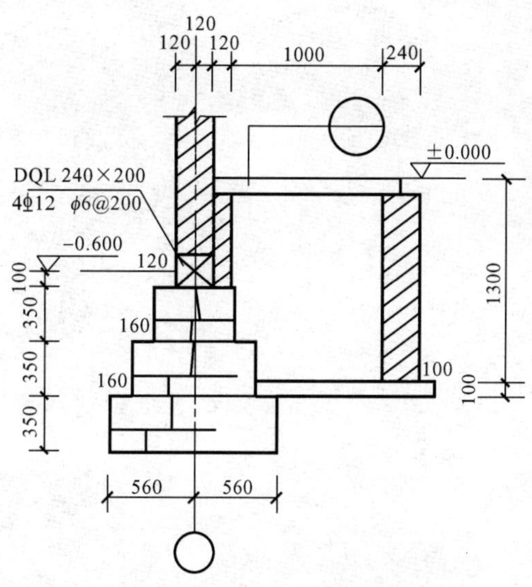

图 22-14 ［例 22-5］图

六、挡土墙、桩基

关于挡土墙、桩基等，限于篇幅，本

章不再叙述。

思 考 题

22-1 叙述土的组成与结构。
22-2 叙述土的三相比例指标及表达式。
22-3 叙述无黏性土的特性。
22-4 土是如何分类的?
22-5 何为土的自重应力、基底压力、基底附加压力?
22-6 引起地基变形的原因是什么?
22-7 何谓土的抗剪强度?
22-8 何谓地基承载力?
22-9 地基如何分类?
22-10 浅基础有哪些类型?
22-11 基础的埋置深度受哪些因素的影响?
22-12 设计浅基础的步骤和应注意的问题是什么?

附录1　钢筋的公称直径、公称截面面积及理论重量

附表 1-1　　钢筋的公称直径、公称截面面积及理论重量

公称直径（mm）	不同根数钢筋的公称截面面积（mm^2）									单根钢筋理论重量（kg/m）
	1	2	3	4	5	6	7	8	9	
6	28.3	57	85	113	142	170	198	226	255	0.222
8	50.3	101	151	201	252	302	352	402	453	0.395
10	78.5	157	236	314	393	471	550	628	707	0.617
12	113.1	226	339	452	565	678	791	904	1017	0.888
14	153.9	308	461	615	769	923	1077	1231	1385	1.21
16	201.1	402	603	804	1005	1206	1407	1608	1809	1.58
18	254.5	509	763	1017	1272	1527	1781	2036	2290	2.00（2.11）
20	314.2	628	942	1256	1570	1884	2199	2513	2827	2.47
22	380.1	760	1140	1520	1900	2281	2661	3041	3421	2.98
25	490.9	982	1473	1964	2454	2945	3436	3927	4418	3.85（4.10）
28	615.8	1232	1847	2463	3079	3695	4310	4926	5542	4.83
32	804.2	1609	2413	3217	4021	4826	5630	6434	7238	6.31（6.65）
36	1017.9	2036	3054	4072	5089	6107	7125	8143	9161	7.99
40	1256.6	2513	3770	5027	6283	7540	8796	10 053	11 310	9.87（10.34）
50	1963.5	3928	5892	7856	9820	11 784	13 748	15 712	17 676	15.42（16.28）

注　括号内为预应力螺纹钢筋的数值。

附表 1-2　　钢绞线的公称直径、公称截面面积及理论重量

种　类	公称直径（mm）	公称截面面积（mm^2）	理论重量（kg/m）
1×3	8.6	37.7	0.296
	10.8	58.9	0.462
	12.9	84.8	0.666
1×7 标准型	9.5	54.8	0.430
	12.7	98.7	0.775
	15.2	140	1.101
	17.8	191	1.500
	21.6	285	2.237

附表 1-3　　钢丝的公称直径、公称截面面积及理论重量

公称直径（mm）	公称截面面积（mm^2）	理论重量（kg/m）
5.0	19.63	0.154
7.0	38.48	0.302
9.0	63.62	0.499

附录2 砌体结构影响系数φ

附表 2-1 **影响系数φ（砂浆强度等级≥M5）**

β	$\frac{e}{h}$或$\frac{e}{h_T}$						
	0	0.025	0.05	0.075	0.1	0.125	0.15
≤3	1	0.99	0.97	0.94	0.89	0.84	0.79
4	0.98	0.95	0.90	0.85	0.80	0.74	0.69
6	0.95	0.91	0.86	0.81	0.75	0.69	0.64
8	0.91	0.86	0.81	0.76	0.70	0.64	0.59
10	0.87	0.82	0.76	0.71	0.65	0.60	0.55
12	0.82	0.77	0.71	0.66	0.60	0.55	0.51
14	0.77	0.72	0.66	0.61	0.56	0.51	0.47
16	0.72	0.67	0.61	0.56	0.52	0.47	0.44
18	0.67	0.62	0.57	0.52	0.48	0.44	0.40
20	0.62	0.57	0.53	0.48	0.44	0.40	0.37
22	0.58	0.53	0.49	0.45	0.41	0.38	0.35
24	0.54	0.49	0.45	0.41	0.38	0.35	0.32
26	0.50	0.46	0.42	0.38	0.35	0.33	0.30
28	0.46	0.42	0.39	0.36	0.33	0.30	0.28
30	0.42	0.39	0.36	0.33	0.31	0.28	0.26

β	$\frac{e}{h}$或$\frac{e}{h_T}$					
	0.175	0.2	0.225	0.25	0.275	0.3
≤3	0.73	0.68	0.62	0.57	0.52	0.48
4	0.64	0.58	0.53	0.49	0.45	0.41
6	0.59	0.54	0.49	0.45	0.42	0.38
8	0.54	0.50	0.46	0.42	0.39	0.36
10	0.50	0.46	0.42	0.39	0.36	0.33
12	0.47	0.43	0.39	0.36	0.33	0.31
14	0.43	0.40	0.36	0.34	0.31	0.29
16	0.40	0.37	0.34	0.31	0.29	0.27
18	0.37	0.34	0.31	0.29	0.27	0.25
20	0.34	0.32	0.29	0.27	0.25	0.23
22	0.32	0.30	0.27	0.25	0.24	0.22
24	0.30	0.28	0.26	0.24	0.22	0.21
26	0.28	0.26	0.24	0.22	0.21	0.19
28	0.26	0.24	0.22	0.21	0.19	0.18
30	0.24	0.22	0.21	0.20	0.18	0.17

附表 2-2　影响系数 φ（砂浆强度等级 M2.5）

β	$\frac{e}{h}$ 或 $\frac{e}{h_T}$						
	0	0.025	0.05	0.075	0.1	0.125	0.15
≤3	1	0.99	0.97	0.94	0.89	0.84	0.79
4	0.97	0.94	0.89	0.84	0.78	0.73	0.67
6	0.93	0.89	0.84	0.78	0.73	0.67	0.62
8	0.89	0.84	0.78	0.72	0.67	0.62	0.57
10	0.83	0.78	0.72	0.67	0.61	0.56	0.52
12	0.78	0.72	0.67	0.61	0.56	0.52	0.47
14	0.72	0.66	0.61	0.56	0.51	0.47	0.43
16	0.66	0.61	0.56	0.51	0.47	0.43	0.40
18	0.61	0.56	0.51	0.47	0.43	0.40	0.36
20	0.56	0.51	0.47	0.43	0.39	0.36	0.33
22	0.51	0.47	0.43	0.39	0.36	0.33	0.31
24	0.46	0.43	0.39	0.36	0.33	0.31	0.28
26	0.42	0.39	0.36	0.33	0.31	0.28	0.26
28	0.39	0.36	0.33	0.30	0.28	0.26	0.24
30	0.36	0.33	0.30	0.28	0.26	0.24	0.22

β	$\frac{e}{h}$ 或 $\frac{e}{h_T}$					
	0.175	0.2	0.225	0.25	0.275	0.3
≤3	0.73	0.68	0.62	0.57	0.52	0.48
4	0.62	0.57	0.52	0.48	0.44	0.40
6	0.57	0.52	0.48	0.44	0.40	0.37
8	0.52	0.48	0.44	0.40	0.37	0.34
10	0.47	0.43	0.40	0.37	0.34	0.31
12	0.43	0.40	0.37	0.34	0.31	0.29
14	0.40	0.36	0.34	0.31	0.29	0.27
16	0.36	0.34	0.31	0.29	0.26	0.25
18	0.33	0.31	0.29	0.26	0.24	0.23
20	0.31	0.28	0.26	0.24	0.23	0.21
22	0.28	0.26	0.24	0.23	0.21	0.20
24	0.26	0.24	0.23	0.21	0.20	0.18
26	0.24	0.22	0.21	0.20	0.18	0.17
28	0.22	0.21	0.20	0.18	0.17	0.16
30	0.21	0.20	0.18	0.17	0.16	0.15

附表 2-3 影响系数 φ（砂浆强度 0）

β	$\frac{e}{h}$或$\frac{e}{h_T}$						
	0	0.025	0.05	0.075	0.1	0.125	0.15
≤3	1	0.99	0.97	0.94	0.89	0.84	0.79
4	0.87	0.82	0.77	0.71	0.66	0.60	0.55
6	0.76	0.70	0.65	0.59	0.54	0.50	0.46
8	0.63	0.58	0.54	0.49	0.45	0.41	0.38
10	0.53	0.48	0.44	0.41	0.37	0.34	0.32
12	0.44	0.40	0.37	0.34	0.31	0.29	0.27
14	0.36	0.33	0.31	0.28	0.26	0.24	0.23
16	0.30	0.28	0.26	0.24	0.22	0.21	0.19
18	0.26	0.24	0.22	0.21	0.19	0.18	0.17
20	0.22	0.20	0.19	0.18	0.17	0.16	0.15
22	0.19	0.18	0.16	0.15	0.14	0.14	0.13
24	0.16	0.15	0.14	0.13	0.13	0.12	0.11
26	0.14	0.13	0.13	0.12	0.11	0.11	0.10
28	0.12	0.12	0.11	0.11	0.10	0.10	0.09
30	0.11	0.10	0.10	0.09	0.09	0.09	0.08

β	$\frac{e}{h}$或$\frac{e}{h_T}$					
	0.175	0.2	0.225	0.25	0.275	0.3
≤3	0.73	0.68	0.62	0.57	0.52	0.48
4	0.51	0.46	0.43	0.39	0.36	0.33
6	0.42	0.39	0.36	0.33	0.30	0.28
8	0.35	0.32	0.30	0.28	0.25	0.24
10	0.29	0.27	0.25	0.23	0.22	0.20
12	0.25	0.23	0.21	0.20	0.19	0.17
14	0.21	0.20	0.18	0.17	0.16	0.15
16	0.18	0.17	0.16	0.15	0.14	0.13
18	0.16	0.15	0.14	0.13	0.12	0.12
20	0.14	0.13	0.12	0.12	0.11	0.10
22	0.12	0.12	0.11	0.10	0.10	0.09
24	0.11	0.10	0.10	0.09	0.09	0.08
26	0.10	0.09	0.09	0.08	0.08	0.07
28	0.09	0.08	0.08	0.08	0.07	0.07
30	0.08	0.07	0.07	0.07	0.07	0.06

附录3　各类砌体的抗压、抗拉和抗剪强度设计值

附表 3-1　烧结普通砖和烧结多孔砖砌体的抗压强度设计值　MPa

砖强度等级	砂浆强度等级					砂浆强度
	M15	M10	M7.5	M5	M2.5	0
MU30	3.94	3.27	2.93	2.59	2.26	1.15
MU25	3.60	2.98	2.68	2.37	2.06	1.05
MU20	3.22	2.67	2.39	2.12	1.84	0.94
MU15	2.79	2.31	2.07	1.83	1.60	0.82
MU10	—	1.89	1.69	1.50	1.30	0.67

注　当烧结多孔砖的孔洞率大于30%时，表中数值应乘以0.9。

附表 3-2　混凝土普通砖和混凝土多孔砖砌体的抗压强度设计值　MPa

砖强度等级	砂浆强度等级					砂浆强度
	Mb20	Mb15	Mb10	Mb7.5	Mb5	0
MU30	4.61	3.94	3.27	2.93	2.59	1.15
MU25	4.21	3.60	2.98	2.68	2.37	1.05
MU20	3.77	3.22	2.67	2.39	2.12	0.94
MU15	—	2.79	2.31	2.07	1.83	0.82

附表 3-3　蒸压灰砂普通砖和蒸压粉煤灰普通砖砌体的抗压强度设计值　MPa

砖强度等级	砂浆强度等级				砂浆强度
	Ms15	Ms10	Ms7.5	Ms5	0
MU25	3.60	2.98	2.68	2.37	1.05
MU20	3.22	2.67	2.39	2.12	0.94
MU15	2.79	2.31	2.07	1.83	0.82

附表 3-4　单排孔混凝土砌块和轻集料混凝土砌块砌体的抗压强度设计值　MPa

砌块强度等级	砂浆强度等级					砂浆强度
	Mb20	Mb15	Mb10	Mb7.5	Mb5	0
MU20	6.30	5.68	4.95	4.44	3.94	2.33
MU15	—	4.61	4.02	3.61	3.20	1.89
MU10	—	—	2.79	2.50	2.22	1.31
MU7.5	—	—	—	1.93	1.71	1.01
MU5	—	—	—	—	1.19	0.70

注　1. 表中数值仅适用于对孔砌块砌体的单排孔砌块墙；

2. 对独立柱或厚度为双排组砌的砌块砌体，应按表中数值乘以0.7；

3. 对T形截面墙体、柱，应按表中数值乘以0.85；

4. 表中轻集料混凝土砌块为煤矸石混凝土砌块。

附表 3-5 **轻集料混凝土砌块砌体的抗压强度设计值** MPa

砌块强度等级	砂浆强度等级			砂浆强度
	Mb10	Mb7.5	Mb5	0
MU10	3.08	2.76	2.45	1.44
MU7.5	—	2.13	1.88	1.12
MU5	—	—	1.31	0.78
MU3.5	—	—	0.95	0.56
MU2.5	—	—	0.70	0.42

注 1. 表中的砌块为火山渣、浮石和陶粒轻集料混凝土砌块；

2. 对厚度方向为双排组砌的轻集料混凝土砌块砌体的抗压强度设计值，应按表中数值乘以0.8。

附表 3-6 **毛料石砌体的抗压强度设计值** MPa

毛料石强度等级	砂浆强度等级			砂浆强度
	M7.5	M5	M2.5	0
MU100	5.42	4.80	4.18	2.13
MU80	4.85	4.29	3.73	1.91
MU60	4.20	3.71	3.23	1.65
MU50	3.83	3.39	2.95	1.51
MU40	3.43	3.04	2.64	1.35
MU30	2.97	2.63	2.29	1.17
MU20	2.42	2.15	1.87	0.95

注 对下列各类料石砌体，应按表中数值分别乘以系数：

细料石砌体 1.4

粗料石砌体 1.2

干砌勾缝石砌体 0.8

附表 3-7 **毛石砌体的抗压强度设计值** MPa

毛石强度等级	砂浆强度等级			砂浆强度
	M7.5	M5	M2.5	0
MU100	1.27	1.12	0.98	0.34
MU80	1.13	1.00	0.87	0.30
MU60	0.98	0.87	0.76	0.26
MU50	0.90	0.80	0.69	0.23
MU40	0.80	0.71	0.62	0.21
MU30	0.69	0.61	0.53	0.18
MU20	0.56	0.51	0.44	0.15

附表 3-8　　沿砌体灰缝截面破坏时砌体的轴心抗拉强度设计值、弯曲抗拉强度设计值和抗剪强度设计值　　MPa

强度类别	破坏特征及砌体种类		砂浆强度等级			
			≥M10	M7.5	M5	M2.5
轴心抗拉	沿齿缝	烧结普通砖、烧结多孔砖	0.19	0.16	0.13	0.09
		混凝土普通砖、混凝土多孔砖	0.19	0.16	0.13	
		蒸压灰砂普通砖、蒸压粉煤灰普通砖	0.12	0.10	0.08	
		混凝土砌块	0.09	0.08	0.07	
		毛石	0.08	0.07	0.06	0.04
弯曲抗拉	沿齿缝	烧结普通砖、烧结多孔砖	0.33	0.29	0.23	0.17
		混凝土普通砖、混凝土多孔砖	0.33	0.29	0.23	
		蒸压灰砂普通砖、蒸压粉煤灰普通砖	0.24	0.20	0.16	
		混凝土砌块	0.11	0.09	0.08	
		毛石	0.13	0.11	0.09	0.07
	沿通缝	烧结普通砖、烧结多孔砖	0.17	0.14	0.11	0.08
		混凝土普通砖、混凝土多孔砖	0.17	0.14	0.11	
		蒸压灰砂普通砖、蒸压粉煤灰普通砖	0.12	0.10	0.08	
		混凝土砌块	0.08	0.06	0.05	
抗剪	烧结普通砖、烧结多孔砖		0.17	0.14	0.11	0.08
	混凝土普通砖、混凝土多孔砖		0.17	0.14	0.11	
	蒸压灰砂普通砖、蒸压粉煤灰普通砖		0.12	0.10	0.08	
	混凝土和轻集料混凝土砌块		0.09	0.08	0.06	
	毛石		—	0.19	0.16	0.11

注　1. 对于用形状规则的块体砌筑的砌体，当搭接长度与块体高度的比值小于1时，其轴心抗拉强度设计值 f_t 和弯曲抗拉强度设计值 f_{tm} 应按表中数值乘以搭接长度与块体高度比值后采用；

2. 对蒸压灰砂普通砖、蒸压粉煤灰普通砖砌体，当采用专用砂浆砌筑且有可靠的试验数据时，表中强度设计值，允许作适当调整，但不应高于烧结普通砖的强度设计值。

参 考 文 献

[1] 中国建筑科学研究院. 建筑结构荷载规范(GB 50009—2001)(2006 年版). 北京：中国建筑工业出版社，2006.

[2] 中国建筑科学研究院. 混凝土结构设计规范(GB 50010—2010). 北京：中国建筑工业出版社，2011.

[3] 中国建筑科学研究院. 砌体结构设计规范(GB 50003—2011).

[4] 中国建筑科学研究院. 建筑抗震设计规范(GB 50011—2010). 北京：中国建筑工业出版社，2010.

[5] 中华人民共和国住房和城乡建设部. 混凝土结构耐久性设计规范(GB/T 50476—2008). 北京：中国建筑工业出版社，2008.

[6] 中华人民共和国住房和城乡建设部. 建筑工程抗震设防分类标准(GB 50223—2008). 北京：中国建筑工业出版社，2008.

[7] 中国建筑科学研究院. 建筑地基基础设计规范(GB 50007—2011). 北京：中国建筑工业出版社，2002.

[8] 中华人民共和国国家标准. 钢筋混凝土用钢 第 1 部分：热轧光圆钢筋(GB 1499.1—2008). 北京：中国标准出版社，2008.

[9] 中华人民共和国国家标准. 钢筋混凝土用钢 第 2 部分：热轧带肋钢筋(GB 1499.2—2007). 北京：中国标准出版社，2008.

[10] 中华人民共和国国家标准. 通用硅酸盐水泥(GB 175—2007). 北京：中国标准出版社，2007.

[11] 中华人民共和国住房和城乡建设部. 建筑结构制图标准(GB/T 50105—2010). 北京：中国建筑工业出版社，2010.

[12] 中华人民共和国住房和城乡建设部. 高层建筑混凝土结构技术规程(JGJ 3—2010). 北京：中国建筑工业出版社，2010.

[13] 中华人民共和国国家标准. 中国地震烈度表(GB/T 17742—2008). 北京：中国标准出版社，2008.

[14] 中华人民共和国国家标准. 中国地震动参数区划图(GB 18306—2001). 北京：中国标准出版社，2001.

[15] 中国建筑科学研究院. 钢结构设计规范(GB 50017—2003). 北京：中国计划出版社，2003.

[16] 中国建筑科学研究院. 建筑结构可靠度设计统一标准(GB 50068—2001). 北京：中国建筑工业出版社，2001.

[17] 张友全，吕丛军. 建筑力学与结构. 2 版. 北京：中国电力出版社，2008.

[18] 熊丹安. 建筑结构. 广州：华南理工大学出版社，2009.

[19] 杨志勇、吴辉琴. 建筑结构. 武汉：武汉理工大学出版社，2009.

[20] 东南大学，同济大学，天津大学. 混凝土结构(上下册). 北京：中国建筑工业出版社，2001.

[21] 慎铁刚. 力学与结构 . 天津：天津大学出版社，1988.

[22] 张建荣. 建筑结构选型 . 北京：中国建筑工业出版社，1999.

[23] 罗福午. 土木工程(专业)概论 . 武汉：武汉工业大学出版社，2001.

[24] 华南理工大学，东南大学，浙江大学，等. 地基及基础. 北京：中国建筑工业出版社，2003.

[25] 周国瑾，施美丽，张景良. 建筑力学. 2 版. 上海：同济大学出版社，2000.

[26] 钟光珞，张为民. 建筑力学. 北京：中国建材工业出版社，2002.

[27] 李家宝. 结构力学(建筑力学第三分册). 3 版. 北京：高等教育出版社，1999.